DIE GEWÖHNLICHEN UND PARTIELLEN DIFFERENZEN-GLEICHUNGEN DER BAUSTATIK

VON

ING. DR. **FR. BLEICH** UND
WIEN

ING. DR. **E. MELAN**
O. Ö. PROFESSOR A. D. TECHN.
HOCHSCHULE IN WIEN

MIT 74 ABBILDUNGEN IM TEXT

Springer-Verlag Berlin Heidelberg GmbH

1927

COPYRIGHT 1927 SPRINGER-VERLAG BERLIN HEIDELBERG

Ursprünglich erschienen bei Julius Springer in Berlin 1927
Softcover reprint of the hardcover 1st edition 1927

ISBN 978-3-7091-2151-1   ISBN 978-3-7091-2195-5 (eBook)
DOI 10.1007/978-3-7091-2195-5

Vorwort.

Die mannigfachen Vorteile, die die Differenzengleichungen bei ihrer Anwendung auf technische Probleme bieten, und die sich immer mehr ausbreitende Erkenntnis dieser Tatsache, bringen es mit sich, daß sich von Jahr zu Jahr die Fälle häufen, wo in technischen Abhandlungen und Büchern von diesem mathematischen Hilfsmittel Gebrauch gemacht wird. Da die Lehre von den Differenzengleichungen noch nicht allgemein in den mathematischen Unterricht der technischen Hochschulen aufgenommen wurde, macht sich das Bedürfnis nach einem leicht faßlich geschriebenen, ausführlichen Lehrbuch, das die Anwendung der Theorie auf technische Aufgaben unmittelbar zeigt, immer stärker geltend, denn die älteren Lehrbücher der Differenzenrechnung gönnen den Differenzengleichungen nur knappen Raum, während die beiden einzigen Sonderwerke über lineare Differenzengleichungen in deutscher Sprache, die aus der jüngsten Zeit stammen, in erster Linie für den Mathematiker bestimmt sind.

Diese Tatsachen, sowie der Wunsch, gerade das für die Anwendung so wichtige Gebiet der linearen partiellen Differenzengleichungen, das in den bekannten Lehrbüchern fast gar nicht behandelt wird, dem großen Kreis der Ingenieure im Rahmen eines Lehrbuches zu erschließen, waren der Anlaß für die Niederschrift dieses Buches.

Die Darstellung gliedert sich in zwei Hauptteile: In die Abschnitte I bis III, die die Theorie der gewöhnlichen linearen Differenzengleichungen und ihre Anwendung auf Aufgaben der Baustatik enthalten; dieser Teil ist mit Ausnahme des § 6, der die Eigenlösungen behandelt, von Dr. Bleich verfaßt, und in den IV. Abschnitt, Theorie und Anwendung der partiellen Differenzengleichungen, der, sowie der vorerwähnte § 6, Dr. Melan zum Verfasser hat.

Über die Auswahl des dargelegten Stoffes ist folgendes zu bemerken: Ein eingehendes Verständnis der Theorie der Differenzengleichungen setzt die Kenntnis der wichtigsten Sätze über Differenzen und Summen voraus, weshalb der Erörterung der Differenzengleichungen ein erster Abschnitt über Differenzen und Summen vorangestellt wurde. Im zweiten, dem Hauptabschnitt, der die Theorie der gewöhnlichen linearen Differenzengleichungen umfaßt, wurde die für die Anwendung wichtigste Gruppe, die Differenzengleichung mit konstanten Koeffizienten, insbesondere die Systeme simultaner Gleichungen, die in den mathematischen Lehrbüchern sehr stiefmütterlich abgetan werden, in der Anwendung aber eine bedeutende Rolle spielen, sehr eingehend behandelt. An dieser Stelle wurden auch die Eigenlösungen der linearen Differenzengleichungen mit Rücksicht auf ihre Bedeutung für die Darstellung der Lösungen partieller Differenzengleichungen ausführlich besprochen.

Von geringerem Nutzen für die unmittelbare Anwendung sind die in der mathematischen Literatur bisher veröffentlichten Lösungsmethoden linearer Differenzengleichungen mit veränderlichen Koeffizienten. Wenn diese Methoden dennoch hier behandelt wurden, so geschah dies aus dem Grunde, weil erst die Betrachtung derartiger Gleichungen einen tieferen Einblick in das eigenartige Wesen der Differenzengleichungen gewährt. Anderseits soll auch der Ingenieur die Grenzen, die der Anwendung eines analytischen Hilfsmittels gezogen sind, deutlich erkennen. Die Beschäftigung mit diesem, für die Zwecke der Anwendung noch wenig ausgebauten Gebiete wird vielleicht manchen Ingenieur, der über die notwendigen mathematischen Kenntnisse verfügt, zu weiteren, möglicherweise erfolgreichen Untersuchungen anregen. Viel wichtiger für den Statiker ist die am Schluß dargelegte Näherungsmethode; sie gestattet, lineare Differenzengleichungen oder Systeme linearer Differenzengleichungen mit veränderlichen Koeffizienten mittels des Ansatzes einer Näherungsfolge zu lösen.

Bei der Auswahl und Anwendung der Beispiele aus der Baustatik im Abschnitt III war das Bestreben maßgebend, von einfacheren Beispielen zu schwierigeren fortzuschreiten. Die Zahl der Beispiele wurde mit Rücksicht auf den Umfang des Buches stark beschränkt, was um so leichter geschehen konnte, als in der technischen Literatur bereits eine große Zahl von Aufgaben der Baustatik mittels Differenzengleichungen gelöst wurde. Einen Fingerzeig bietet die Literaturzusammenstellung im Anhange. An zwei Beispielen wurde auch die Anwendung des obenerwähnten Näherungsverfahrens dargelegt.

Den partiellen Differenzengleichungen ist der IV. Abschnitt gewidmet. Hier wurde aus mehrfachen Gründen von einer Trennung zwischen Theorie und Anwendung abgesehen. Einer kurzen allgemein gehaltenen Darstellung des Wesentlichen über partielle Differenzengleichungen folgt unmittelbar die Behandlung mehrerer praktisch wichtiger Probleme der Baustatik, die unseres Wissens bisher noch nicht gelöst wurden. Dabei wurde das Augenmerk darauf gerichtet, Lösungsmethoden zu verwenden, bei welchen die Rechenarbeit noch praktisch zu bewältigen ist. Aus diesem Grunde wurden auch die Eigenlösungen einiger gewöhnlicher Differenzengleichungen, welche bei der Behandlung dieser Aufgaben benötigt werden, für verschiedene Felderzahlen berechnet und im Anhang tabellarisch zusammengestellt und so eine ganz wesentliche Vorarbeit zur Lösung dieser Aufgaben vorweg-genommen.

Die Darstellung des mathematischen Lehrstoffes ist ziemlich breit und ausführlich. Beweise wurden nur dort gebracht oder nur so weit geführt, als es zum tieferen Erfassen des Vorgeführten unbedingt not-wendig war. In einfacheren Fällen wurde der Beweis nur angedeutet und die Durchführung desselben dem Leser überlassen. Auf Existenz-beweise wurde mit Rücksicht auf den Leserkreis nicht eingegangen. Den richtigen Mittelweg bei der Darstellung zu finden, war nicht immer leicht, da die Gefahr besteht, daß der Mathematiker die Dar-stellung zu wenig streng, der Ingenieur aber zu abstrakt finden wird. Der Abschnitt 27 erfordert zu seinem vollen Verständnis einige Kennt-nisse aus der Funktionentheorie, die leider nicht Gemeingut der Sta-tiker ist. In den anderen Abschnitten wird der Leser mit den von der Hochschule mitgebrachten mathematischen Kenntnissen das Aus-langen finden. Daß auch der in der Theorie der Differenzengleichungen Bewanderte in diesem Buche manches Neue finden wird, sei nur neben-her noch erwähnt.

Wir hoffen, durch dieses Buch weite Kreise von Ingenieuren mit einem wichtigen und vorzüglichen Hilfsmittel der mathematischen Analysis bekannt zu machen. Die Theorie der Differenzengleichungen ist ein ausgezeichnetes Werkzeug in der Hand des Statikers, das ihm helfen kann, neue Probleme der Baustatik und Festigkeitslehre zu erschließen.

Wien, im Dezember 1926.

Dr. Bleich.   Dr. Melan.

Inhaltsverzeichnis.

I. Differenzen und Summen.

§ 1. Grundlegende Begriffe.

§ 2. Die Differenzen.

§ 3. Die Summen.

II. Die gewöhnlichen linearen Differenzengleichungen.

§ 4. Allgemeine Eigenschaften.

§ 5. Differenzengleichungen mit konstanten Koeffizienten.

§ 6. Die Eigenlösungen der Differenzengleichungen.

I. Differenzen und Summen.

Die Theorie der Differenzengleichungen bildet einen Zweig der Differenzenrechnung. Diese befaßt sich im allgemeinen mit den gesetzmäßigen Zusammenhängen, die zwischen den Einzelwerten irgendeiner Funktion von einer oder mehreren unabhängigen Veränderlichen bestehen, wenn diese Funktionswerte Werten der unabhängigen Veränderlichen zugeordnet sind, die gleich großen Abstand voneinander haben, also eine arithmetische Reihe bilden.

Die Differenzenrechnung umfaßt die Lehre von den Differenzen und Summen, die Theorie der Differenzengleichungen und die Interpolationsrechnung. Da die Methoden und Ergebnisse der Interpolationsrechnung für die in diesem Buche gegebene Darstellung der Differenzengleichungen nicht in Frage kommen, so wird auf diesen Zweig der Differenzenrechnung nicht eingegangen werden. Demgegenüber stehen aber Differenzen und Summen in sehr engem Zusammenhange mit den Differenzengleichungen, ihre Lehre bildet eine unerläßliche Grundlage für die Theorie dieser Gleichungen. Die Verknüpfung ist eine ganz ähnliche wie zwischen Differentialquotienten, Integralen und Differentialgleichungen. Wir werden daher in diesem ersten Abschnitte, zunächst in knappster Form, die allgemeinen Begriffe und Formeln, die die Grundlagen der Differenzenrechnung bilden, entwickeln, um in Anschluß daran jene Regeln und Gleichungen aus der Lehre von den Differenzen und Summen darzulegen, die für das Verständnis und für die Anwendung der Lösungsmethoden der linearen Differenzengleichungen notwendig sind.

§ 1. Grundlegende Begriffe.

1. Die Differenzen.

Es sei $y = f(x)$ eine reelle, stetige oder unstetige, aber in dem betrachteten Bereich endliche Funktion der veränderlichen Größe x, welche Funktion wir uns geometrisch in einem rechtwinkeligen Achsensystem als Kurve veranschaulicht denken wollen, Abb. 1. Der Definitionsbereich der Funktion $f(x)$ kann hierbei ein stetiger oder unstetiger sein, d. h. die Variable x kann stetig veränderlich, oder nur befähigt sein, einzelne ausgezeichnete Werte, z. B. die ganzen Zahlen $x = 0$, 1, 2, $3\ldots$ anzunehmen. Bezeichnen $\ldots y_{x-2\varDelta x}$, $y_{x-\varDelta x}$, y_x, $y_{x+\varDelta x}$, $y_{x+2\varDelta x}$ $\ldots$ die Funktionswerte bzw. Ordinaten an den Stellen $\ldots x - 2\varDelta x$, $x - \varDelta x$, x, $x + \varDelta x$, $x + 2\varDelta x$, $\ldots$, wobei das Intervall oder

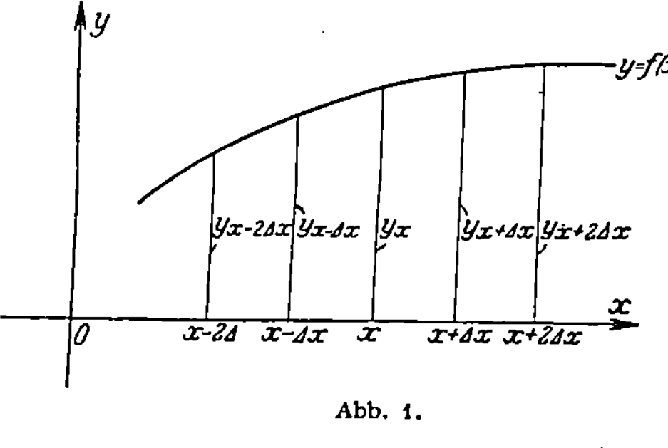

Abb. 1.

die Spanne $\varDelta x$ durchwegs konstant ist, so heißt

$$\varDelta y_x = y_{x+\varDelta x} - y_x$$

die Differenz erster Ordnung oder kurzweg die Differenz,

$$\varDelta^2 y_x = \varDelta y_{x+\varDelta x} - \varDelta y_x = y_{x+2\varDelta x} - 2 y_{x+\varDelta x} + y_x$$

die Differenz zweiter Ordnung
und allgemein

$$\varDelta^n y_x = \varDelta^{n-1} y_{x+\varDelta x} - \varDelta^{n-1} y_x = y_{x+n\varDelta x} - \binom{n}{1} y_{x+(n-1)\varDelta x}$$
$$+ \binom{n}{2} y_{x+(n-2)\varDelta x} - \cdots + (-1)^n \binom{n}{n} y_x \qquad (1)$$

die Differenz n-ter Ordnung, wobei $\binom{n}{1}$, $\binom{n}{2}\ldots\binom{n}{n}$ die Binomialkoeffizienten bedeuten; n ist eine ganze positive Zahl; x kann voraussetzungsgemäß jeden reellen positiven oder negativen Wert, der dem Definitionsbereich der Funktion angehört, annehmen.

Die Quotienten

$$\frac{\varDelta y_x}{\varDelta x}, \quad \frac{\varDelta^2 y_x}{(\varDelta x)^2} \quad \cdots \quad \frac{\varDelta^n y_x}{(\varDelta x)^n}$$

heißen die Differenzenquotienten erster, zweiter, $\ldots n$-ter Ordnung.

Umgekehrt lassen sich die einzelnen Funktionswerte $y_{x+\varDelta x}$, $y_{x+2\varDelta x}$, $\ldots y_{x+n\varDelta x}$ durch y_x und die aufeinanderfolgenden Differenzen $\varDelta y_x$, $\varDelta^2 y_x$, $\ldots \varDelta^n y_x$ ausdrücken.

Man findet

$$y_{x+\varDelta x} = y_x + \varDelta y_x,$$

weiter

$$y_{x+2\varDelta x} = y_{x+\varDelta x} + \varDelta y_{x+\varDelta x} = y_x + 2\varDelta y_x + \varDelta^2 y_x$$

und schließlich

$$y_{x+n\varDelta x} = y_x + \binom{n}{1} \varDelta y_x + \binom{n}{2} \varDelta^2 y_x + \cdots + \binom{n}{n} \varDelta^n y_x. \qquad (2)$$

Die Richtigkeit der allgemein gültigen Gleichungen (1) und (2) beweist man durch den Schluß von n auf $n+1$.

Wir werden bei unseren weiter unten folgenden Entwicklungen die Spanne in der Regel gleich der Einheit setzen, ohne daß durch diese Annahme die Allgemeinheit unserer Darlegungen gefährdet wird, da es immer möglich ist, durch eine einfache lineare Transformation jede beliebige konstante Spanne gleich der Einheit zu machen. Mit $\Delta x = 1$ nehmen die Gleichungen (1) und (2) die Gestalt an:

$$\Delta^n y_x = y_{x+n} - \binom{n}{1} y_{x+n-1} + \binom{n}{2} y_{x+n-2} - \cdots + (-1)^n \binom{n}{n} y_x, \qquad (1')$$

$$y_{x+n} = y_x + \binom{n}{1} \Delta y_x + \binom{n}{2} \Delta^2 y_x + \cdots + \binom{n}{n} \Delta^n y_x. \qquad (2')$$

Die Beziehungen (1) und (2) bzw. (1') und (2') sind unabhängig von der besonderen Art der Funktion $y = f(x)$. Die Ermittlung der aufeinanderfolgenden Differenzen $\Delta f(x)$, $\Delta^2 f(x) \ldots$ einer Funktion $f(x)$ ist immer möglich, sobald die Funktion zumindest für eine Gruppe kongruenter Punkte $\ldots a - \Delta x, \; a, \; a + \Delta x \ldots$ definiert ist[1]). Die Bildung der aufeinanderfolgenden Differenzenquotienten entspricht der Bildung der ersten, zweiten usw. Ableitung in der Differentialrechnung.

Gleichung 2') gestattet eine einfache symbolische Schreibweise. Wir setzen

$$y_{x+n} = (1 + \Delta)^n y_x. \qquad (3)$$

Entwickelt man nämlich $(1 + \Delta)^n$ nach der Binomialformel, wobei man Δ wie eine Zahlgröße behandelt, so erhält man

$$(1 + \Delta)^n y_x = \left[1 + \binom{n}{1} \Delta + \binom{n}{2} \Delta^2 + \cdots + \binom{n}{n} \Delta^n \right] y_x$$

und nach Ausführung der Multiplikation

$$y_{x+n} = y_x + \binom{n}{1} \Delta y_x + \binom{n}{2} \Delta^2 y_x + \cdots + \binom{n}{n} \Delta^n y_x.$$

Diese überraschende Übereinstimmung ist kein zufälliges Zusammentreffen, sondern hat seinen tieferen Grund in der Tatsache, daß das Operationszeichen Δ sich mit sich selbst und mit Zahlgrößen ebenso verknüpft, wie sich wirkliche Größensymbole miteinander verknüpfen[2]).

Wir wollen noch eine von Lagrange herrührende symbolische Schreibweise für $\Delta^n y_x$ (Gl. 1') ableiten, die auf der Tatsache beruht, daß auch das Operationszeichen $\dfrac{d}{dx}$ den gleichen Verknüpfungsgesetzen unterliegt wie das Zeichen Δ.

---

[1]) Wir bezeichnen in Anlehnung an den Begriff der Kongruenz in der Zahlentheorie als kongruente oder kongruent gelegene Punkte solche, die aufeinander folgend je um die Spanne Δx voneinander abstehen.

[2]) Die Operation Δ ist z. B. distributiv und kommutativ und folgt dem Indexgesetz wie die Potenzen, ist also auch assoziativ.

Nach dem Satz von Taylor erhält man mit $h = 1$

$$y_{x+1} = y_x + \frac{1}{1!}\frac{dy_x}{dx} + \frac{1}{2!}\frac{dy_x}{dx} + \cdots$$

oder symbolisch geschrieben

$$y_{x+1} = \left(1 + \frac{1}{1!}\frac{d}{dx} + \frac{1}{2!}\frac{d^2}{dx^2} + \cdots\right) y_x.$$

Sieht man nun $\frac{d}{dx}$ als Zahlgröße an, so stellt die in der Klammer stehende unendliche Reihe nichts anderes als $e^{\frac{d}{dx}}$ vor, so daß wir symbolisch

$$y_{x+1} = e^{\frac{d}{dx}} y_x$$

und daher

$$\Delta y_x = y_{x+1} - y_x = e^{\frac{d}{dx}} y_x - y_x = \left(e^{\frac{d}{dx}} - 1\right) y_x$$

schreiben können. Sonach gilt auch

$$\Delta^n y_x = \left(e^{\frac{d}{dx}} - 1\right)^n y_x. \tag{4}$$

Von den symbolischen Darstellungen (3) und (4) werden wir gelegentlich Gebrauch machen, da sie unter Umständen die Darlegungen in außerordentlicher Weise vereinfachen.

2. Die Summen.

Gegeben sei der Differenzenquotient $\dfrac{\Delta F(x)}{\Delta x} = y_x$. Es ist jene Funktion $F(x)$ zu suchen, deren erste Differenz $y_x \Delta x$ ist[1]. Diese Aufgabe erscheint also als die Umkehrung der Differenzenbildung. $F(x)$ heißt die Summe von y_x. Die Analogie mit dem Vorgang der Integration als der zur Differentiation inversen Operation springt in die Augen. Wir setzen bei den nachfolgenden Untersuchungen, um möglichst allgemein zu sein, voraus, daß x unbeschränkt veränderlich ist, also jeden beliebigen reellen Wert innerhalb des Definitionsbereiches der Funktion y_x annehmen kann.

Um die gestellte Aufgabe zunächst formal zu lösen, beschaffen wir uns eine Funktion $F(x)$, die der Bedingung $F(x + \Delta x) - F(x) = y_x \Delta x$ genügt. Diese Bedingung wird z. B. durch die unendliche Reihe

$$F(x) = -\sum_{\nu=0}^{\infty} [y_{x+\nu\Delta x}\, \Delta x + c_\nu] \tag{5}$$

erfüllt. Die Größen c_ν sind von x unabhängig und stellen eine Funk-

---

[1] In der Regel wird $\Delta x = 1$ sein.

tion des Stellenzeigers ν dar. Wir denken uns die c_ν, falls das möglich ist, so bestimmt, daß die Reihe (5) konvergiert[1]. Wir bilden nun

$$F(x + \Delta x) = -\sum_{\nu=0}^{\infty}[y_{x+(\nu+1)\Delta x}\,\Delta x + c_\nu],$$

und es folgt in der Tat

$$F(x + \Delta x) - F(x) = y_x\,\Delta x.$$

Man kann aber auch setzen

$$F(x) = \sum_{\nu=1}^{\infty}[y_{x-\nu\Delta x}\,\Delta x + c_\nu] \qquad (5')$$

und, wie man sich leicht überzeugt, erfüllt auch dieser Ansatz die Bedingungsgleichung $F(x + \Delta x) - F(x) = y_x\,\Delta x$. Die beiden Ansätze (5) und (5') unterscheiden sich nur um einen von x unabhängigen Betrag, also um eine Konstante voneinander.

Die Reihen (5) und (5') lösen sonach die gestellte Aufgabe. Hat wenigstens eine dieser Reihen einen endlichen Grenzwert, so nennen wir die Funktion y_x summierbar und bezeichnen diesen Grenzwert als **Summe der Funktion** y_x. Zur Kennzeichnung des durch die Reihen (5) bzw. (5') dargestellten Summationsprozesses bedienen wir uns des Operationszeichens § und schreiben

$$F(x) = \S\,y_x\,\Delta x\ {}^{2}).$$

$\S\,y_x\,\Delta x$ stellt, wenn die analytische Funktion y_x summierbar ist, eine durch einen unendlichen Prozeß definierte analytische Funktion vor.

Die vorstehend angegebene Lösung ist aber noch nicht vollständig, da wir in den Ansätzen (5) und (5') noch eine periodische Funktion $\omega(x)$ mit der Periode Δx hätten hinzufügen können. Denn auch dann wäre die Bedingung $F(x + \Delta x) - F(x) = y_x\,\Delta x$ erfüllt gewesen, da wegen der vorausgesetzten Periodizität $\omega(x + \Delta x) = \omega(x)$ ist, weshalb

---

[1]) c_ν ist eine jedem Gliede der unendlichen Reihe beigefügte Konstante, die allerdings von Glied zu Glied ihren Wert ändern kann. c_ν kann auch Null sein. Σc_ν stellt eine endliche oder unendlich große Konstante vor.

[2]) In den meisten Lehrbüchern findet man die Bezeichnung Σy_x für die „Summe". Das oben eingeführte Zeichen (Nörlund) erweist sich als zweckmäßiger, da Verwechslungen mit dem gewöhnlichen Summenzeichen vermieden werden. Selbst in jenen Fällen wo $\Delta x = 1$, und dies ist die Regel, ist es gut, den Faktor Δx immer mitzuführen, um die Dimensionen links und rechts vom Gleichheitszeichen in Einklang zu bringen. $F(x)$ stellt ebenso wie in der Integralrechnung, geometrisch aufgefaßt, eine Fläche vor. Die Notwendigkeit der Mitführung des Faktors Δx erkennt man sofort, wenn man in der Summe eine Transformation der Veränderlichen x durchzuführen sucht. Für „Summe" war früher der Ausdruck „Endliches Integral" (franz. Intégral fini) oder kurz Integral in Gebrauch.

sich die hinzugesetzte periodische Funktion bei der Differenzenbildung weghebt. Wir gewinnen daher die vollständige Lösung in der Form

$$F(x) = \mathcal{S}\, y_x\, \varDelta x + \omega(x).\tag{6}$$

Überblickt man nochmals die vorangehenden Erörterungen, so erkennt man, daß der Begriff „Summe" in zweifacher Weise erklärt werden kann. Erstens als inverse Operation zur Differenzenbildung, zweitens als wirkliche Summe aufeinander folgender Funktionswerte. Wir erinnern, der Analogie wegen, an die doppelte Betrachtungsweise des Integralbegriffes in der Infinitesimalrechnung. Auch dort findet man das Integral einerseits als zum Differentieren inverse Operation, anderseits als Grenzwert einer Summe erklärt. Die tatsächliche Berechnung der Summe $\mathcal{S}\, y_x \varDelta x$ wird von Fall zu Fall von einer der beiden Betrachtungsweisen ausgehen müssen. Dieser Berechnung werden wir aber erst in § 3 nähertreten.

Man nennt sonach eine Funktion $F(x)$ die Summe von $f(x)$, wenn sie im vorgelegten Bereich den Differenzenquotienten $f(x)$ hat. Die Funktion $F(x)$ selbst ist bis auf eine willkürliche periodische Zusatzfunktion $\omega(x)$, die auch als periodische Konstante bezeichnet wird, durch Gl. (5) bzw. (5') eindeutig festgelegt.

Ist die Funktion $f(x)$ nur in einzelnen Punkten, z. B. an den Stellen $\ldots -2,\; -1,\; 0,\; 1,\; 2\ldots$ definiert, dann hat $\omega(x)$ im ganzen Funktionsbereich denselben Wert, ist also eine Konstante. An Stelle der $F(x)$ definierenden unendlichen Reihe kann jetzt, wenn dies zweckmäßig erscheint, auch eine Summe mit beschränkter Gliederzahl treten Ist auch $\varDelta x = 1$, so erhalten wir

$$F(x) = \mathcal{S}\, y_x\, \varDelta x = -\,[y_x + y_{x+1} + \cdots + y_k] + C,\tag{7}$$

wenn man sich die auf y_k folgenden Glieder der Reihe (5) mit C vereinigt denkt. Anderseits gilt aber auch gemäß Gl. (5')

$$F(x) = \mathcal{S}\, y_x\, \varDelta x = y_{x-1} + y_{x-2} + \cdots + y_k + C.\tag{7'}$$

Die Operationen $\varDelta$ und $\mathcal{S}$ sind zueinander invers und heben sich hintereinander ausgeführt auf.

Es ist demnach

$$\varDelta\, \mathcal{S}\, f(x)\, \varDelta x = f(x) \quad \text{und} \quad \mathcal{S}\, \varDelta\, f(x) = f(x),\tag{8}$$

wenn man im letzten Falle die Zusatzfunktion $\omega(x)$ unterdrückt.

Durch Wiederholung des Summationsprozesses geht aus der Summe erster Ordnung, die Summe zweiter Ordnung hervor. Setzt man $Y_x = \mathcal{S}\, y_x\, \varDelta x$, so ist

$$\mathcal{S}^2\, y_x\, \varDelta x = \mathcal{S}\, \varDelta x\, \mathcal{S}\, y_x\, \varDelta x.$$

Durch Verallgemeinerung gelangt man zur Summe n-ter Ordnung

$$S^n\, y_x\, \varDelta_x = S\, \varDelta x\, S\, \varDelta x\, S \cdots S\, y_x\, \varDelta x\,.$$

Die Summen S können symbolisch auch als Differenzen negativer Ordnung aufgefaßt werden. So folgt z. B. aus Gl. (1), wenn man $n = -1$ setzt,

$$\varDelta^{-1} y_x = y_{x-\varDelta x} + y_{x-2\varDelta x} + y_{x-3\varDelta x} + \cdots,$$

$$\varDelta^{-1} y_{x+\varDelta x} = y_x + y_{x-\varDelta x} + y_{x-2\varDelta x} + \cdots.$$

Sonach ist wie gefordert

$$\varDelta^{-1} y_{x+\varDelta x} - \varDelta^{-1} y_x = y_x\,.$$

Es gilt daher gemäß Gl. (4) auch

$$S\, y_x\, \varDelta x = \left(e^{\frac{d}{dx}} - 1\right)^{-1} y_x\,. \tag{9}$$

Setzt man $x = a$ und $\varDelta x = 1$, so wird nach Gl. (5')

$$F(a) = \overset{x=a}{S}\, y_x\, \varDelta x = y_{a-1} + y_{a-2} + \cdots + \omega(a)$$

und mit $x = a + n$, wo n eine ganze Zahl ist,

$$F(a+n) = \overset{x=a+n}{S}\, y_x\, \varDelta x = y_{a+n-1} + y_{a+n-2} + \cdots + y_a + y_{a-1} + \cdots$$
$$+ \omega(a+n),$$

woraus, wegen

$$\omega(a) = \omega(a+n),$$

$$F(a+n) - F(a) = \overset{x=a+n}{S}\, y_x\, \varDelta x - \overset{x=a}{S}\, y_x\, \varDelta x = y_a + y_{a+1} + \cdots + y_{a+n-1}$$

entsteht. Diese Differenz wird in Analogie zum bestimmten Integral als bestimmte Summe bezeichnet. Man schreibt dann

$$\overset{a+n}{\underset{a}{S}}\, y_x\, \varDelta x = F(a+n) - F(a) \tag{10}$$

und nennt $a+n$ die obere, a die untere Grenze der Summe. Somit ist

$$\overset{a+n}{\underset{a}{S}}\, y_x\, \varDelta x = y_a + y_{a+1} + \cdots + y_{a+n-1}{}^1)\,. \tag{11}$$

Die Definition (10) wird bei unbeschränkt veränderlichem x auch auf den Fall übertragen, daß obere und untere Grenze sich nicht um ein ganzes Vielfaches der Spanne $\varDelta x$ unterscheiden. Allgemein gilt somit

$$\overset{b}{\underset{a}{S}}\, y_x\, \varDelta x = F(b) - F(a),$$

wobei a und b beliebige Zahlen sind.

---

1) Man achte darauf, daß bei der oberen Grenze $a+n$ das letzte Glied der Reihe y_{a+n-1} ist.

3. Differenzengleichungen.

Eine Gleichung von der Form

$$F(x, \; y_x, \; \Delta y_x, \; \Delta^2 y_x \ldots \Delta^n y_x) = 0, \tag{12}$$

in der F eine Funktion der unabhängigen Veränderlichen x, der Funktion y_x und der aufeinanderfolgenden Differenzen Δy_x, $\Delta^2 y_x \ldots \Delta^n y_x$ ist, heißt eine Differenzengleichung.

Führt man mit Hilfe der Gl. $(1')$ an Stelle der Differenzen die aufeinanderfolgenden Funktionswerte y_x, $y_{x+1}, \ldots y_{x+n}$ ein, wobei die Spanne $\Delta x = 1$ angenommen werde, so nimmt Gl. (12) die Form

$$\Phi(x, \; y_x, \; y_{x+1}, \; y_{x+2}, \; \ldots \; y_{x+n}) = 0 \tag{13}$$

an. Umgekehrt kann mittels der allgemein gültigen Verknüpfungen $(2')$ aus Gl. (13) wieder die Form (12) hergestellt werden. Wir werden in der Regel die Differenzengleichungen in der Form (13) benützen.

Eine Differenzengleichung definiert im allgemeinen eine oder mehrere Funktionen $y_x = f(x)$, die wir die Lösungen der Differenzengleichung nennen, und die die Eigenschaft haben, daß sie, in die vorgelegte Differenzengleichung eingesetzt, diese identisch (d. h. unabhängig von x) befriedigen. So hat z. B. die Gleichung

$$6\,y_x - 5\,y_{x+1} + y_{x+2} = 0$$

die Lösungen $y_x^{(1)} = 2^x$ und $y_x^{(2)} = 3^x$. Man überzeugt sich, wenn man zunächst 2^x einführt, daß

$$6 \cdot 2^x - 5 \cdot 2^{x+1} + 2^{x+2} = 2^x (6 - 5 \cdot 2 + 2^2) = 0$$

ist. Gleiches findet man mit der Lösung 3^x.

Liegt ein System von r Gleichungen mit r Unbekannten, die mit Ausnahme einer von Fall zu Fall genau bestimmten Zahl von Gleichungen alle die gleiche Form

$$F(k, \; y_k, \; y_{k+1}, \; \ldots \; y_{k+n}) = 0 \quad (k = 1, \; 2, \; \ldots \; r - n)$$

haben, vor, so kann die Gesamtheit dieser Gleichungen durch eine einzige Differenzengleichung $F = 0$ vertreten werden. Die den Ausnahmsgleichungen entsprechend angepaßte Lösung y_x der Differenzengleichung liefert dann mit $x = 1$, 2, $\ldots$ r die Unbekannten y_1, y_2, $\ldots$ y_r des Gleichungssystems. Die Gleichungen z. B.

$$a\,y_1 + y_2 = 0$$
$$\cdot \; \cdot \; \cdot \; \cdot \; \cdot \; \cdot \; \cdot \; \cdot \; \cdot \; \cdot \; \cdot \; \cdot \; \cdot \; \cdot$$
$$y_{k-2} + a(k-1)\,y_{k-1} + y_k \quad = (k-2)^2$$
$$y_{k-1} + \quad\quad a\,k\,y_k \quad + y_{k+1} = (k-1)^2$$
$$y_k \quad + a(k+1)\,y_{k+1} + y_{k+2} = k^2$$
$$\cdot \; \cdot \; \cdot \; \cdot \; \cdot \; \cdot \; \cdot \; \cdot \; \cdot \; \cdot \; \cdot \; \cdot$$
$$y_{r-1} + a\,y_r = 0$$

mit den r Unbekannten

$$y_1, \ y_2, \ \cdots \ y_r,$$

können ersetzt werden durch die Differenzengleichung

$$y_x + a\,(x + 1)\,y_{x+1} + y_{x+2} = x^2,$$

deren allgemeine Lösung y_x unter Berücksichtigung der von der allgemeinen Form abweichenden ersten und letzten Gleichung mit

$$x = 1, \ 2, \ \ldots r$$

die r Unbekannten des vorgelegten Gleichungssystems liefert.

In der Auffassung eines derartigen Gleichungssystems als Differenzengleichung liegt die Bedeutung der Differenzengleichungen für die in diesem Buche in Frage kommenden Anwendungen. Umgekehrt läßt sich jede Differenzengleichung, wenn man den Bereich von x nur auf ganze Zahlen einschränkt, durch ein Gleichungssystem darstellen. Von diesem engen Zusammenhang der Theorie der Differenzengleichungen mit der Lehre von den linearen Gleichungen werden wir bei unseren weiteren Erörterungen auch ausgiebig Gebrauch machen.

Liegt ein System von Differenzengleichungen mit den unbekannten Funktionen y_x, z_x, $u_x \ldots$ vor, wo y_x, z_x, $u_x \ldots$ durchwegs Funktionen derselben Veränderlichen x sind, und sind die Gleichungen derart beschaffen, daß mehrere der unbekannten Funktionen und deren Differenzen nebeneinander in einer Gleichung vorkommen, so heißt die Gleichungsgesamtheit ein **System simultaner Differenzengleichungen**. Die Anzahl der Gleichungen muß gleich der Anzahl der unbekannten Funktionen sein.

4. Differenzen und Summen, sowie Differenzengleichungen bei Funktionen von mehreren Veränderlichen.

Die im vorangehenden entwickelten Begriffe lassen sich ohne besondere Schwierigkeiten auch auf Funktionen mit mehreren Veränderlichen ausdehnen. Wir begnügen uns damit, den Fall der Funktion mit zwei Veränderlichen $z_{x,y} = f(x, y)$ zu betrachten, da die in diesem Buche erörterten Anwendungen nicht über zwei unabhängige Variable hinausgehen. Die Spannen $\varDelta x$ und $\varDelta y$ sind .gleich der Einheit angenommen.

Wir definieren als **partielle Differenzen der Funktion** $z_{x,y}$ nach der Veränderlichen x bzw. y die Differenzen:

$$\varDelta_x z_{x,y} = z_{x+1,\,y} - z_{x,\,y} \quad \text{bzw.} \quad \varDelta_y z_{x,y} = z_{x,\,y+1} - z_{x,\,y}, \qquad (14)$$

wobei im ersten Falle y, im zweiten Falle x als unveränderlich anzusehen ist;

als zweite Differenzen:

$$\Delta_x^2 z_{x,y}=\Delta_x(\Delta_x z_{x,y})=\Delta_x z_{x+1,y}-\Delta_x z_{x,y}\ \ =z_{x+2,y}-2z_{x+1,y}+z_{x,y},$$
$$\Delta_y^2 z_{x,y}=\Delta_y(\Delta_y z_{x,y})=\Delta_y z_{x,y+1}-\Delta_y z_{x,y}\ \ =z_{x,y+2}-2z_{x,y+1}+z_{x,y},\ \Big\}\ (14')$$
$$\Delta_{xy}^2 z_{x,y}=\Delta_x(\Delta_y z_{x,y})=\Delta_y(\Delta_x z_{x,y})=z_{x+1,y+1}-z_{x+1,y}-z_{x,y+1}+z_{x,y}.$$

usw. Die Reihenfolge, in der bei Berechnung höherer Differenzen die Bildung der Differenzen nach x und y erfolgt, ist hierbei gleichgültig.

Wir erklären weiter als zweifache Summe der Funktion $z_{x,y}$ die zweimal hintereinander ausgeführte Summation, wobei das erstemal x als veränderlich, y als fest, das zweitemal y als veränderlich und x als fest anzusehen sind, oder umgekehrt. Also

$$\text{\SS}\, z_{x,y}\,\Delta x\,\Delta y=\text{\S}\,\Delta y\,\text{\S}\,z_{x,y}\,\Delta x=\text{\S}\,\Delta x\,\text{\S}\,z_{x,y}\,\Delta y.$$

Auch hier ist die Reihenfolge gleichgültig. In ähnlicher Weise lassen sich auch Summen höherer Ordnung bilden. Die Beweise und Verallgemeinerungen sind in der gleichen Weise durchzuführen wie bei der Berechnung der partiellen Ableitungen und mehrfachen Integrale in der Infinitesimalrechnung.

Liegt eine Differenzengleichung von der Form

$$F(x,\,y,\,\Delta_x z_{x,y},\,\Delta_y z_{x,y},\,\Delta_x^2 z_{x,y},\,\Delta_y^2 z_{x,y},\,\Delta_{x,y}^2 z_{x,y}\ldots)=0 \qquad (15)$$

vor, in der die unbekannte Funktion $z_{x,y}$ von den beiden Veränderlichen x, y abhängig ist, so heißt diese Gleichung eine partielle Differenzengleichung. Mittels der Beziehungen (14) und (14') können die Differenzen durch die aufeinanderfolgenden Funktionswerte ersetzt werden, und Gl. (15) erhält dann die Gestalt

$$\Phi(x,\,y,\,z_{x,y},\,z_{x+1,y},\,z_{x,y+1},\,z_{x+1,y+1},\,z_{x+2,y}\ldots)=0. \qquad (16)$$

Unsere Untersuchungen und Anwendungen werden stets an die Form (16) anknüpfen.

Jede partielle Differenzengleichung kann ebenso wie eine gewöhnliche Differenzengleichung aus einem System von Gleichungen hervorgehen, das sie dann vertritt. Ihre entsprechend angesetzte allgemeine Lösung liefert dann die Wurzeln des Gleichungssystems.

§ 2. Die Differenzen.

5. Allgemeine Regeln.

Wir wollen zunächst einige einfache Regeln über die Bildung der Differenzen, die sich leicht beweisen lassen, anführen.

Sind $f_1(x)$, $f_2(x)$, $f_3(x)\ldots$ Funktionen von x, so gilt:

$$\Delta\,[f_1(x)+f_2(x)+f_3(x)+\cdots]=\Delta f_1(x)+\Delta f_2(x)+\Delta f_3(x)+\cdots. \qquad (1)$$

Ist c ein Festwert bzw. $\omega(x)$ eine periodische Funktion mit der Periode 1, dann bestehen die Beziehungen

$$\Delta c\,f(x) = c\,\Delta f(x) \quad \text{bzw.} \quad \Delta\,\omega(x)\,f(x) = \omega(x)\,\Delta f(x). \tag{2}$$

Sind $\varphi(x)$ und $\psi(x)$ zwei Funktionen von x, so ist die Differenz des Produktes

$$\Delta\,[\varphi(x)\cdot\psi(x)] = \varphi(x+1)\cdot\psi(x+1) - \varphi(x)\cdot\psi(x)$$
$$= [\varphi(x) + \Delta\varphi(x)]\,\psi(x+1) - \varphi(x)\cdot\psi(x),$$

oder nach Durchführung der Multiplikation

$$\Delta\,[\varphi(x)\cdot\psi(x)] = \varphi(x)\,\Delta\psi(x) + \psi(x+1)\,\Delta\varphi(x). \tag{3}$$

Ebenso findet man für die Differenz des Quotienten zweier Funktionen:

$$\Delta\,\frac{\varphi(x)}{\psi(x)} = \frac{\varphi(x+1)}{\psi(x+1)} - \frac{\varphi(x)}{\psi(x)} = \frac{[\varphi(x)+\Delta\varphi(x)]\,\psi(x) - \varphi(x)\,[\psi(x)+\Delta\psi(x)]}{\psi(x)\,\psi(x+1)}.$$

Sonach ist

$$\Delta\,\frac{\varphi(x)}{\psi(x)} = \frac{\Delta\varphi(x)\,\psi(x) - \Delta\psi(x)\,\varphi(x)}{\psi(x)\,\psi(x+1)}. \tag{4}$$

6. Differenzen bekannter Funktionen.

a) Die Differenz einer Konstanten ist Null.

b) Differenz der Potenz x^n.

Ist n eine ganze positive Zahl, so wird

$$\Delta x^n = (x+1)^n - x^n = \sum_{\nu=1}^{n} \binom{n}{\nu} x^{n-\nu}. \tag{5}$$

Die Differenz einer Potenz mit ganzzahligem positiven Exponenten n ist eine ganze rationale Funktion vom $(n-1)$-sten Grade. Sonach ist auch die Differenz eines Polynoms vom n-ten Grade wieder ein Polynom, aber vom Grade $n-1$. Die n-te Differenz eines Polynoms vom n-ten Grade wird eine Konstante, die $(n+1)$-ste Differenz ist Null.

c) Differenz der Faktorielle.

Mit Faktorielle werden die beiden in der Differenzenrechnung eine wichtige Rolle spielenden Produkte

$$\overset{n}{F}(x) = x(x-1)(x-2)\dots(x-(n-1))$$

und

$$\overset{n}{F}\left(\frac{1}{x}\right) = \frac{1}{x(x+1)(x+2)\dots(x+n-1)}$$

bezeichnet. n ist eine ganze Zahl, x ist stetig veränderlich.

Folgende Formeln sind sehr leicht zu verifizieren:

$$\Delta \overset{n}{F}(x) = n \overset{n-1}{F}(x) = n\,x\,(x-1)(x-2)\ldots(x-(n-2)),$$
$$\Delta^2 \overset{n}{F}(x) = n\,(n-1)\overset{n-2}{F}(x) = n\,(n-1)\,x\,(x-1)(x-2)\ldots(x-(n-3))$$
$$\cdots\cdots\cdots\cdots\cdots\cdots\cdots\cdots\cdots$$
$$\Delta^n \overset{n}{F}(x) = n! \tag{6}$$

sowie

$$\Delta \overset{n}{F}\!\left(\frac{1}{x}\right) = -\,n\,\overset{n+1}{F}\!\left(\frac{1}{x}\right) = \frac{-\,n}{x\,(x+1)(x+2)\ldots(x+n)}. \tag{7}$$

Man beachte die Analogie der Formeln (6) und (7) mit den Formeln für die Ableitung einer Potenz mit ganzzahligem Exponenten, nämlich:

$$\frac{d\,(x^n)}{d\,x} = n\,x^{n-1} \quad \text{und} \quad \frac{d^n\,(x^n)}{d\,x^n} = n!$$

sowie $\qquad\qquad\qquad\qquad\qquad\qquad\qquad\qquad (n < 0)$

$$\frac{d\left(\dfrac{1}{x^n}\right)}{d\,x} = -\,n\left(\frac{1}{x}\right)^{n+1}.$$

Die Bedeutung der Funktionen $\overset{n}{F}(x)$ und $\overset{n}{F}\!\left(\dfrac{1}{x}\right)$ für die Differenzenrechnung wird erst in § 3 deutlich hervortreten.

d) **Differenz des Binomialkoeffizienten** $\left(\begin{smallmatrix} x \\ n \end{smallmatrix}\right)$.

Aus

$$\Delta \binom{x}{n} = \binom{x+1}{n} - \binom{x}{n} = \binom{x}{n-1}\left[\frac{x+1}{n} - \frac{x-n+1}{n}\right]$$

erhält man

$$\Delta \binom{x}{n} = \binom{x}{n-1}. \tag{8}$$

e) **Die Funktion a^x.**

Bedeutet a eine reelle oder komplexe Zahl, so ist

$$\Delta a^x = a^{x+1} - a^x = a^x\,(a-1),$$
$$\Delta^2 a^x = a^x\,(a-1)^2,$$
$$\cdots\cdots\cdots\cdots\cdots\cdots\cdots$$
$$\Delta^n a^x = a^x\,(a-1)^n. \tag{9}$$

Ist allgemeiner $\varphi(x)$ eine Funktion von x, so wird

$$\Delta a^{\varphi(x)} = a^{\varphi(x+1)} - a^{\varphi(x)} = a^{\varphi(x)}\left(a^{\Delta\,\varphi(x)} - 1\right). \tag{9'}$$

f) **Die trigonometrischen Funktionen und Hyperbelfunktionen.**

Man berechnet zunächst

$$\Delta \sin \alpha x = \sin \alpha(x+1) - \sin \alpha x = \sin \alpha x\,(\cos \alpha - 1) + \cos \alpha x \sin \alpha.$$

Nach Einführen des halben Winkels $\frac{\alpha}{2}$ erhält man

$$\varDelta \sin \alpha x = 2 \sin \frac{\alpha}{2} \cos \alpha \left(x + \frac{1}{2}\right) \tag{10}$$

und durch Verallgemeinerung, wenn man

$$\cos \alpha \left(x + \frac{1}{2}\right) = \sin \left(\alpha x + \frac{\alpha + \pi}{2}\right)$$

setzt,

$$\varDelta^n \sin \alpha x = \left(2 \sin \frac{\alpha}{2}\right)^n \sin \left(\alpha x + \frac{n(\alpha + \pi)}{2}\right) \tag{10'}$$

Auf dieselbe Weise gelangt man zu der Verknüpfung

$$\varDelta \cos \alpha x = \cos \alpha (x + 1) - \cos \alpha x = \cos \alpha x (\cos \alpha - 1) - \sin \alpha x \sin \alpha,$$

um nach der Einführung von $\frac{\alpha}{2}$

$$\varDelta \cos \alpha x = - 2 \sin \frac{\alpha}{2} \sin \alpha \left(x + \frac{1}{2}\right) \tag{11}$$

zu gewinnen. Schließlich findet man, wenn man

$$- \sin \alpha \left(x + \frac{1}{2}\right) \quad \text{durch} \quad \cos \left(\alpha x + \frac{\alpha + \pi}{2}\right)$$

ersetzt,

$$\varDelta^n \cos \alpha x = \left(2 \sin \frac{\alpha}{2}\right)^n \cos \left(\alpha x + \frac{n(\alpha + \pi)}{2}\right). \tag{11'}$$

Auf ähnliche Weise läßt sich der allgemeinere Fall
$$\varDelta \sin \varphi(x) \quad \text{und} \quad \varDelta \cos \varphi(x),$$
wo $\varphi(x)$ eine Funktion von x ist, erledigen.

Aus

$$\varDelta \sin \varphi(x) = \sin [\varphi(x) + \varDelta \varphi(x)] - \sin \varphi(x)$$

und

$$\varDelta \cos \varphi(x) = \cos [\varphi(x) + \varDelta \psi(x)] - \cos \varphi(x)$$

erhält man

$$\left.\begin{aligned}
\varDelta \sin \varphi(x) &= 2 \sin \frac{\varDelta \varphi(x)}{2} \cos \left[\varphi(x) + \frac{\varDelta \varphi(x)}{2}\right], \\[2mm]
\varDelta \cos \varphi(x) &= - 2 \sin \frac{\varDelta \varphi(x)}{2} \sin \left[\varphi(x) + \frac{\varDelta \varphi(x)}{2}\right]
\end{aligned}\right\} . \tag{12}$$

Für die Hyperbelfunktionen gewinnt man auf dem gleichen Wege ähnliche Formeln:

$$\left.\begin{aligned}
\varDelta \operatorname{\mathfrak{Sin}} \varphi(x) &= 2 \operatorname{\mathfrak{Sin}} \frac{\varDelta \varphi(x)}{2} \operatorname{\mathfrak{Cof}} \left[\varphi(x) + \frac{\varDelta \varphi(x)}{2}\right] \\[2mm]
\varDelta \operatorname{\mathfrak{Cof}} \varphi(x) &= 2 \operatorname{\mathfrak{Sin}} \frac{\varDelta \varphi(x)}{2} \operatorname{\mathfrak{Sin}} \left[\varphi(x) + \frac{\varDelta \varphi(x)}{2}\right]
\end{aligned}\right\} . \tag{13}$$

§ 3. Die Summen.

7. Allgemeine Regeln.

Während sich die Berechnung der Differenzen bekannter Funktionen sehr einfach gestaltet, gehört die Ermittlung der Summe einer gegebenen Funktion zu den schwierigeren Aufgaben der Differenzenrechnung. Selbst in jenen wenigen Fällen, in denen mit den bekannten elementaren Funktionen das Auslangen gefunden wird, liegt der Weg, der zu dem Ergebnis führt, nicht immer klar zutage. Meist aber definiert die Summe eine neue Transzendente, deren Eigenschaften erst von Fall zu Fall erforscht werden müssen. Hierdurch wird der Summationsprozeß, ähnlich wie der Vorgang der Integration, zu einer Quelle neuer Funktionsklassen. Die Anwendung der endlichen Summen in der Mathematik ist eine vielfache. Für uns kommt in erster Linie die Bedeutung der Summation für die Lösung linearer Differenzengleichungen in Frage.

Wie wir in § 1 gesehen haben, stellt die Summation die Umkehrung der Differenzenbildung vor; wir werden daher zunächst den Versuch machen, durch Umkehrung der in § 2 gewonnenen Gleichungen, Summenformeln zu entwickeln. Vorher sollen aber in Einklang mit dem Vorgang in § 2 einige allgemeine Regeln der Summation klargelegt werden.

Folgende Sätze sind ohne jeden Beweis einleuchtend:

$$\mathop{S}(y_x + z_x + u_x + \cdots)\,\varDelta x = \mathop{S} y_x\,\varDelta x + \mathop{S} z_x\,\varDelta x + \mathop{S} u_x\,\varDelta x, \qquad (1)$$

wo y_x, z_x, u_x Funktionen von x bedeuten. Weiter gilt

$$\mathop{S}\omega(x)\,y_x\,\varDelta x = \omega(x)\mathop{S} y_x\,\varDelta x, \qquad (2)$$

wenn $\omega(x)$ eine periodische Funktion mit der Periode 1 ist.

Aus der Formel für die Differenz eines Produktes (Gl. (3) S. 11) folgt, wenn beiderseits des Gleichheitszeichens summiert wird,

$$\varphi(x)\,\psi(x) = \mathop{S}\varphi(x)\,\varDelta\psi(x)\,\varDelta x + \mathop{S}\psi(x+1)\,\varDelta\varphi(x)\,\varDelta x$$

und daraus

$$\mathop{S}\varphi(x)\,\varDelta\psi(x)\,\varDelta x = \varphi(x)\,\psi(x) - \mathop{S}\psi(x+1)\,\varDelta\varphi(x)\,\varDelta x. \qquad (3)$$

Gl. (3) heißt die Regel der Teilsummation oder partielle Summation.

8. Summenbildung durch Umkehrung.

Wir gehen nun zu den eigentlichen Summenformeln über, wobei wir die willkürliche Zusatzfunktion $\omega(x)$ der Einfachheit wegen weglassen.

a) Die Konstante c.

$$\underset{\circ}{S}\, c\, \Delta x = c\, x, \tag{4}$$

da

$$c\,(x+1) - c\,x = c\,.$$

b) Die Faktoriellen $\overset{n}{F}(x)$ und $\overset{n}{F}\left(\frac{1}{x}\right)$.

Aus Gl. (6) S. 12 geht unmittelbar

$$\underset{\circ}{S}\, x(x-1)(x-2)\ldots(x-(n-2))\,\Delta x = \frac{1}{n}\, x(x-1)(x-2)\ldots(x-(n-1))$$

hervor. Wir ersetzen noch n durch $n+1$ und gewinnen so die wichtige Summenformel

$$\underset{\circ}{S}\, x(x-1)(x-2)\ldots(x-(n-1))\,\Delta x = \frac{1}{n+1}\, x(x-1)(x-2)\ldots(x-n). \tag{5}$$

Gl. (7) liefert durch Umkehrung für $n > 0$[1])

$$\underset{\circ}{S}\, \frac{1}{x(x+1)(x+2)\ldots(x+n)}\,\Delta x = -\frac{1}{n}\, \frac{1}{x(x+1)(x+2)\ldots(x+n-1)}. \tag{6}$$

x kann alle positiven oder negativen Werte, ausgenommen Null und die negativen ganzen Zahlen $\leq n$, annehmen.

Zahlenbeispiel. Mittelst Formel (5) soll die bestimmte Summe

$$\overset{\frac{7}{2}}{\underset{-\frac{1}{2}}{S}}\, x\,(x-1)\,(x-2)\,(x-3)\,\Delta x$$

ermittelt werden. Wir erhalten nach dieser Gleichung, da $n = 4$ ist, wenn wir auf der rechten Seite zuerst $x = \frac{7}{2}$, dann $x = -\frac{1}{2}$ einsetzen,

$$\overset{\frac{7}{2}}{\underset{-\frac{1}{2}}{S}}\, x\,(x-1)(x-2)(x-3)\,\Delta x = \frac{1}{5}\left(\frac{7}{2}\cdot\frac{5}{2}\cdot\frac{3}{2}\cdot\frac{1}{2}\cdot\frac{-1}{2}\right) - \frac{1}{5}\left(\frac{-1}{2}\cdot\frac{-3}{2}\cdot\frac{-5}{2}\cdot\frac{-7}{2}\cdot\frac{-9}{2}\right)$$

$$= \frac{1}{5}\left(-\frac{105}{32}+\frac{945}{32}\right) = \frac{21}{4}\,.$$

Zur Probe bestimmen wir die Summe durch unmittelbares Ausrechnen.

$$\overset{\frac{7}{2}}{\underset{-\frac{1}{2}}{S}}\, x\,(x-1)(x-2)(x-3) = \left(\frac{-1}{2}\cdot\frac{-3}{2}\cdot\frac{-5}{2}\cdot\frac{-7}{2}\right) + \left(\frac{1}{2}\cdot\frac{-1}{2}\cdot\frac{-3}{2}\cdot\frac{-5}{2}\right)$$

$$+ \left(\frac{3}{2}\cdot\frac{1}{2}\cdot\frac{-1}{2}\cdot\frac{-3}{2}\right) + \left(\frac{5}{2}\cdot\frac{3}{2}\cdot\frac{1}{2}\cdot\frac{-1}{2}\right)$$

$$= \frac{105}{16} - \frac{15}{16} + \frac{9}{16} - \frac{15}{16} = \frac{21}{4}\,.$$

---

[1]) Für $n = 0$ versagt Gl. (6), es tritt der Ausnahmsfall $\underset{\circ}{S}\, \frac{\Delta x}{x}$ ein, der eine neue Transzendente definiert. (Siehe S. 33.) Hier tritt die bereits oben erwähnte Analogie mit der Funktion x^n deutlich hervor. Auch $\int \frac{dx}{x}$ bedeutet einen Ausnahmsfall.

Man achte darauf, daß bei der Bildung der Reihe $x = -\frac{1}{2},\ \frac{1}{2},\ \frac{3}{2},\ \frac{5}{2}$ gesetzt wurde: Das der oberen Grenze $\frac{7}{2}$ entsprechende Glied gehört nicht mehr zur Summe. Siehe die Fußnote auf S. 7.

c) Die Summe des Binomialkoeffizienten $\binom{x}{n}$.

Aus Gl. (8) S. 12 liest man ohne weiteres ab:

$$\mathcal{S}\binom{x}{n}\,\varDelta x = \binom{x}{n+1}\,.\tag{7}$$

d) Die Funktion a^x.

Die Gl. (9) aus § 2 liefert durch Umkehrung

$$\mathcal{S}\,a^{x}\,\varDelta x = \frac{a^x}{a-1}\,,\tag{8}$$

gültig für alle Werte $a \neq 1$.

e) Die trigonometrischen Funktionen und Hyperbel-funktionen.

Aus den Gl. (12) S. 13 erhält man ohne Schwierigkeit mit $\varphi(x) = \alpha x + \beta$

$$\sin(\alpha x + \beta) = 2\sin\frac{\alpha}{2}\,\mathcal{S}\cos\left[\alpha\left(x+\frac{1}{2}\right)+\beta\right]\varDelta x$$

und

$$\cos(\alpha x + \beta) = -2\sin\frac{\alpha}{2}\,\mathcal{S}\sin\left[\alpha\left(x+\frac{1}{2}\right)+\beta\right]\varDelta x.$$

Führt man eine neue Veränderliche $z = x + \frac{1}{2}$ ein, so gewinnt man die Summenformeln

$$\left.\begin{aligned}
\mathcal{S}\sin(\alpha z + \beta)\,\varDelta z &= -\,\frac{\cos\left[\alpha\left(z-\frac{1}{2}\right)+\beta\right]}{2\sin\frac{\alpha}{2}}\\[2ex]
\mathcal{S}\cos(\alpha z + \beta)\,\varDelta z &= \frac{\sin\left[\alpha\left(z-\frac{1}{2}\right)+\beta\right]}{2\sin\frac{\alpha}{2}}
\end{aligned}\right\}\,.\tag{9}$$

Mit Hilfe der Beziehungen

$$\sin^2\alpha x = \frac{1}{2}(1 - \cos 2\alpha x),\qquad \cos^2\alpha x = \frac{1}{2}(1 + \cos 2\alpha x)$$

$$\sin\alpha x \cos\alpha x = \frac{1}{2}\sin 2\alpha x$$

leiten wir noch die Summenformeln für

$$\mathcal{S}\sin^2\alpha x\,\varDelta x,\qquad \mathcal{S}\cos^2\alpha x\,\varDelta x\quad\text{und}\quad \mathcal{S}\sin\alpha x\cos\alpha x\,\varDelta x$$

ab. Man erhält:

$$\underset{0}{\overset{}{\text{S}}}\sin^2\alpha x\,\varDelta x=\frac{1}{2}\underset{0}{\overset{}{\text{S}}}\varDelta x-\frac{1}{2}\underset{0}{\overset{}{\text{S}}}\cos 2\,\alpha x\,\varDelta x=\frac{x}{2}-\frac{\sin\alpha\,(2\,x-1)}{4\sin\alpha}$$

$$\underset{0}{\overset{}{\text{S}}}\cos^2\alpha x\,\varDelta x=\frac{1}{2}\underset{0}{\overset{}{\text{S}}}\varDelta x+\frac{1}{2}\underset{0}{\overset{}{\text{S}}}\cos 2\,\alpha x\,\varDelta x=\frac{x}{2}+\frac{\sin\alpha\,(2\,x-1)}{4\sin\bar\alpha}$$

$$\underset{0}{\overset{}{\text{S}}}\sin\alpha x\cos\alpha x\,\varDelta x=\frac{1}{2}\underset{0}{\overset{}{\text{S}}}\sin 2\,\alpha x\,\varDelta x=-\frac{\cos\alpha\,(2\,x-1)}{4\sin\alpha}$$
$$\tag{10}$$

Damit ergeben sich die häufig gebrauchten Summenausdrücke

$$\sum_{x=0}^{n}\sin^2\alpha x=\underset{0}{\overset{n+1}{\text{S}}}\sin^2\alpha x\,\varDelta x=\frac{n+1}{2}-\frac{\sin\alpha\,(2\,n+1)+\sin\alpha}{4\sin\alpha}$$

$$\sum_{x=0}^{n}\cos^2\alpha x=\underset{0}{\overset{n+1}{\text{S}}}\cos^2\alpha x\,\varDelta x=\frac{n+1}{2}+\frac{\sin\alpha\,(2\,n+1)+\sin\alpha}{4\sin\alpha}$$

$$\sum_{x=0}^{n}\sin\alpha x\cos\alpha x=\underset{0}{\overset{n+1}{\text{S}}}\sin\alpha x\cos\alpha x\,\varDelta x=-\frac{\cos\alpha\,(2\,n+1)-\cos\alpha}{4\sin\alpha}$$
$$\tag{10$'$}$$

Für die Hyperbelfunktionen erhält man in der gleichen Weise wie oben:

$$\underset{0}{\overset{}{\text{S}}}\operatorname{\mathfrak{Sin}}(\alpha z+\beta)\,\varDelta z=\frac{\operatorname{\mathfrak{Cof}}\left[\alpha\left(x-\frac{1}{2}\right)+\beta\right]}{2\operatorname{\mathfrak{Sin}}\frac{\alpha}{2}}$$

$$\underset{0}{\overset{}{\text{S}}}\operatorname{\mathfrak{Cof}}(\alpha z+\beta)\,\varDelta z=\frac{\operatorname{\mathfrak{Sin}}\left[\alpha\left(x-\frac{1}{2}\right)+\beta\right]}{2\operatorname{\mathfrak{Sin}}\frac{\alpha}{2}}$$
$$\tag{11}$$

9. Ganze rationale Funktionen.

Mit der Wiedergabe der Formeln (5) bis (9) haben wir alle Möglichkeiten erschöpft, aus den in § 2 abgeleiteten Differenzen durch das Verfahren der Umkehrung, Summenformeln zu entwickeln. Dieser Vorgang versagt bereits bei der Funktion x^n. Doch liegt der Gedanke nahe, die Potenz durch Faktorielle auszudrücken, um die Summation durchführen zu können.

Jede ganze rationale Funktion

$$f(x)=a_0+a_1 x+a_2 x^2+\cdots+a_n x^n \tag{12}$$

kann durch Faktorielle in der Form

$$f(x)=A_0+A_1 x+A_2 x(x-1)+A_3 x(x-1)(x-2)+\cdots$$
$$+A_n x(x-1)\ldots(x-(n-1)) \tag{13}$$

eindeutig dargestellt werden, wobei A_0, A_1, A_2 ... A_n Festwerte vorstellen. Zwecks Berechnung der Beiwerte A_0, A_1, ... A_n aus den gegebenen Beiwerten a_0, a_1 ... a_n gehen wir folgendermaßen vor:

Die k-te Differenz der Funktion $f(x)$ in der Form (13) lautet

$$\Delta^k f(x) = A_k\, k(k-1)\ldots 2\cdot 1 + A_{k+1}(k+1)k\ldots 3\cdot 2\, x + \cdots$$
$$+\, n(n-1)\ldots(n-(k-1))\, A_n\, x(x-1)\ldots(x-(n-k-1)).$$

Setzt man nun $x = 0$, so verschwinden auf der rechten Seite alle Glieder bis auf das erste, da sie sämtlich den Faktor x enthalten, und man erhält daher

$$A_k = \frac{\Delta^k f(o)}{k!}. \tag{14}$$

Ermittelt man daher aus der gegebenen Funktion $f(x)$ in der Form (12) die aufeinanderfolgenden Differenzen $\Delta f(x)$, $\Delta^2 f(x) \ldots \Delta^n f(x)$ nach der Formel (1') von Seite 3, so erhält man mit $x = 0$ der Reihe nach die Beiwerte

$$A_1 = \frac{\Delta f(o)}{1!}, \qquad A_2 = \frac{\Delta^2 f(o)}{2!}, \ldots A_n = \frac{\Delta^n f(o)}{n!}.$$

Außerdem ist $A_0 = a_0$.

Es ist somit

$$f(x) = a_0 + \frac{\Delta f(o)}{1!}\, x + \frac{\Delta^2 f(o)}{2!}\, x(x-1) + \cdots$$
$$+\, \frac{\Delta^n f(o)}{n!}\, x(x-1)\ldots(x-(n-1))\,{}^1).$$

In dieser Form ist die Summation mittels der Formel (5) leicht durchführbar.

Wir nehmen als erstes Beispiel

$$f(x) = x$$

und gewinnen nach Gleichung (5) mit $n = 1$

$$\underset{}{\text{S}}\, x\, \Delta x = \frac{x(x-1)}{2}, \tag{15}$$

die bekannte Summenformel der arithmetischen Reihe.

Mit

$$f(x) = x^2$$

wird

$$\Delta f(o) = [(x+1)^2 - x^2]_{x=0} = 1,$$
$$\Delta^2 f(o) = [(x+2)^2 - 2(x+1)^2 + x^2]_{x=0} = 2;$$

daher erhält man

$$A_1 = \frac{\Delta f(o)}{1!} = 1, \qquad A_2 = \frac{\Delta^2 f(o)}{2!} = 1,$$

woraus, da $A_0 = 0$ ist,

$$f(x) = x^2 = x + x(x-1)$$

____

1) Diese Gleichung stellt eigentlich nichts anderes als die bekannte Newtonsche Interpolationsformel in Anwendung auf eine ganze rationale Funktion dar.

und somit

$$\mathop{S} x^2 \varDelta x = \frac{1}{2} x(x-1) + \frac{1}{3} x(x-1)(x-2) = \frac{x(x-1)(2x-1)}{6}. \quad (16)$$

Ebenso leiten wir für
$$f(x) = x^3$$
$$\varDelta f(0) = [(x+1)^3 - x^3]_{x=0} = 1,$$
$$\varDelta^2 f(0) = [(x+2)^3 - 2(x+1)^3 + x^3]_{x=0} = 6,$$
$$\varDelta^3 f(0) = [(x+3)^3 - 3(x+2)^3 + 3(x+1)^3 - x^3]_{x=0} = 6$$

ab. Somit ist

$$A_1 = \frac{\varDelta f(0)}{1!} = 1, \quad A_2 = \frac{\varDelta^2 f(0)}{2!} = 3, \quad A_3 = \frac{\varDelta^3 f(0)}{3!} = 1, \quad A_0 = 0,$$

womit $f(x)$ in der Form

$$f(x) = x^3 = x + 3x(x-1) + x(x-1)(x-2)$$

erscheint. Die Summenbildung liefert schließlich

$$\mathop{S} x^3 \varDelta x = \frac{1}{2} x(x-1) + x(x-1)(x-2)$$
$$+ \frac{1}{4} x(x-1)(x-2)(x-3) = \frac{x^2(x-1)^2}{4}. \quad (17)$$

Auf dem gleichen Wege findet man

$$\mathop{S} x^4 \varDelta x = \frac{x(x-1)(2x-1)(3x^2-3x-1)}{30}.$$

In allen diesen Formeln kann x jeden beliebigen reellen Wert annehmen.

Benützt man die voranstehend entwickelten Summenformeln, um die bestimmten Summen mit der unteren Grenze 1 und der oberen Grenze n zu berechnen, so erhält man folgende Formeln für die Summe der Potenzen der aufeinanderfolgenden ganzen Zahlen:

$$\left.\begin{aligned}
\sum_{1}^{n-1} x &= 1 + 2 + 3 + \cdots + (n-1) = \frac{n(n-1)}{2} \\[2ex]
\sum_{1}^{n-1} x^2 &= 1^2 + 2^2 + 3^2 + \cdots + (n-1)^2 = \frac{n(n-1)(2n-1)}{6} \\[2ex]
\sum_{1}^{n-1} x^3 &= 1^3 + 2^3 + 3^3 + \cdots + (n-1)^3 = \frac{n^2(n-1)^2}{4} \\[2ex]
\sum_{1}^{n-1} x^4 &= 1^4 + 2^4 + 3^4 + \cdots + (n-1)^4 \\[1ex]
&= \frac{n(n-1)(2n-1)(3n^2-3n-1)}{30}
\end{aligned}\right\} \quad (18)$$

Im folgenden Absatz **10** werden wir eine zweite Formel für die Berechnung der Summe von x^n kennen lernen.

10. Bernoullische Zahlen und Polynome.

Die Summe $\S\, n\, x^{n-1}\, \varDelta\, x$, wo n eine positive ganze Zahl, ist, wie wir gesehen haben, ein Polynom n-ten Grades, das wir unter Hinzufügung einer bestimmten Konstanten mit $B_n(x)$ bezeichnen wollen. Zur Berechnung von $B_n(x)$ schlagen wir hier folgenden Weg ein: Aus der Definition der Summe folgt

$$B_n(x+1) - B_n(x) = n\,x^{n-1}. \tag{19}$$

Setzt man nun

$$B_n(x) = A_0\, x^n + A_1\, x^{n-1} + \cdots + A_{n-1}\, x + A_n$$

und daher

$$B_n(x+1) = A_0(x+1)^n + A_1(x+1)^{n-1} + \cdots + A_{n-1}(x+1) + A_n,$$

wo A_0, $A_1 \ldots A_n$ Konstanten sind, so entsteht, wenn man in der Gleichung für $B_n(x+1)$ rechts nach der Binomialformel entwickelt, die Differenz $B_n(x+1) - B_n(x)$ bildet und nach Potenzen von x ordnet,

$$x^{n-1}\left[\binom{n}{1}A_0\right] + x^{n-2}\left[\binom{n}{2}A_0 + \binom{n-1}{1}A_1\right] + \cdots$$

$$+ x^{n-i}\left[\binom{n}{i}A_0 + \binom{n-1}{i-1}A_1 + \binom{n-2}{i-2}A_2 + \cdots\right.$$

$$+ \left.\binom{n-i+1}{1}A_{i-1}\right] + \cdots + x\left[\binom{n}{n-1}A_0 + \binom{n-1}{n-2}A_1 + \cdots\right.$$

$$+ \left.\binom{2}{1}A_{n-2}\right] + \left[\binom{n}{n}A_0 + \binom{n-1}{n-1}A_1 + \cdots + A_{n-1}\right].$$

Es muß daher, wie die Koeffizientenvergleichung lehrt,

$$\binom{n}{1}A_0 = n \qquad \text{oder} \qquad A_0 = 1$$

sein, während alle anderen Klammerausdrücke verschwinden. Wir haben sonach

$$\binom{n}{i}A_0 + \binom{n-1}{i-1}A_1 + \binom{n-2}{i-2}A_2 + \cdots + \binom{n-i+1}{1}A_{i-1} = 0.$$

$$(i = 2,\, 3\, \ldots\, n).$$

Führt man neue Zahlen B_ν durch die Verknüpfung

$$A_\nu = \binom{n}{\nu}B_\nu \qquad\qquad (\nu = 0,\, 1,\, \ldots\, n-1)$$

ein, und beachtet, daß

$$\binom{n-z}{i-z}\binom{n}{z} = \binom{n}{i}\binom{i}{z},$$

so erhält man folgende Gleichungen zur Berechnung der Beiwerte B_ν

$$\binom{n}{i}\left[\binom{i}{0}B_0 + \binom{i}{1}B_1 + \binom{i}{2}B_2 + \cdots + \binom{i}{i-1}B_{i-1}\right] = 0. \tag{20}$$

Damit ist eine Rekursionsformel für die Zahlen B_0, B_1, B_2 usw. gefunden, die von n unabhängig ist, weshalb auch die B_ν von n unabhängig sind.

Wir erhalten schließlich entsprechend dem obigen Ansatz für $B_n(x)$ die gesuchte Funktion in der Form

$$B_n(x) = \sum_{\nu=0}^{n} \binom{n}{\nu} B_\nu\, x^{n-\nu}. \tag{21}$$

B_0, $B_1 \ldots B_n$ sind rationale Zahlen, sie heißen die Bernoullischen Zahlen. Die Funktionen $B_n(x) = \S\, n\, x^{n-1}\, \varDelta\, x$ nennt man Bernoullische Funktionen[1]). Für $x = 0$ wird $B_n(x) = B_n$.

Jede der Zahlen B_ν kann aus ihren vorangehenden durch die Verknüpfung (20), in knapperer Schreibweise

$$\sum_{i=0}^{\nu-1} \binom{\nu}{i} B_i = 0, \qquad \nu = 2, 3 \ldots \tag{20'}$$

gefunden werden. Hierbei ist $B_0 = 1$ zu setzen.

Man berechnet so:

$$B_0 + 2\,B_1 = 1 + 2\,B_1 = 0, \qquad\qquad B_1 = -\frac{1}{2}$$

$$B_0 + 3\,B_1 + 3\,B_2 = 1 - 3\,\frac{1}{2} + 3\,B_2 = 0, \qquad\qquad B_2 = \frac{1}{6}$$

$$B_0 + 4\,B_1 + 6\,B_2 + 4\,B_3 = 1 - \frac{4}{2} + \frac{6}{6} + 4\,B_3 = 0, \quad B_3 = 0$$

$$B_0 + 5\,B_1 + 10\,B_2 + 10\,B_3 + 5\,B_4 = 1 - \frac{5}{2} + \frac{10}{6}$$
$$+ 0 + 5\,B_4 = 0, \quad B_4 = -\frac{1}{30}$$

$$B_0 + 6\,B_1 + 15\,B_2 + 20\,B_3 + 15\,B_4 + 6\,B_5$$
$$= 1 - \frac{6}{2} + \frac{15}{6} + 0 - \frac{15}{30} + 6\,B_5 = 0, \quad B_5 = 0$$

In derselben Weise:

$$B_6 = \frac{1}{42}, \quad B_7 = 0, \quad B_8 = -\frac{1}{30}, \quad B_9 = 0, \quad B_{10} = \frac{5}{66}.$$

Die Bernoullischen Zahlen nehmen bis B_6 ab, um von da an sehr rasch zu wachsen.

---

[1]) Jakob Bernoulli hat sich um 1680 mit dem Problem der Summation der Potenzen der ganzen Zahlen beschäftigt und die allgemeine Form für Σx^n ohne Beweis angegeben. Die Bezeichnung Bernoullische Zahlen rührt von Euler her.

Nach Formel (21) ergeben sich die ersten Polynome wie folgt:

$$B_0(x) = 1, \qquad B_1(x) = x - \frac{1}{2}, \qquad B_2(x) = x(x-1) + \frac{1}{6},$$

$$B_3(x) = x(x-1)\left(x - \frac{1}{2}\right), \qquad B_4(x) = x^2(x-1)^2 - \frac{1}{30},$$

$$B_5(x) = x(x-1)\left(x - \frac{1}{2}\right)\left(x^2 - x - \frac{1}{3}\right).$$

Der Vollständigkeit halber mögen einige kennzeichnende Eigenschaften der Bernoullischen Polynome, die in der Differenzenrechnung eine wichtige Rolle spielen, aber auch in anderen Teilen der Mathematik Bedeutung haben, kurz dargelegt werden.

Differentiiert man Gl. (21) nach x, so entsteht

$$\frac{dB_n(x)}{dx} = B_0 \, n \, x^{n-1} + B_1 \, n \binom{n-1}{1} x^{n-2} + \cdots + n \binom{n-1}{n-1} B_{n-1};$$

es gilt daher die einfache Verknüpfung

$$\frac{dB_n(x)}{dx} = n\,B_{n-1}(x). \tag{22}$$

Umgekehrt folgt aus dieser Formel

$$\int\limits_{x}^{x+1} B_n(z)\,dz = \frac{B_{n+1}(x+1) - B_{n+1}(x)}{n+1} = x^n.$$

Setzt man bei $n > 0$ der Reihe nach $x = 0, 1, 2, \ldots \lambda - 1$ und addiert, so entsteht

$$1^n + 2^n + 3^n + \cdots + (\lambda - 1)^n = \int\limits_{0}^{\lambda} B_n(z)\,dz = \frac{B_{n+1}(\lambda) - B_{n+1}}{n+1}.$$

Damit ist der Zusammenhang zwischen den Bernoullischen Polynomen und den oben abgeleiteten Summenformeln für die Potenzen der ganzen Zahlen aufgedeckt.

Aus der Definition der Summe in Abschnitt 2, Gl. (5′) S. 5 folgt, wenn wir $y_x = x^{n-1}$ setzen,

$$f(x) = (x-1)^{n-1} + (x-2)^{n-1} + \cdots,$$
$$f(x+1) = x^{n-1} + (x-1)^{n-1} \qquad + \cdots,$$

woraus

$$f(x+1) - f(x) = x^{n-1}$$

folgt; ebenso kann aber angesetzt werden, Gl. (5) S. 4

$$\bar{f}(x) = -\left[x^{n-1} + (x+1)^{n-1} \qquad + \cdots\right],$$
$$\bar{f}(x+1) = -\left[(x+1)^{n-1} + (x+2)^{n-1} + \cdots\right],$$

so daß wieder

$$\bar{f}(x+1) - \bar{f}(x) = x^{n-1}$$

ist.

Nun kann in unserem Falle $\bar{f}(x)$ aus $f(x)$ erhalten werden, wenn man in $f(x)$, x für $1-x$ substituiert. Es wird dann

$$f(1-x) = (1-x-1)^{n-1} + (1-x-2)^{n-1} + \cdots$$
$$= (-1)^{n-1}[x^{n-1} + (x+1)^{n-1} \quad + \cdots]$$

oder

$$f(1-x) = (-1)^n \bar{f}(x).$$

Ist also $B_n(x)$ eine Lösung der Gleichung

$$f(x+1) - f(x) = n\,x^{n-1},$$

so ist auch $(-1)^n B_n(1-x)$ eine Lösung dieser Gleichung, weshalb die fundamentale Beziehung, der sogenannte Ergänzungssatz der Bernoullischen Funktionen

$$B_n(x) = (-1)^n B_n(1-x) \tag{23}$$

besteht.

Die Linie $B_n(x)$ ist daher für gerade n symmetrisch zu der durch $x = \frac{1}{2}$ gehenden Ordinate und für ungerade n spiegelsymmetrisch zu Punkt $x = \frac{1}{2}$.

Führt man in Gl. (23) $x = 0$ ein, so wird für ungerade n

$$B_n(0) = -B_n(1);$$

anderseits gilt aber für $n > 1$ auch die Definitionsgleichung

$$\varDelta B_n(x) = n\,x^{n-1},$$

die mit $x = 0$ die Bedingung

$$B_n(1) = B_n(0)$$

liefert. Beide Gleichungen können nur erfüllt sein, wenn $B_n(0)$ und $B_n(1)$ Null sind. Da $B_n(0) = B_n$, so gilt, daß alle Bernoullischen Zahlen mit ungeradem Index, $n > 1$, Null sein müssen. Bei geradem Index ist $B_n(1) = B_n$. In Abb. 2 bis 5, S. 24, sind die Polynome $B_1(x)$, $B_2(x)$, $B_3(x)$ und $B_4(x)$ dargestellt. Alle Polynome mit ungeradem Zeiger $n > 3$ haben für $0 \leqq x \leqq 1$ drei Nullstellen bei $x = 0, \frac{1}{2}, 1$.

Zum Schlusse wollen wir noch eine Potenzreihendarstellung der Funktion

$$f(t) = \frac{1}{e^t - 1}$$

vorführen, in der die Bernoullischen Zahlen als Koeffizienten auftreten, da wir von dieser Entwicklung an anderer Stelle Gebrauch machen werden. Führt man in $f(t)$ die Division wirklich aus, so erhält man zunächst folgende Glieder

$$\frac{1}{e^t-1} = \frac{1}{t+\frac{t^2}{2!}+\frac{t^3}{3!}+\cdots} = \frac{1}{t}-\frac{1}{2}+\frac{t}{12}-\frac{t^3}{720}+\cdots.$$

Wir setzen daher, um die allgemeine Form der Koeffizienten der Entwicklung kennen zu lernen,

$$\left(t+\frac{t^2}{2!}+\frac{t^3}{3!}+\cdots\right)\left(\frac{A_0}{t}+A_1+A_2\,t+A_3\,t^3+\cdots\right)=1,$$

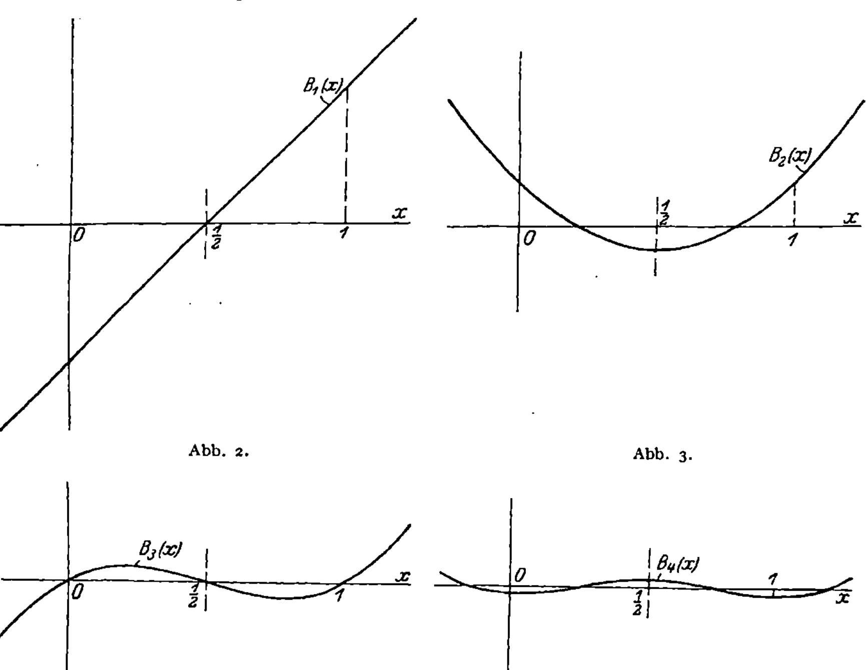

Abb. 2.   Abb. 3.

Abb. 4.   Abb. 5.

führen die Multiplikation aus und gewinnen, wenn wir die Glieder mit gleich hohen Potenzen von t zusammenfassen,

$$1+t\left(\frac{A_0}{2!}+\frac{A_1}{1!}\right)+t^2\left(\frac{A_0}{3!}+\frac{A_1}{2!}+\frac{A_2}{1!}\right)+\cdots$$

$$+t^{i-1}\left(\frac{A_0}{i!}+\frac{A_1}{(i-1)!}+\frac{A_2}{(i-2)!}+\cdots+\frac{A_{i-1}}{1!}\right)+\cdots=1.$$

Zur schrittweisen Bestimmung der Beiwerte A haben wir daher die Gleichungen

$$\frac{A_0}{i!}+\frac{A_1}{(i-1)!}+\frac{A_2}{(i-2)!}+\cdots+\frac{A_{i-1}}{1!}=0, \qquad i=2, 3, 4\cdots$$

wobei $A_0 = 1$ ist. Wir setzen jetzt

$$A_\nu = \frac{B_\nu}{\nu!},$$

und erhalten

$$\frac{1}{i!}\left[B_0 + \frac{i\,B_1}{1} + \frac{i\,(i-1)\,B_2}{1\cdot 2} + \cdots + \frac{i\,(i-1)\ldots 3\cdot 2\,B_{i-1}}{1\cdot 2\ldots (i-1)}\right] = 0.$$

Diese Gleichungen stimmen aber genau mit der oben gewonnenen Rekursionsformel der Bernoullischen Zahlen, Gl. (20), überein. Die hier eingeführten Zahlen B_ν sind daher die Bernoullischen Zahlen. Es folgt somit für $f(t)$ die Reihendarstellung

$$\frac{1}{e^t - 1} = t^{-1} + \frac{B_1}{1!} + \frac{B_2}{2!}\,t + \frac{B_4}{4!}\,t^3 + \frac{B_6}{6!}\,t^5 + \cdots. \tag{24}$$

Die Beiwerte dieser Reihe $\frac{B_\nu}{\nu!}$ nehmen stetig ab. Es ist

$$\lim_{\nu \to \infty} \frac{B_{2\nu}}{B_{2\nu-2}} \cdot \frac{(2\nu-2)!}{2\nu!} = \frac{1}{4\pi^2},$$

daher konvergiert die Reihe, wenn $|t| < 2\pi$.

11. Gebrochene rationale Funktionen.

Die zu summierende Funktion habe die Form

$$f(x) = \varphi(x) \prod_{\nu=0}^{n} \frac{1}{x+\nu} = \frac{\varphi(x)}{x\,(x+1)\,(x+2)\ldots(x+n)},$$

wobei $\varphi(x)$ ein Polynom vom m-ten Grade ist, während der Nenner vom Grade $n+1$ ist. Drei Fälle müssen unterschieden werden:

$$1.\ m < n, \qquad 2.\ m = n, \qquad 3.\ m > n.$$

Im ersten Fall läßt sich die Summe durch rationale Funktionen darstellen, im Falle 2 und 3 ist dies im allgemeinen nicht mehr möglich. Wir betrachten zunächst Fall 1, wo $m < n$ ist.

1. Fall, $m < n$. Mit Rücksicht auf die Form des Nenners liegt es nahe, dem Zähler die Gestalt

$$\begin{aligned}
\varphi(x) = A_0 &+ A_1\,(x+n) + A_2\,(x+n)(x+n-1) + \cdots \\
&+ A_k\,(x+n)\cdots(x+n-k+1) + \cdots \\
&+ A_m\,(x+n)\cdots(x+n-m+1)
\end{aligned}$$

zu geben. Die Ermittlung der Beiwerte $A_1, A_2 \ldots A_m$ erfolgt durch ähnliche Überlegungen wie oben.

Wir bilden die aufeinanderfolgenden Differenzen der Funktion $\varphi(x)$ und finden für die k-te Differenz, wie auf S. 18 oben,

$$\begin{aligned}
\Delta^k \varphi(x) = A_k\,k(k-1)&\ldots 2\cdot 1 + A_{k+1}(k+1)\,k \ldots 3\cdot 2\,(x+n) + \cdots \\
&+ m(m-1)\ldots(m-k+1)\,A_m\,(x+n)\ldots(x+n-m+k+1).
\end{aligned}$$

Setzt man jetzt $x = -n$, so werden im Ausdruck für $\Delta^k \varphi(x)$ alle Glieder bis auf das erste zum Verschwinden gebracht, und man erhält für den Beiwert A_k die Beziehung

$$A_k = \frac{\Delta^k \varphi(-n)}{k!}.$$ (25)

Die Differenzen $\Delta^k \varphi(-n)$ können wie oben mittels der Formel (1') S. 3 aus dem Zähler $\varphi(x) = a_0 + a_1 x + a_2 x^2 + \cdots + a_m x^m$ leicht berechnet werden. $A_0 = a_0$. Man erhält schließlich $f(x)$ in der Gestalt

$$f(x) = \frac{A_0}{x(x+1)\ldots(x+n)} + \frac{A_1}{x(x+1)\ldots(x+n-1)} + \cdots$$
$$+ \frac{A_m}{x(x+1)\ldots(x+n-m)},$$

und daraus

$$\underset{\mathcal{S}}{} f(x)\,\Delta x = \frac{-A_0}{n\,x(x+1)\ldots(x+n-1)} + \frac{-A_1}{(n-1)\,x(x+1)\ldots(x+n-2)} + \cdots$$
$$+ \frac{-A_m}{(n-m)\,x(x+1)\ldots(x+n-m-1)}.$$ (26)

Beispiel: Es sei

$$f(x) = \frac{x^2 + 3x + 1}{x(x+1)(x+2)(x+3)}.$$

Hier ist $n = 3$ und $m = 2$. Aus $\varphi(x) = x^2 + 3x + 1$ bestimmt man zunächst

$$\frac{\Delta \varphi(-3)}{1!} = \left[(x+1)^2 + 3(x+1) - x^2 - 3x\right]_{x=-3} = -2,$$

$$\frac{\Delta^2 \varphi(-3)}{2!} = \frac{1}{2!}\left[(x+2)^2 + 3(x+2) - 2(x+1)^2 - 2\cdot 3\cdot(x+1)\right.$$
$$\left. + x^2 + 3x\right]_{x=-3} = 1.$$

Sonach ist

$$f(x) = \frac{1}{x(x+1)(x+2)(x+3)} - \frac{2}{x(x+1)(x+2)} + \frac{1}{x(x+1)}.$$

Die Summation ergibt

$$\underset{\mathcal{S}}{} f(x)\,\Delta x = \frac{-1}{3\,x(x+1)(x+2)} - \frac{-2}{2\,x(x+1)} + \frac{-1}{x},$$

oder nach Zusammenfassung

$$\underset{\mathcal{S}}{} \frac{x^2 + 3x + 1}{x(x+1)(x+2)(x+3)}\,\Delta x = -\frac{3x^2 + 6x + 1}{3\,x(x+1)(x+2)}.$$

2. Fall, $m = n$. Wir gehen genau so vor, wie vorstehend geschildert, und erhalten, wenn wir $m = n$ setzen,

$$\underset{\mathcal{S}}{} f(x)\,\Delta x = \frac{-A_0}{n\,x(x+1)\ldots(x+n-1)}$$
$$+ \frac{-A_1}{(n-1)\,x(x+1)\ldots(x+n-2)} + \cdots + A_n \underset{\mathcal{S}}{} \frac{\Delta x}{x}.$$ (27)

Die im letzten Glied der Reihe enthaltene Summe läßt sich nicht mehr durch die bekannten Funktionen in geschlossener Form ausdrücken, sie stellt eine neue Transzendente dar, deren wichtigsten Eigenschaften in **13** und **26** dargelegt werden sollen.

3. **Fall**, $m > n$. In diesem Falle läßt sich $f(x)$ in eine ganze und in eine gebrochene Funktion zerlegen. Die ganze Funktion wird nach dem in 9 angegebenen Regeln summiert. Die gebrochene Funktion fällt dann unter Fall 1 oder 2.

12. Anwendung der Regel der Teilsummation.

Hat $f(x)$ die Form

$$f(x) = a^x \varphi(x),$$

wo $\varphi(x)$ eine ganze rationale Funktion vom Grade m und a eine beliebige reelle oder komplexe, von 1 verschiedene Zahl ist, so läßt sich die Summe unter Anwendung der Gl. (3), S. 14, auf folgende Weise finden. Wir setzen:

$$a^x = \varDelta \psi(x) \varDelta x,$$

somit ist

$$\psi(x) = \frac{a^x}{a-1}$$

und daher gemäß Gl. (3)

$$\mathop{S} a^x \varphi(x) \varDelta x = \varphi(x) \frac{a^x}{a-1} - \frac{a}{a-1} \mathop{S} a^x \varDelta \varphi(x) \varDelta x.$$

In der rechts vom Gleichheitszeichen stehenden Summe ist $\varDelta \varphi(x)$ vom Grade $m - 1$. Wendet man daher den gleichen Summationsprozeß auf diese Summe an, so erhält man

$$\mathop{S} a^x \varphi(x) \varDelta x = \varphi(x) \frac{a^x}{a-1} - \varDelta \varphi(x) \frac{a^{x+1}}{(a-1)^2} + \left(\frac{a}{a-1}\right)^2 \mathop{S} a^x \varDelta^2 \varphi(x) \varDelta x.$$

Nach m-maliger Wiederholung dieses Prozesses gelangt man zu dem Ergebnis

$$\mathop{S} a^x \varphi(x) \varDelta x = \varphi(x) \frac{a^x}{a-1} - \varDelta \varphi(x) \frac{a^{x+1}}{(a-1)^2} + \varDelta^2 \varphi(x) \frac{a^{x+2}}{(a-1)^3} - \cdots$$

$$\pm \varDelta^m \varphi(x) \frac{a^{x+m}}{(a-1)^m}$$

oder nach Herausheben von $\dfrac{a^x}{a-1}$

$$\mathop{S} a^x \varphi(x) \varDelta x = \frac{a^x}{a-1} \left[\varphi(x) - \frac{a}{a-1} \varDelta \varphi(x) + \left(\frac{a}{a-1}\right)^2 \varDelta^2 \varphi(x) - \cdots \right.$$

$$\left. + \left(\frac{-a}{a-1}\right)^m \varDelta^m \varphi(x) \right]. \quad (28)$$

Setzt man z. B.

$$f(x) = x^2 a^x,$$

so wird:

$$\varphi(x) = x^2, \qquad \Delta \varphi(x) = 2x + 1, \qquad \Delta^2 \varphi(x) = 2$$

und daher

$$\S\, x^2 a^x \Delta x = \frac{a^x}{a-1}\left[x^2 - (2x+1)\frac{a}{a-1} + 2\left(\frac{a}{a-1}\right)^2\right].$$

Gl. (28) enthält auf der rechten Seite innerhalb der Klammer eine ganze rationale Funktion vom m-ten Grade, falls $\varphi(x)$ vom Grade m ist. Sie hat daher die Form

$$\S\, a^x \varphi(x) \Delta x = a^x[A_0 + A_1 x + \cdots + A_m x^m].$$

Gibt man nun der Zahl a komplexe Werte, setzt man also

$$a^x = \varrho^x e^{iax},$$

so wird

$$\S\, \varrho^x e^{iax} \varphi(x) \Delta x = \varrho^x e^{iax}[A_0 + A_1 x + \cdots + A_m x^m]$$

und ebenso

$$\S\, \varrho^x e^{-iax} \varphi(x) \Delta x = \varrho^x e^{-iax}[A_0' + A_1' x + \cdots + A_m' x^m].$$

Aus beiden Verknüpfungen können durch Addition und Subtraktion die Formeln

$$\left.\begin{array}{l} \S\, \varrho^x \varphi(x) \cos \alpha x\, \Delta x = \varrho^x[R_1 \cos \alpha x + R_2 \sin \alpha x], \\ \S\, \varrho^x \varphi(x) \sin \alpha x\, \Delta x = \varrho^x[R_1 \sin \alpha x - R_2 \cos \alpha x], \end{array}\right\} \quad (29)$$

wo $R_1(x)$ und $R_2(x)$ ganze rationale Funktionen vom m-ten Grade vorstellen, leicht abgeleitet werden. Ist $\varphi(x)$ gegeben, so können die Koeffizienten in R_1 und R_2 mittels des Verfahrens der Koeffizientenvergleichung leicht bestimmt werden.

Mit $\varphi(x) = 1$ z. B. werden $R_1 = A$, $R_2 = B$ Funktionen vom Grade Null.

Es ist daher

$$\S\, \varrho^x \cos \alpha x\, \Delta x = \varrho^x[A \cos \alpha x + B \sin \alpha x],$$

und wenn man rechts und links die Differenz bildet,

$$\varrho^x \cos \alpha x = \varrho^{x+1}[A \cos \alpha(x+1) + B \sin \alpha(x+1)]$$
$$- \varrho^x[A \cos \alpha x + B \sin \alpha x]$$
$$= \varrho^x \cos \alpha x\,[A(\varrho \cos \alpha - 1) + B \varrho \sin \alpha]$$
$$+ \varrho^x \sin \alpha x\,[- A \varrho \sin \alpha + B(\varrho \cos \alpha - 1)].$$

Zur Ermittlung der Beiwerte A und B verfügen wir somit über die beiden Gleichungen

$$A(\varrho \cos \alpha - 1) + B \varrho \sin \alpha = 1,$$
$$- A \varrho \sin \alpha + B(\varrho \cos \alpha - 1) = 0,$$

aus denen

$$A = \frac{\varrho \cos \alpha - 1}{\varrho^2 - 2\varrho \cos \alpha + 1} \quad \text{und} \quad B = \frac{\varrho \sin \alpha}{\varrho^2 - 2\varrho \cos \alpha + 1}$$

hervorgeht. Wir gewinnen damit die Summenformeln:

$$\left.\begin{aligned}
\mathop{S} \varrho^x \cos \alpha x\, \Delta x &= \varrho^x \frac{(\varrho \cos \alpha - 1) \cos \alpha x + \varrho \sin \alpha \sin \alpha x}{\varrho^2 - 2\varrho \cos \alpha + 1}, \\
\mathop{S} \varrho^x \sin \alpha x\, \Delta x &= \varrho^x \frac{(\varrho \cos \alpha - 1) \sin \alpha x - \varrho \sin \alpha \cos \alpha x}{\varrho^2 - 2\varrho \cos \alpha + 1}.
\end{aligned}\right\} \quad (30)$$

Wir betrachten weiter die Funktion $f(x) = x \cos \alpha x$. Da $\varphi(x)$ jetzt eine lineare Funktion darstellt, so müssen auch $R_1(x)$ und $R_2(x)$ lineare Funktionen von x sein. Wir gehen daher von dem Ansatze

$$\mathop{S} x \cos \alpha x\, \Delta x = (A + C x) \cos \alpha x + (B + D x) \sin \alpha x$$

mit $\varrho = 1$ aus und finden, wenn beiderseits des Gleichheitszeichens die Differenz gebildet wird

$$\begin{aligned}
x \cos \alpha x ={}& (A + C(x + 1)) \cos \alpha (x + 1) + (B + D(x + 1)) \sin \alpha (x + 1) \\
& - (A + C x) \cos \alpha x - (B + D x) \sin \alpha x \\
={}& [(A + C) \cos \alpha + (B + D) \sin \alpha - A] \cos \alpha x \\
& + [-(A + C) \sin \alpha + (B + D) \cos \alpha - B] \sin \alpha x \\
& + [C(\cos \alpha - 1) + D \sin \alpha] x \cos \alpha x + [-C \sin \alpha \\
& \qquad\qquad + D(\cos \alpha - 1)] x \sin \alpha x.
\end{aligned}$$

Die Beiwerte A, B, C und D erhält man sonach aus den vier Gleichungen

$$\begin{aligned}
C(\cos \alpha - 1) + D \sin \alpha &= 1, \\
C \sin \alpha - D(\cos \alpha - 1) &= 0, \\
A(\cos \alpha - 1) + B \sin \alpha + C \cos \alpha + D \sin \alpha &= 0, \\
-A \sin \alpha + B(\cos \alpha - 1) - C \sin \alpha + D \cos \alpha &= 0.
\end{aligned}$$

Die Auflösung liefert

$$A = \frac{1}{2(1 - \cos \alpha)}, \qquad B = 0,$$
$$C = -\frac{1}{2}, \qquad D = \frac{\sin \alpha}{2(1 - \cos \alpha)}$$

und damit die Summenformeln

$$\left.\begin{aligned}
\mathop{S} x \cos \alpha x\, \Delta x &= \frac{1}{2(1 - \cos \alpha)} \Big[x \cos \alpha (x - 1) - (x - 1) \cos \alpha x \Big], \\
\mathop{S} x \sin \alpha x\, \Delta x &= \frac{1}{2(1 - \cos \alpha)} \Big[x \sin \alpha (x - 1) - (x - 1) \sin \alpha x \Big].
\end{aligned}\right\} \quad (31)$$

13. Unmittelbare Summation und Euler-Maclaurinsche Summenformel.

Wir haben im vorangehenden einige Funktionen erörtern können, deren Summation sich mit elementaren Hilfsmitteln durchführen ließ. Nun ist aber die Zahl jener Fälle, wo die Summe eine elementare Funktion oder eine bekannte Transzendente darstellt, deren Verlauf auch durch Tafeln gegeben ist, äußerst gering. Es scheint also zunächst, daß man in jenen Fällen, wo das vorgelegte Problem auf eine nichtbekannte Summe führt, vor einer Schranke steht, die den Anwendungsbereich der Differenzengleichungen, und diese erfordern zu ihrer Lösung vielfach die Durchführung von Summationen, begrenzt. In Wirklichkeit steht die Sache aber nicht so ungünstig. Abgesehen davon, daß bei praktischen Aufgaben zum großen Teil mit den oben dem Summationsprozeß unterworfenen Funktionen das Auslangen gefunden werden kann, ist bei der Überzahl der Anwendungen der Geltungsbereich der zu suchenden Funktion auf ganzzahlige Werte des Argumentes eingeschränkt, wobei dieser unstetige Bereich meist nur kleine Werte von x umfaßt. In solchen Fällen kann aber der Summenwert mit verhältnismäßig geringem Arbeitsaufwand durch unmittelbare Summenbildung gewonnen werden, so daß der tafelmäßigen Aufstellung der Funktion $F(x) = \mathcal{S} f(x) \, \Delta x$ innerhalb des in Frage kommenden Gebietes nichts im Wege steht[1]).

Wir benützen hierzu die auf S. 6 für ganzzahlige x aufgestellten Beziehungen, Gl. (7) und (7'),

$$F(x) = \mathcal{S} f(x) \, \Delta x = f(x-1) + f(x-2) + \cdots + f(k) + C,$$
für Werte von $x > k$;
$$F(x) = \mathcal{S} f(x) \, \Delta x = -[f(x) + f(x+1) + \cdots + f(k)] + C,$$
für Werte von $x \leqq k$,

$$\tag{32}$$

wobei es gleichgültig ist, bei welchem Gliede man diese Reihen abbricht, da ja die Zusatzkonstante C willkürlich ist. Man wird sich hier von Zweckmäßigkeitsgründen leiten lassen, und vor allem darauf sehen, daß keines der Summenglieder unendlich wird.

Man betrachte z. B. die Summe

$$F(x) = \mathcal{S} x \, \Delta x = (x-1) + \cdots + 2 + 1 + 0, \text{ für } x > 0;$$
$$F(x) = \mathcal{S} x \, \Delta x = -x - (x+1) - \cdots - 2 - 1 - 0, \text{ für } x \leqq 0.$$

Hier ist als letztes Glied $f(k) = f(0) = 0$ gewählt. Man erhält somit

für $x =$	-4	-3	-2	-1	0	1	2	3	4	5
$F(x) =$	10	6	3	1	0	0	1	3	6	10

---

[1]) Die Einschränkung, daß x ganzzahlig sei, ist natürlich nicht unbedingt notwendig. Die unmittelbare Summation ist auch durchführbar, wenn y_x für ein System kongruent gelegener Punkte x vorgegeben ist.

oder die Summe

$$F(x) = \mathop{S}\limits_{\mathbb{C}} \, x \sin \frac{\pi x}{n} \Delta x = (x-1) \sin \frac{\pi (x-1)}{n} + (x-2) \sin \frac{\pi (x-2)}{n} + \cdots$$
$$+ 1 \sin \frac{\pi}{n} + \text{o}, \text{ für } x > \text{o};$$

$$F(x) = \mathop{S}\limits_{\mathbb{C}} \, x \sin \frac{\pi x}{n} \, \Delta x = - x \sin \frac{\pi x}{n} - (x+1) \frac{\pi (x+1)}{n} - \cdots$$
$$- 1 \sin \frac{\pi}{n} - \text{o}, \text{ für } x \leqq \text{o}.$$

Man erhält dann z. B.

$$\text{für } x = n \qquad F(x) = \text{o} + 1 \sin \frac{\pi}{n} + \cdots + (n-1) \sin \frac{(n-1)\pi}{n},$$
$$\text{für } x = 3 \qquad \qquad = \text{o} + 1 \sin \frac{\pi}{n} + 2 \sin \frac{2\pi}{n},$$
$$\text{für } x = 2 \qquad \qquad = \text{o} + 1 \sin \frac{\pi}{n},$$
$$\text{für } x = 1 \qquad \qquad = \text{o},$$
$$\text{für } x = \text{o} \qquad \qquad = \text{o},$$
$$\text{für } x = -1 \qquad \qquad = -1 \sin \frac{\pi}{n} + \text{o},$$
$$\text{für } x = -2 \qquad \qquad = -2 \sin \frac{2\pi}{n} - 1 \cdot \sin \frac{\pi}{n} - \text{o},$$
$$\text{für } x = -n \qquad \qquad = -n \sin \frac{\pi}{n} - \cdots - 1 \sin \frac{\pi}{n} - \text{o}.$$

Die Summenformel von Euler-Maclaurin.

Wenn auch das eben angegebene Summationsverfahren in den meisten Fällen genügen wird, so erscheint es doch erwünscht, eine Formel zur Verfügung haben, die es gestattet, die Summengröße für große Werte von x rasch zu berechnen. Die von Euler und wahrscheinlich unabhängig von ihm auch von Maclaurin gefundene Formel führt die Berechnung der Summe $\mathop{S} f(z) \, \Delta z$ auf die Auswertung eines unbestimmten Integrals und auf eine in den ersten Gliedern meist sehr rasch konvergierende, halbkonvergente Reihe zurück.

Zur Ableitung der Euler-Maclaurinschen Reihe gehen wir von dem auf S. 7 angegebenen symbolischen Ausdruck für die Summe einer Funktion y_z aus, nämlich

$$\mathop{S} y_z \Delta z = \left(e^{\frac{d}{dz}} - 1 \right)^{-1} y_z. \tag{33}$$

Unter Benützung der Gl. (24) auf S. 25 läßt sich die rechte Seite von (33) in folgender Form entwickeln:

$$\mathop{S} y_z \Delta z = \frac{d^{-1} y_z}{dz} + \frac{B_1}{1!} y_z + \frac{B_2}{2!} \frac{d y_z}{dz} + \frac{B_4}{4!} \frac{d^3 y_z}{dz} + \cdots$$

Da $\dfrac{d^{-1}y_z}{dz}$ nur die symbolische Form für $\int y_z\,dz$ ist, so erhält die linke Seite der vorstehenden Gl., wenn man noch alle Glieder, die auf das Glied mit B_{2n-2} folgen, durch das Restglied R_{2n} ersetzt, folgende Gestalt, wobei mit Vorteil die Summe als bestimmte Summe mit der oberen veränderlichen Grenze x und der unteren willkürlichen aber festen Grenze a aufgefaßt werden kann:

$$\mathop{\mathrm{S}}_{a}^{x} y_z\,\varDelta z = C + \int_{a}^{x} y_z\,dz + \frac{B_1}{1!}\,y_x + \frac{B_2}{2!}\,y_x{}' + \frac{B_4}{4!}\,y_x{}''' + \cdots$$
$$+ \frac{B_{2n-2}}{(2n-2)!}\,y_x^{(2n-3)} + R_{2n}. \qquad (34)$$

Die Konstante C wurde hinzugefügt, da die untere Grenze des Integrals willkürlich ist. Das Restglied R_{2n} läßt sich in der Gestalt

$$R_{2n} = \frac{B_{2n}}{(2n)!} \mathop{\mathrm{S}}_{a}^{x} y_{z+\lambda}^{(2n-1)}\,\varDelta z. \qquad (34')$$

darstellen, wobei λ ein zwischen o und 1 gelegene Zahl ist[1]). Die Konstante C hängt von der Wahl der unteren Grenze ab und ist von Fall zu Fall passend zu bestimmen.

Da sich in den meisten Fällen auch die im Restglied auftretende Summe nicht in geschlossener Form darstellen läßt, so möge hier noch eine andere Form des Restgliedes angegeben werden, die in vielen Fällen wenigstens eine Abschätzung desselben ermöglicht.

Bezeichnet man mit M den Größtwert, den die $(2n-1)$-ste Ableitung der Funktion y_z im betrachteten Bereich $a < z < x$ annimmt, so ist

$$\mathop{\mathrm{S}}_{a}^{x} y_{z+\lambda}^{(2n-1)} < (x-a)\,M$$

oder, wenn man mit μ einen echten Bruch bezeichnet,

$$R_{2n} = \mu \frac{B_{2n}}{(2n)!}\,(x-a)\,M. \qquad (34'')$$

Die Reihe (34) konvergiert in der Regel in den ersten Gliedern sehr rasch, von einem bestimmten Gliede angefangen, kann sie aber divergieren, da die Bernoullischen Zahlen eine divergente Folge bilden. Nichtsdestoweniger liefern in vielen Fällen die ersten Glieder bereits sehr genaue Werte der gesuchten Summe, da der Rest R_{2n} oft kleiner ist als das letzte Glied der vorausgehenden Folge. Gl. (34) stellt eine halbkonvergente Reihe dar. Zur bequemeren Benutzung führen wir

---

[1]) Näheres über das Restglied findet der Leser z. B. in Schlömilch: Theorie der Differenzen und Summen. Halle 1848.

noch die Werte der Bernoullischen Zahlen in (34) ein und gewinnen so die Formel

$$\overset{x}{\underset{a}{\text{S}}}\, y_z\, \varDelta z = C + \int_a^x y_z\, dz - \frac{1}{2} y_x + \frac{1}{12} y_x{}' - \frac{1}{720} y_x{}'''$$

$$+ \frac{1}{30\,240} y_x{}^{(5)} - \frac{1}{1\,209\,600} y_x{}^{(7)} + \cdots. \tag{35}$$

Beispiele:

1. Entwicklung von $\overset{x}{\underset{1}{\text{S}}}\,\dfrac{\varDelta z}{z}$. Mit $y_z = \dfrac{1}{z}$ erhält man für die $(2\nu+1)$-ste

Ableitung

$$y_z^{(2\nu+1)} = -\frac{1\cdot 2\cdot 3 \ldots 2\nu + 1}{z^{2\nu+2}}, \quad (\nu = 0,\, 1,\, 2\ldots),$$

daher

$$\overset{x}{\underset{1}{\text{S}}}\,\frac{\varDelta z}{z} = C + \lg x - \frac{1}{2\,x} - \frac{1}{12\,x^2} + \frac{1}{120\,x^4} - \frac{1}{252\,x^6} + \cdots$$

Um zunächst einen Näherungswert von C zu bestimmen, setzen wir $x = 10$. Man erhält dann, wenn man links unmittelbar summiert und als untere Grenze $z = 1$ wählt,

$$\frac{1}{1} + \frac{1}{2} + \cdots \frac{1}{9} = C + \lg 10 - \frac{1}{2\cdot 10} - \frac{1}{12\cdot 10^2} + \frac{1}{120\cdot 10^4} - \frac{1}{252\cdot 10^6} + \cdots$$

oder, wenn nur so viele Glieder berücksichtigt werden, als zur Bestimmung der sechsten Dezimalstelle notwendig sind

$$2{,}828\,968\,2 = C + 2{,}302\,585\,1 - 0{,}05 - 0{,}000\,833\,3 + 0{,}000\,000\,8,$$

woraus

$$C \cong 0{,}577\,216$$

hervorgeht. C heißt die Eulersche Konstante. Den genauen Wert dieser Konstanten erhält man, wenn man in der obigen Reihe $x \to \infty$ setzt, mit

$$C = \lim_{p \to \infty} \left(1 + \frac{1}{2} + \frac{1}{3} + \cdots + \frac{1}{p} \right) - \lg p .$$

Betrachtet man x als stetig veränderlich, so definiert unsere Reihe eine im engen Zusammenhang mit der Gammafunktion (siehe S. 125) stehende eindeutige Funktion, die sich, wie wir in 25 zeigen werden, in allen Punkten, ausgenommen die Punkte $x = 0$, -1, $-2\ldots$, wo sie unendlich wird (einfache Pole), regulär verhält. Sie wird mit $\varPsi(x)$ bezeichnet. Für positive x ist $\varPsi(x)$ durchwegs positiv und endlich. Ist x eine ganze Zahl, so besteht die einfache Entwicklung

$$\varPsi(x) = - C + \left(\frac{1}{1} + \frac{1}{2} + \cdots \frac{1}{x-1} \right).$$

Für beliebige x gilt die Definitionsgleichung

$$\varPsi(x) = - C + \overset{x}{\underset{1}{\text{S}}}\,\frac{\varDelta z}{z}.$$

2. $\overset{x}{\underset{1}{\text{S}}}\,\dfrac{\varDelta z}{z^p}$, wenn p eine ganze Zahl > 1 ist.

Da die $(2\nu+1)$-ste Ableitung jetzt

$$y_z^{(2\nu+1)} = -\frac{p(p+1)\cdots p+2\nu}{z^{p+2\nu+1}} \qquad (\nu = 0,1,2\ldots)$$

ist, so gelangt man zu der Entwicklung

$$\overset{x}{\underset{1}{\mathsf{S}}}\frac{\Delta z}{z^p} = C - \frac{p-1}{x^{p-1}} - \frac{1}{2x^p} - \frac{1}{12}\frac{p}{x^{p+1}} + \frac{1}{720}\frac{p(p+1)(p+2)}{x^{p+3}} - \cdots$$

Mit $p=2$ z. B. erhält man

$$\overset{x}{\underset{1}{\mathsf{S}}}\frac{\Delta z}{z^2} = C - \frac{1}{x} - \frac{1}{2x^2} - \frac{1}{6x^3} + \frac{1}{30x^5} - \frac{1}{42x^7} + \cdots$$

Um C zu bestimmen, setzen wir $x = \infty$. Man hat dann

$$\frac{1}{1^2} + \frac{1}{2^2} + \frac{1}{3^2} + \cdots = C$$

und da die Summe der linksstehenden unendlichen Reihe bekanntlich $\dfrac{\pi^2}{6}$ ist, so ist C bestimmt. Es gilt sonach

$$\overset{x}{\underset{1}{\mathsf{S}}}\frac{\Delta z}{z^2} = \frac{\pi^2}{6} - \frac{1}{x} - \frac{1}{2x^2} - \frac{1}{6x^3} + \frac{1}{30x^5} - \frac{1}{42x^7} + \cdots$$

II. Die gewöhnlichen linearen Differenzengleichungen.

§ 4. Allgemeine Eigenschaften.

14. Einleitung.

Ist x eine beliebig veränderliche Größe und y_x, y_{x+1}, $y_{x+2}\ldots$ die Werte der Funktion $y = f(x)$ an den Stellen x, $x+1$, $x+2\ldots$, so haben wir eine Gleichung von der Form

$$\Phi(x, y_x, y_{x+1}\cdots y_{x+n}) = 0, \tag{1}$$

eine Differenzengleichung genannt. Wir beschränken unsere Untersuchungen ausdrücklich auf den Fall, daß x reell und die Spanne $\Delta x = 1$ ist.

Stellt die linke Seite der Differenzengleichung eine lineare Funktion von y_x, $y_{x+1}\cdots y_{x+n}$ vor, hat also die Gl. (1) die Gestalt

$$\sum_{i=0} p_x^i \, y_{x+i} = U_x$$

oder, ausführlicher geschrieben,

$$p_x^0 y_x + p_x^1 y_{x+1} + p_x^2 y_{x+2} + \cdots + p_x^n y_{x+n} = U_x, \tag{2}$$

wobei die p_x und U_x Funktionen von x oder Festwerte sind, so heißt eine solche Gleichung eine **lineare Differenzengleichung**. Die Gl. (2) heißt eine **Differenzengleichung n-ter Ordnung**, wenn sie mindestens die Glieder y_x und y_{x+n} enthält. Ist der kleinste Zeiger $x+k$, wo k positiv oder negativ sein kann, der größte $x+n$, (k und n ganze Zahlen) so ist die Ordnung der Gleichung $n-k$. Durch die Substitution $z = x + k$ kann die Gleichung auf die Normalform (1) gebracht werden. So geht z. B.

$$y_{x-2} + c\,y_x + y_{x+1} = x^2$$

mit $z = x - 2$ in die Gleichung dritter Ordnung

$$y_z + c\, y_{z+2} + y_{z+3} = (z+2)^2$$

über.

Es sei noch ausdrücklich darauf aufmerksam gemacht, daß bei Differenzengleichungen, die die Differenzen selbst enthalten, also die Form

$$F(x,\, y_x,\, \varDelta y_x \ldots \varDelta^n y_x) = 0$$

haben, die Differenz höchster Ordnung keineswegs immer die Ordnung der Differenzengleichung bestimmt.

Die Differenzengleichung

$$\varDelta^3 y_x + y_x + c = 0$$

z. B. liefert nach Einführung der aufeinanderfolgenden Funktionswerte eine Gleichung von der Form

$$y_{x+3} - 3\, y_{x+2} + 3\, y_{x+1} = -c\,,$$

die nach den obigen Erörterungen aber bloß von der zweiten Ordnung ist.

Ist die rechte Seite der Gl. (2) Null, $(U_x = 0)$, so nennt man die Gleichung h o m o g e n, im anderen Falle n i c h t h o m o g e n oder v o l l. s t ä n d i g. Die rechte Seite der Gl. (2) bezeichnen wir, falls sie von Null verschieden ist, auch als B e l a s t u n g s g l i e d.

Wir werden uns in diesem Buche nur mit den linearen Differenzengleichungen beschäftigen, da nur diese Klasse von Gleichungen — im übrigen die einzige Klasse von Differenzengleichungen, deren Theorie einigermaßen ausgebaut ist — in den Anwendungen eine Rolle spielt.

Eine Funktion $\eta = f(x)$, die die vorgelegte Differenzengleichung für alle Werte von x identisch befriedigt, heißt eine P a r t i k u l a r l ö. s u n g der D i f f e r e n z e n g l e i c h u n g. Wir setzen hierbei voraus, daß eine solche Lösung überhaupt besteht.

Ist nun η_x eine Partikularlösung einer homogenen linearen Differenzengleichung

$$\sum_{i=0}^{n} p_x^i\, y_{x+i} = 0\,,$$

so ist auch, wenn C ein beliebiger Festwert ist, $C\eta_x$ eine Lösung dieser Gleichung, da

$$\sum_{i=0}^{n} p_x^i\, C\, \eta_{x+i} = C \sum_{i=0}^{n} p_x^i\, \eta_{x+i} = 0\,.$$

Wir können aber noch weiter gehen. Bedeutet $\omega(x)$ eine willkürliche, aber periodische Funktion mit der Periode 1 (periodische Konstante), so finden wir, daß auch

$$\omega(x)\, \eta_x$$

eine Lösung der vorgelegten Differenzengleichung darstellt. Denn die Einführung liefert, wenn wir jetzt ausführlicher schreiben,

$$p_x^0\, \omega(x)\, \eta_x + p_x^1\, \omega(x+1)\, \eta_{x+1} + \cdots + p_x^n\, \omega(x+n)\, \eta_{x+n}$$
$$= \omega(x)\,[p_x^0\, \eta_x + p_x^1\, \eta_{x+1} + \cdots + p_x^n\, \eta_{x+n}],$$

da bei jeder periodischen Funktion mit der Periode 1

$$\omega(x) = \omega(x+1) = \omega(x+2) = \cdots = \omega(x+n)$$

ist.

Eine Partikularlösung einer homogenen linearen Differenzengleichung ist daher durch die Differenzengleichung allein bis auf einen willkürlichen Faktor $\omega(x)$, der eine periodische Funktion von x mit der Periode 1 ist, definiert. In besonderen Fällen artet die periodische Funktion zu einer Konstanten aus. Es müssen daher im Einzelfalle noch weitere Bedingungen vorgegeben sein, um die zunächst willkürlichen Beiwerte $\omega(x)$ der Partikularlösungen festlegen zu können.

Wir wollen nun eine grundlegende Betrachtung, die das Wesen linearer Differenzengleichungen betrifft, anstellen. Ist die Aufgabe, die auf eine Differenzengleichung führt, so geartet, daß die Funktion y_x nur einen Sinn an bestimmten ausgezeichneten Stellen hat, z. B. in den Punkten $x = 0, 1, 2, 3 \ldots n$, d. h., hat die Variable x einen unstetigen Bereich, so kann auch die Funktion $\omega(x)$ nur einen Sinn in den ausgezeichneten Punkten besitzen. Es genügt daher, wenn wir $\omega(x) = C$ setzen, wo C ein von x unabhängiger, also konstanter Beiwert ist, welcher Beiwert so lange willkürlich bleibt, als nicht noch weitere aus dem Wesen des vorgelegten Problems fließende Angaben, sogenannte Nebenbedingungen hinzutreten, die eine Bestimmung von C ermöglichen. Ein Beispiel möge das eben Gesagte besser erläutern.

Liegt z. B. die Differenzengleichung erster Ordnung

$$y_x - a\, y_{x+1} = 0 \tag{3}$$

vor, wobei der Bereich der Veränderlichen x auf die Stellen

$$x = \cdots -2,\ -1,\ 0,\ 1,\ 2 \cdots$$

beschränkt sei, und wird diese Gleichung durch die Lösung η_x befriedigt, so folgt, wenn der Wert der Lösung für irgend einen Punkt, z. B. für den Punkt $x = 0$ mit $\eta_0 = c$ gegeben ist, aus der vorgelegten Differenzengleichung zunächst

$$\eta_1 = \frac{\eta_0}{a} = \frac{c}{a},$$

der Wert von η_1, und damit ebenso

$$\eta_2 = \frac{1}{a}\,\eta_1 = \frac{c}{a^2},$$

usw. Die Konstante C hat hier den Wert $y_0 = c$. Durch die Differenzengleichung und durch den vorgegebenen Wert der Funktion y_x in einem Punkte ist die Funktion y_x vollständig bestimmt.

Als einfaches Beispiel einer Funktion mit unstetigem Bereich von x erwähnen wir das folgende:

Die Ermittlung der Stabkräfte in einem Parallelträger mit gekreuzten Streben, Abb. 6, der bei n Feldern n-fach statisch unbestimmt ist, führt auf eine lineare Differenzengleichung zweiter Ordnung, deren Lösung die

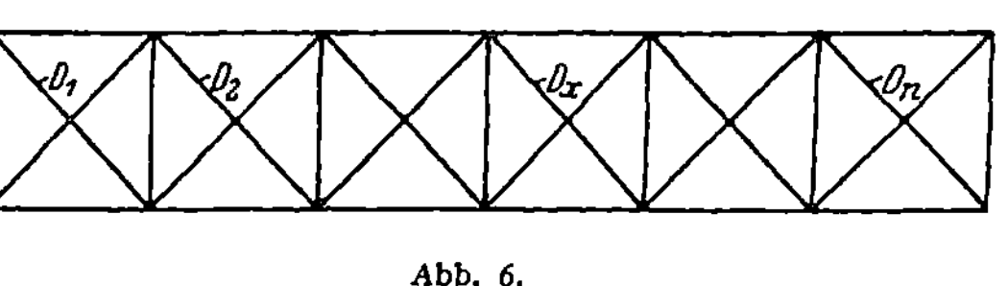

Abb. 6.

unbekannten Strebenkräfte D_1, $D_2 \ldots D_x \ldots D_n$ liefert. Hier kann die Veränderliche x nur die ganzzahligen Werte 1, 2 … n annehmen; da nur Werte der Unbekannten, wie D_1, $D_2 \ldots D_n$ einen Sinn haben. Die Größen D sind nur für einen unstetigen Bereich, der sich auf die Punkte $x = 1$, 2 … n reduziert, definiert.

Nun wollen wir aber den allgemeineren Fall betrachten, wo x alle möglichen Werte annehmen kann, wo also x in dem in Betracht kommenden Bereich eine stetig veränderliche Größe ist. Stellen wir uns vor, daß die Funktion, die durch die oben als Beispiel erwähnte Gl. (3) definiert ist, für ein bestimmtes Intervall, z. B. für die Spanne $x = 0$ bis $x = 1$ (Punkt 1 selbst ausgeschlossen) vorgeschrieben ist. Bezeichnen wir diese vorgegebenen Werte im Intervalle $0 \leqq x < 1$ mit $\bar{\eta}_x$, so folgt für irgend einen Punkt des nächsten Intervalls aus der Differenzengleichung (3)

$$1 \leqq x < 2: \qquad y_x = \frac{\bar{\eta}_x}{a}$$

und für einen Punkt des dritten Intervalls

$$2 \leqq x < 3: \qquad y_x = \frac{\bar{\eta}_x}{a^2}$$

usw.

In Abb. 7 ist die gegebene Funktion $\bar{\eta}_x$ im Intervalle $0 \leqq x < 1$ durch eine stetige Linie dargestellt. Geht man von einem beliebigen Punkt dieses Kurvenstückes mit der Abszisse x aus, so liefert die Differenzengleichung

$$y_x - a\, y_{x+1} = 0$$

den zu diesem Punkt kongruenten Punkt im zweiten Intervall. Damit ist auch für das zweite Intervall, Punkt 2 ausgenommen, der Verlauf von y_x festgelegt. Mit den Werten des zweiten Intervalles können die zwischen $2 \leqq x < 3$ liegenden Werte von y_x bestimmt werden, usw. Durch die Differenzengleichung (3) und durch den vorgegebenen Verlauf im Intervall $0 \leqq x < 1$ (Randbedingung) ist der gesamte Verlauf von y_x eindeutig bestimmt. Die Abb. 7, sowie die oben durchgeführte rechnerische Bestimmung von y_x läßt aber erkennen, daß y_x im allgemeinen keine analytische Funktion von x sein wird. Wir haben uns mit den voranstehenden Überlegungen lediglich die Existenz einer Lösung der vorgelegten Differenzengleichung klar gemacht. Daß aber mit einer solchen nicht analytischen Lösung, die in jedem Intervall durch eine andere Formel definiert ist, nicht viel anzufangen ist, liegt auf der Hand. Es ist daher die Aufgabe der Theorie der Differenzengleichungen durch geschickte Wahl von $\bar\eta_x$, d. i. der angenommene Verlauf der Lösung im Intervall $0 \leqq x < 1$ (oder in einem andern Intervall), y_x zu einer möglichst einfachen analytischen Funktion zu machen.

Liegt eine homogene lineare Differenzengleichung zweiter, dritter oder n-ter Ordnung vor, so werden wir später sehen, daß dann zwei, drei oder n voneinander unabhängige Partikularlösungen bestehen, die jede mit einer willkürlichen Funktion $\omega(x)$ multipliziert, die Differenzengleichung befriedigt. Zur Bestimmung der $\omega(x)$ ist dann die Vorschreibung des Verlaufes von y_x in zwei, drei oder n Intervallen, oder wenn y_x nur auf einzelne Punkte, z. B. $x = 0, 1, 2 \ldots$, beschränkt ist, die Vorgabe von zwei, drei oder n Werten von y_x notwendig. Auch hier wird es darauf ankommen, die Funktion in n Intervallen so vorzuschreiben, daß die Partikularlösungen analytische Funktionen werden.

Als Beispiel für den Fall eines stetig veränderlichen x sei hier der durchlaufende Balken erwähnt. Denken wir uns, um das Beispiel möglichst einfach zu gestalten, den Träger, wie dies in Abb. 8 veranschaulicht ist, an einem Ende durch das Moment Pe belastet. Die Ermittlung der Stützenmomente führt auf eine Differenzengleichung

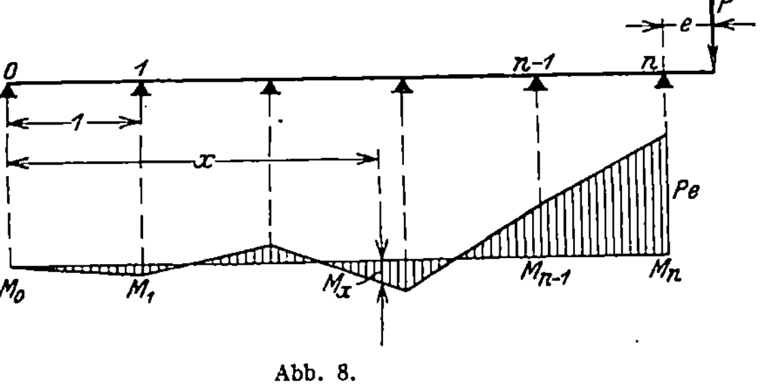

Abb. 8.

(Dreimomentengleichung), durch die die Stützenmomente M_x für $x = 0, 1, 2 \ldots n$ bestimmt sind. Beschränkt man sich nicht nur auf die ganzzahligen Werte von x, sondern läßt man x im Bereiche 0 bis n stetig zunehmen, so definiert in diesem besonderen Falle die gleiche Differenzengleichung im Verein mit den entsprechenden Randbedingungen auch den Wert von M_x für Punkte zwischen den Stützen, also die Feldmomente. Die Lösung der Differenzengleichung liefert sonach den gesamten Verlauf der in Abb. 8 dargestellten Momentenlinie, sie hat somit einen viel weiteren Inhalt als die Wurzeln des vorgelegten Systems von Dreimomentengleichungen. Siehe das 1. Beispiel in Abschnitt 31.

Die älteren Arbeiten über Differenzengleichungen betrachten diese Gleichungen nur als Rekursionsformeln, sehen also in einer Differenzengleichung nur ein System linearer Gleichungen. Die unbekannte Funktion y_x ist auf Werte wie y_0, y_1, y_2 ... y_n beschränkt. Dementsprechend treten in den Lösungen nur willkürliche Konstanten auf. Die neuere Theorie faßt die Differenzengleichung als Funktional·beziehung auf, sieht also die Differenzengleichung, ebenso wie eine Differentialgleichung, als Definition einer Klasse analytischer Funktionen an. Die Variable x wird hierbei als stetig veränderlich betrachtet. In diesen Fällen treten als willkürliche Beiwerte in die Lösungen periodische Funktionen mit der Periode 1 ein.

Wir haben in der vorangehenden Darstellung, sowie bei Erörterung des Summenbegriffes im wesentlichen den neueren funktionentheoretischen Standpunkt eingenommen, weil er, wie wir später sehen werden, der zutreffendere ist und auch ohne größere Schwierigkeiten für den Anfänger erörtert werden kann. Wir bemerken nur noch, ohne an dieser Stelle näher darauf eingehen zu können, daß der Auffassung der Differenzengleichung als Funktionalbeziehung eigentlich ein viel tieferer Sinn zugrunde liegt. Denn erst diese Betrachtungsweise ermöglicht es, die Lösungen eines Systems linearer Gleichungen in einer neuen zweckmäßigeren Weise darzustellen. Im Abschnitt 30 werden wir auf diese grundlegende Frage nochmals zurückkommen.

Ist man sich einmal über das Wesen der Differenzengleichungen von dem hier eingenommenen umfassenderen Standpunkt aus klar geworden, so steht natürlich nichts im Wege, dort, wo dies zweckmäßig erscheint, die engere ältere Auffassung, die ja mit der funktionentheoretischen Betrachtung nicht in Widerspruch steht, — im Gegenteil, sie macht sogar stillschweigend von ihr Gebrauch — in den Vordergrund zu rücken, wenn hierdurch eine Vereinfachung der Darstellung erzielt werden kann. Dies ist auch hier der Fall. Fast sämtliche für uns in Betracht kommenden Aufgaben der Mechanik sind so geartet, daß sie auf Systeme linearer Gleichungen führen, die wir als Differenzengleichungen mit unstetigem Bereich der Veränderlichen x auffassen können. Wir werden uns daher in den weiteren Entwicklungen, soweit es möglich ist, auf die ältere — nennen wir sie algebraische — Auffassung der Differenzengleichungen stützen und nur dort, wo dies nicht zu umgehen ist, werden wir die Differenzengleichung als Funktionalbeziehung betrachten[1]).

---

[1]) Wer sich in die funktionentheoretische Seite der Theorie der Differenzengleichungen vertiefen will, sei nach dem Studium dieses Buches auf die beiden Werke von Wallenberg-Guldberg und von Nörlund verwiesen.

15. Einige Sätze über die Lösungen linearer Differenzengleichungen.

Wir betrachten eine homogene Differenzengleichung n-ter Ordnung

$$\sum_{i=0}^{n} p_x^{\ i}\, y_{x+i} = 0 , \tag{4}$$

in der die p_x^i gegebene, endliche und eindeutige Funktionen von x sind. Wir ersetzen nun die vorgelegte Differenzengleichung im Intervall von $x = a$ bis $x = a + r$ durch ein gleichwertiges System linearer Gleichungen, z. B.

$$p_a^{\ 0}\, y_a + p_a^{\ 1}\, y_{a+1} + \cdots + p_a^{\ n}\, y_{a+n} = 0 ,$$
$$p_{a+1}^{\ 0}\, y_{a+1} + p_{a+1}^{\ 1}\, y_{a+2} + \cdots + p_{a+1}^{\ n}\, y_{a+n+1} = 0 ,$$
$$\cdot \ \cdot \ \cdot \ \cdot \ \cdot \ \cdot \ \cdot \ \cdot \ \cdot \ \cdot \ \cdot \ \cdot$$
$$p_{a+r}^{\ 0}\, y_{a+r} + p_{a+r}^{\ 1}\, y_{a+r+1} + \cdots + p_{a+r}^{\ n}\, y_{a+r+n} = 0 .$$

Die Gesamtzahl der Gleichungen beträgt $r + 1$ und sei bedeutend größer als n. Die Zahl der Unbekannten, die in diesen $r + 1$ Gleichungen auftreten, beträgt sonach $n + r + 1$. Es können sonach n Größen y beliebig gewählt werden, so daß die übrigen y als lineare Funktionen von n willkürlichen Größen erscheinen. Betrachtet man z. B. die n Werte $y_a, y_{a+1} \cdots y_{a+n-1}$, als gegeben, so kann aus der ersten Gleichung y_{a+n}, damit aber aus der zweiten Gleichung y_{a+n+1}, aus der dritten y_{a+n+2} usw. errechnet werden. Folglich hat jede homogene lineare Differenzengleichung n-ter Ordnung, eine Lösung, die n willkürliche Konstanten enthält. Eine solche Lösung nennen wir die allgemeine Lösung der homogenen Differenzengleichung. Sind

$$\eta_x', \ \eta_x'' \ \cdots \ \eta_x^{(k)}$$

Partikularlösungen der Gl. (4), siehe S. 36, so ist auch, wie man sich durch Einsetzen in Gl. (4) überzeugen kann,

$$\eta_x = C' \eta_x' + C'' \eta_x'' + \cdots + C^{(k)} \eta_x^{(k)}$$

eine Lösung der Differenzengleichung (4). (Superpositionsgesetz.) Die C sind hierbei willkürliche Konstanten[1]. Ist nun $k = n$, so wird

$$\eta_x = C' \eta_x' + C'' \eta_x'' + \cdots + C^{(n)} \eta_x^{(n)} \tag{5}$$

die allgemeine Lösung der homogenen linearen Differenzengleichung n-ter Ordnung, da sie n willkürliche Beiwerte enthält.

Nun bestehen bei einer homogenen Differenzengleichung n-ter Ordnung gerade n und nicht mehr voneinander unabhängige Partikulur-

---

[1] Die folgenden Sätze gelten auch, wenn man unter C eine periodische Konstante versteht.

lösungen η_x. Diese n voneinander linear unabhängigen Partikular-lösungen bilden ein sogenanntes **Fundamentalsystem**. Dieses System ist dadurch gekennzeichnet, daß die Determinante der Lösungen

$$D(x) = \begin{vmatrix} \eta_x{}' & \eta_x{}'' \cdots & \eta_x{}^{(n)} \\ \eta'_{x+1} & \eta''_{x+1} \cdots & \eta^{(n)}_{x+1} \\ \cdot & \cdot \quad \cdot \quad \cdot \quad \cdot \quad \cdot & \cdot \\ \eta'_{x+n-1} & \eta''_{x+n-1} \cdots & \eta^{(n)}_{x+n-1} \end{vmatrix}$$

für beliebiges x einen von Null verschiedenen Wert besitzt, welche Bedingung die lineare Unabhängigkeit der n-Partikularlösungen sichert[1]).

Daß die n Partikularlösungen voneinander linear unabhängig sein müssen, geht aus folgender einfachen Überlegung hervor: Würden z. B. zwei Partikularlösungen voneinander linear abhängig sein, etwa

$$a\,\eta_x^k - \eta_x^{k+1} = 0\,,$$

so würden in der allgemeinen Lösung zwei Glieder von der Form

$$C_k\,\eta_x^k + C_{k+1}\,\eta_x^{k+1} = (C_k + a\,C_{k+1})\,\eta_x^k = C_k{}'\,\eta_x^k$$

auftreten, wodurch sich die Zahl der willkürlichen Konstanten auf $n-1$ verringern würde, was aber im Widerspruch mit dem oben ausgesprochenen Satz über die Zahl der Größen C steht. Umgekehrt kann die Zahl der voneinander unabhängigen Partikularlösungen nicht größer als n sein. Denn wäre $\bar\eta_x$ ebenfalls eine Lösung der Gl. (4), dann liefert das Einsetzen der dem Fundamentalsystem angehörenden Lösungen $\eta_x{}'$, $\eta_x{}'' \cdots \eta_x^{(n)}$ und der Lösung $\bar\eta_x$ in Gl. (4) folgende $n+1$ Gleichungen:

---

[1]) Man bezeichnet ein System von n Lösungen als voneinander linear abhängig, wenn zwischen den Lösungen η_x eine von x unabhängige Gleichung von der Form

$$\sum_{i=1}^{n} C_i\,\eta_x^{(i)} = 0$$

besteht, wobei die Beiwerte C_i nicht sämtlich verschwinden dürfen. Wendet man die vorstehende Gleichung auf die aufeinanderfolgenden Werte x, $x+1 \ldots x+n-1$ an, so erhält man ein System von n homogenen Gleichungen zur Bestimmung der Konstanten C_i. Ist die Determinante der η_x von Null verschieden, dann sind sämtliche C_i Null, was wir ausgeschlossen haben. Ist sie Null, dann besteht ein Lösungssystem der C_i, in welchem Falle aber die Beiwerte η_x linear voneinander abhängig sind. Die Determinante der η_x darf daher, wenn kein linearer Zusammenhang zwischen diesen Größen bestehen soll, nicht verschwinden.

$$p_x^{\,0}\,\eta_x' + p_x^{\,1}\,\eta_{x+1}' + \cdots + p_x^{\,n}\,\eta_{x+n}' = 0\,,$$

$$p_x^{\,0}\,\eta_x'' + p_x^{\,1}\,\eta_{x+1}'' + \cdots + p_x^{\,n}\,\eta_{x+n}'' = 0\,,$$

$$\cdots\cdots\cdots\cdots\cdots\cdots\cdots\cdots$$

$$p_x^{\,0}\,\eta_x^{(n)} + p_x^{\,1}\,\eta_{x+1}^{(n)} + \cdots + p_x^{\,n}\,\eta_{x+n}^{(n)} = 0\,,$$

$$p_x^{\,0}\,\bar\eta_x + p_1^{\,1}\,\bar\eta_{x+1} + \cdots + p_x^{\,n}\,\bar\eta_{x+n} = 0\,.$$

Diese $n+1$ homogenen Gleichungen können aber, da die Beiwerte p_x nicht sämtlich Null sind, nur dann bestehen, wenn die Determinante

$$\begin{vmatrix} \eta_x' & \eta_{x+1}' & \cdots & \eta_{x+n}' \\ \eta_x'' & \eta_{x+1}'' & \cdots & \eta_{x+n}'' \\ \cdot & \cdot & \cdots & \cdot \\ \eta_x^{(n)} & \eta_{x+1}^{(n)} & \cdots & \eta_{x+n}^{(n)} \\ \bar\eta_x & \bar\eta_{x+1} & \cdots & \bar\eta_{x+n} \end{vmatrix}$$

verschwindet. Dies bedingt aber einen linearen Zusammenhang zwischen $\bar\eta_x$ und den übrigen Partikularlösungen von der Form

$$\bar\eta_x = C_1\,\eta_x' + C_2\,\eta_x'' + \cdots + C_n\,\eta_x^{(n)}\,.$$

$\bar\eta_x$ ist aber, wie man erkennt, die bereits oben aufgestellte allgemeine Lösung (5).

In Gl. (5) sind daher, wenn man den Beiwerten C ihre volle Willkürlichkeit gibt, sämtliche Lösungen der Gl. (4) enthalten.

Eine homogene lineare Differenzengleichung n-ter Ordnung besitzt genau n voneinander unabhängige Partikularlösungen.

Wir betrachten nun die vollständige Gleichung

$$\sum_{i=0}^{n} p_x^{\,i}\, y_{x+i} = U_x\,. \tag{6}$$

Sei $\eta_x^{\,0}$ eine partikulare Lösung der Gl. (6), während η_x irgendeine Lösung der zur Gl. (6) gehörenden homogenen Gleichung

$$\sum_{i=0}^{n} p_x^{\,i}\, y_{x+i} = 0$$

ist, und führen wir

$$y_x = \eta_x + \eta_x^{\,0}$$

in Gl. (6) ein, so entsteht

$$\sum_{i=0}^{n} p_x^{\,i}\,\eta_{x+i} + \sum_{i=0}^{n} p_x^{\,i}\,\eta_{x+i}^{\,0} = U_x\,,$$

und diese Gleichung ist für alle Werte von x identisch erfüllt, da die erste Summe verschwindet — η_x ist ja eine Lösung der homogenen

Gleichung — und da die zweite Summe voraussetzungsgemäß gleich U_x ist.

Die allgemeine Lösung y_x der vollständigen Gleichung, die n willkürliche Konstanten enthält, wird daher gefunden, wenn man zu einer Partikularlösung η_x^0, die die vollständige Gleichung befriedigt, die allgemeine Lösung der zugehörigen homogenen Gleichung fügt. Daher ist

$$y_x = \eta_x^0 + C_1\,\eta_x' + C_2\,\eta_x'' + \cdots + C_n\,\eta_x^{(n)}. \tag{7}$$

Besteht die rechte Seite der vollständigen linearen Differenzengleichung aus einer Summe von der Form

$$U_x = A_1\,u_x' + A_2\,u_x'' + \cdots + A_k\,u_x^{(k)} = \sum_{\nu=1}^{k} A_\nu\,u_x^{(\nu)},$$

so hat auch die Partikularlösung der vollständigen Gleichung die Gestalt

$$\eta_x^0 = A_1\,\eta_x^{0\,'} + A_2\,\eta_x^{0\,''} + \cdots + A_k\,\eta_x^{0(k)} = \sum_{\nu=1}^{k} A_\nu\,\eta_x^{0(\nu)}. \tag{8}$$

$\eta_x^{0\,(\nu)}$ ist hierbei die Partikularlösung jener inhomogenen Gleichung, deren rechte Seite nur aus $u_x^{(\nu)}$ besteht. Auch hier kommt das die linearen Gleichungen kennzeichnende Superpositionsgesetz zum Ausdruck.

Reduktion der Ordnung homogener linearer Differenzengleichungen bei Kenntnis partikularer Lösungen.

Von der homogenen linearen Differenzengleichung

$$P(y_x) \equiv p_0\,y_x + p_1\,y_{x+1} + \cdots + p_n\,y_{x+n} = 0 \tag{9}$$

sei eine Partikularlösung η_x' bekannt. Führt man nun in Gleichung (9) das Produkt $\eta_x'\,z_x$, wo z_x eine neue Funktion von x ist, ein, so erhält man unter Berücksichtigung der Beziehung (2') auf S. 3

$$z_{x+k} = z_x + \binom{k}{1}\varDelta z_x + \binom{k}{2}\varDelta^2 z_x + \cdots + \varDelta^k z_x,$$

$$P(\eta_x'\,z_x) \equiv p_0\,\eta_x'\,z_x + p_1\,\eta_{x+1}'(z_x + \varDelta z_x)$$
$$+ p_2\,\eta_{x+2}'(z_x + 2\,\varDelta z_x + \varDelta^2 z_x) + \cdots$$
$$+ p_n\,\eta_{x+n}'(z_x + n\,\varDelta z_x + \cdots + \varDelta^n z_x) = 0.$$

Ordnet man die Glieder dieser Gleichung, indem man nach $z_x,\ \varDelta z_x \cdots \varDelta^n z_x$ zusammenfaßt, so erhält man

$$P(\eta_x'\,z_x) \equiv P_0(\eta_x')\,z_x + P_1(\eta_x')\,\varDelta z_x + P_2(\eta_x')\,\varDelta^2 z_x + \cdots$$
$$+ P_n(\eta_x')\,\varDelta^n z_x = 0, \tag{9'}$$

wobei

$$P_k(\eta_x') = \binom{k}{k} p_k \eta_{x+k}' + \binom{k+1}{k} p_{k+1} \eta_{x+k+1}' + \cdots + \binom{n}{k} p_n \eta_{x+n}'$$

$$(k = 1, 2 \ldots n)$$

gesetzt wurde. Da $P_0(\eta_x') = P(\eta_x')$, so verschwindet das erste Glied in Gl. (9'). Führt man schließlich die neue Funktion

$$\Delta z_x = u_x$$

ein und ersetzt die Differenzen Δu_x, $\Delta^2 u_x \ldots$ mittels der Formeln (1') auf S. 3 durch die aufeinanderfolgenden Werte der Funktion u_x, so gewinnt man eine lineare Differenzengleichung $(n-1)$-ster Ordnung

$$Q(u_x) \equiv q_0 u_x + q_1 u_{x+1} + \cdots + q_{n-1} u_{x+n-1} = 0. \qquad (10)$$

Kennt man also eine Partikularlösung η_x' einer homogenen Differenzengleichung n-ter Ordnung, so läßt sich durch Einführung des Produktansatzes $z_x \eta_x'$ in die vorgelegte Differenzengleichung eine neue homogene Differenzengleichung von der Ordnung $n-1$ ableiten. Ihre Auflösung liefert nach Durchführung von n einfachen Summationen die übrigen $n-1$ Elemente des Fundamentalsystems der vorgelegten Differenzengleichung.

Dieses Verfahren kann fortgesetzt werden. Ist auch für Gleichung (10) eine Partikularlösung η_x'' bekannt, so läßt sich in der gleichen Weise eine Gleichung $(n-2)$-ter Ordnung entwickeln, deren Lösungen nach Durchführung der Summationen im Verein mit der bekannten Lösung η_x'' ein Fundamentalsystem von (10) liefert. Eine Lösung von (10) ist aber bekannt, wenn man z. B. von der vorgelegten Differenzengleichung (9) zwei Fundamentallösungen kennt. Allgemein gilt:

Sind von einer linearen Differenzengleichung n-ter Ordnung k linear unabhängige Lösungen bekannt, so lassen sich die übrigen durch Auflösung einer Gleichung $(n-k)$-ter Ordnung und durch $(n-k)$ k-fache Summationen finden.

Beispiel:
Die Differenzengleichung zweiter Ordnung

$$(x+1)^2 y_{x+2} - (2x+1)(x+2) y_{x+1} + (x+1)(x+2) y_x = 0 \;\; ^1)$$

hat die leicht auffindbare Lösung

$$\eta_x' = x.$$

Setzt man das Produkt $x z_x$ ein, so entsteht

$$(x+1) z_{x+2} - (2x+1) z_{x+1} + x z_x = 0$$

und nach Einführung der Differenzen

$$\Delta^2 z_x (x+1) + \Delta z_x = 0.$$

$^1)$ Nörlund: Differenzenrechnung. Berlin 1924.

Setzt man schließlich

$$\Delta z_x = u_x, \qquad \Delta^2 z_x = u_{x+1} - u_x,$$

so erhält man die Gleichung erster Ordnung

$$(x + 1) u_{x+1} - x u_x = 0.$$

Man sieht aber ohne weiteres, daß diese Gleichung die Lösung

$$u_x = \frac{1}{x}$$

besitzt. Es ist daher

$$z_x = \oint \frac{1}{x} \Delta x = \Psi(x) \; {}^1)$$

und daher die *zweite* Lösung der ursprünglich gegebenen Differenzengleichung

$$\eta_x'' = x \, \Psi(x).$$

16. Verfahren von Lagrange zur Darstellung der Lösungen vollständiger Differenzengleichungen.

Lagrange hat in Anlehnung an sein Verfahren der Variation der Konstanten zur Lösung linearer Differentialgleichungen eine allgemeine Methode angegeben, um die Partikularlösung einer linearen inhomogenen Differenzengleichung aufzufinden, wenn das Fundamentalsystem der Lösungen der zugehörigen homogenen Gleichung bekannt ist. Sie wird als die Methode der Variation der Konstanten bezeichnet.

Da die Methode für jede Art linearer Differenzengleichungen gilt, so wird sie an dieser Stelle erörtert[2]).

Wir gehen von einer Gleichung n-ter Ordnung aus, die wir jetzt in der Form

$$y_{x+n} + p_{n-1} y_{x+n-1} + \cdots + p_0 y_x = U_x \tag{11}$$

schreiben wollen.

Ist der Beiwert von $y_{x+n} \neq 1$, so ist durch Division immer die Form (11) zu erzielen. Die p sind Funktionen von x.

Die zugehörende homogene Gleichung

$$y_{x+n} + p_{n-1} y_{x+n-1} + \cdots + p_0 y_x = 0$$

habe die allgemeine Lösung

$$\bar{y}_x = C_1 \eta_x' + C_2 \eta_x'' + \cdots + C_n \eta_x^{(n)},$$

wobei die η_x ein Fundamentalsystem der Lösungen der homogenen Gleichung darstellen.

---

[1]) Über die Funktion $\Psi(x)$ siehe S. 33.

[2]) Lagrange: Recherches sur les suites récurrentes. Berlin. Akad. 1775. Oeuvres T. 4. Paris 1869.

Lagranges Methode besteht nun darin, daß man der Lösung y_x der vollständigen Gleichung den gleichen Aufbau wie $\bar{y}_x$ gibt, nur daß an Stelle der Konstanten C_1, $C_2 \ldots C_n$ noch zu bestimmende Funktionen von x, nämlich c_x', $c_x'' \ldots c_x^{(n)}$ treten (die Konstanten werden veränderlich gemacht, variiert), so daß y_x in der Form

$$y_x = c_x' \, \eta_x' + c_x'' \, \eta_x'' + \cdots + c_x^{(n)} \, \eta_x^{(n)} \tag{12}$$

erscheint.

Die Eintragung des Ansatzes (12) in Gl. (11) liefert zunächst eine einzige. Bedingung zur Ermittlung der n unbekannten Funktionen c_x, weshalb weitere $(n-1)$ Bedingungen, denen wir die c_x unterwerfen wollen, passend gewählt werden können. Wir verfügen daher über diese Funktionen so, daß neben Gl. (11) folgende $(n-1)$ Gleichungen erfüllt werden.

$$\left.\begin{aligned}
y_{x+1} &= c_x' \, \eta_{x+1}' + c_x'' \, \eta_{x+1}'' + \cdots\cdots + c_x^{(n)} \, \eta_{x+1}^{(n)} \\
y_{x+2} &= c_x' \, \eta_{x+2}' + c_x'' \, \eta_{x+2}'' + \cdots\cdots + c_x^{(n)} \, \eta_{x+2}^{(n)} \\
&\;\;\cdot\;\cdot\;\cdot\;\cdot\;\cdot\;\cdot\;\cdot\;\cdot\;\cdot\;\cdot\;\cdot\;\cdot\;\cdot\;\cdot \\
y_{x+n-1} &= c_x' \, \eta_{x+n-1}' + c_x'' \, \eta_{x+n-1}'' + \cdots + c_x^{(n)} \, \eta_{x+n-1}^{(n)}
\end{aligned}\right\} \tag{13}$$

Diese Bedingungen besagen, daß $(n-1)$ aufeinanderfolgende Werte y_{x+1}, $y_{x+2} \cdots y_{x+n-1}$ eine solche Form haben, als wenn die c_x unveränderlich wären. Unter Berücksichtigung der Relation

$$c_{x+1} = c_x + \varDelta \, c_x$$

können die Gleichungen (13) nur bestehen, wenn die $(n-1)$ Bedingungsgleichungen

$$\left.\begin{aligned}
\eta_{x+1}' \varDelta \, c_x' + \eta_{x+1}'' \varDelta \, c_x'' + \cdots + \eta_{x+1}^{(n)} \varDelta \, c_x^{(n)} &= 0 \\
\eta_{x+2}' \varDelta \, c_x' + \eta_{x+2}'' \varDelta \, c_x'' + \cdots + \eta_{x+2}^{(n)} \varDelta \, c_x^{(n)} &= 0 \\
\cdot\;\cdot\;\cdot\;\cdot\;\cdot\;\cdot\;\cdot\;\cdot\;\cdot\;\cdot\;\cdot\;\cdot\;\cdot\;\cdot\;\cdot \\
\eta_{x+n-1}' \varDelta \, c_x' + \eta_{x+n-1}'' \varDelta \, c_x'' + \cdots + \eta_{x+n-1}^{(n)} \varDelta \, c_x^{(n)} &= 0
\end{aligned}\right\} \tag{14}$$

erfüllt sind. Man überzeugt sich von der Richtigkeit dieser Behauptung, wenn man von Gl. (12) ausgehend zunächst y_{x+1} bildet. Wir erhalten, wenn wir die Summen nur durch das erste Glied andeuten,

$$y_{x+1} = c_{x+1}' \, \eta_{x+1}' + \cdots = (c_x' \, \eta_{x+1}' + \cdots) + (\eta_{x+1}' \varDelta \, c_x' + \cdots).$$

Die erste der Gleichungen (13) folgt daraus, wenn der zweite Klammerausdruck verschwindet, d. i. aber die erste Bedingung (14). Bildet man aus y_{x+1} auf gleichem Wege y_{x+2}, so erhält man die zweite der Gleichungen (13) und die zweite Bedingung in (14) usw. Aus der letzten der Gleichungen (13) folgt schließlich

$$\begin{aligned}
y_{x+n} = c_x' \, \eta_{x+n}' + c_x'' \, \eta_{x+n}'' + \cdots c_x^{(n)} \, \eta_{x+n}^{(n)} \\
+ \eta_{x+n}' \varDelta \, c_x' + \eta_{x+n}'' \varDelta \, c_x'' + \cdots + \eta_{x+n}^{(n)} \varDelta \, c_x^{(n)}.
\end{aligned} \tag{15}$$

Setzt man nun die Ausdrücke für y_x, $y_{x+1} \ldots y_{x+n}$ gemäß den Gleichungen (12), (13), (15) in die vorgelegte Differenzengleichung (11) ein, so erhält man

$$(c_x{}' \, \eta'_{x+n} + \cdots + c_x^{(n)} \, \eta_{x+n}^{(n)}) + (\eta'_{x+n} \, \varDelta \, c_x{}' + \cdots + \eta_{x+n}^{(n)} \, \varDelta \, c_x^{(n)})$$
$$+ \, p_{n-1} (c_x{}' \, \eta'_{x+n-1} + \cdots + c_x^{(n)} \, \eta_{x+n-1}^{(n)}) + \cdots$$
$$+ \, p_0 (c_x{}' \, \eta_x{}' + \cdots + c_x^{(n)} \, \eta_x^{(n)}) = U_x$$

oder

$$c_x{}' (\eta'_{x+n} + p_{n-1} \, \eta'_{x+n-1} + \cdots + p_0 \, \eta_x{}')$$
$$+ \, c_x{}'' (\eta''_{x+n} + p_{n-1} \, \eta''_{x+n-1} + \cdots + p_0 \, \eta_x{}'') + \cdots$$
$$+ \, \eta'_{x+n} \, \varDelta \, c_x{}' + \cdots + \eta_{x+n}^{(n)} \, \varDelta \, c_x^{(n)} = U_x.$$

Die in Klammern stehenden Beiwerte der c_x sind Null, da die η_x voraussetzungsgemäß Lösungen der homogenen Gleichung sind, so daß schließlich die n-te Bedingungsgleichung in der Gestalt

$$\eta'_{x+n} \, \varDelta \, c_x{}' + \eta''_{x+n} \, \varDelta \, c_x{}'' + \cdots + \eta_{x+n}^{(n)} \, \varDelta \, c_x^{(n)} = U_x \qquad (16)$$

zurückbleibt.

Die Gleichungen (14) und (16) bilden ein System von n linearen Beziehungen, aus denen die n Unbekannten $\varDelta c_x$ ermittelt werden können. Zu diesem Zwecke muß aber noch nachgewiesen werden, daß die Koeffizienten-Determinante des Systems

$$D(x+1) = \begin{vmatrix} \eta'_{x+1} & \eta''_{x+1} & \cdots & \eta_{x+1}^{(n)} \\ \eta'_{x+2} & \eta''_{x+2} & \cdots & \eta_{x+2}^{(n)} \\ \vdots & \vdots & & \vdots \\ \eta'_{x+n} & \eta''_{x+n} & \cdots & \eta_{x+n}^{(n)} \end{vmatrix}$$

von Null verschieden ist. Die Determinante wird in ihrem Werte nicht geändert, wenn man die erste Zeile mit p_1, die zweite mit p_2 usw. multipliziert und sodann addiert und die Summe an Stelle der letzten Zeile schreibt. Man erhält dann, weil

$$\eta_{x+n} + p_{n-1} \, \eta_{x+n-1} + \cdots + p_1 \, \eta_{x+1} = - \, p_0 \, \eta_x,$$

$$D(x+1) = (-1)^{n-1} \begin{vmatrix} - p_0 \, \eta_x{}' & - p_0 \, \eta_x{}'' & \cdots & - p_0 \, \eta_x^{(n)} \\ \eta'_{x+1} & \eta''_{x+1} & \cdots & \eta_{x+1}^{(n)} \\ \eta'_{x+2} & \eta''_{x+2} & \cdots & \eta_{x+2}^{(n)} \\ \vdots & \vdots & & \vdots \\ \eta'_{x+n-1} & \eta''_{x+n-1} & \cdots & \eta_{x+n-1}^{(n)} \end{vmatrix}$$

$$= (-1)^n \, p_0 \begin{vmatrix} \eta_x{}' & \eta_x{}'' & \cdots & \eta_x^{(n)} \\ \eta'_{x+1} & \eta''_{x+1} & \cdots & \eta_{x+1}^{(n)} \\ \vdots & \vdots & & \vdots \\ \eta'_{x+n-1} & \eta''_{x+n-1} & \cdots & \eta_{x+n-1}^{(n)} \end{vmatrix}.$$

Das ist aber die mit $(-1)^n p_0$ multiplizierte Determinante des Fundamentalsystems, die gemäß den Ausführungen auf S. 42 nicht verschwindet. Die Gleichungen für $\varDelta c_x$ sind sonach lösbar.

Denkt man sich die $\varDelta c_x$ aus den Gleichungen (14) und (16) ermittelt, so erscheinen sie als lineare Funktionen der Lösungen η_x und der rechten Gleichungsseite U_x.

Bezeichnet man die mit $D(x+1)$ dividierten Unterdeterminanten der letzten Zeile von $D(x+1)$ mit $\mu_x^{(i)}$, so ist

$$\varDelta c_x^{(i)} = \mu_x^{(i)} U_x$$

und daher

$$c_x^{(i)} = \underset{}{S}\, \mu_x^{(i)} U_x \varDelta x + C_i, \tag{17}$$

wo die C_i willkürliche Konstanten sind. Man findet schließlich entsprechend Gl. (12) die allgemeine Lösung in der Form

$$y_x = C_1 \eta_x' + C_2 \eta_x'' + \cdots + C_n \eta_x^{(n)}$$
$$+ \eta_x' \underset{}{S}\, \mu_x' U_x \varDelta x + \eta_x'' \underset{}{S}\, \mu_x'' U_x \varDelta x + \cdots + \eta_x^{(n)} \underset{}{S}\, \mu_x^{(n)} U_x \varDelta x. \tag{18}$$

Der erste Teil ist bereits bekannt, er stellt die allgemeine Lösung der homogenen Gleichung vor. Der zweite Teil ist die Partikularlösung der vollständigen Gleichung, die die Durchführung von n Summationen erfordert, wenn n die Ordnung der vorgelegten Gleichung bedeutet. Wir werden Gelegenheit haben, die Anwendung des Verfahrens in **19** an Beispielen zu zeigen.

Die Lösung (18) gilt auch dann noch, wenn U_x keine analytische Funktion, sondern für eine Reihe kongruenter Werte von x zahlenmäßig gegeben ist, da die Operation $\underset{}{S}$ auch in diesem Fall ihren Sinn beibehält. Das Verfahren von Lagrange gestattet daher auch die Auflösung eines Systems von Gleichungen, deren rechte Seiten beliebige Zahlen sind.

17. Die Randbedingungen.

Wir haben bereits an mehreren Stellen davon gesprochen, daß die eindeutige Festlegung der Lösung einer Differenzengleichung noch die Angabe einer fallweise bestimmten Zahl von Nebenbedingungen notwendig macht, aus denen die Konstanten C der allgemeinen Lösung ermittelt werden können. Diese Nebenbedingungen können entweder Randbedingungen sein, d. h. es sind die Anfangs- und Endwerte oder Beziehungen zwischen Anfangs- und Endwerten der gesuchten Funktion y_x in dem in Frage kommenden Bereich vorgegeben, oder es sind neben den Randwerten, weitere Bedingungen im Inneren des Bereiches vorgeschrieben, die wir dann Übergangsbedingungen nennen werden. Die Lösung der Randwertaufgabe, nämlich die Anpassung der allgemeinen Lösung an die vorgegebenen Nebenbedingungen, d. i. die Bestimmung der Konstanten C, ist immer ohne grundsätzliche Schwierigkeiten möglich, da sie im wesentlichen auf die Auflösung eines Systems linearer Gleichungen hinausläuft.

Liegt eine einzige Differenzengleichung vor, so ist die Zahl der willkürlichen Beiwerte der allgemeinen Lösung gerade so groß als die Ordnung der Differenzengleichung, es sind daher, wenn n die Ordnungszahl ist, gerade n Nebenbedingungen zu erfüllen. Bei Systemen simultaner Differenzengleichungen, deren Lösungen s willkürliche Konstanten C enthalten, müssen demgemäß s Nebenbedingungen bekannt sein, um die Größten C berechnen zu können.

Die Randbedingungen treten entweder in der Form auf, daß einzelne Werte der Unbekannten, z. B. y_{-1}, y_0, y_n, y_{n+1}, zahlenmäßig vorgeschrieben sind, oder die Randbedingungen haben die Form von linearen Gleichungen zwischen einzelnen Funktionswerten. Sind alle diese Gleichungen homogen, so spricht man von h o m o g e n e n R a n d b e d i n g u n g e n. Die Bedingungen $y_0 = 0$, $y_n = 0$ bei einer Gleichung zweiter Ordnung z. B. gehören, da sie homogene Gleichungen darstellen, zu den homogenen Randbedingungen. Andererseits wären $y_0 = c$, $y_n = c$ nicht homogene Randbedingungen.

An der Hand eines einfachen Beispieles mögen einige häufig vorkommende Fälle kurz erörtert werden. Wir betrachten zu diesem Zwecke die Gleichung zweiter Ordnung

$$y_{x-1} + a\, y_x + b\, y_{x+1} = U_x$$

mit der allgemeinen Lösung

$$y_x = C_1\, \eta_x' + C_2\, \eta_x'' + \bar{\eta}_x,$$

wobei η_x' und η_x'' die beiden Partikularlösungen der homogenen, $\bar{\eta}$ die Partikularlösung der vollständigen Gleichung darstellen.

1. Fall. Gegeben: $y_0 = a_1$, $y_1 = a_2$. Zur Bestimmung von C_1 und C_2 stehen dann die beiden nicht homogenen Gleichungen

$$C_1\, \eta_0' + C_2\, \eta_0'' + \bar{\eta}_0 = a_1,$$
$$C_1\, \eta_1' + C_2\, \eta_1'' + \bar{\eta}_1 = a_2$$

zur Verfügung.

2. Fall. Gegeben: $y_0 = 0$, $y_n = 0$ (homogene Randbedingungen). Zur Ermittlung der beiden Konstanten C dienen die nicht homogenen Gleichungen

$$C_1\, \eta_0' + C_2\, \eta_0'' + \bar{\eta}_0 = 0,$$
$$C_1\, \eta_n' + C_2\, \eta_n'' + \bar{\eta}_n = 0.$$

3. Fall. Ringförmig geschlossene Systeme. Hier nehmen die Randbedingungen die Form einer P e r i o d i z i t ä t s b e d i n g u n g

$$y_0 = y_n, \qquad y_1 = y_{n+1}$$

an. Sie sind homogen. Demgemäß erhalten die Gleichungen für C die Gestalt

$$C_1\,\eta_0' + C_2\,\eta_0'' + \bar{\eta}_0 = C_1\,\eta_n' + C_2\,\eta_n'' + \bar{\eta}_n ,$$
$$C_1\,\eta_1' + C_2\,\eta_1'' + \bar{\eta}_1 = C_1\,\eta_{n+1}' \; C_2\,\eta_{n+1}'' + \bar{\eta}_{n+1} .$$

4. Fall. Die Belastungsglieder U_x in den aufeinanderfolgenden Gleichungen seien durchwegs Null, ausgenommen die Gleichungen für den Punkt $x = \lambda$,

$$y_{\lambda-1} + a\,y_\lambda + b\,y_{\lambda+1} = U_\lambda ,$$

welche Gleichung wir als Übergangsbedingung betrachten, während wir die Gruppe der Gleichungen vor λ mit den Unbekannten $y_0,\ y_1 \cdots y_\lambda$ und die Gleichungsgruppe nach λ mit den Unbekannten $y_\lambda,\ y_{\lambda+1} \cdots y_n$ als homogene Differenzgleichungen mit den Lösungen

$$x \leqq \lambda: \qquad y_x = C_1\,\eta_x' + C_2\,\eta_x'' , \qquad x > \lambda: \qquad y_x = \bar{C}_1\,\eta_x' + \bar{C}_2\,\eta_x''$$

auffassen. Als Randwerte seien außerdem $y_0 = 0$, $y_n = 0$ vorgeschrieben.

Zur Ermittlung der **vier** Konstanten stehen uns folgende vier Gleichungen zur Verfügung:

wegen $y_0 = 0$: $\qquad C_1\,\eta_0' + C_2\,\eta_0'' = 0 ,$

„ $\quad y_n = 0$: $\qquad \bar{C}_1\,\eta_n' + \bar{C}_2\,\eta_n'' = 0 ,$

Übergangsbedingung: $C_1\,\eta_{\lambda-1}' + C_2\,\eta_{\lambda-1}'' + a\,(C_1\,\eta_\lambda' + C_2\,\eta_\lambda'')$

$$+\, b\,(\bar{C}_1\,\eta_{\lambda+1}' + \bar{C}_2\,\eta_{\lambda+1}'') = U_\lambda ,$$

„ $\qquad$ „ $\qquad C_1\,\eta_\lambda' + C_2\,\eta_\lambda'' = \bar{C}_1\,\eta_\lambda' + \bar{C}_2\,\eta_\lambda'' .$

Die letzte Bedingung besagt, daß beide Lösungsansätze y_x für $x = \lambda$ übereinstimmen müssen.

5. Fall. Die Belastungsglieder sind wieder Null, ausgenommen in zwei aufeinanderfolgenden Gleichungen, nämlich

$$y_{\lambda-2} + a\,y_{\lambda-1} + b\,y_\lambda = U_{\lambda-1} ,$$
$$y_{\lambda-1} + a\,y_\lambda + b\,y_{\lambda+1} = U_\lambda .$$

Wir haben hier wieder zwei Systeme homogener Gleichungen, die wir als homogene Differenzengleichungen auffassen, und die durch die nichthomogenen Ausnahmsgleichungen (Übergangsbedingungen) miteinander zusammenhängen. Beide Differenzengleichungen haben die Lösungen

$$x \leqq \lambda: \quad y_x = C_1\,\eta_x' + C_2\,\eta_x'' , \qquad x \geqq \lambda + 1: \quad y_x = \bar{C}_1\,\eta_x' + \bar{C}_2\,\eta_x'' .$$

Mit den gleichen Randbedingungen wie im Falle 4 ergeben sich sonach folgende vier Gleichungen zur Berechnung der Festwerte

$$C_1\,\eta_0' + C_2\,\eta_0'' = 0 ,$$
$$\bar{C}_1\,\eta_n' + \bar{C}_2\,\eta_n'' = 0 ,$$

$$(C_1\,\eta'_{\lambda-1} + C_2\,\eta''_{\lambda-1}) + a\,(C_1\,\eta'_{\lambda} + C_2\,\eta''_{\lambda})$$
$$+ b\,(\overline{C}_1\,\eta'_{\lambda+1} + \overline{C}_2\,\eta''_{\lambda+1}) = U_{\lambda-1},$$
$$(C_1\,\eta'_{\lambda} + C_2\,\eta''_{\lambda}) + a\,(\overline{C}_1\,\eta'_{\lambda+1} + \overline{C}_2\,\eta''_{\lambda+1})$$
$$+ b\,(\overline{C}_1\,\eta'_{\lambda+2} + \overline{C}_2\,\eta''_{\lambda+2}) = U_{\lambda}.$$

In der hier erörterten Form treten die Übergangsbedingungen häufig dann auf, wenn es sich um die Darstellung der Einflußlinien eines aus aneinander gereihten Feldern bestehenden Trägersystems handelt.

Wir haben vorstehend einen kleinen Ausschnitt gegeben aus der Mannigfaltigkeit der Randwertaufgaben bei einer Differenzengleichung zweiter Ordnung. Mit steigender Ordnung, also mit steigender Zahl der zu bestimmenden Festwerte C nimmt diese Mannigfaltigkeit zu.

Wir betrachten noch als letztes Beispiel den Fall einer Gleichung vierter Ordnung mit den Randbedingungen $y_0 = y_{-1} = 0$, $y_n = y_{n+1} = 0$ unter der Annahme, daß sämtliche Belastungsglieder bis auf U_λ, so wie im Falle 4, verschwinden. Die Differenzengleichung habe die Form

$$y_{x-2} + a\,y_{x-1} + b\,y_x + a\,y_{x+1} + y_{x+2} = 0.$$

Wir setzen ebenso wie bei Fall 4 zwei Lösungen an:

$$x \leqq \lambda: \qquad y_x = \sum_{\nu=1}^{4} C_\nu\,\eta_x^{(\nu)}, \qquad x \geqq \lambda+1: \qquad y_x = \sum_{\nu=1}^{4} \overline{C}_\nu\,\eta_x^{(\nu)}.$$

Zur Bestimmnng der 8 Konstanten C und $\overline{C}$ stehen uns die vier Randbedingungen

$$y_{-1} = \sum_{\nu=1}^{4} C_\nu\,\eta_{-1}^{(\nu)} = 0, \qquad y_0 = \sum_{\nu=1}^{4} C_\nu\,\eta_0^{\nu} = 0, \qquad y_n = \sum_{\nu=1}^{4} \overline{C}_\nu\,\eta_n^{(\nu)} = 0,$$

$$y_{n+1} = \sum_{\nu=1}^{4} \overline{C}_\nu\,\eta_{n+1}^{(\nu)} = 0$$

sowie die Übergangsbedingungen

$$\sum_{\nu=1}^{4} C_\nu\,\eta_{\lambda-1}^{(\nu)} = \sum_{\nu=1}^{4} \overline{C}_\nu\,\eta_{\lambda-1}^{(\nu)}, \qquad \sum_{\nu=1}^{4} C_\nu\,\eta_{\lambda}^{(\nu)} = \sum_{\nu=1}^{4} \overline{C}_\nu\,\eta_{\lambda}^{(\nu)},$$

$$\sum_{\nu=1}^{4} C_\nu\,\eta_{\lambda+1}^{(\nu)} = \sum_{\nu=1}^{4} \overline{C}_\nu\,\eta_{\lambda+1}^{(\nu)}$$

und die Ausnahmsgleichung mit von Null verschiedener rechter Seite

$$\sum_{\nu=1}^{4} C_\nu\,\eta_{\lambda-2}^{(\nu)} + a\sum_{\nu=1}^{4} C_\nu\,\eta_{\lambda-1}^{(\nu)} + b\sum_{\nu=1}^{4} C_\nu\,\eta_{\lambda}^{(\nu)} + a\sum_{\nu=1}^{4} \overline{C}_\nu\,\eta_{\lambda+1}^{(\nu)}$$

$$+ \sum_{\nu=1}^{4} \overline{C}_\nu\,\eta_{\lambda+2}^{(\nu)} = U_\lambda,$$

insgesamt also 8 Gleichungen, zur Verfügung.

Bei Systemen simultaner Differenzengleichungen muß in jedem Falle die Zahl der aus dem Wesen der Aufgabe fließenden Rand- und Übergangsbedingungen in Einklang stehen, mit der Zahl der willkürlichen Größen C. Dieser Zusammenhang bietet ein ausgezeichnetes und oft sehr erwünschtes Mittel zur Überprüfung des Ansatzes, bei jenen Problemen der angewandten Mechanik, die auf ein System simultaner Differenzengleichungen führen.

Mit dem Randwertproblem ist aber noch eine weitere bemerkenswerte Fragestellung verbunden, d. i. das Problem der Eigenwerte und Eigenlösungen. Wir werden diesem Problem im § 6 ausführlich nähertreten.

§ 5. Differenzengleichungen mit konstanten Koeffizienten.

18. Homogene Gleichungen.

Die Darstellung der Lösungen linearer Differenzengleichungen durch einfache analytische Ausdrücke bietet in den meisten Fällen sehr große Schwierigkeiten. Nur für wenige einfache Formen linearer Gleichungen ist die Lösung in geschlossener Form bekannt. Voran stehen die Gleichungen mit konstanten Koeffizienten, die in der Mathematik als die ersten Differenzengleichungen bei der Behandlung rekurrenter Reihen auftraten. Sie wurden zum ersten Male von Lagrange systematisch behandelt.

Es liege eine lineare homogene Gleichung mit unveränderlichen reellen Beiwerten

$$y_{x+n} + a_1 y_{x+n-1} + \cdots + a_n y_x = 0 \qquad (a_n \neq 0) \qquad (1)$$

vor. Wir versuchen den Lösungsansatz

$$y_x = \beta^x u_x, \qquad (2)$$

wo β ein Festwert, u_x eine noch zu bestimmende Funktion von x ist. Beachtet man, daß gemäß Gl. (2') in 1

$$y_{x+\nu} = \beta^{x+\nu} u_{x+\nu} = \beta^{x+\nu} \left[u_x + \binom{\nu}{1} \Delta u_x + \binom{\nu}{2} \Delta^2 u_x + \cdots + \Delta^\nu u_x \right],$$
$$(\nu = 1, 2 \ldots n),$$

so gewinnt man nach Eintragen des Ansatzes (2) in Gl. (1) zunächst folgende Beziehung

$$\beta^{x+n} \left[u_x + \binom{n}{1} \Delta u_x + \cdots + \Delta^n u_x \right]$$
$$+ a_1 \beta^{x+n-1} \left[u_x + \binom{n-1}{1} \Delta u_x + \cdots + \Delta^{n-1} u_x \right] + \cdots$$
$$+ a_{n-1} \beta^{x+1} \left[u_x + \Delta u_x \right] + a_n \beta^x u_x = 0,$$

aus der nach Umordnung die Gleichung

$$\beta^x [\beta^n + a_1 \beta^{n-1} + \cdots + a_n] u_x$$
$$+ \beta^{x+1} [n \beta^{n-1} + a_1 (n-1) \beta^{n-2} + \cdots + a_{n-1}] \frac{\Delta u_x}{1!}$$
$$+ \beta^{x+2} [n(n-1) \beta^{n-2} + a_1 (n-1)(n-2) \beta^{n-3} + \cdots$$
$$+ a_{n-2}] \frac{\Delta^2 u_x}{2!}$$
$$\cdot \quad \cdot \quad \cdot \quad \cdot \quad \cdot \quad \cdot \quad \cdot \quad \cdot \quad \cdot \quad \cdot \quad \cdot \quad \cdot \quad \cdot \quad \cdot$$
$$+ \beta^{x+n} n(n-1) \cdots 2 \cdot 1 \frac{\Delta^n u_x}{n!} = 0$$

hervorgeht.

Führt man die ganze rationale Funktion n-ten Grades

$$\varphi(\beta) = \beta^n + a_1 \beta^{n-1} + a_2 \beta^{n-2} + \cdots + a_n$$

ein, so erkennt man, daß die aufeinanderfolgenden Klammerausdrücke in der vorangehenden Gleichung mit $\varphi(\beta)$ und den Ableitungen der Funktion $\varphi(\beta)$ übereinstimmen. Daher nimmt die Bedingungsgleichung für β und u_x die Gestalt an:

$$\beta^x \varphi(\beta) u_x + \beta^{x+1} \varphi'(\beta) \frac{\Delta u_x}{1!} + \beta^{x+2} \varphi''(\beta) \frac{\Delta^2 u_x}{2!} + \cdots$$
$$+ \beta^{x+n} \varphi^{(n)}(\beta) \frac{\Delta^n u_x}{n!} = 0 . \tag{3}$$

Diese Gleichung wird erfüllt, wenn β eine Wurzel der Gleichung

$$\varphi(\beta) \equiv \beta^n + a_1 \beta^{n-1} + \cdots + a_n = 0 , \tag{4}$$

und wenn $u_x = 1$ ist. Denn dann ist wegen $\varphi(\beta) = 0$ das erste Glied Null, während die folgenden wegen $\Delta u_x = \Delta^2 u_x = \cdots = \Delta^n u_x = 0$ verschwinden.

Gleichung (4) heißt die charakteristische Gleichung. Sie besitzt lauter von Null verschiedene Wurzeln, da wir $a_n \neq 0$ voraus-gesetzt haben. In jenen Fällen, in denen sie n voneinander verschie-dene Wurzeln hat, stehen uns n verschiedene Partikularlösungen von der Form

$$y_x^{(v)} = \beta_v^x \qquad (v = 1, 2 \ldots n)$$

zur Verfügung. Die allgemeine Lösung der vorgelegten Differenzen-gleichung hat daher die Gestalt

$$C_1 \beta_1^x + C_2 \beta_2^x + \cdots + C_n \beta_n^x . \tag{5}$$

Daß die n Lösungen β_1^x, $\beta_2^x \ldots \beta_n^x$ wirklich ein Fundamentalsystem bilden, erkennen wir an der Determinante

$$D = \begin{vmatrix} \beta_1^x & \beta_2^x & \cdots \beta_n^x \\ \beta_1^{x+1} & \beta_2^{x+1} & \cdots \beta_n^{x+1} \\ \cdot & \cdot & \cdot \\ \beta_1^{x+n-1} & \beta_2^{x+n-1} & \cdots \beta_n^{x+n-1} \end{vmatrix} ;$$

denn es ist nach einem Satze von Cauchy[1])

$$D = [\beta_1 \beta_2 \cdots \beta_n]^x \begin{vmatrix} 1 & 1 & \dots 1 \\ \beta_1 & \beta_2 & \cdots \beta_n \\ \cdot & \cdot & \cdot \\ \beta_1{}^{n-1} & \beta_2{}^{n-1} & \dots \beta_n{}^{n-1} \end{vmatrix}$$

$$= (-1)^{\frac{n}{2}(n-1)} [\beta_1 \beta_2 \cdots \beta_n]^x \prod_{i,\,j}(\beta_i - \beta_j).$$

$$(i = 1, 2, \dots n - 1; \quad j = 2, 3 \dots n; \; i < j).$$

Solange $\beta_i \neq \beta_j$ ist, d. h. solange sämtliche Wurzeln verschieden sind, bilden die aus ihnen abgeleiteten Partikularlösungen ein Fundamentalsystem, da das Produkt $\prod(\beta_i - \beta_j)$ nicht verschwinden kann.

Hat aber die charakteristische Gleichung zwei oder mehrere gleiche Wurzeln, so liegt kein vollständiges System von Partikularlösungen von der Form β^x mehr vor, da dann die Determinante der Lösungen verschwindet. Beachtet man aber, daß, im Falle β_k eine λ-fache Wurzel der Gl. (4) ist, nach einem bekannten Satze der Algebra neben $\varphi(\beta)$ auch die Ableitungen

$$\varphi'(\beta),\; \varphi''(\beta) \dots \varphi^{(\lambda-1)}(\beta)$$

an der Stelle β_k verschwinden müssen, so wird Gl. (3) auch erfüllt, wenn u_x eine ganze rationale Funktion von $(\lambda - 1)$-stem oder niedrigerem Grade ist; weil dann die Glieder bis einschließlich

$$\beta^{x+\lambda-1} \varphi^{(\lambda-1)}(\beta) \frac{\varDelta^{\lambda-1} u_x}{(\lambda - 1)!}$$

verschwinden, da die betreffenden Ableitungen von $\varphi(\beta)$ für $\beta = \beta_k$ Null sind, während die folgenden Glieder wegen Verschwindens der höheren Differenzen von u_x Null werden. Daher sind

$$\beta_k{}^x,\; x\beta_k{}^x,\; x^2\beta_k{}^x \dots x^{\lambda-1}\beta_k{}^x \tag{6}$$

λ Lösungen der vorgelegten Differenzengleichung, die mit den übrigen aus untereinander verschiedenen Wurzeln β entspringenden $n - \lambda$ Partikularlösungen ein Fundamentalsystem bilden.

Die allgemeine Lösung der vorgelegten Differenzengleichung nimmt daher, wenn λ Wurzeln der charakteristischen Gleichung einander gleich sind, die Form an:

$$\begin{aligned} y_x = {}& [C_1 + x C_2 + x^2 C_3 + \cdots x^{\lambda-1} C_\lambda] \beta_1{}^x \\ & + C_{\lambda+1}\beta_2{}^x + \cdots + C_n \beta_{n-\lambda}{}^x \end{aligned} \tag{7}$$

Sind die Wurzeln der charakteristischen Gleichung zum Teil komplex, so treten die komplexen Wurzeln immer paarweise als konjugiert komplexe Größen auf. Durch geeignete Zusammenfassung gelingt es

---

[1]) Pascal, E.: Die Determinanten, S. 128. Leipzig 1900.

immer, die Lösung in reeller Form — die Koeffizienten der vorgelegten Differenzengleichung wurden reell vorausgesetzt — darzustellen.

Nehmen wir z. B. an, daß von den n Wurzeln der charakteristischen Gleichung zwei komplex wären, z. B.

$$\left.\begin{array}{l} \beta_1 = a + b\,i = \varrho\,(\cos\varphi + i\sin\varphi), \\ \beta_2 = a - b\,i = \varrho\,(\cos\varphi - i\sin\varphi), \end{array}\right\} \operatorname{tg}\varphi = \frac{b}{a}, \quad \varrho = \left|\sqrt{a^2 + b^2}\right|.$$

Dann erhält die allgemeine Lösung folgende Gestalt:

$$y_x = A\,\beta_1^x + B\,\beta_2^x + \cdots = \varrho^x\,[A\,(\cos\varphi x + i\sin\varphi x) + B\,(\cos\varphi x - i\sin\varphi x)] + \cdots.$$

Die Auflösung der Klammer ergibt

$$y_x = \varrho^x\,[(A + B)\cos\varphi x + i\,(A - B)\sin\varphi x] + \cdots$$
$$= C_1\,\varrho^x\cos\varphi x + C_2\,\varrho^x\sin\varphi x + \cdots.$$

Jedes konjugiert-komplexe Wurzelpaar liefert also zwei reelle Partikularlösungen, deren Summe die Form

$$C_1\,\varrho^x\cos\varphi x + C_2\,\varrho^x\sin\varphi x \tag{8}$$

annimmt. Sind die komplexen Wurzeln mehrfache Wurzeln, so erhält die allgemeine Lösung, wie man leicht nachrechnet, die Form

$$y_x = [C_1 + x\,C_2 + \cdots]\,\varrho^x\cos\varphi x + [C' + x\,C'' + \cdots]\,\varrho^x\sin\varphi x + \cdots.$$

Beispiel 1. Wir betrachten die Reihe

$$0,\ 1,\ 1,\ 2,\ 3,\ 5,\ 8\cdots,$$

die dadurch gekennzeichnet ist, daß jedes Glied die Summe der beiden unmittelbar vorangehenden darstellt. Wie lautet die allgemeine Form eines beliebigen Gliedes? Da voraussetzungsgemäß

$$y_{x+2} = y_x + y_{x+1},$$

so liefert die Lösung dieser Differenzengleichung zweiter Ordnung die Lösung unserer Aufgabe. Aus

$$y_{x+2} - y_{x+1} - y_x = 0$$

entsteht mit $y_x = \beta^x$ die charakteristische Gleichung

$$\varphi\,(\beta) \equiv \beta^2 - \beta - 1 = 0$$

mit den beiden Wurzeln

$$\beta_1 = \frac{1 + \sqrt{5}}{2} \quad \text{und} \quad \beta_2 = \frac{1 - \sqrt{5}}{2}.$$

Sonach lautet die allgemeine Lösung

$$y_x = C_1\left(\frac{1 + \sqrt{5}}{2}\right)^x + C_2\left(\frac{1 - \sqrt{5}}{2}\right)^x.$$

Zur Bestimmung der Festwerte C benützen wir den Anfang der Reihe. Mit

$$y_0 = 0 \quad \text{und} \quad y_1 = 1$$

gewinnt man die beiden Bedingungsgleichungen

$$C_1 + C_2 = 0,$$
$$C_1\frac{1 + \sqrt{5}}{2} + C_2\frac{1 - \sqrt{5}}{2} = 1,$$

aus denen sich $C_1 = \dfrac{1}{\sqrt{5}}$ und $C_2 = -\dfrac{1}{\sqrt{5}}$ berechnet. Für das x-te Glied der Reihe gilt daher die Formel

$$y_x = \frac{1}{\sqrt{5}} \left[\left(\frac{1 + \sqrt{5}}{2} \right)^x - \left(\frac{1 - \sqrt{5}}{2} \right)^x \right].$$

Derartige Reihen bei denen für mehrere aufeinanderfolgende Glieder eine lineare Relation mit konstanten Koeffizienten besteht, heißen **rekurrente Reihen**[1].

Beispiel 2. Betrachten wir die homogene Gleichung zweiter Ordnung in der allgemeinen Form

$$y_{x+2} + \lambda y_{x+1} + \mu y_x = 0,$$

deren charakteristische Gleichung

$$\beta^2 + \lambda \beta + \mu = 0$$

die beiden Wurzeln

$$\beta_1 = -\frac{\lambda}{2} + \sqrt{\frac{\lambda^2}{4} - \mu}, \qquad \beta_2 = -\frac{\lambda}{2} - \sqrt{\frac{\lambda^2}{4} - \mu}$$

aufweist.

Ist $\dfrac{\lambda^2}{4} > \mu$, so sind β_1 und β_2 reell.

Durch Einführung der Hyperbelfunktionen können wir der Lösung eine neue oft zweckmäßige Form geben. Wir setzen

$$\beta_1 = \varrho\, e^{\varphi} \quad \text{und} \quad \beta_2 = \varrho\, e^{-\varphi},$$

woraus sich für ϱ und φ die Verknüpfungen

$$\varrho = \sqrt{\mu}, \qquad \mathfrak{Cof}\,\varphi = \frac{-\lambda}{2\sqrt{\mu}}$$

ergeben[2]. Das Vorzeichen von $\sqrt{\mu}$ ist so zu wählen, daß $-\dfrac{\lambda}{2\sqrt{\mu}}$ positiv wird.

Die allgemeine Lösung nimmt daher die Form

$$y_x = (\sqrt{\mu})^x \left(A\, e^{\varphi x} + B\, e^{-\varphi x} \right)$$

und nach Einführung der Hyperbelfunktionen die Gestalt

$$y_x = (\sqrt{\mu})^x \left[C_1\, \mathfrak{Sin}\,\varphi x + C_2\, \mathfrak{Cof}\,\varphi x \right]$$

an.

Ist aber $\dfrac{\lambda^2}{4} < \mu$, dann wird β_1 und β_2 komplex. Die Lösung erscheint dann in der Gestalt

$$y_x = \varrho^x \left[C_1\, \sin\varphi x + C_2\, \cos\varphi x \right],$$

wie wir bereits auf Seite 56 entwickelt haben.

Da wieder $\varrho = \sqrt{\mu}$ und $\cos\varphi = \dfrac{-\lambda}{2\sqrt{\mu}}$, wie man leicht nachrechnet, so gelangt man schließlich zu

$$y_x = (\sqrt{\mu})^x \left[C_1\, \sin\varphi x + C_2\, \cos\varphi x \right].$$

---

[1] Die hier zitierte Reihe ist die erste bekannt gewordene rekurrente Reihe, die Kaninchenaufgabe des Leonardo von Pisa: Liber abaci, um 1220. Siehe Cantor: Geschichte der Mathematik, Bd. II, S. 25.

[2] Aus $\beta_1 \cdot \beta_2 = \mu$ folgt $\varrho = \sqrt{\mu}$ und aus $\beta_1 + \beta_2 = -\lambda$ berechnet man $\mathfrak{Cof}\,\varphi = \dfrac{-\lambda}{2\sqrt{\mu}}$.

Ist endlich $\dfrac{\lambda^2}{4} = \mu$, so wird $\beta_1 = \beta_2$ (Fall der Doppelwurzel), und die Lösung lautet

$$y_x = \left(-\frac{\lambda}{2}\right)^x (C_1 + C_2 x).$$

Beispiel 3. Die Differenzengleichung vierter Ordnung,

$$y_{x+4} + y_x = 0\,^{1})$$

besitzt die charakteristische Gleichung

$$\varphi(\beta) \equiv \beta^4 + 1 = 0$$

mit den zwei Wurzelpaaren

$$\beta_{1,2} = \cos\frac{\pi}{4} \pm i \sin\frac{\pi}{4} \quad \text{und} \quad \beta_{3,4} = \cos\frac{3\pi}{4} \pm i \sin\frac{3\pi}{4}.$$

Die allgemeine Lösung lautet daher

$$C_1 \cos\frac{\pi x}{4} + C_2 \sin\frac{\pi x}{4} + C_3 \cos\frac{3\pi x}{4} + C_4 \sin\frac{3\pi x}{4}.$$

Beispiel 4. Die Differenzengleichung

$$y_{x+4} - 6\,y_{x+3} + 11\,y_{x+2} - 6\,y_{x+1} + y_x = 0$$

führt mit dem Lösungsansatz $y_x = \beta^x$ auf eine reziproke Gleichung vierten Grades zur Ermittelung von β. Nämlich

$$\beta^4 - 6\,\beta^3 + 11\,\beta^2 - 6\,\beta + 1 = 0.$$

Setzt man $\beta + \dfrac{1}{\beta} = \gamma$, so gewinnt die charakteristische Gleichung die einfache Form

$$(\gamma - 3)^2 = 0.$$

Aus der Doppelwurzel

$$\gamma = 3$$

entspringen die beiden Doppelwurzeln

$$\beta_{1,2} = \frac{3 + \sqrt{5}}{2} \quad \text{und} \quad \beta_{3,4} = \frac{3 - \sqrt{5}}{2}.$$

Die allgemeine Lösung der vorgelegten Differenzengleichung ist daher

$$y_x = (C_1 + C_2 x)\left(\frac{3 + \sqrt{5}}{2}\right)^x + (C_3 + C_4 x)\left(\frac{3 - \sqrt{5}}{2}\right)^x.$$

Symmetrische Differenzengleichungen. Differenzengleichungen gerader Ordnung mit konstanten Koeffizienten, nach Art der im letzten Beispiel behandelten, werden wir **symmetrische Differenzengleichungen** nennen[2]. Sie spielen in den Anwendungen eine hervorragende Rolle, weshalb wir uns mit ihnen noch etwas näher befassen wollen. Ihr Kennzeichen ist die symmetrische Anordnung der Beiwerte. Die Symmetrie des Gleichungsbildes kommt noch mehr

---

[1] Seliwanoff: Differenzenrechnung.

[2] Diese Gleichungen stellen einen Sonderfall der symmetrischen Differenzengleichung mit veränderlichen Beiwerten vor, die dadurch gekennzeichnet ist, daß die Determinante der Beiwerte des durch die Differenzengleichung dargestellten Gleichungssystems symmetrisch ist.

zum Vorschein, wenn man das mittelste Glied mit y_x bezeichnet, so daß eine homogene Gleichung gerader Ordnung, also von der Ordnung $n = 2p$ die Form

$$a_p\, y_{x+p} + a_{p-1}\, y_{x+p-1} + \cdots + a_1\, y_{x+1} + a_0\, y_x$$
$$+ a_1\, y_{x-1} + \cdots + a_{p-1}\, y_{x-p+1} + a_p\, y_{x-p} = 0$$

annimmt.

Wir betrachten zunächst die Gleichung zweiter Ordnung

$$y_{x+1} + 2\, a\, y_x + y_{x-1} = 0\,.$$

Setzt man $y_x = \beta^x = e^{\alpha x}$, so gewinnt die charakteristische Gleichung die einfache Gestalt

$$2\, (\mathfrak{Cof}\, \alpha + a) = 0\,.$$

Diese Gleichung liefert zwei Wurzeln $\alpha_1 = +\, m$, $\alpha_2 = -\, m$, so daß

$$y_x = C_1\, e^{mx} + C_2\, e^{-mx} \quad \text{oder} \quad y_x = C_1\, \mathfrak{Cof}\, m\, x + C_2\, \mathfrak{Sin}\, m\, x$$

die allgemeine Lösung der vorgelegten Gleichung zweiter Ordnung darstellt. Ist $a < 1$, also m_1 und m_2 imaginär, so treten an Stelle der Hyperbelfunktionen trigonometrische Funktionen.

Wir bezeichnen nun die Operation, die zu dem Differenzenausdruck

$$y_{x+1} + 2\, a\, y_x + y_{x-1}$$

führt, mit $(\triangle + 2\, a)\, y_x$ und führen an diesem Ausdruck nochmals die Operation $(\triangle + 2\, b)$ durch. Wir schreiben hierfür symbolisch $(\triangle + 2\, b)\, (\triangle + 2\, a)\, y_x$ und erhalten

$$(\triangle + 2\, b)\, (\triangle + 2\, a)\, y_x$$
$$= (y_{x+2} + 2\, a\, y_{x+1} + y_x) + 2\, b\, (y_{x+1} + 2\, a\, y_x + y_{x-1})$$
$$+ (y_x + 2\, a\, y_{x-1} + y_{x-2}) \tag{I}$$
$$= y_{x+2} + 2\, (a + b)\, y_{x+1} + 2\, (2\, a\, b + 1)\, y_x + 2\, (a + b)\, y_{x-1} + y_{x-2}, \tag{II}$$

einen symmetrischen Differenzenausdruck vierter Ordnung.

Da die Beiwerte in (II) symmetrische Funktionen von a und b sind, so folgt, daß die Reihenfolge, in der die Operationen $(\triangle + 2\, a)$ bzw. $(\triangle + 2\, b)$ durchgeführt werden, gleichgültig ist. Man wäre zu dem gleichen Ergebnis gelangt, wenn man an $(\triangle + 2\, b)$ die Operation $(\triangle + 2\, a)$ ausgeführt hätte.

Die Wiederholung dieses Prozesses führt zu symmetrischen Differenzenausdrücken höherer Ordnung, so daß man allgemein eine symmetrische Differenzengleichung von der Ordnung $n = 2\, p$ symbolisch durch

$$(\triangle + 2\, a)\, (\triangle + 2\, b)\, (\triangle + 2\, c) \cdots (\triangle + 2\, k)\, y_x = 0 \tag{III}$$

darstellen kann.

Hinsichtlich der Lösungen der durch (III) dargestellten Gleichungen erkennen wir leicht folgendes: Betrachten wir zunächst die Gleichung

$(\triangle + 2\,a)(\triangle + 2\,b)\,y_x = 0$. Die linke Seite dieser Gleichung ist in ausführlicher Schreibweise durch (I) bzw. (II) gegeben. Nun ist $e^{\pm a x}$, wobei $2\,(\mathfrak{Cof}\,\alpha + a) = 0$, eine Lösung dieser Gleichung vierter Ordnung, da ja jeder der Klammerausdrücke in (I) durch diese Lösung befriedigt wird. Anderseits kann aber mit $z_x = y_{x+1} + 2\,b\,y_x + y_{x-1}$ die Gleichung (I), wie bereits oben erwähnt, auch in der Form

$$z_{x+1} + 2\,a\,z_x + z_{x-1} = 0$$

geschrieben werden, eine Gleichung, die durch $e^{\pm \beta x}$ befriedigt wird, wobei $2\,(\mathfrak{Cof}\,\beta + b) = 0$ ist. Die Gl. II· hat demnach die Lösungen $e^{\pm a x}$ und $e^{\pm \beta x}$, deren kennzeichnende Beiwerte α und β aus der charakteristischen Gleichung

$$2^2\,(\mathfrak{Cof}\,\alpha + a)(\mathfrak{Cof}\,\beta + b) = 0$$

entspringen. Verallgemeinert man die eben an einer Gleichung vierter Ordnung durchgeführte Schlußweise, so erkennt man, daß zu der symmetrischen Gleichung von der Ordnung $n = 2\,p$, Gl. (III) die charakteristische Gleichung

$$2^p\,(\mathfrak{Cof}\,\alpha + a)(\mathfrak{Cof}\,\beta + b)(\mathfrak{Cof}\,\gamma + c)\cdots(\mathfrak{Cof}\,\varkappa + k) = 0$$

gehört. $e^{\pm a x}$, $e^{\pm \beta x}$, $e^{\pm \gamma x}\ldots e^{\pm \varkappa x}$ sind dann die Lösungen der Gl. (III), wobei $a, b, c\ldots$ die p Wurzeln der zur vorgelegten Differenzengleichung gehörenden charakteristischen Gleichung

$$a_p\,\mathfrak{Cof}\,p\,\xi + a_{p-1}\,\mathfrak{Cof}\,(p-1)\,\xi + \cdots a_1\,\mathfrak{Cof}\,\xi + a_0 = 0,$$

mit $\mathfrak{Cof}\,\xi$ als Unbekannten, sind.

19. Vollständige Gleichungen.

In vielen Fällen gelingt es in ziemlich einfacher Weise eine Partikularlösung der vollständigen Gleichung zu finden, so daß nach Aufstellung der allgemeinen Lösung der homogenen Gleichung die vollständige Lösung bekannt ist.

Es habe z. B. die rechte Seite U_x der vollständigen linearen Differenzengleichung

$$P(y_x) \equiv y_{x+n} + a_1\,y_{x+n-1} + \cdots + a_n\,y_x = U_x \qquad (9)$$

die Form

$$q_x = r^x\,g_x,$$

wo g_x eine ganze rationale Funktion m·ten Grades von x bedeutet, während r eine reelle oder komplexe Zahl ist, wobei wir zunächst voraussetzen, daß r nicht selbst eine Wurzel der zu $P(y_x) = 0$ gehörenden charakteristischen Gleichung

$$\varphi(\beta) \equiv \beta^n + a_1\,\beta^{n-1} + \cdots + a_n = 0$$

ist.

Es liegt nun nahe zu versuchen, ob nicht Gl. (9) durch den Produktansatz

$$\eta_x = r^x\,u_x,$$

wo u_x eine ganze rationale Funktion vom gleichen Grade wie g_x ist, befriedigt wird. Dies ist in der Tat der Fall. Führt man nämlich η_x in Gl. (9) ein, so entsteht nach Division mit r_x die Identität

$$r^n u_{x+n} + a_1 r^{n-1} u_{x+n-1} + \cdots + a_n u_x \equiv g_x .$$

Da die Potenzen von r Festwerte sind, so erhält man links vom Gleichheitszeichen einen rationalen Ausdruck m · ten Grades, der mit g_x identisch gleich sein soll. Die Gleichsetzung der Beiwerte gleich· hoher Potenzen rechts und links vom Gleichheitszeichen ergibt die Beiwerte der Funktion u_x. Fügt man zum Schlusse die allgemeine Lösung der homogenen Gleichung hinzu, so erhält man die vollständige Lösung der Gl. (9).

Anders liegt die Sache, wenn r eine Wurzel der charakteristischen Gleichung ist, die zur homogenen Gleichung $P(y_x) = 0$ gehört.

Setzt man wieder den Lösungsansatz

$$\eta_x = r^x u_x$$

in Gl. (9) ein und führt man, wie wir das in Abschnitt **18** getan haben an Stelle der Funktionswerte u_x, $u_{x+1} \cdots u_{x+n}$ die Differenzen Δu_x, $\Delta^2 u_x \cdots \Delta^n u_x$ ein, so erhält man schließlich, nachdem mit r^x gekürzt wurde, die Identität (Gl. (3) von S. 54)

$$r^n \varphi(r) u_x + r^{n-1} \varphi'(r) \frac{\Delta u_x}{1!} + r^{n-2} \varphi''(r) \frac{\Delta^2 u_x}{2!} + \cdots$$
$$+ \varphi^{(n)}(r) \frac{\Delta^n u_x}{n!} \equiv g_x \qquad (10)$$

Ist nun r eine Wurzel der charakteristischen Gleichung, so ist $\varphi(r) = 0$ und man erkennt, daß u_x vom Grade $m + 1$ sein muß, damit links vom Gleichheitszeichen eine Funktion vom Grade m zustande kommt, denn nur dann ist Δu_x vom Grade m. Diese Überlegung können wir sofort verallgemeinern. Ist r eine k · fache Wurzel der charakteristischen Gleichung, so verschwinden wegen

$$\varphi(r) = 0, \; \varphi'(r) = 0, \; \ldots \varphi^{(k-1)}(r) = 0$$

die ersten k Glieder der Gl. (10). Das $(k + 1)$ · ste Glied enthält $\Delta^k u_x$ und man ersieht, daß u_x den Grad $m + k$ besitzen muß, damit die linke Gleichungsseite ein Polynom m · ten Grades wird. Im übrigen wird die Rechnung im Einzelfalle genau so durchgeführt, wie in dem Falle, wo r keine Wurzel der Gleichung $\varphi(\beta) = 0$ ist, d. h. die Beiwerte in u_x werden durch Koeffizientenvergleichung gewonnen. Allgemein gilt daher der Satz:

Hat die rechte Seite einer linearen Differenzengleichung mit konstanten Beiwerten die Form $r^x g_x$, wo g_x eine ganze rationale Funktion vom Grade m ist, so stellt $r^x u_x$ eine Partikularlösung der vollständigen Gleichung vor, wobei u_x eine ganze rationale Funktion von m-ten Grade bedeutet, solange r keine Wurzel der charakteristischen Gleichung $\varphi(\beta) = 0$ ist. Ist aber r eine k-fache Wurzel der charakteristischen Gleichung, so ist u_x vom Grade $m + k$.

Wir fügen noch eine Bemerkung an, die für den zweckmäßigen Ansatz des Polynoms u_x von Wichtigkeit ist, falls r eine k-fache Wurzel der charakteristischen Gleichung ist. In Gl. (10) fallen die ersten k-Glieder, da diese Null sind, fort, sie hat daher die Form

$$\varphi^{(k)}(r)\frac{\varDelta^k u_x}{k!} + \varphi^{(k+1)}(r)\frac{\varDelta^{k+1} u_x}{k+1} + \cdots + \varphi^{(n)}(r)\frac{\varDelta^n u_x}{n!} = g_x. \qquad (11)$$

Setzt man nun, wenn g_x vom m-ten Grade ist, entsprechend der oben angegebenen Regel,

$$\eta_x = r^x u_x = r^x(\gamma_0 + \gamma_1 x + \cdots + \gamma_k x^k + \cdots \gamma_{m+k} x^{m+k}),$$

so läßt Gl. (11) deutlich erkennen, daß für $\gamma_0, \gamma_1 \ldots \gamma_{k-1}$ beliebige Werte gewählt werden können, da die Differenzen $\varDelta^k u_x$, $\varDelta^{k+1} u_x \ldots$ dieser Glieder verschwinden. Für die Koeffizientenvergleichung kommen daher nur die restlichen $m + 1$ Glieder von η_x in Betracht, deren Anzahl gerade mit der Anzahl der Beiwerte einer ganzen rationalen Funktion m-ten Grades übereinstimmt. Die Glieder γ_0, $\gamma_1 x$, $\ldots \gamma_{k-1} x^{k-1}$ verschwinden natürlich nicht, sondern erscheinen in der vollständigen Lösung der vorgelegten Differenzgleichung als Teil der allgemeinen Lösung der homogenen Gleichung in der Form

$$(C_0 + C_1 x + C_2 x^2 + \cdots C_{k-1} x^{k-1}) r^x,$$

wo die C willkürliche Größen vorstellen.

Ist daher g_x vom Grade m und ist r eine k-fache Wurzel der charakteristischen Gleichung, so ist u_x in der Form

$$u_x = \gamma_k x^k + \gamma_{k+1} x^{k+1} + \cdots \gamma_{m+k} x^{m+k}$$

anzusetzen.

Aus dem Superpositionsgesetz folgt noch, daß in jenen Fällen, wo u_x eine Summe von Gliedern der Form $r^x g_x$ darstellt, auch die Partikularlösung η_x als Summe von nach den vorangegebenen Regeln gebildeten Einzellösungen auftritt. Insbesondere folgt daraus, daß Gleichungen, deren rechte Seiten die Gestalt

$$g_x \sin k x, \quad g_x \cos k x, \quad g_x \, \mathfrak{Sin} \, k x, \quad g_x \, \mathfrak{Cof} \, k x$$

annehmen, durch Lösungen η_x von der Form

$$u_x{}' \sin k x + u_x{}'' \cos k x \qquad u_x{}' \, \mathfrak{Sin} \, k x + u_x{}'' \, \mathfrak{Cof} \, k x$$

befriedigt werden. $u_x{}'$ und $u_x{}''$ sind, wie oben, ganze rationale Funktionen, deren Grad nach den angegebenen Regeln mit dem Grad von g_x zusammenhängt.

Trägt man z. B. in die Differenzengleichung

$$y_{x+n} + a_1 y_{x+n-1} + \cdots + a_n y_x = g_x \sin k x,$$

worin

$$g_x = b_0 + b_1 x + \cdots + b_m x^m$$

ein Polynom m-ten Grades ist, die Partikularlösung

$$\eta_x = \underbrace{(\delta_0 + \delta_1 x + \cdots + \delta_m x^m)}_{u'_x} \sin k x + \underbrace{(\varepsilon_0 + \varepsilon_1 x + \cdots \varepsilon_m x^m)}_{u''_x} \cos k x$$

ein, so erhält man zunächst

$$u'_{x+n} \sin k (x + n) + a_1 u'_{x+n-1} \sin k (x + n - 1) + \cdots + a_n u'_x \sin k x$$
$$+ u''_{x+n} \cos k (x + n) + a_1 u''_{x+n-1} \cos k (x + n - 1) + \cdots$$
$$+ a_n u''_x \cos k x = g_x \sin \alpha x.$$

Drückt man $\sin k (x + n)$, $\cos k (x + n)$ usw. nach dem Additionstheorem durch $\sin k x$ und $\cos k x$ aus, so gewinnt man eine Verknüpfung von der Form

$$\sin k x (f_0 + f_1 x + \cdots f_m x^m) + \cos k x (\bar{f}_0 + \bar{f}_1 x + \cdots + \bar{f}_m x^m)$$
$$= \sin k x (b_0 + b_1 x + \cdots + b_m x^m).$$

Hierin sind die Beiwerte

$$f_0, \ f_1 \cdots, \quad \bar{f}_0, \ \bar{f}_1 \cdots$$

lineare Funktionen der in u'_x bzw. u''_x vorkommenden Beiwerte δ_0, $\delta_1 \cdots$ bezw. ε_0, $\varepsilon_1 \cdots$.

Bildet man die Beziehungen

$$f_0 = b_0, \qquad f_1 = b_1 \cdots \qquad f_m = b_m,$$
$$\bar{f}_0 = 0, \qquad \bar{f}_1 = 0 \cdots \qquad \bar{f}_m = 0,$$

so stehen $2(m+1)$ Gleichungen zur Ermittlung der $2(m+1)$ unbekannten Koeffizienten δ_0, $\delta_1 \cdots$ und ε_0, $\varepsilon_1 \cdots$ zur Verfügung, die η_x eindeutig bestimmen.

Beispiel 1.

$$y_{x+2} + 4 y_{x+1} + y_x = x (x - 1).$$

Hier ist $r = 1$ und $g_x = x (x + 1)$ vom zweiten Grade.
Die Gleichung

$$\varphi(\beta) \equiv \beta^2 + 4 \beta + 1 = 0$$

hat die beiden Wurzeln

$$\beta_1 = -2 + \sqrt{3} \quad \text{und} \quad \beta_2 = -2 - \sqrt{3},$$

die von $r = 1$ verschieden sind.

Wir setzen daher als Partikularlösung das Polynom 2-ten Grades

$$\eta_x = a x^2 + b x + c$$

an und erhalten aus der Differenzengleichung die Beziehung

$$a (x + 2)^2 + b (x + 2) + c + 4 [a (x + 1)^2 + b (x + 1) + c] + a x^2 + b x + c$$
$$= x (x - 1)$$

oder

$$6 a x^2 + 6 (2 a + b) x + 2 (4 a + 3 b + 3 c) = x (x - 1).$$

Aus

$$6 a = 1, \qquad 6 (2 a + b) = -1, \qquad 4 a + 3 b + 3 c = 0$$

folgt

$$a = \frac{1}{6}, \qquad b = -\frac{1}{2}, \qquad c = \frac{5}{18},$$

somit die allgemeine Lösung

$$y_x = C_1 \left(-2 + \sqrt{3}\right)^x + C_2 \left(-2 - \sqrt{3}\right)^x + \frac{1}{6}\left(x^3 - 3x + \frac{5}{3}\right).$$

Beispiel 2.

$$y_{x+3} - 7\,y_{x+1} + 6\,y_x = 1.$$

Hier ist $g_x = 1$ und $r = 1$, eine Wurzel der charakteristischen Gleichung

$$\varphi\,(\beta) \equiv \beta^3 - 7\,\beta + 6 = (\beta - 1)(\beta - 2)(\beta + 3) = 0.$$

Die Partikularlösung ist demnach eine lineare Funktion von x, nämlich

$$\eta_x = a\,x.$$

Die Einführung in die vorgelegte Differenzengleichung liefert

$$a = -\frac{1}{4}$$

und damit die allgemeine Lösung

$$y_x = C_1 + C_2\,2^x + C_3\,(-3)^x - \frac{x}{4}.$$

Beispiel 3.

$$y_{x+2} - 5\,y_{x+1} + 6\,y_x = r^{x+k}\ \text{[1]}.$$

Da jetzt g_x vom Grade Null ist, so setzen wir, unter der Annahme, daß r mit keiner der Wurzeln von $\varphi\,(\beta) = 0$, d. i. $\beta_1 = 2$, $\beta_2 = 3$, übereinstimmt,

$$\eta_x = c\,r^{x+k}.$$

Nach dem Einbringen in die Differenzengleichung gelangt man zu

$$c\,(r^2 - 5\,r + 6) = 1$$

oder

$$c = \frac{1}{r^2 - 5\,r + 6}.$$

Die allgemeine Lösung lautet daher

$$y_x = C_1\,2^x + C_2\,3^x + \frac{r^{x+k}}{r^2 - 5\,r + 6}.$$

Ist aber $r = 2$, so setzen wir

$$\eta_x = c\,x\,r^{x+k}$$

und erhalten

$$c\,r^2\,(x + 2) - 5\,c\,r\,(x + 1) + 6\,c\,x = 1,$$

woraus mit $r = 2$

$$c = -\frac{1}{2}$$

und die allgemeine Lösung

$$y_x = \left(C_1 - 2^{k-1}\,x\right) 2^x + C_2\,3^x$$

gewonnen wird. Ebenso kann man vorgehen, wenn $r = 3$ ist.

Beispiel 4.

Hier ist

$$y_{x+2} - 6\,y_{x+1} + 9\,y_x = x\,r^x.$$

$$\varphi\,(\beta) \equiv \beta^2 - 6\,\beta + 9 = (\beta - 3)^2,$$

---

[1] Boole: A treatise on the calculus of finit differences.

sonach $\beta_1 = \beta_2 = 3$. Es bestehen daher zwei gleiche Wurzeln. Ist r von 3 verschieden, so nehmen wir

$$\eta_x = (a\,x + b)\,r^x$$

als Partikularlösung an und finden nach Einsetzen in die Differenzengleichung

$$a\,x\,(r-3)^2 + 2\,a\,r\,(r-3) + b\,(r-3)^2 \equiv x$$

und daraus

$$a\,(r-3)^2 = 1, \qquad 2\,a\,r\,(r-3) + b\,(r-3)^2 = 0.$$

Die Auflösung führt auf

$$a = \frac{1}{(r-3)^2} \quad \text{und} \quad b = -\frac{2\,r}{(r-3)^3},$$

so daß die allgemeine Lösung in der Form

$$y_x = (C_1 + C_2\,x)\,3^x + \left(\frac{x}{(r-3)^2} - \frac{2\,r}{(r-3)^3}\right) r^x$$

erhalten wird.

Wäre aber $r = 3$, so hat man, da r eine zweifache Wurzel von $\varphi(\beta) = 0$ ist, für η_x anzusetzen

$$\eta_x = (a\,x^3 + b\,x^2)\,3^x.$$

Man erhält jetzt, wenn man η_x in die Differenzengleichung einführt, die Identität

$$3^2\,[a\,(x+2)^3 + b\,(x+2)^2] - 6\cdot 3\,[a\,(x+1)^3 + b\,(x+1)^2] + 9\,[a\,x^3 + b\,x^2] \equiv x$$

oder nach Durchführung der Rechnung

$$6\,a\,x + 6\,a + 2\,b = \frac{x}{9},$$

woraus

$$a = \frac{1}{54}, \qquad b = -\frac{1}{18}$$

bestimmt werden.

Sonach ist die allgemeine Lösung (siehe S. 62)

$$y_x = \left(C_1 + C_2\,x - \frac{x^2}{18} + \frac{x^3}{54}\right) 3^x.$$

Beispiel 5.

$$y_{x+1} + \lambda\,y_x + \mu\,y_{x-1} = a\,\sin m\,x.$$

Wir setzen als Partikularlösung

$$\eta_x = A\,\sin m\,x + B\,\cos m\,x$$

in die vorgelegte Differenzengleichung ein und gewinnen die Identität

$$A\,[\sin m\,(x+1) + \lambda\,\sin m\,x + \mu\,\sin m\,(x-1)]$$
$$+ B\,[\cos m\,(x+1) + \lambda\,\cos m\,x + \mu\,\cos m\,(x-1)] \equiv a\,\sin m\,x$$

oder

$$\sin m\,x\,\{A\,[(\mu+1)\cos m + \lambda] + B\,(\mu-1)\sin m\}$$
$$+ \cos m\,x\,\{A\,(1-\mu)\sin m + B\,[(\mu+1)\cos m + \lambda]\} \equiv a\,\sin m\,x.$$

Sie führt zu den beiden Beziehungen

$$A\,[(\mu+1)\cos m + \lambda] + B\,(\mu-1)\sin m = a,$$
$$-A\,(\mu-1)\sin m + B\,[(\mu+1)\cos m + \lambda] = 0,$$

aus denen

$$A = a\,\frac{(\mu+1)\cos m + \lambda}{(\mu+1)^2 + 2\,\lambda\,(\mu+1)\cos m - 4\,\mu\,\sin^2 m + \lambda^2}$$

$$B = a\,\frac{-(\mu-1)\sin m}{(\mu+1)^2 + 2\,\lambda\,(\mu+1)\cos m - 4\,\mu\,\sin^2 m + \lambda^2}$$

berechnet werden.

Die Partikularlösung der vollständigen Gleichung erscheint schließlich nach einfacher Umformung in der Gestalt

$$\eta_x = a\,\frac{\sin m\,(x-1) + \lambda \sin m\,x + \mu \sin m\,(x+1)}{(\mu+1)^2 + 2\,\lambda\,(\mu+1)\cos m - 4\,\mu \sin^2 m + \lambda^2}\,.$$

Fügt man die allgemeine Lösung für die homogene Gleichung aus dem Beispiel 2 Seite 57 hinzu, so erhält man die allgemeine Lösung der vorgelegten Differenzengleichung.

Wir bemerken noch, daß der Nenner von η_x, von einem Ausnahmefall abgesehen, nie Null werden kann, solange λ und μ reelle Zahlen sind. Löst man nämlich den gleich Null gesetzten Nenner nach einer der Größen, z. B. λ, auf, so erhält man

$$\lambda = -\,(\mu+1)\cos m \pm i\,(\mu-1)\sin m.$$

Da μ reell vorausgesetzt wurde, so müßte λ stets komplex sein, wenn der Nenner verschwinden sollte. Eine Ausnahme besteht nur für den Fall $\mu = 1$.

In den Anwendungen spielen die symmetrischen Gleichungen eine hervorragende Rolle. Die Ergebnisse vereinfachen sich dann bedeutend.

Für die symmetrische Differenzengleichung

$$y_{x+1} + \lambda y_x + y_{x-1} = a \sin m\,x$$

erhält man aus der vorher gefundenen Lösung mit $\mu = 1$

$$\eta_x = \frac{a \sin m\,x}{2 \cos m + \lambda}\,.$$

Hier kann der obenerwähnte Ausnahmefall, daß der Nenner in η_x verschwindet, eintreten. Es ist dann

$$\cos m = -\,\frac{\lambda}{2}\,,$$

d. h. $\sin m\,x$ und $\cos m\,x$ sind Lösungen der homogenen Gleichung (siehe S. 57 unten).

Der Ansatz für η_x hat in diesem Ausnahmsfalle, wenn $\varphi\,(\beta) = 0$ zwei verschiedene Wurzeln aufweist, zu lauten:

$$\eta_x = A\,x \sin m\,x + B\,x \cos m\,x\,.$$

Die Einführung in die symmetrische Differenzengleichung liefert

$$A\,x\,[\sin m\,(x+1) + \lambda \sin m\,x + \sin m\,(x-1)] + A\,[\sin m\,(x+1) - \sin m\,(x-1)]$$
$$+\,B\,x\,[\cos m\,(x+1) + \lambda \cos m\,x + \cos m\,(x-1)] + B\,[\cos m\,(x+1) - \cos m\,(x-1)]$$
$$\equiv a \sin m\,x\,.$$

Die in Klammern stehenden Beiwerte von x sind Null, so daß zur Bestimmung von A und B die für alle Werte von x gültige Gleichung

$$2\,A \cos m\,x \sin m - 2\,B \sin m\,x \sin m \equiv a \sin m\,x$$

zurückbleibt. Die Koeffizientenvergleichung ergibt

$$A = 0\,, \qquad B = -\,\frac{a}{2 \sin m}\,,$$

so daß

$$\eta_x = -\,\frac{a\,x \cos m\,x}{2 \sin m}$$

die gesuchte Partikularlösung der vollständigen Gleichung darstellt.
Schließlich findet man

$$y_x = C_1 \sin m\,x + C_2 \cos m\,x - \frac{a\,x \cos m\,x}{2 \sin m}\,.$$

Wir zeigen noch, wie dieses Ergebnis auch durch einen Grenzübergang gewonnen werden kann. Ist $\sin \alpha x$ eine Lösung der homogenen Gleichung, $\eta_x = \dfrac{a \sin m x}{2 \cos m + \lambda}$ die oben gefundene Lösung der vollständigen Gleichung, solange $m \neq \alpha$, so ist auch eine lineare Kombination beider eine Lösung der vorgelegten Gleichung. Insbesondere auch

$$\eta_x = \frac{a\,(\sin m x - \sin \alpha x)}{2 \cos m + \lambda},$$

welcher Ausdruck für $m = \alpha$ die unbestimmte Form $\dfrac{0}{0}$ annimmt. Führt man nun den Grenzübergang $m \to \alpha$ durch, so erhält man

$$\eta_x = -\frac{a x \cos m x}{2 \sin m}$$

in Übereinstimmung mit der oben gefundenen Lösung.

Beispiel 6. Die vollständige symmetrische Gleichung vierter Ordnung

$$y_{x+2} + \mu\, y_{x+1} + \lambda\, y_x + \mu\, y_{x-1} + y_{x-2} = a \cos m x$$

besitzt, im Falle $\cos m x$ nicht mit einer der Lösungen der homogenen Gleichungen übereinstimmt, die Partikularlösung

$$\eta_x = A \sin m x + B \cos m x .$$

Zwecks Bestimmung von A und B führen wir η_x in die gegebene Differenzengleichung ein und finden

$$A\,[2 \cos 2 m + 2 \mu \cos m + \lambda] \sin m x + B\,[2 \cos 2 m + 2 \mu \cos m + \lambda] \cos m x$$
$$= a \cos m x .$$

Die Vergleichung der Koeffizienten führt auf

$$A = 0, \qquad B = \frac{a}{2 \cos 2 m + 2 \mu \cos m + \lambda},$$

so daß η_x in der Form

$$\eta_x = \frac{a \cos m x}{2 \cos 2 m + 2 \mu \cos m + \lambda}$$

erscheint. Der Fall, daß η_x auch eine Lösung der homogenen Gleichung ist, wird mit dem Ansatz

$$\eta_x = A x \sin m x + B x \cos m x$$

erledigt. Man findet dann

$$A = \frac{a}{4 \sin 2 m - 2 \mu \sin m}, \qquad B = 0.$$

Anwendung des Verfahrens von Lagrange.

In allen jenen Fällen, wo die rechte Seite der vorgelegten Differenzengleichung von der Form $r^x g_x$, wo g_x eine ganze rationale Funktion von x ist, abweicht, ist es im allgemeinen notwendig, das Verfahren der Variation der Konstanten, das wir in Abschnitt **16** erörtert haben, anzuwenden. Nur in einzelnen Ausnahmsfällen gelingt es, durch besondere Kunstgriffe, die sich aber nicht in allgemeine

Regeln fassen lassen, mit Umgehung der Methode von Lagrange eine Partikularlösung der vollständigen Gleichung zu gewinnen.

Wir gehen nun dazu über, das Verfahren der Variation der Konstanten auf die hier zur Erörterung stehende Gleichungsform anzuwenden. Man ermittelt zu diesem Zwecke zunächst das Fundamentalsystem des Lösungen η_x der homogenen Gleichung und bestimmt dann n weitere Funktionen c_x', $c_x'' \ldots c_x^{(n)}$, wenn n die Ordnung der vorgelegten Differenzengleichung ist, aus den n Gleichungen (14) und (16) in Abschnitt **16**, die wir in gedrängter Aufschreibung hier nochmals anführen.

$$\eta_{x+\nu}' \, \Delta c_x' + \eta_{x+\nu}'' \, \Delta c_x'' + \cdots + \eta_{x+\nu}^{(n)} \, \Delta c_x^{(n)} = 0,$$
$$(\nu = 1, 2 \ldots n - 1)$$
$$\eta_{x+n}' \, \Delta c_x' + \eta_{x+n}'' \, \Delta c_x'' + \cdots + \eta_{x+n}^{(n)} \, \Delta c_x^{(n)} = U_x. \tag{12}$$

Die Auflösung dieser Gleichungen, in der die η_x bekannt sind, liefert die $\Delta c_x^{(i)}$, aus denen durch Summation die c_x selbst ermittelt werden. Da die Lösungen η_x der homogenen Gleichung bei konstanten Koeffizienten im allgemeinen die Form

$$\eta_x^{(i)} = \beta_i^x$$

haben, so nehmen die Gl. (12) die Gestalt an:

$$\beta_1^{x+\nu} \Delta c_x' + \beta_2^{x+\nu} \Delta c_x'' + \cdots + \beta_n^{x+\nu} \Delta c_x^{(n)} = 0,$$
$$(\nu = 1, 2 \ldots n - 1)$$
$$\beta_1^{x+n} \Delta c_x' + \beta_2^{x+n} \Delta c_x'' + \cdots + \beta_n^{x+n} \Delta c_x^{(n)} = U_x, \tag{12'}$$

während gemäß Gl. (17) und (18) in Abschnitt **16** die Partikularlösung y_x^0 der vollständigen Gleichung die Form

$$y_x^0 = \beta_1^x c_x' + \beta_2^x c_x'' + \cdots + \beta_n^x c_x^{(n)} \tag{13}$$

erhalten. Sind unter den β mehrfache Wurzeln vorhanden, so sind die diesen mehrfachen Wurzeln entsprechenden Lösungen η_x in die Gl. (12) bzw. (13) einzuführen. Wäre z. B. $\beta_1 = \beta_2 = \beta_3$, so würde y_x^0 die Form

$$y_x^0 = \beta_1^x c_x' + x \beta_1^x c_x'' + x^2 \beta_1^x c_x''' + \sum_{i=4}^{n} \beta_i^x c_x^{(i)} \tag{13'}$$

erhalten.

Sind alle Wurzeln voneinander verschieden, dann können die Δc_x, ohne von Fall zu Fall die Gleichungen (12') auflösen zu müssen, unmittelbar berechnet werden. Wir multiplizieren zu diesem Zwecke die n Gleichungen der Reihe nach mit den Multiplikatoren

$$\mu_1^i, \ \mu_2^i \cdots \mu_n^i \qquad (\mu_n^i = 1) \qquad (i = 1, 2, \ldots n)$$

und addieren sodann jedesmal die n Gleichungen. Wir erhalten

$$\Delta c_x{}' \beta_1^{x+1} \sum_{\nu=0}^{n-1} \beta_1^\nu \mu_{\nu+1}^i + \Delta c_x{}'' \beta_2^{x+1} \sum_{\nu=0}^{n-1} \beta_2^\nu \mu_{\nu+1}^i + \cdots$$

$$+ \Delta c_x^{(n)} \beta_n^{x+1} \sum_{\nu=0}^{n-1} \beta_n^\nu \mu_{\nu+1}^i = U_x$$

$$(i = 1, 2, 3 \ldots n).$$

Nun wählen wir der Reihe nach die μ so, daß alle Summen $\sum$, bis auf die neben $\Delta c_x^{(i)}$ stehende, verschwinden. Bezeichnet $f(\beta)$ die linke Seite der charakteristischen Gleichung, so wird dies erreicht, wenn man

$$\sum_{\nu=0}^{n-1} \beta_i^\nu \mu_{\nu+1}^{(i)} = \frac{f(\beta)}{\beta - \beta_i} = f'(\beta_i)$$

setzt. Man gewinnt so

$$\Delta c_x^{(i)} = \frac{U_x}{\beta_i^{x+1} f'(\beta_i)} \quad \text{und} \quad c_x^{(i)} = \frac{\beta_i^{-1}}{f'(\beta_i)} \overset{x}{\underset{}{\mathsf{S}}} \frac{U_z}{\beta_i^z} \Delta z + C_i \cdot{}^1) \quad (14)$$

Damit haben wir die vollständige Lösung der vorgelegten inhomogenen Differenzengleichung in der Form

$$y_x = \sum_{i=1}^{n} C_i \beta_i{}^x + \sum_{i=1}^{n} \frac{\beta_i^{x-1}}{f'(\beta_i)} \overset{x}{\underset{}{\mathsf{S}}} \frac{U_z}{\beta_i^z} \Delta z \qquad (15).$$

gefunden.

Beispiel 1. Die lineare Differenzengleichung erster Ordnung

$$y_{x+1} - \mu y_x = U_x$$

besitzt das aus einer einzigen Lösung bestehende Fundamentalsystem

$$\eta_x = \mu^x,$$

so daß auch nur eine einzige Funktion c_x zu bestimmen ist. Mit $n = 1$ reduziert sich auch das Gleichungssystem (12) auf eine einzige Gleichung, nämlich

$$\eta_{x+1} \Delta c_x = U_x,$$

woraus nach Einführung von $\eta_x = \mu^x$

$$\Delta c_x = \frac{U_x}{\mu^{x+1}}$$

folgt, so daß

$$c_x = \overset{x}{\underset{}{\mathsf{S}}} \frac{U_z}{\mu^{z+1}} \Delta z + C_1$$

wird. Ob diese Summation durchführbar ist oder nicht, hängt ganz von der Art der Funktion U_x ab. Die allgemeine Lösung der vorgelegten Gleichung lautet daher

$$y_x = C_1 \mu^x + \mu^{x-1} \overset{x}{\underset{}{\mathsf{S}}} \frac{U_z}{\mu^z} \Delta z.$$

$^1)$ Wir schreiben hier vorteilhafter die unbestimmte Summe in Form einer bestimmten Summe mit der oberen veränderlichen Grenze x und einer beliebigen unteren Grenze und bezeichnen die Summationsvariable mit z.

Ist z. B.
$$U_x = r^x \, ,$$

so wird nach Gl. (8) S. 16

$$\overset{x}{S} \frac{r^z}{\mu^z} \varDelta z = \overset{x}{S} \cdot \left(\frac{r}{\mu}\right)^z \varDelta z = \frac{\left(\frac{r}{\mu}\right)^x}{\frac{r}{\mu} - 1} + C_1 \, .$$

Daher

$$y_x = C_1 \mu^x + \frac{r^x}{r - \mu} \, .$$

Ist $r = \mu$, so versagt diese Formel, man hat aber dann

$$\overset{x}{S} \frac{r^z}{\mu^z} \varDelta z = \overset{x}{S} \varDelta z = x + C_1$$

und daher

$$y_x = C_1 \mu^x + x \mu^{x-1} \, .$$

Beispiel 2.

$$y_{x+2} + 4 y_{x+1} + y_x = \frac{r^x}{x} \, .$$

Mit Hilfe der beiden Lösungen der homogenen Gleichung

$$\eta_x' = \beta_1^x = (-2 + \sqrt{3})^x \quad \text{und} \quad \eta_x'' = \beta_2^x = (-2 - \sqrt{3})^x$$

erhält man, unter Beachtung, daß

$$f(\beta) = \beta^2 + 4\beta + 1 \quad \text{und} \quad f'(\beta) = 2\beta + 4$$

nach Gl. (14)

$$c_x' = \frac{\beta_1^{-1}}{2(\beta_1 + 2)} \overset{x}{S} \frac{r^z}{z\,\beta_1^z} \varDelta z + C_1 \quad \text{und} \quad c_x'' = \frac{\beta_2^{-1}}{2(\beta_2 + 2)} \overset{x}{S} \frac{r^z}{z\,\beta_2^z} \varDelta z + C_2 \, .$$

Die Summation läßt sich nicht in geschlossener Form durchführen. Die allgemeine Lösung lautet schließlich

$$y_x = C_1 \beta_1^x + C_2 \beta_2^x + \frac{\beta_1^{x-1}}{2(\beta_1 + 2)} \overset{x}{S} \frac{r^z}{z\,\beta_1^z} \varDelta z + \frac{\beta_2^{x-1}}{2(\beta_2 + 2)} \overset{x}{S} \frac{r^z}{z\,\beta_2^z} \varDelta z \, .$$

In den meisten Anwendungsfällen wird y_x nur für die ganzzahligen Werte von x definiert sein. Wenn x nicht allzu große Werte annimmt, kann man die Summen S durch unmittelbare Summation für die in Betracht kommenden Werte von x berechnen und in einer Tafel zusammenstellen. Siehe die Ausführungen auf S. 30.

In § 6 werden wir noch einen weiteren Weg zur zweckmäßigen Darstellung der Lösungen linearer Differenzengleichungen unter Zuhilfenahme der sogenannten Eigenlösungen kennen lernen.

20. Systeme simultaner Differenzengleichungen.

Sind y_x, z_x, u_x ... Funktionen der Veränderlichen x, so bezeichnen wir das Gleichungssystem

$$\left.\begin{aligned}
\sum_{i=0}^{k} a_i\, y_{x+i} + \sum_{i=0}^{l} b_i\, z_{x+i} + \sum_{i=0}^{m} c_i\, u_{x+i} + \cdots &= U_x \\[2ex]
\sum_{i=0}^{k'} a_i'\, y_{x+i} + \sum_{i=0}^{l'} b_i'\, z_{x+i} + \sum_{i=0}^{m'} c_i'\, u_{x+i} + \cdots &= U_x' \\[2ex]
\sum_{i=0}^{k''} a_i''\, y_{x+i} + \sum_{i=0}^{l''} b_i''\, z_{x+i} + \sum_{i=0}^{m''} c_i''\, u_{x+i} + \cdots &= U_x'' \\[1ex]
\cdots\cdots\cdots\cdots\cdots\cdots\cdots\cdots\cdots\cdots &
\end{aligned}\right\} \qquad (16)$$

als System simultaner Differenzengleichungen, wobei die a, b, c ... Festwerte vorstellen. Die Zahl der Gleichungen muß jeweilig übereinstimmen mit der Zahl der unbekannten Funktionen y_x, z_x, u_x ... Die Zahlen k, k' ..., l, l' ..., m, m' ... usw. nennen wir die Ordnungszahlen.

Es liegt natürlich nahe, durch Elimination der unbekannten Funktionen z_x, u_x ... zunächst eine einzige Differenzengleichung mit der unbekannten Funktion y_x herzustellen, deren Ordnung, wie eine einfache Überlegung lehrt, höchstens vom Grade $s = \bar{k} + \bar{l} + \bar{m} + \cdots$ ist, wenn $\bar{k}$, $\bar{l}$, $\bar{m}$ ... jeweilig die größten unter den Ordnungszahlen k, k' ..., l, l' ..., m, m' ... usw. bedeuten. Die rechte Seite dieser so gewonnenen Gleichung ist eine lineare Funktion der Belastungsglieder U_x, U_x', U_x'' .... Mit y_x sind dann im allgemeinen auch die anderen Funktionen z_x, u_x ..., die ebenfalls von y_x linear abhängig sind, ohne daß eine weitere Differenzengleichung zu lösen ist, gegeben. Da die Auflösung des vorgelegten Systems auf eine Gleichung von der Ordnung s, wobei $s \lessgtr \bar{k} + \bar{l} + \bar{m} + \cdots$ ist, zurückgeführt erscheint, so enthalten die allgemeinen Lösungen y_x, z_x, u_x ... s willkürliche Konstanten.

Der Eliminationsvorgang kann im allgemeinen in folgender Weise vor sich gehen: Man löst das vorgelegte System von Differenzengleichungen nach den Unbekannten $y_{x+\bar{k}}$, $z_{x+\bar{l}}$, $u_{x+\bar{m}}$ ... auf, so daß auf den rechten Seiten dieser Ausdrücke nur mehr die Funktionen y_x bis höchstens $y_{x+\bar{k}-1}$, z_x bis höchstens $z_{x+\bar{l}-1}$, u_x bis höchstens $u_{x+\bar{m}-1}$ usw. zu stehen kommen. Aus $y_{x+\bar{k}}$ bestimmt man nun durch Erhöhung der Fußzeiger um 1, $y_{x+\bar{k}+1}$, dessen rechte Seite jetzt höchstens die Glieder $z_{x+\bar{l}}$, $u_{x+\bar{m}}$ ... enthalten kann. Diese Glieder denke man sich durch die erstgefundenen Ausdrücke für $z_{x+\bar{l}}$, $u_{x+\bar{m}}$ ... ersetzt, wodurch für $y_{x+\bar{k}+1}$ ein Ausdruck entsteht, der rechts wieder nur als höchste Glieder $y_{x+\bar{k}}$, $z_{x+\bar{k}-1}$, $u_{x+\bar{m}-1}$ aufweist. Aus $y_{x+\bar{k}+1}$ bestimmt man in der gleichen Weise unter nochmaliger Benützung der Ausdrücke für $z_{x+\bar{l}}$, $u_{x+\bar{m}}$ ... einen Ausdruck für $y_{x+\bar{k}+2}$, und setzt dieses Verfahren so lange fort, bis man die Reihe der Funktionen

$$y_{x+\bar{k}}, \; y_{x+\bar{k}+1} \cdots y_{x+\bar{k}+\bar{l}+\bar{m}+} \cdots$$

erhalten hat. Jedes Glied dieser Reihe enthält auf seiner rechten Seite von den Funktionen z nur mehr die z_x, $z_{x+1} \ldots z_{x+\bar{l}-1}$, von den Größen u nur mehr die u_x, $u_{x+1}, \ldots u_{x+\overline{m}-1}$ usw. Insgesamt verfügt man schließlich über $1 + \bar{l} + \overline{m} + \cdots$ Gleichungen, aus denen die $\bar{l} + \overline{m} + \cdots$ Größen z, $u \ldots$ auszusondern wären. Das Eliminationsergebnis ist eine Gleichung in y_x von der Ordnung $s = \bar{k} + \bar{l} + \overline{m} + \cdots$. In einzelnen Sonderfällen kann diese Gleichung auch von geringerer Ordnung sein, wenn einzelne Beiwerte Null werden.

Wir betrachten ein ganz einfaches Beispiel:

$$y_{x+2} + 4\,y_x + z_{x+1} - z_x = U_x,$$
$$y_{x+1} - y_x - z_{x+1} - z_x = 0.$$

Die Ordnungszahlen sind hier $k = 2$, $k' = 1$, $l = 1$, $l' = 1$, so daß $s \gtreqless 3$ wird. Die Auflösung dieser beiden Gleichungen nach y_{x+2} und z_{x+1} liefert

$$y_{x+2} = -\,y_{x+1} - 3\,y_x + 2\,z_x + U_x, \tag{a}$$
$$z_{x+1} = y_{x+1} - y_x - z_x. \tag{b}$$

Aus (a) bestimmt man y_{x+3} und ersetzt darin z_{x+1} durch (b). Man erhält so

$$y_{x+3} = -\,y_{x+2} - 3\,y_{x+1} + 2\,z_{x+1} + U_{x+1}$$
$$= -\,y_{x+2} - y_{x+1} - 2\,y_x - 2\,z_x + U_{x+1}. \tag{c}$$

Nun sondert man aus (a) und (c) z_x aus und gelangt zu der Differenzengleichung dritter Ordnung in y_x

$$y_{x+3} + 2\,y_{x+2} + 2\,y_{x+1} + 5\,y_x = U_x + U_{x+1}.$$

Wird y_x aus dieser Gleichung berechnet, so liefert

$$z_x = \tfrac{1}{2}(y_{x+2} + y_{x+1} + 3\,y_x - U_x)$$

auch die Funktion z_x.

Bei Gleichungen mit konstanten Beiwerten läßt sich die Aussonderung der Funktionen z_x, $u_x \ldots$ viel einfacher durchführen. Setzen wir für einen Differenzenausdruck der Funktion y symbolisch $D(y)$, für einen solchen der Funktion z, $D(z)$ usw., so lassen sich die Gleichungen, wir nehmen der Einfachheit halber zwei an, in der Form

$$D_1(y) + D_2(z) = U_x,$$
$$D_3(y) + D_4(z) = V_x$$

schreiben. Führt man an der ersten Gleichung die Differenzenoperation D_4, an der zweiten die Operation D_2 durch, so erhält man

$$D_4(D_1(y)) + D_4(D_2(z)) = D_4(U_x),$$
$$D_2(D_3(y)) + D_2(D_4(z)) = D_2(V_x),$$

und da $D_4(D_2(z)) = D_2(D_4(z))$, so gelangt man nach der Subtraktion zu der Differenzengleichung

$$D_4\,(D_1\,(y)) - D_2\,(D_3\,(y)) = D_4\,(U_x) - D_2\,(V_x),$$

die nur mehr die Funktion y enthält. Diese Methode läßt sich ohne Schwierigkeit auch bei drei und mehr Gleichungen anwenden. Faßt man die Symbole D als Koeffizienten eines linearen Gleichungssystems auf, so erkennt man ohne weiteres, daß rechts die Determinante der Koeffizienten der beiden Gleichungen, links die zu y gehörenden Unterdeterminanten stehen. Man hat daher, um die Differenzengleichungen der einzelnen unbekannten Funktionen zu erhalten, die D, so wie die Beiwerte eines Systems linearer Gleichungen zu behandeln und Zähler- und Nennerdeterminante der Unbekannten x, y, z ... je einander gleich zu setzen.

Sind die Beiwerte der Unbekannten, wie hier vorausgesetzt, Festwerte, dann kann man in jenen Fällen, wo die Elimination nicht zweckmäßig erscheint, die Lösungen y_x, z_x, u_x ... auch unmittelbar aus dem vorgelegten System von Differenzengleichungen berechnen. Dies setzt allerdings voraus, daß die Gleichungen homogen sind oder daß auch die Partikularlösungen $y_x{}^0$, $z_x{}^0$, $u_x{}^0$ ... der vollständigen Gleichungen ohne Elimination leicht gefunden werden können (siehe S. 80). Wir haben dann nur ein Verfahren zur unmittelbaren Ermittlung der Lösungen der homogenen Gleichungen zu entwickeln.

Wir setzen zu diesem Zwecke als Lösungen der homogenen Gleichungen die Funktionen

$$y_x = D\,\beta^x, \quad z_x = E\,\beta^x, \quad u_x = F\,\beta^x \ldots$$

an, wo D, E, F ... unabhängig von x sind. Ebenso ist β eine noch zu bestimmende feste Zahl. Nach Einführung dieser Lösungsansätze in die homogen angenommenen Gleichungen (16) erhält man nach Kürzung mit β^x folgendes System linearer Gleichungen zur Bestimmung der Beiwerte D, E, F ...

$$D\sum_{i=0}^{k} a_i\,\beta^i + E\sum_{i=0}^{l} b_i\,\beta^i + F\sum_{i=0}^{m} c_i\,\beta^i + \ldots = 0,$$

$$D\sum_{i=0}^{k'} a_i'\,\beta^i + E\sum_{i=0}^{l'} b_i'\,\beta^i + F\sum_{i=0}^{m'} c_i'\,\beta^i + \ldots = 0,$$

$$D\sum_{i=0}^{k''} a_i''\,\beta^i + E\sum_{i=0}^{l''} b_i''\,\beta^i + F\sum_{i=0}^{m''} c_i''\,\beta^i + \ldots = 0.$$

$$\cdot \ \cdot \ \cdot \ \cdot \ \cdot \ \cdot \ \cdot \ \cdot \ \cdot \ \cdot \ \cdot \ \cdot \ \cdot \ \cdot$$

Dieses System homogener Gleichungen hat aber nur dann von Null verschiedenen Wurzeln D, E, F ..., wenn die Determinante

$$\varDelta = \begin{vmatrix} \sum a_i\,\beta^i & \sum b_i\,\beta^i & \sum c_i\,\beta^i \cdots \\ \sum a_i'\,\beta^i & \sum b_i'\,\beta^i & \sum c_i'\,\beta^i \cdots \\ \sum a_i''\,\beta^i & \sum b_i''\,\beta^i & \sum c_i''\,\beta^i \cdots \\ \cdot \ \cdot \ \cdot & \cdot \ \cdot \ \cdot & \cdot \ \cdot \ \cdot \end{vmatrix} \qquad (17)$$

verschwindet. Die Bedingung $\varDelta = 0$, die die charakteristische Gleichung des Simultansystems vorstellt, liefert eine Gleichung für β vom Grade s, aus der s Wurzeln entspringen. Hierbei ist

$$s \lessgtr \bar{k} + \bar{l} + \bar{m} + \cdots$$

$\bar{k}, \bar{l}, \bar{m}, \ldots$ sind die größten unter den Ordnungszahlen $k, l, m \ldots$.

Aus $\varDelta = 0$ folgt aber weiter, daß $D, E, F \ldots$ nicht mehr linear unabhängig sind, durch eine von diesen Größen, die willkürlich bleibt, können alle anderen ausgedrückt werden. Setzt man also

$$D = 1, \qquad E = \varepsilon \cdot 1, \qquad F = \delta \cdot 1 \ldots,$$

so nehmen die Partikularlösungen der homogenen Gleichung die Form

$$y_x = \beta^x, \qquad z_x = \varepsilon \beta^x, \qquad u_x = \delta \beta^x \ldots$$

an. Den s Wurzeln β, die wir zunächst verschieden voraussetzen, entsprechen im allgemeinen auch s verschiedene Werte von $\varepsilon, \delta \ldots$[1]) Somit bestimmen die s Werte β_1^x, $\beta_2^x \ldots$ das System der Lösungen y_x, die s Werte $\varepsilon_1 \beta_1^x$, $\varepsilon_2 \beta_2^x \ldots$ das System der Lösungen z_x usw. Die allgemeinen Lösungen erscheinen sonach in der Gestalt

$$\left. \begin{aligned} y_x &= C_1 \beta_1^x + C_2 \beta_2^x + \cdots + C_s \beta_s^x, \\ z_x &= C_1 \varepsilon_1 \beta_1^x + C_2 \varepsilon_2 \beta_2^x + \cdots + C_s \varepsilon_s \beta_s^x, \\ u_x &= C_1 \delta_1 \beta_1^x + C_2 \delta_2 \beta_2^x + \cdots + C_s \delta_s \beta_s^x, \\ &\quad \cdots \cdots \cdots \cdots \cdots \cdots \cdots \end{aligned} \right\} \qquad (18)$$

Man ermittelt daher zunächst aus der charakteristischen Gleichung $\varDelta = 0$ die s Wurzeln β und bestimmt zu jeder von ihnen aus dem System von $n - 1$ linearen Gleichungen

$$\left. \begin{aligned} \varepsilon \sum b_i \beta^i + \delta \sum c_i \beta^i + \cdots &= - \sum a_i^r \beta^i, \\ \varepsilon \sum b_i' \beta^i + \delta \sum c_i' \beta^i + \cdots &= - \sum a_i' \beta^i, \\ &\quad \cdots \cdots \cdots \cdots \cdots \end{aligned} \right\} \qquad (19)$$

die $n - 1$ Größen $\varepsilon, \delta \ldots$. Die noch vorhandene n-te Gleichung, die von den übrigen Gleichungen linear abhängig ist, kann zur Kontrolle der Rechnung dienen.

Beispiel: Wir benützen die im letzten Beispiel vorgeführten Differenzengleichungen, um auch die Lösung derselben auf dem eben geschilderten Wege zu zeigen. Wir nehmen die Gleichungen jetzt homogen an.

$$y_{x+2} + 4 y_x + z_{x+1} - z_x = 0,$$
$$y_{x+1} - y_x - z_{x+1} - z_x = 0.$$

----

[1]) Es kann auch der Fall eintreten, daß verschiedenen Werten β gleiche Werte von ε oder δ zugehören.

Mit dem Ansatz $y_x = \beta^x$ und $z_x = \varepsilon\,\beta^x$ erhält man die zwei Gleichungen

$$\left.\begin{array}{l} \beta^2 + 4 + \varepsilon\,(\beta - 1) = 0, \\ \beta - 1 - \varepsilon\,(\beta + 1) = 0 \end{array}\right\} \tag{a}$$

zur Ermittlung von β und ε. Die Determinante dieses Gleichungssystems liefert die charakteristische Gleichung

$$\beta^3 + 2\,\beta^2 + 2\,\beta + 5 = 0. \tag{b}$$

Wie man erkennt, führt das oben erhaltene Eliminationsergebnis, das eine Gleichung 3-ter Ordnung in y darstellt, zu derselben charakteristischen Gleichung, die hier auf viel kürzerem Wege erhalten wurde. Führt man eine der Wurzeln β der Gl. (b) in eine der beiden Gleichungen (a), z. B. in die zweite, ein, so erhält man

$$\varepsilon = \frac{\beta - 1}{\beta + 1}.$$

Entsprechend den drei Wurzeln β_1, β_2, β_3 der charakteristischen Gleichung erhält man 3 Werte von ε: ε_1, ε_2, ε_3, so daß die allgemeinen Lösungen der homogenen Gleichungen die Gestalt

$$y_x = C_1\,\beta_1{}^x + C_2\,\beta_2{}^x + C_3\,\beta_3{}^x,$$
$$z_x = C_1\,\varepsilon_1\,\beta_1{}^x + C_2\,\varepsilon_2\,\beta_2{}^x + C_3\,\varepsilon_3\,\beta_3{}^x$$

gewinnen.

Enthält die charakteristische Gleichung $\varDelta = 0$ mehrfache Wurzeln, so läßt die Tatsache, daß sich jedes Simultansystem auf eine einzige lineare Differenzengleichung zurückführen läßt, erwarten, daß in solchen Fällen eine der unbekannten Funktionen, z. B. y_x, Lösungen von der Form

$$\beta_\nu{}^x, \qquad x\,\beta_\nu{}^x, \qquad x^2\,\beta_\nu{}^x \ldots, \qquad x^{k-1}\,\beta_\nu{}^x$$

besitzt, wenn β_ν eine k-fache Wurzel der charakteristischen Gleichung bedeutet, während die übrigen Funktionen z_x, u_x ... mit den Lösungen y_x linear zusammenhängen. In der Tat führt auch ein solcher Ansatz zum Ziele. Um nicht zu weitläufig zu werden, untersuchen wir zunächst den Fall zweier gleicher Wurzeln β. Wir betrachten daher als Partikularlösungen, die den beiden gleichen Wurzeln entsprechen, die Lösungen

$$\begin{array}{ll} y_x{}' = \beta^x, & y_x{}'' = x\,\beta^x, \\ z_x{}' = \varepsilon\,\beta^x, & z_x{}'' = \varepsilon\,\beta^x\,(x + \mu), \\ u_x{}' = \delta\,\beta^x, & u_x{}'' = \delta\,\beta^x\,(x + \nu), \\ \ \cdot\quad\cdot\quad\cdot\quad\cdot & \ \cdot\quad\cdot\quad\cdot\quad\cdot\quad\cdot\quad\cdot \end{array}$$

und haben jetzt nur nachzuweisen, daß $y_x{}''$, $z_x{}''$, $u_x{}''$ ... Lösungen des vorgelegten Systems darstellen, und zu zeigen, wie die von x unabhängigen Größen μ, ν ... ermittelt werden.

Wir setzen voraus, daß die Gleichung $\varDelta = 0$ aufgelöst und auch die Größen ε, δ ... ermittelt wurden. Führen wir nun die Lösungen

y_x'', z_x'', u_x'' ... in die vorgelegten Differenzengleichungen ein, so erhalten wir nach Kürzung mit β^x folgendes System von Gleichungen:

$$\sum_{i=0}^{k}(x+i)\,a_i\,\beta^i + \varepsilon\sum_{i=0}^{l}(x+\mu+i)\,b_i\,\beta^i$$

$$+\,\delta\sum_{i=0}^{m}(x+\nu+i)\,c_i\,\beta^i+\cdots=0,$$

$$\sum_{i=0}^{k'}(x+i)\,a_i'\,\beta^i + \varepsilon\sum_{i=0}^{l'}(x+\mu+i)\,b_i'\,\beta^i$$

$$+\,\delta\sum_{i=0}^{m'}(x+\nu+i)\,c_i'\,\beta^i+\cdots=0,$$

$$\cdots\cdots\cdots\cdots\cdots\cdots\cdots\cdots$$

Die Auflösung der Summen in Teilsummen führt auf ein System homogener linearer Gleichungen folgender Art:

$$x\left[\sum a_i\beta^i + \varepsilon\sum b_i\beta^i + \delta\sum c_i\beta^i+\cdots\right]$$
$$+\left[\sum i\,a_i\beta^i + \varepsilon\sum(\mu+i)\,b_i\beta^i + \delta\sum(\nu+i)\,c_i\beta^i+\cdots\right]=0,$$
$$x\left[\sum a_i'\beta^i + \varepsilon\sum b_i'\beta^i + \delta\sum c_i'\beta^i+\cdots\right]$$
$$+\left[\sum i\,a_i'\beta^i + \varepsilon\sum(\mu+i)\,b_i'\beta^i + \delta\sum(\nu+i)\,c_i'\beta^i+\cdots\right]=0,$$
$$\cdots\cdots\cdots\cdots\cdots\cdots\cdots\cdots,$$

die für alle Werte von x nur dann befriedigt sein können, wenn die Beiwerte von x sowie die von x unabhängigen Teile jeder Gleichung verschwinden. Die Nullsetzung der Beiwerte von x liefert aber ein System linearer homogener Gleichungen, die mit denjenigen Gleichungen identisch sind, aus denen wir oben die Determinante (17) abgeleitet haben. Die Bedingung für das Verschwinden der ersten Klammernausdrücke ist sonach voraussetzungsgemäß bereits erfüllt, da wir ja die Größen β, ε, δ ... als aus der Determinante (17) und aus den Gl. (19) berechnet angenommen haben. Zur Bestimmung der Größen μ, ν ... bleiben uns daher die folgenden n nicht homogenen linearen Gleichungen übrig:

$$\varepsilon\mu\sum b_i\,\beta^i + \delta\nu\sum c_i\,\beta^i+\cdots$$
$$=-\left[\sum i\,a_i\beta^i + \varepsilon\sum i\,b_i\,\beta^i + \delta\sum i\,c_i\,\beta^i+\cdots\right],$$
$$\varepsilon\mu\sum b_i'\,\beta^i + \delta\nu\sum c_i'\,\beta^i+\cdots$$
$$=-\left[\sum i\,a_i'\beta^i + \varepsilon\sum i\,b_i'\,\beta^i + \delta\sum i\,c_i'\,\beta^i+\cdots\right],$$
$$\cdots\cdots\cdots\cdots\cdots\cdots\cdots\cdots \tag{20}$$

Aus $n-1$ dieser Gleichungen können die $n-1$ Unbekannten μ, ν ... berechnet werden. Das System selbst besteht aus n Gleichungen, wovon aber eine von einem Teil der Gleichungen oder von allen übrigen linear abhängig ist. Der Beweis dieser Abhängigkeit geschieht wie folgt:

Die Beiwerte der Unbekannten μ, ν ... und die rechten Seiten dieser n Gleichungen (20) bilden eine quadratische Matrix, deren Determinante verschwinden muß, wenn die Gleichungen linear zusammenhängen. Beachtet man, daß für die rechts stehenden Summen die Beziehungen

$$\sum i\, a_i \beta^i = \beta\, \frac{d \sum a_i \beta^i}{d\beta}, \qquad \sum i\, b_i \beta^i = \beta\, \frac{d \sum b_i \beta^i}{d\beta} \qquad \text{usw.}$$

bestehen, so läßt sich die Determinante Δ' der Gleichungen (20) in der Form

$$\Delta' = \beta \begin{vmatrix} \left(\dfrac{d \sum a_i \beta^i}{d\beta} + \varepsilon\, \dfrac{d \sum b_i \beta^i}{d\beta} + \delta\, \dfrac{d \sum c_i \beta^i}{d\beta} + \cdots \right) & \varepsilon \sum b_i \beta^i & \delta \sum c_i \beta^i \cdots \\[2ex] \left(\dfrac{d \sum a_i' \beta^i}{d\beta} + \varepsilon\, \dfrac{d \sum b_i' \beta^i}{d\beta} + \delta\, \dfrac{d \sum c_i' \beta^i}{d\beta} + \cdots \right) & \varepsilon \sum b_i' \beta^i & \delta \sum c_i' \beta^i \cdots \\[2ex] \cdots \cdots \cdots \cdots \cdots \cdots \cdots \cdots \cdots \cdots \end{vmatrix}$$

schreiben. Die Zerlegung dieser Determinante in n Determinanten liefert:

$$\frac{\Delta'}{\beta} = \begin{vmatrix} \dfrac{d \sum a_i \beta^i}{d\beta} & \varepsilon \sum b_i \beta^i & \delta \sum c_i \beta^i \cdots \\[2ex] \dfrac{d \sum a_i' \beta^i}{d\beta} & \varepsilon \sum b_i' \beta^i & \delta \sum c_i' \beta^i \cdots \\[2ex] \cdots \cdots \cdots \cdots \cdots \cdots \cdots \end{vmatrix}$$

$$+ \begin{vmatrix} \varepsilon\, \dfrac{d \sum b_i \beta^i}{d\beta} & \varepsilon \sum b_i \beta^i & \delta \sum c_i \beta^i \cdots \\[2ex] \varepsilon\, \dfrac{d \sum b_i' \beta^i}{d\beta} & \varepsilon \sum b_i' \beta^i & \delta \sum c_i' \beta^i \cdots \\[2ex] \cdots \cdots \cdots \cdots \cdots \cdots \cdots \end{vmatrix} + \cdots.$$

Wir ersetzen nun in der zweiten Determinante die zweite Vertikalreihe durch die Summen aller Reihen mit Ausnahme der ersten. Die zweite Reihe lautet dann, wenn man die Verknüpfungen (19) beachtet: $- \sum a_i \beta^i$, $- \sum a_i' \beta^i$ usw. Das gleiche machen wir in der dritten Determinante mit der dritten Reihe und erhalten hier wieder als dritte Vertikalreihe Glieder von der Form $- \sum a_i \beta^i$. Ebenso verfahren wir in der vierten Determinante mit der vierten Reihe usw. Weiter vertauschen wir in der zweiten, dritten ... n-ten Matrix die erste Reihe der Differentialquotienten mit der zweiten dritten ... n-ten Reihe, wodurch das negative Vorzeichen der Glieder der Form $\sum a_i \beta^i$ verschwindet. Hebt man schließlich die allen Determinanten gemeinsamen Faktoren ε, δ ... heraus, so erhält man Δ' ausgedrückt durch eine Summe von n Determinanten, welche Summe übereinstimmt mit dem Differentialquotienten der Determinante (17)[1]. Da nun gemäß unserer Voraussetzung die Gleichung $\Delta = 0$ Doppelwurzeln aufweist, so muß $\dfrac{d\Delta}{d\beta}$ verschwinden, daher verschwindet auch die mit ihr bis auf einen von Null verschiedene Faktor identische Determinante Δ', was wir beweisen wollten.

Beispiel: Die drei homogenen Differenzengleichungen

$$y_{x+1} + z_x = 0,$$
$$-8\,y_{x+1} + 16\,y_x + 2\,z_{x+2} + u_{x+1} = 0,$$
$$z_{x+2} + u_x = 0$$

ergeben nach Einführung der Lösungen $y_x = \beta^x$, $z_x = \varepsilon\,\beta^x$, $u_x = \delta\,\beta^x$ die charakteristische Gleichung

$$\begin{vmatrix} \beta & 1 & 0 \\ 8\,(-\beta+2) & 2\,\beta^2 & \beta \\ 0 & \beta^2 & 1 \end{vmatrix} = -(\beta-2)(\beta^3-8) = 0$$

mit den 4 Wurzeln $\beta_1 = \beta_2 = 2$, $\beta_3 = -\sqrt{3}+i$, $\beta_4 = -\sqrt{3}-i$.

Da Doppelwurzeln auftreten, so müssen die Gleichungen auch die Lösungen

$$y_x = x\,\beta^x, \qquad z_x = \varepsilon\,\beta^x\,(x+\mu), \qquad u_x = \delta\,\beta^x\,(x+\nu)$$

haben. Ihre Einführung in die vorgelegten Gleichungen liefert die drei Bestimmungsgleichungen

$$(x+1)\,\beta + \varepsilon\,(x+\mu) = 0,$$
$$-8\,(x+1)\,\beta + 16\,x + 2\,\varepsilon\,\beta^2\,(x+2+\mu) + \delta\,\beta\,(x+1+\nu) = 0,$$
$$\varepsilon\,\beta^2\,(x+2+\mu) + \delta\,(x+\nu) = 0,$$

die nach Ordnen der Glieder in

$$\left.\begin{aligned}
&[\beta + \varepsilon]\,x + [\beta + \varepsilon\,\mu] = 0, \\
&[-8\,\beta + 16 + 2\,\varepsilon\,\beta^2 + \delta\,\beta]\,x + [-8\,\beta + 2\,\varepsilon\,\beta^2\,(\mu+2) \\
&\hphantom{[-8\,\beta + 16} + \delta\,\beta\,(\nu+1)] = 0, \\
&[\varepsilon\,\beta^2 + \delta]\,x + [\varepsilon\,\beta^2\,(\mu+2) + \delta\,\nu] = 0
\end{aligned}\right\} \qquad \text{(a)}$$

---

[1] Sind sämtliche Elemente einer Determinante Funktionen einer Veränderlichen x, so gilt

$$\frac{d}{dx}\begin{vmatrix} u_{11} & u_{12} & \cdots & u_{1n} \\ u_{21} & u_{22} & \cdots & u_{2n} \\ \vdots & \vdots & & \vdots \\ u_{n1} & u_{n2} & \cdots & u_{nn} \end{vmatrix} = \begin{vmatrix} u'_{11} & u_{12} & \cdots & u_{1n} \\ u'_{21} & u_{22} & \cdots & u_{2n} \\ \vdots & \vdots & & \vdots \\ u'_{n1} & u_{n2} & \cdots & u_{nn} \end{vmatrix} + \begin{vmatrix} u_{11} & u'_{12} & \cdots & u_{1n} \\ u_{21} & u'_{22} & \cdots & u_{2n} \\ \vdots & \vdots & & \vdots \\ u_{n1} & u'_{n2} & \cdots & u_{nn} \end{vmatrix} + \cdots$$
$$+ \begin{vmatrix} u_{11} & u_{12} & \cdots & u'_{1n} \\ u_{21} & u_{21} & \cdots & u'_{1n} \\ \vdots & \vdots & & \vdots \\ u_{n1} & u_{n2} & \cdots & u'_{nn} \end{vmatrix}.$$

übergehen. Die Beiwerte von x liefern die drei homogenen Gleichungen

$$\left.\begin{array}{l} \beta + \varepsilon = 0\,, \\ (-8\,\beta + 16) + 2\,\beta^2\,\varepsilon + \beta\,\delta = 0\,, \\ \beta^2\,\varepsilon + \delta = 0\,, \end{array}\right\} \tag{b}$$

zur Bestimmung von ε und δ. Der Kürze wegen begnügen wir uns hier mit der zahlenmäßigen Verfolgung der zur Doppelwurzel gehörenden Partikularlösungen. Aus den beiden ersten der Gleichungen (b) erhält man mit $\beta = 2$

$$\varepsilon = -2\,, \qquad \delta = 8\,.$$

Zwecks Ermittlung der Größen μ und ν setzen wir die von x freien Teile der Gleichungen (a) Null, wobei wegen der Abhängigkeit der Gleichungen die Benützung der ersten zwei Gleichungen genügt. Wir erhalten so

$$\beta + \varepsilon\,\mu = 0\,,$$
$$-8\,\beta + 2\,\varepsilon\,\beta^2\,(\mu + 2) + \delta\,\beta\,(\nu + 1) = 0\,.$$

Nach Einführen der Zahlenwerte von β, ε und δ und Ordnen der Gleichung gewinnt man

$$\mu - 1 = 0\,,$$
$$\mu - \nu + 2 = 0\,,$$

woraus $\mu = 1$, $\nu = 3$ hervorgeht.

Man überzeugt sich leicht, daß diese eben errechneten Werte auch der aus der dritten Gleichung (a) zu gewinnenden Bedingung genügt.

Die allgemeinen Lösungen der vorgelegten Differenzengleichungen lauten daher

$$y_x = C_1\,2^x + C_2\,x\,2^x + C_3\,\beta_3{}^x + C_4\,\beta_4{}^x\,,$$
$$z_x = C_1\,(-2)\,2^x + C_2\,(-2)\,2^x\,(x+1) + C_3\,\varepsilon_3\,\beta_3{}^x + C_4\,\varepsilon_4\,\beta_4{}^x\,,$$
$$u_x = C_1\,8 \cdot 2^x + C_2\,8 \cdot 2^x\,(x+3) + C_3\,\delta_3\,\beta_3{}^x + C_4\,\delta_4\,\beta_4{}^x\,.$$

Liegt eine dreifache Wurzel vor, dann ist der Rechnungsgang ein ganz ähnlicher. Die Lösungen lauten jetzt:

$$y_x{}' = \beta^x\,, \qquad y_x{}'' = x\,\beta^x\,, \qquad\qquad y_x{}''' = x^2\,\beta^x\,,$$
$$z_x{}' = \varepsilon\,\beta^x\,, \qquad z_x{}'' = \varepsilon\,\beta^x\,(x+\mu)\,, \qquad z_x{}''' = \varepsilon\,\beta^x\,(x^2 + 2\,\mu\,x + \mu')\,,$$
$$\cdots \cdots \cdots \cdots \cdots \cdots \cdots \cdots \cdots \cdots \cdots \cdots$$

Wir setzen voraus, daß β, ε, $\delta \ldots$, ebenso μ, $\nu \ldots$ in der voranstehend geschilderten Weise bestimmt wurden, so daß es sich nur noch um die Ermittlung der Größen μ', $\nu' \ldots$ handelt. Um auch diese Größen zu berechnen, denken wir uns die Lösungsgruppe $y_x{}''' = x^2\,\beta^x$, $z_x{}''' = \varepsilon\,\beta^x\,(x^2 + 2\,\mu\,x + \mu') \ldots$ in die Differenzengleichungen eingeführt. Man erhält dann wie vor ein System homogener linearer Gleichungen. Die Beiwerte von x^2 und x in diesen Gleichungen stimmen mit den Gleichungen, die zur Ermittlung der β, ε, $\delta \ldots$ und der μ, $\nu \ldots$ gedient haben, überein, sind daher Null. Es bleiben sonach nur die von x freien Glieder der n Gleichungen zurück, die als Unbekannten die $n-1$ Größen μ', $\nu' \ldots$ enthalten, und die daraus ermittelt werden können. Auch diese n Gleichungen sind voneinander linear abhängig, derart, daß eine derselben überflüssig wird. Der

Beweis für die lineare Abhängigkeit dieser Gleichungen wird in derselben Weise geführt wie im Falle zweier gleicher Wurzeln. Die vorangehend durchgeführten Erörterungen lassen sich ohne Schwierigkeiten für den Fall einer beliebigen Zahl von gleichen Wurzeln verallgemeinern, doch haben wir uns des leichteren Verständnisses wegen und um Raum zu sparen, begnügt, nur den wichtigen Sonderfall $k = 2$ eingehender zu behandeln.

Wir können jetzt an der Hand der Determinante (17) leicht erkennen, in welchen Fällen der Grad der charakteristischen Gleichung unter $\bar{k} + \bar{l} + \bar{m} + \cdots$ sinken kann. Liegen 2 oder mehrere der Zahlen $\bar{k}, \bar{l}, \bar{m} \ldots$ in einer Horizontalreihe, so können die zugehörigen Polynome in β vom Grade $\bar{k}$ und $\bar{l}$ nicht miteinander multipliziert auftreten, der Grad der charakteristischen Gleichung ist dann kleiner als $\bar{k} + \bar{l} + \bar{m} + \cdots$, es sei denn, daß $\bar{l}, \bar{m} \ldots$ gleichzeitig in einer anderen Horizontalreihe vorkommen. Selbstverständlich können auch einzelne Wurzeln der charakteristischen Gleichungen Null werden, wenn das eben genannte Kriterium nicht erfüllt ist, dafür aber besondere Beziehungen zwischen den Beiwerten der Gleichung bestehen. Wir vermeiden es aber hierauf näher einzugehen, da, wie bereits auf S. 53 erwähnt, im Anwendungsfalle ein eindeutiger Zusammenhang zwischen dem Grade s, d. i. also die Anzahl der willkürlichen Konstanten und die Zahl der Nebenbedingungen (Randbedingungen) des Problems besteht.

Nichthomogene Gleichungen. Liegt ein System nichthomogener Gleichungen mit den rechten Seiten U_x, $U_x' \ldots$ vor, so läßt sich die Ermittlung der Partikularlösungen der vollständigen Gleichungen $y_x{}^0$, $z_x{}^0 \ldots$ nach dem Superpositionsgesetz auf den Fall, daß nur eine der rechten Seiten von Null verschieden ist, zurückführen. Wir brauchen uns daher im folgenden nur mit diesem Falle zu beschäftigen.

In **19** haben wir die Gleichung mit konstanten Koeffizienten behandelt, deren rechte Seite die Form

$$g(x)\, r^x$$

besaß, wobei $g(x)$ eine ganze rationale Funktion von x war. Die dort gewonnenen Ergebnisse lassen sich ohne weiteres auch auf Systeme von simultanen Differenzengleichungen übertragen.

Ist r von allen Wurzeln der charakteristischen Gleichung (17) des Simultansystems verschieden, so befriedigt der Ansatz

$$y_x{}^0 = u_1(x)\, r^x, \qquad z_x{}^0 = u_2(x)\, r^x \ldots,$$

wobei $u_1(x)$, $u_2(x) \ldots$ ganze rationale Funktionen vom gleichen Grade wie $g(x)$ sind, das System der vorgelegten Differenzengleichungen. Die Beiwerte in $u_1(x)$, $u_2(x)$ usw. sind genau wie in **19** durch Koeffizientenvergleichung zu bestimmen.

Ist aber r eine k·fache Wurzel der charakteristischen Gleichung, so führt auch hier der Ansatz $y_x{}^0 = u_1(x)\, r^x$, $z_x{}^0 = u_2(x)\, r^x \ldots$ wieder zum Ziele, nur muß der Grad von $u_1(x)$, $u_2(x) \ldots$ um k höher sein als der von $g(x)$. In Sonderfällen kann es allerdings vorkommen, daß die Koeffizienten der höchsten Potenzen in $u_1(x)$, $u_2(x) \ldots$ Null werden, welcher Fall bei einer einzelnen Gleichung nie eintreten kann.

§ 6. Die Eigenlösungen der Differenzengleichungen.

21. Entstehung der Differenzengleichungen aus dem Extremalprinzip.

Die Form des Extremalprinzipes. Bei einer großen Anzahl von Aufgaben handelt es sich darum, in dem Ausdruck

$$J = \sum_{i=0}^{n} \sum_{k=0}^{n} \frac{1}{2}\, a_{ik}\, y_i\, y_k - \sum_{i=0}^{n} U_i\, y_i \qquad (1)$$

bei vorgegebenen Werten a_{ik} und U_i die y so zu bestimmen, daß J einen ausgezeichneten Wert annimmt[1]). Unbeschadet der Allgemeinheit ist $a_{ik} = a_{ki}$ zu setzen.

Wir fassen für den Augenblick J und die y als Koordinaten in einem $(n + 2)$ dimensionalen Raum auf. Dann stellt die Gl. (1) ein $(n + 1)$·dimensionales Gebilde zweiter Ordnung in diesem Raum vor. Wir finden einen ausgezeichneten Wert von J, wenn wir die partiellen

---

[1]) Man betrachte z. B. die Deformationsarbeit in einem n - fach statisch unbestimmten Fachwerk

$$A = \frac{1}{2} \sum \frac{S^2\, s}{E\, F}$$

Setzt man $S = S_0 - S_1 X_1 - S_2 X_2 \cdots - S_n X_n$, wenn X_1, $X_2 \ldots X_n$ die n Überzähligen sind, so wird

$$A = \frac{1}{2} \sum (S_0 - S_1 X_1 S_2 - X_2 \ldots S_n X_n)^2\, \frac{s}{E\,F}$$

und man erhält nach Ausrechnung des Quadrates mit den Abkürzungen

$$\sum \frac{S_i\, S_k\, s}{E\,F} = a_{ik}\,, \qquad \sum \frac{S_0\, S_i\, s}{E\,F} = u_i\,, \qquad \sum \frac{S_0{}^2\, s}{E\,F} = u_0$$

den Ausdruck

$$A = \sum_{i=1}^{n} \frac{1}{2}\, a_{1i} X_1 X_i + \sum_{i=1}^{n} \frac{1}{2}\, a_{2i} X_2 X_i + \cdots + \sum_{i=1}^{n} \frac{1}{2}\, a_{ni} X_n X_i - \sum_{i=1}^{n} u_i X_i + u_0\,.$$

Schließlich nach Zusammenfassung der Summen

$$A = \sum_{k=1}^{n} \sum_{i=1}^{n} \frac{1}{2}\, a_{ik} X_i X_k - \sum u_i X_i + u_0\,.$$

Der Ausdruck für A unterscheidet sich nur durch die für das Problem bedeutungslose Konstante u_0 von dem Ansatz (1).

Ableitungen nach den einzelnen unabhängigen y Null setzen und erhalten so das System linearer Gleichungen:

$$\sum_{k=0}^{n} a_{ik} y_k - U_i = 0 \qquad (i = 0, 1, 2 \ldots n) \tag{2}$$

Die Koeffizienten dieses linearen Gleichungssystems genügen immer der Bedingung

$$a_{ik} = a_{ki}.$$

Multipliziert man die Gleichungen beiderseits mit $y_i (i = 1, 2, 3 \ldots n)$ und addiert, so erhält man

$$\sum_{i=0}^{n} \sum_{k=0}^{n} a_{ik} y_i y_k - \sum_{i=0}^{n} U_i y_i = 0,$$

und nach Einsetzen dieses Zusammenhanges in Gl. (1) findet man den ausgezeichneten Wert von J mit

$$J = -\frac{1}{2} \sum_{i=0}^{n} \sum_{k=0}^{n} a_{ik} y_i y_k = -\frac{1}{2} \sum_{i=0}^{n} U_i y_i.$$

Es erübrigt sich nun noch die Feststellung, welcher Art dieser ausgenete· Wert von J ist.

Die Fläche zweiter Ordnung

$$J = \sum_{i=0}^{n} \sum_{k=0}^{n} \frac{1}{2} a_{ik} y_i y_k - \sum_{i=0}^{n} U_i y_i$$

ist, weil J nur linear vorkommt, vom Typus eines Paraboloides. Die partiellen Ableitungen von J nach den unabhängigen Veränderlichen y sind lineare Funktionen der Koordinaten. Das Glied $\sum U_i y_i$ ist für die Gestalt der Fläche zweiter Ordnung bedeutungslos, es wird die Fläche $J' = \sum \sum \frac{1}{2} a_{ik} y_i y_k$ lediglich parallel zu sich verschieben. Es beeinflußt, wie auch aus den Gl. (2) ersichtlich ist, die Lage des ausgezeichneten Wertes von J und diesen selbst, hat aber keinen Einfluß darauf, ob ein Minimum, Maximum oder ein Sattelpunkt vorliegt. Wir bemerken nun gleich, daß in der Baustatik der Ausdruck J' die potentielle Energie oder Deformationsarbeit eines Systems, welches sich im stabilen Gleichgewicht befindet, vorstellt und wie immer wir die y_i auch wählen, stets positiv sein wird. Ohne auf die Bedingungen, denen die a_{ik} genügen müssen, näher einzugehen, erwähnen wir nur, daß wir J' in diesem Falle eine positiv definite Form nennen, und daß es sich also in dem vorliegendem Falle um ein Minimum von J' und von J handeln wird.

Die Bedingung, daß der Ausdruck

$$J = \sum_{i=0}^{n} \sum_{k=0}^{n} \frac{1}{2} a_{ik} y_i y_k - \sum_{i=0}^{n} U_i y_i$$

ein Minimum wird, ist gleichwertig mit dem System linearer Gl. (2).

Extremalprinzip mit einer Nebenbedingung. Wir stellen uns nunmehr die Aufgabe, den Extremalwert der quadratischen Form

$$J = \sum_{i=0}^{n} \sum_{k=0}^{n} a_{ik}\, y_i\, y_k \tag{3}$$

unter der Bedingung zu bestimmen, daß $\sum_{i=0}^{n} y_i^2 = 1$ wird. Wir haben also nicht schlechtweg den Extremalwert von J zu bestimmen, der sich wie aus Gl. (3) sofort zu ersehen ist, mit $y_k = 0$ ergibt, sondern haben zu untersuchen, wo J auf dem Schnittgebilde des Paraboloides mit dem Zylinder $\sum_{i=0}^{n} y_i^2 = 1$ ausgezeichnete Werte annimmt. Wie wir später sehen werden, werden wir im allgemeinen $n+1$ Stellen erhalten, an denen dies längs des Schnittes eintritt. Nach den Regeln der Maxima-Minima-Rechnung verfährt man hierbei so, daß man die partiellen Ableitungen der Funktion

$$J' = \sum_{i=0}^{n} \sum_{k=0}^{n} a_{ik}\, y_i\, y_k - \lambda \sum_{i=0}^{n} y_i^2 \tag{4}$$

nach den y zum Verschwinden bringt. λ bedeutet dabei einen vorderhand noch unbestimmten Parameter.

Man gewinnt so das homogene lineare Gleichungssystem

$$\sum_{k=0}^{n} a_{ik}\, y_k - \lambda\, y_i = 0 \qquad (i = 0, 1, 2 \ldots n). \tag{5}$$

Multipliziert man diese Gleichungen mit y_i und summiert sodann, so entsteht

$$J' = \sum_{i=0}^{n} \sum_{k=0}^{n} a_{ik}\, y_i\, y_k - \lambda \sum_{i=0}^{n} y_i^2 = 0\,,$$

woraus man den Extremalwert

$$J = \lambda = \sum_{i=0}^{n} \sum_{k=0}^{n} a_{ik}\, y_i\, y_k$$

findet.

Aus einem Extremalproblem hervorgehende Differenzengleichungen. Damit das Gleichungssystem (2) bzw. (5) die Gestalt von Differenzengleichungen erhält, ist es notwendig, daß unter den Koeffizienten a_{ik} alle jene verschwinden, bei denen die Differenz der Indizes $k - i$ einen bestimmten absoluten Betrag etwa $|p|$ übersteigt. Setzt man $k - i = r$ und schreibt man für i nunmehr x, so kann man die Gleichungssysteme auch in der Form

$$\sum_{r=-p}^{+p} a_{x,\, x+r}\, y_{x+r} = U_x \qquad (x = 0, 1, 2 \ldots n) \tag{6}$$

bzw.

$$\sum_{k=-p}^{+p} a_{x,\, x+r}\, y_{x+r} = \lambda\, y_x \qquad (x = 0, 1, 2 \ldots n) \tag{6a}$$

aufstellen. Wir sehen also zunächst, daß ein Extremalproblem stets eine Differenzengleichung von gerader, in dem vorliegenden Falle von der Ordnung $2p$, ergibt, deren Koeffizienten außerdem noch der Bedingung $a_{x,\,x+r} = a_{x+r,\,x}$ genügen müssen.

Nachdem aber in den Gl. (6) und (6a) für $x < p$ auch y mit Zeigern kleiner als Null und für $x > r - p$ mit Zeigern größer als r vorkommen werden, also $2p$ neue Unbekannte auftreten, ist es notwendig, noch eine weitere Festsetzung zu treffen. Das naheliegendste wäre es, die $a_{x,\,x+r}$ für $x + r < 0$ und $x + r > n$ verschwinden zu lassen. Dadurch würden aber die Gesetzmäßigkeiten der Gleichungen am Rande gestört werden. Will man daher, so wie wir dies tun, die Gleichungen als Differenzengleichungen auffassen, so dürfen die $a_{x,\,x+r}$ nicht Null gesetzt werden, sondern es sind für die $2p$ überzähligen Unbekannten $2p$ weitere Gleichungen, die früher erwähnten Randbedingungen, aufzustellen. Auf die einfachste Art läßt sich das erreichen, wenn man für $-p \gtreqless x < 0$ und $n < x \leqq n + p$ $2p$ Gleichungen von der Form

$$y_x = 0$$

vorgibt. Diese Form ist jedoch nicht immer die geeigneteste, wie wir an einem der folgenden Beispiele sehen werden; jedenfalls bilden aber die Randbedingungen ein homogenes Gleichungssystem. (Homogene Randbedingungen.)

22. Homogene Differenzengleichungen mit homogenen Randbedingungen.

Wir wollen uns im folgenden mit Differenzengleichungen befassen, die aus einem Extremalwert eines Ausdruckes zweiten Grades entspringen.

Die Lösung der Differenzengleichung (6) kann unbeschadet der homogenen Randbedingungen auf irgendeine der in den vorhergehenden Abschnitten behandelten Methoden vorgenommen werden. Schwierigkeiten ergeben sich hingegen bei der Differenzengleichung (6a). Wir können wohl die allgemeine Lösung für ein beliebig gegebenes λ anschreiben; die Bestimmung der hierbei auftretenden $2p$ Festwerte C, mit denen diese Lösung behaftet ist, gelingt jedoch nicht ohne weiteres, nachdem wir wegen der homogenen Randbedingungen auf ein homogenes Gleichungssystem für die C geführt werden. Um diese Verhältnisse klarzustellen, befassen wir uns daher zunächst mit dem Gleichungssystem (5).

Ausführlich angeschrieben lauten diese Gleichungen

$$(a_{00} - \lambda)\,y_0 + a_{01}\,y_1 + \cdots \qquad a_{0n}\,y_n \;= 0$$
$$a_{10}\,y_0 + (a_{11} - \lambda)\,y_1 + \qquad a_{1n}\,y_n \;= 0$$
$$\vdots \qquad\qquad \vdots \qquad\qquad \vdots$$
$$a_{n0}\,y_0 + a_{n1}\,y_1 + \qquad (a_{nn} - \lambda)\,y_n = 0.$$

Man sieht sofort, daß im allgemeinen bei beliebigem λ das Gleichungssystem (5) keine Lösung außer $y_0 = y_1 = \cdots y_n = 0$ besitzt. Wählen
wir jedoch λ so, daß es eine Wurzel λ_r der Gleichung $(n+1)$-ten
Grades, der sogenannten **Frequenzgleichung**

$$\begin{vmatrix} a_{00} - \lambda & a_{01} & \cdots a_{0n} \\ a_{10} & a_{11} - \lambda \cdots a_{1n} \\ \vdots & \vdots & \vdots \\ a_{n0} & a_{n1} & a_{nn} - \lambda \end{vmatrix} = 0$$

wird und setzen wir voraus, daß λ_r eine einfache Wurzel ist, so erhalten wir für jedes λ_r ein zugehöriges System von Lösungen y_k^r; es
ist möglich, daß von diesen y_k einige für bestimmte k verschwinden,
jedoch muß für jedes λ_r mindestens ein y^r von Null verschieden sein.
Die Werte y_k^r sind dann bis auf einen willkürlichen Faktor bestimmt,
so daß auch $c \cdot y_k^r$ Lösungen der vorgelegten Gleichungen sind.

Ist insbesondere auch die Bedingung $a_{ik} = a_{ki}$ erfüllt, so kann
man leicht zeigen, daß die Lösungen y_i^r und y_i^s, die zu zwei verschiedenen Werten λ_r und λ_s gehören, die Eigenschaft besitzen:

$$\sum_{i=0}^{n} y_i^r y_i^s = 0, \qquad r \neq s. \tag{7}$$

Der Beweis hierfür wird so geführt, daß man die einzelnen Gleichungen

$$\sum_{k=0}^{n} a_{ik} y_k^r = \lambda_r y_i^r \qquad (i = 0, 1 \ldots n)$$

der Reihe nach mit $y_i^s (i = 0, 1 \ldots n)$ multipliziert und dann addiert.
Man erhält so

$$\sum_{i=0}^{n} \sum_{k=0}^{n} a_{ik} y_i^s y_k^r = \lambda_r \sum_{i=0}^{n} y_i^r y_i^s.$$

Wegen der Beziehung $a_{ik} = a_{ki}$ kann die linke Seite der vorstehenden Gleichung auch in der Form

$$\lambda_s \sum_{k=0}^{n} y_k^r y_k^s$$

geschrieben werden, denn es ist

$$\sum_{i=0}^{n} a_{ki} y_i^s = \lambda_s y_k^s.$$

Man erhält daher

$$\lambda_r \sum_{i=0}^{n} y_i^r y_i^s = \lambda_s \sum_{k=0}^{n} y_k^r y_k^s,$$

und nachdem die beiden Summen

$$\sum_{i=0}^{n} y_i^s y_i^r \qquad \text{und} \qquad \sum_{k=0}^{n} y_k^s y_k^r$$

offenbar identisch sind, folgt hieraus für $\lambda_r \neq \lambda_s$

$$\sum_{i=0}^{n} y_i^r \, y_i^s = 0 \,.$$

Wird aber $r = s$, so verschwindet die Summe nicht, da sie sich dann über lauter positive Glieder erstreckt; es wird also

$$\sum_{i=0}^{n} (y_i^r)^2 = N_r^2 \,.$$

Wir werden die beliebige Konstante, mit welcher wir die Lösung y^r multiplizieren, so wählen, daß $N_r^2 = 1$ wird.

Man nennt die Lösungssysteme y_i^r, welche der Bedingung (7) genügen, orthogonal, und wenn insbesondere $N_r^2 = 1$ wird, also

$$\sum_{i=0}^{n} (y_i^r)^2 = 1 \,, \tag{8}$$

normiert orthogonal[1]).

Diese Ergebnisse können wir sofort auf unsere Differenzengleichung anwenden. Man erhält also bei einer homogenen Differenzengleichung mit homogenen Randbedingungen nur für bestimmte Werte von λ, die wir Eigenwerte nennen wollen, von Null verschiedene Lösungen. Diese Lösungen sollen die Eigenlösungen heißen; sie bilden unter der Bedingung $a_{x,\,x+i} = a_{x+i,\,x}$ ein Orthogonalsystem, welches man bei passender Wahl des konstanten Faktors, mit welchem die Lösungen behaftet sind, als normiert ansehen kann.

Wenn wir die Lösung der Differenzengleichung

$$\sum_{i=-p}^{+p} a_{x,\,x+i} \, y_{x+i} - \lambda \, y_x = 0$$

für ein beliebiges λ gefunden haben, so können wir, um die Eigenlösungen für homogene Randbedingungen zu erhalten, wie folgt verfahren.

Die allgemeine Lösung der vorgelegten Differenzengleichung setzt sich nach früherem aus $2\,p$ voneinander linear unabhängigen Lösungen zusammen, ist also allgemein darstellbar durch einen Ausdruck von der Form

$$y_x = \sum_{i=1}^{2\,p} c_i \, f_i(x,\,\lambda),$$

---

[1]) Faßt man die Größen y_0^s, $y_1^s \ldots y_n^s$ als die Komponenten des $(n+1)$-dimensionalen Vektors $\mathfrak{y}^s$ auf und ebenso y_0^r, $y_1^r \ldots y_n^r$ als die Komponenten des Vektors $\mathfrak{y}^r$, so nennt man diese beiden Vektoren „senkrecht" oder „orthogonal", wenn die Gleichung

$$\sum_{i=0}^{n} y_i^r \, y_i^s = 0$$

besteht. Daher rührt obige Bezeichnung.

wobei die c_i willkürliche Konstante sind, die erst aus den Randwerten bestimmt werden können. In unserem Falle führen die Randbedingungen nun auf ein homogenes Gleichungssystem für die c_i von der Form

$$\left.\begin{aligned}
c_1\,\alpha_{11} + c_2\,\alpha_{12} &+ \cdots c_{2p}\,\alpha_{1,\,2p} = 0\\
c_1\,a_{21} + c_2\,\alpha_{22} &+ \cdots c_{2p}\,\alpha_{2,\,2p} = 0\\
\vdots \qquad \vdots \qquad &\qquad \vdots\\
c_1\,\alpha_{2p,\,1} + c_2\,\alpha_{2p,\,2} &+ \cdots c_{2p}\,\alpha_{2p,\,2p} = 0
\end{aligned}\right\}. \tag{9}$$

Die α_{ik} werden hierbei irgendwelche Funktion von λ sein. Um von Null verschiedene Lösungen c_i der Gl. (9) zu erhalten, haben wir nur dafür Sorge zu tragen, daß die Determinante aus den Koeffizienten α_{ik} vorstehender Gleichungen verschwindet; wir haben sonach λ als Wurzel der Gleichung

$$\begin{vmatrix}
\alpha_{11} & \alpha_{12} & \cdots & \alpha_{1,\,2p}\\
\alpha_{21} & \alpha_{22} & \cdots & \alpha_{2,\,2p}\\
\vdots & \vdots & & \vdots\\
\alpha_{2p,\,1} & \alpha_{2p,\,2} & \cdots & \alpha_{2p,\,2p}
\end{vmatrix} = 0$$

zu bestimmen. Diese Gleichung liefert im allgemeinen $n+1$ und nie mehr verschiedene Werte λ_r, welche Eigenlösungen bedingen. Die c_i^r, welche zu λ_r gehören, sind bis auf einen willkürlichen Faktor c bestimmt, so daß unsere Eigenlösungen nunmehr in der Form:

$$y_x^{\,r} = c \sum_{i=1}^{2p} \mu_i^{\,r}\, f_i^{\,r}\,(x)$$

dargestellt sind, wobei die $\mu_i^{\,r}$ aber ganz bestimmte Werte bedeuten. Der Fall, daß alle $\mu_i^{\,r}$ bis auf ein einziges verschwinden, ist nicht ausgeschlossen. c kann mit Vorteil so gewählt werden, daß die $y_x^{\,r}$ normiert sind.

Entwicklung einer Funktion nach Eigenlösungen. Die Aufgabe, eine an den $n+1$ Stellen $x = 0,\ 1\ \ldots\ n-1,\ n$ definierte Funktion U_x nach Eigenlösungen einer gegebenen Differenzengleichung zu entwickeln, kann leicht gelöst werden, wenn die Eigenlösungen orthogonal sind, die Beiwerte der Differenzengleichung also die Bedingung

$$a_{x,\,x+i} = a_{x+i,\,x}$$

erfüllen. Es soll also U_x in der Form

$$U_x = \sum_{r=0}^{n} u_r\, y_x^{\,r} \tag{10}$$

dargestellt und die Koeffizienten u_r bestimmt werden. Den Fall gleicher Wurzeln λ_r schließen wir einstweilen aus und behalten uns vor, denselben später zu erledigen. Wir multiplizieren die Gl. (10)

beiderseits des Gleichheitszeichen mit $y_x{}^s$ und erhalten

$$U_x y_x{}^s = \sum_{r=0}^{n} u_r\, y_x{}^r\, y_x{}^s .$$

Summiert man nun von $x=0$ bis $x=n$, so erhält man, wenn man rechter Hand die Summationsfolge vertauscht,

$$\sum_{x=0}^{n} U_x y_x{}^s = \sum_{r=0}^{n} u_r \sum_{x=0}^{n} y_x{}^r\, y_x{}^s .$$

Da die y_x als orthogonal vorausgesetzt sind, verschwindet die innere Summe immer, wenn $r \neq s$ ist, und es reduziert sich daher die Doppelsumme auf

$$u_s \cdot \sum_{x=0}^{n} y^s\, y^s .$$

Man hat sonach

$$\sum_{x=0}^{n} U_x y_x{}^s = u_s\, N_s{}^2$$

und daraus findet man

$$u_s = \frac{1}{N_s{}^2} \sum_{x=0}^{n} U_x y_x{}^s \qquad (11)$$

oder, wenn außerdem noch die $y_x{}^s$ normiert sind,

$$u_s = \sum_{x=0}^{n} U_x y_x{}^s . \qquad (11\,\mathrm{a})$$

Entwicklung der Lösung einer inhomogenen Differenzengleichung nach Eigenlösungen. Es sei eine inhomogene Differenzengleichung von gerader Ordnung mit entsprechenden verschwindenden Randwerten

$$\sum_{i=-p}^{+p} a_{x,\, x+i}\, y_{x+i} = U_x \qquad (12)$$

vorgelegt, deren Koeffizienten der Bedingung

$$a_{x,\, x+i} = a_{x+i,\, x}$$

Genüge leisten. Wir haben bereits eingangs erwähnt, daß alle Differenzengleichungen, die aus einem Maximum-Miniumproblem abgeleitet werden können — wie zum Beispiel die der Baustatik, wo es sich um die Ermittlung der statisch unbestimmten Größen handelt —, diese Forderung erfüllen.

Wir wollen die Lösung y_x in der Form

$$y_x = \sum_{r=0}^{n} c_r\, y_x{}^r \qquad (13)$$

ansetzen, wobei die $y_x{}^r$ die zu dem Eigenwerte λ_r gehörigen Lösungen jener homogenen Differenzengleichung mit denselben Randbedingungen wie Gl. (12) bedeuten, die man erhält, wenn man die Größe U_x

durch $\lambda\, y_x$ ersetzt, und deren Lösungen wir nach dem vorhergehenden als bekannt annehmen wollen. Es handelt sich also um die Bestimmung der Koeffizienten c_r. Wir entwickeln zunächst die Funktion U_x, die an den $n+1$ Stellen $x = 0, 1, 2 \ldots n$ gegeben ist, in eine Reihe

$$U_x = \sum_{r=0}^{n} u_r\, y_x{}^r$$

eine Aufgabe, die wir nach dem früheren ebenfalls lösen können. Setzen wir nunmehr den Wert für y_x nach Gl. (13) und den vorstehenden Wert für U_x in unsere Differenzengleichung ein, so erhalten wir

$$\sum_{i=-p}^{+p} \left(a_{x,\,x+i} \cdot \sum_{r=0}^{n} c_r\, y_{x+i}^r\right) = \sum_{r=0}^{n} u_r\, y_x{}^r.$$

Durch Vertauschung der Summationsfolge auf der linken Seite des Gleichheitszeichens erhalten wir aber

$$\sum_{r=0}^{n} \left(c_r \sum_{i=-p}^{+p} a_{x,\,x+i}\, y_{x+i}^r\right) = \sum_{r=0}^{n} u_r\, y_x{}^r$$

und, da die innere Summe sich auf $\lambda_r\, y_x{}^r$ reduziert,

$$\sum_{r=0}^{n} c_r\, \lambda_r\, y_x{}^r = \sum_{r=0}^{n} u_r\, y_x{}^r.$$

Diese Gleichung muß für alle Werte von x gelten. Das wird der Fall sein, wenn die Koeffizienten $c_r\, \lambda_r$ und u_r, die bei den gleichen Funktionen $y_x{}^r$ stehen, gleich sind, und man erhält sonach für die gesuchten Koeffizienten

$$c_r = \frac{u_r}{\lambda_r}. \qquad (13\,\mathrm{a})$$

Unsere inhomogene Differenzengleichung (12) hat demnach die Lösung

$$y_x = \sum_{r=0}^{n} \frac{u_r}{\lambda_r}\, y_x{}^r \qquad (14)$$

oder, wenn wir noch für u_r den Wert gemäß Gl. (11 a) einsetzen,

$$y_x = \sum_{r=0}^{n} \left(\frac{y_x{}^r}{\lambda_r} \sum_{x=0}^{n} U_x\, y_x{}^r\right).$$

Bei dieser Gelegenheit sei übrigens darauf hingewiesen, daß man eine Differenzengleichung zweiter Ordnung mit beliebigen Koeffizienten

$$b_{x,\,x-1}\, y_{x-1} + b_{xx}\, y_x + b_{x,\,x+1}\, y_{x+1} = U_x \quad (b_{x,\,x-1} + b_{x-1,\,x})$$

durch Multiplikation der einzelnen Gleichungen mit geeigneten Faktoren C_x stets auf die Form

$$a_{x,\,x-1}\, y_{x-1} + a_{xx}\, y_x + a_{x,\,x+1}\, y_{x+1} = V_x \quad (a_{x,\,x+1} = a_{x+1,\,x})$$

bringen kann. C_x muß so gewählt werden, daß

$$C_x\, b_{x,\,x+1} = C_{x+1}\, b_{x+1,\,x} = a_{x,\,x+1} = a_{x+1,\,x}$$

wird; mithin erhält man

$$C_{x+1} = C_x \frac{b_{x,\,x+1}}{b_{x+1,\,x}} \quad \text{und} \quad C_{x-1} = C_x \frac{b_{x,\,x-1}}{b_{x-1,\,x}}.$$

Setzt man etwa für $x = \mathfrak{x}$ $C_{\mathfrak{x}} = 1$, so findet man für $C_{\mathfrak{x}+k}$ den Wert

$$C_{\mathfrak{x}+k} = \frac{b_{\mathfrak{x},\,\mathfrak{x}+1} \cdot b_{\mathfrak{x}+1,\,\mathfrak{x}+2} \cdots b_{\mathfrak{x}+k-1,\,\mathfrak{x}+k}}{b_{\mathfrak{x}+1,\,\mathfrak{x}} \cdot b_{\mathfrak{x}+2,\,\mathfrak{x}+1} \cdots b_{\mathfrak{x}+k,\,\mathfrak{x}+k-1}} = \prod_{i=1}^{k} \frac{b_{\mathfrak{x}+i-1,\,\mathfrak{x}+i}}{b_{\mathfrak{x}+i,\,\mathfrak{x}+i-1}},$$

und demzufolge wird

$$a_{\mathfrak{x}+k,\,\mathfrak{x}+k-1} = b_{\mathfrak{x}+k-1,\,\mathfrak{x}+k} \prod_{i=1}^{k-1} \frac{b_{\mathfrak{x}+i-1,\,\mathfrak{x}+i}}{b_{\mathfrak{x}+i,\,\mathfrak{x}+i-1}}$$

und

$$a_{\mathfrak{x}+k,\,\mathfrak{x}+k} = b_{\mathfrak{x}+k,\,\mathfrak{x}+k} \prod_{i=1}^{k} \frac{b_{\mathfrak{x}+i-1,\,\mathfrak{x}+i}}{b_{\mathfrak{x}+i,\,\mathfrak{x}+i-1}}.$$

Für die Gleichung an der Stelle $\mathfrak{x} - k$ erhält man ähnlich

$$C_{\mathfrak{x}-k} = \prod_{i=1}^{k} \frac{b_{\mathfrak{x}-i+1,\,\mathfrak{x}-i}}{b_{\mathfrak{x}-i,\,\mathfrak{x}-i+1}},$$

und die Koeffizienten derselben sind

$$a_{\mathfrak{x}-k,\,\mathfrak{x}-k-1} = b_{\mathfrak{x}-k-1,\,\mathfrak{x}-k} \prod_{i=1}^{k+1} \frac{b_{\mathfrak{x}-i+1,\,\mathfrak{x}-i}}{b_{\mathfrak{x}-i,\,\mathfrak{x}-i+1}}$$

$$a_{\mathfrak{x}-k,\,\mathfrak{x}-k} = b_{\mathfrak{x}-k,\,\mathfrak{x}-k} \prod_{i=1}^{k} \frac{b_{\mathfrak{x}-i+1,\,\mathfrak{x}-i}}{b_{\mathfrak{x}-i,\,\mathfrak{x}-i+1}}.$$

Beispiel. Es sollen die Eigenlösungen der homogenen Differenzengleichung mit konstanten Koeffizienten

$$y_{x-1} + 4\,y_x + y_{x+1} - \lambda\,y_x = 0 \qquad (15)$$

mit den Randbedingungen $y_x = 0$ für $x = 0$ und $x = n$ gefunden werden. Wir lösen die Gleichung zunächst für ein beliebiges λ und erhalten

$$y = c_1 \sin \alpha x + c_2 \cos \alpha x,$$

worin c_1 und c_2 vorläufig willkürliche Konstante bedeuten. Setzt man diesen Wert in Gl. (15) ein, so erkennt man, daß α der Bedingung

$$2\,(\cos \alpha + 2) = \lambda$$

genügen muß. Wegen der Randbedingungen $y = 0$ für $x = 0$ folgt weiter, daß $c_2 = 0$ sein muß, während wegen $y = 0$ für $x = n$

$$\sin \alpha n = 0$$

oder $$\alpha_i = \frac{\pi}{n}\,i \qquad (i = 1\,,\;2\ldots n-1) \tag{16}$$

wird. Wir erhalten somit $n-1$ verschiedene Werte für λ_i und ebenso $n-1$ dazu gehörige Lösungssysteme

$$y_x{}^i = c \sin \alpha_i x\,.$$

Wir wollen uns noch überzeugen, daß unser Orthogonalsystem auch vollständig ist, d. h. daß es keine weiteren Eigenlösungen gibt. Dazu genügt es, wenn wir die Nennerdeterminante des Gleichungssystemes (15)

$$\triangle = \begin{vmatrix} 4-\lambda & 1 & 0 & \cdot\cdot & 0 & 0 & 0 \\ 1 & 4-\lambda & 1 & \cdot\cdot & 0 & 0 & 0 \\ 0 & 1 & 4-\lambda & \cdot\cdot & 0 & 0 & 0 \\ \cdot & \cdot & \cdot & \cdot\cdot\cdot & \cdot & & \cdot \\ \cdot & \cdot & \cdot & \cdot\cdot\cdot & & \cdot & \cdot \\ 0 & 0 & 0 & \cdot\cdot & 1 & 4-\lambda & 1 \\ 0 & 0 & 0 & \cdot\cdot & 0 & 1 & 4-\lambda \end{vmatrix}$$

betrachten, welche tatsächlich gleich Null gesetzt $n-1$ verschiedene Lösungen λ_i besitzt. Unser System ist daher vollständig.

Sollen die Lösungen außerdem noch normiert sein, so muß

$$c \sum_{x=0}^{n} \sin^2 \alpha_i x = 1$$

sein. Nun ist aber

$$N_i{}^2 = \sum_{x=0}^{n} \sin^2 \alpha_i x = \frac{n}{2}$$

und die normierten Lösungen lauten daher

$$y_x{}^i = \sqrt{\frac{2}{n}} \sin \alpha_i x \tag{17}$$

Die Werte von $y_x{}^i$ sind für $n=1$ bis $n=6$ im Anhang zusammengestellt. Die Benützung dieser Tabellen ermöglicht eine rasche und bequeme Auflösung der zugehörigen inhomogenen Gleichung, die bekanntlich in der Baustatik bei der Berechnung eines über mehrere Stützen durchlaufenden Trägers eine große Rolle spielt.

Als Beispiel für die Auflösung der inhomogenen Differenzengleichung zeigen wir die Berechnung eines Trägers über sechs je 8 m lange Felder, welcher im ersten Felde mit $p_1 = 2{,}5$ t/m, in den folgenden mit $p = 1{,}5$ t/m gleichmäßig voll belastet ist.

Die Stützenmomente M_x genügen bekanntlich der Differenzengleichung

$$(\triangle + 6)\,M_x = M_{x-1} + 4\,M_x + M_{x+1} = -\frac{6}{l}\,R_x = -\,U_x$$

l ist dabei die Spannweite der einzelnen Felder und R_x der Auflagerdruck in der Stütze x, den man erhält, wenn man sich die beiden an die Stütze x angrenzenden Nachbarfelder frei aufliegend denkt und dann mit den in diesen beiden Feldern durch die äußeren Kräfte hervorgerufenen Momenten belastet. Über den Stützen $x = 0$ und $x = n$ möge der Träger frei aufliegen, so daß also $M_0 = M_n = 0$ wird.

Wir beginnen mit der Berechnung von U_x in den einzelnen Stützen, und zwar wird, wie man sich leicht überzeugen kann, U_x für den Fall, daß die beiden angrenzenden Felder mit p_x und p_{x+1} pro Längeneinheit belastet sind,

$$U_x = - \frac{1}{4} l^2 (p_x + p_{x+1})$$

Mit $l = 8$ m, $p_1 = 2,5$ t/m und $p_2 = p_3 = p_4 = p_5 = 1,5$ t/m erhalten wir daher

x	1	2	3	4	5
U_x tm	-64	-48	-48	-48	-48

Ferner entnehmen wir der Tabelle (1) im Anhang für $n = 6$ nachstehende Werte der Eigenlösungen

	$M_1 i$	$M_2 i$	$M_3 i$	$M_4 i$	$M_5 i$	λ_i
$i = 1$	0,2887	0,5000	0,5773	0,5000	0,2887	5,7320
$i = 2$	0,5000	0,5000	0	$-0,5000$	$-0,5000$	5,0000
$i = 3$	0,5773	0	$-0,5773$	0	0,5773	4,0000
$i = 4$	0,5000	$-0,5000$	0	0,5000	$-0,5000$	3,0000
$i = 5$	0,2887	$-0,5000$	0,5773	$-0,5000$	0,2887	2,2680

Die u_i berechnen sich nach Gl. (11a). Man hat daher, um u_i zu bekommen, jedes Glied der Tabelle für U_x mit dem an der gleichen Stelle der Zeile i stehenden der Tabelle für die $M_x i$ zu multiplizieren und dann zu addieren So bestimmt man

$$- u_1 = 64 \cdot 0,2887 + 48 \cdot 0,5000 + 48 \cdot 0,5773 + 48 \cdot 0,5000 + 48 \cdot 0,2887 = 108,045$$
$$- u_2 = 64 \cdot 0,5000 + 48 \cdot 0,5000 + 48 \cdot 0 - 48 \cdot 0,5000 - 48 \cdot 0,5000 = 8,000$$
$$- u_3 = 64 \cdot 0,5773 + 48 \cdot 0 - 48 \cdot 0,5773 + 48 \cdot 0 + 48 \cdot 0,5773 = 36,947$$
$$- u_4 = 64 \cdot 0,5000 - 48 \cdot 0,5000 + 48 \cdot 0 + 48 \cdot 0,5000 - 48 \cdot 0,5000 = 8,000$$
$$- u_5 = 64 \cdot 0,2887 - 48 \cdot 0,5000 + 48 \cdot 0,5773 - 48 \cdot 0,5000 + 48 \cdot 0,2887 = 12,045$$

Die Koeffizienten c_i nach der Gl. (13a) $c_i = \dfrac{u_i}{\lambda_i}$ berechnet, sind in folgender Tabelle zusammen gestellt :

i	c_i
1	$-18,849$
2	$-1,600$
3	$-9,237$
4	$-2,667$
5	$-5,311$

Man kann nunmehr die verlangten Stützenmomente M_x angeben, und zwar erhält man gemäß Gl. (14) die M_x, wenn man jedes Glied der Tabelle für c_i mit dem an der gleichen Stelle der Kolonne x stehenden der Tabelle für die $M_x i$ multipliziert und dann addiert. So ergibt sich

$$M_1 = - 18,849 \cdot 0,2887 - 1,600 \cdot 0,5000 - 9,237 \cdot 0,5773 - 2,667 \cdot 0,5000$$
$$- 5,311 \cdot 0,2887 = - 14,441 \text{ tm} ,$$
$$M_2 = - 18,849 \cdot 0,5000 - 1,600 \cdot 0,5000 - 9,237 \cdot 0 + 2,667 \cdot 0,5000$$
$$+ 5,311 \cdot 0,5000 = - 6,236 \text{ tm} ,$$

$$M_3 = - 18{,}849 \cdot 0{,}5773 + 1{,}600 \cdot \quad 0 \quad + 9{,}237 \cdot 0{,}5773 - 2{,}667 \cdot \quad 0$$
$$- 5{,}311 \cdot 0{,}5773 = - \quad 8{,}615 \text{ tm},$$
$$M_4 = - 18{,}849 \cdot 0{,}5000 + 1{,}600 \cdot 0{,}5000 - 9{,}237 \cdot \quad 0 \quad - 2{,}667 \cdot 0{,}5000$$
$$+ 5{,}311 \cdot 0{,}5000 = - 7{,}302 \text{ tm},$$
$$M_5 = - 18{,}849 \cdot 0{,}2887 + 1{,}600 \cdot 0{,}5000 - 9{,}237 \cdot 0{,}5773 + 2{,}667 \cdot 0{,}5000$$
$$- 5{,}311 \cdot 0{,}2887 = - 10{,}174 \text{ tm}.$$

Von praktischer Bedeutung ist ferner der Fall, daß die Randbedingungen der Differenzengleichung (13) wie folgt lauten

$$2\,y_0 + y_{-1} = 0, \quad 2\,y_n + y_{n+1} = 0. \tag{18}$$

Auf diese Randbedingungen führt nämlich ein durchlaufender
Träger, dessen Enden eingespannt sind, so daß sich der Winkel, den
die deformierte Stabachse mit der ursprünglichen Lage derselben einschließt, mit Null ergibt. Für die Stütze $x = 0$, bzw. $x = n$ berechnet
sich der in Rede stehende Winkel τ mit

$$\tau_0 = \varphi \left[2\,M_0 + M_1 + \frac{6}{l}\,R_0 \right] \quad \text{bzw.} \quad \tau_n = \varphi \left[2\,M_n + M_{n-1} + \frac{6}{l}\,R_n \right]$$

und diese beiden Werte müssen infolge der Einspannung an den
Enden Null werden. Man schreibt diese Randbedingungen gewöhn-
lich in einer anderen Form an, indem man denselben die homogene
Form (18) gibt. Wegen der erfüllten Differenzengleichung ist

$$M_{-1} + 4\,M_0 + M_1 = - \frac{6}{l}\,R_0 \quad \text{und} \quad M_{n-1} + 4\,M_n + M_{n+1} = - \frac{6}{l}\,R_n$$

und wenn man aus diesen 2 Gleichungsgruppen R_0 und R_n eliminiert
und statt M, y schreibt, so erhält man die Randbedingungen in der
oben angeschriebenen Form (18), welcher wir den Vorzug geben. Da
die transzendente Gleichung, deren Wurzeln wir zu bestimmen haben,
in diesem Falle nicht mehr so einfach zu lösen ist wie in dem vorigen, wollen wir zunächst, um die Symmetrieverhältnisse der Lösung
besser verwerten zu können, an Stelle von x als unabhängige Variable

$$x' = x - \frac{n}{2} \text{ einführen, so daß sich jetzt unser Gebiet von } x' = - \frac{n}{2}$$

bis $x' = + \frac{n}{2}$ erstreckt. Die Lösung der homogenen Differenzengleichung lautet wiederum

$$y_{x'}^i = c' \sin \alpha_i\, x' + c'' \cos \alpha_i\, x'$$

und die Koeffizienten c' und c'' müssen nunmehr den Gleichungen

$$c' \left[2 \sin \alpha_i \frac{n}{2} + \sin \alpha_i \frac{n+2}{2} \right] + c'' \left[2 \cos \alpha_i \frac{n}{2} + \cos \alpha_i \frac{n+2}{2} \right] = 0$$

$$- c' \left[2 \sin \alpha_i \frac{n}{2} + \sin \frac{n+2}{2} \right] + c'' \left[2 \cos \alpha_i \frac{n}{2} + \cos \alpha_i \frac{n+2}{2} \right] = 0$$

Genüge leisten. Dieses Gleichungssystem hat aber nur dann für wenigstens eine von den beiden Größen c' oder c'' von Null verschie-

dene Lösungen, wenn eine von den beiden Bedingungen

$$\left[2\cos\alpha_i\frac{n}{2} + \cos\alpha_i\frac{n+2}{2}\right] = 0 \qquad (19\,a)$$

oder

$$\left[2\sin\alpha_i\frac{n}{2} + \sin\alpha_i\frac{n+2}{2}\right] = 0 \qquad (19\,b)$$

erfüllt ist. Im ersten Falle ist c'' beliebig, c' gleich Null, im zweiten Falle umgekehrt.

Die α_i berechnen sich als Wurzeln der vorstehenden transzendenten Gleichungen, und zwar liefern die Wurzeln der ersten Gleichung die in x' geraden Lösungen

$$y_{x'}^i = \cos\alpha_i\,x' ,$$

die der zweiten Gleichung die in x' ungeraden Lösungen

$$y_{x'}^i = \sin\alpha_i\,x' .$$

Die die Eigenlösungen bedingenden Werte von λ_i berechnen sich wie früher aus

$$\lambda_i = 2\,(\cos\alpha_i + 2).$$

Um über die Zahl der vorhandenen verschiedenen λ_i Klarheit zu gewinnen, setzen wir die $(n+1)$-zeilige Determinante, aus der λ zu bestimmen wäre, gleich Null:

$$\Delta = \begin{vmatrix}
2-\lambda & 1 & 0 & 0 & \cdot & \cdot & 0 & 0 & 0 & 0 \\
1 & 4-\lambda & 1 & 0 & \cdot & \cdot & 0 & 0 & 0 & 0 \\
0 & 1 & 4-\lambda & 1 & \cdot & \cdot & 0 & 0 & 0 & 0 \\
\cdot & \cdot & \cdot & \cdot & \cdot & \cdot & \cdot & \cdot & \cdot & \cdot \\
\cdot & \cdot & \cdot & \cdot & \cdot & \cdot & \cdot & \cdot & \cdot & \cdot \\
0 & 0 & 0 & 0 & \cdot & \cdot & 1 & 4-\lambda & 1 & 0 \\
0 & 0 & 0 & 0 & \cdot & \cdot & 0 & 1 & 4-\lambda & 1 \\
0 & 0 & 0 & 0 & \cdot & \cdot & 0 & 0 & 1 & 2-\lambda
\end{vmatrix} = 0 .$$

Nachdem diese Gleichung für λ tatsächlich vom $n+1$-ten Grade ist, existieren also $n+1$ Eigenwerte λ_i und $n+1$ Eigenlösungen. Bei geradem n hat aber die Gleichung $(19\,a)$ $\frac{n}{2}$, Gl. $(19\,b)$ $\frac{n}{2}-1$, bei ungeradem n jede der beiden Gleichungen $\frac{n-1}{2}$ reelle verschiedene Wurzeln α_i. Die beiden fehlenden Wurzeln sind komplex und werden gefunden, wenn man $\alpha_{n-1} = a_1\,i + \pi$ und $\alpha_n = a_2\,i + \pi$ setzt, wobei $i = \sqrt{-1}$. Dann wird für gerade Lösungen

$$y^{n-1} = A\,(-1)^x\,\mathfrak{Cof}\,a_1\,x$$

und für ungerade Lösungen

$$y^n = B\,(-1)^x\,\mathfrak{Sin}\,a_2\,x .$$

Die Gleichungen (19) nehmen mit diesen Werten die Form an

$$2\,\mathfrak{Cof}\,a_1\frac{n}{2} - \mathfrak{Cof}\,a_1\left(\frac{n}{2}+1\right) = 0 \qquad (20\,a)$$

und

$$2 \,\mathfrak{Sin}\, a_2 \frac{n}{2} - \mathfrak{Sin}\, a_2 \left(\frac{n}{2} + 1 \right) = 0 \qquad (20\,\text{b})$$

und jede dieser beiden Gleichungen hat tatsächlich nur eine reelle Wurzel, welche die fehlenden Lösungen $y_x^{\,n-1}$ und $y_x^{\,n}$ liefern. Nunmehr erst ist das Orthogonalsystem der $y_x^{\,i}$ vollständig.

Das Auflösen der Gleichungen (19) und (20) geschieht am einfachsten durch Versuche. Man bestimmt sich durch eine Skizze, wo der betreffende Wurzelwert beiläufig liegt. Dann logarithmiert man die Gleichung und kann den Wurzelwert sehr rasch beliebig scharf bestimmen, da der Logarithmus von sin oder cos selbst in einem Intervall von mehreren Graden sich nahezu linear ändert.

Bedeutet also z .B. α eine angenäherte Lösung der Gl. (19a), so gibt sich

$$\log 2 + \log \cos \frac{n}{2}\,\alpha - \log \cos \frac{n+2}{2}\,\alpha = f$$

anstatt Null, und wenn wir die Tafeldifferenz von $\log \cos$ an der Stelle $\frac{n}{2}\,\alpha$ mit $\varDelta_1$, an der Stelle $\frac{n+2}{2}\,\alpha$ mit $\varDelta_2$ bezeichnen und nunmehr α durch Hinzufügen von $\varDelta\alpha$ verbessern, so ergibt sich für die Korrektur $\varDelta\alpha$ der Wert

$$\varDelta\alpha = \frac{f}{-\dfrac{n}{2}\,\varDelta_1 + \dfrac{n+2}{2}\,\varDelta_2}$$

Diese Gleichung gilt auch für die Gl. (19 b), wenn man unter $\varDelta_1$, $\varDelta_2$ die Tafeldifferenzen von $\log \sin$ versteht. Wie rasch dieses Verfahren zum Ziele führt, soll an dem Beispiele gezeigt werden, die erste Wurzel für $n = 5$ zu berechnen. Diese Wurzel entspricht einer geraden Lösung und ist sonach die kleinste Wurzel der Gleichung

$$2 \cos \frac{5}{2}\,\alpha + \cos \frac{7}{2}\,\alpha = 0 \,.$$

Es gelingt uns leicht festzustellen, daß der gesuchte Wurzelwert zwischen $\frac{\pi}{5}$ und $\frac{\pi}{7}$ und zwar mehr gegen $\frac{\pi}{5}$ hin liegen muß, und wir versuchen zunächst als erste Approximation $\alpha = 32^0$.

Man erhält mit diesem Wert

$$f = -\,0{,}032\,875\,2 \,.$$

Die Tafeldifferenzen für eine Sekunde betragen an der Stelle $\frac{5}{2}\cdot 32^0 = 80^0$

$$\varDelta_1 = -\,119{,}4$$

und an der Stelle $\frac{7}{2}\cdot 32 = 112^0$

$$\varDelta_2 = +\,52{,}1 \,.$$

Die Korrektur $\varDelta\alpha$ für α berechnet sich nach obigem mit

$$\varDelta\alpha = \frac{-\,328\,752}{+\dfrac{5}{2}\,119{,}4 + \dfrac{7}{2}\,52{,}1} = -\,683'' = -\,11'13'' \,.$$

Der erste verbesserte Wert von α wird demnach

$$\alpha = 32^0 - 11' 23'' = 31^0 48' 37''.$$

Wiederholen wir mit demselben das Verfahren nochmals, so erhalten wir

$$f = -2894, \quad \varDelta_1 = -113,9, \quad \varDelta_2 = 53,9.$$

Die neuerliche Korrektur wird daher

$$\varDelta\alpha = \frac{-2894}{\frac{5}{2}113,9 + \frac{7}{2}53,9} = -6,11''$$

und für α ergibt sich der abermals verbesserte Wert

$$\alpha = 31^0 48' 37'' - 6,11'' = 31^0 48' 30,89''.$$

Schließlich liefert eine dritte Korrektur

$$\alpha = 31^0 48' 30,77''.$$

Schärfer läßt sich α mit 7-stelligen Logarithmen überhaupt nicht bestimmen.

Bei der Berechnung der letzten Wurzel und der zu derselben gehörigen $y_x{}^n$ empfiehlt sich weniger die Benützung von Tafeln für die hyperbolischen Funktionen, da dieselben zumeist zu große Intervalle des Argumentes aufweisen. Es ist besser für

$$\mathfrak{Co}\mathfrak{f}\, a = \frac{1}{2}\left(e^a + e^{-a}\right) = \frac{1}{2}\left(\varrho + \frac{1}{\varrho}\right)$$

zu setzen. Wenn man den vorstehenden Wert in die Gl. (20a) einsetzt, erhält man nach einer kleinen Umformung

$$\varrho^{n+1} = \frac{1 - 2\varrho}{2 - \varrho}$$

und logarithmiert

$$(n+1)\log\varrho + \log(2-\varrho) - \log(1-2\varrho) = 0.$$

Wir bemerken, daß die Wurzeln ϱ dieser Gleichung mit wachsendem n sehr rasch gegen die obere Grenze $\varrho_1 = 0,5$ konvergieren. Man nimmt nun wiederum als ersten Näherungswert ϱ in der Nähe von $0,5$ an, berechnet

$$f = (n+1)\log\varrho + \log(2-\varrho) - \log(1-2\varrho)$$

und hat, wenn $\varDelta_1$, $\varDelta_2$, $\varDelta_3$ die Tafeldifferenzen von der Stelle ϱ bzw. $(2-\varrho)$ und $(1-2\varrho)$ bedeuten, die Verbesserung $\varDelta\varrho$ für ϱ

$$\varDelta\varrho = \frac{-f}{(n+1)\varDelta_1 - \varDelta_2 + 2\varDelta_3}.$$

Dabei ist aber auf den Stellenwert der Tafeldifferenzen wohl zu achten. Ausschlaggebend ist immer $\varDelta_3$. Auch hier führt eine einmalige oder höchstens zweimalige Korrektur zu einer vollständig ausreichenden Schärfe der Rechnung.

Die numerische Berechnung der Wurzel ϱ zeigen wir für $n = 5$. Es handelt sich also um die Auflösung der Gleichung

$$6\log\varrho + \log(2-\varrho) - \log(1-2\varrho) = 0.$$

Mit $\varrho = 0,49$ erhält man bei der Verwendung 7-stelliger Logarithmen

$$f = +0,0191235$$

$$\varDelta_1 = 88, \quad \varDelta_2 = \frac{288}{10} = 28,8, \quad \varDelta_3 = 217\cdot 10 = 2170.$$

Die erste Korrektur beträgt daher

$$\Delta \varrho = \frac{-191235}{6 \cdot 88 - 28,8 + 2 \cdot 2170} = -39,5 \text{ Einheiten der } 5^{\text{ten}} \text{Dezimalstelle von } \varrho .$$

Sonach wird der erst verbesserte Wert $\varrho = 0{,}49 - 0{,}000\,395 = 0{,}489\,605$; wiederholt man das Verfahren mit diesem Wert, so erhält man

$$f = 0{,}000\,286\,9$$

und $\Delta_1 = 88$, $\Delta_2 = 28,8$, $\Delta_3 = 2090$, sonach die Verbesserung

$$\Delta \varrho = -\frac{2869}{4679} = -0{,}613$$

Einheiten der 5ten Dezimalstelle von ϱ, und es ergibt sich

$$\varrho = 0{,}489\,605 - 0{,}000\,006\,13 = 0{,}489\,598\,87 .$$

Eine nochmalige Wiederholung gibt schließlich den Wert von ϱ so genau, als er sich überhaupt mit 7-stelligen Logarithmen bestimmen läßt, nämlich

$$\varrho = 0{,}489\,598\,35 .$$

Hat man die in x ungeraden Eigenlösungen zu bestimmen, so verfährt man ebenso. Die Gleichung $2 \sin \alpha \dfrac{n}{2} + \sin \alpha \cdot \dfrac{n+2}{2} = 0$ wird in der gleichen Weise gelöst; für die letzte Wurzel hat man natürlich für $\mathfrak{Sin}\, \alpha_2\, n$

$$\mathfrak{Sin}\, a_2\, n = \frac{1}{2}\left(\sigma^n - \frac{1}{\sigma^n} \right)$$

zu setzen; man hat es dann mit der Bestimmung der reellen Wurzeln der Gleichung

$$\sigma^{n+1} = \frac{2\,\sigma - 1}{2 - \sigma}$$

zu tun, deren Wurzeln mit wachsendem n rasch gegen die untere Grenze $\sigma = 0{,}5$ konvergieren.

Hat man die Wurzeln σ und ϱ ermittelt, so wird man sowohl gerade als ungerade Lösungen am einfachsten nach der Gleichung

$$y_{x'}^{n-1} = (-1)^{x'}\,\mathfrak{Cof}\, a_1\, x' = (-1)^{x'}\frac{1}{2}\left(\varrho^{x'} + \frac{1}{\varrho^{x'}} \right)$$

bzw.

$$y_{x'}^{n} = (-1)^{x'}\,\mathfrak{Sin}\, a_2\, x' = (-1)^{x'}\frac{1}{2}\left(\sigma^{x'} - \frac{1}{\sigma^{x'}} \right)$$

berechnen und die Benützung von Tabellen für die hyperbolischen Funktionen vermeiden. λ berechnet sich in diesem Falle mit $\lambda = 2\,(-\mathfrak{Cof}\, a + 2)$.

Für den praktischen Gebrauch sind im Anhang unter (2) die normierten Eigenlösungen der Differenzengleichung

$$y_{x-1} + 4\,y_x + y_{x+1} = \lambda\,y_x$$

mit den Randbedingungen

$$2\,y_0 + y_{-1} = 2\,y_n + y_{n+1} = 0$$

zusammengestellt.

Eine weitere Tabelle enthält schließlich noch die Eigenlösungen dieser Differenzengleichung, wenn $y_0 = 2\,y_n + y_{n+1} = 0$ vorgegeben ist. Diese Lösungen kommen z. B. in Frage, wenn es sich um einen durchlaufenden Träger handelt, welcher bei $x = 0$ frei aufliegt, bei $x = n$ aber eingespannt ist. Die Bestimmung der Eigenlösungen, deren in diesem Falle n von Null verschiedene existieren, erfolgt ebenso wie in den früheren Beispielen. Wir finden $y_x{}' = \sin \alpha_i x$ bzw. $y_x{}^n = (-1)^x \mathfrak{Sin}\, a_n x$, wobei wir α_i als Wurzel der transzendenten Gleichung

$$2 \sin \alpha_i n + \sin \alpha_i (n + 1) = 0$$

zu ermitteln haben; wir bekommen so $(n - 1)$ verschiedene Werte α_i und dementsprechend $(n - 1)$ Werte λ_i

$$\lambda_i = 2 (\cos \alpha_i + 2).$$

Den noch fehlenden n^{ten} Wert λ_n erhält man als reelle Wurzel der Gleichung

$$2 \mathfrak{Sin}\, a\, n - \mathfrak{Sin}\, a\, (n + 1) = 0.$$

Die Bestimmung der Wurzeln dieser Gleichung kann so wie in dem vorigen Beispiel geschehen.

Zum Schlusse erwähnen wir noch, daß die Eigenlösungen der Differenzengleichung

$$y_{x-1} + 2 \gamma y_x + y_{x+1} = \lambda y_x$$

unabhängig von γ sind, so daß die beigefügten Tabellen auch zur Lösung dieser Differenzengleichung ohne weiteres verwendet werden können. Lediglich λ hängt von γ ab und beträgt in diesem Falle

$$\lambda = 2 (\cos \alpha + \gamma),$$

so daß es in einfacher Weise durch Hinzufügen von $2 (\gamma - 2)$ aus den in den Tabellen angegebenen Eigenwerten gefunden werden kann.

Mehrfache Wurzeln der Frequenzgleichung. Wir wollen noch kurz den Fall erörtern, daß die Frequenzgleichung

$$\begin{vmatrix} a_{00} - \lambda & a_{10} & a_{20} \cdots a_{n0} \\ a_{01} & a_{11} - \lambda & a_{21} \cdots a_{n1} \\ \vdots & \vdots & \vdots \quad\;\; \vdots \\ a_{0n} & a_{1n} & a_{2n} \cdots a_{nn} - \lambda \end{vmatrix} = 0$$

eine oder mehrere mehrfache Wurzeln besitzt. Ist λ_k eine solche ν-fache Wurzel, dann gehören nach einem bekannten Satze der Algebra zu diesem ν-fachen Eigenwert λ_k ν linear voneinander unabhängige Systeme von Eigenlösungen y_x^{k+j} $(j = 1, 2 \ldots \nu - 1, \nu)$. Es ist dann auch

$$y_x^k = \sum_{j=1}^{\nu} c_j\, y_x^{k+j}$$

eine Lösung, worin die c_j beliebige Konstante bedeuten.

Man erkennt zunächst, daß bei einer Differenzengleichung von der Ordnung $2p$ höchstens $2p$-fache Wurzeln vorkommen können. Denn in diesem Falle müssen zu diesem $2p$-fachen Eigenwert auch $2p$-linear voneinander unabhängige Lösungen gehören, und das ist gerade noch möglich, da die allgemeine Lösung der Differenzengleichung 2 p solcher Lösungen besitzt.

Wir wollen uns nun dem einer Behandlung am leichtesten zugänglichen und für die praktische Anwendung auch häufigsten Fall zuwenden, daß die vorgelegte Differenzengleichung konstante Koeffizienten besitzt, also die Form hat:

$$\sum_{i=-p}^{+p} a_i\, y_{x+i} - \lambda\, y_x = 0\,. \tag{21}$$

Eine solche Differenzengleichung hat immer Doppelwurzeln, wenn die Randbedingungen derart beschaffen sind, daß sie eine Periodizität der Lösungen über den Bereich $x = 0$ bis $x = n - 1$ erzwingen.

Dazu reicht aus, wenn die Randbedingungen in der Form

$$y_0 = y_n$$
$$y_1 = y_{n+1}$$
$$\vdots$$
$$y_{2p-1} = y_{n+2p-1}$$

gegeben sind. Schreibt man die Differenzengleichung (21) einmal für die Stelle p, das anderemal für die Stelle $n + p$ an, so erhält man

$$\sum_{i=-p}^{+p} a_i\, y_{p+i} = a_{-p}\, y_0 + a_{-p+1}\, y_1 + a_{-p+2}\, y_2 + \cdots a_0\, y_p + \cdots a_p\, y_{2p} = 0$$

und

$$\sum_{i=-p}^{+p} a_i\, y_{p+n+i} = a_{-p}\, y_n + a_{-p+1}\, y_{n+1} + a_{-p+2}\, y_{n+2} + \cdots a_0\, y_{n+p}$$
$$+ \cdots a_p\, y_{n+2p} = 0\,.$$

Subtrahiert man eine Gleichung von der anderen, so erhält man mit Berücksichtigung der Randbedingungen

$$y_{2p} = y_{2p+n}\,.$$

Dieses Verfahren kann fortgesetzt werden und führt zur Periodizität von y.

Auf solche periodische Lösungen führen z. B. in der Baustatik alle Systeme, die in sich geschlossen sind; der einfachste Fall ist ein Stabzug in der Form eines regulären geschlossenen Polygons, das in den Ecken unterstützt ist.

Um die Eigenlösungen der Differenzengleichungen (21) zu finden, schreiben wir sie zunächst in der Form

$$(\triangle + 2 + 2\,q_1)(\triangle + 2 + 2\,q_2)\cdots(\triangle + 2 + 2\,q_p)\,y = \lambda\,y$$

an. (Siehe S. 59.)

Die Lösung bei willkürlichem λ lautet in diesem Falle

$$y = e^{\pm a x}$$

wobei α durch die Gleichung

$$2^p \left(\mathfrak{Cof}\,\alpha + q_1\right)\left(\mathfrak{Cof}\,\alpha + q_2\right)\cdots\left(\mathfrak{Cof}\,\alpha + q_p\right) = \lambda$$

gegeben ist. Soll y die Periode n haben, so müssen wir α rein imaginär annehmen, und wenn wir αi statt $\alpha \, (i = \sqrt{-1})$ setzen, erhalten wir für y_x^i die Lösung

$$y_x^i = c_1 \sin \alpha_i x + c_2 \cos \alpha_i x \tag{22}$$

worin $\alpha_i = \dfrac{2\pi}{n} \cdot i$ bedeutet; c_1 und c_2 sind beide willkürliche Konstante. Der dazu gehörige Eigenwert λ_i wird aber

$$\lambda_i = 2^p \left(\cos \alpha_i + q_1\right)\left(\cos \alpha_i + q_2\right)\cdots\left(\cos \alpha_i + q_p\right). \tag{23}$$

Die Größe i kann hierbei alle ganzzahligen Werte von $i = 0$ bis $i = n$ annehmen. Nachdem aber

$$\cos \frac{2\pi}{n} i = \cos \frac{2\pi}{n} (n - i)$$

ist, fällt offenbar λ_i immer mit λ_{n-i} zusammen.

Wenn n eine gerade Zahl ist, reduziert sich die Anzahl der verschiedenen λ_i auf $\dfrac{n}{2} + 1$. Es gehört dann zu λ_0, für welchen $\sin \alpha x = 0$, $\cos \alpha x = 1$ wird, die Lösung

$$y_x{}^0 = c_2 ,$$

zu λ_i, wenn

$$0 < i < \frac{n}{2}: \quad y_x^i = c_1 \sin \alpha_i x + c_2 \cos \alpha_i x$$

und zu $\lambda_{\frac{n}{2}}$

$$y_x^i = c_2 \cos \alpha_i x = c_2 \,(-1)^x .$$

Sonach sind λ_0 und $\lambda_{\frac{n}{2}}$ einfache Eigenwerte, alle anderen λ_i aber doppelte Eigenwerte.

Ist n aber ungerade, dann wird die Zahl der verschiedenen λ_i $\dfrac{n+1}{2}$; λ_0, zu welchem $y_x^0 = c_2$ gehört, ist ein einfacher Eigenwert, während alle übrigen λ_i doppelte Eigenwerte vorstellen, zu denen die Lösung

$$y_x^i = c_1 \sin \alpha_i x + c_2 \cos \alpha_i x$$

gehört.

Wir haben also in jedem Falle genau n Eigenwerte und n verschiedene Lösungssysteme gefunden, wenn wir die doppelten Eigenwerte doppelt zählen. Nachdem die zu unserer Differenzengleichung gehörige Determinante n-zeilig ist, für λ daher sich eine Gleichung n^{ten} Grades ergibt, ist unser Orthogonalitätssystem vollständig.

Setzen wir nun zunächst zur Abkürzung

$$\sin \alpha_i x = f_i' (x)$$

und

$$\cos \alpha_i x = f_i'' (x) ,$$

so können wir zeigen, daß auch $f_i'(x)$ und $f_k''(x)$, selbst für $i = k$ orthogonal sind.

Wegen der Orthogonalitätseigenschaft der y^i muß nämlich

$$\sum_{x=0}^{n-1} y^i\, y^k = 0,$$

also auch, wie man durch Einsetzen des Wertes für y leicht findet

$$\sum_{x=0}^{n-1} f_i'\, f_k' = \sum_{x=0}^{n-1} f_i''\, f_k' = \sum_{x=0}^{n-1} f_i''\, f_k'' = 0 \tag{24}$$

sein.

Daß auch

$$\sum_{x=0}^{n-1} f_k'\, f_k'' = 0$$

ist, erkennt man daraus, daß man mittels der Beziehung

$$e^{i\,\alpha_k\,x} = f_k'' + i\,f_k' \quad (i = \sqrt{-1})$$

$$\sum_{x=0}^{n-1} [f_k'' + i\,f_k']^2 = \sum_{x=0}^{n-1} e^{2\,i\,\alpha_k\,x}$$

erhält. Rechnet man die Summe aus, so findet man

$$\sum_{x=0}^{n-1} (f_k''^2 - f_k'^2 + 2\,i\,f_k'\,f_k'') = e^{i\,\alpha_k\,(n-1)}\,\frac{\sin \alpha_k\, n}{\sin \alpha_k}$$

und weiter, da $\alpha_k\, n = 2\,\pi\,k$ und der Sinus daher Null wird,

$$\sum_{x=0}^{n-1} f_k'^2 = \sum_{x=0}^{n-1} f_k''^2 \tag{25a}$$

und

$$\sum_{x=0}^{n-1} f_k'\, f_k'' = 0. \tag{25b}$$

Wir bemerken, daß die erste dieser beiden Gleichungen für $i = 0$ und wenn n gerade, auch für $i = \frac{n}{2}$ wegen f_0' bzw. $f_{\frac{n}{2}}' = 0$ nicht gilt.

Der Wert N^2 berechnet sich mit $N^2 = \sum_{x=0}^{n-1} \sin^2 \frac{2\,\pi\,i}{n}\,x = \frac{n}{2}$ für $i \neq 0$, bzw.,

wenn n gerade, auch für $i \neq \frac{n}{2}$. Nur für $i = 0$ und, wenn n gerade ist, auch

für $i = \frac{n}{2}$ ergibt sich $N^2 = n$.

Entwicklung einer Funktion U_x nach $f_i'(x)$ und $f_i''(x)$. Wir können jetzt unschwer die Aufgabe lösen, die Funktion, die an den Stellen $x = 0,\ 1 \ldots n - 1$ gegeben ist und darüber hinaus sich mit der Periode n fortsetzt, in eine Reihe von der Form

$$U_x = \sum_{i=1}^{i=\mu'} u_i'\, f_i' + \sum_{i=0}^{i=\mu''} u_i''\, f_i'' \quad \begin{cases} \mu' = \mu'' = \dfrac{n-1}{2}, & \text{wenn } n \text{ ungerade} \\[2mm] \mu' = \dfrac{n}{2} - 1,\ \mu'' = \dfrac{n}{2}, & \text{wenn } n \text{ gerade} \end{cases} \tag{26}$$

zu entwickeln, wobei wir f_i' und f_i'' nunmehr normiert ansehen wollen.

Es ist also

$$f_0'' = \sqrt{\frac{1}{n}}$$

$$f_i' = \sqrt{\frac{2}{n}}\,\sin\alpha_i x \qquad f_i'' = \sqrt{\frac{2}{n}}\,\cos\alpha_i x$$

$$\left.\begin{array}{l} \text{für } 0 < i < \dfrac{n}{2}\ \text{und } n \text{ gerade} \\[2mm] \text{und} \\[1mm] \text{für } 0 < i \leqq \dfrac{n-1}{2}\ \text{und } n \text{ ungerade} \\[3mm] f_{\frac{n}{2}}'' = \sqrt{\dfrac{1}{n}}(-1)^x \quad \text{für } n \text{ gerade} \end{array}\right\} \quad \cdot \ (27)$$

Um den Koeffizienten u_k' dieser Entwicklung zu bestimmen, multipliziert man die Gl. (26) beiderseits mit f_k' und summiert von $x = 0$ bis $x = n - 1$. Man erhält so

$$\sum_{x=0}^{n-1} U_x f_k'(x) = \sum_{x=0}^{n-1}\left[\sum_{i=1}^{\mu'} u_i' f_i'(x) f_k'(x) + \sum_{i=0}^{\mu''} u_i'' f_i''(x) f_k'(x)\right].$$

Vertauscht man die Summationsfolge und berücksichtigt die Orthogonalitätseigenschaften, so findet man

$$\left.\begin{array}{l} u_k' = \displaystyle\sum_{x=0}^{n-1} U_x f_k'(x) \\[4mm] u_k'' = \displaystyle\sum_{x=0}^{n-1} U_x f_k''(x) \end{array}\right\} \qquad (28)$$

Ebenso erhält man

und hiermit erscheint unsere Aufgabe gelöst.

Es ist nunmehr ein leichtes, die inhomogene Gleichung

$$(\triangle + 2 + 2\,q_1)(\triangle + 2 + 2\,q_2)\cdots(\triangle + 2 + 2\,q_p)\,y = U(x)$$

mit der Bedingung $U(x) = U(x + n)$ zu lösen. Man verfährt so wie früher und setzt also die Lösung in Form einer Summe

$$y_x = \sum_{i=1}^{\mu'} c_i' f_i' + \sum_{i=0}^{\mu''} c_i'' f_i'' \qquad (29)$$

an. Ferner bestimmt man mit Hilfe der Gleichungen (28) die Koeffizienten u_i' und u_i'' der Entwicklung von U nach den Eigenfunktionen und erhält schließlich durch Koeffizientenvergleichung

$$c_i' = \frac{u_i'}{\lambda_i}, \quad c_i'' = \frac{u_i''}{\lambda_i}.$$

Ist n gerade, so geht in Gl. (29) die erste Summe bis $\frac{n}{2} - 1$, die zweite bis $\frac{n}{2}$; ist n ungerade, so gehen beide Summen bis $\frac{n-1}{2}$.

Verschwindende Eigenwerte. Es kann vorkommen, daß einige unter den Eigenwerten λ der Gleichung

$$\sum_{i=-p}^{+p} a_{x,\,x+i}\, y_{x+i} - \lambda\, y_x = 0 \qquad (a_{x,\,x+i} = a_{x+i,\,x})$$

verschwinden. Wir wollen annehmen, daß λ_s ein solcher verschwindender Eigenwert, also daß

$$\lambda_s = 0$$

sei. Dann wird die Determinante aus den $a_{x,\,x+i}$ Null, und demzufolge hat das inhomogene Gleichungssystem

$$\sum_{i=p}^{+p} a_{x,\,x+i}\, y_{x+i} = U_x$$

nur dann eine Lösung, wenn die U_x einer bestimmten Bedingung genügen. Damit nämlich $y_x = \sum_{i=0}^{n} c_i\, y_x{}^i$ überhaupt einen Sinn habe, muß in dieser Summe der Koeffizient $c_s = \dfrac{u_s}{\lambda_s}$ einen endlichen Wert haben, und das ist nur möglich, wenn u_s Null ist. Es wird demnach

$$u_s = \sum_{x=0}^{n} U_x\, y_x{}^s = 0 . \qquad (30)$$

Sind noch andere Eigenwerte gleich Null, dann treten noch weitere Bedingungen für die U_x hinzu, und es entspricht also jedem verschwindenden Eigenwert λ eine Bedingung von der Form (30), welcher die U_x genügen müssen. Mit anderen Worten, es müssen in der Entwicklung von U nach den Eigenlösungen jene Glieder fehlen, die zu den verschwindenden Eigenwerten gehören. In der Lösung $y_x = \sum_{i=0}^{n} c_i\, y_x{}^i$ können sie hingegen vorkommen, nachdem der Wert $c_s = \dfrac{u_s}{\lambda_s}$ bei verschwindendem Zähler und Nenner vorderhand unbestimmt bleibt.

Bei manchen Aufgaben liegt es in der Natur des betreffenden Problems, daß solche unbestimmte Lösungen ausgeschlossen sind. So sind z. B. in der Baustatik, sofern wir von gewissen indefiniten Problemen (Knickung, Kippen) absehen, die Lösungen immer eindeutig festgelegt, d. h. zu einem bestimmten Belastungsfall, der durch U_x gegeben ist, gehören nur ganz bestimmte innere Kräfte. Die Verschiebungen hingegen sind im allgemeinen nur bis auf solche, die bei einem starren Körper möglich sind, bestimmt. Wir können dann den Grenzwert $c_s = \dfrac{u_s}{\lambda_s}$ für ein verschwindendes λ_s und u_s auf dem Umwege über die Verschiebungen bestimmen.

Eigenlösungen der Gleichung $\sum\limits_{i=-p}^{+p} a_{x,x+i}\, y_{x+i} - \lambda f_x y_x$. Wir
betrachten im folgenden dieses etwas allgemeinere Gleichungssystem,
das sich von dem bisher behandelten dadurch unterscheidet, daß auf
der rechten Seite die beliebig gegebenen Koeffizienten f_x auftreten,
von denen wir lediglich voraussetzen wollen, daß sie innerhalb des
vorgelegten Bereiches $0 \leq x \leq n$ stets positiv sind und auch nicht verschwinden sollen. Das eingangs angeschriebene Gleichungssystem ist
ein besonderer Fall des Systems linearer homogener Gleichungen

$$\sum_{k=0}^{n} a_{jk}\, v_k = \lambda f_j v_j \quad (j = 0, 1 \ldots n) \quad a_{jk} = a_{kj}. \tag{31}$$

Durch Division mit $1\overline{f_j}$ und durch die nachfolgende Substitution
$v_j \sqrt{f_j} = w_j$ geht diese Gleichung in die bereits behandelte Form mit
symmetrischer Determinante

$$\sum_{k=0}^{n} b_{jk}\, w_k = \lambda\, w_j$$

über, worin

$$b_{jk} = b_{kj} = \frac{a_{jk}}{\sqrt{f_j f_k}}$$

ist. Die Orthogonalitätsbedingung lautet jetzt

$$\sum_{j=0}^{n} w_j{}^r w_j{}^s = \sum_{j=0}^{n} f_j\, v_j{}^r v_j{}^s = 0 \quad (r \neq s), \tag{31a}$$

während sich der Normierung der w_j entsprechend die Gleichung

$$\sum_{j=0}^{n} (w_j{}^r)^2 = \sum_{j=0}^{n} f_j\, (v_j{}^r)^2 = 1 \tag{31b}$$

ergibt.

Bevor wir dieses Ergebnis auf die eingangs genannte Differenzengleichung übertragen, wollen wir die Frage nach der Entwicklung
einer beliebigen, an den Stellen $j = 0, 1 \ldots n$ gegebenen Funktion
U_j in einer Reihe von der Form

$$U_j = \sum_{r=0}^{n} u_r\, v_j{}^r \tag{32a}$$

beantworten. Um die Koeffizienten u_r zu bestimmen, verfahren wir
so, daß wir zunächst die Funktion $\dfrac{U_j}{\varphi_j}$, wobei φ_j an den Stellen
$j = 0, 1, 2 \ldots n$ gegebene Werte bedeuten, nach den Lösungen $w_j{}^r$ entwickeln. Wir erhalten nach früherem, Gl. (10) und (11a)

$$\frac{U_j}{\varphi_j} = \sum_{r=0}^{n} k_r\, w_j{}^r \quad \text{mit} \quad k_r = \sum_{j=0}^{n} \frac{U_j}{\varphi_j}\, w_j{}^r,$$

und sonach

$$U_j = \sum_{r=0}^{n} k_r \, w_j^{\,r} \, \varphi_j \, .$$

Wählen wir jetzt

$$\varphi_j = \frac{1}{\sqrt{f_j}} \, ,$$

so wird

$$U_j = \sum_{r=0}^{n} k_r \, v_j^{\,r} \quad \text{und} \quad u_r = k_r = \sum_{j=0}^{n} f_j \, U_j \, v_j^{\,r} \, . \tag{32b}$$

Bei der Auflösung von partiellen Differenzengleichungen werden wir allenfalls auch vor die Aufgabe gestellt werden, eine Funktion T_j, die an den Stellen $j = 0, 1 \ldots n$ gegeben ist, in eine Reihe von der Form

$$T_j = \sum_{r=0}^{n} t_r \, v_j^{\,r} \, f_j \tag{33a}$$

zu entwickeln. Um jetzt die Koeffizienten t_r zu erhalten, brauchen wir bloß $\varphi_j = \sqrt{f_j}$ zu setzen, und es ergibt sich sofort

$$T_j = \sum_{r=0}^{n} t_r \, w_j^{\,r} \, \sqrt{f_j}$$

mit

$$t_r = \sum_{j=0}^{n} \frac{T_j}{\sqrt{f_j}} \, w_j^{\,r} = \sum_{j=0}^{n} T_j \, v_j^{\,r} \, . \tag{33b}$$

Man kann von der Entwicklung nach den Eigenlösungen der Gleichung (31) mit Vorteil bei der Lösung des inhomogenen Gleichungssystems

$$\sum_{k=0}^{m} a_{jk} \, v_k = U_j$$

Gebrauch machen, wenn sich die Eigenlösungen $v_j^{\,r}$ für ein von 1 verschiedenes f_j leichter auffinden lassen als für den bislang behandelten Fall $f_j = 1$.

Will man also die Lösung nach den Eigenlösungen der Gleichung

$$\sum_{j=0}^{m} a_{jk} \, v_k = \lambda \, f_j \, v_j \tag{34a}$$

entwickeln, so kann man sich die notwendigen Beziehungen am einfachsten dadurch beschaffen, daß man durch die vorerwähnte Substitution das Gleichungssystem zunächst auf die Form

$$\sum_{j=0}^{m} b_{jk} \, w_k = \frac{U_j}{\sqrt{f_j}}$$

bringt. Man erhält dann die Lösung

$$w_k = \sum_{r=0}^{m} \frac{u^r}{\lambda_r} \, w_k^{\,r} \quad \text{und daraus} \quad v_k = \sum_{r=0}^{m} \frac{u_r}{\lambda_r} \, v_k^{\,r}$$

mit

$$u_r = \sum_{j=0}^{m}{}' \frac{U_j}{\sqrt{f_j}}\, w_j{}^r = \sum_{j=0}^{m} U_j\, v_j{}^r. \qquad (34\,\mathrm{b})$$

Diese Ergebnisse lassen ohne weiteres die Anwendung auf Differenzengleichungen zu.

Es genügen demnach die Eigenlösungen von

$$\sum_{i=-p}^{+p}{}' a_{x,\,x+i}\, y_x = \lambda f_x y_x \qquad (x = 0, 1 \ldots n) \qquad (35)$$

der Orthogonalitätsbedingung

$$\sum_{x=0}^{n} f_x\, y_x{}^r y_x{}^s = 0, \qquad \text{für } r \neq s, \qquad (36\,\mathrm{a})$$

während

$$\sum_{x=0}^{n} f_x\, (y_x{}^s)^2 = 1 \qquad (36\,\mathrm{b})$$

sein soll. Die Lösungen der inhomogenen Gleichung

$$\sum_{i=-p}^{+p}{}' a_{x,\,x+i}\, y_x = U_x \qquad (37)$$

lassen sich in der Form

$$y_x = \sum_{r=0}^{n}{}' \frac{u_r}{\lambda_r}\, y_x{}^r \qquad (38\,\mathrm{a})$$

darstellen, worin sich die u_r aus

$$u_r = \sum_{x=0}^{n} U_x\, y_x{}^r \qquad (38\,\mathrm{b})$$

berechnen.

Endlich läßt sich eine gegebene Funktion in der Form

$$U_x = \sum_{r=0}^{n} u_r\, y_x{}^r \quad \text{mit} \quad u_r = \sum_{x=0}^{n} U_x\, y_x\, f_x \qquad (39)$$

darstellen. Will man aber nach $f_x\, y_x{}^r$ entwickeln, so daß man also in der Gleichung

$$T_x = \sum_{r=0}^{n} t_r\, y_x{}^r f_x \qquad (40\,\mathrm{a})$$

die Koeffizienten t_r zu bestimmen hat, so ergibt sich für dieselben

$$t_r = \sum_{x=0}^{n} T_x\, y_x{}^r. \qquad (40\,\mathrm{b})$$

23. Simultane Differenzengleichungen.

Bevor wir uns näher mit den Eigenlösungen eines Systems von simultanen Differenzengleichungen befassen, betrachten wir das Gleichungssystem

$$\sum a_{jk}\, v_k = \lambda f_j\, v_j \qquad (j = 1, 2 \ldots n),$$

lassen aber jetzt die Einschränkung, die wir im vorhergehenden Abschnitt gemacht haben, nämlich, daß die f_j nicht verschwinden sollen, fallen. Wir schreiben der Übersicht halber die Gleichungen in einer solchen Reihenfolge an, daß zuerst jene kommen, in denen f von Null verschieden ist, und dann jene, in denen es verschwindet. Wir haben also

$$\sum_{k=0}^{m} a_{jk} v_k = \lambda f_j v_j \qquad (j = 0, 1 \ldots h - 1), \qquad (41\,a)$$

$$\sum_{k=0}^{m} a_{jk} v_k = 0 \qquad (j = h + 1 \ldots m). \qquad (41\,b)$$

Nachdem die Gleichungen (31 a) und (31 b) ihren Sinn behalten, wenn einige der f_j verschwinden, liegt die Vermutung nahe, daß die Orthogonalitätsbedingungen jetzt

$$\sum_{j=0}^{h-1} v_j^r v_j^s f_j = 0 \qquad\qquad (r \neq s) \qquad (42)$$

lauten wird. Der Beweis muß jedoch noch erbracht werden, denn die Substitution

$$w_j = \frac{v_j}{\sqrt{f_j}}$$

hat für verschwindende f_j keinen Sinn. Wir verfahren deshalb so, daß wir aus den $m - h + 1$ Gleichungen

$$\sum_{k=0}^{m} a_{jk} v_k = 0 \qquad\qquad (j = h \ldots m)$$

die $m - h + 1$ Werte v_k für $h \gtreqless k \gtreqless m$ berechnen und in den h Gleichungen

$$\sum_{k=0}^{m} a_{jk} v_k = \lambda f_j v_j \qquad (j = 0, 1 \ldots h - 1)$$

einsetzen. Dann nehmen diese Gleichungen die Form

$$\sum_{k=0}^{h-1} \alpha_{jk} v_k = \lambda f_j v_j \qquad (j = 0, 1 \ldots h - 1) \qquad (43)$$

an; damit ist, wenn noch bewiesen wird, daß $\alpha_{jk} = \alpha_{kj}$ ist, der Fall hergestellt, von welchem wir in dem vorhergehenden Abschnitt ausgegangen sind. Daß tatsächlich die Beziehung

$$\alpha_{jk} = \alpha_{kj}$$

besteht, kann man in der einfachsten Weise so zeigen, daß man die Größen v_k für $h \leq k \leq m$ schrittweise eliminiert. Aus der letzten Gleichung (41 b) ergibt sich nämlich

$$v_m = -\frac{1}{\alpha_{mm}} \sum_{k=0}^{m-1} a_{mk} v_k,$$

und dieser Wert in die übrigen Gleichungen eingesetzt, führt zu dem Gleichungssystem

$$\sum_{k=0}^{m-1}\left(a_{jk}-\frac{a_{jm}\,a_{mk}}{a_{mm}}\right)v_k=\lambda\,f_j\,v_j \qquad (j=0,1\ldots h-1), \qquad (44\,\text{a})$$

$$\sum_{k=0}^{m-1}\left(a_{jk}-\frac{a_{jm}\,a_{mk}}{a_{mm}}\right)v_k=0 \qquad (j=h\ldots m-1). \qquad (44\,\text{b})$$

Die Determinante dieses Systems ist aber symmetrisch, denn

$$\alpha'_{jk}=\alpha_{jk}-\frac{a_{jm}\,a_{mk}}{a_{mm}}=\alpha'_{kj}\,.$$

Wird aus diesem Gleichungssystem (44) nun v_{m-1} eliminiert, so erhält man ein System von $m-2$ Gleichungen, dessen Determinante ebenfalls symmetrisch ist. Demnach hat auch das Gleichungssystem (43), welches man nach der Elimination der $m+h-1$ Unbekannten $v_j\,(j=h\ldots m)$ erhalten wird, eine symmetrische Determinante. Auf dieses Gleichungssystem lassen sich nun direkt die Ergebnisse des vorhergehenden Abschnittes übertragen und wir finden sonach unsere Vermutung bestätigt. Daß Gleichung (42) und die folgenden Beziehungen auch für den besonderen Fall gelten, wo

$$f_j=1 \ \text{für}\ 0\leqq j\leqq h-1 \quad \text{und} \quad f_j=0\ \text{für}\ j\leqq h\leqq m$$

ist, braucht nicht besonders hervorgehoben werden. Es ist auch ohne weiteres klar, daß wir jetzt nur h im allgemeinen verschiedene Lösungssysteme $v_j{}^r$ erhalten, die zu den h Eigenwerten λ_r gehören.

Bei den späteren Anwendungen werden wir vor die Aufgabe gestellt werden, eine gegebene Funktion U_j in eine Reihe von der Form

$$U_j=\sum_{r=0}^{h-1}u_r\,v_j{}^r$$

zu entwickeln, wobei die v^r die Eigenlösungen des Gleichungssystems (41) sind.

Diese Aufgabe ist sofort gelöst, wenn man beachtet, daß die v_j auch die Eigenlösungen des Gleichungssystems (43) sind. Wir erhalten

$$u_r=\sum_{j=0}^{h-1}f_j\,v_j{}^r\,U_j\,, \qquad (45)$$

und auch diese Gleichung folgt bereits aus der Gleichung (32b) des vorigen Abschnittes, wenn man beachtet, daß f_j für $h\leqq j\leqq m$ verschwindet. Natürlich darf U_j entsprechend den h Systemen von Eigenlösungen auch nur an den h Stellen $j=0,1\ldots h-1$ vorgegeben sein.

Schließlich sind wir jetzt in der Lage, die inhomogene Gleichung

$$\sum_{k=0}^{m} a_{jk} v_k = T_j \qquad (j = 0, 1 \ldots h - 1)$$
$$\sum_{k=0}^{m} a_{jk} v_k = 0 \qquad (j = h \ldots m) \tag{46}$$

mittels des Ansatzes

$$v_k = \sum_{r=0}^{h-1} \gamma_r v_k^{\,r} \tag{47a}$$

zu lösen. Die $v_k^{\,r}$ sollen dabei die Eigenlösungen des Gleichungssystems (41) sein. Wir setzen für den Augenblick

$$T_i = f_j \, U_j = \sum_{r=0}^{h-1} u_r f_j v_j^{\,r},$$

wobei

$$u_r = \sum_{j=0}^{h-1} f_j \, U_j v_j^{\,r} = \sum_{j=0}^{h-1} T_j v_j^{\,r}.$$

Mit dieser Entwicklung für T_j und den obigen Ansatz von $v_j^{\,r}$ nimmt das gegebene Gleichungssystem die Form an

$$\sum_{k=0}^{m} a_{jk} v_k = \sum_{r=0}^{h-1} \gamma_r f_j v_j^{\,r} \lambda_r = \sum_{r=0}^{h-1} f_j u_r v_j^{\,r} \qquad (j = 0 \ldots h - 1),$$

$$\sum_{k=0}^{m} a_{jk} \sum_{r=0}^{h-1} \gamma_r v_k^{\,r} = 0, \qquad (j = h \ldots m),$$

so daß sich.

$$\gamma_r = \frac{u_r}{\lambda_r} \tag{47b}$$

ergibt.

Wir übertragen nun diese vorstehenden allgemeinen Betrachtungen auf ein Simultansystem von Differenzengleichungen. Dabei wollen wir uns aber auf zwei abhängige Veränderliche, y und z beschränken, so daß wir uns also speziell mit dem System

$$\sum_{i=-p}^{+p} a_{x,\,x+i} \, y_{x+i} + \sum_{i=-q}^{+q} b_{x,\,x+i} \, z_{x+i} = U_x$$
$$\sum_{i=-q}^{+q} b'_{x,\,x+i} \, y_{x+i} + \sum_{i=-p'}^{+p'} c_{x,\,x+i} \, z_{x+i} = V_x$$
$$(x = 0, 1 \ldots n)$$

befassen werden. Die Randbedingungen setzen wir wieder homogen voraus und die Determinante aus den Koeffizienten a, b, b', c symmetrisch. Es gelten also die Beziehungen

$$a_{x,\,x+i} = a_{x+i,\,x}; \qquad b_{x,\,x+i} = b'_{x+i,\,x}; \qquad c_{x,\,x+i} = c_{x+i,\,x}.$$

Wir können die vorstehenden Gleichungen als einen Sonderfall des Gleichungssystems

$$\sum_{k=0}^{m} a_{jk} v_k = R_j \qquad (j = 0, 1 \ldots m)$$

auffassen, wobei wegen der eben angeschriebenen Beziehungen zwischen den Koeffizienten

$$a_{jk} = a_{kj}$$

ist. Es wäre dann möglich, nach den Eigenlösungen von

$$\sum a_{jk} v_k = \lambda v_k,$$

oder, was auf dasselbe hinauskommt, nach denen von

$$\sum_{i=-p}^{+p} a_{x,x+i}\, y_{x+i} + \sum_{i=-q}^{+q} b_{x,x+i}\, z_{x+i} = \lambda\, y_x$$
$$\sum_{i=-q}^{+q} b_{x,x+i}\, y_{x+i} + \sum_{i=-p'}^{+p'} c_{x,x+i}\, z_{x+i} = \lambda\, z_x$$
$$(x = 0, 1 \ldots n)$$

zu entwickeln. Hierbei würden wir aber dem Umstande, daß wir in den Differenzengleichungen uns y und z derselben Stelle zugeordnet denken, nicht gerecht werden. Wir verfahren daher so, daß wir uns zunächst die Lösungen des Simultansystems mit $V_x = 0$ und dann jene mit $U_x = 0$ beschaffen. Dazu genügt es, die Eigenlösungen von

$$\sum_{i=-p}^{+p} a_{x,x+i}\, y_{x+i} + \sum_{i=-q}^{+q} b_{x,x+i}\, z_{x+i} = \lambda\, y_x f_x$$
$$\sum_{i=-q}^{+q} b'_{x,x+i}\, y_{x+i} + \sum_{i=-p'}^{+p'} c_{x,x+i}\, z_{x+i} = 0$$
$$(x = 0, 1 \ldots n) \qquad (48\,\text{a})$$

beziehungsweise von

$$\sum_{i=-p}^{+p} a_{x,x+i}\, y_{x+i} + \sum_{i=-q}^{+q} b_{x,x+i}\, z_{x+i} = 0$$
$$\sum_{i=-q}^{+q} b'_{x,x+i}\, y_{x+i} + \sum_{i=-q'}^{+q'} c_{x,x+i}\, z_{x+i} = \lambda\, z_x f_x$$
$$(x = 0, 1 \ldots n) \qquad (48\,\text{b})$$

zu ermitteln. f_x muß nicht notwendigerweise eine konstante Größe sein.

Die beiden zuletzt angeschriebenen Gleichungssysteme sind nur ein besonderer Fall des Gleichungssystems (41), und zwar haben wir hierbei für j jetzt x und für k $x+i$ geschrieben. Ferner ist $m = 2\,(n+1)$ und $h = n+1$, während wir

$$v_k = y_{x+i} \quad \text{für} \quad 0 \leqq k \leqq h-1$$

und

$$v_k = z_{x+i} \quad ,, \quad h \leqq k \leqq m$$

gesetzt haben. Schließlich ist an Stelle von a_{jk}

$$\text{für} \quad 0 \leqq j \leqq h-1 \quad \text{und} \quad 0 \leqq k \leqq h-1 \ldots a_{x,x+i}$$
$$,, \quad 0 \leqq j \leqq h-1 \quad ,, \quad h \leqq k \leqq m \quad \ldots b_{x,x+i}$$
$$,, \quad h \leqq j \leqq m \quad ,, \quad 0 \leqq k \leqq h-1 \ldots b'_{x,x-i}$$
$$,, \quad h \leqq j \leqq m \quad ,, \quad h \leqq k \leqq m \quad \ldots c_{x,x+i}$$

geschrieben worden.

Wir erhalten demnach in diesem Falle zur Bestimmung der Eigenwerte λ eine Gleichung $(n+1)$-ten Grades von λ, aus welcher sich im allgemeinen $n+1$ verschiedene Werte λ_r ergeben. Zu jedem dieser Werte gehört ein Lösungssystem y^r und z^r. Die Orthogonalitätsbedingung lautet jetzt

$$\sum_{x=0}^{n} y_x^r y_x^r f_x = 0, \qquad (49\,\mathrm{a})$$

während es sich immer so einrichten läßt, daß

$$\sum_{x=0}^{n} (y_x^r)^2 f_x = 1 \qquad (49\,\mathrm{b})$$

wird.

Eine beliebige, an den Stellen $x = 0, 1 \ldots n$ gegebene Funktion U_x läßt sich nach den Eigenlösungen y_x^r in der Form

$$U_x = \sum_{r=0}^{n} u_r y_x^r \qquad (50\,\mathrm{a})$$

entwickeln, wobei die u_r durch die Gleichungen

$$u_r = \sum_{x=0}^{n} U_x y_x^r f_x \qquad (50\,\mathrm{b})$$

gegeben sind.

Endlich ermöglichen die vorangegangenen allgemeinen Betrachtungen auch die inhomogenen Gleichungen

$$\left.\begin{aligned}
\sum_{i=-p}^{+p} a_{x,\,x+i}\, y_{x+i} + \sum_{i=-q}^{+q} b_{x,\,x+i}\, z_{x+i} &= U_x \\[2mm]
\sum_{i=-q}^{+q} b'_{x,\,x+i}\, y_{x+i} + \sum_{i=-p'}^{+p'} c_{x,\,x+i}\, z_{x+i} &= 0
\end{aligned}\right\} \qquad (51)$$

als Sonderfall von Gl. (46) mit Hilfe der Eigenlösungen der Gl. (48 a) zu lösen. Wir erhalten jetzt durch Anwendung der Gl. (47)

$$y = \sum_{r=0}^{n} \gamma_r\, y_x^r; \qquad z = \sum_{r=0}^{n} \gamma_r\, z_x^r, \qquad (52)$$

wobei

$$\gamma_r = \frac{u_r}{\lambda_r} = \frac{1}{\lambda_r} \sum_{x=0}^{n} U_x\, y_x^r \qquad (53)$$

vorstellt.

Beispiel. Wir wollen an einem einfachen Beispiel das Vorhergehende erläutern, und zwar betrachten wir einen geraden biegungssteifen Stab, der an den Stellen $x = 0, 1 \ldots n-1$, n durch gegebene senkrecht zur Stabachse wirkende Kräfte beansprucht ist. Es sollen die Verschiebungen z, welche unter der Einwirkung dieser Lasten an den Stellen $x = 0, 1 \ldots n-1$, n auftreten, bestimmt werden.

Wir rechnen z in derselben Richtung positiv wie die P, die Biegungsmomente mögen dann positiv sein, wenn der Krümmungsmittelpunkt des gebogenen Stabes auf der Seite der negativen z gelegen ist.

Die mathematische Formulierung des Problemes erhält man am raschesten, wenn man von den sogenannten Clapeyronschen Gleichungen, die die Momente an den drei aufeinanderfolgenden Stellen mit den Verschiebungen daselbst verknüpfen, ausgeht. Diese Gleichungen lauten bekanntlich

$$D(\varphi M) + 6\,D(z) = 0,$$

worin $D(\varphi M)$ einen Ausdruck von der Form

$$D(\varphi M) = \varphi_x M_{x-1} + 2(\varphi_x + \varphi_{x+1}) M_x + \varphi_{x+1} M_{x+1}$$

und

$$D(z) = \frac{z_{x-1} - z_x}{l_x} - \frac{z_x - z_{x+1}}{l_{x+1}}$$

bedeutet. Eine weitere Gleichung ergibt sich aus dem Gleichgewicht des Knoten an der Stelle x gegen Verschiebung in der Richtung der Lasten; die Momente geben, wie man leicht bestätigt findet, in der Richtung der positiven P den Beitrag

$$D(M) = \frac{M_{x-1} - M_x}{l_x} - \frac{M_x - M_{x+1}}{l_{x+1}},$$

so daß man die weiteren Gleichungen

$$D(M) + P = 0$$

erhält. Man erhält sonach das simultane System von Differenzengleichungen

$$D(\varphi M) + 6\,D(z) = 0,$$
$$D(M) = -P.$$

Nachdem dieses Gleichungssystem sowohl in bezug auf M wie auch auf z von der zweiten Ordnung ist, benötigen wir vier Randbedingungen. Hat der Stab freie Ränder, so ergibt sich für $x = 0$ und $x = n$ aus dem Verschwinden des Biegungsmomentes und der Querkraft

$$M_{x-1} = M_x = 0 \quad \text{bzw.} \quad M_x = M_{x+1} = 0,$$

da die Querkraft durch $\dfrac{M_x - M_{x-1}}{l_x}$ dargestellt ist.

Man kann jetzt die Lösungen M und z gemäß Gl. (51), (52) und (53) nach den Eigenlösungen des homogenen Gleichungssystems

$$D(\varphi M) + 6\,D(z) = 0,$$
$$D(M) = \lambda \cdot z$$

mit den Randwerten

$$M = 0 \quad \text{für} \quad x = -1 \quad \text{und} \quad x = 0 \quad \text{bzw.} \quad x = n \quad \text{und} \quad x = n + 1$$

entwickeln und erkennt ohne weiteres, daß dieses Gleichungssystem die Doppelwurzel $\lambda = 0$ besitzt. Zu diesem Eigenwerte gehören die Lösungen

$$M_x = 0,$$

während die Verschiebung z die Gleichung

$$D(z) = 0$$

erfüllen muß. Wie man sich leicht überzeugen kann, findet man

$$z^0 = \text{konst}; \qquad z^1 = \sum_{\xi=1}^{x} l_\xi,$$

daher ist auch

$$z = c_0 + c_1 z^1$$

eine Lösung. $M_x = 0$ erfüllt, wie es auch sein muß, die Randbedingungen, während die Bestimmung der Koeffizienten c_0 und c_1 nicht möglich ist, da für die Verschiebung z keinerlei Bedingungen vorgegeben sind.

Entsprechend der Doppelwurzel $\lambda = 0$ bestehen aber andrerseits zwei Bedingungen, denen die P genügen müssen, und zwar muß gemäß Gl. (30)

$$\sum_{x=0}^{n} P_x z_x^{\,0} = 0 \quad \text{und} \quad \sum_{x=0}^{n} P_x z_x^{\,1} = 0$$

sein. Diese beiden Gleichungen besagen, daß die Kräfte im Gleichgewicht sein müssen; die erste Gleichung fordert das Verschwinden der Resultierenden, die zweite das Verschwinden des Momentes der P. Die unbestimmte Lösung $z = c_0 + c_1 z^1$, zu welcher die Momente $M = 0$ gehören, und bei der der Stab gerade bleibt, stellt eine Verschiebung vor, wie sie bei einem starren Körper möglich ist. In der Entwicklung

$$M_x = \sum_{i=0}^{n} c_i M_x^{\,i}$$

fehlen wegen $M^0 = M^1 = 0$ die Glieder mit $i = 0$ und $i = 1$. Ist aber der Stab an zwei Stellen unterstützt, ist also z. B. $z_0 = z_n = 0$, so kann der Eigenwert $\lambda = 0$ nicht vorkommen; die zu ihm gehörenden Lösungen

$$z = c_0 + c_1 z_1$$

sind nicht möglich, weil sie die Randbedingungen außer für $c_0 = c_1 = 0$ nicht erfüllen. Damit entfallen naturgemäß auch die Einschränkungen für die P.

Schließlich bemerken wir noch, daß unser simultanes Gleichungssystem für konstantes φ und l

$$l \cdot \varphi \cdot (\triangle + 6) M + 6 \triangle z = 0,$$
$$\triangle M = l \cdot \lambda \cdot z$$

lautet. Mit der Substitution $l \varphi M = H$ und $l^2 \varphi \lambda = \omega$ und wenn wir η statt z schreiben, erhalten wir

$$(\triangle + 6) H + 6 \triangle \eta = 0,$$
$$\triangle H = \omega \eta$$

mit den Randbedingungen

$$H = \eta = 0 \quad \text{für} \quad x = 0 \quad \text{und} \quad x = n$$

bei unterstützten Rändern und

$$H = 0 \quad \text{für} \quad x = -1, \quad x = 0 \quad \text{und} \quad x = n, \quad x = n + 1$$

für freie Ränder. Dieses Gleichungssystem, auf welches auch die Berechnung rostförmiger Tragwerke führt, ist in § 12 ausführlicher behandelt. Die Eigenlösungen sind im Anhang für verschiedene n angegeben, so daß die numerische Auflösung mit Benutzung dieser Tabellen ganz wesentlich vereinfacht wird.

Schließlich sei noch darauf hingewiesen, daß bei diesem Beispiel, welches wir mit Absicht so einfach und durchsichtig gewählt haben, alle Fragen bis auf die der Verschiebungen mit den Grundlehren der Statik starrer Körper sofort erledigt sind.

§ 7. Lineare Differenzengleichungen mit veränderlichen Koeffizienten.

24. Allgemeine Bemerkungen.

So verhältnismäßig einfach sich die Lösung der linearen Differenzengleichung mit konstanten Koeffizienten gestaltet, so schwierig erscheint im allgemeinen die Lösung in jenen Fällen, in denen die

Beiwerte in den Differenzengleichungen sich als Funktion der unabhängigen Veränderlichen x darstellen. Die Anzahl der Fälle, in denen die Lösungen in geschlossener Form angebbar sind, ist äußerst gering, und selbst da wird der Vorteil, den man durch die Darstellung als Differenzengleichung anstrebt, häufig aufgewogen durch die schwerfällige Form der Lösungen. Man muß sich nämlich darüber klar werden, daß Funktionen, die Differenzengleichungen mit veränderlichen Koeffizienten befriedigen, naturgemäß nicht mehr einfacher Art sein können, da die durch die Differenzengleichung definierte Funktionalbeziehung schon sehr verwickelter Natur ist. Man halte sich z. B. vor Augen, daß schon eine Gleichung zweiter Ordnung mit linearen Beiwerten im allgemeinen fünf verschiedene Parameter besitzen kann, und daß daher auch die Lösung diese fünf Parameter aufweisen muß. Dieser unbefriedigende Stand der Dinge drängt den Ingenieur von selbst dazu, nach einem einfachen und tunlichst allgemein anzuwendenden Näherungsverfahren zu suchen, das die Darstellung der Lösungen linearer Differenzengleichungen mit Hilfe elementarer Funktionen gestattet. Ein solches Näherungsverfahren wird am Schlusse dieses Abschnittes auseinandergesetzt werden.

Die in diesem Paragraphen in den Absätzen 25—28 gegebene Darstellung kann nur als ein bescheidener Ausschnitt aus der Fülle der hier auftauchenden Probleme angesehen werden, die allerdings mehr den Zweck verfolgt, den Leser mit den hier auftretenden eigenartigen Fragen und Schwierigkeiten bekannt zu machen als unmittelbar für die Anwendung geeignete Lösungen bzw. Lösungsverfahren bereitzustellen.

Wir werden zunächst einige Gruppen von Differenzengleichungen betrachten, die durch passende Transformationen in Differenzengleichungen mit konstanten Koeffizienten übergeführt werden können. Ihre Lösung bietet keine Schwierigkeiten. Leider sind die meisten derartigen Gleichungen ohne nennenswerte Bedeutung für die Anwendung in der Baustatik, da sie entweder keine symmetrische Determinante aufweisen[1]) oder in ihrem Aufbau so beschränkt sind, daß sie sich nur schwer an ein vorgelegtes statisches Problem anpassen lassen. Ausführlicher werden wir uns mit den linearen Gleichungen erster Ordnung befassen, da die Theorie dieser Gleichungen einen ersten Einblick in das Wesen der Lösungen linearer Gleichungen überhaupt vermittelt und einen Überblick über die Art der hier in Betracht kommenden Probleme gewährt. Im Zusammenhange mit diesen Glei-

---

[1]) Wobei wir unter Determinante einer Differenzengleichung die Determinante des Systems linearer Gleichungen verstehen, das durch die Differenzengleichung repräsentiert wird.

chungen werden wir kurz die beiden wichtigsten und am besten bekannten Transzendenten aus der Theorie der Differenzengleichungen, dte Gammafunktion und die Funktion $\Psi(x)$ erörtern, da deren wichtigsten Eigenschaften sich am besten aus dem Aufbau der sie definierenden Differenzengleichungen darlegen lassen.

Der nächste Absatz bezweckt, den Leser an der Hand der Behandlung von Gleichungen mit linearen Koeffizienten mit einem sehr wichtigen Hilfsmittel der Analysis, der Laplaceschen Transformation vertraut zu machen, die die Rückführung des Lösungsproblems auf die Integration einer linearen Differentialgleichung ermöglicht.

In einem weiteren Absatz wird der Versuch gemacht werden, Lösungen für Differenzengleichungen, deren Beiwerte gewisse elementartranszendente Funktionen sind, aufzustellen, da solche Gleichungsformen bisher noch nicht behandelt wurden, in der Baustatik aber Anwendung finden können. Der Schluß dieses Paragraphen wird der Darstellung eines Approximationsverfahrens gewidmet sein, das als Gegenstück zum Ritzschen Verfahren zur näherungsweisen Auflösung von ·linearen Differentialgleichungen betrachtet werden kann und dem weitgehende Bedeutung für die Anwendung zukommt.

25. Differenzengleichungen, die sich auf solche mit konstanten Koeffizienten zurückführen lassen.

a) Gleichungen von der Form:

$$y_{x+n} + A_1\,\varphi(x)\,y_{x+n-1} + A_2\,\varphi(x)\,\varphi(x-1)\,y_{x+n-2} + \cdots$$
$$+ A_n\,\varphi(x)\ldots\varphi(x-n+1)\,y_x = U_x, \quad (1)$$

worin die $A_1, A_2 \ldots A_n$ Festwerte und $\varphi(x)$ eine gegebene Funktion von x bedeuten, lassen sich durch die Substitution

$$y_x = \varphi(x-n)\,\varphi(x-n-1)\ldots\varphi(1)\cdot u_x \quad (2)$$

auf Gleichungen mit unveränderlichen Beiwerten zurückführen. Man erhält nämlich aus (2)

$$y_{x+n} = \varphi(x)\,\varphi(x-1)\ldots\varphi(1)\,u_{x+n},$$
$$y_{x+n-1} = \varphi(x-1)\,\varphi(x-2)\ldots\varphi(1)\,u_{x+n-1},$$
$$\cdot\;\cdot\;\cdot\;\cdot\;\cdot\;\cdot\;\cdot\;\cdot\;\cdot\;\cdot\;\cdot\;\cdot\;\cdot\;\cdot$$
$$y_x = \varphi(x-n)\,\varphi(x-n-1)\ldots\varphi(1)\,u_x$$

und nach Einführen in Gl. (1) und Kürzung durch den gemeinsamen Faktor $\varphi(x)\,\varphi(x-1)\ldots\varphi(1)$

$$u_{x+n} + A_1 u_{x+n-1} + A_2 u_{x+n-2} + \cdots + A_n u_x = \frac{U_x}{\varphi(x)\,\varphi(x-1)\,\varphi(1)}. \quad (3)$$

Diese Gleichung besitzt nur mehr konstante Beiwerte. Da zu diesen

Gleichungen eine nichtsymmetrische Determinante gehört, so sind sie ohne eigentlichen Nutzen für die Baustatik.

b) Eine andere Gleichung mit veränderlichen Beiwerten, der viel eher Bedeutung für die Anwendung zukommt, hat die Form

$$\sum_{\nu=0}^{n} c_\nu a^{x+\nu} y_{x+\nu} = U_x; \tag{4}$$

kürzt man durch a^x, so geht (4) in die Gleichung mit konstanten Koeffizienten

$$\sum_{\nu=0}^{n} c_\nu a^\nu y_{x+\nu} = \frac{U_x}{a^x} \tag{5}$$

über[1]), deren Lösung, insbesondere wenn U_x eine ganze rationale Funktion bzw. eine Exponentialfunktion oder eine aus ihr ableitbare ganze Funktion, wie $\sin x$, $\cos x$ usw. darstellt, leicht möglich ist. Die Anwendungsmöglichkeit der Gleichung ist aber durch den Umstand eingeschränkt, daß a^x eine unsymmetrische Funktion ist.

c) Eine große Zahl von statischen Aufgaben führt auf Differenzengleichungen zweiter Ordnung von der Form

$$\varphi(x)\, y_{x-1} + 2\,[\varphi(x) + \varphi(x+1)]\, y_x + \varphi(x+1)\, y_{x+1} = U_x. \tag{6}$$

Wir stellen nun die Frage: Für welche Funktionen läßt sich die Lösung der Gleichung (6) auf die Lösung einer Differenzengleichung zweiter Ordnung mit konstanten Beiwerten zurückführen? Wir setzen behufs Beantwortung dieser Frage in (6)

$$y_x = \frac{w_x}{c_x},$$

wo w_x und c_x Funktionen von x sind, dividieren mit c_x und erhalten sodann

$$\frac{\varphi(x)}{c_x\, c_{x-1}}\, w_{x-1} + 2\,\frac{\varphi(x) + \varphi(x+1)}{c_x{}^2}\, w_x + \frac{\varphi(x+1)}{c_x\, c_{x+1}}\, w_{x+1} = \frac{U_x}{c_x}. \tag{7}$$

Die Funktion c_x wird nun derart bestimmt, daß

$$\frac{\varphi(x)}{c_x\, c_{x-1}} = \frac{\varphi(x+1)}{c_x\, c_{x+1}} = 1, \qquad \frac{\varphi(x) + \varphi(x+1)}{c_x{}^2} = p,$$

wobei p ein Festwert ist, denn dann geht die Gl. (7) in eine Gleichung mit konstanten Beiwerten über, aus der die Funktion w_x bestimmt werden kann. Für c_x selbst gewinnen wir aus

$$\frac{\varphi(x)}{c_x{}^2} = \frac{c_{x-1}}{c_x} \quad \text{und} \quad \frac{\varphi(x+1)}{c_x{}^2} = \frac{c_{x+1}}{c_x}$$

---

[1]) Derartige Gleichungen hat Dr. Josef Fritsche in seinem Buche: Die Berechnung der symmetrischen Stockwerkrahmen usw., Berlin 1923, benützt.

zunächst

$$\frac{\varphi(x)}{c_x{}^2} + \frac{\varphi(x+1)}{c_x{}^2} = \frac{c_{x-1}}{c_x} + \frac{c_{x+1}}{c_x} = p$$

oder

$$c_{x-1} - p\,c_x + c_{x+1} = 0,$$

eine Differenzengleichung zweiter Ordnung mit konstanten Koeffizienten, aus der

$$c_x = A\,\alpha^x + B\,\alpha^{-x} \tag{8}$$

bzw. im Ausnahmsfalle für $p = \pm 2$

$$c_x = (\pm 1)^x (A + B\,x) \tag{8'}$$

folgt; damit ist die Funktion $\varphi(x)$ bestimmt. Man erhält aus

$$\varphi(x) = c_{x-1} \cdot c_x$$
$$\varphi(x) = (A\,\alpha^{x-1} + B\,\alpha^{-(x-1)})(A\,\alpha^x + B\,\alpha^{-x}) \tag{9}$$

und im Falle $p = \pm 2$

$$\varphi(x) = \pm\,[A + B(x-1)]\,[A + B\,x]. \tag{9'}$$

Hierin sind A und B sowie α beliebig zu wählende Parameter. Da nun $p = \alpha + \frac{1}{\alpha}$, so nimmt die Gl. (7) zur Bestimmung der Funktion w_x die Gestalt

$$w_{x-1} + 2\left(\alpha + \frac{1}{\alpha}\right) w_x + w_{x+1} = \frac{U_x}{c_x} \tag{10}$$

an, woraus mit den Partikularlösungen $\beta_1{}^x$ und $\beta_2{}^x$ die Lösung der homogenen Gleichung

$$w_x = C_1\,\beta_1{}^x + C_2\,\beta_2{}^x$$

entsteht, wobei β_1 und β_2 der charakteristischen Gleichung

$$\beta^2 + 2\left(\alpha + \frac{1}{\alpha}\right)\beta + 1 = 0$$

entspringen. Ist w_x bekannt, so ist auch die Lösung der vollständigen Gleichung (7) mittels Summationen darstellbar.

Wir betrachten jetzt einige Sonderfälle der in den Gl. (9) bzw. (9') dargestellten Funktionen.

α) Zunächst den einen Ausnahmefall:

$$\varphi(x) = [A + B(x-1)]\,[A + B\,x].$$

Die zugehörende homogene Differenzengleichung lautet sonach:

$$(A + B(x-1))(A + B\,x)\,y_{x-1} + 4(A + B\,x)^2\,y_x$$
$$+ (A + B\,x)(A + B(x+1)) = 0.$$

Da in diesem Falle $\alpha = 1$, so lautet Gl. (10)

$$w_{x-1} + 4\,w_x + w_{x+1} = 0,$$

daher

$$w_x = C_1 (-2 + \sqrt{3})^x + C_2 (-2 - \sqrt{3})^x;$$

und schließlich

$$y_x = \frac{C_1 (-2 + \sqrt{3})^x + C_2 (-2 - \sqrt{3})^x}{A + Bx}.$$

β) Wir setzen in Gl. (9) $B = 0$. Man erhält dann für $\varphi(x)$ die Exponentialfunktion

$$\varphi(x) = A \alpha^{-1} \cdot \alpha^{2x} = c a^x$$

ein Fall, der als Sonderfall zu den bereits unter b) betrachteten Gleichungen gehört.

γ) Mit $A = B$ geht $\varphi(x)$ über in

$$\varphi(x) = 4 A^2 \, \mathfrak{Cof} \, \gamma x \cdot \mathfrak{Cof} \, \gamma (x - 1) \qquad\qquad (\gamma = \lg \alpha).$$

Da die Gleichung (9) für $\varphi(x)$ drei Parameter enthält, so wird es vielleicht in Einzelfällen möglich sein, das tatsächlich vorliegende Gesetz der Beiwerte mit praktisch ausreichender Annäherung mittelst der durch Gl. (9) definierten Funktion darzustellen.

26. Lineare Differenzengleichungen erster Ordnung.
Die Gammafunktion und die Funktion $\Psi(x)$.

Wir betrachten zunächst die allgemeinste homogene Gleichung erster Ordnung

$$y_{x+1} = p_x \, y_x, \qquad\qquad (11)$$

wobei p_x eine eindeutige, im betrachteten Bereiche endlich bleibende Funktion von x ist. Logarithmiert man beiderseits, so entsteht

$$\lg y_{x+1} - \lg y_x = \lg p_x$$

oder

$$\Delta \lg y_x = \lg p_x.$$

Somit wird

$$\lg y_x = \mathcal{S} \lg p_x \, \Delta x + \lg \omega_x,$$

wobei ω_x eine willkürliche periodische Funktion mit der Periode 1 darstellt (s. S. 5). Aus dieser Gleichung folgt:

$$y_x = \omega_x \cdot e^{\mathcal{S} \lg p_x \, \Delta x} = \omega_x \Pi p_x, \qquad\qquad (12)$$

wenn mit Πp_x das von einem willkürlichen Anfangswert, z. B. p_a, ausgehende Produkt $p_a \, p_{a+1} \cdots p_{x-1}$ bezeichnet wird. Solange die Veränderliche x nur auf ganze Zahlen beschränkt ist, hat das Produkt Πp_x einen bis auf einen willkürlichen Faktor C bestimmten endlichen Wert. Die Produktfunktion Π selbst erscheint uns in diesem Falle als ein klar definierter Begriff. Ist x stetig veränderlich, so kann Πp_x

nur dann eine analytische Funktion werden, wenn die Anzahl der Faktoren gegen unendlich strebt und das Produkt selbst konvergiert, oder wenigstens bei passender Bestimmung des willkürlichen Faktors ω_x konvergent wird. Die Konvergenz von $\omega_x \Pi p_x$ ist aber gegeben, wenn $\underset{}{S} \lg p_x + \lg \omega_x$ durch eine konvergente Reihe darstellbar ist, d. h. wenn $\lg p_x$ summierbar ist.

1. Als einfachstes Beispiel betrachten wir die Gleichung

$$y_{x+1} + c\, y_x = 0.$$

p_x ist hier eine Konstante. Es ist nun

$$\lg y_x = \underset{}{S} \lg (-c)\, \varDelta x = x \lg (-c) + \lg \omega_x$$

und daher

$$y_x = \omega_x (-c)^x$$

eine Lösung, die wir bereits aus **18** kennen.

2. Weiter untersuchen wir die Differenzengleichung

$$y_{x+1} - e^{\alpha x} y_x = 0.$$

Man erhält hier, da

$$\lg e^{\alpha x} = \alpha x \quad \text{und} \quad \underset{}{S} \alpha x\, \varDelta x = \frac{\alpha}{2} x(x-1) + \lg \omega_x,$$

$$y_x = \omega_x e^{\frac{\alpha}{2} x(x-1)}. \tag{13}$$

Die beiden eben angeführten Beispiele von Differenzengleichungen erster Ordnung stellen zwei von den wenigen Fällen vor, die bei unbeschränkt veränderlichem x durch elementare Funktionen gelöst werden können.

Die Gammafunktion. Ist p_x eine ganze rationale Funktion, so führt bereits der einfachste Fall $p = x$ auf eine neue transzendente Funktion, auf die in der Analysis schon seit **Euler** bekannte und von **Legendre** so genannte **Gammafunktion**. Die Differenzengleichung, deren Lösung wir suchen, lautet daher

$$y_{x+1} - x y_x = 0 \tag{14}$$

und ihre formale Lösung gemäß Gl. (12)

$$y_x = \omega_x \Pi x.$$

Für ganzzahlige x liegt die Bedeutung der Lösung der Gl. (14) auf der Hand. Es ist mit der unteren Grenze 1 z. B.

$$y_x = C \cdot \Pi x = C \cdot 1 \cdot 2 \cdot 3 \ldots (x-1) = C \cdot (x-1)!$$

Diese Definition von y_x versagt natürlich, wenn x keine ganze Zahl ist. Um nun für Πx einen analytischen Ausdruck zu finden, betrachten wir die Differenzengleichung

$$y_{x+1} = \frac{nx}{x+n}\,y_x,\qquad\qquad (15)$$

in der n eine ganze positive Zahl bedeutet, und die für $n\to\infty$ in die vorgelegte Differenzengleichung (14) übergeht. Nun ist

$$\frac{nx}{x+n} = n\,\frac{x}{x+1}\,\frac{x+1}{x+2}\cdots\cdots\frac{x+n-1}{x+n},$$

und da die Differenzengleichungen

$$y_{x+1} = \frac{x+\nu}{x+\nu+1}\,y_x,\qquad\qquad (\nu = 0, 1, 2 \ldots n-1)$$

wie man sich durch Einsetzen überzeugt, die Lösungen

$$y_x = \frac{\omega_x}{x+\nu}\qquad\qquad (\nu = 0, 1, 2 \ldots n-1)$$

besitzen, so hat die Differenzengleichung (15), die wir jetzt in der Form

$$y_{x+1} = n\,\frac{x}{x+1}\,\frac{x+1}{x+2}\cdots\cdots\frac{x+n-1}{x+n}\cdot y_x$$

schreiben wollen, die Lösung

$$y_x = \omega_x\,\frac{n^x}{x(x+1)\cdots(x+n-1)}\qquad {}^1)$$

oder, wenn wir den von x unabhängigen Faktor $(n-1)!$ hinzufügen,

$$y_x = \omega_x\,\frac{(n-1)!\,n^x}{x(x+1)\cdots(x+n-1)}.$$

Geht man zur Grenze $n\to\infty$ über, so geht (15) in (14) über, und die Lösung nimmt die Form

$$y_x = \omega_x\,\Gamma(x)\qquad\qquad (16)$$

an, wobei $\Gamma(x)$ durch das konvergente unendliche Produkt

$$\Gamma(x) = \lim_{n\to\infty}\frac{(n-1)!\,n^x}{x(x+1)\cdots(x+n-1)}\qquad\qquad (16')$$

definiert ist[2]). $\Gamma(x)$ ist die Gammafunktion. Auf den Konvergenzbeweis gehen wir nicht ein. Aus (16') folgt für ganzzahlige x, da

$$\Gamma(1) = 1$$

---

[1]) Sind $\eta_x^{(1)}$, $\eta_x^{(2)}\ldots\eta_x^{(n)}$ Lösungen der Gleichung $y_{x+1} = p_x^{(1)}y_x$, $y_{x+1} = p_x^{(2)}y_x\cdots y_{x+1} = p_x^{(n)}y_x$, so ist, wie man durch Einführen der Lösungen und Multiplizieren dieser Gleichungen leicht nachprüft, das Produkt $\eta_x^{(1)}\eta_x^{(2)}\ldots\eta_x^{(n)}$ eine Lösung der Gleichung $y_{x+1} = p_x^{(1)}\,p_x^{(2)}\ldots p_x^{(n)}y_x$.

[2]) Von Gauß wurde das unendliche Produkt

$$\Pi(x) = \lim\frac{n!\,n^x}{(x+1)\ldots(x+n)} = \Gamma(x+1)$$

in die Analysis eingeführt.

die bereits obenerwähnte Lösung der Gl. (14)

$$\Gamma(p) = (p-1)!.$$

Aus (16′) folgt aber auch weiter, daß $\Gamma(x)$ in allen negativen ganzen Zahlen und in 0 einfache Pole aufweist und nirgends verschwindet. $x = \infty$ ist ein wesentlich singulärer Punkt. Abb. 9 zeigt ein Stück des Verlaufes von $\Gamma(x)$ im reellen Zahlengebiet. Auf S. 122 ist die

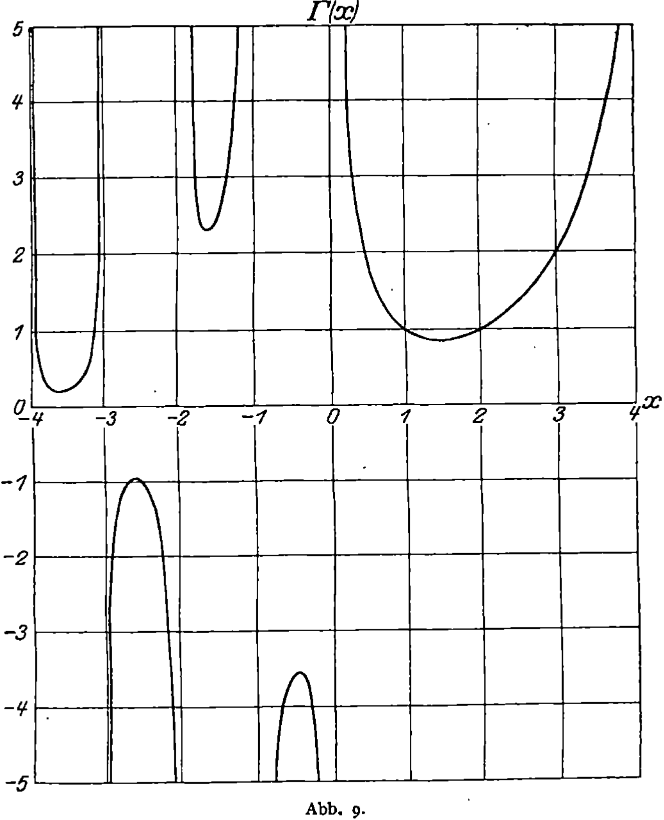

Abb. 9.

Gammafunktion für den Bereich $x = 0$ bis $x = 1{,}99$ tafelmäßig dargestellt. Durch $\Gamma(x)$ erscheint auch die Aufgabe gelöst, eine analytische Funktion zu schaffen, die die Zahlenfolge 1, 2, 6, 24, 120 ... $(p-1)!$ interpoliert.

Wir gehen nun dazu über, die wichtigsten Eigenschaften dieser in der Analysis eine wichtige Rolle spielenden Transzendenten darzulegen. Aus der Differenzengleichung (14) folgt zunächst

$$\Gamma(x+1) = x\,\Gamma(x) \tag{17}$$

Tafel der Funktion $\Gamma(x)$ von $x=0$ bis $1{,}99$[1].

x	0	1	2	3	4	5	6	7	8	9
0,0	∞	99,432 59	49,442 21	32,785 00	24,460 96	19,470 09	16,145 73	13,773 60	11,996 57	10,616 22
0,1	9,513 51	8,612 69	7,863 25	7,230 24	6,688 69	6,220 27	5,811 27	5,451 17	5,131 82	4,846 76
0,2	4,590 84	4,359 89	4,150 48	3,959 80	3,785 50	3,625 61	3,478 45	3,342 60	3,216 85	3,100 14
0,3	2,991 57	2,890 34	2,795 75	2,707 21	2,624 16	2,546 15	2,472 73	2,403 55	2,338 26	2,276 55
0,4	2,218 16	2,162 84	2,110 37	2,060 55	2,013 19	1,968 14	1,925 23	1,884 33	1,845 31	1,808 05
0,5	1,772 45	1,738 42	1,705 84	1,674 66	1,644 77	1,616 12	1,588 64	1,562 26	1,536 93	1,512 59
0,6	1,489 19	1,466 69	1,445 04	1,424 20	1,404 13	1,384 80	1,366 16	1,348 20	1,330 88	1,314 18
0,7	1,298 06	1,282 50	1,267 47	1,252 97	1,238 95	1,225 42	1,212 34	1,199 69	1,187 47	1,175 66
0,8	1,164 23	1,153 18	1,142 49	1,132 16	1,122 16	1,112 48	1,103 12	1,094 07	1,085 31	1,076 83
0,9	1,068 63	1,060 69	1,053 02	1,045 59	1,038 40	1,031 45	1,024 73	1,018 23	1,011 95	1,005 87
1,0	1	0,994 33	0,988 84	0,983 55	0,978 44	0,973 50	0,968 74	0,964 15	0,959 72	0,955 46
1,1	0,951 35	0,947 40	0,943 59	0,939 93	0,936 42	0,933 04	0,929 80	0,926 70	0,923 73	0,920 89
1,2	0,918 17	0,915 58	0,913 11	0,910 75	0,908 52	0,906 40	0,904 40	0,902 50	0,900 72	0,899 04
1,3	0,897 47	0,896 00	0,894 64	0,893 38	0,892 22	0,891 15	0,890 18	0,889 31	0,888 54	0,887 85
1,4	0,887 26	0,886 76	0,886 36	0,886 04	0,885 81	0,885 66	0,885 60	0,885 63	0,885 75	0,885 95
1,5	0,886 23	0,886 59	0,887 04	0,887 57	0,888 18	0,888 87	0,889 64	0,890 49	0,891 42	0,892 43
1,6	0,893 52	0,894 68	0,895 92	0,897 24	0,898 64	0,900 12	0,901 67	0,903 30	0,905 00	0,906 78
1,7	0,908 64	0,910 57	0,912 58	0,914 67	0,916 83	0,919 06	0,921 37	0,923 76	0,926 23	0,928 77
1,8	0,931 38	0,934 08	0,936 85	0,939 69	0,942 61	0,945 61	0,948 69	0,951 84	0,955 07	0,958 38
1,9	0,961 77	0,965 23	0,968 77	0,972 40	0,976 10	0,979 88	0,983 74	0,987 68	0,991 71	0,995 81

[1] Auszug aus der achtstelligen Tafel der Γ-Funktion in Keiichi Hayashi, Sieben- und mehrstellige Tafeln der Kreis- und Hyperbelfunktionen und deren Produkte sowie der Gammafunktion. Berlin 1926.

und allgemein, wenn p eine ganze Zahl bedeutet,

$$\Gamma(p+x) = x(x+1)\ldots(x+p-1)\,\Gamma(x).$$

Mittels dieser Formel kann aus $\Gamma(x)$, wenn x z. B. zwischen o und 1 liegt, $\Gamma(p+x)$ für den kongruent gelegenen Punkt $(p+x)$ auf elementarem Wege berechnet werden.

Von Euler wurde bereits der folgende Satz abgeleitet: Es ist zunächst

$$\Gamma(x)\,\Gamma(1-x) = \lim_{n\to\infty} \frac{(n-1)!\,n^x}{x(x+1)\ldots(x+n-1)} \cdot \frac{(n-1)!\,n^{1-x}}{(1-x)(2-x)\ldots(n-x)}$$

$$= \lim_{n\to\infty}\left[\frac{1}{x}\cdot\frac{1^2}{1^2-x^2}\cdot\frac{2^2}{2^2-x^2}\cdots\frac{(n-1)^2}{(n-1)^2-x^2}\cdot\frac{n}{n-x}\right]$$

und da bekanntlich

$$\lim_{n\to\infty}\left\{x\left(1-\frac{x^2}{1^2}\right)\left(1-\frac{x^2}{2^2}\right)\cdots\left(1-\frac{x^2}{(n-1)^2}\right)\right\} = \frac{\sin\pi x}{\pi},$$

so folgt, da der Faktor $\dfrac{n}{n-x}$ gegen 1 konvergiert, der **Ergänzungs-satz der Gammafunktion**

$$\Gamma(x)\,\Gamma(1-x) = \frac{\pi}{\sin\pi x}. \tag{18}$$

Für $x=\frac{1}{2}$ ergibt diese Formel

$$\Gamma\left(\tfrac{1}{2}\right) = \sqrt{\pi}. \tag{18'}$$

Das **Multiplikationstheorem** der Gammafunktion läßt sich folgendermaßen darlegen: Es sei p eine ganze Zahl, dann ist

$$\Gamma(px) = \lim_{n\to\infty} \frac{(n-1)!\,n^{px}}{px(px+1)\ldots(px+n-1)}$$

$$= \lim_{n\to\infty} \frac{(n-1)!\,n^{px}}{p^n}\cdot\frac{1}{x\left(x+\frac{1}{p}\right)\cdots\left(x+\frac{n-1}{p}\right)},$$

wobei wir voraussetzen wollen, daß n nur durch p teilbare Werte annehmen möge, so daß wir $n=pv$ setzen können. Wir multiplizieren nun Zähler und Nenner mit den Faktoren $(v-1)!\,v^x$, $(v-1)!\,v^{x+\frac{1}{p}}\ldots$
$(v-1)!\,v^{x+\frac{p-1}{p}}$ und erhalten dann, wenn wir im Nenner den 1 sten, den $(p+1)$ten, den $(2p+1)$ten usw. Faktor, dann den 2 ten, den $(p+2)$ten, den $(2p+2)$ten usw. Faktor zusammenfassen, für $v\to\infty$ auf der rechten Seite das Produkt

$$\Gamma(x)\,\Gamma\left(x+\frac{1}{p}\right)\cdots\Gamma\left(x+\frac{p-1}{p}\right),$$

so daß

$$\Gamma(px) = \lim_{v\to\infty} \frac{(pv-1)!\,(pv)^{px}}{p^{pv}[(v-1)!]^p\,v^x\cdot v^{x+\frac{1}{p}}\ldots v^{x+\frac{p-1}{p}}}\,\Gamma(x)\,\Gamma\left(x+\frac{1}{p}\right)\cdots\Gamma\left(x+\frac{p-1}{p}\right).$$

Bezeichnet man den Grenzwert des Bruches in der voranstehenden Gleichung nach Zusammenfassen und Herausheben des einzigen von x abhängigen Gliedes p^{px} mit $C(p)$, so gewinnen wir für $\Gamma(px)$ die Gleichung

$$\Gamma(px) = C(p)\, p^{px}\, \Gamma(x)\, \Gamma\!\left(x + \frac{1}{p}\right) \cdots \Gamma\!\left(x + \frac{p-1}{p}\right).$$

Um nun $C(p)$ zu bestimmen, setzen wir $x = \frac{1}{p}$ und erhalten dann nach Kürzung durch $\Gamma(1)$

$$p\, C(p)\, \Gamma\!\left(\frac{1}{p}\right) \Gamma\!\left(\frac{2}{p}\right) \cdots \Gamma\!\left(\frac{p-1}{p}\right) = 1.$$

Erhebt man beiderseits zum Quadrat und faßt man die erste und letzte Gammafunktion, die zweite und vorletzte usw. im Produkt zusammen, so erhält man

$$p^2 [C(p)]^2 \Gamma\!\left(\frac{1}{p}\right) \Gamma\!\left(1 - \frac{1}{p}\right) \Gamma\!\left(\frac{2}{p}\right) \Gamma\!\left(1 - \frac{2}{p}\right) \cdots \Gamma\!\left(\frac{p-1}{p}\right) \Gamma\!\left(1 - \frac{p-1}{p}\right) = 1.$$

Nach dem Ergänzungssatz, Gl. (18) entsteht daher

$$p^2 [C(p)]^2 \frac{\pi^{p-1}}{\sin\frac{\pi}{p} \cdot \sin\frac{2\pi}{p} \cdots \sin\frac{(p-1)\pi}{p}} = 1.$$

Aus dieser Verknüpfung ergibt sich mit

$$\sin\frac{\pi}{p} \cdot \sin\frac{2\pi}{p} \cdots \sin\frac{(p-1)\pi}{p} = \frac{p}{2^{p-1}} \quad {}^{1})$$

$$C(p) = \frac{1}{p^{\frac{1}{2}} (2\pi)^{\frac{p-1}{2}}}$$

und schließlich das Multiplikationstheorem

$$\Gamma(px) = \frac{p^{px-\frac{1}{2}}}{(2\pi)^{\frac{p-1}{2}}} \cdot \Gamma(x)\, \Gamma\!\left(x + \frac{1}{p}\right) \cdots \Gamma\!\left(x + \frac{p-1}{p}\right). \tag{19}$$

Eine Integraldarstellung für $\Gamma(x)$ werden wir in **27** kennen lernen. Von allen analytischen Funktionen, die der Differenzengleichung (14) genügen und die sich durch periodische Funktionen mit der Periode 1 voneinander unterscheiden, zeichnet sich die Γ-Funktion durch besonders einfaches funktionentheoretisches Verhalten aus. Wir haben in **14** bemerkt, daß bei der Aufsuchung der analytischen Lösung einer Differenzengleichung erster Ordnung der Verlauf der Funktion in einem Intervall zweckmäßig zu wählen ist. Dies ist hier durch die Produktdarstellung stillschweigend geschehen, indem das asymptotische Ver-

---

[1]) Siehe Serret: Differential- und Integralrechnung, Bd. 2, 2. Aufl. Leipzig 1899, S. 149.

halten der Lösung, d. i. gewissermaßen der Verlauf in einem unendlich fernen Intervall durch die Grenzbedingung

$$\lim_{n \to \infty} \frac{\Gamma(n+x)}{(n-1)!\, n^x} = 1$$

festgelegt wurde, wobei x eine beliebige, zwischen o und 1 gelegene Zahl ist. Die Gammafunktion ist daher jene analytische Lösung y_x der Differenzengleichung (14) für die $\lim_{n \to \infty} y_{x+n} = \lim_{n \to \infty} (n-1)!\, n^x$ ist.

Die Funktion $\Psi(x)$. Wir haben bereits in **13** die Funktion $\Psi(x)$ als Summe von $\dfrac{1}{x}$ kennen gelernt. Diese Funktion ist enge mit der Gammafunktion verwandt. Sie genügt definitionsgemäß der nichthomogenen Differenzengleichung

$$y_{x+1} - y_x = \frac{1}{x}\,. \tag{20}$$

Um die Lösung dieser Gleichung für unbeschränkt veränderliches x zu finden, greifen wir auf die Differenzengleichung der Gammafunktion zurück. Logarithmiert man die Definitionsgleichung der Gammafunktion, d. i. $\Gamma(x+1) = x\,\Gamma(x)$, so erhält man

$$\lg \Gamma(x+1) - \lg \Gamma(x) = \lg x$$

und durch Differentiation

$$\frac{d \lg \Gamma(x+1)}{dx} - \frac{d \lg \Gamma(x)}{dx} = \frac{1}{x}\,.$$

Setzt man nun

$$\frac{d \lg \Gamma(x)}{dx} = \Psi(x),$$

so erkennt man, daß $\Psi(x)$ der Gl. (20) genügt. Es gilt daher die grundlegende Verknüpfung

$$\Psi(x) = \frac{d \lg \Gamma(x)}{dx} = \frac{\Gamma'(x)}{\Gamma(x)}\,. \tag{21}$$

Damit haben wir aber die Möglichkeit gewonnen, die Ψ-Funktion mit Hilfe der Γ-Funktion darzustellen. Wir benützen zu diesem Zwecke das unendliche Produkt

$$\Gamma(x) = \lim_{n \to \infty} \frac{(n-1)!\, n^x}{x(x+1) \ldots (x+n-1)};$$

wir gewinnen daraus

$$\lg \Gamma(x) = \lim_{n \to \infty} \left\{ \lg(n-1)! + x \lg n - \sum_{\nu=0}^{n} \lg(x+\nu) \right\}$$

und durch Differentiieren

$$\frac{d \lg \Gamma(x)}{dx} = \lim_{n \to \infty} \lg n - \sum_{\nu=0}^{\infty} \frac{1}{x+\nu}\,.$$

Da nun

$$\lim_{n \to \infty} \lg n = \sum_{\nu=0}^{\infty} \frac{1}{\nu+1} - C,$$

wo $C = 0{,}577\,215\ldots$, die Eulersche Konstante bedeutet (s. S. 33), so erhalten wir schließlich für Ψ die gleichmäßig konvergente Reihe

$$\Psi(x) = -C + \sum_{\nu=0}^{\infty} \left(\frac{1}{\nu+1} - \frac{1}{x+\nu}\right) \cdot {}^{1)} \tag{22}$$

Für $x = 1$ wird $\qquad \Psi(1) = -C.$

Ist $x = p$ eine ganze Zahl, so entsteht

$$\Psi(p) = -C + \sum_{0}^{\infty} \frac{1}{1+\nu} - \sum_{0}^{\infty} \frac{1}{p+\nu} = -C + \frac{1}{1} + \frac{1}{2} + \cdots + \frac{1}{p-1}; \tag{22'}$$

$\Psi(p)$ artet in eine endliche Reihe aus. Aus dem Ergänzungssatz für die Gammafunktion Gl. (18) leitet man ohne große Mühe durch Logarithmieren und Bildung des Differentialquotienten beiderseits des Gleichheitszeichens den Ergänzungssatz der Funktion $\Psi(x)$ in der Gestalt

$$\Psi(x) - \Psi(1 - x) = -\pi \cotg \pi x \tag{23}$$

ab. Auch die Funktion $\Psi(x)$ hat ebenso wie die Gammafunktion in den Punkten $0, -1, -2, \ldots$, wie man aus (22) ohne weiteres erkennt, einfache Pole und verhält sich im übrigen regulär.

Bildet man von (22) die aufeinanderfolgenden Differentialquotienten, so erhält man

$$\Psi'(x) = 1 \cdot \sum_{\nu=0}^{\infty} \frac{1}{(x+\nu)^2}, \qquad \Psi''(x) = (-1) \cdot 1 \cdot 2 \sum_{\nu=0}^{\infty} \frac{1}{(x+\nu)^3},$$

$$\Psi^{(k-1)}(x) = (-1)^k (k-1)! \sum_{\nu=0}^{\infty} \frac{1}{(x+\nu)^k}.$$

Es gelten daher die Summenformeln

$$\left. \begin{aligned} &\mathop{S} \frac{\Delta x}{x} = \Psi(x) + \omega_x, \qquad \mathop{S} \frac{\Delta x}{x^2} = \frac{1}{1!}\,\Psi'(x) + \omega_x, \\ &\mathop{S} \frac{\Delta x}{x^k} = \frac{(-1)^k}{(k-1)!}\,\Psi^{(k-1)}(x). \qquad (k = 2, 3 \cdots) \end{aligned} \right\} \tag{24}$$

Die Gl. (24) gestatten die Summation einer rationalen Funktion nach Ausscheiden der fallweise enthaltenen ganzen Funktion und Zerlegung in Partialbrüche.

---

1) Das erste Glied in der Klammer $\dfrac{1}{\nu+1}$ stellt das c_ν des allgemeinen Summenansatzes, siehe S. 4, vor. Dieses Glied ist hier notwendig, um die Reihe für $\Psi(x)$ konvergent zu machen.

Aus

$$\mathop{S}\frac{\varDelta x}{x} = \varPsi(x) = \frac{\varGamma'(x)}{\varGamma(x)}$$

erhält man durch Integration

$$\mathop{S} \lg x \, \varDelta x = \lg \varGamma(x) \tag{25}$$

eine Formel für die Summe von $\lg x$.

Mit Hilfe der Gammafunktion ist es nun nicht schwer, die Lösung der homogenen Differenzengleichung

$$y_{x+1} - R(x)\, y_x = 0, \tag{26}$$

wo $R(x)$ eine rationale Funktion von x ist, darzustellen.

Wir setzen $R(x)$ zweckmäßigerweise in der Form

$$R(x) = c\,\frac{(x - a_1)\,(x - a_2)\,\ldots\,(x - a_m)}{(x - b_1)\,(x - b_2)\,\ldots\,(x - b_p)}$$

an und erhalten dann gemäß der in der Fußnote [1]) auf S. 120 gemachten Bemerkung

$$y_x = \omega_x\, c^x\, \frac{\varGamma(x - a_1)\,\varGamma(x - a_2)\,\ldots\,\varGamma(x - a_m)}{\varGamma(x - b_1)\,\varGamma(x - b_2)\,\ldots\,\varGamma(x - b_p)}\,. \tag{27}$$

Man ersieht aus dieser Lösung, daß selbst der einfachste Fall linearer Differenzengleichungen, die Gleichungen erster Ordnung mit rationalen Koeffizienten, auf sehr zusammengesetzte Funktionsgebilde führt.

Differenzengleichungen erster Ordnung spielen in der Anwendung unmittelbar keine Rolle. Ihre Bedeutung besteht hauptsächlich darin, daß es in einem oder dem anderen Fall gelingt, von einer Differenzengleichung zweiter Ordnung eine Lösung aufzufinden, so daß die Reduktion der vorgelegten Gleichung zweiter Ordnung auf eine erster Ordnung möglich ist.

Beispiel. Die homogene Differenzengleichung zweiter Ordnung

$$y_{x-1} - 2\,\frac{x^2 + 1}{x^2}\,y_x + y_{x+1} = 0$$

hat die Partikularlösung

$$\eta_x{}^{(1)} = x^2.$$

Um nun die zweite Partikularlösung zu finden, setzen wir gemäß den Ausführungen auf S. 44 in der vorgelegten Gleichung, die wir jetzt in der Form

$$y_x - 2\,\frac{(x + 1)^2 + 1}{(x + 1)^2}\,y_{x+1} + y_{x+2} = 0$$

schreiben wollen,

$$y_x = x^2 z_x\,, \qquad y_{x+1} = (x + 1)^2\, z_{x+1} = (x + 1)^2\,(z_x + \varDelta z_x),$$
$$y_{x+2} = (x + 2)^2\, z_{x+2} = (x + 2)^2\,(z_x + 2\,\varDelta z_x + \varDelta^2 z_x)$$

ein und erhalten, wenn wir nach z_x, $\varDelta z_x$ und $\varDelta^2 z_x$ ordnen,

$$4\,(x + 1)\,\varDelta z_x + (x + 2)^2\,\varDelta^2 z_x = 0$$

oder mit $\varDelta z_x = u_x$

$$(x + 2)^2\, u_{x+1} - x^2 u_x = 0.$$

Die Lösung dieser Gleichung ist aber nach (27)

$$u_x = \frac{[\Gamma(x)]^2}{[\Gamma(x+2)]^2} = \frac{[\Gamma(x)]^2}{x^2(x+1)^2[\Gamma(x)]^2} = \frac{1}{x^2(x+1)^2}.$$

Daraus findet man durch Partialbruchzerlegung

$$z = \mathop{S} \frac{\Delta x}{x^2(x+1)^2} = \mathop{S}\left[-\frac{2}{x}+\frac{2}{x+1}+\frac{1}{x^2}+\frac{1}{(x+1)^2}\right]\Delta x.$$

Die ersten beiden Glieder in der Klammer geben $-\dfrac{2}{x(x+1)}$, die Summe

davon ist nach Formel 6, S. 15, $\dfrac{2}{x}$; weiter ist

$$\mathop{S}\left[\frac{1}{x^2}+\frac{1}{(x+1)^2}\right]\Delta x = \frac{1}{x^2}+2\mathop{S}\frac{\Delta x}{x^2},$$

daher ist

$$z = \frac{2}{x}+\frac{1}{x^2}+2\mathop{S}\frac{\Delta x}{x^2} = \frac{2x+1}{x^2}+2\,\Psi'(x)+\omega_x.$$

Man erhält schließlich die zweite Partikularlösung

$$\eta_x{}^{(2)} = (2x+1)+2x^2\,\Psi'(x)+x^2\,\omega_x$$

und die Gesamtlösung

$$y_x = \omega_1 x^2 + \omega_2[(2x+1)+2x^2\,\Psi'(x)].$$

Bemerkt sei noch, daß für ganzzahlige x die Funktion $\Psi'(x)$ durch

$$\Psi'(x) = \frac{1}{1}+\frac{1}{2^2}+\frac{1}{3^2}+\cdots+\frac{1}{(x-1)^2}$$

definiert ist. In diesem Fall sind statt der periodischen Funktionen $\omega_1(x)$ und $\omega_2(x)$, die Festwerte C_1 und C_2 in die Lösung einzuführen.

27. Differenzengleichungen mit linearem Koeffizienten. Die Transformation von Laplace.

Wir betrachten die lineare, homogene Differenzengleichung n-ter Ordnung

$$(a_0 x + b_0)y_x + (a_1 x + b_1)y_{x+1} + \cdots + (a_n x + b_n)y_{x+n} = 0. \qquad (28)$$

Die durch derartige Gleichungen definierten Funktionen lassen sich, wie wir zeigen werden, durch bestimmte Integrale darstellen. Um zu dieser Integraldarstellung zu gelangen, benützen wir eine Transformation, welche darin besteht, daß für die unbekannte Funktion y_x eine neue $f(t)$ durch die Verknüpfung

$$y_x = \int_p^q t^{x-1} f(t)\, dt \qquad (29)$$

eingeführt wird, wobei die Integrationsgrenzen (oder allgemeiner gesprochen, der Integrationsweg) noch passend zu bestimmen sind. Der Integralansatz (29) rührt von Laplace her, weshalb man ihn auch als Laplacesche Transformation bezeichnet[1]).

---

[1]) Die Bedeutung des in (29) dargestellten bestimmten Integrals für die Lösung linearer Differenzengleichungen liegt in dem Umstand begründet, daß

Führt man (29) in (28) ein, so erhält man zunächst, wenn man die Glieder, die den Faktor x enthalten, und die von x freien Glieder je zusammenfaßt,

$$x\int_p^q t^{x-1}f(t)(a_0+a_1t+\cdots+a_nt^n)dt+\int_p^q t^{x-1}f(t)(b_0+b_1t+\cdots$$
$$+b_nt^n)\,dt=0$$

und mit den abkürzenden Bezeichnungen für die Polynome

$$\psi(t)=a_0+a_1t+\cdots+a_nt^n,$$
$$\varphi(t)=b_0+b_1t+\cdots+b_nt^n,$$
$$\int_p^q t^{x-1}f(t)\varphi(t)\,dt+\int_p^q x\,t^{x-1}f(t)\psi(t)\,dt=0.$$

Die partielle Integration liefert für das zweite Integral

$$\int_p^q x\,t^{x-1}f(t)\,\psi(t)\,dt=\left[t^x f(t)\,\psi(t)\right]_p^q-\int_p^q t^x\frac{d\,[f(t)\,\psi(t)]}{dt}\,dt,$$

womit die vorangehende Gleichung in

$$\int_p^q t^{x-1}\left[f(t)\,\varphi(t)-t\,\frac{d\,[f(t)\,\psi(t)]}{dt}\right]dt+\left[t^x f(t)\,\psi(t)\right]_p^q=0$$

übergeht. Diese Gleichung wird befriedigt, wenn jeder der beiden Summanden, für sich genommen, identisch in x verschwindet. Ist der von x unabhängige Klammerausdruck im linksstehenden Integral für alle Werte von t Null, so wird auch das Integral für alle Werte von t verschwinden. Es muß daher

$$f(t)\,\varphi(t)=t\,\frac{d\,[f(t)\,\psi(t)]}{dt}. \tag{30}$$

Weiter sind die Integrationsgrenzen p und q und der Integrationsweg so zu bestimmen, daß auch

$$\left[t^x f(t)\,\psi(t)\right]_p^q=0 \tag{31}$$

wird.

Wir untersuchen zunächst die erste Bedingung. Aus (30) folgt, wenn man rechts die Ableitung des Produktes bildet,

$$\frac{f'(t)}{f(t)}=\frac{\varphi(t)-t\,\psi'(t)}{t\cdot\psi(t)},$$

diese Integrale durch eine Reihe bemerkenswerter Eigenschaften ausgezeichnet sind. Die Summe zweier Integrale, ebenso das Produkt zweier Integrale ist wieder ein Integral der gleichen Art. Der Differentialquotient und ebenso die Differenz bilden wieder ein Integral gleicher Art. Die Integrale (29) bilden sonach hinsichtlich der genannten Eigenschaften eine Gruppe.

eine Differentialgleichung erster Ordnung für $f(t)$, aus der man

$$\lg f(t) = \int \frac{\varphi(t) - t\,\psi'(t)}{t\,\psi(t)}\,dt = \int \frac{\varphi(t)}{t\,\psi(t)}\,dt - \lg \psi(t)$$

und somit

$$f(t) = \frac{1}{\psi(t)}\, e^{\int \frac{\varphi(t)}{t\,\psi(t)}\,dt}$$

gewinnt. Die Lösung der vorgelegten Differenzengleichung wird somit auf die Integration einer linearen Differentialgleichung erster Ordnung zurückgeführt.

Die Berechnung von $f(t)$ erfordert die Zerlegung des Bruches

$$\frac{\varphi(t)}{t\,\psi(t)} = \frac{b_0 + b_1 t + \cdots + b_n t^n}{t(a_0 + a_1 t + \cdots + a_n t^n)}$$

in Partialbrüche. Hat $\psi(t) = 0$, die sogenannte charakteristische Gleichung, lauter verschiedene, nichtverschwindende Wurzeln, α_1, $\alpha_2 \ldots \alpha_n$, ist also

$$t\,\psi(t) = t(t - \alpha_1)(t - \alpha_2) \ldots (t - \alpha_n),$$

so wird

$$\frac{\varphi(t)}{t\,\psi(t)} = \frac{\beta_0}{t} + \frac{\beta_1}{t - \alpha_1} + \frac{\beta_2}{t - \alpha_2} + \cdots + \frac{\beta_n}{t - \alpha_n},$$

woraus zunächst

$$e^{\int \frac{\varphi(t)}{t\,\psi(t)}\,dt} = t^{\beta_0}(t - \alpha_1)^{\beta_1}(t - \alpha_2)^{\beta_2} \ldots (t - \alpha_n)^{\beta_n}$$

und schließlich bis auf einen willkürlichen konstanten Faktor

$$f(t) = \frac{1}{\psi(t)}\, e^{\int \frac{\varphi(t)}{t\,\psi(t)}\,dt} = t^{\beta_0}(t - \alpha_1)^{\beta_1 - 1}(t - \alpha_2)^{\beta_2 - 1} \ldots (t - \alpha_n)^{\beta_n - 1} \qquad (32)$$

hervorgeht. Damit ist die Funktion $f(t)$ festgelegt.

Ist der Zähler $\varphi(t)$ ein Polynom gleicher oder höherer Ordnung als der Nenner $t\,\psi(t)$, so tritt bei der Partialbruchzerlegung eine ganze Funktion $g(t)$ auf, die bei der Integration eine ganze rationale Funktion $r(t) = \int g(t)\,dt$ liefert. $f(t)$ enthält dann noch einen weiteren Faktor von der Form $e^{r(t)}$. Entspringt der charakteristischen Gleichung eine k-fache Wurzel α_s, dann tritt in $f(t)$ ein Faktor

$$e^{\frac{\beta'}{t - \alpha_s} + \frac{\beta''}{(t - \alpha_s)^2} + \cdots + \frac{\beta^{(k-1)}}{(t - \alpha_s)^{k-1}}}$$

auf.

Es erübrigt noch die Erfüllung der zweiten Bedingung, Gl. (31), d. i. die Festlegung der Grenzen p und q derart, daß

$$[t^x f(t)\,\psi(t)]_p^q = 0$$

wird. Damit wollen wir uns nun näher beschäftigen.

a) Wir setzen zunächst voraus, daß bei der Partialbruchzerlegung keine ganze rationale Funktion auftritt und daß alle Wurzeln α der charakteristischen Gleichung voneinander verschieden sind.

Führt man den Ausdruck (32) in (31) ein, so erhält man die Bedingung

$$[t^{x+\beta_0}(t-\alpha_1)^{\beta_1}(t-\alpha_2)^{\beta_2}\ldots(t-\alpha_n)^{\beta_n}]_p^q = 0. \tag{33}$$

Die α und β können positiv oder negativ, ganze oder gebrochene, reelle oder komplexe Zahlen sein, dementsprechend wird auch der Klammerausdruck, den wir kurz mit K bezeichnen wollen, eine mit t^x multiplizierte ganze oder gebrochene, rationale oder irrationale Funktion sein. Die Festlegung der Grenzen p und q und des Integrationsweges für das Integral (29) ist daher ganz von dem funktionentheoretischen Verhalten der Funktion K abhängig.

1. Sind die reellen Teile von $\beta_1, \beta_2 \ldots \beta_n$ positiv, so besitzt K $(n+1)$ verschiedene Nullstellen, nämlich $\alpha = 0$ oder ∞, je nachdem $\Re(x+\beta_0) > 0$ oder $\Re(x+\beta_0+\beta_1+\cdots+\beta_n) < 0$ ist, sowie die Nullstellen $\alpha_1, \alpha_2 \ldots \alpha_n$.[1]) Man wählt daher als untere Grenze $p = 0$ oder $p = \infty$, als obere Grenze der Reihe nach $q = \alpha_1, \alpha_2 \ldots \alpha_n$, wobei der Integrationsweg beliebig ist. K verschwindet dann an beiden Grenzen, wodurch die Bedingung (33) erfüllt erscheint. Man gewinnt auf diese Weise n Integrale, die die n voneinander verschiedenen Partikularlösungen der vorgelegten Differenzengleichung n-ter Ordnung vorstellen. Die Lösungen lauten somit, wenn $\omega(x)$ eine periodische Konstante vorstellt,

$$y_x^{(\nu)} = \omega^{(\nu)}(x)\int_{\alpha_0}^{\alpha_\nu} t^{x+\beta_0-1}(t-\alpha_1)^{\beta_1-1}\ldots(t-\alpha_n)^{\beta_n-1}\,dt, \quad (\nu = 1, 2 \ldots n) \tag{34}$$

Sind einzelne Nullstellen wesentlich singuläre Stellen, so empfiehlt es sich, die unter 2. dargelegten geschlossenen Integrationswege zu verwenden.

2. Treten in (33) einzelne β mit negativen Realteilen auf, d. h. besitzt K nur p Nullstellen $\alpha_0, \alpha_1 \ldots \alpha_{p-1}$, während $\alpha_p, \alpha_{p+1} \ldots \alpha_n$ Pole oder wesentlich singuläre Unendlichkeitsstellen von K sind, so wählt man für die $p-1$ Lösungen, genau wie vor, die unteren Grenzen $p = 0$ oder ∞, (je nachdem $\Re(x+\beta_0) > 0$ oder $\Re(x+\beta_0+\beta_1+\cdots+\beta_n) < 0$, sowie die oberen Grenzen $q = \alpha_1, \alpha_2, \ldots \alpha_{p-1}$, während man zur

---

[1]) Daß nur die Realteile von β für das Auftreten von Nullstellen in Frage kommen, geht daraus hervor, daß $(t-\alpha)^\beta = (t-\alpha)^{a+bi} = (t-\alpha)^a \cdot (t-\alpha)^{bi} = (t-\alpha)^a \cdot e^{i\varphi}$, wo $\varphi = b\lg(t-\alpha)$. Der zweite Faktor ist aber eine periodische Funktion, die nirgends verschwindet oder unendlich wird. Das Auftreten einer Nullstelle in $(t-\alpha)^\beta$ hängt somit nur vom Realteil a der Zahl β ab.

Aufstellung der restlichen $(n - p + 1)$ Lösungen auf geschlossene Integrationswege, sogenannte Schleifenwege angewiesen ist. Da eine Nullstelle unbedingt vorhanden ist, nämlich $\alpha_0 = 0$ oder ∞, so gehen wir von dieser Stelle aus, umfahren den Punkt $\alpha_{p+\nu}$ und kehren wieder nach $\alpha_0 = 0$ oder ∞ zurück. Siehe Abb. 10. K verschwindet auf diesem Wege, während das Integral (29), da der Integrationsweg einen singulären Punkt umschließt, im allgemeinen von Null verschieden ist. Man erhält so für jedes $\alpha_{p+\nu}$ zwei Integrale, wovon das eine die Lösung für Werte von $x > - \Re(\beta_0)$, das andere die Lösung für Werte von

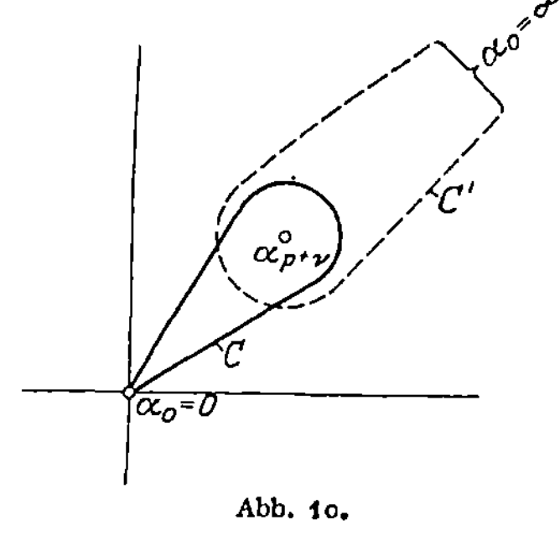

$$x < - \Re(\beta_0 + \beta_1 + \cdots + \beta_n)$$

darstellt. Auf diese Weise gelangt man wieder zu insgesamt n Integralen, die die n Partikularlösungen der Differenzengleichung vorstellen. Sind aber noch andere Nullstellen neben α_0 vorhanden, ist also $p > 1$, so ist es vorteilhafter, die Schleifen von einer dieser Nullstellen ausgehen und wieder dahin zurückkehren zu lassen, da die über derartige Schleifen erstreckten Integrale in der ganzen Zahlenebene gelten. Die Schleifen sind in allen Fällen so zu legen, daß sie keinen der übrigen Punkte α einschließen bzw. durch keinen derselben hindurchgehen.

Die den β mit negativen Realteilen entsprechenden Lösungen haben die Form

$$y_x^{(p+\nu)} = \omega^{(p+\nu)}(x) \int_C t^{x+\beta_0-1}(t-\alpha_1)^{\beta_1} \ldots (t-\alpha_n)^{\beta_n} dt,$$

$$(\nu = 1, 2 \ldots n - p + 1) \,. \qquad (35)$$

C bedeutet den vorangehend näher erörterten Schleifenweg.

b) Tritt bei der Partialbruchzerlegung eine k-fache Wurzel auf, so nimmt das entsprechende Glied in K, zu dem jetzt k Lösungen gehören, die Form

$$(t - \alpha_s)^\beta e^{\frac{\beta'}{t-\alpha_s} + \frac{\beta''}{(t-\alpha_s)^2} + \cdots + \frac{\beta^{(k-1)}}{(t-\alpha_s)^{k-1}}}$$

an. α_s ist jetzt ein wesentlich singulärer Punkt der Funktion K. Der von α_s abhängige Teil von K bewirkt nun, daß sich um den singulären Punkt herum $2(k - 1)$ Sektoren abgrenzen lassen, in dem die Funktion K bei Annäherung an den singulären Punkt α_s abwechselnd gegen 0 und ∞ konvergiert. Dieses Verhalten von K wollen wir uns zunächst klar machen. Maßgebend für die Eigenschaften dieser Funktion in der Umgebung des singulären Punktes α_s ist das Verhalten des Faktors $e^{\dfrac{\beta^{(k-1)}}{(t-\alpha_s)^{k-1}}}$. Läuft t in einem Kreise um den singulären

Punkt α_s einmal herum, so wechselt die Funktion $\dfrac{1}{(t-\alpha_s)^{k-1}}$ $2\,(k-1)$-mal

ihr Vorzeichen. Es bestehen sonach $(k-1)$ Sektoren, in denen $\dfrac{1}{(t-\alpha_s)^{k-1}}$

negativ ist, und nähert man sich in einem solchen Sektor dem Punkte α_s,

so strebt $\dfrac{1}{(t-\alpha_s)^{k-1}}$ gegen $-\infty$, demnach ist $\lim\limits_{t\to\alpha_s} e^{\dfrac{\beta^{(k-1)}}{(t-\alpha_s)^{k-1}}}=0$. Ebenso

findet man, daß in den $(k-1)$ Sektoren, in denen $\dfrac{1}{(t+\alpha_s)^{k-1}}$ positiv

ist, bei Annäherung an den singulären Punkt $\dfrac{1}{(t-\alpha_s)^{k-1}} \to +\infty$ geht,

weshalb $\lim\limits_{t\to\alpha_s} e^{\dfrac{\beta^{(k+1)}}{(t-\alpha_s)^{k-1}}} = \infty$.

Der Klammerausdruck K konvergiert sonach gegen Null, wenn man sich innerhalb eines Nullsektors dem singulären Punkte α_s nähert.

Wir legen demnach jede Integrations-schleife derart, daß sie in einem Null-sektor von α_s ausgeht, den benachbarten ∞-Sektor durchsetzt und im darauffolgen-den Nullsektor wieder nach α_s zurück-kehrt. In Abb. 11 ist der Fall $(k-1)$ $=2$ dargestellt. Man gewinnt so $(k-1)$ Integrale, denen $(k-1)$ Partikularlösun-gen entsprechen. Die k-te zu α_s gehörende Partikularlösung, die dem bisher nicht berücksichtigten Faktor $(t-\alpha_s)^\beta$ ent-spricht, bestimmt man wie oben unter a) 1. oder a) 2. angegeben. Die $(k-1)$ Lö-

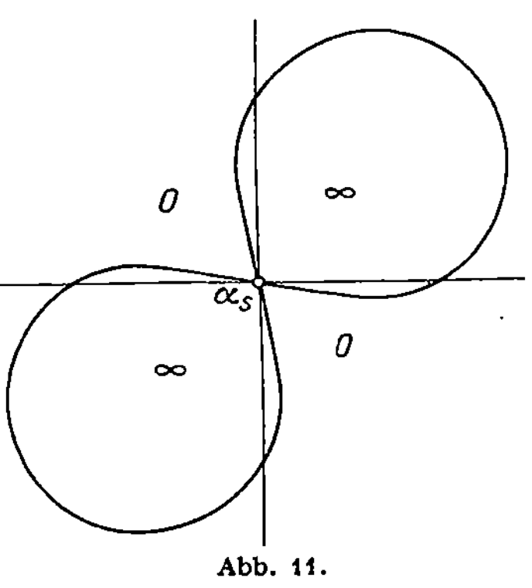

Abb. 11.

sungen haben wieder die Form (35), wobei C den hier erörterten Integrationsweg darstellt.

c) Tritt in K noch ein Faktor $e^{r(t)}$ auf, wo $r(t)$ eine ganze rationale Funktion von t ist (s. S. 130), so kann man durch die Trans-formation $t=\dfrac{1}{u}$ den eben behandelten Fall b) herstellen und die zu-gehörenden Integrale ermitteln. Ist $r(t)$ vom Grade ν, so erhält man ν unabhängige Lösungen, die aus $r(t)$ entspringen.

Wir haben die Integrationswege hier ausführlich erörtert, um dar-zulegen, daß in allen Fällen der Bedingung (31) Genüge geleistet werden kann und daß in allen Fällen ein vollständiges Fundamental-system der Lösungen erhalten wird. Im Einzelfalle können dort, wo dies zweckmäßig ist, auch andere Integrationswege eingeschlagen werden. Die so ermittelten Lösungen hängen mit den auf den hier erörterten Integrationswegen berechneten Lösungen linear zusammen, wobei aber die Koeffizienten dieser linearen Zusammenhänge periodische Funktionen mit der Periode 1 sind. Häufig erweist sich auch eine Variabelntransformation als sehr vorteilhaft.

Auf dem eben dargelegten Wege erhält man im allgemeinen zwei Lösungssysteme, von denen das eine gültig ist, für $x > - \Re(\beta_0)$, das andere für $x < - \Re(\beta_0 + \beta_1 + \cdots + \beta_n)$. Jedes dieser beiden Lösungssysteme kann mittels der durch die Differenzengleichung ausgedrückten Funktionalbeziehung in das Gebiet des anderen Lösungssystems analytisch fortgesetzt werden. Durch die Differenzengleichung ist auch der lineare Zusammenhang zwischen den beiden Lösungssystemen hergestellt.

Mit Hilfe der Laplaceschen Transformation lassen sich auch Gleichungen mit beliebigen ganzen rationalen Koeffizienten behandeln, doch gehen wir mit Rücksicht auf die Schwierigkeit des Gegenstandes nicht näher darauf ein.

Lösung der Gleichung $y_{x+1} - xy_x = 0$. Wir wollen das eben geschilderte Verfahren zunächst an einem sehr einfachen Fall, an der bereits in 26 behandelten Differenzengleichung der Γ-Funktion darlegen.

Wenn wir die vorgelegte Gleichung in der Anordnung der Gl. (28) schreiben,

$$(- x + 0)\,y_x + (0 \cdot x + 1)\,y_{x+1} = 0,$$

so ist

$$\psi(t) = -1 \quad \text{und} \quad \varphi(t) = t;$$

sonach

$$\frac{\varphi(t)}{t\psi(t)} = \frac{t}{-t} = -1.$$

$\dfrac{\varphi\,t}{t\,\psi(t)}$ reduziert sich hier auf eine ganze rationale Funktion, weshalb

$$f(t) = -e^{-t}.$$

Die Integrationsgrenzen sind aus der Bedingung

$$[t^x e^{-t}]_p^q = 0$$

zu entnehmen. Der Klammerausdruck verschwindet, solange x positiv ist, für $t = 0$. Damit ist die eine Grenze festgelegt. Er verschwindet aber auch für $t = \infty$, da $\lim\limits_{t \to \infty} t^x e^{-t} = 0$. Die gesuchte Partikularlösung der Differenzengleichung lautet daher für $x > 0$

$$y_x = \int_0^\infty t^{x-1} e^{-t}\, dt. \tag{36}$$

Das ist aber bekanntlich das als Γ-Funktion bezeichnete zweite Eulersche Integral. Die allgemeine Lösung ist dann

$$y_x = \omega(x) \cdot \Gamma(x). \qquad\qquad (x > 0)$$

Das in (26) dargestellte unendliche Produkt für die Γ-Funktion ist allgemeiner als die Integraldarstellung (36), da es für positive und negative Werte von x gilt.

Die Differenzengleichung der Zylinderfunktionen. Wir betrachten als weiteres Beispiel die Gleichung

$$y_{x-1} + 2(ax+b)y_x + y_{x+1} = 0, \qquad\qquad (37)$$

der wir, um sie in Einklang mit der den allgemeinen Erörterungen auf S. 128 zugrunde gelegten Gleichung (28) zu bringen, die Form

$$y_x + 2(ax+a+b)y_{x+1} + y_{x+2} = 0$$

geben. Es ist nun

$$\psi(t) = 2at \quad \text{und} \quad \varphi(t) = 1 + 2(a+b)t + t^2,$$

woraus

$$\frac{\varphi(t)}{t\,\psi(t)} = \frac{1 + 2(a+b)t + t^2}{2at^2} = \frac{1}{2a}\left[1 + \frac{2(a+b)}{t} + \frac{1}{t^2}\right]$$

und

$$\int \frac{\varphi(t)}{t\,\psi(t)}\,dt = \frac{1}{2a}\left(t - \frac{1}{t}\right) + \frac{a+b}{a}\lg t$$

folgt. Sonach ist

$$f(t) = \frac{t^{\frac{b}{a}}}{2a} \cdot e^{\frac{1}{2a}\left(t-\frac{1}{t}\right)}.$$

Damit erhalten wir die Lösung

$$y_x = \frac{1}{2a}\int_p^q t^{x+\frac{b}{a}-1}\, e^{\frac{1}{2a}\left(t-\frac{1}{t}\right)}\,dt,$$

wenn der Integrationsweg so gewählt wird, daß

$$\mathsf{K} = \left[t^{x+\frac{b}{a}} \cdot e^{\frac{1}{2a}\left(t-\frac{1}{t}\right)}\right]_p^q = 0. \quad (38)$$

Wir nehmen zunächst $a < 0$ an. Dann verschwindet der Klammerausdruck für $t = \infty$ wegen $\lim\limits_{t\to\infty} e^{\frac{t}{2a}} = 0$,

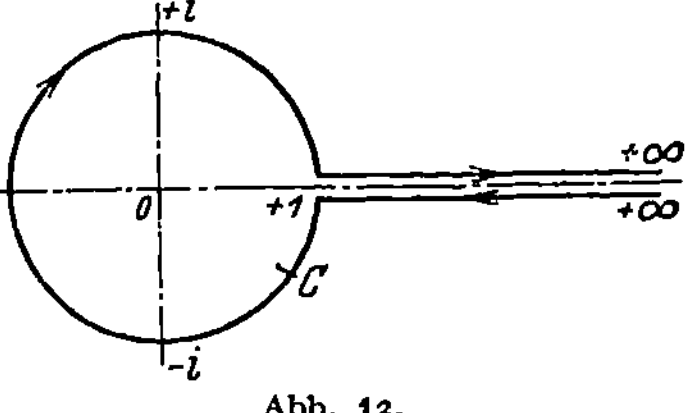

Abb. 12.

da e^t stärker unendlich wird als jede Potenz von t. Da $t = 0$ ein wesentlich singulärer Punkt der Funktion K ist, so wählen wir den Integrationsweg C so, daß er den Punkt $t = 0$ umschließt und an beiden Enden den gleichen Wert, und zwar

Null hat, die Enden also in $t = +\infty$ liegen[1]. In Abb. 12 ist der Integrationsweg dargestellt. Der Weg geht von $+\infty$ aus, verläuft oberhalb der positiven reellen Achse, umläuft den Punkt Null auf dem Einheitskreis und kehrt dann wieder unterhalb der positiven reellen x-Achse nach $+\infty$ zurück. Damit ist die eine Lösung

$$y_x^{(1)} = \frac{1}{2a} \int_C t^{x+\frac{b}{a}-1} e^{\frac{1}{2a}\left(t-\frac{1}{t}\right)} dt \tag{39}$$

gefunden.

Um zu einer zweiten Lösung zu gelangen, wählen wir unter Bezugnahme auf die Ausführungen unter b), Seite 132 den in Abb. 13 dargestellten Schleifenweg. Beachtet man, daß $\frac{1}{t}$ in dem Faktor $e^{-\frac{1}{2at}}$ zweimal sein Vorzeichen wechselt, wenn t im Einheitskreis um Null herumläuft, so erkennt man, daß bei Annäherung an den Nullpunkt in der positiven

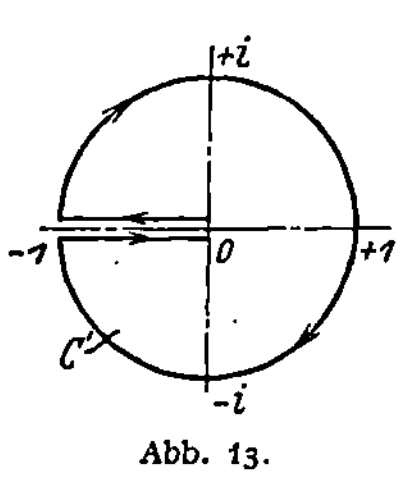

Abb. 13.

Halbebene $e^{-\frac{1}{2at}} \to \infty$ und bei Annäherung an den Nullpunkt in der negativen Halbebene $e^{-\frac{1}{2at}} \to 0$ konvergiert $(a < 0)$. Die Funktion K wird daher Null, wenn wir einen Weg wählen, der vom Nullpunkt ausgehend, oberhalb der negativen reellen Achse bis zum Einheitskreis, von -1 entlang diesem läuft und unterhalb der negativen reellen Halbachse wieder in Null zurückkehrt. Wir bezeichnen diesen Weg mit C'. Sonach lautet die zweite Lösung

$$y_x^{(2)} = \frac{1}{2a} \int_{C'} t^{x+\frac{b}{a}-1} e^{\frac{1}{2a}\left(t-\frac{1}{t}\right)} dt . \tag{39'}$$

Um nun diese beiden Lösungen durch bekannte Transzendenten zu definieren, führen wir eine einfache Variabelntransformation, nämlich $t = -u$ in (39) und $t = \frac{1}{u}$ in (39') durch. Die zugehörigen Integrationswege sind dann die Abbildungen der Wege C und C' auf die u-Ebene.

Man erhält so aus (39) mit $t = -u$

$$y_x^{(1)} = \frac{(-1)^{x+\frac{b}{a}}}{2a} \int_L u^{-\left[-\left(x+\frac{b}{a}\right)+1\right]} e^{-\frac{1}{2a}\left(u-\frac{1}{u}\right)} du \tag{40}$$

---

[1]) Der Integrationsweg umschließt den von o nach ∞ geführten Verzweigungsschnitt der Funktion K.

und aus (39') mit $t = \dfrac{1}{u}$

$$y_x^{(2)} = \frac{-1}{2a} \int\limits_L u^{-\left[x+\frac{b}{a}+1\right]} e^{-\frac{1}{2a}\left(u-\frac{1}{u}\right)} \, du. \qquad (40')$$

Die Abbildungen der Wege C und C' (Abb. 12 und 13) auf die u-Ebene liefern in beiden Fällen, wie man sich leicht überzeugt, die in der Abb. 14 veranschaulichte Schleife L, weshalb beide Integrale (40) und (40') über den gleichen Weg L zu nehmen sind.

Nun ist aber

$$\frac{1}{2\pi i} \int\limits_L e^{\frac{z}{2}\left(u-\frac{1}{u}\right)} u^{-(\lambda+1)} \, du$$

die bekannte Bessel-Funktion $J_\lambda(z)$[1] Daher lauten unsere Lösungen

$$y_x^{(1)} = \frac{(-1)^{x+\frac{b}{a}}\pi i}{a} J_{-\left(x+\frac{b}{a}\right)}\left(-\frac{1}{a}\right) = \frac{\pi i}{a} J_{-\left(x+\frac{b}{a}\right)}\left(\frac{1}{a}\right), \qquad (41)$$

$$y_x^{(2)} = -\frac{\pi i}{a} J_{\left(x+\frac{b}{a}\right)}\left(-\frac{1}{a}\right). \qquad (41')$$

n den Funktionen J ist hier die Ordnungszahl mit x veränderlich, das Argument aber fest. Wir haben bisher $a < 0$ vorausgesetzt: Hätte man $a > 0$ angenommen, so hätte man nach entsprechender Abänderung der Integrationswege (Spiegelung an der imaginären Achse) schließlich die gleichen Lösungen erhalten. Die Lösungen gelten demnach für jedes a. Die

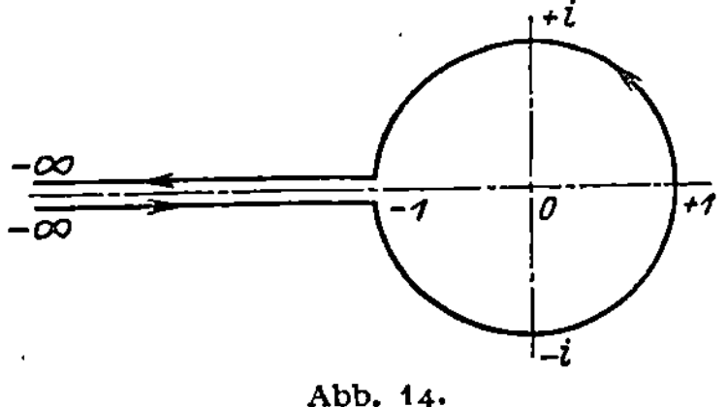

Abb. 14.

beiden Lösungen sind im allgemeinen, wie aus der Theorie der Bessel-Funktion bekannt ist, voneinander linear unabhängig. Dies trifft aber nicht mehr zu, wenn λ, also $x + \dfrac{b}{a}$ eine ganze Zahl ist. In diesem Falle werden (41) und (41') miteinander identisch. Man erkennt dies leicht aus den ursprünglichen Lösungen (39) und (39'), da in diesem Falle $0 \to \infty$ kein Verzweigungsschnitt mehr ist. Die Integrationswege C und C' können einfach auf einen Kreis um den Nullpunkt zusammengezogen werden, womit beide Integrale gleich werden.

Eine zweite Lösung kann in diesem Falle durch einen Grenzübergang gewonnen werden, den wir hier nicht näher darlegen. Man ge-

[1] Siehe z. B. Courant-Hilbert: Die Methoden der mathematischen Physik, Bd. I., S. 391. Berlin 1924.

winnt hierdurch eine neue Funktion, die **Besselsche Funktion zweiter Art**, die für beliebige λ gilt, und die wir nur kurz anführen.

$$Y_\lambda(z) = \frac{1}{\sin \lambda \pi} J_{-\lambda}(z) - \cotg \lambda \pi \, J_\lambda(z). \tag{42}$$

Man erkennt ohne weiteres, daß auch (42) eine Lösung unserer Differenzengleichung ist, weil sie aus den beiden Lösungen (41) und (41') mit Hilfe der beiden periodischen Funktionen $\frac{(-1)^\lambda}{\sin \lambda \pi}$ und $\cotg \lambda \pi$, die die Periode 1 besitzen, linear zusammengesetzt ist, da die erste Hälfte in $Y_\lambda(z)$ auch in der Form $\frac{(-1)^\lambda}{\sin \pi \lambda} J_{-\lambda}(-z)$ geschrieben werden kann.

Im folgenden Abschnitt **28** werden wir die hier erörterte Differenzengleichung auf einen anderen Weg behandeln, der uns auf die Reihendarstellung der **Besselschen Funktion** führen wird.

Nichthomogene Gleichungen. Wir beschränken unsere Betrachtungen auf den Fall, daß die rechte Seite der Gleichung das Produkt aus einer ganzen rationalen Funktion von x und aus c^x ist. c ist eine reelle oder komplexe Konstante. Liegt also eine Gleichung von der Form

$$\sum_{i=0}^{n} (a_i x + b_i)\, y_{x+i} = g(x)\, c^x \tag{43}$$

vor, wobei $g(x)$ eine ganze rationale Funktion m-ten Grades von x ist[1]), so führt man durch die Substitution

$$y_x = (\gamma_0 + \gamma_1 x + \cdots \gamma_{m-1} x^{m-1})\, c^x + z_x$$

eine neue unbekannte Funktion z_x ein, und man erkennt, ohne auf die Rechnung selbst einzugehen, daß in Gl. (43) links eine mit c^x multiplizierte rationale Funktion vom Grade m entsteht, die wir mit $c^x G(x)$ bezeichnen wollen, so daß Gl. (43) die Form

$$\sum_{i=0}^{n} (a_i x + b_i)\, z_{x+i} + c^x\, G(x) = g(x)\, c^x$$

annimmt. Da wir m willkürliche γ-Werte angenommen haben, so können wir diese so wählen, daß sich die Glieder, die x enthalten, in $G(x)$ und $g(x)$ wegkürzen, so daß rechts nur ein Glied $\varkappa c^x$, wo $\varkappa$ einen Festwert bedeutet, zurückbleibt. Wir haben dann die Gleichung

$$\sum_{i=0}^{n} (a_i x + b_i)\, z_{x+i} = \varkappa \, c^x \tag{44}$$

aufzulösen.

Wir setzen ähnlich wie bei den homogenen Gleichungen als Partikularlösung der vollständigen Gleichung

---

[1]) Ist die rechte Seite von der Form $\sum g(x)\, c^x$, so bestimmt man die Partikularlösung für jedes einzelne Summenglied getrennt.

$$y_x = \lambda \int_p^q t^{x-1} f(t)\, dt$$

an, worin λ eine noch zu bestimmende Konstante ist. Die Einführung dieser Lösung in Gl. (44) liefert mit den gleichen Bezeichnungen wie auf S. 129 die Beziehung

$$\lambda \int_p^q t^{x-1} \left[f(t)\, \varphi(t) - t\, \frac{d\,[f(t)\, \psi(t)]}{dt} \right] dt + \lambda \left[t^x f(t)\, \psi(t) \right]_p^q = \varkappa\, c^x . \qquad (45)$$

Es soll nun der erste Teil dieses Ausdrucks, wie früher, Null werden, woraus sich $f(t)$ in der gleichen Weise wie oben ergibt. Die Integrationsgrenzen p und q sind so zu wählen, daß

$$\lambda \left[t^x f(t)\, \psi(t) \right]_p^q = \varkappa\, c^x \qquad (46)$$

wird. Wenn c keine Wurzel der Gleichung $\psi(t) = 0$ ist, wird dies erreicht, wenn man $q = c$ setzt und für p irgend eine der immer vorhandenen Nullstellen der linken Seite von Gl. (46) (siehe die bezüglichen Erläuterungen auf S. 131) wählt. Wir bezeichnen diese Nullstelle wie früher mit α_0. Man erhält dann

$$\lambda \left[t^x f(t)\, \psi(t) \right]_{\alpha_0}^c = \lambda \left[c^x f(c)\, \psi(c) \right] = \varkappa\, c^x$$

und daraus

$$\lambda = \frac{\varkappa}{f(c)\, \psi(c)} .$$

Die Partikularlösung heißt dann

$$y_x = \frac{\varkappa}{f(c)\, \psi(c)} \int_{\alpha_0}^c t^{x-1} f(t)\, dt . \qquad (47)$$

Stimmt c ausnahmsweise mit einer der einfachen Wurzeln der charakteristischen Gleichung $\psi(t) = 0$ überein, so hat, wie wir gleich nachweisen werden, die Differenzengleichung (44) die einfache Lösung $\lambda\, c^x$. In diesem Falle ist nämlich

$$\psi(c) = a_0 + a_1 c + \cdots + a_n c^n = 0 ,$$

und nach Eintragen der Lösung $\lambda\, c^x$ in die Differenzengleichung bleibt

$$(b_0 + b_1 c + \cdots b_n c^n)\, \lambda\, c^x = \varkappa\, c^x$$

oder

$$\varphi(c)\, \lambda = \varkappa$$

zurück, woraus

$$\lambda = \frac{\varkappa}{\varphi(c)}$$

folgt. Hierbei wurde vorausgesetzt, daß $\varphi(c)$ selbst nicht verschwindet.

In allen anderen Ausnahmefällen, wo c eine r-fache Wurzel von $\psi(t)$ und eine s-fache Wurzel von $\varphi(t)$ ist, gilt folgendes:

1. Ist $r > s$, so ist $\lambda c^x x^s$ eine Partikularlösung der Gleichung (44). Der Festwert λ ist durch Einsetzen in die Differenzengleichung zu bestimmen[1]).

2. Ist $r < s$, so erhält man durch Ersetzen von x durch $x+1$ eine Gleichung, in der, wie man leicht nachrechnet, an Stelle $\varphi(t)$ die Summe $\varphi(t) + \psi(t)$ tritt. Die Summe dieser beiden Funktionen hat aber nur mehr eine r-fache Nullstelle, so daß der Fall $s > r$ auf den Fall $s = r$ zurückgeführt werden kann.

3. Ist aber $s = r$, so ist zunächst eine Umformung der Differenzengleichung notwendig. Durch die Transformation $y_x = c^x u_x$ schaffen wir den auf der rechten Seite stehenden Faktor c^x weg. $\psi(t)$ und $\varphi(t)$ haben dann die mehrfache Wurzel 1. Unsere Gleichung hat also jetzt die Form

$$\sum_{i=0}^{n} (a_i' x + b_i') u_{x+i} = \varkappa \,.$$

Jede ganze Funktion $(r-1)$-ster Ordnung ist jetzt Lösung der homogenen Gleichung. Drückt man daher die u_{x+i} durch die Differenzen $\varDelta^n u_x$, $\varDelta^{n-1} u_x \ldots u_x$ aus, so muß es sich zeigen, daß die Koeffizienten von $\varDelta^{r-1} u_x \ldots u_x$ verschwinden. Führt man nun die Transformation $\varDelta^r u_x = v_x$ durch, so gelangt man zu einer normalen Gleichung für v_x. Aus v_x gewinnt man dann u_x bzw. y_x.

28. Differenzengleichungen zweiter Ordnung von der Form

$$y_{x-1} - \varphi(x) y_x + y_{x+1} = 0\,.$$

Es ist natürlich nicht möglich, eine lineare symmetrische Differenzengleichung

$$y_{x-1} - \varphi(x) y_x + y_{x+1} = 0 \qquad (48)$$

bei beliebiger Gestaltung des Beiwertes $\varphi(x)$ allgemein zu lösen. Wir wollen daher in diesem Abschnitt einen indirekten Weg einschlagen, indem wir einen genügend allgemein gehaltenen Ansatz für die Lösung der Gl. (48) aufstellen, und erst nachträglich jene Funktionen $\varphi(x)$ und damit jene Differenzengleichungen mit dem mittleren Beiwert $\varphi(x)$ bestimmen, für die dieser Ansatz eine Lösung darstellt. Wir werden finden, daß unsere Differenzengleichung von dem vorgeschlagenen Lösungsansatz in jenen Fällen befriedigt wird, in denen $\varphi(x)$ selbst

---

[1]) In diesem allgemeineren Fall ist der bereits erörterte Ausnahmefall, wo c eine einfache Wurzel von $\psi(t)$ ist, während $\varphi(c)$ nicht verschwindet, bereits enthalten. Es ist der Fall $r = 1$, $s = 0$.

einer symmetrischen Differenzengleichung zweiter Ordnung mit konstanten Koeffizienten genügt, d. h. wenn $\varphi(x)$ eine der Funktionen $A e^{ax} + B e^{-ax}$, $A \operatorname{\mathfrak{Col}} \alpha x + B \operatorname{\mathfrak{Sin}} \alpha x$ darstellt, wo A und B beliebige Festwerte sind, α reell oder komplex ist[1]).

Wir gehen von der Gleichung

$$y_{x-1} - c\,\varphi(x)\,y_x + y_{x+1} = 0 \tag{49}$$

aus, wo der Bereich von x zunächst auf eine Folge kongruent gelegener Punkte beschränkt sei. Wir setzen nun eine Partikularlösung in der Form einer bestimmten Summe

$$y_x = \overset{x-\eta}{\underset{0}{\mathsf{S}}}\left[\cos\frac{\nu\pi}{2} \overset{x-\eta-\nu}{\underset{\lambda=1}{\prod}} c\,\varphi\left(\frac{\nu}{2}+\eta+\lambda\right)\frac{f\left(\frac{\nu}{2}+\lambda\right)}{f(\lambda)}\right]\varDelta\nu \tag{50}$$

an, wobei die vorerst unbekannte Funktion $f(t)$ so zu bestimmen sein wird, daß y_x die Gl. (49) in x und η identisch befriedigt. Über η, das nur so beschaffen sein muß, daß $x - \eta$ eine ganze Zahl $\gtreqless 0$ ist, werden wir später verfügen. Die die Lösung y_x definierende Summe hat $x - \eta$ Glieder, siehe die Fußnote S. 7, wobei die den ungeraden ν entsprechenden Glieder wegen des Faktors $\cos\dfrac{\nu\pi}{2}$ verschwinden. Der kleinste Wert, den die obere Grenze der Summe annehmen kann, sei voraussetzungsgemäß $x - \eta = 0$; es gilt dann $\overset{0}{\underset{0}{\mathsf{S}}} = 0$. Unter dem

endlichen Produkt $\overset{x-\eta-\nu}{\underset{\lambda=1}{\prod}}\psi(\lambda)$ verstehen wir die Faktorenfolge

$$\psi(x-\eta-\nu-1)\,\psi(x-\eta-\nu-2)\ldots\psi(1).$$

Außerdem sei $\overset{1}{\underset{\lambda=1}{\prod}} = 1$.

Die oben vorgeschlagene Form für die Lösung y_x wurde auf folgendem Wege gewonnen: Ermittelt man aus dem Gleichungssystem (49) durch schrittweise Elimination y_x als Funktion von zwei Ausgangswerten y_η und $y_{\eta+1}$, so erhält man y_x in der Gestalt

$$y_x = \varPhi_1(x)\,y_\eta + \varPhi_2(x)\,y_{\eta+1}.$$

Es ist nun klar, daß die Beiwerte $\varPhi_1$ und $\varPhi_2$ Partikularlösungen der Differenzengleichung (49) darstellen. Gl. (50) stellt nun nichts anderes als einen aus dem allgemeinen Aufbau der Beiwerte $\varPhi_1$ und $\varPhi_2$ des Eliminationsergebnisses abgeleiteten vereinfachten Funktionsansatz vor.

---

[1]) Die in diesem Abschnitt dargelegte Methode und die Ergebnisse sind einer unveröffentlichten Arbeit meines Sohnes Hans entnommen.   Bleich.

Um nun $f(t)$ zu ermitteln, führen wir den Lösungsansatz (50) in die vorgelegte Differenzengleichung (49) ein und gewinnen zunächst

$$\overset{x-\eta-1}{\underset{0}{\mathbb{S}}}\left[\cos\frac{\nu\pi}{2}\overset{x-\eta-\nu-1}{\underset{\lambda=1}{\prod}}c\,\varphi\left(\frac{\nu}{2}+\eta+\lambda\right)\frac{f\left(\frac{\nu}{2}+\lambda\right)}{f(\lambda)}\right]\varDelta\nu$$
$$-c\,\varphi(x)\overset{x-\eta}{\underset{0}{\mathbb{S}}}\left[\cos\frac{\nu\pi}{2}\overset{x-\eta-\nu}{\underset{\lambda=1}{\prod}}c\,\varphi\left(\frac{\nu}{2}+\eta+\lambda\right)\frac{f\left(\frac{\nu}{2}+\lambda\right)}{f(\lambda)}\right]\varDelta\nu \qquad (51)$$
$$+\overset{x-\eta+1}{\underset{0}{\mathbb{S}}}\left[\cos\frac{\nu\pi}{2}\overset{x-\eta-\nu+1}{\underset{\lambda=1}{\prod}}c\,\varphi\left(\frac{\nu}{2}+\eta+\lambda\right)\frac{f\left(\frac{\nu}{2}+\lambda\right)}{f(\lambda)}\right]\varDelta\nu=0.$$

Die erste dieser drei Summen formen wir zweckmäßig in der Weise um, daß wir die Summenvariable ν durch $\nu'-2$, also auch $\varDelta\nu$ durch $\varDelta\nu'$ ersetzen, schreiben aber wieder ν statt ν', und erhalten somit

$$\overset{x-\eta-1}{\underset{0}{\mathbb{S}}}\left[\cos\frac{\nu\pi}{2}\overset{x-\eta-\nu-1}{\underset{\lambda=1}{\prod}}c\,\varphi\left(\frac{\nu}{2}+\eta+\lambda\right)\frac{f\left(\frac{\nu}{2}+\lambda\right)}{f(\lambda)}\right]\varDelta\nu=$$
$$=\overset{x-\eta+1}{\underset{2}{\mathbb{S}}}\left[-\cos\frac{\nu\pi}{2}\overset{x-\eta-\nu+1}{\underset{\lambda=1}{\prod}}c\,\varphi\left(\frac{\nu}{2}+\eta+\lambda-1\right)\frac{f\left(\frac{\nu}{2}+\lambda-1\right)}{f(\lambda)}\right]\varDelta\nu.$$

Zerlegt man nun die Summen in Gl. (51) in die Teilsummen von $\nu=2$ bis $\nu=x-\eta$ und in die restlichen Glieder und ·faßt man die drei Teilsummen $\overset{x-\eta}{\underset{2}{\mathbb{S}}}$ unter ein Summenzeichen zusammen, so gelangt man, wenn man den Faktor $c^{x-\eta-\nu}$ heraushebt, zu

$$\overset{x-\eta}{\underset{2}{\mathbb{S}}}\cos\frac{\nu\pi}{2}c^{x-\eta-\nu}\left\{-\overset{x-\eta-\nu+1}{\underset{\lambda=1}{\prod}}\varphi\left(\frac{\nu}{2}+\eta+\lambda-1\right)\frac{f\left(\frac{\nu}{2}+\lambda-1\right)}{f(\lambda)}\right.$$
$$\left.-\varphi(x)\overset{x-\eta-\nu}{\underset{\lambda=1}{\prod}}\varphi\left(\frac{\nu}{2}+\eta+\lambda\right)\frac{f\left(\frac{\nu}{2}+\lambda\right)}{f(\lambda)}+\overset{x-\eta-\nu+1}{\underset{\lambda=1}{\prod}}\varphi\left(\frac{\nu}{2}+\eta+\lambda\right)\frac{f\left(\frac{\nu}{2}+\lambda\right)}{f(\lambda)}\right\}\varDelta\nu$$
$$-\cos\frac{x-\eta}{2}\pi\cdot\overset{1}{\underset{\lambda=1}{\prod}}c\,\varphi\left(\frac{x+\eta}{2}+\lambda-1\right)\frac{f\left(\frac{x-\eta}{2}+\lambda-1\right)}{f(\lambda)}-c\,\varphi(x)\overset{x-\eta}{\underset{\lambda=1}{\prod}}c\,\varphi(\eta+\lambda)$$
$$+\overset{x-\eta+1}{\underset{\lambda=1}{\prod}}c\,\varphi(\eta+\lambda)+\cos\frac{x-\eta}{2}\pi\cdot\overset{1}{\underset{\lambda=1}{\prod}}c\,\varphi\left(\frac{x+\eta}{2}+\lambda\right)\frac{f\left(\frac{x-\eta}{2}+\lambda\right)}{f(\lambda)}=0.$$

Von den hinter der Summe stehenden vier Gliedern heben sich das erste und vierte wegen $\prod\limits_{\lambda=1}^{1}=1$, ebenso das zweite und dritte gegenseitig auf. Die rechte Gleichungsseite reduziert sich sonach auf die Summe $\sum\limits_{2}^{x-\eta}$.

Diese Summe stellt ein Polynom der Konstanten c des Mittelgliedes der Differenzengleichung (49) vor. Soll die Gleichung für jedes c erfüllt sein, so müssen die Klammerausdrücke als Koeffizienten der c einzeln verschwinden. Dies ist somit die notwendige und hinreichende Bedingung, daß der Ansatz (50) eine Lösung der vorgelegten Differenzengleichung (49) darstellt. Es muß daher der Ausdruck in der geschlungenen Klammer, als Funktion von x, η und ν betrachtet, identisch in diesen Variabeln verschwinden. Um diese Bedingung vereinfachen zu können, formen wir den ersten der drei Summanden um. Wir erhalten zunächst:

$$- \prod_{\lambda=1}^{x-\eta-\nu+1} \varphi\left(\frac{\nu}{2}+\eta+\lambda-1\right)\frac{f\left(\frac{\nu}{2}+\lambda-1\right)}{f(\lambda)}$$

$$= - \prod_{\lambda=1}^{x-\eta-\nu+1} \varphi\left(\frac{\nu}{2}+\eta+\lambda-1\right)\cdot\frac{\prod\limits_{\lambda=1}^{x-\eta-\nu+1} f\left(\frac{\nu}{2}+\lambda-1\right)}{\prod\limits_{\lambda=1}^{x-\eta-\nu+1} f(\lambda)}$$

$$= - \prod_{\lambda=0}^{x-\eta-\nu} \varphi\left(\frac{\nu}{2}+\eta+\lambda\right)\cdot\frac{\prod\limits_{\lambda=0}^{x-\eta-\nu} f\left(\frac{\nu}{2}+\lambda\right)}{\prod\limits_{\lambda=1}^{x-\eta-\nu+1} f(\lambda)}$$

$$= - \varphi\left(\frac{\nu}{2}+\eta\right)\frac{f\left(\frac{\nu}{2}\right)}{f(x-\eta-\nu)} \prod_{\lambda=1}^{x-\eta-\nu} \varphi\left(\frac{\nu}{2}+\eta+\lambda\right)\frac{f\left(\frac{\nu}{2}+\lambda\right)}{f(\lambda)}.$$

Jetzt kann aus allen drei Summanden der im allgemeinen nicht verschwindende Faktor

$$\prod_{\lambda=1}^{x-\eta-\nu} \varphi\left(\frac{\nu}{2}+\eta+\lambda\right)\frac{f\left(\frac{\nu}{2}+\lambda\right)}{f(\lambda)}$$

herausgehoben werden, so daß die Bedingungsgleichung

$$- \varphi\left(\frac{\nu}{2}+\eta\right)\frac{f\left(\frac{\nu}{2}\right)}{f(x-\eta-\nu)} - \varphi(x)+\varphi\left(x-\frac{\nu}{2}\right)\frac{f\left(x-\eta-\frac{\nu}{2}\right)}{f(x-\eta-\nu)} = 0$$

zurückbleibt, die nach Multiplikation mit $-f(x-\eta-\nu)$ die Gestalt

$$\varphi\left(\frac{\nu}{2}+\eta\right)f\left(\frac{\nu}{2}\right)+\varphi(x)f(x-\eta-\nu)-\varphi\left(x-\frac{\nu}{2}\right)f\left(x-\eta-\frac{\nu}{2}\right) = 0 \quad (52)$$

annimmt. Damit ist eine Funktionalgleichung für $\varphi(t)$ und $f(t)$ gefunden, die identisch in x, η und ν erfüllt sein muß und die wir jetzt näher untersuchen werden. Um in diese, beim ersten Anblick vollkommen undurchsichtige Funktionalverknüpfung Licht zu bringen, be·trachten wir vorerst die Gleichung (52) für den Sonderfall $\nu = x - \eta - 1$, wobei ν eine gerade Zahl sei. Die Einführung von $\nu = x - \eta - 1$ in Gleichung (52) ergibt nach Umordnung

$$\varphi\left(\frac{x-\eta+1}{2}+\eta\right)f\left(\frac{x-\eta+1}{2}\right) - \varphi\left(\frac{x-\eta-1}{2}+\eta\right)f\left(\frac{x-\eta-1}{2}\right) = \varphi(x),$$

wobei, unbeschadet der Allgemeinheit der Untersuchung, der Faktor $f(1) = 1$ gesetzt wurde, da unser Lösungsansatz (50) in $f(t)$ homogen vom Grade Null ist, daher ein Ersetzen von $f(t)$ durch $k \cdot f(t)$ an der Lösung nichts ändert.

Setzt man jetzt $\dfrac{x-\eta-1}{2} = t$, woraus $x = 2t + \eta + 1$ folgt, so geht die vorstehende Gleichung über in

$$\varphi(t+\eta+1)f(t+1) - \varphi(t+\eta)f(t) = \varphi(2t+\eta+1).$$

Mit $F(t) = \varphi(t+\eta)f(t)$ erhält man eine vollständige Differenzen·gleichung erster Ordnung für $F(t)$, nämlich

$$F(t+1) - F(t) = \varphi(2t+\eta+1), \tag{53}$$

welche für ein voraussetzungsgemäß ganzzahliges t eine Lösung von der Form

$$F(t) = \overset{t}{\underset{0}{S}} \varphi(2v+\eta+1)\,\varDelta v + C \tag{54}$$

zuläßt. Als Randbedingung haben wir

$$F(1) = \varphi(1+\eta)f(1) = \varphi(\eta+1),$$

die $C = 0$ ergibt. Wir gewinnen somit aus $F(t) = \varphi(t+\eta)f(t)$

$$f(t) = \frac{F(t)}{\varphi(t+\eta)} = \frac{\overset{t}{\underset{0}{S}} \varphi(2v+\eta+1)\,\varDelta v}{\varphi(t+\eta)}. \tag{55}$$

Wir schließen nun folgendermaßen: Wenn überhaupt eine Funk·tion $f(t)$ besteht, die der Funktionalbedingung (52) bei jedem Wert von ν genügt, so muß sie von der Form (55) sein, und wir haben nur noch zu untersuchen, welche Bedingungen die Funktion $\varphi(t)$ erfüllen muß, damit $f(t)$ in dieser Form bestehen kann. Zu diesem Zwecke führen wir $f(t)$ in die Funktionalbeziehung (52) ein und· erhalten

$$\varphi\left(\frac{\nu}{2}+\eta\right)\frac{\overset{\frac{\nu}{2}}{\underset{0}{S}}\varphi(2\,v+\eta+1)\,\varDelta v}{\varphi\left(\frac{\nu}{2}+\eta\right)}+\varphi(x)\,\frac{\overset{x-\eta-\nu}{\underset{0}{S}}\varphi(2\,v+\eta+1)\,\varDelta v}{\varphi(x-\nu)}$$

$$-\varphi\left(x-\frac{\nu}{2}\right)\frac{\overset{x-\eta-\frac{\nu}{2}}{\underset{0}{S}}\varphi(2\,v+\eta+1)\,\varDelta v}{\varphi\left(x-\frac{\nu}{2}\right)}=0$$

oder nach Umformung

$$\varphi(x)\,\frac{\overset{x-\eta-\nu}{\underset{0}{S}}\varphi(2\,v+\eta+1)\,\varDelta v}{\varphi(x-\nu)}-\overset{x-\eta-\frac{\nu}{2}}{\underset{\frac{\nu}{2}}{S}}\varphi(2\,v+\eta+1)\,\varDelta v=0\,.$$

Wir heben jetzt $\varphi(x)$ heraus und setzen in der zweiten Summe $v=v'+\dfrac{\nu}{2}$, wobei wir nach Durchführung dieser Transformation für v' wieder v schreiben. Man erhält so

$$\varphi(x)\left\{\frac{\overset{x-\eta-\nu}{\underset{0}{S}}\varphi(2\,v+\eta+1)\,\varDelta v}{\varphi(x-\nu)}-\frac{\overset{x-\eta-\nu}{\underset{0}{S}}\varphi(2\,v+\eta+\nu+1)\,\varDelta v}{\varphi(x)}\right\}=0\,.$$

Nun führen wir die neue Veränderliche $t=x-\eta-\nu$, also $x=t+\eta+\nu$ ein, setzen $\eta+\nu=\eta'$ und gewinnen auf diese Weise

$$\frac{\overset{t}{\underset{0}{S}}\varphi(2\,v+\eta+1)\,\varDelta v}{\varphi(t+\eta)}-\frac{\overset{t}{\underset{0}{S}}(2\,v+\eta'+1)\,\varDelta v}{\varphi(t+\eta')}=0\,.$$

Es muß daher mit Bezug auf Gl. (55)

$$f(t,\,\eta)=f(t,\,\eta')$$

oder mit anderen Worten: $f(t)$ muß unabhängig von η sein. Damit haben wir aber eine hinreichende Bedingung gewonnen, um die Funktion $\varphi(t)$ zu bestimmen.

Wir gehen wieder so vor, daß wir einen Sonderfall betrachten, aus diesem die notwendigen Bedingungen für $\varphi(t)$ ableiten und nachher zeigen, daß das gefundene Ergebnis allgemein gilt. Wir setzen zu diesem Zwecke in Gl. (55) $t=2$ ein und erhalten zunächst

$$f(2)=\frac{\overset{2}{\underset{0}{S}}\varphi(2\,v+\eta+1)\,\varDelta v}{\varphi(\eta+2)}=\frac{\varphi(\eta+1)+\varphi(\eta+3)}{\varphi(\eta+2)}\,,\quad \varDelta v=1\,.$$

Aus dieser Verknüpfung geht aber mit $\eta'=\eta+2$ die homogene symmetrische Differenzengleichung zweiter Ordnung mit konstanten Koeffizienten

$$\varphi(\eta' - 1) - f(2)\varphi(\eta') + \varphi(\eta' + 1) = 0 \tag{56}$$

hervor, die die Funktion $\varphi(t)$ definiert. Damit ist auch $f(t)$ gemäß Gl. (55) gegeben.

Die Bedingung (56) ist eine notwendige, aber da sie zunächst nur für den Fall $t = 2$ abgeleitet wurde, noch nicht hinreichende Bedingung dafür, daß die rechte Seite der Gl. (55) von η unabhängig ist. Wir können aber nachträglich leicht zeigen, daß das durch die Differenzengleichung (56) definierte $\varphi(t)$ auch bei beliebigen Werten t die rechte Seite der Gl. (55) von η unabhängig macht. Ist nämlich μ eine beliebige ganze Zahl, so gilt für eine Funktion $\varphi(t)$, die einer homogenen symmetrischen Differenzengleichung zweiter Ordnung mit konstanten Koeffizienten genügt, die leicht ableitbare Beziehung

$$\varphi(t - \mu) + \varphi(t + \mu) = \mu' \varphi(t),$$

wobei μ' bloß von μ und nicht mehr von t abhängt.

Nun schreiben wir Gl. (55) in der Weise, daß wir die rechts stehende Summe in ihre einzelnen Glieder auflösen und je das erste und letzte, zweite und vorletzte Glied usw. zusammenfassen. Man erhält so

$$f(t) = \frac{\varphi(\eta + 1) + \varphi(2(t - 1) + \eta + 1)}{\varphi(t + \eta)}$$
$$+ \frac{\varphi(2 + \eta + 1) + \varphi(2(t - 2) + \eta + 1)}{\varphi(t + \eta)} + \cdots$$
$$= \frac{\varphi(t + \eta - t + 1) + \varphi(t + \eta + t - 1)}{\varphi(t + \eta)}$$
$$+ \frac{\varphi(t + \eta - t + 3) + \varphi(t + \eta + t - 3)}{\varphi(t + \eta)} + \cdots$$

Nach dem eben zitierten Satz ist aber jeder Zähler der aufeinanderfolgenden Brüche gleich $\mu' \cdot \varphi(t + \eta)$, womit nachgewiesen ist, daß die durch die Differenzengleichung (56) definierte Funktion $\varphi(t)$, wie verlangt, die rechte Seite von Gl. (55) unabhängig von η macht.

Wir sind zu folgendem Ergebnis gelangt: Genügt der Beiwert $\varphi(x)$ des mittleren Gliedes der vorgelegten Differenzengleichung (49) einer Differenzengleichung von der Form

$$\varphi_{x-1} + p\,\varphi_x + \varphi_{x+1} = 0,$$

wobei p eine beliebige Konstante ist, so lautet eine Partikularlösung der vorgelegten Differenzengleichung, solange $x \gtreqless \eta$,

$$y_x = \overset{x-\eta}{\underset{0}{S}} \left[\cos\frac{\nu\,\pi}{2} \overset{x-\eta-\nu}{\underset{\lambda=1}{\Pi}} c\,\varphi\left(\frac{\nu}{2}+\eta+\lambda\right) \frac{f\left(\frac{\nu}{2}+\lambda\right)}{f(\lambda)} \right] \varDelta\,\nu,$$

wobei die Funktion f durch

$$f(t) = \frac{\overset{t}{\underset{0}{S}}\varphi(2\,v+1)\,\varDelta\,v}{\varphi(t)}$$

$$(57)$$

gegeben ist. Da $f(t)$ von η unabhängig ist, haben wir der Vereinfachung wegen im Ausdruck für $f(t)$ $\eta = 0$ gesetzt.

Damit haben wir aber die Lösung gefunden für alle jene Gleichungen, deren Mittelgliedbeiwert $\varphi(x)$ von der allgemeinen Form

$$A\,e^{ax}+B\,e^{-ax} \quad \text{bzw.} \quad A+B\,x \quad \text{und} \quad (A+B\,x)(-1)^x$$

ist, wobei A, B und α beliebige Festwerte sind. Zu diesen Funktionen gehören sonach auch die Hyperbelfunktionen $\mathfrak{Sin}\,\alpha x$ und $\mathfrak{Cof}\,\alpha x$ sowie die Kreisfunktionen $\sin\alpha x$ und $\cos\alpha x$.

Wir haben am Eingang dieser Untersuchung $x \gtreqless \eta$ vorausgesetzt. Die Lösung (57) gilt sonach nur für einen beschränkten Bereich. Auf die gleiche Weise wie vor, kann aber für $x \lesseqgtr \eta$ die Lösung

$$y_x = -\overset{\eta-x}{\underset{0}{S}} \left[\cos\frac{\nu\,\pi}{2} \overset{\eta-x-\nu}{\underset{\lambda=1}{\Pi}} c\,\varphi\left(\eta-\frac{\nu}{2}-\lambda\right) \frac{f\left(\frac{\nu}{2}+\lambda\right)}{f(\lambda)} \right] \varDelta\,\nu$$

gefunden werden, wobei f wie vor durch

$$f(t) = \frac{\overset{t}{\underset{0}{S}}\varphi(2\,v+1)\,\varDelta\,v}{\varphi(t)}$$

$$(57')$$

definiert ist.

In den beiden einander ergänzenden Lösungen (57) und (57'), die also den ganzen Bereich von x umfassen, ist die Größe η, da sie bisher an keine Bedingung geknüpft wurde, vollständig willkürlich. Sie ist aber nicht überflüssig, denn diese Größe ermöglicht es, auf einfachste Weise ein vollständiges Fundamentalsystem von Lösungen der Gleichung

$$y_{x-1} - c\,\varphi(x)\,y_x + y_{x+1} = 0$$

aufzustellen. Wir können nämlich zeigen, daß zwei Lösungen, die zu zwei Werten von η gehören, die sich um eine ganze Zahl μ voneinander unterscheiden, linear voneinander unabhängig sind, sonach ein Fundamentalsystem bilden. Anderseits muß aber jede zu einem dritten η gebildete Lösung linear von den beiden Fundamentallösungen abhängen, da zu einer Differenzengleichung zweiter Ordnung nur zwei linear voneinander unabhängige Lösungen gehören.

10*

Um die Unabhängigkeit der zu zwei verschiedenen sonst beliebigen Werte von η, also η und $\eta + \mu$ gehörenden Lösungen zu erweisen, betrachten wir die Determinante der mit η und $\eta + \mu$ gebildeten Fundamentallösungen $y_x^{(\eta)}$ und $y_x^{(\eta+\mu)}$

$$D = \begin{vmatrix} y_x^{(\eta)} & y_x^{(\eta+\mu)} \\ y_{x+\mu}^{(\eta)} & y_{x+\mu}^{(\eta+\mu)} \end{vmatrix}.$$

Setzt man für $x = \eta$ ein, so erhält man

$$D = \begin{vmatrix} y_\eta^{(\eta)} & y_\eta^{(\eta+\mu)} \\ y_{\eta+\mu}^{(\eta)} & y_{\eta+\mu}^{(\eta+\mu)} \end{vmatrix}.$$

Nun ist aber $y_\eta^{(\eta)} = y_{\eta+\mu}^{(\eta+\mu)} = 0$, wie aus den Gl. (57) bzw. (57') folgt, da $\overset{0}{\underset{0}{\text{S}}} = 0$ ist. Die Determinante D reduziert sich demnach auf das Produkt

$$D = - y_\eta^{(\eta+\mu)} \cdot y_{\eta+\mu}^{(\eta)},$$

das im allgemeinen von Null verschieden ist. Damit ist die lineare Unabhängigkeit der beiden Lösungsansätze mit η und $\eta + \mu$ bewiesen, denn zwei Funktionen können nicht mehr voneinander linear abhängig sein, wenn diese Abhängigkeit auch nur in zwei Punkten ($x = \eta$ und $\eta + \mu$) gestört ist.

Wir gehen nun dazu über, die Funktion $f(t)$ in der Lösung y_x zu bestimmen. Wir betrachten zunächst den Fall

$$\varphi(x) = A e^{\alpha x} + B e^{-\alpha x}.$$

Nach Gl. (55) ist

$$f(t) = \frac{\overset{t}{\underset{0}{\text{S}}} \varphi(2v + 1)\, \varDelta \cdot v}{\varphi(t)}.$$

Berechnet man zunächst die Summe

$$\overset{t}{\underset{0}{\text{S}}} \left(A e^{\alpha(2v+1)} + B e^{-\alpha(2v+1)}\right) \varDelta v = A\, \frac{e^{\alpha(2t+1)} - e^{\alpha}}{e^{2\alpha} - 1} + B\, \frac{e^{-\alpha(2t+1)} - e^{-\alpha}}{e^{-2\alpha} - 1}$$

$$= \frac{e^{\alpha(2t+1)} - e^{\alpha}}{e^{2\alpha} - 1} e^{-\alpha} [A e^{\alpha t} + B e^{-\alpha t}] = \frac{e^{\alpha t} - e^{-\alpha t}}{e^{\alpha} - e^{-\alpha}} \varphi(t),$$

so ergibt sich

$$f(t) = \frac{e^{\alpha t} - e^{-\alpha t}}{e^{\alpha} - e^{-\alpha}} = \frac{\mathfrak{Sin}\, \alpha\, t}{\mathfrak{Sin}\, \alpha}.$$

Da, wie wir schon früher bemerkt haben, $f(t)$ mit einem beliebigen Faktor multipliziert werden kann, ohne daß y_x geändert wird, so unterdrücken wir den Faktor $\frac{1}{\mathfrak{Sin}\, \alpha}$, und wir gewinnen für $f(t)$ die einfache Form

$$f(t) = \mathfrak{Sin}\, \alpha\, t.$$

Die Lösung lautet daher, wenn wir jetzt c mit $\varphi(x)$ zusammenziehen,

$$
\begin{aligned}
y_x &= \overset{x-\eta}{\underset{0}{S}}\left[\cos\frac{\nu\pi}{2}\prod_{\lambda=1}^{x-\eta-\nu}\varphi\left(\frac{\nu}{2}+\eta+\lambda\right)\frac{\operatorname{\mathfrak{Sin}}\alpha\left(\frac{\nu}{2}+\lambda\right)}{\operatorname{\mathfrak{Sin}}\alpha\lambda}\right]\Delta\nu \quad \text{für } x\gtreqqless\eta, \\[2ex]
y_x &= -\overset{\eta-x}{\underset{0}{S}}\left[\cos\frac{\nu\pi}{2}\prod_{\lambda=1}^{\eta-x-\nu}\varphi\left(\eta-\frac{\nu}{2}-\lambda\right)\frac{\operatorname{\mathfrak{Sin}}\alpha\left(\frac{\nu}{2}+\lambda\right)}{\operatorname{\mathfrak{Sin}}\alpha\lambda}\right]\Delta\nu \quad \text{für } x\lesseqqgtr\eta.
\end{aligned}
\tag{58}
$$

Ist α imaginär, d. h. ist $\varphi = A\sin\alpha x + B\cos\alpha x$, so tritt an Stelle der Hyperbelfunktion $\mathfrak{Sin}$ die Kreisfunktion $\sin$[1]).

Die beiden folgenden Fälle $\varphi(x) = (A + Bx)(\pm 1)^x$ ergeben für $f(t)$ folgende Formel

$$
\begin{aligned}
f(t) &= \frac{\overset{t}{\underset{0}{S}}\left[A + B(2\nu+1)(\pm 1)^{2\nu+1}\right]}{(A+Bt)(\pm 1)^t}\Delta\nu = \\[2ex]
&= \pm\frac{(A+Bt)\,t}{(A+Bt)(\pm 1)^t} = \frac{\pm t}{(\pm 1)^t} = (\pm 1)^t\cdot t\ldots,
\end{aligned}
$$

da auch hier mit einer beliebigen Konstanten, d. i. ± 1 multipliziert wurde. Für die Lösung y_x im Falle $\varphi(x) = A + Bx$ erhalten wir schließlich, wenn man

$$
\prod_{\lambda=1}^{x-\eta-\nu}\frac{\left(\frac{\nu}{2}+\lambda\right)}{\lambda} = \binom{x-\eta-\frac{\nu}{2}-1}{x-\eta-\nu-1} = \binom{x-\eta-\frac{\nu}{2}-1}{\frac{\nu}{2}}
$$

einführt,

$$
\begin{aligned}
y_x &= \overset{x-\eta}{\underset{0}{S}}\left\{\cos\frac{\nu\pi}{2}\binom{x-\eta-\frac{\nu}{2}-1}{\frac{\nu}{2}}\prod_{\lambda=1}^{x-\eta-\nu}\left[A+B\left(\frac{\nu}{2}+\eta+\lambda\right)\right]\right\}\Delta\nu \\[1ex]
&\qquad\qquad\qquad\qquad\qquad\qquad \text{für } x\gtreqqless\eta, \\[2ex]
y_x &= -\overset{\eta-x}{\underset{0}{S}}\left\{\cos\frac{\nu\pi}{2}\binom{\eta-x-\frac{\nu}{2}-1}{\frac{\nu}{2}}\prod_{\lambda=1}^{\eta-x-\nu}\left[A+B\left(\eta-\frac{\nu}{2}-\lambda\right)\right]\right\}\Delta\nu \\[1ex]
&\qquad\qquad\qquad\qquad\qquad\qquad \text{für } x\lesseqqgtr\eta.
\end{aligned}
\tag{59}
$$

---

[1]) Wenn $\alpha = i\alpha'$ imaginär ist, so verschwindet die Funktion $\sin\alpha' t$, wenn $\alpha' = \frac{p}{q}\pi$ (p und q ganze Zahlen), in jenen Fällen, wo t ein ganzzahliges Vielfaches von q ist. Es treten dann im Zähler und Nenner des Produktes Π Nullfaktoren auf. Man überzeugt sich aber ohne Mühe, daß jedem im Nenner auftretenden Nullfaktor ein Nullfaktor im Zähler entspricht, während das Umgekehrte nicht eintreten muß. Da nun $\lim\limits_{x\to\pi}\dfrac{\sin nx}{\sin n'x} = \dfrac{n}{n'}(-1)^{n-n'}$, wobei n und n' ganze Zahlen sind, so kann Π wohl Null, aber nie unendlich werden.

In allen diesen Fällen sind für η zwei Werte anzunehmen und daraus die beiden Partikularlösungen $y_x^{(\eta)}$ und $y_x^{(\eta+\mu)}$ abzuleiten. Die allgemeine Lösung lautet dann

$$y_x = C_1\, y_x^{(\eta)} + C_1\, y_x^{(\eta+\mu)}.$$

Damit sich der Leser ein Bild von dem Aufbau der Lösungen machen kann, wollen wir ein Beispiel näher erörtern. Wir untersuchen die Gleichung

$$y_{x-1} - c\, e^{\alpha x}\, y_x + y_{x+1} = 0$$

und fragen nach den Bedingungen, unter welchen bei den Randwerten $y_0 = 0$ und $y_n = 0$ Lösungen bestehen, wobei wir c als vorderhand noch unbestimmten Parameter ansehen. Wir fragen also nach den Eigenwerten des Parameters c.

Nach den Gl. (58) lautet die Lösung

für $x \gtreqless \eta$:

$$\left. \begin{aligned}
y_x &= \overset{x-\eta}{\underset{0}{\mathcal{S}}}\left[\cos\frac{\nu\pi}{2}\prod_{\lambda=1}^{x-\eta-\nu} c\, e^{\alpha\left(\frac{\nu}{2}+\eta+\lambda\right)}\frac{\mathfrak{Sin}\,\alpha\left(\frac{\nu}{2}+\lambda\right)}{\mathfrak{Sin}\,\alpha\lambda}\right]\varDelta\nu\\[2ex]
&= \overset{x-\eta}{\underset{0}{\mathcal{S}}}\left[\cos\frac{\nu\pi}{2}c^{x-\eta-\nu-1}e^{\frac{\alpha}{2}(x+\eta)(x-\eta-\nu-1)}\prod_{\lambda=1}^{x-\eta-\nu}\frac{\mathfrak{Sin}\,\alpha\left(\frac{\nu}{2}+\lambda\right)}{\mathfrak{Sin}\,\alpha\lambda}\right]\varDelta\nu,
\end{aligned}\right\}\quad(60)$$

für $x \lesseqgtr \eta$:

$$\left. \begin{aligned}
y_x &= -\overset{\eta-x}{\underset{0}{\mathcal{S}}}\left[\cos\frac{\nu\pi}{2}\prod_{\lambda=1}^{\eta-x-\nu} c\, e^{\alpha\left(\eta-\frac{\nu}{2}-\lambda\right)}\frac{\mathfrak{Sin}\,\alpha\left(\frac{\nu}{2}+\lambda\right)}{\mathfrak{Sin}\,\alpha\lambda}\right]\varDelta\nu\\[2ex]
&= -\overset{\eta-x}{\underset{0}{\mathcal{S}}}\left[\cos\frac{\nu\pi}{2}c^{\eta-x-\nu-1}e^{\frac{\alpha}{2}(x+\eta)(\eta-x-\nu-1)}\prod_{\lambda=1}^{\eta-x-\nu}\frac{\mathfrak{Sin}\,\alpha\left(\frac{\nu}{2}+\lambda\right)}{\mathfrak{Sin}\,\alpha\lambda}\right]\varDelta\nu.
\end{aligned}\right\}\quad(60')$$

Bezeichnet man die beiden Partikularlösungen mit $y_x^{(1)}$ und $y_x^{(2)}$, so stehen zur Ermittlung der Konstanten C die beiden Gleichungen

$$C_1\, y_0^{(1)} + C_2\, y_0^{(2)} = 0,$$
$$C_1\, y_n^{(1)} + C_2\, y_n^{(2)} = 0$$

zur Verfügung. Lösungen bestehen nur dann, wenn die Determinante der Gleichungen verschwindet, wenn also

$$y_0^{(1)}\, y_n^{(2)} - y_0^{(2)}\, y_n^{(1)} = 0.$$

Nun wählen wir, um die beiden Lösungen $y_x^{(1)}$ und $y_x^{(2)}$ aufstellen zu können, die Werte η, und zwar setzen wir mit Vorteil für $y_x^{(1)}$, $\eta = 0$ und für $y_x^{(2)}$, $\eta = n$ und bestimmen damit die Lösungen für $x = 0$ und $x = n$.

Setzt man in Gl. (60) $\eta = 0$ und $x = 0$, so folgt

$$y_0{}^{(1)} = \overset{0}{\underset{0}{S}} [\ldots] \, \varDelta \, \nu = 0$$

und mit $x = n$

$$y_n{}^{(1)} = \overset{n}{\underset{0}{S}} [\ldots] \, \varDelta \, \nu.$$

Ebenso findet man aus Gl. (60') mit $\eta = n$ und $x = 0$

$$y_0{}^{(2)} = - \overset{n}{\underset{0}{S}} [\ldots] \, \varDelta \, \nu$$

und mit $x = n$

$$y_n{}^{(2)} = - \overset{0}{\underset{0}{S}} [\ldots] \, \varDelta \, \nu = 0.$$

Somit reduziert sich die Bedingungsgleichung für die Eigenwerte auf

$$y_0{}^{(2)} \cdot y_n{}^{(1)} = 0$$

oder auf

$$y_0{}^{(2)} = 0 \qquad \text{und} \qquad y_n{}^{(1)} = 0.$$

Die beiden Lösungen $y_0{}^{(2)}$ und $y_n{}^{(1)}$ sind nun zu berechnen.

Man findet z. B. für $n = 10$ aus Gl. (60') mit $\eta = 10$, $x = 0$

$$y_0{}^{(2)} = - \overset{10}{\underset{0}{S}} [\ldots] \, \varDelta \, \nu = - \sum_{\nu=0}^{9} \left[\cos \frac{\nu \pi}{2} \, c^{9-\nu} \, e^{5\alpha(9-\nu)} \prod_{\lambda=1}^{10-\nu} \frac{\mathfrak{Sin} \, \alpha \left(\frac{\nu}{2} + \lambda \right)}{\mathfrak{Sin} \, \alpha \lambda} \right].$$

Da $\cos \frac{\nu \pi}{2}$ für ungerade ν verschwindet, kann ν nur die Werte 0, 2, 4, 6, 8 annehmen. Unsere Summe besteht daher aus 5 Gliedern und lautet[1])

$$y_0{}^{(2)} = - \left[c^9 \, e^{45\alpha} - c^7 \, e^{35\alpha} \frac{\mathfrak{Sin} \, 8\,\alpha}{\mathfrak{Sin} \, \alpha} + c^5 \, e^{25\alpha} \frac{\mathfrak{Sin} \, 6\,\alpha \, \mathfrak{Sin} \, 7\,\alpha}{\mathfrak{Sin} \, \alpha \, \mathfrak{Sin} \, 2\,\alpha} \right.$$
$$\left. - c^3 \, e^{15\alpha} \frac{\mathfrak{Sin} \, 4\,\alpha \, \mathfrak{Sin} \, 5\,\alpha \, \mathfrak{Sin} \, 6\,\alpha}{\mathfrak{Sin} \, \alpha \, \mathfrak{Sin} \, 2\,\alpha \, \mathfrak{Sin} \, 3\,\alpha} + c \, e^{5\alpha} \frac{\mathfrak{Sin} \, 5\,\alpha}{\mathfrak{Sin} \, \alpha} \right] \qquad (61)$$

Weiter berechnet man mit $\eta = 0$ und $x = 10$ aus Gl. (60)

$$y_n{}^{(1)} = \overset{10}{\underset{0}{S}} [\ldots] \, \varDelta \, \nu = \sum_{\nu=0}^{9} \left[\cos \frac{\nu \pi}{2} \, c^{9-\nu} \, e^{5\alpha(9-\nu)} \prod_{\lambda=1}^{10-\nu} \frac{\mathfrak{Sin} \, \alpha \left(\frac{\nu}{2} + \lambda \right)}{\mathfrak{Sin} \, \alpha \lambda} \right].$$

Diese Lösung hat aber bis auf das Vorzeichen den gleichen Wert

---

[1]) Man beachte, daß $\prod_{\lambda=1}^{n} f(\lambda)$ das Produkt $f(1)$, $f(2)$ $\ldots$ $f(n-1)$ darstellt.

Der letzte Faktor in $\prod_{\lambda=1}^{10-\nu}$ ist daher mit $\lambda = 10 - \nu - 1$ zu bilden.

wie $y_0^{(2)}$, so daß Gl. 61) ausreicht, um die Eigenwerte c zu bestimmen. Man erhält aus Gl. (61), die eine algebraische Gleichung 9-ten Grades in c vorstellt, 9 Eigenwerte. Die gestellte Aufgabe ist damit erledigt.

Die Gleichung $b^x y_{x-1} - m\, a^x y_x + b^{x+1} y_{x+1} = 0$. Diese allgemeinere Gleichung, in der m, a, b Konstanten sind, läßt sich durch eine einfache Transformation auf die oben gelöste Gleichung

$$y_{x-1} - c\, e^{\alpha x} y_x + y_{x+1} = 0$$

zurückführen. Wir setzen zu diesem Zwecke

$$y_x = b^{-\frac{x}{2}} u_x$$

und erhalten

$$b^{\frac{x+1}{2}} u_{x-1} - m\, a^x b^{-\frac{x}{2}} u_x + b^{\frac{x+1}{2}} u_{x+1} = 0.$$

Teilt man durch $b^{\frac{x+1}{2}}$, so entsteht

$$u_{x-1} - \frac{m}{\sqrt{b}} \left(\frac{a}{b}\right)^x u_x + u_{x+1} = 0,$$

und diese Gleichung ist von der Form

$$u_{x-1} - c\, e^{\alpha x} u_x + u_{x+1} = 0,$$

für die die Lösungen (60) und (60') gelten. Es ist

$$c = \frac{m}{\sqrt{b}} \qquad \text{und} \qquad \alpha = \lg a - \lg b.$$

Analytische Lösung für stetig veränderliches x. Wir haben bisher den Bereich der Veränderlichen x auf eine Schar kongruent gelegener Punkte beschränkt, die oben erhaltenen Lösungen sind dementsprechend keine analytischen Funktionen. Wir wollen nun den Versuch machen, durch passende Umformungen und durch einen Grenzübergang analytische Lösungen herzustellen, die einem stetig veränderlichen x entsprechen, da zu erwarten steht, daß wir dann durch größere Einfachheit ausgezeichnete Lösungen erhalten werden. Das Verfahren soll zunächst an dem einfachsten Fall

$$y_{x-1} - c\, x\, y_x + y_{x+1} = 0 \qquad (62)$$

dargelegt werden.

Auf S. 149 haben wir für $x \gtreqless \eta$ gefunden:

$$y_x = \overset{x-\eta}{\underset{0}{S}} \left[\cos \frac{\nu \pi}{2} c^{x-\eta-\nu-1} \left(\frac{x - \eta - \frac{\nu}{2} - 1}{\frac{\nu}{2}} \right)^{x-\eta-\nu} \prod_{\lambda=1} \left(\frac{\nu}{2} + \eta + \lambda \right) \right] \Delta \nu,$$

wobei $A = 0$ und $B = c$ gesetzt wurde. Wir erinnern nur daran, daß $x - \eta$ eine ganze Zahl bedeutet. Aus jedem der $x - \eta - \nu - 1$ Faktoren des Produktes Π heben wir zunächst -1 heraus und fassen $(-1)^{x-\eta-\nu-1}$ mit $c^{x-\eta-\nu-1}$ zusammen. Weiter multiplizieren wir unsere Lösung mit dem von x und ν unabhängigen Faktor

$$\frac{(-c)^{\eta+1}}{\Gamma(-\eta)},$$

wo $\Gamma(t)$ die in **26** definierte Gammafunktion vorstellt. η kann alle Werte, mit Ausnahme der Null und der positiven ganzen Zahlen, annehmen.

Wir gewinnen so

$$y_x = \overset{x-\eta}{\underset{0}{\mathop{S}}} \left[\frac{(-c)^{\eta+1}}{\Gamma(-\eta)} \cos\frac{\nu\pi}{2}(-c)^{x-\eta-\nu-1} \binom{x-\eta-\frac{\nu}{2}-1}{\frac{\nu}{2}} \overset{x-\eta-\nu}{\underset{\lambda=1}{\mathop{\Pi}}} \left(-\frac{\nu}{2}-\eta-\lambda\right) \right] \varDelta\nu.$$

Mit

$$\binom{x-\eta-\frac{\nu}{2}-1}{\frac{\nu}{2}} = \frac{\left(x-\eta-\frac{\nu}{2}-1\right)\left(x-\eta-\frac{\nu}{2}-2\right)\cdots(x-\eta-\nu)}{\left(\frac{\nu}{2}\right)!}$$

und

$$\overset{x-\eta-\nu}{\underset{\lambda=1}{\mathop{\Pi}}} \left(-\frac{\nu}{2}-\eta-\lambda\right) = \left(\frac{\nu}{2}-x+1\right)\left(\frac{\nu}{2}-x+2\right)\cdots\left(-\frac{\nu}{2}-\eta-1\right)$$

erhält man unter Beachtung, daß

$$\Gamma(-\eta) = (-\eta-1)(-\eta-2)\cdots\left(-\eta-\frac{\nu}{2}\right)\left(-\eta-\frac{\nu}{2}-1\right)\cdots$$
$$\left(\frac{\nu}{2}-x+1\right)\Gamma\left(\frac{\nu}{2}-x+1\right)$$

gesetzt werden kann,

$$y_x = \overset{x-\eta}{\underset{0}{\mathop{S}}} \cos\frac{\nu\pi}{2}(-c)^{x-\nu} \frac{(x-\eta-\nu)(x-\eta-\nu+1)\cdots\left(x-\eta-\frac{\nu}{2}-1\right)}{\left(\frac{\nu}{2}\right)!}$$

$$\cdot \frac{\left(-\frac{\nu}{2}-\eta-1\right)\cdots\left(\frac{\nu}{2}-x+2\right)\left(\frac{\nu}{2}-x+1\right)}{(-\eta-1)(-\eta-2)\cdots\left(-\eta-\frac{\nu}{2}\right)\left(-\eta-\frac{\nu}{2}-1\right)\cdots\left(\frac{\nu}{2}-x+1\right)\Gamma\left(\frac{\nu}{2}-x+1\right)} \cdot$$

Im letzten Bruch kürzen sich die Faktoren von $\left(-\frac{\nu}{2}-\eta-1\right)$ bis $\left(\frac{\nu}{2}-x+1\right)$; man bekommt sonach

$$y_x = \overset{x-\eta}{\underset{0}{\mathop{S}}} \cos\frac{\nu\pi}{2} \frac{(-c)^{x-\nu}}{\left(\frac{\nu}{2}\right)!\,\Gamma\left(\frac{\nu}{2}-x+1\right)}$$

$$\cdot \frac{(x-\eta-\nu)(x-\eta-\nu+1)\cdots\left(x-\eta-\frac{\nu}{2}-1\right)}{(-\eta-1)(-\eta-2)\cdots\left(-\eta-\frac{\nu}{2}\right)} \cdot$$

Wir betrachten nun als Lösung den Grenzwert unserer Summe, wenn $\eta \to -\infty$ strebt, denn dann kann die Bedingung, daß $x - \eta$ eine ganze Zahl sei, für jedes x als erfüllt angesehen werden. Wir berechnen zunächst

$$\lim_{\eta \to -\infty} \frac{(x - \eta - \nu)(x - \eta - \nu + 1)\ldots\left(x - \eta - \frac{\nu}{2} - 1\right)}{(-\eta - 1)(-\eta - 2)\ldots\left(-\eta - \frac{\nu}{2}\right)}$$

$$= \lim_{\eta \to -\infty} \frac{\left(1 + \frac{x - \nu}{-\eta}\right)\left(1 + \frac{x - \nu + 1}{-\eta}\right)\ldots\left(1 + \frac{x - \frac{\nu}{2} - 1}{-\eta}\right)}{\left(1 - \frac{1}{-\eta}\right)\left(1 - \frac{2}{-\eta}\right)\ldots\left(1 - \frac{\frac{\nu}{2}}{-\eta}\right)} = 1 .$$

Sonach ist die erste Partikularlösung

$$y_x{}^{(1)} = \lim_{\eta \to -\infty} \overset{x-\eta}{\underset{0}{S}} \cos \frac{\nu \pi}{2} \frac{(-c)^{x-\nu}}{\left(\frac{\nu}{2}\right)! \, \Gamma\left(\frac{\nu}{2} - x + 1\right)} \cdot \frac{(x - \eta - \nu)\ldots\left(x - \eta - \frac{\nu}{2} - 1\right)}{(-\eta - 1)\ldots\left(-\eta - \frac{\nu}{2}\right)}$$

$$= \sum_{\nu=0}^{\infty} \cos \frac{\nu \pi}{2} \frac{(-c)^{x-\nu}}{\left(\frac{\nu}{2}\right)! \, \Gamma\left(\frac{\nu}{2} - x + 1\right)} = \sum_{\nu=0}^{\infty} \frac{(-1)^\nu \, (-c)^{x-2\nu}}{\nu! \, \Gamma(\nu - x + 1)} , \qquad (63)$$

wenn wir jetzt, was bei der unendlichen Summe erlaubt ist, um die Geradzahligkeit von ν zu betonen, ν durch 2ν und $\cos \frac{\nu \pi}{2}$ durch $(-1)^\nu$ ersetzen. Gleichung (63) stellt aber die bekannte unendliche Reihe der Bessel-Funktion $J_{-x}\left(-\frac{2}{c}\right)$ von der Ordnung $(-x)$ und dem Argument $-\frac{2}{c}$ dar.

Da $x \gtreqless \eta$ und $\eta \to -\infty$, so stellt die für alle reellen x konvergente Reihe (63) eine im ganzen Bereiche von x gültige Lösung der Differenzengleichung (62) dar.

Führt man den gleichen Rechnungsgang an der für den Bereich $x \lesseqgtr \eta$ aufgestellten Lösung (59) durch, wobei die rechte Seite mit

$$\frac{c^{-\eta+1}}{\Gamma(\eta)}$$

zu multiplizieren ist, und führt man den Grenzübergang $\eta \to +\infty$ durch, so erhält man (η hat jetzt einen anderen Wert als vorher) die zweite Partikularlösung in der Form

$$y_x{}^{(2)} = \sum_{\nu=0}^{\infty} \frac{(-1)^\nu \, c^{-x-2\nu}}{\nu! \, \Gamma(x + \nu + 1)} . \qquad (63')$$

Diese Lösung stellt die für alle Werte von x konvergente unendliche Reihe für die Besselsche Funktion $J_x\left(\frac{2}{c}\right)$ dar.

Da $x \leqq \eta$, so gilt, weil wir $\eta \to +\infty$ gesetzt haben, die Lösung im ganzen Bereich von x.

Man bringt die S. 137 erhaltenen Lösungen Gl. (41) und (41') mit den hier gewonnenen Lösungen in Einklang, wenn man dort entsprechend den Werten der Koeffizienten in der hier vorgelegten Differenzengleichung $b = 0$ und $a = -\frac{c}{2}$ setzt.

Es ist aus der Reihendarstellung leicht zu erkennen, daß die beiden Lösungen $y_x^{(1)}$ und $y_x^{(2)}$ miteinander identisch werden, wenn x eine ganze Zahl wird. Dieses Verhalten haben wir schon an der Hand der Integraldarstellung der Bessel-Funktion erwähnt. Ist nämlich x eine positive ganze Zahl, so verschwinden in $y_x^{(1)}$ die ersten Glieder der Reihe solange $(\nu - x + 1) \leqq 0$ ist, denn für solche Werte ist $\Gamma(\nu - x + 1) = \infty$. Die Reihe für $y_x^{(1)}$ beginnt daher mit den Gliedern

$$\frac{(-1)^x (-c)^{-x} \cdot}{x!\,1} + \frac{(-1)^{x+1} (-c)^{-x-2}}{(x+1)!\,1!} + \cdots,$$

während für positive ganze x die Reihe für $y_x^{(2)}$

$$\frac{(-1)^0 \, c^{-x}}{1 \cdot x!} + \frac{(-1)\, c^{-x-2}}{1!\,(x+1)!} + \cdots$$

lautet. Beide Reihen stimmen aber genau überein.

Wir wenden uns nun der Gleichung

$$y_{x-1} - c\, e^{\alpha x}\, y_x + y_{x+1} = 0$$

zu. α sei reell und von Null verschieden. Auf S. 150 haben wir für $x \geqq \eta$ gefunden:

$$y_x = \overset{x-\eta}{\underset{0}{\mathbb{S}}} \left[\cos \frac{\nu\pi}{2}\, c^{x-\eta-\nu-1} \prod_{\lambda=1}^{x-\eta-\nu} e^{\alpha\left(\frac{\nu}{2}+\eta+\lambda\right)} \frac{\mathfrak{Sin}\,\alpha\left(\frac{\nu}{2}+\lambda\right)}{\mathfrak{Sin}\,\alpha\lambda} \right] \Delta\nu.$$

Wir führen eine neue Summenvariable ν' durch die Verknüpfung $\nu = x - \eta - 1 - \nu'$ ein. Es ist dann $\Delta\nu = -\Delta\nu'$, während die untere Grenze $x - \eta$, die obere Grenze 0 lautet. Kehrt man die Grenzen um, so tritt der Faktor -1 hinzu, der sich mit $-\Delta\nu'$ zu $\Delta\nu'$ ergänzt, und man erhält, wenn man wieder ν für ν' schreibt,

$$y_x = \overset{x-\eta}{\underset{0}{\mathbb{S}}} \left[\cos\frac{x-\eta-\nu-1}{2}\,\pi \cdot c^{\nu} \prod_{\lambda=1}^{\nu+1} e^{\alpha\left(\frac{x+\eta-\nu-1}{2}+\lambda\right)} \frac{\mathfrak{Sin}\,\alpha\left(\frac{x-\eta-\nu-1}{2}+\lambda\right)}{\mathfrak{Sin}\,\alpha\lambda} \right] \Delta\nu.$$

Wir vertauschen nun die Folge der Faktoren $e^{\alpha(\cdots)}$ in der Weise daß wir in dem Produkt λ durch $\nu + 1 - \lambda$ ersetzen, und erhalten so

$$y_x = \overset{x-\eta}{\underset{0}{\text{S}}}\left[\cos\frac{x-\eta-\nu-1}{2}\pi\cdot c^\nu\prod_{\lambda=1}^{\nu+1}e^{\alpha\left(\frac{x+\eta+\nu+1}{2}-\lambda\right)}\frac{e^{\alpha\left(\frac{x-\eta-\nu-1}{2}+\lambda\right)}-e^{-\alpha\left(\frac{x-\eta-\nu-1}{2}+\lambda\right)}}{2\,\mathfrak{Sin}\,\alpha\,\lambda}\right]\varDelta\nu,$$

wobei im Zähler die Funktion $\mathfrak{Sin}$ durch die Exponentialfunktion ausgedrückt wurde. Die Faktoren in II lassen sich jetzt zusammenziehen, so daß

$$y_x = \overset{x-\eta}{\underset{0}{\text{S}}}\left[\cos\frac{x-\eta-\nu-1}{2}\pi\cdot c^\nu\prod_{\lambda=1}^{\nu+1}\frac{e^{\alpha x}-e^{\alpha(\eta+\nu+1-2\lambda)}}{2\,\mathfrak{Sin}\,\alpha\,\lambda}\right]\varDelta\nu$$

entsteht.

Bezeichnen wir die eben dargestellte Lösung nach Multiplikation mit dem von x unabhängigen Faktor $\sin\frac{\eta+\mu}{2}\pi$ (μ eine beliebige Zahl) mit $y_x{}^\eta$ und beschaffen wir uns noch eine zweite Lösung, indem wir in $y_x{}^\eta$, η durch $\eta+1$ ersetzen, die Lösung heiße dann $y_x{}^{\eta+1}$, so ist auch ihre Summe eine Lösung der vorgegebenen Differenzengleichung, welche Lösung also die Form

$$\begin{aligned}y_x = {}&\overset{x-\eta}{\underset{0}{\text{S}}}\left[\sin\frac{\eta+\mu}{2}\pi\cos\frac{x-\eta-\nu-1}{2}\pi\cdot c^\nu\prod_{\lambda=1}^{\nu+1}\frac{e^{\alpha x}-e^{\alpha(\eta+\nu+1-2\lambda)}}{2\,\mathfrak{Sin}\,\alpha\,\lambda}\right]\varDelta\nu\\[2mm]+{}&\overset{x-\eta-1}{\underset{0}{\text{S}}}\left[\sin\frac{\eta+\mu+1}{2}\pi\cos\frac{x-\eta-\nu-2}{2}\pi\cdot c^\nu\prod_{\lambda=1}^{\nu+1}\frac{e^{\alpha x}-e^{\alpha(\eta+\nu+2-2\lambda)}}{2\,\mathfrak{Sin}\,\alpha\,\lambda}\right]\varDelta\nu\end{aligned}\tag{64}$$

erhält. Als analytische Lösung definieren wir nun den Grenzwert des vorstehenden Ausdruckes (64) für $\eta\to-\infty$, sonach

$$y_x = \lim_{\eta\to-\infty}\left\{\overset{x-\eta}{\underset{0}{\text{S}}}[\cdots]\varDelta\nu + \overset{x-\eta-1}{\underset{0}{\text{S}}}[\cdots]\varDelta\nu\right\}.$$

Wenn $e^\alpha > 1$, d. h. $\alpha > 0$, so konvergieren die Faktoren hinter dem Produktzeichen in beiden Summen gegen

$$\frac{e^{\alpha x}}{2\,\mathfrak{Sin}\,\alpha\,\lambda},$$

so daß wir

$$\begin{aligned}y_x = \overset{\infty}{\underset{0}{\text{S}}}\Big\{&\lim_{\eta\to-\infty}\Big[\sin\frac{\eta+\mu}{2}\pi\cdot\cos\frac{x-\nu-\eta-1}{2}\pi\\[1mm]&+\sin\frac{\eta+\mu+1}{2}\pi\cdot\cos\frac{x-\nu-\eta-2}{2}\pi\Big]c^\nu\prod_{\lambda=1}^{\nu+1}\frac{e^{\alpha x}}{2\,\mathfrak{Sin}\,\alpha\,\lambda}\Big\}\varDelta\nu\end{aligned}$$

erhalten.

Da nun aber

$$\sin\frac{\eta+\mu}{2}\,\pi\cos\frac{x-\nu-\eta-1}{2}\,\pi+\sin\frac{\eta+\mu+1}{2}\,\pi\cos\frac{x-\nu-\eta-2}{2}\,\pi$$

$$=\sin\frac{x-\nu+\mu-1}{2}\,\pi=-\cos\frac{x-\nu+\mu}{2}\cdot\pi$$

unabhängig von η ist, so ist, wenn wir die neue Transzendente mit $\mathsf{H}_\mu\,(x+\beta,\,\alpha)$ bezeichnen

$$y_x=\mathsf{H}_\mu\,(x+\beta,\,\alpha)=-\overset{\infty}{\underset{0}{\mathbb{S}}}\left[\cos\frac{x-\nu+\mu}{2}\,\pi\cdot\frac{e^{\alpha\nu(x+\beta)}}{\prod\limits_{\lambda=1}^{\nu+1}\mathfrak{Sin}\,\alpha\,\lambda}\right]\varDelta\nu,\qquad(65)$$

wobei $\dfrac{c}{2}=e^{\alpha\beta}$ gesetzt wurde. Der im Zähler auftretende Faktor $\left(\dfrac{c}{2}\right)^\nu=e^{\alpha\beta\nu}$ ist mit $e^{\alpha\nu x}$ zu $e^{\alpha\nu(x+\beta)}$ zusammengezogen worden. Die Differenzengleichung der Funktion $\mathsf{H}_\mu\,(x,\,\alpha)$ lautet demnach

$$\mathsf{H}\,(x-1,\alpha)-2e^{\alpha x}\,\mathsf{H}\,(x,\alpha)+\mathsf{H}\,(x+1,\alpha)=0.$$

In der Lösung (65) ist die Zahl μ noch willkürlich. Zwischen je drei Funktionen H mit verschiedenen Parametern μ, μ', μ'' besteht die Beziehung

$$\sin\frac{\mu'-\mu''}{2}\,\pi\cdot\mathsf{H}_\mu+\sin\frac{\mu''-\mu}{2}\,\pi\cdot\mathsf{H}_{\mu'}+\sin\frac{\mu-\mu'}{2}\,\pi\cdot\mathsf{H}_{\mu''}=0.$$

Wählt man zwei verschiedene Werte μ, die sich nicht um eine gerade Zahl unterscheiden, z. B. $\mu=0$ und $\mu=1$, so erhält man **zwei linear voneinander unabhängige Lösungen**, also ein Fundamentalsystem. Sie unterscheiden sich durch den ersten Faktor in der Summe, der für $\mu=0:\cos\dfrac{x-\nu}{2}\,\pi$, für $\mu=1:\sin\dfrac{x-\nu}{2}\,\pi$ lautet.

Die Reihe (65) wurde zwar unter der Bedingung $\alpha>0$ abgeleitet, konvergiert jedoch, da das Konvergenzkriterium

$$\left|\frac{u_{\nu+1}}{u_\nu}\right|=\left|\frac{\dfrac{e^{\alpha(\nu+1)x}}{\prod\limits_{\lambda=1}^{\nu+2}\mathfrak{Sin}\,\alpha\,\lambda}}{\dfrac{e^{\alpha\nu x}}{\prod\limits_{\lambda=1}^{\nu+1}\mathfrak{Sin}\,\alpha\,\lambda}}\right|=\left|\frac{e^{\alpha x}}{\mathfrak{Sin}\,\alpha\,(\nu+1)}\right|<1$$

für alle Werte von $\alpha\neq0$, bei genügend großem ν erfüllt ist, für jeden endlichen reellen Wert von x.

Hätte man die zweite unserer für $x\leqq\eta$ gültigen Lösungen, Gl. (60'), wie vor unter der Voraussetzung $\alpha<0$ behandelt, so hätte man mit dem Grenzübergang $\eta\rightarrow+\infty$ genau die gleiche Lösung (65) erhalten.

Die Funktion $H_\mu\,(x,\,\alpha)$ ist für reelle $\alpha \neq 0$ eine ganze transzendente Funktion mit einer unendlichen Zahl von Nullstellen. Sie hat nur im Unendlichen einen wesentlich singulären Punkt.

Ist $\alpha > 0$, so nähert sich die Funktion für negative x asymptotisch der Funktion $\cos\dfrac{x+\mu}{2}\,\pi$, woraus man ohne weiters erkennt, daß die oben erwähnten Partikularlösungen z. B. für $\mu = 0$ bzw. 1, voneinander linear unabhängig sind. Entsprechendes gilt auch bei $\alpha < 0$ für positive x.

Geht $x \to +\infty$, so verhält sich $H_\mu\,(x,\,\alpha)$ so wie die Funktion $K2^x e^{\frac{\alpha}{2}x(x-1)}$, wobei K eine periodische Konstante ist.

29. Näherungsweise Auflösung linearer Differenzengleichungen.

Die vorangehenden Abschnitte haben einen Einblick gewährt in die Schwierigkeiten, die sich der Auflösung linearer Differenzengleichungen mit veränderlichen Koeffizienten entgegenstellen. Es ist uns nur in wenigen ganz einfachen Fällen gelungen, die Lösungen für Gleichungen zweiter Ordnung aufzustellen. An die Lösung von Gleichungen höherer Ordnung, insbesondere an die Lösung von Simultansystemen von Differenzengleichungen, wie sie bei vielen Problemen der Statik auftreten, ist auf den bisher erörterten Wege derzeit nicht zu denken. Wir werden daher in diesem Abschnitt ein allgemeines Näherungsverfahren zur Auflösung linearer Differenzengleichungen entwickeln. Dieses Verfahren besteht im wesentlichen in der Zurückführung der Aufgabe auf ein Extremalproblem, und Lösung desselben durch eine Näherungsfolge, ähnlich wie dies beim Ritzschen Verfahren in der Variationsrechnung der Fall ist.

Es liege ein System linearer Gleichungen

$$\sum_{k=1}^{n} a_{ik}y_k - u_i = 0 \qquad (i = 1,\,2\ldots n) \tag{66}$$

vor, mit den Unbekannten y_k und den beliebigen Beiwerten a_{ik}, wobei wir nur voraussetzen wollen, daß $a_{ik} = a_{ki}$, d. h., daß die Determinante des Systems (66) symmetrisch ist.

Wie wir in **21** bereits ausführlich dargelegt haben, ist die Bedingung, daß die Doppelsumme

$$F = \frac{1}{2}\sum_{i=1}^{n}\sum_{k=1}^{n} a_{ik}y_i y_k - \sum_{i=1}^{n} u_i y_i \tag{67}$$

zu einem Extrem werden soll, gleich bedeutend mit dem linearen

Gleichungssystem (66). Es treten daher an Stelle des vorgelegten Gleichungssystems die n Gleichungen

$$\frac{\partial F}{\partial y_1} = 0, \qquad \frac{\partial F}{\partial y_2} = 0 \ldots \frac{\partial F}{\partial y_n} = 0.$$

Da wir bei unseren weiteren Untersuchungen von der Form (67) ausgehen werden, so sei hier zunächst angegeben, wie in jenen Fällen, wo sie nicht unmittelbar gegeben ist, auf zweckmäßige Weise bei vorgelegtem Gleichungssystem (66) die Form (67) angesetzt werden kann. Wir schreiben zu diesem Zwecke die folgende quadratische Matrix auf.

$$
\left.
\begin{array}{c|cccccc}
 & y_1 & y_2 & y_k & y_n & 1 \\
\hline
y_1 & a_{11} & a_{12} \cdots a_{1k} \cdots a_{1n} & & & - u_1 \\
y_2 & a_{21} & a_{22} \cdots a_{2k} \cdots a_{2n} & & & - u_2 \\
 & \cdot & \cdot \quad \cdot \quad \cdot \quad \cdot \quad \cdot & & & \cdot \\
y_i & a_{i1} & a_{i2} \cdots a_{ik} \cdots a_{in} & & & - u_i \\
 & \cdot & \cdot \quad \cdot \quad \cdot \quad \cdot \quad \cdot & & & \cdot \\
y_n & a_{n1} & a_{n2} \cdots a_{nk} \cdots a_{nn} & & & - u_n \\
1 & - u_1 & - u_2 \cdots - u_k \cdots - u_n & & & 0
\end{array}
\right\}
\qquad (68)
$$

Sie ist symmetrisch zur Hauptdiagonale. Nun setzen wir über die Spalten 1, 2, 3 ... n die Unbekannten $y_1, y_2 \cdots y_n$ und über die letzte Spalte 1. Ebenso setzen wir links vor den Zeilen $y_1, y_2 \cdots y_n$ und vor der letzten Zeile 1. Die einzelnen Glieder von F werden nun in der Weise gebildet, daß man der Reihe nach sämtliche Beiwerte a und u, die auf einer Seite der Diagonale der Matrix stehen, mit den Werten y_k bzw. 1 multipliziert, die am linken Rande der betreffenden Zeile bzw. oberhalb der betreffenden Spalte stehen, und das Produkt mit dem Faktor 2 versieht. Man erhält so z. B. $2\,a_{i2}\,y_i\,y_2$, $- 2\,u_n\,y_n$, usw. Die in der Diagonale stehenden a_{kk} werden mit y_k^2 bzw. mit 1 multipliziert; also $a_{11}\,y_1^2$; $a_{22}\,y_2^2 \cdots a_{nn}\,y_n^2$.

Addiert man die gewonnenen Produkte, so erhält man die quadratische Form F.

Betrachten wir nun das Gleichungssystem (66) als Differenzengleichung mit vorgelegten Randbedingungen, die wir jetzt in der Gestalt

$$\sum_{\nu=1}^{p} a_\nu(x)\, y_{x+\nu} - u(x) = 0 \qquad (69)$$

schreiben wollen, wobei p die gerade Ordnung der Differenzengleichung vorstellt, und die Beiwerte $a_\nu(x)$ sowie $u(x)$ Funktionen von x sind, so können wir den oben genannten Satz wie folgt aussprechen: Die den vorgegebenen Randbedingungen angepaßten Lösungen der Differenzengleichung (69) machen die zu dieser Differenzengleichung und den Randbedingungen gehörende Form F zu einem Extremum. Die Form F selbst kann nach der oben angegebenen Regel aus der zur Differenzengleichung (69) und ihren Randbedingungen gehörenden quadratischen Matrix (68) ermittelt werden, wobei alle das gleiche a_ν enthaltenden Glieder in eine Summe zusammengefaßt werden können.

Der eben ausgesprochene Satz soll nun dazu dienen, Näherungswerte für die Lösung einer vorgelegten Differenzengleichung zu entwickeln. Wir bezeichnen mit $\omega_1(x)$, $\omega_2(x) \ldots \omega_n(x)$ eine Reihe zweckmäßig ausgewählter, voneinander linear unabhängiger Funktionen von x, die jede für sich die Randbedingungen der vorgelegten Differenzengleichung befriedigt. Bilden wir nun mit Hilfe von Festwerten f_1, $f_2 \ldots$ der Reihe nach die Vergleichsfunktionen

$$\left.\begin{aligned}
y_x{}^{(1)} &= f_1{}^{(1)}\,\omega_1(x),\\
y_x{}^{(2)} &= f_1{}^{(2)}\,\omega_1(x) + f_2{}^{(2)}\,\omega_2(x),\\
&\cdot\quad\cdot\quad\cdot\quad\cdot\quad\cdot\quad\cdot\quad\cdot\quad\cdot\\
y_x{}^{\nu} &= f_1{}^{(\nu)}\,\omega_1(x) + f_2{}^{(\nu)}\,\omega_2(x) + \cdots + f_\nu{}^{(\nu)}\,\omega_\nu(x),\\
&\cdot\quad\cdot\quad\cdot\quad\cdot\quad\cdot\quad\cdot\quad\cdot\quad\cdot\\
y_x{}^{(n)} &= f_1{}^{(n)}\,\omega_1(x) + f_2{}^{(n)}\,\omega_2(x) + \cdots + f_n{}^{(n)}\,\omega_n(x),
\end{aligned}\right\} \tag{70}$$

so können wir irgendeine dieser Funktionen $y_x{}^{(\nu)}$ wählen und nach Einführen in die Form (67) die Beiwerte $f_1{}^{(\nu)}$, $f_2{}^{(\nu)} \ldots f_\nu{}^{(\nu}$ so bestimmen, daß die Form F, die jetzt eine Funktion zweiten Grades der ν Parameter $f_1{}^{(\nu)}$, $f_2{}^{(\nu)} \ldots f_\nu{}^{(\nu)}$ darstellt, zu einem Extremum wird. Diese Bedingung liefert ν in f lineare Gleichungen zur Bestimmung dieser Parameter, nämlich

$$\frac{\partial F}{\partial f_1{}^{(\nu)}} = 0, \qquad \frac{\partial F}{\partial f_2{}^{(\nu)}} = 0 \ldots \qquad \frac{\partial F}{\partial f_\nu{}^{(\nu)}} = 0. \tag{71}$$

Wir betrachten die mit diesen so bestimmten f aufgebaute Funktion $y_x{}^{(\nu)}$

$$y_x{}^{(\nu)} = f_1{}^{(\nu)}\,\omega_1(x) + f_2{}^{(\nu)}\,\omega_2(x) + \cdots + f_\nu{}^{(\nu)}\,\omega_\nu(x)$$

als eine Näherungslösung der vorgegebenen Differenzengleichung bei den vorgeschriebenen Randbedingungen.

Es kann nun folgende wichtige Eigenschaft der Funktionsreihe (70) bewiesen werden: Ist F_{extr} der wahre Extremalwert von F, das ist jener Wert, der durch die genaue Lösung y_x der Differenzengleichung erzeugt wird, so nähern sich die von den aufeinanderfolgenden Näherungslösungen $y_x{}^{(1)}$, $y_x{}^{(2)} \ldots$ erzeugten Extrema dem Werte F_{extr} schrittweise, in der Art, daß für $\nu = n$ der Wert F_{extr} genau erreicht wird, denn in diesem Falle (nämlich $\nu = n$) läuft die Einführung der

Funktion y_x auf nichts anderes als auf eine lineare Transformation der Koordinaten hinaus.

Der Beweis selbst ist leicht geführt. Die Extremalbedingung (71) wählt aus dem Wertevorrat der $f^{(n)}$ in der Vergleichsfunktion $y_x^{(n)}$ eine ganz bestimmte und eindeutig festgelegte Kombination der Zahlen $f_1^{(n)}$, $f_2^{(n)} \ldots f_n^{(n)}$ aus, die dadurch ausgezeichnet ist, daß sie F zu einem Extremum, sagen wir z. B. zu einem Maximum macht, welches Maximum in diesem Falle, da $\nu = n$ ist, mit dem wahren Maximum übereinstimmt. Da F eine Funktion zweiten Grades der Variabeln f ist, so ist nur ein einziges Extremum möglich. Jede andere Zahlenkombination der f liefert ein Lösungssystem der y_x, das einen kleineren Wert von F erzeugt. Zu diesen anderen Kombinationen gehören aber auch die Zahlen $f_1^{(n-1)}$, $f_2^{(n-1)} \ldots f_{n-1}^{(n-1)}$, 0, die der Vergleichsfunktion $y_x^{(n-1)}$ entsprechen. Es folgt daraus, daß $y_x^{(n-1)}$ einen kleineren, ausnahmsweise gleich großen Wert von F erzeugen muß als $y_x^{(n)}$[1]. Durch den gleichen Schluß findet man, daß die $y_x^{(n-2)}$ einen kleineren Wert von F erzeugen als $y_x^{(n-1)}$ usw. Die aufeinderfolgenden $y_x^{(1)}$, $y_x^{(2)} \ldots y_x^{(n)}$ bestimmen daher in der n-dimensionalen Mannigfaltigkeit, die F vorstellt, Punkte, die mit wachsendem ν immer näher an den wahren Extremalwert heranrücken, um bei $\nu = n$ mit dem wirklichen Extremalwert zusammenzufallen, was wir beweisen wollten.

Wie die Annäherung an den richtigen Wert von y_x erfolgt, d. h. in welchen Stufen sich die einzelnen Näherungswerte $y_x^{(1)}$, $y_x^{(2)} \ldots$ dem wahren $y_x^{(n)}$ nähern, das hängt ganz von der Art des vorgelegten Problems und von der Wahl der Funktionen $\omega(x)$ ab. Bei geschickter Auswahl der $\omega(x)$ wird in der Regel ein zwei-, höchstens dreigliedriger Ansatz für y_x genügen, um eine praktisch ausreichende Annäherung zu erzielen. Empfehlenswert erscheint es, die Näherungslösung y_x mit Hilfe eines orthogonalen Funktionensystems aufzubauen, da sich dann die in der Rechnung auftretenden Summen besonders leicht bestimmen lassen. Doch muß bei der Auswahl der Funktionen $\omega(x)$ darauf Bedacht genommen werden, daß eine Darstellung der Summen in geschlossener Form möglich ist. In den meisten Fällen wird man daher so vorgehen können, daß man das vollständige System der Eigenlösungen der zu dem gleichen Problem gehörenden Differenzengleichung mit konstanten Koeffizienten als Ausgangspunkt benützt, da ja diese Eigenlösungen ein der genauen Lösung mehr oder weniger verwandtes orthogonales Funktionensystem darstellen.

Liegen zwei oder mehrere simultane Differenzengleichungen vor, so ist der Vorgang der gleiche wie bei einer einzigen Gleichung. Man bildet aus allen Gleichungen unter Berücksichtigung der Randbe-

---

[1]) Dieser Ausnahmefall tritt dann ein, wenn $f_n^{(n)} = 0$ ist.

dingungen eine quadratische Matrix zur Aufstellung von F und hat nur darauf zu achten, daß diese symmetrisch ist. Wenn notwendig, sind einzelne Gleichungen mit passenden Faktoren zu multiplizieren. Sind y_x, z_x ... die Unbekannten der vorgelegten Differenzengleichungen, so setzt man als Näherungslösungen

$$y_x = f_1\,\omega_1 + f_2\,\omega_2 + \cdots + f_\nu\,\omega_\nu,$$
$$z_x = g_1\,\omega_1' + g_2\,\omega_2' + \cdots + g_\nu\,\omega_\nu',$$
$$\cdots\cdots\cdots\cdots\cdots\cdots$$

an, wobei die f, g ... durch die Extremalbedingungen

$$\frac{\partial F}{\partial f_1} = 0, \quad \frac{\partial F}{\partial f_2} = 0 \cdots \frac{\partial F}{\partial f_\nu} = 0,$$
$$\frac{\partial F}{\partial g_1} = 0, \quad \frac{\partial F}{\partial g_2} = 0 \cdots \frac{\partial F}{\partial g_\nu} = 0,$$
$$\cdots\cdots\cdots\cdots\cdots\cdots$$

bestimmt sind. Die Abschnitte **35** und **39** enthalten Beispiele für die Anwendung des hier erörterten Näherungsverfahrens.

30. Schlußbetrachtungen.

Der Leser, der den Darlegungen bisher gefolgt ist, wird sich an mancher Stelle die Frage vorgelegt haben, worin sich eigentlich ein System linearer Gleichungen von der dieses System vertretenden Differenzengleichung unterscheide. Dieser Unterschied ist, wie wir sehen werden, ein sehr tiefgehender.

Betrachtet man eine Differenzengleichung nur als gekürzte Schreibweise eines Gleichungssystems, so kann natürlich aus dieser Auffassung noch keine neue Erkenntnis und damit auch kein neuer Algorithmus entspringen. Die Differenzengleichung ist dann nichts anderes als eine Rekursionsformel, die es gestattet, von einer Gruppe von Anfangswerten ausgehend, der Reihe nach die Unbekannten des Gleichungssystems zu berechnen. Erinnern wir uns daran, daß schon bei einer Differenzengleichung mit konstanten Koeffizienten die Lösung, das sind die Unbekannten des Gleichungssystems, durch eine Exponentialfunktion, also durch eine transzendente Funktion, dargestellt wird, so taucht die Frage auf: Wie hängt diese transzendente Funktion mit der Rekursionsformel zusammen, oder richtiger gesagt, welche Verknüpfung besteht zwischen der einfachste algebraische Prozesse umfassenden Auflösung des Gleichungssystems, etwa durch schrittweise Elimination, und zwischen der allgemeinen Lösung der zugehörenden Differenzengleichung?

Die Beantwortung dieser Frage ist nicht schwer. Die Differenzengleichung wird erst in dem Augenblick zu etwas wesentlich Neuem, in dem wir x als stetig veränderlich betrachten. Im System linearer

Gleichungen kann die Veränderliche x, die den Zeiger der Unbekannten y_x darstellt, nur ganzzahlige Werte annehmen. In der Differenzengleichung haben wir die Unbekannte befähigt, einen stetigen Bereich zu bestreichen, und haben hierdurch den Inhalt der Gleichung bedeutend erweitert. Jetzt erst können wir mit einer gewissen Berechtigung die Frage stellen, welche analytische Funktion durch die Differenzengleichung definiert werde, und diese neuartige Fragestellung, d. h. die Auffassung der Differenzengleichung als Funtionalbeziehung ist es, die zu einem wesentlich neuen Algorithmus führt. Denn die Lösung dieser Aufgabe ist erst nach Durchführung eines Grenzüberganges möglich, eines unendlichen Prozesses also, der dem Wesen eines endlichen Systems linearer Gleichungen vollkommen fremd ist.

Es ist natürlich klar, daß wir in den vorangehenden Abschnitten auch dort, wo wir uns auf ganzzahlige x beschränkten, wie z. B. bei den Gleichungen mit konstanten Beiwerten, stillschweigend die Differenzengleichung als Funktionalbeziehung vorausgesetzt haben. Wir haben ja dort weiter nichts getan, als den Nachweis erbracht, daß die Funktion β^x eine Lösung der Differenzengleichung darstelle, und die Zusammenhänge zwischen dem Parameter β einerseits und den Beiwerten der Differenzengleichung anderseits klargelegt. Stellen wir uns nun umgekehrt auf den Standpunkt, daß die lösende Funktion β^x noch nicht bekannt sei, so werden wir erkennen, daß genau so wie bei den in **28** behandelten Gleichungen erst ein Grenzübergang notwendig ist, um eine analytische Funktion zu bilden, die als Lösung der Differenzengleichung angesprochen werden kann. Ohne diesen Grenzübergang wird man nie zu der Funktion β^x gelangen können.

Wir betrachten, um ein sehr einfaches Beispiel vor Augen zu führen, nur kurz die homogene Gleichung zweiter Ordnung

$$y_{x-1} - c\,y_x + y_{x+1} = 0.$$

Diese Gleichung stellt zunächst nichts anderes als eine Rekursionsformel vor, die es ermöglicht, von irgend zwei aufeinanderfolgenden Werten von y_x, z. B. y_r und y_{r+1}, ausgehend, durch schrittweise Elimination y_{r+k}, wobei k eine ganze Zahl ist, darzustellen. Es ist leicht einzusehen, daß man durch diese Elimination y_{r+k} in der Gestalt

$$y_{r+k} = a_k\,y_r + b_k\,y_{r+1},$$

wo a_k und b_k Zahlen sind, die von k abhängen, erhält. y_{r+k} stellt also eine Form der Lösung unserer Differenzengleichung vor. Die Zahlen y_r und y_{r+1} spielen hier die Rolle unserer Konstanten C.

Setzt man $y_r = 0$ und $y_{r+1} = 1$, so ist b_k, der eine Beiwert des Eliminationsergebnisses, ebenfalls eine Lösung der Differenzengleichung, die wir als Partikularlösung bezeichnen können. Ebenso stellt a_k für $y_r = 1$ und $y_{r+1} = 0$ eine Partikularlösung der Gleichung vor.

Von der Gleichung

$$y_r - c\, y_{r+1} + y_{r+2} = 0 \qquad (72)$$

ausgehend, erhält man also mit $y_r = 0$ und $y_{r+1} = 1$, der Reihe nach

$$y_{r+2} = c, \qquad y_{r+3} = c^2 - 1, \qquad y_{r+4} = c^3 - 2c,$$
$$y_{r+5} = c^4 - 3c^2 + 1, \qquad y_{r+6} = c^5 - 4c^3 + 3c \quad \text{usw.}$$

und allgemein

$$y_{r+k} = \binom{k-1}{0} c^{k-1} - \binom{k-2}{1} c^{k-3} + \binom{k-3}{2} c^{k-5} - \cdots \qquad (73)$$

Diese Reihe ist so lange fortzusetzen, bis der Exponent von c, 0 oder 1 ist.

Wir setzen jetzt zur Verallgemeinerung $x = r + k$, womit die Gl. (2) die Gestalt

$$y_x = \binom{x-r-1}{0} c^{x-r-1} - \binom{x-r-2}{1} c^{x-r-3}$$
$$+ \binom{x-r-3}{2} c^{x-r-5} - \cdots \qquad (74)$$

annimmt. Diese Lösungsform gilt für $x > r$. Die vorstehende Gleichung stellt ein Polynom in c vor, das keineswegs als besonders einfache Lösung der Differenzengleichung angesehen werden kann. Wir bemerken ausdrücklich, daß Gl. (74) keine analytische Funktion darstellt, da sie ihren Sinn verliert, wenn $x - r$ keine ganze Zahl ist. Außerdem wechselt y_x mit x die Zahl seiner Glieder. Andererseits kann aber aus der Differenzengleichung, solange wir sie nur als Rekursionsformel betrachten, keine andere Lösung als die triviale Lösung (74) abgeleitet werden. Nun vergleichen wir das durch (74) definierte Polynom mit der bekannten analytischen Lösung e^{ax} der Gl. (72). e^{ax} ist aber eine transzendente Funktion und man erkennt ohne weiteres, daß von Gl. (74) zur Funktion e^{ax} eine Brücke nur über einen Grenzübergang, ähnlich wie wir ihn in 28 bei der Untersuchung der Differenzengleichung der Bessel-Funktion erörtert haben, führt.

Es ist noch die Frage zu überlegen, ob es nur eine beschränkte Anzahl analytischer Funktionen gibt, die eine vorgelegte Differenzengleichung befriedigen, oder ob ihre Zahl unbeschränkt ist. Auch diese Frage ist leicht beantwortet. Da jede Lösung, wie wir gesehen haben, mit einer periodischen Funktion, die natürlich auch eine analytische Funktion sein darf, multipliziert werden kann, außerdem die einzelnen

Lösungen selbst noch linear kombiniert werden können, so ersieht man, daß auf diese Weise unendlich viele analytische Lösungen zustande kommen können. Es ist daher eine der Hauptaufgaben der Theorie der Differenzengleichungen, von Fall zu Fall jene analytischen Lösungen ausfindig zu machen, die sich durch besonders einfaches Verhalten auszeichnen. Man wird derartige Lösungen als ausgezeichnete Lösungen bezeichnen können. Eine solche ausgezeichnete Lösung einer Gleichung mit konstanten Beiwerten stellt z. B. die Funktion $e^{\alpha x}$ vor.

III. Aufgaben aus der Baustatik.

§ 8. Statisch unbestimmte Träger.

31. Der durchlaufende Balken auf festen Stützen.

1. Beispiel. Die erste Aufgabe der Baustatik, die mittels Differenzengleichungen gelöst wurde, war die Berechnung des durchlaufenden Balkens mit gleichen Feldern[1]. Da sie zu den einfachsten derartigen Aufgaben gehört, so möge sie an die Spitze der hier vorgeführten Beispiele gestellt werden. Wir betrachten einen Träger mit konstantem Trägheitsmoment auf $n + 1$ frei drehbaren Stützen (Abb. 15). Die Stützweiten der einzelnen Felder seien untereinander gleich. Das gleiche gelte von der Belastung der einzelnen Felder, die im übrigen beliebig sei.

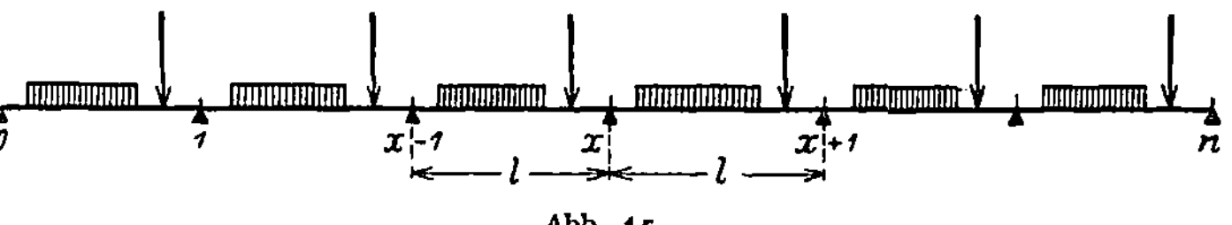

Abb. 15.

Wir bezeichnen mit M_x das Stützenmoment über der Stütze x, mit $\mathfrak{B}_x$ und $\mathfrak{A}_{x+1}$ die Balkenauflagerkraft des Feldes $x - 1$, x an der rechten bzw. des Feldes x, $x + 1$ an der linken Stütze, herrührend von der als Belastung aufgefaßten Momentenfläche des einfachen Balkens von der Stützweite l. Es besteht dann zwischen drei aufeinanderfolgenden Stützenmomenten die bekannte Beziehung (Dreimomentensatz)

$$M_{x-1} + 4\,M_x + M_{x+1} = -\frac{6\,\mathfrak{B}_x}{l} - \frac{6\,\mathfrak{A}_{x+1}}{l}. \tag{1}$$

Bei n Feldern können $n - 1$ derartige Gleichungen aufgestellt werden, die zur Berechnung der $n - 1$ unbekannten Stützenmomente ausreichen. M_0 und M_n sind voraussetzungsgemäß Null.

---

[1] Clebsch, A.: Theorie der Elastizität fester Körper. Leipzig 1862.

Gl. (1) stellt eine Differenzengleichung zweiter Ordnung mit unveränderlichen Beiwerten vor, deren rechte Seite, falls alle Felder gleich belastet sind, von x unabhängig, also konstant ist. Wir bezeichnen dieses Belastungsglied kurz mit N. Die Auffindung der Lösung erfolgt nach den Regeln des § 5. Die charakteristische Gleichung

$$\beta^2 + 4\beta + 1 = 0$$

hat die Wurzeln

$$\beta_1 = -2 + \sqrt{3} \quad \text{und} \quad \beta_2 = -2 - \sqrt{3},$$

womit bereits die Lösung der homogenen Gleichung gewonnen ist. Die Bestimmung der Partikularlösung der nichthomogenen Gl. (1) ist sehr einfach. Da rechts eine Konstante steht, so muß auch die Partikularlösung eine Konstante sein, und zwar $\dfrac{N}{6}$. Somit lautet die Lösung, wenn man noch beachtet, daß $\beta_1 \cdot \beta_2 = 1$ und wenn man $\beta_1 = \beta$ setzt,

$$M_x = C_1 \beta^x + C_2 \beta^{-x} + \frac{N}{6}. \tag{2}$$

C_1 und C_2 bestimmen sich aus den Randbedingungen $M_0 = 0$ und $M_n = 0$. Diese liefern die beiden Gleichungen

$$C_1 + C_2 + \frac{N}{6} = 0 \quad \text{und} \quad C_1 \beta^n + C_2 \beta^{-n} + \frac{N}{6} = 0,$$

aus denen

$$C_1 = -\frac{N}{6} \frac{1}{1 + \beta^n} \quad \text{und} \quad C_2 = -\frac{N}{6} \frac{\beta^n}{1 + \beta^n}$$

folgen. Damit erhält man schließlich, wenn man für N wieder die rechte Seite von (1) einführt,

$$M_x = -\frac{\mathfrak{A} + \mathfrak{B}}{l} \left[1 - \frac{\beta^{n-x} + \beta^x}{1 + \beta^n} \right], \quad (x = 0, 1 \ldots n). \tag{3}$$

Da $\beta = -0,2679\ldots$ ist, so kann bei größerem n, β^n gegen 1 vernachlässigt werden. Bei großer Felderzahl ist auch β^{n-x} und β^x für die mittleren Stützen nahe bei Null, und für diese Stützen gilt dann die einfache Formel

$$M_x \approx -\frac{\mathfrak{A} + \mathfrak{B}}{l}. \tag{4}$$

Wir wollen an dieser Stelle eine kurze Untersuchung anschließen, um zu zeigen, daß eine Dreimomentengleichung nicht nur zwischen den Stützenmomenten, sondern auch zwischen den Feldmomenten kongruent gelegener Punkte dreier aufeinanderfolgender Felder besteht, und daß die oben angesetzte Gl. (1) nur einen Sonderfall einer allgemeineren Dreimomentengleichung des durchlaufenden Balkens vorstellt. Faßt man diese allgemeinere Dreimomentengleichung als Differenzengleichung mit stetig veränderlichem x auf, so liefert die allgemeine Lösung dieser Gleichung das Biegungsmoment in einem beliebigen Punkte des Trägers[1]. Wir betrachten zu diesem Zwecke drei kongruent gelegene Punkte mit dem Abstand ξl von der jeweilig links gelegenen Stütze in den Feldern $k-2$ bis $k+1$ (Abb. 16). Der Abstand des mittleren Punktes von Punkt o (linke Endstütze)

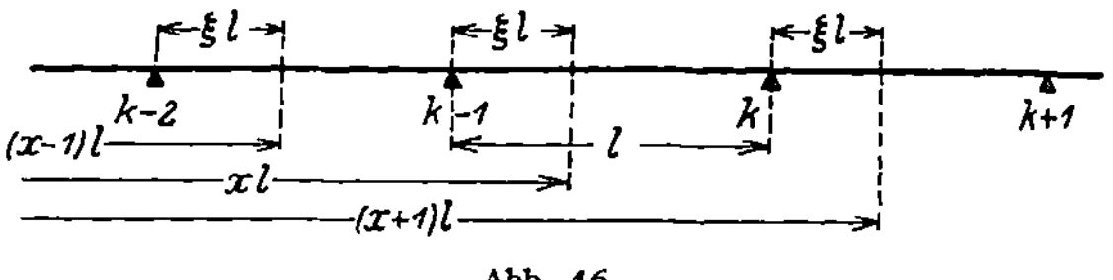

Abb. 16.

sei xl, so daß die beiden anderen Punkte die Abstände $(x-1)l$ bzw. $(x+1)l$ von o haben. Nun gelten die Beziehungen

$$M_{x-1} = M_{k-2}(1-\xi) + M_{k-1}\,\xi + \mathfrak{M}_\xi,$$
$$M_x = M_{k-1}(1-\xi) + M_k\,\xi + \mathfrak{M}_\xi,$$
$$M_{x+1} = M_k(1-\xi) + M_{k+1}\,\xi + \mathfrak{M}_\xi,$$

wenn $\mathfrak{M}_\xi$ das Balkenmoment der in allen Feldern gleichen Belastung im Punkte ξl bedeutet. Multipliziert man die mittlere Gleichung mit 4, und addiert die Gleichungen sodann, so entsteht

$$M_{x-1} + 4\,M_x + M_{x+1} = (1-\xi)(M_{k-2} + 4\,M_{k-1} + M_k)$$
$$+ \xi(M_{k-1} + 4\,M_k + M_{k+1}) + 6\,\mathfrak{M}_\xi.$$

Die in den Klammern stehenden Dreimomentenausdrücke können mit Bezug auf Gleichung (1) durch $-\dfrac{6\,\mathfrak{A}}{l} - \dfrac{6\,\mathfrak{B}}{l} = N$ ersetzt werden, so daß sich die vorstehende Gleichung zu

$$M_{x-1} + 4\,M_x + M_{x+1} = N + 6\,\mathfrak{M}_\xi \tag{5}$$

vereinfacht. Das ist aber eine Dreimomentengleichung wie Gl. (1) und unterscheidet sich von dieser nur durch das Zusatzglied $6\,\mathfrak{M}_\xi$ auf der rechten Seite. Für $\xi = 0$ und für $\xi = 1$ geht die Gl. (5) in (1) über. M_x wird dann zum Stützenmoment. Hier liegt der in 14 S. 39 erwähnte Fall einer Differenzengleichung vor, die auch bei stetig veränderlichem x statisch ihren Sinn behält. Das Zusatzglied ändert seinen

---

[1] Derartige Zusammenhänge zwischen aufeinanderfolgenden kongruent gelegenen Punkten bestehen ganz allgemein bei allen aus mehreren steifen Stabfeldern gebildeten Systemen, doch soll hier nicht näher darauf eingegangen werden.

Wert nur innerhalb eines Feldes, hat aber sonst in allen Feldern gleiche Form. Da also

$$\mathfrak{M}_\xi = \mathfrak{M}_x = \mathfrak{M}_{x+1} = \mathfrak{M}_{x+2} = \cdots,$$

so stellt $\mathfrak{M}_x$ eine periodische Funktion mit der Periode 1 vor. Geometrisch wird $\mathfrak{M}_x$ demnach durch eine Kette aneinandergereihter Balkenmomentenlinien dargestellt. Da N im vorliegenden Falle eine Konstante ist, so können wir sie mit der periodischen Funktion $6\,\mathfrak{M}_x$ zu der periodischen Funktion $\pi(x)$ zusammenziehen. Unsere Differenzengleichung lautet sonach

$$M_{x-1} + 4\,M_x + M_{x+1} = \pi(x) \tag{5'}$$

und besitzt die Lösung

$$M_x = \omega_1(x)\,\beta^x + \omega_2(x)\,\beta^{-x} + \frac{\pi(x)}{6}, \tag{6}$$

da eine periodische Funktion mit der Periode 1 auf der rechten Seite so wie eine Konstante zu behandeln ist. Die periodischen Konstanten $\omega_1(x)$ und $\omega_2(x)$ können von Fall zu Fall aus dem bekannten Verlauf der Momentenlinien im ersten und letzten Feld errechnet werden.

Wir lassen es mit diesen knappen Andeutungen sein Bewenden haben, bemerken aber noch, daß das eben angedeutete Verfahren bei der Berechnung von Rahmensystemen vielleicht in jenen Fällen Bedeutung gewinnen kann, wo sich die Funktion $\pi(x)$, die ja unstetig ist, in analytischer Form, etwa durch eine s e h r r a s c h konvergierende F o u r i e r sche Reihe darstellen läßt.

2. Beispiel. Durchlaufender Balken mit dreieckförmiger Belastung. Es mögen die gleichen Voraussetzungen wie im vorangehenden Beispiel gelten, nur sei die Belastung stetig und linear ver-

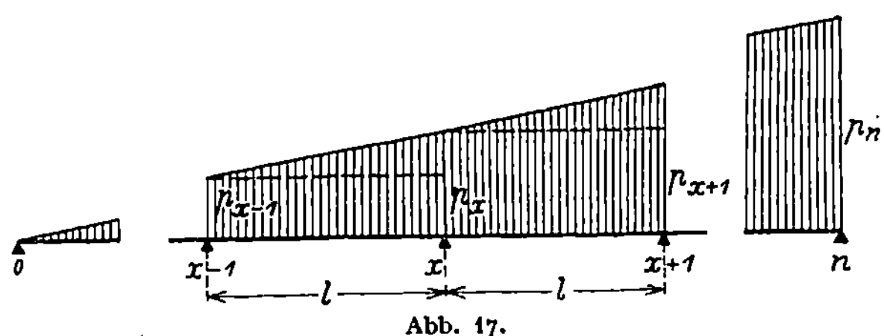

Abb. 17.

änderlich (Wasserdruck). Abb. 17. Zerlegt man die trapezförmige Belastung eines jeden Feldes in eine gleichmäßige und eine dreieckförmige Belastung, so erhält man für die erstere nach bekannten Formeln

$$\mathfrak{B}_x' = \frac{1}{4}\,p_{x-1}\,l^3 \quad \text{und} \quad \mathfrak{A}_{x+1}' = \frac{1}{4}\,p_x\,l^3,$$

und für die letztere

$$\mathfrak{B}_x'' = \frac{2}{15}(p_x - p_{x-1})\, l^3 \quad \text{und} \quad \mathfrak{A}_{x+1}'' = \frac{7}{60}(p_{x+1} - p_x)\, l^3.$$

Bezeichnet man die Gesamtbelastung des durchlaufenden Balkens mit P, so ist, wie man unschwer nachrechnet,

$$p_x = \frac{2P}{n^2 l}\, x.$$

Damit findet man vorerst

$$\mathfrak{B}_x = \mathfrak{B}_x' + \mathfrak{B}_x'' = \frac{2Pl^2}{n^2}\left[\frac{x-1}{4} + \frac{2}{15}\right],$$

$$\mathfrak{A}_{x+1} = \mathfrak{A}_{x+1}' + \mathfrak{A}_{x+1}'' = \frac{2Pl^2}{n^2}\left[\frac{x}{4} + \frac{7}{60}\right]$$

und schließlich die rechte Seite der Dreimomentengleichung als Funktion von x in der Form

$$N = -\frac{6\,\mathfrak{B}_x}{l} - \frac{6\,\mathfrak{A}_{x+1}}{l} = -\frac{Pl}{n^2}\, x.$$

Die Lösung der Differenzengleichung

$$M_{x-1} + 4\,M_x + M_{x+1} = -\frac{Pl}{n^2}\, x \tag{7}$$

unterscheidet sich von der Lösung (2) nur durch das von der rechten Seite herrührende Zusatzglied. Mit dem Ansatz $\bar{y}_x = c\,x$ findet man ohne weiteres die Partikularlösung der nichthomogenen Gleichung zu

$$\bar{y}_x = -\frac{Pl}{6\,n^2}\, x$$

und damit die vollständige Lösung

$$M_x = C_1 \beta^x + C_2 \beta^{-x} - \frac{Pl}{6\,n^2}\, x, \quad \beta = -2 + \sqrt{3}.$$

Die Konstanten ermittelt man aus den Randbedingungen

$$C_1 + C_2 = 0,$$

$$C_1 \beta^n + C_2 \beta^{-n} - \frac{Pl}{6\,n} = 0$$

mit

$$C_1 = -C_2 = -\frac{Pl}{6\,n}\frac{\beta^n}{1 - \beta^{2n}},$$

womit für das Stützenmoment die einfache Formel

$$M_x = -\frac{Pl}{6\,n}\left[\frac{x}{n} - \frac{\beta^{n-x} - \beta^{n+x}}{1 - \beta^{2n}}\right] \quad (x = 0,\ 1 \ldots n) \tag{8}$$

gefunden ist. Bei praktischen Rechnungen kann im Nenner β^{2n} gegen 1 vernachlässigt werden.

3. Beispiel. Einflußlinien der Stützenmomente des durchlaufenden Balkens. Sind i und $i+1$ die Stützen des mit der Last 1 im Abstande a von der linken Stütze belasteten Feldes, so gelten folgende Gleichungen zur Bestimmung der Stützenmomente:

$$\text{für } 0 < x < i: \qquad M_{x-1} + 4\,M_x \quad + M_{x+1} = 0,$$
$$\text{,, } x = i: \qquad M_{i-1} + 4\,M_i \quad + M_{i+1} = -f_1\,l,$$
$$\text{,, } x = i+1: \qquad M_i \quad + 4\,M_{i+1} + M_{i+2} = -f_2\,l,$$
$$\text{,, } i+1 < x < n: \quad M_{x-1} + 4\,M_x \quad + M_{x+1} = 0,$$

wobei bekanntlich

$$f_1 = \frac{a'}{l}\left(1 - \frac{a'^2}{l^2}\right) \quad \text{und} \quad f_2 = \frac{a}{l}\left(1 - \frac{a^2}{l^2}\right), \quad \text{mit } a' = l - a.$$

Die Lösungen der Differenzengleichung

$$M_{x-1} + 4\,M_x + M_{x+1} = 0$$

sind:

$$\text{für } 0 \leqq x \leqq i: \qquad M_x = C_1\,\beta^x + C_2\,\beta^{-x}, \left.\right\}$$
$$\text{,, } i+1 \leqq x \leqq n: \quad M_x = C_1'\,\beta^x + C_2'\,\beta^{-x}, \left.\right\} \qquad (9)$$

deren Festwerte sich aus den vier Gleichungen, s. Fall 5, S. 51

$$C_1 + C_2 = 0,$$
$$C_1\,\beta^{i-1} + C_2\,\beta^{-(i-1)} + 4\,(C_1\,\beta^i + C_2\,\beta^{-i}) + C_1'\,\beta^{i+1} + C_2'\,\beta^{-(i+1)} = -f_1\,l,$$
$$C_1\,\beta^i + C_2\,\beta^{-i} + 4\,(C_1'\,\beta^{i+1} + C_2'\,\beta^{-(i+1)}) + C_1'\,\beta^{i+2} + C_2'\,\beta^{-(i+2)} = -f_2\,l,$$
$$C_1'\,\beta^n + C_2'\,\beta^{-n} = 0$$

berechnen. Hierin ist $\beta = -0{,}2679$. Man erhält so

$$C_2 = -C_1, \qquad C_2' = -C_1'\,\beta^{2n},$$
$$C_1 = \frac{-l\beta}{(\beta^2 - 1)(\beta^{2n} - 1)}\,[f_1\,(\beta^i - \beta^{2n-i}) + f_2\,(\beta^{i+1} - \beta^{2n-(i+1)})],$$
$$C_1' = \frac{-l\beta}{(\beta^2 - 1)(\beta^{2n} - 1)}\,[f_1\,(\beta^i - \beta^{-i}) + f_2\,(\beta^{i+1} - \beta^{-(i+1)})].$$

Die Eintragung dieser Werte in Gl. (9) führt auf folgende Gleichungen für M_x
für $0 \leqq x \leqq i$:

$$M_x = -\frac{(\beta^x - \beta^{-x})\,\beta l}{(\beta^{2n} - 1)(\beta^2 - 1)}\,[f_1\,(\beta^i - \beta^{2n-i}) + f_2\,(\beta^{i+1} - \beta^{2n-(i+1)})]; \left.\right\}$$
$$\text{für } i+1 \leqq x \leqq n: \qquad\qquad\qquad\qquad\qquad\qquad\qquad\qquad\quad \left.\right\} \qquad (10)$$
$$M_x = -\frac{(\beta^x - \beta^{2n-x})\,\beta l}{(\beta^{2n} - 1)(\beta^2 - 1)}\,[f_1\,(\beta^i - \beta^{-i}) + f_2\,(\beta^{i+1} - \beta^{-(i+1)})]. \left.\right\}$$

Die erste der Gleichungen (10) gibt die Momente an über jenen Stützen, die links vom belasteten Felde liegen, sie dient sonach zur

Berechnung der Ordinaten des rechts von x gelegenen Teiles der Einflußlinie von M_x. Denn hält man x fest, und setzt der Reihe nach $i = x,\ x + 1 \ldots n - 1$, so erhält man die einzelnen aufeinanderfolgenden Einflußlinienzweige von M_x von x angefangen bis n. Es ist hierzu nur nötig, den Verlauf von f_1 und f_2, die Linien dritten Grades vorstellen, für eine entsprechende Anzahl von Zwischenpunkten eines Feldes zu berechnen.

Die zweite der Gleichungen (1o) liefert demgemäß die Ordinaten des links von der Stütze x gelegenen Einflußlinienteiles. Da aber der rechts von x gelegene Abschnitt der Einflußlinie M_x spiegelgleich ist dem links vom Punkt x gelegenen Abschnitt der Einflußlinie M_{n-x}, so genügt die Anwendung einer der beiden Formeln, um den ganzen Verlauf von M_x darzustellen. Benutzt man z. B. die zweite Formel, so berechnet man zunächst nach dieser Formel den Einflußlinienabschnitt o bis x und nach Ersetzen von x durch $n - x$ in dieser Formel den Einflußlinienabschnitt o bis $n - x$, dessen Spiegelbild, an den ersten Teil in x angeschlossen, die gesamte Einflußlinie liefert. Man geht daher so vor, daß man in der zweiten Formel (1o) der Reihe nach $x = 1, 2 \ldots n - 1$ setzt, und jedesmal bei festgehaltenem x für i die Werte o, 1, 2 $\ldots x - 1$ annimmt. Man erhält so von M_1 den Einflußlinienzweig o bis 1, von M_2 die Einflußlinie von o bis 2 usw. bis zu den $n - 1$ Feldern der Einflußlinie M_{n-1}. Nun setzt man die x Felder der M_x-Linie mit dem Spiegelbild der $n - x$ Felder der M_{n-x}-Linie zusammen und gewinnt so die ganze Einflußlinie für M_x.

Für die Anwendung formen wir die zweite der Gleichungen (1o) noch etwas um, indem wir β^{-i} herausheben und β^{2n} gegen 1 vernachlässigen (bei $n = 2$ ist der Fehler kleiner als $1/4\,{}^0/_0$). Man erhält schließlich

$$M_x = C_i(\beta^{x-i} - \beta^{2n-x-i})\,l,$$

wobei

$$C_i = \frac{1}{1 - \beta^2}[f_1\beta(1 - \beta^{2i}) + f_2(1 - \beta^{2(i+1)})].\quad\Bigg\}\quad (11)$$

Der Faktor C_i nähert sich mit wachsendem i sehr rasch dem Grenzwert

$$\lim_{i \to \infty} C_i = \frac{f_1\beta + f_2}{1 - \beta^2}.$$

Für den Balken mit unendlich vielen Feldern gilt sonach für einen mittleren Stützpunkt

$$M_x^{\infty} = \frac{f_1\beta + f_2}{1 - \beta^2}\beta^{x-i} \qquad x - i = 1, 2 \ldots \qquad (12)$$

32. Der vielstielige Rahmen mit eingespannten Stützen.

Das in Abb. 18 dargestellte Rahmentragwerk besitze durchwegs gleiche Feldweiten und Ständerhöhen, bei überall gleichen Träger- und Ständerquerschnitt. Weiters nehmen wir an, daß der obere Endknoten bei Ständer o im wagerechten Sinne unverschieblich fest-gehalten ist. Der Einfluß der Längenänderung der Stäbe soll bei der nachfolgenden Berechnung vernachlässigt werden. Die Aufstellung der Elastizitätsbedingungen für dieses $3\,n$-fach statisch unbestimmte Tragwerk ist verhältnismäßig einfach.

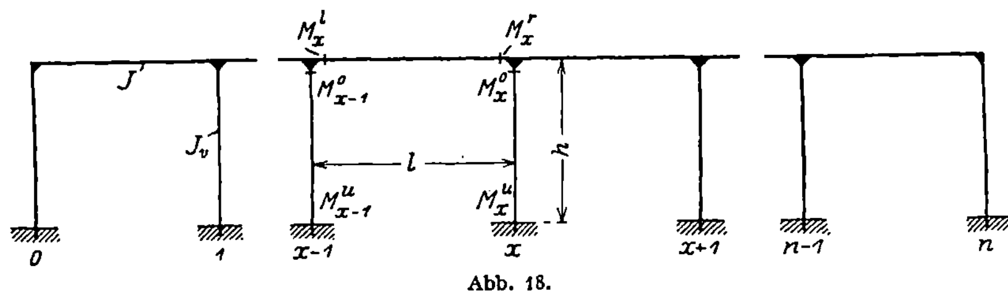

Abb. 18.

Wir führen nachfolgende Bezeichnungen ein:

$M_x{}^l$ und $M_x{}^r$ sind die Momente im linken bzw. rechten Anschluß-punkte des Riegelfeldes $x-1,x$.

$M_x{}^o$ und $M_x{}^u$, die Momente im oberen Anschlußpunkte bzw. im unteren Einspannungspunkte des x-ten Stieles. Die Momente werden positiv gezählt, wenn sie auf der Unterseite der Riegel bzw. auf der linken Seite der Stiele Zug erzeugen.

$\mathfrak{A}$ und $\mathfrak{B}$, die linke und rechte Auflagerreaktion, oder auch $\mathfrak{A}$ und $-\mathfrak{B}$, die Querkraft unmittelbar rechts bzw. links von der linken bzw. rechten Stütze eines Balkens von der Stützweite l, der mit der Momentenfläche seiner Belastung belastet ist. Die Querkräfte werden positiv gezählt, wenn sie in einem unmittelbar rechts daneben gelegenen Punkt ein positives Moment erzeugen.

$\tau_x{}^l$ und $\tau_x{}^r$ sind die Verdrehungen der Enden des Stabes $x-1,x$ $\tau_x{}^o$ und $\tau_x{}^u$ die Verdrehungen der Enden des Stieles x.

Die Verdrehungen erhalten das Vorzeichen der ihnen proportio-nalen Querkräfte $\mathfrak{A}$ oder $-\mathfrak{B}$.

l und h bezeichnen den Stützenabstand bzw. die Höhe der Stiele, J und J_v die Trägheitsmomente des Riegel- bzw. Stielquerschnitts, bezogen auf eine zur Tragwerksebene senkrechte Achse.

Die elastischen Verdrehungen der Endpunkte eines an beiden Enden von den Momenten $M_x{}^l$ und $M_x{}^r$ ergriffenen Stabes, der außerdem zwischen den Endpunkten noch irgendwie lotrecht belastet ist, betragen bekanntlich

$$E J \tau_x{}^l = \mathfrak{A}_x + \frac{l}{6}(2 M_x{}^l + M_x{}^r),$$
$$- E J \tau_x{}^r = \mathfrak{B}_x + \frac{l}{6}(2 M_x{}^r + M_x{}^l). \tag{1}$$

Ebenso gilt für den nur durch die Momente $M_x{}^o$ und $M_x{}^u$ ergriffenen, aber sonst unbelasteten Stiel

$$E J_v \tau_x{}^o = \frac{h}{6}(2 M_x{}^o + M_x{}^u),$$
$$- E J_v \tau_x{}^u = \frac{h}{6}(2 M_x{}^u + M_x{}^o). \tag{2}$$

Löst man die Gleichungen (1) nach $M_x{}^l$ und $M_x{}^r$ auf, so erhält man

$$M_x{}^l = \frac{2 E J}{l}(2 \tau_x{}^l + \tau_x{}^r) - \frac{2}{l}(2 \mathfrak{A}_x - \mathfrak{B}_x),$$
$$M_x{}^r = - \frac{2 E J}{l}(2 \tau_x{}^r + \tau_x{}^l) - \frac{2}{l}(2 \mathfrak{B}_x - \mathfrak{A}_x) \tag{3}$$

und aus (2) unter Berücksichtigung des Umstandes, daß wegen der festen Einspannung $\tau_x{}^u = 0$ ist,

$$M_x{}^o = \frac{4 E J_v}{h} \tau_x{}^o \qquad \text{und} \qquad M_x{}^u = - \frac{2 E J_v}{h} \tau_x{}^o . \tag{4}$$

Wegen der steifen Verbindung in jedem der Knoten x bestehen aber zwischen den Drehwinkeln τ die Verknüpfungen

$$\tau_x{}^r = \tau_x{}^o \qquad \text{und} \qquad \tau_{x+1}^l = \tau_x{}^o,$$

siehe Abb. 19, die es ermöglichen, $\tau_x{}^r$ und τ_{x+1}^l durch $\tau_x{}^o$ auszudrücken. Die Gleichungen (3) nehmen damit die Form

$$M_x{}^l = \frac{2 E J}{l}(2 \tau_{x-1}^o + \tau_x{}^o) - \frac{2}{l}(2 \mathfrak{A}_x - \mathfrak{B}_x),$$
$$M_x{}^r = - \frac{2 E J}{l}(2 \tau_x{}^o + \tau_{x-1}^o) - \frac{2}{l}(2 \mathfrak{B}_x - \mathfrak{A}_x) \tag{5}$$

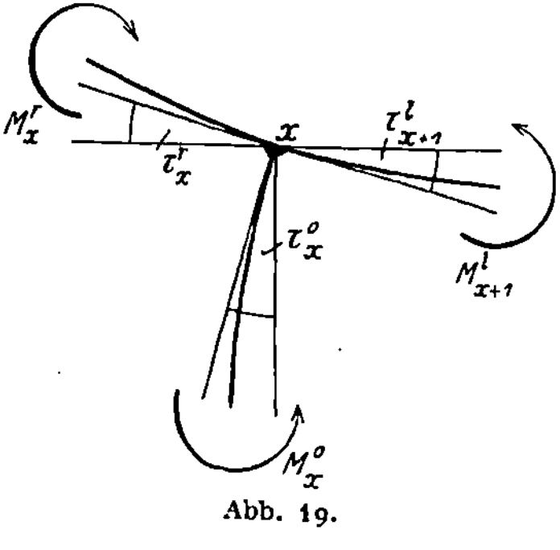

Abb. 19.

an. Damit können wir sämtliche an einem Knoten angreifenden inneren Momente als Funktion einer jedem Knoten zugeordneten Größe $\tau_x{}^o$ darstellen.

Zu den Elastizitätsgleichungen gelangen wir nun mittels der Gleichgewichtsbedingung, daß die Summe der an einem Knoten angreifenden Momente verschwindet, die also für den Knoten x

$$M_x{}^r - M_{x+1}^l - M_x{}^o = 0$$

lautet (Abb. 19). Die Eintragung der Beziehungen (4) und (5) in diese Bedingungsgleichung liefert mit der Abkürzung

$$h' = h\frac{J}{J_v}$$

zunächst

$$\tau^o_{x-1} + 2\left(2 + \frac{l}{h'}\right)\tau_x{}^o + \tau^o_{x+1} = [\mathfrak{A}_x - 2\mathfrak{B}_x + 2\,\mathfrak{A}_{x+1} - \mathfrak{B}_{x+1}]\frac{1}{E\,J}$$

oder, wenn man $6\,E\,J\tau_x{}^o = Y_x$ setzt,

$$Y_{x-1} + 2\left(2 + \frac{l}{h'}\right)Y_x + Y_{x+1} = 6\,(\mathfrak{A}_x - 2\mathfrak{B}_x) + 6\,(2\,\mathfrak{A}_{x+1} - \mathfrak{B}_{x+1}) \quad (6)$$
$$x = 1, 2 \ldots n - 1.$$

Für die Endknoten findet man auf gleichem Wege die Elastizitätsbedingungen

$$\left.\begin{aligned}2\left(1 + \frac{l}{h'}\right)Y_0 + Y_1 &= 6\,(2\,\mathfrak{A}_1 - \mathfrak{B}_1),\\[2mm] Y_{n-1} + 2\left(1 + \frac{l}{h'}\right)Y_n &= 6\,(\mathfrak{A}_n - 2\,\mathfrak{B}_n).\end{aligned}\right\} \quad (6')$$

Die Gleichungen (6) und (6′) stellen die $(n + 1)$ Elastizitätsbedingungen zur Ermittlung der $(n + 1)$ Unbekannten Y_x vor.

Um die **Einflußlinien der Unbekannten** Y_x zu finden, nehmen wir das Riegelfeld $i - 1$, i mit der Last 1 im Abstande a von der linken Stütze als belastet an. In diesem Falle ist

$$6\,\mathfrak{A}_i = \frac{a'}{l}\left(1 - \frac{a'^2}{l^2}\right)l^2 = f_1\,l^2; \qquad 6\,\mathfrak{B}_i = \frac{a}{l}\left(1 - \frac{a^2}{l^2}\right)l^2 = f_2\,l^2;$$
$$a' = l - a.$$

Alle andern $\mathfrak{A}$ und $\mathfrak{B}$ sind Null.

Die Gleichungen lauten sonach

$$\left.\begin{aligned}&\qquad\qquad\; 2\left(1 + \frac{l}{h'}\right)Y_0 + Y_1 \quad = 0,\\[2mm] 0 < x < i-1:\; &\quad Y_{x-1} + 2\left(2 + \frac{l}{h'}\right)Y_x + Y_{x+1} = 0,\\[2mm] x = i - 1:\; &\quad Y_{i-2} + 2\left(2 + \frac{l}{h'}\right)Y_{i-1} + Y_i = (2\,f_1 - f_2)\,l^2,\\[2mm] x = i:\; &\quad Y_{i-1} + 2\left(2 + \frac{l}{h'}\right)Y_i + Y_{i+1} = -(2\,f_2 - f_1)\,l^2,\\[2mm] i < x < n:\; &\quad Y_{x-1} + 2\left(2 + \frac{l}{h'}\right)Y_x + Y_{x+1} = 0,\\[2mm] &\qquad\qquad\; Y_{n-1} + 2\left(1 + \frac{l}{h'}\right)Y_n \quad = 0.\end{aligned}\right\} \quad (7)$$

Wir setzen als Lösung der homogenen Differenzengleichung

$$Y_{x-1} + 2\left(2 + \frac{l}{h'}\right)Y_x + Y_{x+1} = 0$$

an:

Für $0 \leqq x \leqq i-1$:

$$Y_x = C_1 \beta_1{}^x + C_2 \beta_2{}^x, \qquad (8)$$

für $i \leqq x \leqq n$:

$$Y_x = C_3 \beta_1{}^x + C_4 \beta_2{}^x, \qquad (8')$$

wobei β_1, β_2 die Wurzeln der charakteristischen Gleichung

$$\beta^2 + 2\left(2 + \frac{l}{h'}\right)\beta + 1 = 0$$

darstellen. Zur Berechnung der Festwerte C dienen die Randbedingungen (erste und letzte Gleichung des Systems (7)) sowie die Übergangsbedingungen, d. s. die mittleren Gleichungen mit von Null verschiedenen rechten Seiten. Die Einführung der Lösungsansätze (8) und (8') in diese vier Gleichungen liefert, mit den Abkürzungen:

$$m = 2\left(2 + \frac{l}{h'}\right), \qquad (2 f_1 - f_2) l^2 = \Phi_1 l^2, \qquad (2 f_2 - f_1) l^2 = \Phi_2 l^2,$$

$$(m - 2)(C_1 + C_2) + C_1 \beta_1 + C_2 \beta_2 = 0,$$

$$C_1 \beta_1{}^{i-2} + C_2 \beta_2{}^{i-2} + m(C_1 \beta_1{}^{i-1} + C_2 \beta_2{}^{i-1}) + C_3 \beta_1{}^i + C_4 \beta_2{}^i = \Phi_1 l^2,$$

$$C_1 \beta_1{}^{i-1} + C_2 \beta_2{}^{i-1} + m(C_3 \beta_1{}^i + C_4 \beta_2{}^i) + C_3 \beta_1{}^{i+1} + C_4 \beta_2{}^{i+1} = -\Phi_2 l^2,$$

$$C_3 \beta_1{}^{n-1} + C_4 \beta_2{}^{n-1} + (m - 2)(C_3 \beta_1{}^n + C_4 \beta_2{}^n) = 0.$$

Die Auflösung dieser vier Gleichungen führt, unter Beachtung des Umstandes, daß $\beta_1 \cdot \beta_2 = 1$, mit $\beta_1 = \beta$, wobei unter β_1 die Wurzel mit dem kleineren Absolutwert zu verstehen ist, auf folgende Formeln für die Konstanten C

$$C_1 = \frac{l^2}{b \cdot N}\left\{-\Phi_1(b\beta^{i-1} - \beta^{2n-i+1}) + \Phi_2(b\beta^i - \beta^{2n-i})\right\},$$

$$C_2 = -b\,C_1;$$

$$C_3 = \frac{l^2}{N}\left\{-\Phi_1(\beta^{i-1} - b\beta^{-(i-1)}) + \Phi_2(\beta^i - b\beta^{-i})\right\},$$

$$C_4 = -\frac{\beta^{2n}}{b}\,C_3.$$

Hierin ist:

$$b = \frac{2 + \beta^{-1}}{2 + \beta}$$

und

$$N = \frac{1}{b}\left(\beta - \frac{1}{\beta}\right)(b^2 - \beta^{2n}).$$

Da β meist eine sehr kleine Zahl ist, b ist stets größer als 1, so kann in N, β^{2n} gegen b^2 vernachlässigt werden. Man erhält somit mit den Ausdrücken für C_3 und C_4

für $i \leqq x \leqq n$:

$$Y_x = \frac{\beta\,(b - \beta^{2(n-x)})}{b^2(1 - \beta^2)}\left[\beta^{x-i+1}(\beta^{2(i-1)} - b)\,\Phi_1 - \beta^{x-i}(\beta^{2i} - b)\,\Phi_2\right]l^2. \qquad (9)$$

Diese Gleichung stellt für $x = i,\ i+1 \ldots n$ der Reihe nach die Größen $Y_i,\ Y_{i+1} \ldots Y_n$ dar; sie kann sonach, auf Grund einer ähnlichen Überlegung wie im dritten Beispiel (S. 172) zur Ermittlung der Einflußlinienordinaten dienen. Man hat bloß x der Reihe nach $1, 2 \ldots n$ zu setzen und bei festgehaltenem x, $i = 1, 2 \ldots x$ einzuführen. Man gewinnt so von Y_1 den zwischen o und 1 gelegenen Einflußlinienteil, von Y_2 die zwischen o und 2 gelegenen Einflußlinienzweige usw.; schließlich von Y_n die ganze zwischen o und n verlaufende Einflußlinie. Durch Zusammensetzen je zweier Zweige erhält man genau wie im dritten Beispiel für jedes Y_x die vollständige Einflußlinie.

Mit Hilfe der Y_x-Linien können leicht alle übrigen Einflußlinien abgeleitet werden. Aus den Gl. (5) folgt ohne Schwierigkeit

$$\left.\begin{aligned}
M_x{}^l &= \frac{1}{3\,l}\left(2\,Y_{x-1} + Y_x\right) - \frac{l}{3}\,\varPhi_1\,, \\[2mm]
M_x{}^r &= -\frac{1}{3\,l}\left(2\,Y_x + Y_{x-1}\right) - \frac{l}{3}\,\varPhi_2\,.
\end{aligned}\right\} \qquad (10)$$

Hierin ist das von der Feldbelastung abhängige Glied $\dfrac{l}{3}\,\varPhi_1$ bzw. $\dfrac{l}{3}\,\varPhi_2$ nur beim Zweig $x-1$ bis x der Einflußlinie hinzuzufügen.

Außerdem entsteht aus der Definitionsgleichung von Y_x

$$M_x{}^o = \frac{2}{3\,h'}\,Y_x \qquad \text{und} \qquad M_x{}^u = -\frac{1}{3\,h'}\,Y_x\,. \qquad (11)$$

Zahlenbeispiel. Wir untersuchen einen dreifeldrigen Träger mit den Abmessungen

$$l = 12\ \text{m}\,, \qquad h = 4\ \text{m}\,, \qquad \frac{J}{J_v} = 3\,.$$

Mit

$$l = 12\ \text{m}\,, \qquad h' = h\,\frac{J}{J_v} = 12\ \text{m}$$

ermittelt man zunächst

$$m = 2\left(2 + \frac{l}{h'}\right) = 6$$

und damit aus der charakteristischen Gleichung

$$\beta^2 + 6\,\beta + 1 = 0$$

$$\beta_1 = -0{,}1716\,, \qquad \beta_2 = -5{,}8284\,, \qquad b = \frac{-3{,}8284}{1{,}8284} = -2{,}0939\,.$$

Man berechnet nun die Potenzen von β und in der gleichen Tafel die Differenzen $b - \beta^\nu$, wobei β^6 und höhere Potenzen vernachlässigt werden.

$\nu =$	o	1	2	3	4	5	$\geqq 6$
β^ν	1	$-0{,}1716$	$+0{,}0295$	$-0{,}0051$	$+0{,}0009$	$-0{,}0002$	o
$b - \beta^\nu$	$-3{,}0939$	$-1{,}9223$	$-2{,}1234$	$-2{,}0889$	$-2{,}0948$	$-2{,}0937$	$-2{,}0939$

Mit

$$\frac{\beta}{b^2\,(1-\beta^2)} = \frac{-0,1716}{2,0939^2 \cdot 0,9705} = -0,04032$$

stellt man nun die nachfolgende Tafel nach Gl. (9) unter Benutzung der Werte von $\beta\nu$ und $b - \beta\nu$ aus der vorangeführten Tabelle zusammen.

	Last 1 im	
	ersten Feld ($i = 1$)	zweiten Feld ($i = 2$)
$x = 1$ Y_1	$0,0844\,(-0,5309\,\Phi_1 - 2,1234\,\Phi_2)\,l^2$	
$x = 2$ Y_2	$0,0856\,(0,0913\,\Phi_1 + 0,3644\,\Phi_2)\,l^2$	$0,0856\,(-0,3644\,\Phi_1 - 2,0948\,\Phi_2)\,l^2$
$x = 3$ Y_3	$0,1247\,(-0,0158\,\Phi_1 - 0,0626\,\Phi_2)\,l^2$	$0,1247\,(0,0626\,\Phi_1 + 0,3597\,\Phi_2)\,l^2$

	Last 1 im
	dritten Feld ($i = 3$)
$x = 1$ Y_1	
$x = 2$ Y_2	
$x = 3$ Y_3	$0,1247\,(-0,3597\,\Phi_1 - 2,0939\,\Phi_2)\,l^2$

Setzt man den ersten Zweig der Y_1-Linie mit dem Spiegelbild der beiden errechneten Zweige der Y_2-Linie zusammen, so gewinnt man den Gesamtverlauf der Y_1-Linie. Die Y_2-Linie ist ihr Spiegelbild. Die Y_3-Linie ist in der Tafel bereits vollständig errechnet, ihr Spiegelbild gibt die Y_0-Linie.

Nachstehend geben wir noch eine Tabelle der von der Stellung der Last, also von $\frac{a}{l}$ abhängigen Funktionen Φ_1 und Φ_2 für das Intervall $\frac{a}{l} = 0,1$, mit deren Hilfe die Ausrechnung der Einflußlinienordinaten rasch vor sich geht.

Funktionen Φ_1 und Φ_2.

$\frac{a}{l}$	0	0,1	0,2	0,3	0,4	0,5	0,6	0,7	0,8	0,9	1,0
Φ_1	0	0,243	0,384	0,441	0,432	0,375	0,288	0,189	0,096	0,027	0
Φ_2	0	0,027	0,096	0,189	0,288	0,375	0,432	0,441	0,384	0,243	0

Einfluß einer gleichmäßig verteilten Belastung. Sind sämtliche Felder mit einer stetigen Last p belastet, so lautet die Differenzengleichung (6) mit der Abkürzung

$$m = 2\left(2 + \frac{l}{h'}\right)$$
$$Y_{x-1} + m\,Y_x + Y_{x+1} = 0, \tag{12}$$

da

$$6\left(\mathfrak{A}_x - 2\,\mathfrak{B}_x\right) + 6\left(2\,\mathfrak{A}_{x+1} - \mathfrak{B}_{x+1}\right) = -\frac{1}{4}\,p\,l^3 + \frac{1}{4}\,p\,l^3 = 0,$$

wozu noch die Randbedingungen (6')

$$\left.\begin{array}{l} (m-2)\,Y_0 + Y_1 = \frac{1}{4}\,p\,l^3, \\[2mm] Y_{n-1} + (m-2)\,Y_0 = -\frac{1}{4}\,p\,l^3 \end{array}\right\} \tag{13}$$

treten. Die allgemeine Lösung der homogenen Differenzengleichung (12) ist wie vor

$$Y_x = C_1\,\beta_1{}^x + C_2\,\beta_2{}^x,$$

wobei C_1 und C_2 aus den Gleichungen

$$(m-2)(C_1 + C_2) + (C_1\,\beta_1 + C_2\,\beta_2) = \frac{1}{4}\,p\,l^3,$$

$$(C_1\,\beta_1{}^{n-1} + C_2\,\beta_2{}^{n-1}) + (m-2)\,(C_1\,\beta_1{}^n + C_2\,\beta_2{}^n) = -\frac{1}{4}\,p\,l^3$$

zu bestimmen sind. Man berechnet daraus, wenn man beachtet, daß

$$b = \frac{2 + \beta_2}{2 + \beta_1}, \qquad \beta_1 = \frac{1}{\beta_2} = \beta,$$

wobei β_1, wie vor, die kleinere der beiden Wurzeln sein soll,

$$C_1 = \frac{1}{4}\,p\,l^3\,\frac{1}{(2+\beta)\,(\beta^n - b)}, \qquad C_2 = -\frac{1}{4}\,p\,l^3\,\frac{\beta^n}{(2+\beta)\,(\beta^n - b)}$$

und damit

$$Y_x = \frac{1}{4}\,p\,l^3\,\frac{\beta^x - \beta^{n-x}}{(2+\beta)\,(\beta^n - b)}.$$

Da man β^n gegen b vernachlässigen kann, so erhält man schließlich

$$Y_x = -\frac{1}{4}\,p\,l^3\,\frac{\beta\,(\beta^x - \beta^{n-x})}{1 + 2\beta}. \tag{14}$$

Rahmenträger mit Fußgelenken. Die Behandlung des Trägers mit Fußgelenken erfolgt in gleicher Weise wie die der Träger mit eingespannten Stielen. Die Gl. (1) und (5) bleiben unverändert. In den Gleichungen (2) ist $M_x{}^u = 0$ zu setzen, so daß

$$M_x{}^o = \frac{3\,E\,J_v}{h}\,\tau_x{}^o = \frac{Y_x}{2\,h'}$$

besteht, welche Gleichung an Stelle der Beziehungen (4) tritt. Die gleichen Überlegungen wie oben, führen auf ein System von Elastizitätsbedingungen, das sich von den Gl. (7) nur auf der linken Seite unterscheidet. Diese lautet jetzt

$$Y_{x-1} + 2\left(2 + \frac{3}{4}\,\frac{l}{h'}\right)Y_x + Y_{x+1},$$

so daß die charakteristische Gleichung die Form

$$\beta^2 + 2\left(2 + \frac{3}{4}\frac{l}{h'}\right)\beta + 1 = 0$$

annimmt. Setzt man den mittleren Beiwert dieser Gleichung gleich m, so gelten sämtliche oben abgeleiteten Formeln, insbesondere Gl. (9), da auch die beiden Endgleichungen, ebenso wie vor, statt des Beiwertes m, den Beiwert $m - 2$ enthalten.

33. Rahmenträger.

Das in Abb. 20 dargestellte Tragwerk ist bei n Feldern $3\,n$-fach statisch unbestimmt. Seine Berechnung läßt sich aber unter der Voraussetzung, daß sich die Trägheitsmomente von Ober- und Untergurt in jedem Felde so verhalten wie die Stablängen, daß also

$$J_o : J_u = o : u,$$

auf die Auflösung von bloß n Elastizitätsbedingungen zurückführen.

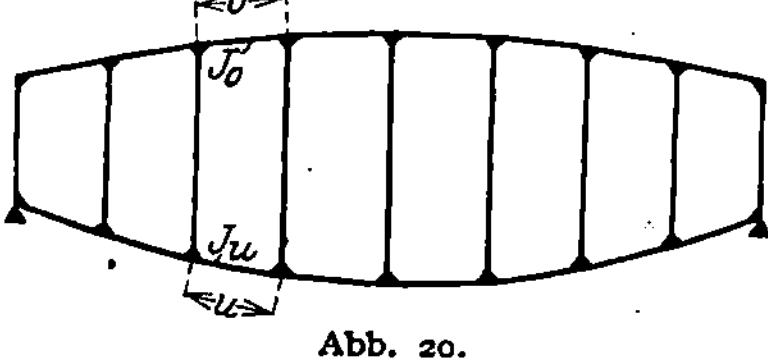

Abb. 20.

Sieht man von den meist sehr kleinen Längenänderungen der Pfosten ab, so müssen die lotrechten Verschiebungen zweier übereinander-liegender Punkte einander gleich sein. Es muß daher, wenn M^o und M^u die Momente in zwei lotrecht übereinanderliegenden Punkten des Ober- und Untergurtes bedeuten,

$$\frac{M^o}{E J_o \cos \alpha} = \frac{M^u}{E J_u \cos \beta}$$

sein. Aus diesem Zusammenhange folgt aber

$$\frac{M^o}{M^u} = \frac{J_o \cos \alpha}{J_u \cos \beta} = \frac{J_o\, u}{J_u\, o}$$

und da wir $\dfrac{J_o\, u}{J_u\, o} = 1$ vorausgesetzt haben, so ist

$$M^o = M^u.$$

Durch diesen einfachen Zusammenhang verringert sich die Zahl der Elastizitätsbedingungen von $3\,n$ auf n.

Wir setzen noch voraus, daß die äußeren Kräfte in die Richtung der Pfosten fallen und daß sämtliche äußeren Kräfte nur in den Knotenpunkten angreifen.

Unter Bezugnahme auf die Abb. 21 führen wir folgende Bezeichnungen ein:

M_x^l und M_x^r die Gurtmomente unmittelbar links bzw. rechts vom Knotenpunkt x;

X_x die wagrechten Schnittkräfte im Ober- bzw. Untergurt für Schnitte links von x;

X_{x+1} die betreffenden Schnittkräfte für Schnitte rechts von x;

T_x^o, T_x^u sowie T_{x+1}^o, T_{x+1}^u die lotrechten Schnittkräfte für die Schnitte links bzw. rechts von x;

$\mathfrak{M}_x$ das Moment der links von x gelegenen äußeren Kräfte, bezogen auf den Punkt x;

$\mathfrak{Q}_x$ die Querkraft für einen Schnitt unmittelbar links von x.

In den Abb. 21 sind Schnittkräfte und Schnittmomente mit positivem Richtungssinn gezeichnet.

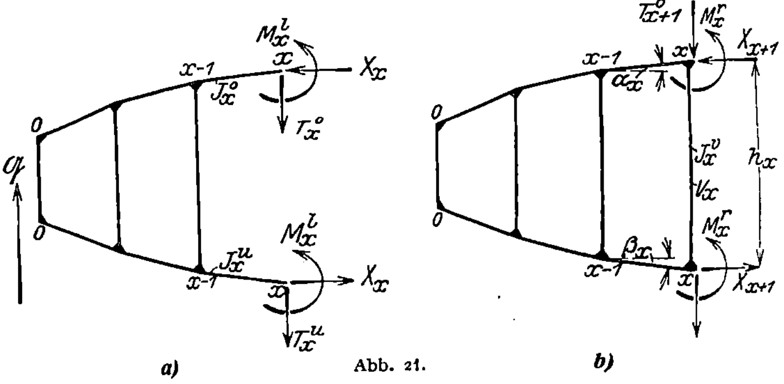

Aus der Momentengleichung bezogen auf den Obergurtknoten x, Abb. 21a, folgt

$$M_x^l = \frac{1}{2}(\mathfrak{M}_x - X_x h_x)$$

und ebenso aus Abb. 21 b

$$M_x^r = \frac{1}{2}(\mathfrak{M}_x - X_{x+1} h_x).$$

$$\tag{1}$$

Aus der Bedingung, daß für jeden Knoten $\sum M = 0$ ist, folgt für das Anschlußmoment M_x^v des Pfostens

$$M_x^v = (X_{x+1} - X_x)\frac{h_x}{2}, \tag{2}$$

wobei M_x^v positiv gezählt wird, wenn auf der linken Pfostenseite Zug entsteht.

Die Schnittkräfte T_x^o und T_x^u bestimmen sich aus zwei Momentengleichungen mit den Punkten $x-1$ des Ober- bzw. Untergurtes als Bezugspunkte. Man erhält so

$$T_x^o = \frac{\mathfrak{Q}_x}{2} + \frac{X_x}{2}(\operatorname{tg}\alpha_x - \operatorname{tg}\beta_x),$$

$$T_x^u = \frac{\mathfrak{Q}_x}{2} - \frac{X_x}{2}(\operatorname{tg}\alpha_x - \operatorname{tg}\beta_x).$$

$$\tag{3}$$

Weiter gilt für die Gurtlängskräfte:

$$O_x = X_x \left[\cos\alpha_x + \frac{\sin\alpha_x}{2}(\operatorname{tg}\alpha_x - \operatorname{tg}\beta_x)\right] + \frac{1}{2}\mathfrak{Q}_x \sin\alpha_x, \left.\begin{array}{c}\\[2ex]\\\end{array}\right\} \quad (4)$$

$$U_x = X_x \left[\cos\beta_x - \frac{\sin\beta_x}{2}(\operatorname{tg}\alpha_x - \operatorname{tg}\beta_x)\right] + \frac{1}{2}\mathfrak{Q}_x \sin\beta_x$$

und für die Pfostenlängskraft:

$$V_x = \frac{X_{x+1}}{2}(\operatorname{tg}\alpha_{x+1} - \operatorname{tg}\beta_{x+1}) - \frac{X_x}{2}(\operatorname{tg}\alpha_x - \operatorname{tg}\beta_x) \pm \frac{P_x}{2}. \quad (5)$$

Das $+$-Zeichen gilt, wenn die Knotenlast P_x am Obergurt, das $-$-Zeichen wenn sie am Untergurt wirkt.

Die Winkel α und β sind positiv zu zählen für rechts steigende Obergurte und rechts fallende Untergurte (s. Abb. 21). Hat einer der Gurte entgegengesetzte Steigung, so ist das Vorzeichen der betreffenden Funktionen sin oder tg umzukehren. In den Gleichungen (1) bis (5) sind die Anschlußmomente, Längs- und Querkräfte durch die Feldkräfte X_x ausgedrückt. Zur Bestimmung dieser Größen dienen die n-Elastizitätsbedingungen[1]).

$$- X_1 \left[h_0{}' h_0{}^2 + 2 s_1{}'(h_0{}^2 + h_0 h_1 + h_1{}^2) + h_1{}' h_1{}^2 \right.$$
$$\left. + 12\left(o_1\frac{J_c}{F_1{}^o} + u_1\frac{J_c}{F_1{}^u}\right)\right] + X_2 h_1{}' h_1{}^2$$
$$= - \left\{\mathfrak{M}_0\left[h_0{}' h_0 + s_1{}'(2 h_0 + h_1)\right] + \mathfrak{M}_1 s_1{}'(h_0 + 2 h_1)\right\},$$

$$\cdot \ \cdot \ \cdot \ \cdot \ \cdot \ \cdot \ \cdot \ \cdot \ \cdot \ \cdot \ \cdot \ \cdot \ \cdot \ \cdot \ \cdot$$

$$X_{x-1} h'_{x-1} h_{x-1}^2 - X_x\left[h'_{x-1} h_{x-1}^2 + 2 s_x{}'(h_{x-1}^2 + h_{x-1} h_x + h_x{}^2)\right.$$
$$\left. + h_x{}' h_x{}^2 + 12\left(o_x\frac{J_n}{F_x{}^o} + u_x\frac{J_c}{F_x{}^u}\right)\right] + X_{x+1} h_x{}' h_x{}^2 \qquad (6)$$
$$= - \left[\mathfrak{M}_{x-1} s_x{}'(2 h_{x-1} + h_x) + \mathfrak{M}_x s_x{}'(h_{x-1} + 2 h_x)\right],$$

$$\cdot \ \cdot \ \cdot \ \cdot \ \cdot \ \cdot \ \cdot \ \cdot \ \cdot \ \cdot \ \cdot \ \cdot \ \cdot \ \cdot \ \cdot$$

$$+ X_{n-1} h'_{n-1} h_{n-1}^2 - X_n\left[h'_{n-1} h_{n-1}^2 + 2 s_n{}'(h_{n-1}^2 + h_{n-1} h_n + h_n{}^2)\right.$$
$$\left. + h_n{}' h_n{}^2 + 12\left(o_n\frac{J_c}{F_n{}^o} + u_n\frac{J_c}{F_n{}^u}\right)\right]$$
$$= - \left[\mathfrak{M}_{n-1} s_n{}'(2 h_{n-1} + h_n) + \mathfrak{M}_n(s_n{}'(2 h_n + h_{n-1}) + h_n h_n{}')\right].$$

Hierin bedeuten

$$h_x{}' = \frac{J_c}{J_x{}^v} h_x, \qquad s_x{}' = \frac{J_c}{J_x{}^o} o_x = \frac{J_c}{J_x{}^u} u_x.$$

$J_x{}^0$, $J_x{}^u$, $J_x{}^v$ sind die Trägheitsmomente des Obergurtes, des Untergurtes und des Pfostens, J_c ein beliebiges Trägheitsmoment. $F_x{}^o$ und

---

[1]) Bleich, F.: Die Berechnung statisch unbestimmter Tragwerke nach der Methode des Viermomentensatzes, 2. Auflage, Berlin 1925, S. 124.

F_x^u die Gurtquerschnitte. In der ersten und letzten Gleichung fehlt links das erste bzw. letzte Glied; dafür tritt rechts ein von $\mathfrak{M}_0$ bzw. $\mathfrak{M}_n$ abhängiges Zusatzglied auf.

1. Beispiel. Parallelträgerbalken mit konstantem Gurt- und Pfostenquerschnitt. Sind alle Felder gleich lang, so nehmen die Gleichungen (6) mit der Gurtstablänge $s = \lambda$, mit $J^o = J^u = J_c$ bei Vernachlässigung der Stablängenänderungen die einfache Form

$$X_{x-1} - 2\left(1 + \frac{3\,\lambda}{h'}\right) X_x + X_{x+1} = -\,3\frac{\lambda}{h\,h'}\left(\mathfrak{M}_{x-1} + \mathfrak{M}_x\right) \qquad (7)$$

an. Diese Gleichungen gelten jetzt für $x = 1, 2, \ldots n$, wobei in der ersten Gleichung X_0, in der letzten Gleichung $X_{n+1} = 0$ zu setzen ist

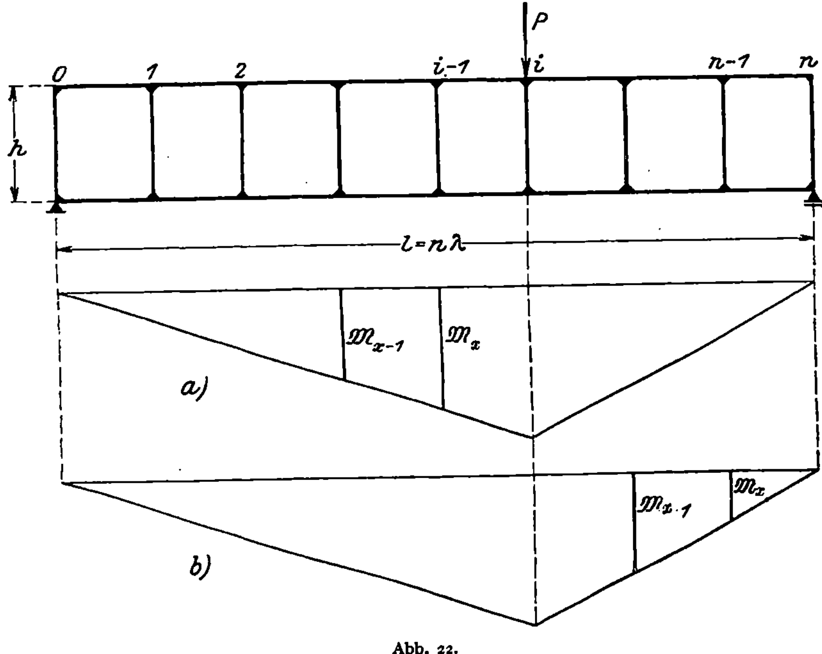

Abb. 22.

Der in der allgemeinen Form (6) der Elastizitätsbedingungen auftretende Unterschied in den rechten Seiten der ersten und letzten Gleichung wird hier belanglos, da beim Balkenträger $\mathfrak{M}_0 = 0$ und $\mathfrak{M}_n = 0$ ist.

Um die Einflußlinien für X_x zu berechnen, denken wir uns den Knoten i mit $P = 1$ belastet (Abb. 22). Es gilt jetzt für

$0 \leqq x \leqq i$:

$$\mathfrak{M}_{x-1} = \frac{n-i}{n}(x-1)\lambda \quad \text{und} \quad \mathfrak{M}_x = \frac{n-i}{n}x\lambda,$$

somit

$$\mathfrak{M}_{x-1} + \mathfrak{M}_x = \frac{n-i}{n}(2x-1)\lambda;$$

für $i < x \leqq n$:

$$\mathfrak{M}_{x-1} = \frac{i}{n}(n-x+1)\lambda \quad \text{und} \quad \mathfrak{M}_x = \frac{i}{n}(n-x)\lambda,$$

daher

$$\mathfrak{M}_{x-1} + \mathfrak{M}_x = \frac{i}{n}(2n-2x+1)\lambda.$$

Setzt man noch zur Abkürzung

$$c = 1 + \frac{3\lambda}{h'}, \qquad \mu = 3\frac{\lambda}{hh'}, \qquad\qquad (8)$$

so nehmen die Gleichungen (7) die Gestalt an.

$0 < x \leqq i$:

$$X_{x-1} - 2cX_x + X_{x+1} = -\mu\frac{n-i}{n}(2x-1)\lambda;$$

$i < x < n$:

$$X_{x-1} - 2cX_x + X_{x+1} = -\mu\frac{i}{n}(2n-2x+1)\lambda.$$

Das sind Differenzengleichungen zweiter Ordnung mit linearer rechter Seite, die durch die folgenden Lösungen befriedigt werden:

$x \leqq i$:

$$X_x = C_1\beta_1{}^x + C_2\beta_2{}^x + \mu\frac{n-i}{n}\frac{2x-1}{2(c-1)}\lambda,$$

$x > i$:

$$\overline{X}_x = C_3\beta_1{}^x + C_4\beta_2{}^x + \mu\frac{i}{n}\frac{2n-2x+1}{2(c-1)}\lambda,$$

wobei β_1 und β_2 die Wurzeln der quadratischen Gleichung

$$\beta^2 - 2c\beta + 1 = 0,$$

also

$$\beta_1 = c + \sqrt{c^2-1} \quad \text{und} \quad \beta_2 = c - \sqrt{c^2-1}$$

bedeuten. Führt man schließlich für c und μ die Werte gemäß Gl. (8) ein, so gelangt man zu folgenden Gleichungen für X_x

$x \leqq i$:

$$X_x = C_1\beta_1{}^x + C_2\beta_2{}^x + \frac{\lambda}{2h}\frac{n-i}{n}(2x-1),$$

$x > i$:

$$X_x = C_3\beta_1{}^x + C_4\beta_2{}^x + \frac{\lambda}{2h}\frac{i}{n}(2n-2x+1).$$

Die Festwerte C_1 bis C_4 bestimmen wir aus den Randbedingungen

$$X_0 = 0\,, \qquad \overline{X}_{n+1} = 0$$

und aus den Übergangsbedingungen

$$X_i = \overline{X}_i \quad \text{sowie} \quad X_{i+1} = \overline{X}_{i+1}\,,$$

$$\tag{9}$$

die zu folgenden vier Gleichungen führen:

$$C_1 + C_2 = \frac{\lambda}{2h}\,\frac{n-i}{n}\,,$$

$$C_3\,\beta_1^{n+1} + C_4\,\beta_2^{n+1} = \frac{\lambda}{2h}\,\frac{i}{n}\,,$$

$$(C_1 - C_3)\,\beta_1^{\,i} + (C_2 - C_4)\,\beta_2^{\,i} = \frac{\lambda}{2h}\,,$$

$$(C_1 - C_3)\,\beta_1^{\,i+1} + (C_2 - C_4)\,\beta_2^{\,i+1} = -\frac{\lambda}{2h}\,.$$

Ebenso wie bei den vorangehenden Beispielen genügt die Darstellung einer der beiden Lösungen X_x bzw. $\overline{X}_x$. Wir berechnen daher nur C_1 und C_2 und finden dafür

$$C_1 = \frac{\lambda}{2h\left(\beta_1^{n+1} - \beta_2^{n+1}\right)}\left[\frac{i}{n} - \frac{n-i}{n}\beta_2^{n+1} + \frac{\beta_1^{\,n-i}(1+\beta_1) - \beta_2^{\,n-i}(1+\beta_2)}{\beta_2 - \beta_1}\right]\,,$$

$$C_2 = \frac{-\lambda}{2h\left(\beta_1^{n+1} - \beta_2^{n+1}\right)}\left[\frac{i}{n} - \frac{n-i}{n}\beta_1^{n+1} + \frac{\beta_1^{\,n-i}(1+\beta_1) - \beta_2^{\,n-i}(1+\beta_2)}{\beta_2 - \beta_1}\right]\,.$$

Im Nenner kann β_2^{n+1} gegen β_1^{n+1} vernachlässigt werden, wenn man mit β_2 die kleinere der beiden Wurzeln bezeichnet. Unter Berücksichtigung von $\beta_1\cdot\beta_2 = 1$ und mit $\beta = \beta_2$ erhält man schließlich folgende Gleichung für X_x

$$X_x = \frac{\lambda}{2h}\left[\frac{i}{n}\left(\beta^{n-x+1} - \beta^{n+x+1}\right) + \frac{n-i}{n}\left(\beta^x - \beta^{2n-x+2}\right)\right.$$

$$- \frac{\beta}{1-\beta}\left(\beta^{i-x} - \beta^{i+x} + \beta^{2n-i+x+1} - \beta^{2n-i-x+1}\right)$$

$$\left. + \frac{n-i}{n}(2x - 1)\right]\,,$$

$$\tag{10}$$

gültig für $x \leq i$.

Ist aber $x > i$, so denke man sich die Feldkraft X im Felde $n-x$, d. i. X_{n-x} für die symmetrische Laststellung, also für $P = 1$ im Punkte $n - i$ stehend, ermittelt. Das so berechnete X_{n-x} ist gleich dem gesuchten X_x.

Gl. (10) genügt somit zur Darstellung der Einflußlinienordinaten, denn sie gibt die X an in jenen Feldern, die links vom belasteten Knoten i liegen, ergibt also die Ordinate der rechts von x gelegenen Einflußlinie, von x bis n. Da nun die Einflußlinie von X_x spiegelbildlich gleich ist der Einflußlinie von X_{n-x}, so ermittle man auch diese Linie von $n-x$ bis n und setze aus den so berechneten Hälften die ganze Einflußlinie zusammen.

Die Einflußlinie der X_x hat die in Abb. 23 verzeichnete Gestalt. Es genügt, die Ordinaten für die Punkte $i-2$ bis $i+1$ zu berechnen, da die Linie zwischen 0 und $i-2$ und zwischen $i+1$ und n nahezu geradlinig verläuft. Die Abweichung des Einflußlinienpolygons von der Geraden ist in den eben hervorgehobenen Teilen so geringfügig, daß sie bei der Aufzeichnung der Einflußlinie nicht zum Ausdruck kommen würde.

Zahlenbeispiel: Der einfache Berechnungsgang läßt sich am besten an einem Zahlenbeispiel zeigen. Wir berechnen zu diesem Zwecke die Einflußlinie von X_4 in einem 12-feldrigen Träger von 36 m Stützweite. Die Feldweite λ sei 3,2 m, die Trägerhöhe 4 m. Das Trägheitsmoment der Gurte sei zweimal so groß als das der Pfosten. Wir haben daher

$$\lambda = 3{,}2 \text{ m}, \qquad h' = 4\,\frac{2}{1} = 8 \text{ m}$$

und

$$c = 1 + \frac{3 \cdot 3{,}2}{8} = 2{,}20 .$$

Aus der charakteristischen Gleichung

$$\beta^2 - 2 \cdot 2{,}2\,\beta + 1 = 0$$

berechnet sich die kleinere der beiden Wurzeln β zu

$$\beta = 2{,}2 - \sqrt{2{,}2^2 - 1} = 0{,}2404$$

und damit

$$\beta^2 = 0{,}0578 , \quad \beta^3 = 0{,}0139 , \quad \beta^4 = 0{,}0033 , \quad \beta^5 = 0{,}0008 ,$$
$$\beta^6 = 0{,}0002 .$$

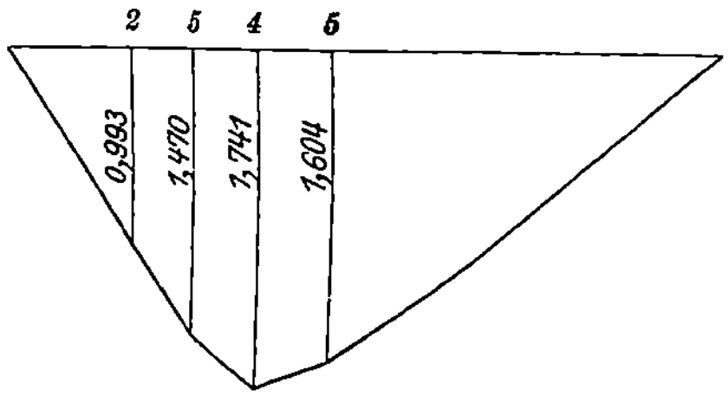

2　5　4　6
0,993
1,470
3,741
1,604

Abb. 23.

Höhere Potenzen von β sollen vernachlässigt werden.

Wir setzen jetzt $x = 4$ und i der Reihe nach 4 und 5. Wir gewinnen auf diese Weise die Ordinaten der X_4-Linie in den Punkten 4 und 5. Vernachlässigt man β^7 und die höheren Potenzen, so erhält man:

Ordinate in $4 : (i = 4)$

$$X_4 = 0{,}4 \left[\frac{8}{12}\,\beta^4 - \frac{1}{1-\beta}\,\beta + \frac{8}{12}\cdot 7 \right] = 1{,}741 ;$$

Ordinate in $5 : (i = 5)$

$$X_4 = 0{,}4 \left[\frac{7}{12}\,\beta^4 - \frac{1}{1-\beta}\,\beta^2 + \frac{7}{12}\cdot 7 \right] = 1{,}604 .$$

Nun wählen wir $x' = n - x = 8$ und $i = n - i = 9$ bzw. 10 und berechnen:

Ordinate in $3 : (i = 9)$

$$X_4 = 0{,}4 \left[\frac{9}{12}\,\beta^5 - \frac{1}{1-\beta}\,\beta^3 + \frac{3}{12}\cdot 15 \right] = 1{,}470 ;$$

Ordinate in $2 : (i = 10)$

$$X_4 = 0{,}4 \left[\frac{10}{12}\,\beta^5 - \frac{1}{1-\beta}\,\beta^3 + \frac{2}{12}\cdot 15\right] = 0{,}993\cdot \mathrm{J}$$

In Abb. 23 ist die Einflußlinie X_4 zur Darstellung gebracht.

Lauter gleiche Knotenlasten. Bei praktischen Rechnungen ist es sehr zweckmäßig, eine Formel für die Unbekannte X_x für den Fall zur Verfügung zu haben, wo in jedem Knoten ein und dieselbe Einzellast P einwirkt. Da jetzt

$$\mathfrak{M}_{x-1} = \frac{P\lambda}{2}\,(x-1)\,(n-x+1)$$

und

$$\mathfrak{M}_x = \frac{P\lambda}{2}\,x\,(n-x),$$

so ist

$$\mathfrak{M}_{x-1} + \mathfrak{M}_x = \frac{P\lambda}{2}\,[2\,x^2 - 2\,x\,(n+1) + (n+1)]$$

und die für unser Problem in Betracht kommende Differenzengleichung lautet:

$$X_{x-1} - 2\,c\,X_x + X_{x+1} = \mu\,\frac{P\lambda}{2}\,[2\,x^2 - 2\,x\,(n+1) + (n+1)], \quad (11)$$

wobei μ und c die gleiche Bedeutung wie oben haben. Die Randbedingungen sind wie vor

$$X_0 = 0 \quad \text{und} \quad X_{n+1} = 0\,.$$

Die allgemeine Lösung von (11) ist

$$X_x = C_1\,\beta_1^{\,x} + C_2\,\beta_2^{\,x} + \mu\,\frac{P\lambda}{2}\,\frac{1}{1-c}\left[x^2 - (n+1)\,x + \frac{n+1}{2} - \frac{1}{1-c}\right], \quad (12)$$

wobei das von der rechten Seite herrührende Zusatzglied durch Koeffizientenvergleichung mittels eines quadratischen Ansatzes für die Partikularlösung der nichthomogenen Gleichung gewonnen wurde.

Aus den Randbedingungen

$$C_1 + C_2 = -\mu\,\frac{P\lambda}{2}\,\frac{1}{1-c}\left[\frac{n+1}{2} - \frac{1}{1-c}\right],$$

$$C_1\,\beta_1^{\,n+1} + C_2\,\beta_2^{\,n+1} = -\mu\,\frac{P\lambda}{2}\,\frac{1}{1-c}\left[\frac{n+1}{2} - \frac{1}{1-c}\right]$$

ermittelt man

$$C_1 = \mu\,\frac{P\lambda}{2}\,\frac{1}{c-1}\left[\frac{n+1}{2} - \frac{1}{1-c}\right]\frac{\beta_2^{\,n+1} - 1}{\beta_2^{\,n+1} - \beta_1^{\,n+1}},$$

$$C_2 = \mu\,\frac{P\lambda}{2}\,\frac{1}{c-1}\left[\frac{n+1}{2} - \frac{1}{1-c}\right]\frac{1 - \beta_1^{\,n+1}}{\beta_2^{\,n+1} - \beta_1^{\,n+1}}\cdot$$

Vernachlässigt man wieder im Nenner β_2^{n+1} gegen β_1^{n+1}, was selbst bei kleinem n erlaubt ist, so erhält man aus (12) folgende Lösung

$$X_x = \frac{P\lambda}{2h}\left[\left(\frac{n+1}{2} + \frac{h'}{3\lambda}\right)\left(\beta^{n+1-x} - \beta^{n+1+x} + \beta^x - \beta^{2n+2-x} - 1\right) - \left(x^2 - (n+1)x\right)\right], \qquad (13)$$

wobei die kleinere der beiden Wurzeln $\beta_2 = \beta$ gesetzt wurde.

2. Beispiel. Nicht so ganz einfach wie im vorangehenden Falle gestaltet sich die Ermittlung der Überzähligen beim symmetrischen Stockwerkrahmen mit konstanter Feldhöhe, der in der Abb. 24 zur Darstellung gebracht ist. Wir werden hier zeigen, wie eine Aufgabe, die zunächst auf eine Differenzengleichung mit veränderlichem Koeffizienten führt, durch passende Vereinfachungen auf die Lösung einer Differenzengleichung mit konstanten Koeffizienten zurückgeführt werden kann, ohne daß die Genauigkeit des Ergebnisses, vom Standpunkt der Anwendung aus, nennenswert beeinflußt wird.

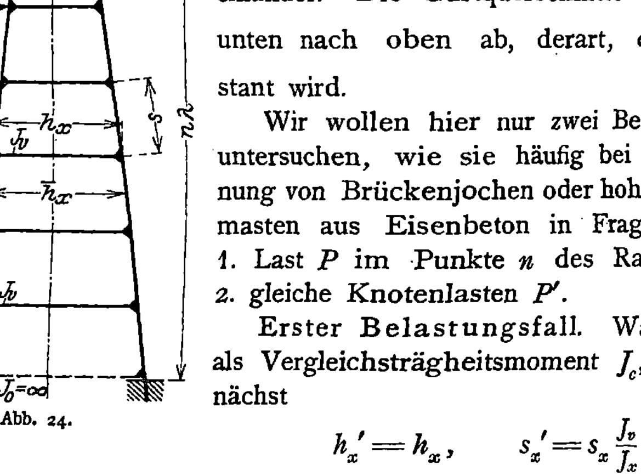

Abb. 24.

Hinsichtlich der Abmessungen machen wir folgende Voraussetzungen: Die Riegel des Rahmens haben gleichen Querschnitt untereinander. Die Gurtquerschnitte nehmen von unten nach oben ab, derart, daß $\frac{s'}{h'}$ konstant wird.

Wir wollen hier nur zwei Belastungsfälle untersuchen, wie sie häufig bei der Berechnung von Brückenjochen oder hohen Leitungsmasten aus Eisenbeton in Frage kommen. 1. Last P im Punkte n des Rahmens und 2. gleiche Knotenlasten P'.

Erster Belastungsfall. Wählt man J_v als Vergleichsträgheitsmoment J_c, so ist zunächst

$$h_x' = h_x, \qquad s_x' = s_x\frac{J_v}{J_x}.$$

Wegen der festen Einspannung der Stiele kann in

$$h_0' = \frac{J_v}{J_o} h_0,$$

$J_o = \infty$ gesetzt werden, woraus $h_0' = 0$ folgt.

Die Gleichungen (6) S. 182 nehmen daher, wenn wir den von den Stablängenänderungen abhängigen Teil des Beiwertes der mittleren Unbekannten in den Gleichungen vernachlässigen, die Gestalt an

$$
\begin{aligned}
&-X_1\left[2\,s_1{}'\left(h_0{}^2+h_0\,h_1+h_1{}^2\right)+h_1{}^3\right]+X_2\,h_1{}^3\\
&\qquad=-\left[\mathfrak{M}_0\,s_1{}'\left(2\,h_0+h_1\right)+\mathfrak{M}_1\,s_1{}'\left(h_0+2\,h_1\right)\right],\\[4pt]
&\;\cdot\;\cdot\;\cdot\;\cdot\;\cdot\;\cdot\;\cdot\;\cdot\;\cdot\;\cdot\;\cdot\;\cdot\;\cdot\;\cdot\;\cdot\;\cdot\;\cdot\\[4pt]
&X_{x-1}\,h_{x-1}^3-X_x\left[h_{x-1}^3+2\,s_x{}'\left(h_{x-1}^2+h_{x-1}\,h_x+h_x{}^2\right)+h_x{}^3\right]\\
&\qquad+X_{x+1}\,h_x{}^3\\
&\qquad=-\left[\mathfrak{M}_{x-1}\,s_x{}'\left(2\,h_{x-1}+h_x\right)+\mathfrak{M}_x\,s_x{}'\left(h_{x-1}+2\,h_x\right)\right],\\[4pt]
&\;\cdot\;\cdot\;\cdot\;\cdot\;\cdot\;\cdot\;\cdot\;\cdot\;\cdot\;\cdot\;\cdot\;\cdot\;\cdot\;\cdot\;\cdot\;\cdot\;\cdot\\[4pt]
&X_{n-1}\,h_{n-1}^3-X_n\left[h_{n-1}^3+2\,s_n{}'\left(h_{n-1}^2+h_{n-1}\,h_n+h_n{}^2\right)+h_n{}^3\right]\\
&\qquad=-\left[\mathfrak{M}_{n-1}\,s_n{}'\left(2\,h_{n-1}+h_n\right)\right],
\end{aligned}
\qquad(14)
$$

wobei $\mathfrak{M}_n=0$ gesetzt wurde.

Wir ersetzen nun in jeder dieser Gleichungen h_{x-1} und h_x durch den Mittelwert $\dfrac{h_{x-1}+h_x}{2}=\bar h_x$ und gewinnen, da wir jetzt mit $\bar h_x{}^3$ teilen können, in

$$
X_{x-1}-2\,X_x\left(1+\frac{3\,s_x{}'}{\bar h_x}\right)+X_{x+1}=-\frac{3\,s_x{}'}{\bar h_x{}^2}\left(\mathfrak{M}_{x-1}+\mathfrak{M}_x\right)\qquad(14')
$$

eine Differenzengleichung mit konstanten Koeffizienten, weil voraussetzungsgemäß $\dfrac{s_x{}'}{\bar h_x}$ von x unabhängig ist. Als Randbedingungen kommen die von der allgemeinen Form abweichende erste und letzte Gleichung

$$
-2\,X_1\left(\frac{1}{2}+\frac{3\,s_1{}'}{\bar h_1}\right)+X_2=-\frac{3\,s_1{}'}{\bar h_1{}^2}\left(\mathfrak{M}_0+\mathfrak{M}_1\right),
$$

$$
X_{n-1}-2\,X_n\left(1+\frac{3\,s_n{}'}{\bar h_n}\right)=-\frac{3\,s_n{}'}{\bar h_n{}^2}\,\mathfrak{M}_{n-1}
$$

in Betracht. Diese Gleichungen können, wie man leicht an der Hand der Differenzengleichung $(14')$ nachrechnet, auf die einfachere Form

$$
X_0-X_1=0\quad\text{und}\quad X_{n+1}=0\qquad(15)
$$

gebracht werden. Der Fehler, der durch die vorangehend durchgeführten Vereinfachungen begangen wurde, ist bei größerer Felderzahl, und nur solche Tragwerke haben wir hier im Auge, gering.

Es erübrigt noch, die rechte Seite ausführlicher zu entwickeln. Da

$$
\mathfrak{M}_{x-1}=P(n-x+1)\,\lambda\quad\text{und}\quad\mathfrak{M}_x=P(n-x)\,\lambda,
$$

so ist

$$
\mathfrak{M}_{x-1}+\mathfrak{M}_x=2\,P\lambda\left(n-x+\frac{1}{2}\right),
$$

und da weiter nach Abb. 24

$$
h_{x-1}=\frac{m-x+1}{m}\,h_0\quad\text{und}\quad h_x=\frac{m-x}{m}\,h_0,
$$

sonach

$$\bar{h}_x = \frac{m - x + \frac{1}{2}}{m} h_0,$$

so folgt für die rechte Seite der Differenzengleichung (14')

$$- 3 \frac{s_x'}{\bar{h}_x} \frac{\mathfrak{M}_{x-1} + \mathfrak{M}_x}{\bar{h}_x} = - 6 P \frac{\lambda}{h_0} \frac{s_x'}{\bar{h}_x} \frac{n - x + \frac{1}{2}}{m - x + \frac{1}{2}} m. \qquad (16)$$

Der Bruch

$$\frac{n - x + \frac{1}{2}}{m - x + \frac{1}{2}} = \frac{n - x'}{m - x'}, \quad \text{wenn } x' = x + \frac{1}{2},$$

läßt sich aber mit sehr großer Annäherung, wenn $\frac{n}{m}$ etwa zwischen o und $^2/_3$ liegt, durch eine Funktion von der Form

$$u(x') = a - b\, t^{x'}$$

darstellen[1]). Diese Funktion enthält drei Parameter a, b und t, sie kann daher in drei Punkten mit der Funktion $\frac{n - x'}{m - x'}$ zur Deckung gebracht werden. Wir wählen hierzu die Punkte mit den Abszissen $x' = 0$, $x' = \frac{n}{2}$ und $x' = n$ und bezeichnen die zugehörenden Funktionswerte mit u_0, $u_{n/2}$, u_n. Da $u_n = 0$, so erhält man

$$a = \frac{u_{n/2}^2}{2 u_{n/2} - u_0}, \qquad b = \frac{(u_0 - u_{n/2})^2}{2 u_{n/2} - u_0}, \qquad t = \sqrt[n]{\frac{u_{n/2}^2}{(u_0 - u_{n/2})^2}}.$$

Substituiert man

$$u_0 = \frac{n}{m}, \qquad u_{n/2} = \frac{n}{2m - n},$$

so gelangt man zu

$$a = \frac{m}{2m - n}, \qquad b = \frac{(m - n)^2}{m(2m - n)}, \qquad t = \sqrt[n]{\frac{m^2}{(m - n)^2}}. \qquad (17)$$

Die Parameter a, b und t sind aus den vorgegebenen Größen m und n sehr leicht zu bestimmen. n ist immer eine ganze Zahl, m kann auch gebrochen sein.

Die Differenzengleichung (14') nimmt jetzt mit den Abkürzungen

$$1 + \frac{3 s_x'}{\bar{h}_x} = c \qquad \text{und} \qquad 6 P m \frac{\lambda}{h_0} \frac{s_x'}{\bar{h}_x} = \mu$$

die einfache Form

$$X_{x-1} - 2 c X_x + X_{x+1} = - \mu \left(a - b\, t^{x + \frac{1}{2}} \right)$$

---

[1]) Die größte Abweichung beträgt innerhalb des oben angegebenen Bereiches weniger wie $1^0/_0$.

an. Ihre Auflösung ist, da rechts die Summe aus einer Konstanten und einer Exponentialfunktion steht, sehr einfach. Zur Konstanten $-\mu a$ gehört die Partikularlösung

$$X_x' = \frac{\mu a}{2(c-1)},$$

während die Funktion $\mu b\, t^{x+\frac{1}{2}}$ zur Partikularlösung

$$X_x'' = \frac{\mu b\, t^{x+\frac{3}{2}}}{t^2 - 2ct + 1}$$

Anlaß gibt. Siehe Abschnitt **19**. Die allgemeine Lösung lautet daher

$$X_x = C_1 \beta_1^{x} + C_2 \beta_2^{x} + \frac{\mu a}{2(c-1)} + \frac{\mu b\, t^{x+\frac{3}{2}}}{t^2 - 2ct + 1}, \qquad (18)$$

wobei β_1 und β_2 die Wurzeln der charakteristischen Gleichung

$$\beta^2 - 2c\beta + 1 = 0$$

bedeuten.

Die Konstanten C_1 und C_2 ermitteln wir aus den Bedingungen (15)

$$C_1(1 - \beta_1) + C_2(1 - \beta_2) + \frac{\mu b\, t^{\frac{3}{2}}(1 - t)}{t^2 - 2ct + 1} = 0,$$

$$C_1 \beta_1^{n+1} + C_2 \beta_2^{n+1} + \frac{\mu a}{2(c-1)} + \frac{\mu b\, t^{n+\frac{5}{2}}}{t^2 - 2ct + 1} = 0.$$

Mit den Abkürzungen

$$A = \frac{\mu b\, t^{\frac{3}{2}}(1 - t)}{t^2 - 2ct + 1},$$

$$B = \frac{\mu a}{2(c-1)} + \frac{\mu b\, t^{n+\frac{5}{2}}}{t^2 - 2ct + 1}$$

erhält man schließlich aus Gl. (18)

$$X_x = \frac{1}{1 + \beta^{2n+1}} \left[\frac{A}{1 - \beta}(\beta^{2n-x+2} - \beta^{x}) - B(\beta^{n-x+1} + \beta^{n+x}) \right]$$

$$+ \frac{\mu a}{2(c-1)} + \frac{\mu b\, t^{x+\frac{3}{2}}}{t^2 - 2ct + 1}, \qquad (19)$$

wobei β die kleinere der beiden Wurzeln bedeutet. In der Regel kann im Nenner β^{2n+1} gegen 1 vernachlässigt werden.

Die Formel (19) wird unbrauchbar, wenn t mit einer der beiden Wurzeln β zusammenfällt, da die linke Seite dann die unbestimmte Form $\frac{o}{o}$ annimmt[1]. Es tritt der in **19** behandelte Ausnahmefall

---

[1] Da $t > 1$, so kann t nur mit der größeren der beiden Wurzeln β wertgleich werden.

ein. Die zu $\mu b t^{x+\frac{1}{2}}$ gehörende Partikularlösung muß jetzt mit dem Ansatz $\eta_x = x t^x$ ermittelt werden. Man findet so

$$X_x = C_1 \beta_1{}^x + C_2 \beta_2{}^x + \frac{\mu a}{2(c-1)} + \frac{\mu b t^{x+\frac{3}{2}}}{t^2-1} x.$$

Ermittelt man C_1 und C_2 wie vor, so gelangt man zu der Lösung

$$X_x = \frac{1}{1+\beta^{2n+1}} \left[\frac{A}{1-\beta} (\beta^{2n-x+2} - \beta^x) - B (\beta^{n-x+1} + \beta^{n+x}) \right]$$
$$+ \frac{\mu a}{2(c-1)} + \frac{\mu b t^{x+\frac{3}{2}}}{t^2-1} x, \qquad (19')$$

wobei aber

$$A = \mu b \frac{t^{\frac{5}{2}}}{t^2-1}, \quad \text{und} \quad B = \frac{\mu a}{2(c-1)} + \mu b (n+1) \frac{t^{n+\frac{5}{2}}}{t^2-1}.$$

2. Belastungsfall. Bei der Belastung aller Knoten durch gleiche Lasten P' ist

$$\mathfrak{M}_{x-1} = P'\lambda (n-x+1) \frac{n-x+2}{2},$$
$$\mathfrak{M}_x = P'\lambda (n-x) \frac{n-x+1}{2},$$

woraus sich

$$\mathfrak{M}_{x-1} + \mathfrak{M}_x = P'\lambda (n-x+1)^2$$

berechnet.

Die rechte Seite der Differenzengleichung nimmt daher die Gestalt

$$-3 \frac{s_x'}{h_x} \frac{\mathfrak{M}_{x-1} + \mathfrak{M}_x}{h_x} = -3 P' \frac{\lambda}{h_0} \frac{s_x'}{h_x} (n-x+1) \frac{n'-x+\frac{1}{2}}{m-x+\frac{1}{2}} m \qquad (20)$$

an. $n' = n + \frac{1}{2}$. Sie unterscheidet sich von Gl. (16), abgesehen von dem unwesentlichen Zahlenfaktor 3, wesentlich nur durch den weiteren Faktor $(n-x+1)$. Für den Bruch kann daher wie vor

$$a - b t^{x+\frac{1}{2}}$$

gesetzt werden, wobei a, b und t durch die Gleichungen (17) definiert sind; hierbei ist n durch n' zu ersetzen.

Die Differenzengleichung des Problems lautet daher mit den gleichen Abkürzungen wie auf S. 190 unten

$$X_{x-1} - 2 c X_x + X_{x+1} = -\frac{\mu}{2} \left(a - b t^{x+\frac{1}{2}}\right)(n-x+1). \qquad (21)$$

Rechts steht jetzt neben einer ganzen rationalen Funktion noch das Produkt aus einer ganzen rationalen Funktion und einer Exponentialfunktion. Die Partikularlösung der vollständigen Gleichung ist daher nach den Regeln des Absatzes **19** mittels eines Produktansatzes $g(x)\,t^x$, wo $g(x)$ eine lineare Funktion ist, leicht zu finden.

Die allgemeine Lösung von (21) lautet, wenn $\varphi(t) = t^2 - 2ct + 1$ bedeutet,

$$X_x = C_1\beta_1{}^x + C_2\beta_2{}^x + \frac{\mu a}{4(c-1)}(n - x + 1)$$
$$+ \frac{t^{x+\frac{3}{2}}}{\varphi(t)}\,\frac{\mu b}{2}\left[\frac{t^2-1}{\varphi(t)} + n - x + 1\right]. \tag{22}$$

Die Randbedingungen sind dieselben wie vor, sie führen zu den beiden Gleichungen

$$C_1(1 - \beta_1) + C_2(1 - \beta_2) = - A',$$
$$C_1\beta_1{}^{n+1} + C_2\beta_2{}^{n+1} = - B'$$

mit den abkürzenden Bezeichnungen

$$A' = \frac{\mu a}{4(c-1)} + \frac{\mu b}{2}\,\frac{t^{\frac{3}{2}}}{\varphi(t)}\left[\frac{(t^2-1)(1-t)}{\varphi(t)} + n(1 - t) + 1\right],$$
$$B' = \frac{\mu b}{2}\,\frac{t^{n+\frac{5}{2}}(t^2-1)}{[\varphi(t)]^2}.$$

Man gelangt schließlich zu der Lösung

$$X_x = \frac{1}{1+\beta^{2n+1}}\left[\frac{A'}{1-\beta}(\beta^{2n-x+2} - \beta^x) - B'(\beta^{n-x+1} + \beta^{n+x})\right]$$
$$+ \frac{\mu a}{4(c-1)}(n - x + 1) + \frac{\mu b}{2}\,\frac{t^{x+\frac{3}{2}}}{\varphi(t)}\left[\frac{t^2-1}{\varphi(t)} + (n - x + 1)\right]. \tag{23}$$

Auch Formel (23) wird unbrauchbar, wenn t mit einer der Wurzeln β wertgleich wird, sie nimmt dann die unbestimmte Form $\frac{o}{o}$ an. Man findet in diesem Falle unschwer die Partikularlösung mittels des Ansatzes

$$X_x = (u\,x + v\,x^2)\,t^x.$$

34. Der geschlossene elastisch gestützte Stabring.

Haben wir bei den bisher behandelten Aufgaben mit einer einzigen Differenzengleichung das Auslangen gefunden, so führt das Problem des elastisch gestützten Stabes, wir wollen hier den in der Literatur noch nicht behandelten Fall des geschlossenen Ringes näher betrachten, auf ein System von zwei simultanen Differenzengleichungen. Um nicht zu weitläufig zu werden, beschränken wir uns im nachfolgenden auf den Fall einer radial gerichteten Stützpunktbelastung; da es dann leicht ist, an der Hand der folgenden Entwicklungen, den allgemeineren Fall einer radialen Feldbelastung zu behandeln.

Der biegungssteife Ring (Abb. 25) habe die Form eines regelmäßigen n-Eckes (n kann gerade oder ungerade sein) und sei in den Ecken, die wir im Sinne der Uhrzeigerbewegung mit

$$0, 1, 2, \ldots, n-1, n \qquad (0 \equiv n)$$

beziffern, in Richtung des Radius elastisch gestützt. Zwischen der Radialverschiebung y_x des Stützpunktes x und der radial gerichteten Stützenreaktion C_x in diesem Punkte besteht daher die Beziehung

$$C_x = A\, y_x. \qquad (1)$$

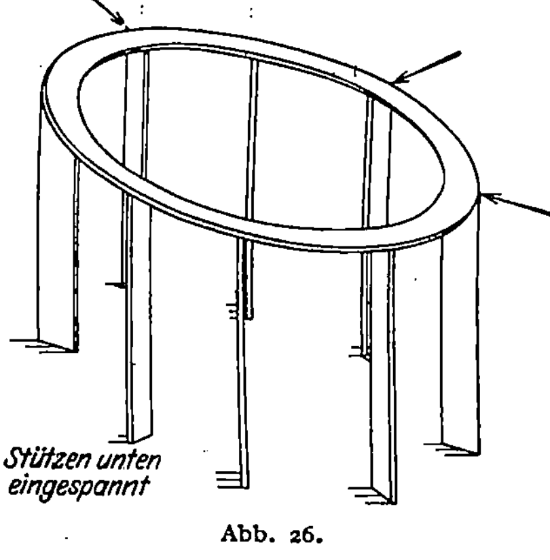

Abb. 25.

Wir setzen weiter voraus, daß die Stützung derart sei, daß C_x sowohl gegen den Mittelpunkt, als auch von ihm weg gerichtet sein kann. Einer der Stützpunkte sei in tangentialer Richtung festgehalten, während alle anderen Stützpunkte Verschiebungen in dieser Richtung gestatten. Wie man aber aus einer einfachen Überlegung über das Gleichgewicht am starren Körper erkennt, tritt bei Radialbelastung keine Tangentialkraft im festen Lagerpunkt auf. Es ist daher für unsere Untersuchung gleichgültig, welcher der Punkte als festes Lager angesehen wird.

Die eben dargelegte Art der Stützung können wir uns durch ein System von Stützen etwa nach Abb. 26 erzeugt denken. Die eingespannten Stiele wollen wir uns biegungssteif vorstellen, in Ebenen, die durch den Ringmittelpunkt gehen, während sie in der darauf senkrechten Richtung unendlich große Nachgiebigkeit besitzen sollen.

Neben der bereits eingeführten Bezeichnung für die Stützkraft C_x und die Radialverschiebung y_x, die wir positiv zählen, wenn sich die radialen Stützstäbe verkürzen, legen wir noch die folgenden Bezeichnungen fest.

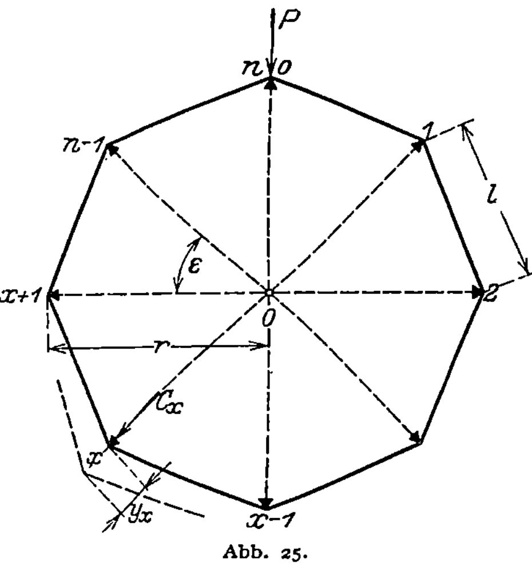

Abb. 26.

M_x das Biegungsmoment im Stützpunkte x, positiv, wenn es auf der Ringinnenseite Zug erzeugt;

Q_x und H_x die im Ringfelde konstante Quer- bzw. Längskraft; Q_x ist positiv, wenn es, am rechten festgehaltenen Tragteil wirkend, nach außen gerichtet ist; H_x ist positiv, wenn es im betreffenden Ringstab Zug erzeugt;

ϑ_x der Winkel, um den sich der Ringstab $x-1$, x, ϑ_x^r der Winkel, um den sich der Stützstab Ox verdreht. Die Winkel werden positiv gezählt, wenn die Verdrehung im Sinne des Uhrzeigers stattfindet;

E und J Elastizitätsmodul und Trägheitsmoment des Ringes für Biegung in der Ringebene;

ε der einem Ringfelde entsprechende Zentriwinkel $\varepsilon = \dfrac{2\pi}{n}$.

Um die das vorliegende Problem kennzeichnenden Differenzengleichungen aufzustellen, gehen wir zunächst von der Dreimomentengleichung

$$M_{x-1} + 4M_x + M_{x+1} - \frac{6EJ}{l}(\vartheta_x - \vartheta_{x+1}) = 0 \qquad (2)$$

aus. In dieser Form gilt die bekannte Clapeyronsche Gleichung auch dann, wenn die aufeinanderfolgenden Stabfelder gegeneinander geneigt sind, was ja beim Ring der Fall ist[1]). Da die Differenzengleichung (2) neben M_x noch eine zweite unbekannte Funktion enthält, so sind wir genötigt, uns nach einer weiteren Verknüpfung zwischen den Momenten und Formänderungsgrößen umzusehen. Wir betrachten zu diesem Zwecke das Gleichgewicht am Knoten x. Die Schnittkräfte für Schnitte unendlich nahe dem Knoten sind in Abb. 27 eingetragen, der wir unmittelbar die beiden Gleichgewichtsbedingungen

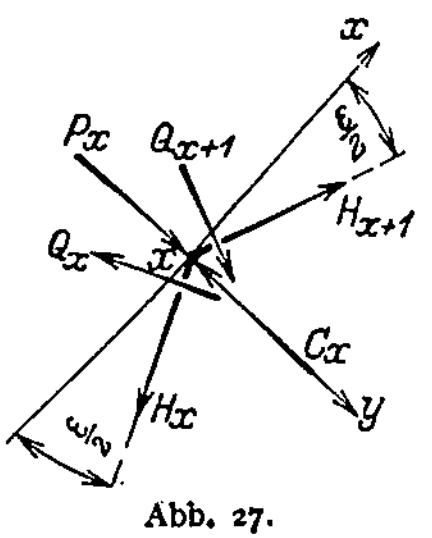

Abb. 27.

$$(Q_{x+1} - Q_x)\cos\frac{\varepsilon}{2} + (H_{x+1} + H_x)\sin\frac{\varepsilon}{2} - C_x = -P_x,$$

$$(Q_{x+1} + Q_x)\sin\frac{\varepsilon}{2} - (H_{x+1} - H_x)\cos\frac{\varepsilon}{2} = 0$$

entnehmen. Sondert man aus diesen beiden Gleichungen einmal H_x,

---

[1]) Man leitet diese Gleichung leicht aus der Stetigkeitsbedingung

$$\tau_x + \vartheta_x = \tau_{x+1} + \vartheta_{x+1},$$

wo τ_x und τ_{x+1} die Verdrehungswinkel der beiden in x zusammenstoßenden Stäbe sind, ab, wenn man für die τ die bereits auf S. 174 angegebenen Momentenausdrücke benützt.

13*

das zweite Mal H_{x+1} aus, so gelangt man zu den folgenden Beziehungen:

$$Q_{x+1} - Q_x \cos \varepsilon + H_x \ \sin \varepsilon - (C_x - P_x) \cos \frac{\varepsilon}{2} = 0 ,$$

$$Q_{x+1} \cos \varepsilon - Q_x + H_{x+1} \sin \varepsilon - (C_x - P_x) \cos \frac{\varepsilon}{2} = 0 .$$

Substituiert man in der zweiten Gleichung $x-1$ für x und subtrahiert die so transformierte Gleichung von der ersten, so erhält man

$$Q_{x+1} - 2 Q_x \cos \varepsilon + Q_{x-1} - (C_x - C_{x-1}) \cos \frac{\varepsilon}{2} = - (P_x - P_{x-1}) \cos \frac{\varepsilon}{2}$$

und, da

$$Q_x = \frac{M_x - M_{x-1}}{l} ,$$

so gelangt man schließlich unter Beachtung der Verknüpfung (1) zu der Differenzengleichung

$$M_{x-1} - 2 M_x \cos \varepsilon + M_{x+1} - A \, l \, y_x \cos \frac{\varepsilon}{2} = - P_x \, l \cos \frac{\varepsilon}{2} . \qquad (3)$$

Es erscheint noch notwendig, in der Gl. (2) die Drehwinkel ϑ durch die Verschiebungen y auszudrücken. Wir benützen hierzu den Satz, daß in einem geschlossenen Polygon die Vektorsumme der Polygonseiten Null sein muß. Man gelangt so zu den beiden allgemein gültigen, als **Winkelgleichungen** bezeichneten Beziehungen

$$\left. \begin{array}{l} \displaystyle\sum_{\nu=1}^{n} \varDelta l_\nu \cos \alpha_\nu + \sum_{\nu=1}^{n} \vartheta_\nu \, l_\nu \, \sin \alpha_\nu = 0 , \\[2em] \displaystyle\sum_{\nu=1}^{n} \varDelta l_\nu \sin \alpha_\nu - \sum_{\nu=1}^{n} \vartheta_\nu \, l_\nu \, \cos \alpha_\nu = 0 , \end{array} \right\} \qquad (4)$$

worin $\varDelta l_\nu$ die Längenänderung des Stabes l_ν, positiv, wenn der Stab gezogen, α_ν den Neigungswinkel des Stabes l_ν gegen eine feste Richtung im unverformten Zustande bedeutet[1]).

---

[1]) Man gelangt zu diesen beiden Gleichungen auf folgende Weise: Für das unverformte Stabpolygon muß nach dem oben ausgesprochenen Satz

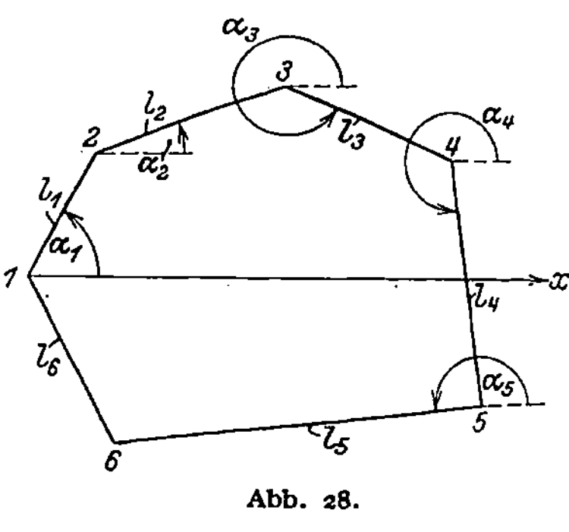

Abb. 28.

$\sum l \cos \alpha = 0$ und $\sum l \sin \alpha = 0$ sein, wobei die Winkel α, so wie es in Abb. 28 angegeben ist, zu zählen sind.

Variiert man diese beiden Gleichungen, indem man annimmt, daß sowohl l als auch α sich ändern, so erhält man

$$\sum (\delta l \cos \alpha + l \sin \alpha \cdot \delta \alpha) = 0 ,$$
$$\sum (\delta l \sin \alpha - l \cos \alpha \cdot \delta \alpha) = 0 ,$$

welche Gleichungen mit den Beziehungen (4) genau übereinstimmen, wenn man $\delta l = \varDelta l$ und $\delta \alpha = \vartheta$ setzt.

Wendet man die Gleichungen (4) auf das aus einer Ringseite und den beiden Stützstäben gebildete Dreieck an, so erhält man mit Bezug auf Abb. 29, wobei wir im Einklang mit der Annahme bei Aufstellung der Gl. (3) voraussetzen, daß sich die Stützstäbe verkürzen,

$$-(y_{x-1} - y_x)\cos\frac{\varepsilon}{2} + r(\vartheta^r_{x-1} + \vartheta^r_x)\sin\frac{\varepsilon}{2} - l\vartheta_x = 0,$$

$$-(y_{x-1} + y_x)\sin\frac{\varepsilon}{2} - r(\vartheta^r_{x-1} - \vartheta^r_x)\cos\frac{\varepsilon}{2} = 0.$$

Eliminiert man aus beiden Gleichungen einmal ϑ^r_{x-1}, das zweite Mal ϑ^r_x, so gelangt man zu

$$-(y_{x-1} - y_x\cos\varepsilon) + \vartheta^r_x\,\sin\varepsilon - l\vartheta_x\cos\frac{\varepsilon}{2} = 0,$$

$$-(y_{x-1}\cos\varepsilon - y_x) + \vartheta^r_{x-1}\sin\varepsilon - l\vartheta_x\cos\frac{\varepsilon}{2} = 0$$

und nach Vereinigung beider Gleichungen zu

$$y_{x-1} - 2\cos\varepsilon\, y_x + y_{x+1} = l(\vartheta_{x+1} - \vartheta_x)\cos\frac{\varepsilon}{2}. \tag{5}$$

Führt man die Differenz $(\vartheta_{x+1} - \vartheta_x)$ in die Dreimomentengleichung (2) ein, so gewinnt man die endgültige Form dieser Differenzengleichung

$$M_{x-1} + 4M_x + M_{x+1} + \frac{6EJ}{l^2\cos\frac{\varepsilon}{2}}(y_{x-1} - 2y_x\cos\varepsilon + y_{x+1}) = 0. \tag{6}$$

Die Gleichungen (3) und (6) reichen zur Erledigung des vorgelegten Problems, das ist zur Bestimmung von n Unbekannten M_x und n Verschiebungen y_x aus, da gerade $2n$ Gleichungen zur Verfügung stehen. Als simultane Differenzengleichungen aufgefaßt, gestatten sie die Ermittlung der unbekannten Funktionen M_x und y_x.

Wir nehmen nun an, daß nur der Punkt o durch

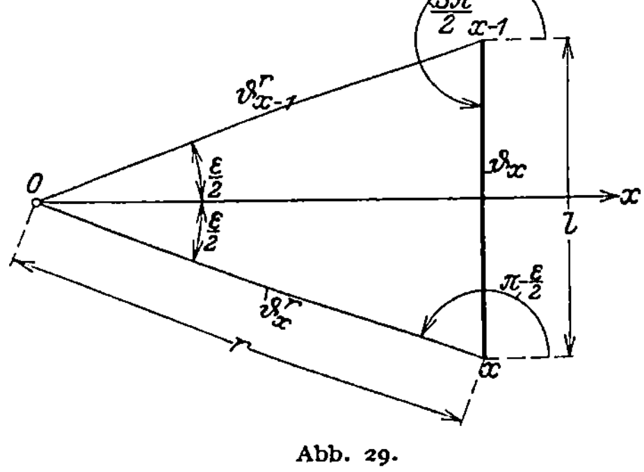

Abb. 29.

die Einzellast P belastet sei. Dann sind sämtliche rechten Seiten der Gleichungen (3) Null; eine Ausnahme macht nur eine einzige Gleichung, die wir daher später als Randbedingung einführen werden.

Um das aus den Differenzengleichungen (3) und (6) bestehende Simultansystem, das wir mit den Abkürzungen

$$c = \frac{6\,EJ}{l^2 \cos \frac{\varepsilon}{2}} \quad \text{und} \quad \mu = A\,l \cos \frac{\varepsilon}{2}$$

der Übersichtlichkeit halber nochmals anführen:

$$M_{x-1} - 2\,M_x \cos \varepsilon + M_{x+1} - \mu\,y_x = 0 , \tag{3}$$

$$M_{x-1} + 4\,M_x + M_{x+1} + c\,(y_{x-1} - 2\,y_x \cos \varepsilon + y_{x+1}) = 0 , \tag{6}$$

zu lösen, machen wir gemäß den Ausführungen in 20 den Ansatz

$$M_x = C\,\beta^x , \qquad y_x = C\,\alpha\,\beta^x .$$

Die Einführung in die beiden Differenzengleichungen liefert die beiden Gleichungen

$$\beta^2 - 2 \cos \varepsilon \cdot \beta + 1 - \mu\,\alpha\,\beta = 0 ,$$

$$\beta^2 + 4\,\beta + 1 + c\,\alpha\,(\beta^2 - 2 \cos \varepsilon \cdot \beta + 1) = 0 .$$

Aus der ersten dieser zwei Gleichungen folgt

$$\alpha = \frac{1}{\mu}\,(\beta - 2 \cos \varepsilon + \beta^{-1}) \tag{7}$$

und aus der zweiten Gleichung, wenn man β durch α ausdrückt,

$$\alpha^2 + \frac{1}{c}\,\alpha + \frac{2}{\mu\,c}\,(2 + \cos \varepsilon) = 0 . \tag{8}$$

Man erhält demnach zwei Werte von α, die wir mit α_1 und α_2 bezeichnen, nämlich:

$$\alpha_{1,2} = - \frac{1}{2c} \pm \sqrt{\frac{1}{4c^2} - \frac{2}{\mu\,c}\,(2 + \cos \varepsilon)}, \tag{9}$$

von denen jeder, da Gleichung (7) eine quadratische Gleichung in β ist, zwei Werte von β liefert. Wir gewinnen sonach:

$$\begin{aligned}
\text{aus } \alpha_1 : \quad \beta_{1,2} &= \left(\cos \varepsilon + \frac{\mu\,\alpha_1}{2}\right) \pm \sqrt{\left(\cos \varepsilon + \frac{\mu\,\alpha_1}{2}\right)^2 - 1} , \\
\text{aus } \alpha_2 : \quad \beta_{3,4} &= \left(\cos \varepsilon + \frac{\mu\,\alpha_2}{2}\right) \pm \sqrt{\left(\cos \varepsilon + \frac{\mu\,\alpha_2}{2}\right)^2 - 1} .
\end{aligned} \tag{10}$$

Zu beachten ist, daß

$$\beta_1\beta_2 = 1 , \qquad \beta_3\beta_4 = 1 .$$

Die allgemeinen Lösungen der homogenen Differenzengleichungen (3) und (6) lauten demnach:

$$\begin{aligned}
M_x &= C_1\beta_1^{x} + C_2\beta_2^{x} + C_3\beta_3^{x} + C_4\beta_4^{x} , \\
y_x &= \alpha_1\,(C_1\beta_1^{x} + C_2\beta_2^{x}) + \alpha_2\,(C_3\beta_3^{x} + C_4\beta_4^{x}) .
\end{aligned} \tag{11}$$

Da vier Konstanten C festzulegen sind, so haben wir vier Randbedingungen aufzustellen. Hierzu gehören die Periodizitätsbedingungen (siehe auch S. 50 und 99)

$$M_0 = M_n, \tag{12}$$

$$y_0 = y_n, \tag{13}$$

$$M_{n-1} + 4 M_0 + M_1 + c\,(y_{n-1} - 2\,y_0 \cos \varepsilon + y_1) = 0,$$

sowie die schon früher erwähnte, durch die von Null verschiedene rechte Seite gekennzeichnete Gleichung

$$M_{n-1} - 2 M_0 \cos \varepsilon + M_1 - \mu\,y_0 = - P l \cos \frac{\varepsilon}{2}.$$

Subtrahiert man von der letzten Randbedingung die Gleichung

$$M_{-1} - 2 M_0 \cos \varepsilon + M_1 - \mu\,y_0 = 0,$$

so folgt

$$M_{n-1} - M_{-1} = - P l \cos \frac{\varepsilon}{2}, \tag{14}$$

und wenn man von der dritten Randbedingung die Gleichung

$$M_{-1} + 4 M_0 + M_1 + c\,(y_{-1} - 2\,y_0 \cos \varepsilon + y_1) = 0$$

abzieht, so wird

$$M_{n-1} - M_{-1} + c\,(y_{n-1} - y_{-1}) = 0$$

oder mit Bezug auf Gl. (14)

$$y_{n-1} - y_{-1} = \frac{1}{c}\, P l \cos \frac{\varepsilon}{2}. \tag{15}$$

Die Gleichungen (12) bis (15) stellen die endgültige Form unserer Randbedingungen vor.

Führt man jetzt die Lösungen (11) in die Randbedingungen ein, so gewinnt man die Gleichungen

$$C_1 (\beta_1{}^n - 1) + C_2 (\beta_2{}^n - 1) + C_3 (\beta_3{}^n - 1) + C_4 (\beta_4{}^n - 1) = 0$$

$$\alpha_1 [C_1 (\beta_1{}^n - 1) + C_2 (\beta_2{}^n - 1)] + \alpha_2 [C_1 (\beta_3{}^n - 1) + C_4 (\beta_4{}^n - 1)] = 0,$$

$$C_1 \beta_1^{-1}(\beta_1{}^n - 1) + C_2 \beta_2^{-1}(\beta_2{}^n - 1) + C_3 \beta_3^{-1}(\beta_3{}^n - 1) + C_4 \beta_4^{-1}(\beta_4{}^n - 1)$$

$$= - P l \cos \frac{\varepsilon}{2},$$

$$\alpha_1 [\beta_1^{-1}(\beta_1{}^n - 1) + C_2 \beta_2^{-1}(\beta_2{}^n - 1)] + \alpha_2 [C_3 \beta_3^{-1}(\beta_3{}^n - 1)$$

$$+ C_4 \beta_4^{-1}(\beta_4{}^n - 1)] = \frac{1}{c}\, P l \cos \frac{\varepsilon}{2}.$$

Die Auflösung dieser Gleichungen ist wegen ihres regelmäßigen Baues sehr leicht. Man findet:

$$\left. \begin{aligned}
C_1 &= - \frac{1}{c}\, P l \cos \frac{\varepsilon}{2}\, \frac{1 + c\,\alpha_2}{\alpha_2 - \alpha_1}\, \frac{\beta_1}{(1 - \beta_1{}^2)\,(\beta_1{}^n - 1)}, \\[2mm]
C_2 &= - \frac{1}{c}\, P l \cos \frac{\varepsilon}{2}\, \frac{1 + c\,\alpha_2}{\alpha_2 - \alpha_1}\, \frac{\beta_2}{(1 - \beta_2{}^2)\,(\beta_2{}^n - 1)}, \\[2mm]
C_3 &= \frac{1}{c}\, P l \cos \frac{\varepsilon}{2}\, \frac{1 + c\,\alpha_1}{\alpha_2 - \alpha_1}\, \frac{\beta_3}{(1 - \beta_3{}^2)\,(\beta_3{}^n - 1)}, \\[2mm]
C_4 &= \frac{1}{c}\, P l \cos \frac{\varepsilon}{2}\, \frac{1 + c\,\alpha_1}{\alpha_2 - \alpha_1}\, \frac{\beta_4}{(1 - \beta_4{}^2)\,(\beta_4{}^n - 1)};
\end{aligned} \right\} \tag{16}$$

und damit

$$M_x = \frac{1}{c} P l \cos\frac{\varepsilon}{2} \frac{1}{\alpha_2 - \alpha_1} \left\{ \frac{(1 + c\,\alpha_2)\,(\beta_1^{x+1} + \beta_1^{n-x+1})}{(1 - \beta_1^2)(1 - \beta_1^n)} \right.$$
$$\left. - \frac{(1 + c\,\alpha_1)\,(\beta_3^{x+1} + \beta_3^{n-x+1})}{(1 - \beta_3^2)(1 - \beta_3^n)} \right\},$$

$$y_x = \frac{1}{c} P l \cos\frac{\varepsilon}{2} \frac{1}{\alpha_2 - \alpha_1} \left\{ \alpha_1 \frac{(1 + c\,\alpha_2)\,(\beta_1^{x+1} + \beta_1^{n-x+1})}{(1 - \beta_1^2)(1 - \beta_1^n)} \right.$$
$$\left. - \alpha_2 \frac{(1 + c\,\alpha_1)\,(\beta_3^{x+1} + \beta_3^{n-x+1})}{(1 - \beta_3^2)(1 - \beta_3^n)} \right\},$$

$$(17)$$

wobei wir annehmen, daß β_1 und β_3 jeweils jene Wurzeln sind, die < 1 sind.

Die Gleichungen (17) haben aber für die Anwendung nur insolange Bedeutung, als die Größen α und β reell sind. Das ist der Fall, wenn

$$\frac{\mu}{c} > 8\,(2 + \cos\varepsilon),$$

ist aber

$$\frac{\mu}{c} < 8\,(2 + \cos\varepsilon),$$

so sind sowohl α_1, α_2 als auch alle vier Wurzeln β komplex. Die beiden Gebiete sind durch den Grenzfall

$$\frac{\mu}{c} = 8\,(2 + \cos\varepsilon)$$

getrennt, der durch eine reelle Doppelwurzel in α und sonach durch je zwei reelle Doppelwurzeln von β gekennzeichnet ist. Der Fall α_1, α_2 reell, die Wurzeln β aber komplex, kann nicht eintreten.

Wir gehen auf den Fall **komplexer Wurzeln** über. Wir setzen:

$$\alpha_1 = a + b\,i, \qquad \alpha_2 = a - b\,i, \qquad (i = \sqrt{-1})$$

weiter:

$$\beta_1 = r\,(\cos\varphi + i \sin\varphi), \qquad \beta_2 = \frac{1}{r}\,(\cos\varphi - i\sin\varphi),$$

$$\beta_3 = r\,(\cos\varphi - i\sin\varphi), \qquad \beta_4 = \frac{1}{r}\,(\cos\varphi + i\sin\varphi).$$

Dieser Ansatz für die β findet seine Begründung in der Tatsache, daß einerseits $\beta_1 \cdot \beta_2 = 1$, $\beta_3 \cdot \beta_4 = 1$ (siehe Gl. 10), außerdem aber je zwei Wurzeln konjugiert komplex sein müssen. Führt man die Wurzel-ausdrücke für α und β in die Gleichungen (16) ein, so erhält man, wenn man zunächst $C_1 \beta_1{}^x + C_3 \beta_3{}^x$ zusammenfaßt, unter Weglassung des Faktors $\frac{1}{c} P l \cos\frac{\varepsilon}{2}$,

$$C_1\beta_1{}^x + C_2\beta_3{}^x = \frac{1 + c\,(a - b\,i)}{2\,b\,i} \frac{r^{x+1}\,[\cos(x+1)\,\varphi + i\sin(x+1)\,\varphi]}{[1 - r^2(\cos 2\varphi + i\sin 2\varphi)]\,[r^n(\cos n\varphi + i\sin n\varphi) - 1]}$$
$$- \frac{1 + c\,(a + b\,i)}{2\,b\,i} \frac{r^{x+1}\,[\cos(x+1)\,\varphi - i\sin(x+1)\,\varphi]}{[1 - r^2(\cos 2\varphi - i\sin 2\varphi)]\,[r^n(\cos n\varphi - i\sin n\varphi) - 1]} .$$

Bringt man die rechte Seite auf gemeinsamen Nenner, so wird

$$C_1 \beta_1^x + C_2 \beta_2^x = \frac{r^{x+1}}{N} \Big[\Big(- c \cos(x+1)\varphi + \frac{1+ac}{b} \sin(x+1)\varphi \Big)$$
$$\Big(- r^{n+2} \cos(n+2)\varphi + r^n \cos n\varphi + r^2 \cos 2\varphi - 1 \Big)$$
$$+ \Big(- c \sin(x+1)\varphi - \frac{1+ac}{b} \cos(x+1)\varphi \Big)$$
$$\Big(- r^{n+2} \sin(n+2)\varphi + r^n \sin n\varphi + r^2 \sin 2\varphi \Big) \Big],$$

wobei

$$N = (1 - 2r^2 \cos 2\varphi + r^4)(1 - 2r^n \cos n\varphi + r^{2n}).$$

Setzt man $\frac{1}{r}$ für r und $-\varphi$ für φ, so gelangt man ohne weiteres zu

$$C_3 \beta_3^x + C_4 \beta_4^x = \frac{r^{-(x+1)}}{N} \Big[\Big(- c \cos(x+1)\varphi - \frac{1+ac}{b} \sin(x+1)\varphi \Big)$$
$$\Big(- r^{-(n+2)} \cos(n+2)\varphi + r^{-n} \cos n\varphi + r^{-2} \cos 2\varphi - 1 \Big)$$
$$+ \Big(c \sin(x+1)\varphi - \frac{1+ac}{b} \cos(x+1)\varphi \Big)$$
$$\cdot \Big(r^{-(n+2)} \sin(n+2)\varphi - r^n \sin n\varphi - r^2 \sin 2\varphi \Big) \Big].$$

Man erhält schließlich, wenn man noch beachtet, daß $ac = -\frac{1}{2}$, mit den Abkürzungen

$$t_1 = r^{n+2} \cos(x-n-1)\varphi - r^n \cos(x-n+1)\varphi - r^2 \cos(x-1)\varphi$$
$$+ \cos(x+1)\varphi,$$
$$t_2 = r^{n+2} \sin(x-n-1)\varphi - r^n \sin(x-n+1)\varphi - r^2 \sin(x-1)\varphi$$
$$+ \sin(x+1)\varphi,$$
$$t_3 = \cos(x-n-1)\varphi - r^2 \cos(x-n+1)\varphi - r^n \cos(x-1)\varphi$$
$$+ r^{n+2} \cos(x+1)\varphi,$$
$$t_4 = \sin(x-n-1)\varphi - r^2 \sin(x-n+1)\varphi - r^n \sin(x-1)\varphi$$
$$+ r^{n+2} \sin(x+1)\varphi,$$

die folgende Gleichung für M_x

$$M_x = - \frac{Pl \cos\frac{\varepsilon}{2}}{N} \Big[r^{x+1} \Big(t_1 + \frac{a}{b} t_2 \Big) + r^{n-x+1} \Big(t_3 - \frac{a}{b} t_4 \Big) \Big]. \qquad (18)$$

Auf die gleiche Weise kann man den Wert für y_x für den Fall komplexer Wurzeln finden. Einfacher ist es aber, im Anwendungsfalle nach Ausrechnung der Momente M_x die Verschiebungen y_x mittels Gl. (3) zu bestimmen.

Für den Fall, daß $\alpha_1 = \alpha_2$ wird, also $\beta_1 = \beta_3$, versagt die Gl. (17), da sie dann die Form $\frac{0}{0}$ annimmt. Um für diesen Ausnahmefall zu den Lösungen M_x und y_x zu gelangen, haben wir nach den Regeln des Absatzes **20** S. 75 vorzugehen und als Partikularlösungen

$$M_x = x \beta^x, \qquad y_x = \alpha \beta^x (x + \gamma)$$

anzusetzen. α und die beiden Doppelwurzeln $\beta_1 = \beta$, $\beta_2 = \frac{1}{\beta}$ sind bekannt; es handelt sich also zunächst darum, die beiden zugehörigen γ-Werte zu bestimmen.

Die Einführung der Partikallösungen in eine der vorgelegten Differenzengleichungen des Simultansystemes, z. B. in Gl. (3), führt auf

$$x(1 - 2\beta \cos \varepsilon + \beta^2 - \mu \alpha \beta) + (-1 + \beta^2 - \mu \alpha \cdot \beta \gamma) = 0,$$

da der Faktor von x wegen Gl. (7) verschwindet, so folgt

$$\gamma_1 = \frac{1}{\mu \alpha} \frac{\beta^2 - 1}{\beta}$$

und wenn man für β jetzt $\frac{1}{\beta}$ setzt,

$$\gamma_2 = \frac{1}{\mu \alpha} \frac{1 - \beta^2}{\beta},$$

so daß wir $\gamma_1 = \gamma$ und $\gamma_2 = - \gamma$ schreiben können.

Die allgemeinen Lösungen lauten jetzt

$$\left. \begin{aligned} M_x &= (C_1 + x C_2) \beta^x + (C_3 + x C_4) \beta^{-x}, \\ y_x &= \alpha \left[(C_1 + C_2 (x + \gamma)) \beta^x + (C_3 + C_4 (x + \gamma)) \beta^{-x} \right]. \end{aligned} \right\} \quad (19)$$

Der weitere Rechnungsgang, d. i. der Ermittlung der Konstanten C_1 bis C_4 ist im wesentlichen der gleiche wie vor, weshalb wir uns nur auf die vorangehenden Andeutungen beschränken.

Wir können die Formeln (17) und (18) noch dazu benützen, um durch einen einfachen Grenzübergang die Gleichungen für Momente und Verschiebungen für den durchlaufenden Balken auf unendlich vielen elastischen Stützen, bei Belastung eines mittleren Knotens, abzuleiten. Man hat in den Formeln bloß $\varepsilon = 0$ und $n \to \infty$ zu setzen. Man gewinnt so, wobei wir der Kürze wegen nur die Gleichungen für M_x angeben, für reelle Wurzeln:

$$M_x = \frac{Pl}{c} \frac{1}{\alpha_2 - \alpha_1} \left[\frac{(1 + c \alpha_2) \beta_1^{x+1}}{1 - \beta_1^2} - \frac{(1 + c \alpha_1) \beta_3^{x+1}}{1 - \beta_3^2} \right], \quad (20)$$

wobei in den Formeln (9) und (10), die die Größen α und β definieren, $\cos \varepsilon = 1$ zu setzen ist.

Für komplexe Wurzeln wird:

$$M_x = \frac{P l \, r^{-x+1}}{1 - 2 r^2 \cos 2\varphi + r^4} \left[r^2 \cos (x + 1) \varphi - \cos (x - 1) \varphi \right.$$

$$\left. - \frac{a}{b} (r^2 \sin (x + 1) \varphi - \sin (x - 1) \varphi) \right]. \quad (21)$$

35. Genaue Ermittlung der Durchbiegung einer Hängebrücke.

Hängebrücken mit niedrigem Versteifungsträger und hochbeanspruchten Tragketten (Kabeln) weisen in der Regel starke Formänderungen auf, die unter Umständen in erheblichem Maße die Größe des Kettenzuges und noch mehr die Größe der Momente im Versteifungsträger beeinflussen. Die genauere Berechnung einer Hängebrücke erfordert daher im Gegensatze zu den sonstigen Gepflogenheiten bei der Berechnung der Tragwerke, die Berücksichtigung der Formänderungen bei Einführung der Tragwerkabmessungen in die Rechnung[1]. Wir werden hier eine für die genauere Ermittlung der inneren Kräfte derartiger Tragwerke wichtige, grundlegende Aufgabe, das ist die Ermittlung der Durchbiegung des Versteifungsbalkens bei veränderlichem Trägheitsmoment des Balkens, behandeln, um die Anwendung des in **29** dargelegten Annäherungsverfahrens an einem Beispiele zu zeigen.

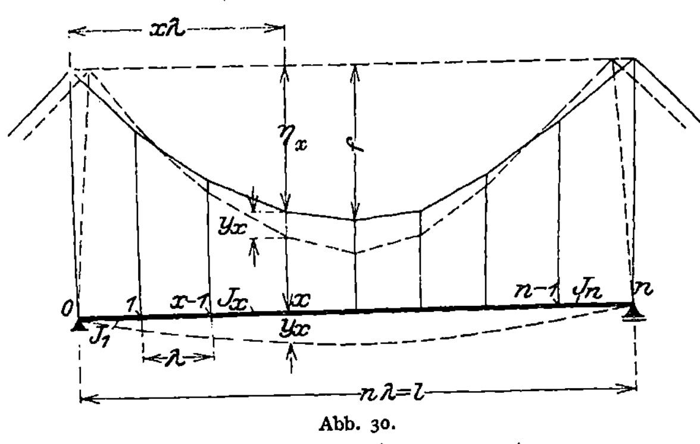

Abb. 30.

Wir wollen die unter dem Einfluß der Verkehrsbelastung hervorgerufene Durchbiegung des Versteifungsträgers einer Hängebrücke mit einer Öffnung (Abb. 30) unter der Annahme berechnen, daß die bleibende Last vom Hängegurt allein getragen wird. Unter dem Einfluß der gleichförmig verteilten bleibenden Last werden die Ecken des Kettenpolygons genügend genau auf einer Parabel mit dem Pfeil f liegen. Die von der bleibenden Last herrührende wagrechte Komponente der Kettenkraft sei H_g, die von der Verkehrsbelastung verursachte H_p; η_x sei die Ordinate des Kettenpolygons im Punkte x, y_x die Senkung des Versteifungsträgers in x infolge der Verkehrsbelastung, wobei die Senkung der Kette und des Versteifungsträgers in den Aufhängepunkten der Hängestangen gleichgroß angenommen werden. (Undehnbare Hängestangen.) Die konstante Entfernung der Hänge-

---

[1] Siehe **Bleich, F.**: Theorie und Berechnung der eisernen Brücken. Berlin 1924, S. 457.

stangen werden mit λ bezeichnet. J_x ist das in Abschnitt $x-1$, x unveränderliche Trägheitsmoment des Versteifungsträgers.

Im Punkte x des Versteifungsträgers wirkt bei Berücksichtigung der Verformung infolge der Verkehrslast das Biegungsmoment (siehe Abb. 30)

$$M_x = \mathfrak{M}_x - H_g\, y_x - H_p\,(\eta_x + y_x),$$

wobei $\mathfrak{M}_x$ das Biegungsmoment im Versteifungsträger infolge der Verkehrslast bedeutet, wenn die Verbindung zwischen ihm und den Tragketten gelöst gedacht wird.

Mit

$$H = H_g + H_p$$

nimmt die vorstehende Gleichung die Gestalt

$$M_x = \mathfrak{M}_x - (H - H_g)\,\eta_x - H\,y_x \tag{1}$$

an.

Zwischen den Momenten und Durchbiegungen dreier aufeinander folgender Punkte des Versteifungsträgers besteht nun die bekannte Beziehung (Clapeyronsche Gleichung)

$$M_{x-1}\,\lambda_x' + 2\,M_x(\lambda_x' + \lambda_{x+1}') + M_{x+1}\,\lambda_{x+1}'$$
$$+ \frac{6\,E\,J_c}{\lambda}(y_{x-1} - 2\,y_x + y_{x-1}) = 0, \tag{2}$$

wenn

$$\lambda_x' = \lambda\,\frac{J_c}{J_x}$$

bedeutet und J_c ein beliebig gewähltes Trägheitsmoment ist. Die rechte Seite dieser Gleichung ist Null, da wir voraussetzen wollen, daß die Verkehrslasten nur in den Anschlußpunkten der Hängestangen übertragen werden. Führt man M_x gemäß Gl. (1) ein, so gewinnt man mit der Abkürzung $\varrho = \dfrac{6\,E\,J_c}{\lambda}$ folgende Differenzengleichung für die Verschiebungen y_x:

$$y_{x-1}\,[H\,\lambda_x' - \varrho] + 2\,y_x\,[H\,(\lambda_x' + \lambda_{x+1}') + \varrho] + y_{x+1}\,[H\,\lambda_{x+1}' - \varrho]$$
$$= -(H - H_g)\,[\lambda_x'\,\eta_{x-1} + 2\,(\lambda_x' + \lambda_{x+1}')\,\eta_x + \lambda_{x+1}'\,\eta_{x+1}]$$
$$+ [\lambda_x'\,\mathfrak{M}_{x-1} + 2\,(\lambda_x' + \lambda_{x+1}')\,\mathfrak{M}_x + \lambda_{x+1}'\,\mathfrak{M}_{x+1}]. \tag{3}$$

Wir nehmen nun an, daß die vom veränderlichen Trägheitsmoment abhängigen Längen λ_x' dem Gesetze

$$\lambda_x' = u + v\sin\frac{\pi}{n}\left(x - \frac{1}{2}\right) + w\sin\frac{3\,\pi}{n}\left(x - \frac{1}{2}\right) \qquad (x = 1,\,2,\,\ldots\,n) \tag{4}$$

folgen. Damit ist für λ_x' ein zur Trägermitte symmetrischer Verlauf festgesetzt; Gl. (4) gestattet ein genügend genaues Anpassen von λ_x' an einem tatsächlich gegebenen Verlauf.

Um einen konkreten Belastungsfall ins Auge zu fassen, nehmen wir an, daß die Verkehrslast die ganze Brücke gleichmäßig mit p belaste, dann gilt für $\mathfrak{M}_x$

$$\mathfrak{M}_x = \frac{1}{2}\, p\, \lambda^2\, x\, (n - x) \tag{5}$$

und das gleiche Parabelgesetz auch für η_x, nämlich

$$\eta_x = \frac{4\,f}{n^2}\, x\, (n - x). \tag{6}$$

Schreiben wir Gl. (3) übersichtlicher in der Form

$$a_x\, y_{x-1} + b_x\, y_x + a_{x+1}\, y_{x+1} = U_x, \tag{7}$$

so wird nach Einführen von (4), (5) und (6) mit der Abkürzung $\alpha = \dfrac{\pi}{n}$

$$\left.\begin{aligned}
a_x &= (H\,u - \varrho) + H\,v \sin\alpha\left(x - \frac{1}{2}\right) + H\,w \sin 3\,\alpha\left(x - \frac{1}{2}\right) \\
&= u' + v' \sin\alpha\left(x - \frac{1}{2}\right) + w' \sin 3\,\alpha\left(x - \frac{1}{2}\right), \\[4pt]
b_x &= 2\,(2\,H\,u + \varrho) + 2\,H\,v \cos\frac{\alpha}{2}\sin\alpha\,x + 2\,H\,w \cos\frac{3\,\alpha}{2}\sin 3\,\alpha\,x \\
&= u'' + 2\,v' \cos\frac{\alpha}{2}\sin\alpha\,x + 2\,w' \cos\frac{3\,\alpha}{2}\sin 3\,\alpha\,x, \\[4pt]
a_{x+1} &= (H\,u - \varrho) + H\,v \sin\alpha\left(x + \frac{1}{2}\right) + H\,w \sin 3\,\alpha\left(x + \frac{1}{2}\right) \\
&= u' + v' \sin\alpha\left(x + \frac{1}{2}\right) + w' \sin 3\,\alpha\left(x + \frac{1}{2}\right), \\[4pt]
U_x &= 2\left[\frac{p\,\lambda^2}{2} - (H - H_g)\frac{4\,f}{n^2}\right]\Big[(3\,x\,(n - x) - 1) \\
&\quad \cdot \left(u + v \cos\frac{\alpha}{2}\sin\alpha\,x + w \cos\frac{3\,\alpha}{2}\sin 3\,\alpha\,x\right) \\
&\quad + (n - 2\,x)\left(v \sin\frac{\alpha}{2}\cos\alpha\,x + w \sin\frac{3\,\alpha}{2}\cos 3\,\alpha\,x\right)\Big] \\
&= K\big[(3\,x\,(n - x) - 1)(u + v_1 \sin\alpha\,x + w_1 \sin 3\,\alpha\,x) \\
&\quad + (n - 2\,x)(v_2 \cos\alpha\,x + w_2 \cos 3\,\alpha\,x)\big].
\end{aligned}\right\} \tag{8}$$

Die Größen u', v', w', u'', sowie K, v_1, v_2, w_1, w_2 wollen wir für die weitere Rechnung als gegebene Festwerte ansehen.

Die Lösung der Differenzengleichung (7), die veränderliche Koeffizienten aufweist, werden wir nach dem in 29 angegebenen Näherungsverfahren durchführen. Wir bilden zu diesem Zwecke das nachfolgende Schema, wobei zu beachten ist, daß y_0 und y_n Null sind.

	y_1	y_2	y_3	y_4		y_{n-1}	1
y_1	b_1	a_2	0	0	$\cdots$		$-U_1$
y_2	a_2	b_2	a_3	0	$\cdots$		$-U_2$
y_3	0	a_3	b_3	a_4	$\cdots$		$-U_3$
	.	.	.	.	.		.
	.	.	.	.	.		.
	.	.	.	.	.		.
y_{n-1}	0	0	0	0	$\cdots$	$a_{n-1} \quad b_{n-1}$	$-U_{n-1}$
1	$-U_1$	$-U_2$	$-U_3$	$-U_4$	$\cdots$	$-U_{n-1}$	0

Die Form F hat daher die Gestalt

$$F = \sum_{x=1}^{n-1} b_x\, y_x^2 + 2 \sum_{x=1}^{n-1} a_{x+1}\, y_x\, y_{x+1} - 2 \sum_{x=1}^{n-1} U_x\, y_x \,. \tag{9}$$

Da y_x wegen der vorausgesetzten symmetrischen Belastung zur Trägermitte symmetrisch ist, so entscheiden wir uns für den folgenden, die Randbedingungen $y_0 = 0$, $y_n = 0$ erfüllenden Näherungsansatz

$$y_x = f_1 \sin \frac{\pi}{n} x + f_2 \sin \frac{3\pi}{n} x \,. \tag{10}$$

Die Eintragung von y_x in die Form F führt auf

$$F = A_1 f_1^2 + A_2 f_2^2 + 2 B f_1 f_2 - 2 C_1 f_1 - 2 C_2 f_2 \,, \tag{11}$$

mit den Abkürzungen

$$A_1 = \sum_{x=0}^{n} [b_x \sin^2 \alpha x + 2 a_{x+1} \sin \alpha x \cdot \sin \alpha (x+1)] \,,$$

$$A_2 = \sum_{x=0}^{n} [b_x \sin^2 3 \alpha x + 2 a_{x+1} \sin 3 \alpha x \cdot \sin 3 \alpha (x+1)] \,,$$

$$B = \sum_{x=0}^{n} [b_x \sin \alpha x \cdot \sin 3 \alpha x + a_{x+1} (\sin \alpha x \cdot \sin 3 \alpha (x+1)$$
$$+ \sin \alpha (x+1) \cdot \sin 3 \alpha x)] \,,$$

$$C_1 = \sum_{x=0}^{n} U_x \sin \alpha x \,, \qquad C_2 = \sum_{x=0}^{n} U_x \sin 3 \alpha x \,,$$

wobei wir, ohne an dem Wert der Summen etwas zu ändern, die Grenzen in o und n gewandelt haben, da die zu o und n gehörenden Glieder wegen der Randbedingungen verschwinden. Die Summation ist dann einfacher durchzuführen.

Es sind nun für a, b und U die Ausdrücke (8) einzusetzen und die Summation mit Hilfe der in § 3 angegebenen Regeln durchzuführen. Man kann hierbei mit Vorteil die Orthogonalitätseigenschaften der hier eingeführten Funktionensysteme ausnützen. Man findet:

$$A_1 = \frac{n}{2}\left(2\,u'\cos\alpha + u''\right) + \frac{2\cos^2\frac{\alpha}{2}}{\sin\frac{3\,\alpha}{2}}\,v'\left(1 + 3\cos a\right)$$

$$+ \frac{2\cos^2\frac{\alpha}{2}}{\sin\frac{5\,\alpha}{2}}\,w'\left(1 + 2\cos\alpha + \cos 3\,\alpha\right);$$

$$A_2 = \frac{n}{2}\left(2\,u'\cos 3\,\alpha + u''\right) + \frac{\sin^2 3\,\alpha}{2\sin\frac{\alpha}{2}\cdot\sin\frac{5\,\alpha}{2}\cdot\sin\frac{7\,\alpha}{2}}$$

$$\cdot v'\left(1 + \cos\alpha + 2\cos 3\,\alpha\right) - \frac{2\cos^2\frac{3\,\alpha}{2}}{\sin\frac{9\,\alpha}{2}}\cdot w'\left(1 + 3\cos 3\,\alpha\right);$$

$$B = -\frac{\cotg\frac{3\,\alpha}{2}}{2\sin\frac{5\,\alpha}{2}}\,v'\left(4\cos^2\frac{\alpha}{2}\cdot\sin\alpha + \sin 4\,\alpha\right)$$

$$-\frac{\sin\frac{3\,\alpha}{2}\cdot\sin 3\,\alpha}{4\sin^2\frac{\alpha}{2}\cdot\sin\frac{5\,\alpha}{2}\cdot\sin\frac{7\,\alpha}{2}}\,w'\left(4\cos^2\frac{3\,\alpha}{2}\cdot\sin\alpha + \sin 4\,\alpha\right);$$

$$C_1 = K\left\{u\cotg\frac{\alpha}{2}\left[\frac{3}{2\sin^2\frac{\alpha}{2}} - 1\right] + v_1\left[\frac{3\,n}{4\sin^2\alpha} + \frac{n^3 - 3\,n}{4}\right]\right.$$

$$\left. - w_1\frac{3\,n}{4}\frac{\sin 3\,\alpha}{\sin\alpha\cdot\sin^2 2\,\alpha} + v_2\frac{n}{2}\cotg\alpha - w_2\frac{n}{2\sin 2\,\alpha}\right\};$$

$$C_2 = K\left\{u\cotg\frac{3\,\alpha}{2}\left[\frac{3}{2\sin^2\frac{3\,\alpha}{2}} - 1\right] - v_1\frac{3\,n}{4}\frac{\sin 3\,\alpha}{\sin\alpha\cdot\sin^2 2\,\alpha}\right.$$

$$+ w_1\left[\frac{3\,n}{4\sin^2 3\,\alpha} + \frac{n^3 - 3\,n}{4}\right] + v_2\frac{n}{2}\frac{\sin 3\,\alpha}{\sin\alpha\cdot\sin 2\,\alpha}$$

$$\left. + w_2\frac{n}{2}\cotg 3\,\alpha\right\}.$$

$$\left.\vphantom{\begin{matrix}1\\1\\1\\1\\1\\1\\1\\1\\1\\1\end{matrix}}\right\}\ (12)$$

Aus Gl. (11) erhalten wir auf Grund der Extremalbedingung

$$\frac{\partial F}{\partial f_1} = 0 \quad\text{und}\quad \frac{\partial F}{\partial f_2} = 0$$

die Bestimmungsgleichungen für die Beiwerte f, nämlich:

$$A_1 f_1 + B f_2 = C_1,$$

$$B f_1 + A_2 f_2 = C_2,$$

woraus

$$f_1 = \frac{C_1 A_2 - B C_2}{A_1 A_2 - B^2}, \qquad f_2 = \frac{A_1 C_2 - B C_1}{A_1 A_2 - B^2}, \tag{13}$$

womit die Aufgabe im wesentlichen gelöst ist, da damit die Gleichung der Durchbiegung y_x (Gl. 10) festgelegt ist.

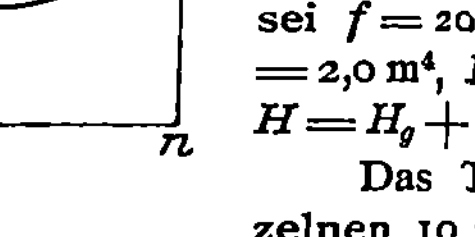

Abb. 31.

Zahlenbeispiel. Wir setzen $l = 200\,\text{m}$, $n = 20$, daher $\lambda = 10\,\text{m}$; weiter sei $f = 20$ m, $p = 6$ t/m, $J_c = J_{\text{mitte}} = 2{,}0$ m⁴, $E = 2{,}10^7$ t/m², $H_g = 3000$ t, $H = H_g + H_p = 4200$ t.

Das Trägheitsmoment der einzelnen 10 m langen Felder sei durch

$$\lambda_x' = \lambda \frac{J_c}{J_x} = \frac{\lambda}{3}\left[4 - 2\sin\frac{\pi}{n}\left(x - \frac{1}{2}\right) - \sin\frac{3\pi}{n}\left(x - \frac{1}{2}\right)\right] \quad (x = 1,\,2 \ldots n)$$

gegeben. Diese Linie ist in Abb. 31 veranschaulicht.

Da $u = \dfrac{4\lambda}{3} = 13{,}333$ m, $\quad v = -\dfrac{2\lambda}{3} = -6{,}667$ m, $\quad w = -\dfrac{\lambda}{3} = -3{,}333$ m

und $\varrho = \dfrac{6\,E\,J_c}{\lambda} = 24\cdot 10^6$ tm, so erhalten wir

$$u' = Hu - \varrho = -23\,944\cdot 10^3 \text{ tm} \quad \text{und} \quad u'' = 2\,(2Hu + \varrho) = 48\,224\cdot 10^3 \text{ tm}.$$

Außerdem berechnet man

$$v' = Hv = -28\cdot 10^3 \text{ tm}, \qquad w' = Hw = -14\cdot 10^3 \text{ tm},$$

und mit $\alpha = \dfrac{\pi}{20} = 9^0$:

$$v_1 = v\cos\frac{\alpha}{2} = -6{,}646 \text{ m}, \qquad v_2 = v\sin\frac{\alpha}{2} = -0{,}639 \text{ m},$$

$$w_1 = w\cos\frac{3\alpha}{2} = -3{,}241 \text{ m}, \qquad w_2 = w\sin\frac{3\alpha}{2} = -0{,}778 \text{ m}.$$

Schließlich ist noch

$$K = 2\left[\frac{p\,l^2}{2} - (H - H_g)\frac{4f}{n^2}\right] = 120 \text{ mt}.$$

Die Ausrechnung der Beiwerte A_1, A_2, B sowie C_1 und C_2 nach den Formeln (12) liefert folgende Werte in m und t:

$$A_1 = 7883\cdot 10^3, \qquad A_2 = 55\,010\cdot 10^3, \qquad B = 538\cdot 10^3,$$
$$C_1 = 3048\cdot 10^3, \qquad C_2 = -262\cdot 10^3,$$

mit welchen Zahlen sich nach Gl. (13)

$$f_1 = 0{,}3872 \text{ m} \quad \text{und} \quad f_2 = -0{,}0086 \text{ m}$$

ergeben. Somit beträgt die Durchbiegung in m:

$$y_x = 0{,}3872 \sin\frac{\pi}{n}x - 0{,}0086 \sin\frac{3\pi}{n}x.$$

Macht man die Probe mit dieser Formel, indem man drei aufeinanderfolgende Werte y_x in Gl. (3) einsetzt, so wird diese Gleichung im Rahmen der Rechnungsgenauigkeit vollkommen erfüllt. Der gefundene Näherungswert ist daher vom praktischen Standpunkt aus sehr genau.

§ 9. Stabilitätsprobleme der Baustatik.

36. Allgemeine Erörterungen.

Ein Gebiet, das so recht die Vorteile hervortreten läßt, die die Auffassung der bei statischen Aufgaben auftretenden Gleichungssysteme als Differenzengleichungen bietet, umfaßt jene Reihe von Aufgaben, in denen es darauf ankommt, die Bedingungen festzulegen, unter denen der im allgemeinen stabile Gleichgewichtszustand eines elastischen Systems in einen unstabilen Zustand übergeht, umfaßt also, kurz gesagt, die sogenannten **Knickprobleme der Baustatik**. Wir werden hier nur ebene Systeme betrachten, die aus einzelnen biegungssteifen Stäben zusammengesetzt sind, im wesentlichen also Rahmengebilde vorstellen, wie wir sie im vorangehenden Paragraphen behandelt haben.

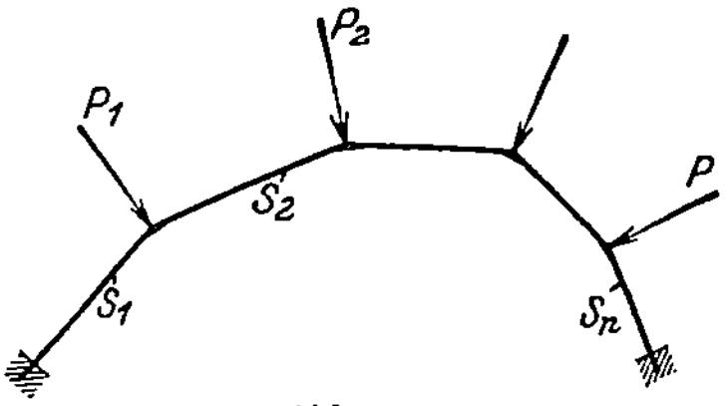

Wir setzen bei den nachfolgenden Untersuchungen stets voraus, daß die Tragwerksbelastung in jedem Einzelfalle derart sei, daß im stabilen Zustande, knapp vor dem Übergang zum unstabilen Zustand, in den Stäben nur Längskräfte, aber

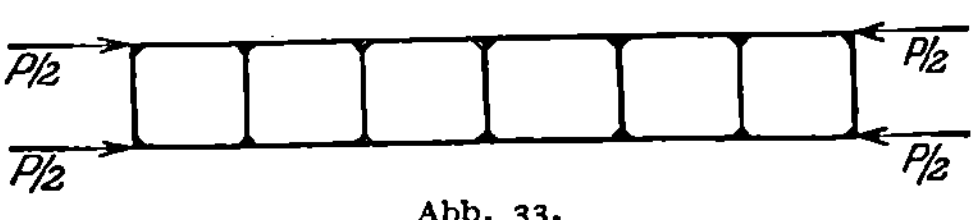
Abb. 32.

keine verbiegenden Momente auftreten. Bei einem Stabbogen z. B. muß daher das Seilpolygon der Lasten P mit dem Achsenpolygon der Stäbe im verformten Zustande zusammenfallen (Abb. 32). Der Rahmenstab, Abb. 33, sei nur durch die gurtlängsgerichtete Kräfte, aber nicht durch quergerichtete Kräfte belastet usw. Für jeden Stab ist also die Stabkraft S bekannt. In sol-

Abb. 33.

chen Fällen und unter gewissen Bedingungen kann dann neben dem biegungsfreien Gleichgewichtszustand, der durch die Stabkräfte S charakterisiert ist, ein ganz anders gearteter Gleichgewichtszustand bestehen (Verzweigung des Gleichgewichtes), der aber, wie wir noch zeigen werden, nicht mehr stabil ist. Dieser neue Gleichgewichtszustand ist durch das Auftreten von Verbiegungen der Stäbe deutlich gekennzeichnet. Die vor dem Auftreten dieses instabilen Zustandes im Gleichgewichte stehenden inneren und äußeren Kräfte bilden im neuen Zustande keine Gleichgewichtsgruppe mehr, da sich bei der Verformung die gegenseitige Lage der äußeren Kräfte wegen der Verschiebung ihrer Angriffspunkte geändert hat[1]. Es treten daher Zusatz-

---

[1] Wir nehmen aber an, daß sie Größe und Richtung beibehalten.

kräfte: Momente, Querkräfte und Längskräfte, die wir als Knickkräfte bezeichnen, auf und die von derselben Größenordnung sind wie die Verschiebungen im unstabilen Zustande.

Unter den eingangs gemachten Voraussetzungen ist es nämlich möglich, den Gleichgewichtszustand des betrachteten Tragwerkes durch eine Gruppe linearer homogener Gleichungen zu beschreiben, in denen die Knickkräfte und Formänderungsgrößen als Unbekannte auftreten, während die Beiwerte dieser Unbekannten Funktionen der Abmessungen des Systems und der durch die äußeren Lasten hervorgerufenen Stabkräfte S sind. Diese Gleichungen haben entweder die triviale Lösung Null, falls ihre Determinante D von Null verschieden ist, es herrscht stabiles Gleichgewicht, oder aber wir erhalten, falls $D = 0$, im allgemeinen eine Schar von Lösungen, die alle einen oder mehrere unbestimmte Faktoren enthalten. Diese Lösungen kennzeichnen eine Schar instabiler Gleichgewichtszustände, wovon einer derselben dem stabilen Gleichgewichtszustand unmittelbar benachbart ist. Irgendeine noch so kleine äußere Kraft, die zu den vorhandenen, im Gleichgewichte stehenden Kräften hinzutritt, genügt, um das Gleichgewicht dauernd zu stören. Die Gleichungen sind nicht mehr homogen, weil der hinzutretenden Kraft ein Belastungsglied in den Gleichungen entspricht, und da die Determinante Null ist, so werden die Lösungen unendlich. Gleichgewicht ist nicht mehr möglich.

Der Übergang vom stabilen zum unstabilen Gleichgewichtszustand, und nur diese Grenze ist bei den Anwendungen von Wichtigkeit, ist durch die Knickbedingung $D = 0$ gekennzeichnet[1]).

Betrachtet man die Determinante D als Funktion eines Parameters λ, so kann dieser Parameter aus der Gleichung $D = 0$ ermittelt werden. Im allgemeinen erhält man mehrere Wurzeln λ. Es ist dann von Fall zu Fall noch zu entscheiden, welche dieser Wurzeln demjenigen unstabilen Gleichgewichtszustande entspricht, der dem stabilen Zustand unmittelbar benachbart ist.

Wir gehen nun dazu über, die Verknüpfungen zwischen den Knickkräften und den Formänderungsgrößen, die uns von Fall zu Fall die Knickbedingung $D = 0$ liefern sollen, für die hier in Betracht kommenden Stabsysteme aufzustellen, wobei wir voraussetzen wollen, daß die

---

[1]) Wir begnügen uns hier mit diesen knappen Andeutungen. Näheres über labile Gleichgewichtszustände elastischer Systeme, insbesondere über den Einzelstab, findet der Leser in F. Bleich: Theorie und Berechnung der eisernen Brücken, Kap. III, und sehr Eingehendes über Stabnetze in R. v. Mises: Über Stabilitätsprobleme der Elastizitätstheorie, Ztschr. f. Math. u. Mech. 1923, S. 406, sowie R. v. Mises und J. Ratzersdorfer: Knicksicherheit von Fachwerken, a. gl. O., 1925, S. 218.

Verschiebungsgrößen und damit auch die Knickkräfte so klein sind, daß ihre Produkte und Potenzen vernachlässigt werden können.

1. Die Viermomentengleichungen. Wir betrachten den einem elastischen System entnommenen Stab AB, Abb. 34. Außer der bereits im stabilen Zustande vorhandenen Druckkraft S greifen in den beiden Anschluß-punkten A und B die Knickmomente M^r und M^l und die Knickkräfte

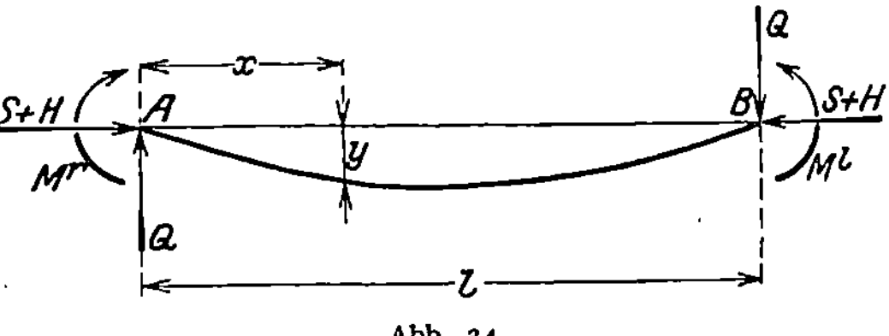

Abb. 34.

Q und H an. Für das Moment im Punkte x gilt bei Vernachlässigung des Produktes Hy:

$$M_x = M^r\left(1 - \frac{x}{l}\right) + M^l\,\frac{x}{l} + Sy, \qquad (1)$$

womit die Gleichung der elastischen Linie des Stabes die Form

$$EJy'' + Sy + M^r\left(1 - \frac{x}{l}\right) + M^l\,\frac{x}{l} = 0$$

annimmt. Die den Randbedingungen $y = 0$ für $x = 0$ und $x = l$ angepaßte Lösung erhält mit der Bezeichnung

$$\alpha = \sqrt{\frac{S}{EJ}}$$

die Gestalt

$$y = \frac{M^r}{S}\left(\frac{\sin\alpha\,(l - x)}{\sin\alpha\,l} - 1 + \frac{x}{l}\right) + \frac{M^l}{S}\left(\frac{\sin\alpha\,x}{\sin\alpha\,l} - \frac{x}{l}\right). \qquad (2)$$

Wird vor Erreichen des labilen Gleichgewichtszustandes die Elastizitätsgrenze des Stabmateriales überschritten, so ist unter E der Engesser-Kármánsche Knickmodul zu verstehen.

Wir benützen diese Gleichung, um eine sogenannte Stetigkeitsbedingung, d. i. die Bedingung, daß zwei in einem Knoten steif verbundene Stäbe stets den gleichen Winkel miteinander einschließen müssen, abzuleiten. Bezeich-nen ϑ_k und ϑ_{k+1} die Drehungswinkel zweier benachbarter Stäbe l_k und l_{k+1}, τ_k und τ_{k+1} die Verdrehungswinkel der Stabtangenten im Zusammenhangspunkte k, siehe Abb. 35, so muß

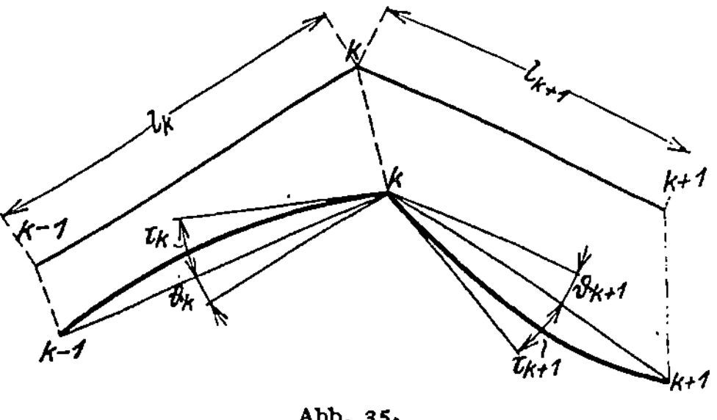

Abb. 35.

14*

$$\vartheta_k + \tau_k = \vartheta_{k+1} + \tau_{k+1}$$

sein. Bestimmt man $\tau_k = [y_k']_{x=l}$ und $\tau_{k+1} = [y_{k+1}']_{x=0}$ aus Gl. (2), so gewinnt man mit den Abkürzungen

$$s' = l's(\varphi), \qquad c' = l'c(\varphi),$$

wobei

$$s(\varphi) = \frac{1}{\varphi^2}\left(\frac{\varphi}{\sin\varphi} - 1\right), \qquad c(\varphi) = \frac{1}{\varphi^2}(1 - \varphi\cotg\varphi),$$

$$\varphi = l\sqrt{\frac{S}{EJ}}, \qquad l' = l\frac{J_cE_c}{JE}, \qquad (3)$$

wenn J_c ein beliebig gewähltes Trägheitsmoment und E_c einen beliebig gewählten Elastizitätsmodul bedeuten, die **Viermomentengleichung**

$$M_{k-1}^r s_k' + M_k^l c_k' + M_k^r c_{k+1}' + M_{k+1}^l s_{k+1}' - E_c J_c(\vartheta_k - \vartheta_{k+1}) = 0. \quad (4)$$

Hierin sind M_{k-1}^r und M_k^l die Anschlußmomente des Stabes l_k, M_k^r und M_{k+1}^l die Anschlußmomente des Stabes l_{k+1}.

Bisher wurde vorausgesetzt, daß die in k verbundenen Stäbe gedrückt sind. Ist aber ein Stab gezogen, so sind die auf diesen Stab bezüglichen Glieder in Gl. (4) wie folgt zu ersetzen:

Wenn der links von k gelegene Stab gezogen ist:

$$M^r l' \frac{1}{\varphi^2}\left(1 - \frac{\varphi}{\mathfrak{Sin}\,\varphi}\right) + M^l l' \frac{1}{\varphi^2}(\varphi\,\mathfrak{Cotg}\,\varphi - 1),$$

und wenn der rechts von k gelegene Stab gezogen ist:

$$M^r l' \frac{1}{\varphi^2}(\varphi\,\mathfrak{Cotg}\,\varphi - 1) + M^l l' \frac{1}{\varphi^2}\left(1 - \frac{\varphi}{\mathfrak{Sin}\,\varphi}\right). \quad (5)$$

Ist schließlich $S = 0$, d. h. ist der Stab spannungslos, so nehmen die beiden Teile der Viermomentengleichung die Grenzwerte

$$M^r \frac{l'}{6} + M^l \frac{l'}{3} \quad \text{bzw.} \quad M^r \frac{l'}{3} + M^l \frac{l'}{6} \qquad (5')$$

an. Die Anwendung der Gl. (4) erfolgt in der Weise, daß für jeden Knoten, in dem r Stäbe steif angeschlossen sind, $r - 1$ Viermomentengleichungen angesetzt werden.

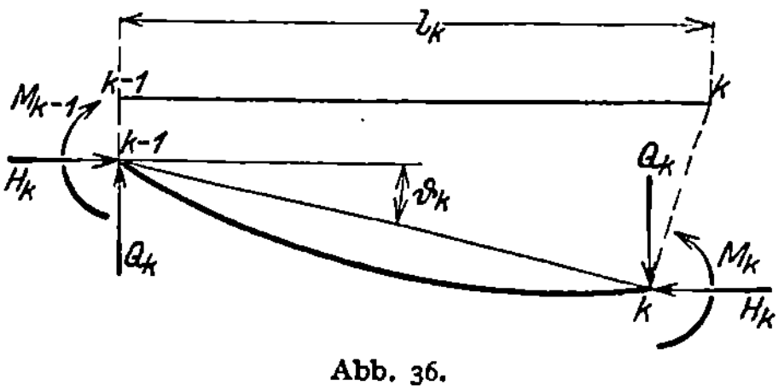

2. **Die Gleichgewichts-bedingungen.** Der Stab $k - 1$, k habe sich bei Eintritt des unstabilen Gleichgewichtszustandes aus seiner ursprünglichen Lage verschoben und verformt. Der Abb. 36 ist ohne Schwierigkeit die Gleichgewichtsbeziehung

Abb. 36.

$$M_k = M_{k-1} + S_k l_k \vartheta_k + Q_k l_k \qquad (6)$$

zu entnehmen. $H_k l_k \vartheta_k$ wurde vernachlässigt. Für jeden Stab des Systems kann eine derartige Gleichung angesetzt werden.

3. Die Winkelgleichungen. Als dritte Gruppe führen wir die bereits in 34, S. 196 kurz dargelegten Gleichungen

$$\left.\begin{aligned}
\sum_{\nu=1}^{n} \Delta l_\nu \cos \alpha_\nu + \sum_{\nu=1}^{n} \vartheta_\nu l_\nu \sin \alpha_\nu = 0, \\
\sum_{\nu=1}^{n} \Delta l_\nu \sin \alpha_\nu - \sum_{\nu=1}^{n} \vartheta_\nu l_\nu \cos \alpha_\nu = 0
\end{aligned}\right\} \quad (7)$$

ein. Für jedes geschlossene Stabpolygon von n Stäben gelten zwei solche Gleichungen. Ist das in Betracht kommende Stabpolygon offen, so kann es immer durch passende Schlußstäbe in ein geschlossenes umgewandelt werden. Für die Stabdehnung Δl, die die Dehnung während der Verformung im unstabilen Gewichtszustande bezeichnet, gilt

$$\Delta l = \frac{H l}{E F}.$$

In den meisten Fällen ist, da E eine große Zahl, das von Δl abhängige Glied in den Gleichungen (7) klein gegen das zweite Glied und kann daher vernachlässigt werden. Eine Ausnahme machen nur jene Stützstäbe, die an Stelle elastisch nachgiebiger Stützpunkte treten (Stäbe mit kleinem E), und jene Stabnetze, deren Dimension in der einen Richtung die Abmessungen in der darauf senkrechten Richtung um ein Vielfaches übertrifft, wie dies z. B. bei Rahmenstäben der Fall ist.

4. Die Knotenpunktsgleichungen. Für jeden Knotenpunkt können schließlich die drei Gleichgewichtsbedingungen

$$\sum X = 0, \qquad \sum Y = 0, \qquad \sum Z = 0, \qquad (8)$$

die das Gleichgewicht der Knickkräfte an dem herausgeschnittenen Knoten beschreiben, angesetzt werden. Bei $\varkappa$ Knotenpunkten stehen aber, aus bekannten Gründen, insgesamt nur $3(\varkappa - 1)$ Gleichungen zur Verfügung.

Die Gesamtheit der unter 1. bis 4. angeführten Gleichungen reicht in allen Fällen aus, um die Unbekannten zu bestimmen. Um dies zu beweisen, betrachten wir zunächst den einfachsten Fall eines geschlossenen Stabpolygons mit lauter steifen Ecken. Ist n die Anzahl der Stäbe und Knoten, so haben wir an Unbekannten: $2n$-Momente, $2n$ Kräfte Q und H, weiter $n-1$ Drehwinkel, da wir einem Stab den Drehwinkel Null beilegen, insgesamt also $5n-1$ Unbekannte. Zu ihrer Berechnung stehen uns zur Verfügung: für jeden Knoten eine Viermomentengleichung, also n Gleichungen, bei n Stäben n Gleichgewichtsbedingungen, 2 Winkelgleichungen und $3(n-1)$ Knotenpunktsgleichungen, insgesamt also $5\,n - 1$ Gleichungen. Tritt in einem Knoten an Stelle der steifen Verbindung ein Gelenk, so entfallen als Unbekannte die beiden Anschlußmomente, und dementsprechend entfallen zwei Gleichungen: eine Viermomentengleichung und die Knotenpunktsgleichung $\Sigma M = 0$.

Schließt man an das eine Stabpolygon ein zweites mit lauter steifen Ecken an, Abb. 37, das aus n' Stäben mit $(n' - 1)$ neuen Knoten besteht, so treten an Unbekannten neu hinzu: $2\,n'$ Momente, $2\,n'$

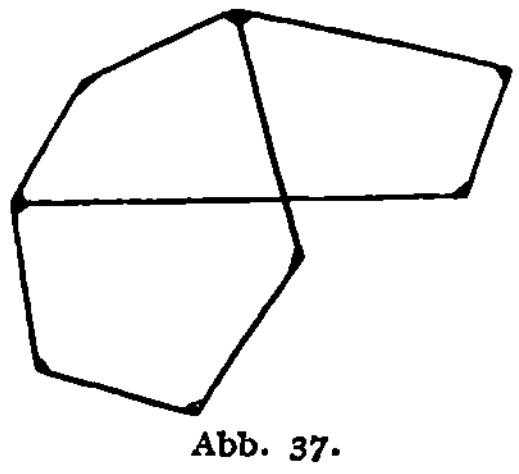

Abb. 37.

Q- und H-Kräfte, n' Drehwinkel, also $5\,n'$ Unbekannte, denen an neuen Gleichungen $(n' + 1)$ Viermomentengleichungen, n' Gleichgewichtsbedingungen, 2 Winkelgleichungen und $3\,(n' - 1)$ Knotenpunktsgleichungen, zusammen also $5\,n'$ Gleichungen, gegenüberstehen. Für jedes Gelenk im angeschlossenen Stabzug entfallen, genau wie vor bewiesen, zwei Unbekannte und zwei Gleichungen. Da man nun jedes Stabwerk in der eben angedeuteten Weise aus einzelnen aneinander geschlossenen Stabpolygonen aufbauen kann, so ist für jede Art von Tragwerk das Gleichgewicht zwischen der Zahl der Unbekannten und der Zahl der sie bestimmenden Gleichungen erwiesen.

Wir bezeichnen die Gleichungen (4), (6), (7) und (8) als Knickgleichungen und die Determinante $D = 0$, wie bereits oben erwähnt, als Knickbedingung. In den meisten Fällen gelingt es, durch sehr einfache Eliminationsvorgänge die Zahl der Unbekannten und damit die Zahl der Knickgleichungen bedeutend zu verringern, womit eine Vereinfachung der Knickbedingung verbunden ist. Häufig kann es allerdings vorkommen, daß bei dem Eliminationsvorgang Faktoren unterdrückt werden, die den Parameter λ, den wir aus der Knickdeterminante bestimmen wollen, enthalten. In solchen Fällen können Wurzeln λ verloren gehen, und ist von Fall zu Fall durch entsprechende Untersuchung der Ausgangsgleichungen festzustellen, ob solche Wurzeln λ noch vorhanden sind oder nicht.

Faßt man bei gesetzmäßiger Bauart des elastischen Systems die Knickgleichungen als Differenzengleichungen auf, so liegt die Aufgabe vor, ein Simultansystem von linearen homogenen Differenzengleichungen bei homogenen Randbedingungen aufzulösen, denn als Randbedingungen treten wieder nur Knickgleichungen, also homogene Gleichungen, auf. Mathematisch betrachtet, läuft demnach die Lösung einer Stabilitätsaufgabe auf ein Eigenwertproblem, wie wir es in § 6 behandelt haben, heraus. Die durch die Knickbedingung $D = 0$ festgelegten Eigenwerte des Parameters λ bestimmen Systeme von Eigenlösungen, die die einzelnen unstabilen Gleichgewichtszustände definieren, wobei es bei der praktischen Anwendung vornehmlich auf die Ermittlung der Eigenwerte eines passend gewählten Parameters λ ankommt. Die Eigenlösungen selbst kommen erst in zweiter Linie in Frage.

37. Zwei einfache Stabilitätsaufgaben über den geraden Stabzug.

1. **Der an den Enden eingespannte n-feldrige Stab.** Wir wollen die Reihe der Beispiele in diesem Paragraphen mit zwei einfachen Beispielen eröffnen, die recht deutlich die Eleganz und Allgemeinheit des Rechnungsganges bei Auffassung der Problemgleichungen als Differenzengleichungen dartun. Wir betrachten als Erstes einen unter der Druckkraft S stehenden Stab, der an den Enden fest eingespannt, in den Zwischenpunkten der Quere nach fest gestützt ist (Abb. 38). Die Gesamtheit der Knickgleichungen beschränkt sich hier auf die Momentengleichungen (Gl. (4) von S. 212), die bei

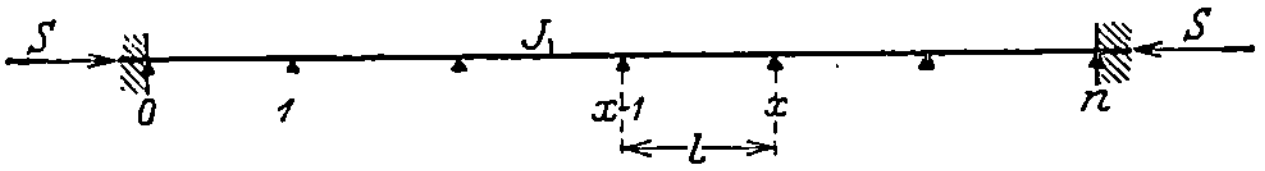

Abb. 38.

durchwegs gleichem l und J nach Division mit l' und s' mit der Abkürzung $r = \dfrac{c'}{s'}$ die Form

$$\left. \begin{aligned} r M_0 + M_1 &= 0 \,, \\ \cdots \cdots \cdots \cdots \cdots \cdots \cdots & \\ M_{x-1} + 2\,r M_x + M_{x+1} &= 0 \,, \\ \cdots \cdots \cdots \cdots \cdots \cdots \cdots & \\ M_{n-1} + r M_n &= 0 \end{aligned} \right\} \tag{1}$$

annehmen, also zu Dreimomentengleichungen ausarten.

Die erste und letzte Gleichung, die als Randbedingungen des vorliegenden Eigenwertproblems auftreten, werden in der Weise erhalten, daß man sich in 0 und n je einen Stab l_0 bzw. l_{n+1} mit dem Trägheitsmoment $J = \infty$ angeschlossen denkt und die Dreimomentengleichung für die Punkte 0 bzw. n ansetzt. Man erhält dann für Punkt 0 z. B.

$$M_{-1} s_0' + M_0 (c_0' + c') + M_1 s' = 0$$

und da wegen $J = \infty$, s_0' und c_0' Null sind, gewinnt man so die erste der Gleichungen des Systems (1) und auf analoge Weise auch die letzte Gleichung.

Die Lösung der homogenen Differenzengleichung (1) setzen wir in der Form

$$M_x = C_1 \sin \alpha x + C_2 \cos \alpha x \tag{2}$$

an, wobei, wie man durch Einsetzen in die Differenzengleichung findet,

$$\cos \alpha = -\, r \qquad (3)$$

ist. Die Einführung der Lösung (2) in die Randbedingungen liefert zwei homogene Gleichungen für die Konstanten C, deren Determinante, wenn man die Verknüpfung (3) beachtet, die Bedingung

$$\begin{vmatrix} \sin \alpha & o \\ \sin (n-1)\,\alpha - \cos \alpha \sin n\,\alpha & \cos (n-1)\,\alpha - \cos \alpha \cos n\,\alpha \end{vmatrix} = 0$$

liefert. Die Ausrechnung führt auf die Knickbedingung

$$\sin^2 \alpha \cdot \sin n\,\alpha = 0. \qquad (4)$$

Es muß daher

$$\alpha = 0,\ \pi \quad \text{bzw.} \quad \alpha = \nu\,\frac{\pi}{n} \qquad (\nu = 0, 1, 2, \ldots, n)$$

sein, womit die Eigenwerte des Parameters r festgelegt sind. Da die Werte $\alpha = 0,\ \pi$ auch in der zweiten Gruppe enthalten sind, so verfügen wir insgesamt über $n+1$ verschiedene Eigenwerte, somit über das vollständige Orthogonalsystem derselben, da die Betrachtung der Determinante des Gleichungssystems (1) ohne weiteres erkennen läßt, daß für r nur $(n+1)$ Werte in Frage kommen. Aus (3) folgt jetzt, wenn man für r den ausführlichen Wert, nämlich

$$r = \frac{c'}{s'} = \frac{c\,(\varphi)}{s\,(\varphi)} = \frac{\sin \varphi - \varphi \cos \varphi}{\varphi - \sin \varphi} \qquad (5)$$

einführt, die Knickbedingung in der allgemeinen Form

$$\frac{\sin \varphi - \varphi \cos \varphi}{\varphi - \sin \varphi} = -\cos \nu\,\frac{\pi}{n}, \qquad (\nu = 0, 1, 2, \ldots, n) \qquad (6)$$

die jetzt den Parameter φ bestimmt.

Denken wir uns die Last S von o an wachsend, so wächst auch $\varphi = l\,\sqrt{\dfrac{S}{EJ}}$. Maßgebend für die Lösung der Knickaufgabe ist daher jener kleinste Wert von φ, der einem unstabilen Verbiegungszustand entspricht. In Abb. 39 ist der Verlauf der Funktion $r = \dfrac{\sin \varphi - \varphi \cos \varphi}{\varphi - \sin \varphi}$ für den Bereich $\varphi = 0$ bis $\varphi = 2\pi$ dargestellt. Beachtet man, daß $-\cos \nu\,\dfrac{\pi}{n}$ zwischen -1 und $+1$ schwankt, so erkennt man, daß sämtliche Wurzeln φ zwischen π und 2π liegen, da r für π genau $+1$ und für 2π genau -1 ist. Der kleinste Wurzelwert ist daher zunächst

$$\varphi = \pi,$$

der $\nu = n$ entspricht, denn dann ist $-\cos \nu\,\dfrac{\pi}{n} = +1$. Um die Art des zugehörenden unstabilen Gleichgewichtszustandes zu erkennen, führen wir diesen Wert von φ in die Dreimomentengleichungen (1) ein. Da jetzt $r = 1$, so folgt

$$M_0 + M_1 = 0,$$
$$M_0 + 2 M_1 + M_2 = 0,$$
$$\cdots \cdots \cdots$$

und daraus $M_0 = - M_1$, $M_1 = - M_2$ usw. Dies ist aber nur möglich, wenn $M_0 = M_1 = \cdots = M_n = 0$. M_0 und M_n sind aber wegen der Einspannung nur dann Null, wenn der Stab gerade bleibt. Die Wurzel

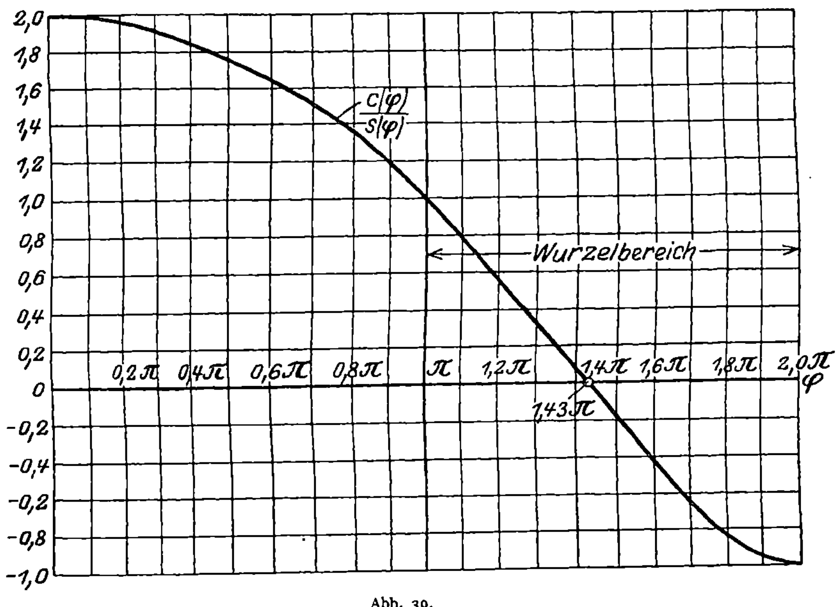

Abb. 39.

$\varphi = \pi$ entspricht demnach einem trivialen Gleichgewichtsfall, der hier nicht weiter in Betracht kommt. Wir gehen daher zur nächstgrößeren Wurzel über, die aus $\cos(n - 1)\dfrac{\pi}{n}$ entspringt. Man erhält so die maßgebende Knickbedingung

$$\frac{\sin\varphi - \varphi \cos\varphi}{\varphi - \sin\varphi} = - \cos(n - 1)\pi = \cos\frac{\pi}{n}. \tag{7}$$

Die Auflösung dieser transzendenten Gleichung nach φ für die Werte $n = 1, 2, 3 \ldots$ liefert mittels der Beziehung

$$S_k = \varphi^2 \frac{EJ}{l^2}$$

die Knicklast S_k. Für $n = 1$ z. B. wird $\cos\dfrac{\pi}{n} = -1$ und, wie Abb. 39

aufweist, entspricht dieser Ordinate die Abszisse $\varphi = 2\pi$. Es ist daher, wie bereits bekannt, für den beiderseits eingespannten Stab

$$S_k = 4\,\frac{\pi^2\,E\,J}{l^2}\,. \tag{8}$$

Für $n = 2,\ 3,\ 4$ wird φ bzw. $1{,}430\,\pi,\ 1{,}226\,\pi,\ 1{,}141\,\pi$. Mit wachsendem n nähert sich φ dem Werte π, der Knicklast des an beiden Enden drehbar gelagerten Stabzuges. Mit zunehmender Felderzahl nimmt daher der Einfluß der Einspannung auf die Knicklast des Stabes rasch ab.

2. Der Gelenkstabzug mit elastischer Querstützung. Eine aus n gelenkig aneinander geschlossenen Stäben bestehende Stabkette sei an den Enden festgehalten, während die Gelenkpunkte elastische Querstützung aufweisen. Der Stabzug sei durch S achsenrecht belastet

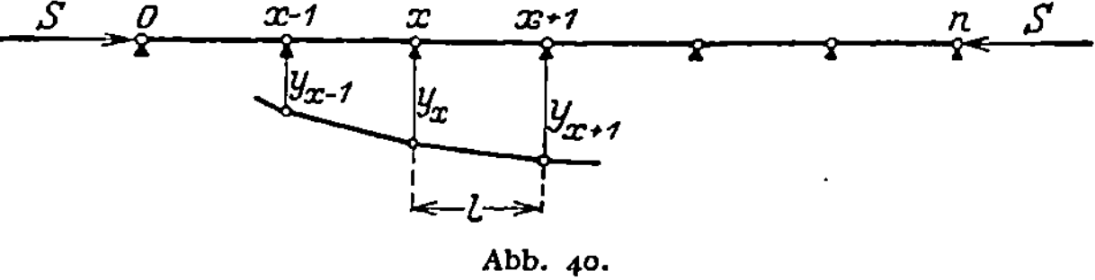

Abb. 40.

(Abb. 40). Stablänge und Trägheitsmoment seien wie im vorigen Beispiel konstant. Wir wollen die Bedingungen für das Eintreten des labilen Gleichgewichtszustandes feststellen. Wir setzen hier wie in 34 voraus, daß die Stützenkraft C_x proportional der Verschiebung y_x des Punktes x ist, daß also

$$C_x = A\,y_x\,. \tag{9}$$

A bezeichnen wir als spezifischen Widerstand, d. i. jener Stützenwiderstand, der bei der Verschiebung 1 geweckt wird. Als Knickgleichungen genügen uns hier die Gleichgewichtsbedingungen, Gl. (6) von S. 212, die, weil sämtliche Stützenmomente Null sind, für den Stab $(x - 1),\ x$

$$S\,l\,\vartheta_x + Q_x\,l = 0\,,$$

und für Stab $x,\ x + 1$

$$S\,l\,\vartheta_{x+1} + Q_{x+1}\,l = 0$$

lauten. Bildet man die Differenz, so gelangt man mit

$$Q_{x+1} - Q_x = C_x = A\,y_x$$

zur Differenzengleichung des Problems

$$y_{x-1} - \left(2 - \frac{A\,l}{S}\right) y_x + y_{x+1} = 0 \tag{10}$$

mit den Randbedingungen

$$y_0 = y_n = 0\,.$$

Setzt man hier wieder die Lösung in der Form

$$y_x = C_1 \sin \alpha x + C_2 \cos \alpha x,\tag{11}$$

wo

$$\cos \alpha = 1 - \frac{Al}{2S},$$

an, so erhält man aus den Randbedingungen

$$C_2 = 0 \quad \text{und} \quad C_1 \sin \alpha n + C_2 \cos \alpha n = 0$$

die Knickbedingung

$$\sin \alpha n = 0,\tag{12}$$

aus welcher $\alpha n = \pi,\ 2\pi,\ \ldots,\ (n-1)\pi$ entspringt. Damit sind die $n - 1$ Eigenwerte von $2 - \dfrac{Al}{2S}$ festgelegt. Man erhält den kleinsten Wert von S bzw. den größten Wert von A, wenn man den größten Eigenwert aussucht, der dann den Übergang vom stabilen zum unstabilen Zustand kennzeichnet, d. i.

$$\alpha n = (n-1)\pi.$$

Es ist demnach

$$1 - \frac{Al}{2S} = \cos \frac{n-1}{n}\pi = -\cos \frac{\pi}{n},$$

daher die Knicklast

$$S_k = \frac{2A}{l}\left(1 + \cos \frac{\pi}{n}\right).\tag{13}$$

Wird $n = \infty$, dann vereinfacht sich die Formel zu $S_k = \dfrac{2A}{l}$. Aus dem Lösungsansatz (11) folgt, da $C_2 = 0$ ist,

$$y_x = C \sin \frac{n-1}{n}\pi x = C(-1)^x \sin \frac{\pi}{n}x,$$

wo C eine willkürliche Konstante ist. Die Gelenkpunkte liegen daher im unstabilen Gleichgewichtszustand abwechselnd auf beiden Seiten der stabilen Lage (Abb. 41). Voraussetzung für unsere Untersuchung ist natürlich, daß die einzelnen Stäbe so steif

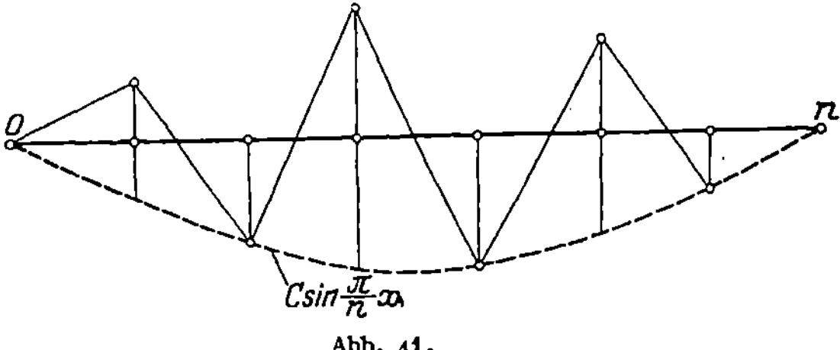

Abb. 41.

sind, daß sie nicht vor Eintreten des hier erörterten unstabilen Zustandes als Einzelstab ausknicken.

38. Stabilität des elastisch gestützten Stabringes.

Wir haben in 34 das stabile Gleichgewicht des regelmäßigen, in radialer Richtung elastisch gestützten Stabringes unter dem Angriff einer radial gerichteten Einzellast betrachtet. In diesem Abschnitt wollen wir nun die Bedingungen untersuchen, unter denen der Gleichgewichtszustand eines derartigen Ringes unstabil werden kann, wobei wir voraussetzen, daß in allen Ringstäben, von irgendeiner Belastung herrührend, die gleiche Druckkraft S herrsche. Hinsichtlich der Bezeichnungen sei auf die Festsetzungen in Absatz 34 verwiesen. Zur Gewinnung der Knickgleichungen müssen wir uns bei diesem nicht mehr ganz einfachen Problem auf sämtliche in 36 aufgestellten Gleichungen, das sind die Gleichungen (4) bis (8), stützen.

Wir beginnen zunächst mit den Viermomentengleichungen, die hier zu Dreimomentengleichungen ausarten. Für jeden der n Punkte 0, 1, 2, …, $n-1$, siehe die Abb. 25 auf S. 194, gilt eine Gl. (4) von S. 212, die wir nach Division mit s', da c' und s' in allen Stäben den gleichen Wert hat, in der Form

$$M_{x-1} + 2\,\frac{c'}{s'}\,M_x + M_{x+1} - \frac{EJ}{s'}\,(\vartheta_x - \vartheta_{x+1}) = 0 \qquad (1)$$

schreiben. Weiter gilt für jeden der Ringstäbe eine Gleichgewichtsbeziehung

$$M_x - M_{x-1} - S\,l\,\vartheta_x - Q_x\,l = 0. \qquad (2)$$

Die aus den Winkelgleichungen abgeleitete Beziehung (5) auf S. 197 können wir hier unmittelbar übernehmen, nämlich

$$y_{x-1} - 2\,y_x \cos \varepsilon + y_{x+1} + l \cos \frac{\varepsilon}{2}\,(\vartheta_x - \vartheta_{x+1}) = 0. \qquad (3)$$

Schließlich stehen uns noch für jeden Ringknoten zwei Knotenpunktsgleichungen $\sum X = 0$ und $\sum Y = 0$ zur Verfügung, die dritte Beziehung $\sum M = 0$ wurde bereits stillschweigend bei Aufschreibung der Dreimomentengleichung (1) verwertet, da diese Gleichung ja durch die Beziehung $M_x{}^l = M_x{}^r = M_x$ aus der allgemeinen Viermomentengleichung, Gl. (4) auf S. 212 abgeleitet wurde. Auch die hier in Rede stehenden Knotenpunktsgleichungen wurden bereits in 34 benützt, weshalb wir die dort entwickelte Beziehung

$$Q_{x-1} - 2\,Q_x \cos \varepsilon + Q_{x+1} + \cos \frac{\varepsilon}{2}\,(C_{x-1} - C_x) = 0 \qquad (4)$$

einfach übertragen. Da links nur die Knickkräfte stehen, die unabhängig von etwaigen Knotenlasten sind, so ist die rechte Seite Null. Insgesamt verfügen wir über ein System von vier simultanen Differenzengleichungen mit den vier Unbekannten M_x, Q_x, y_x und ϑ_x. Es ist natürlich naheliegend, eine Vereinfachung der Knickbedingung dadurch anzustreben, daß ein Teil der Unbekannten, und zwar die Größen Q_x und ϑ_x vor Aufstellung der Determinante D eliminiert werden.

Aus den Gleichungen (2) folgt, wenn man zwei aufeinanderfolgende Gleichungen voneinander abzieht,

$$M_{x-1} - 2 M_x + M_{x+1} + S l (\vartheta_x - \vartheta_{x+1}) - l (Q_{x+1} - Q_x) = 0$$

oder unter Benützung von (3)

$$M_{x-1} - 2 M_x + M_{x+1} - \frac{S}{\cos \frac{\varepsilon}{2}} (y_{x-1} - 2 y_x \cos \varepsilon + y_{x+1})$$

$$- l (Q_{x+1} - Q_x) = 0 . \tag{5}$$

Auf dem gleichen Wege erhält man aus den Gleichungen (4)

$$(Q_x - Q_{x-1}) - 2 \cos \varepsilon (Q_{x+1} - Q_x) + (Q_{x+2} - Q_{x+1})$$

$$- \cos \frac{\varepsilon}{2} (C_{x-1} - 2 C_x + C_{x+1}) = 0 . \tag{6}$$

Bestimmt man nun aus (5) die Differenzen $Q_x - Q_{x-1}$, $Q_{x+1} - Q_x$, $Q_{x+2} - Q_{x+1}$ und führt sie in (6) ein, so erhält man, wenn man noch $C_x = \mathbf{A} y_x$ setzt, wobei $\mathbf{A}$ der Stützenwiderstand für die Verschiebung $y_x = 1$ bedeutet, folgende Differenzengleichung

$$M_{x-2} + a_1 M_{x-1} + a_2 M_x + a_1 M_{x+1} + M_{x+2}$$

$$+ b_0 y_{x-2} + b_1 y_{x-1} + b_2 y_x + b_1 y_{x+1} + b_0 y_{x+2} = 0 , \tag{7}$$

wobei

$$a_1 = - 2 (1 + \cos \varepsilon), \qquad a_2 = 2 (1 + 2 \cos \varepsilon),$$

$$b_0 = - \frac{S}{\cos \frac{\varepsilon}{2}}, \qquad\qquad b_1 = \frac{4 S}{\cos \frac{\varepsilon}{2}} \cos \varepsilon - \mathbf{A} l \cos \frac{\varepsilon}{2},$$

$$b_2 = 2 \left(\frac{-S}{\cos \frac{\varepsilon}{2}} (1 + 2 \cos^2 \varepsilon) + \mathbf{A} l \cos \frac{\varepsilon}{2} \right) . \tag{7'}$$

Aus (1) folgt unter Beachtung von (3)

$$M_{x-1} + f M_x + M_{x+1} + g_1 y_{x-1} + g_2 y_x + g_1 y_{x+1} = 0 \tag{8}$$

mit den Abkürzungen

$$f = \frac{2 c'}{s'}, \qquad g_1 = \frac{E J}{s' l \cos \frac{\varepsilon}{2}}, \qquad g_2 = - \frac{2 E J}{s' l \cos \frac{\varepsilon}{2}} \cos \varepsilon . \tag{8'}$$

Das aus den Gleichungen (7) und (8) bestehende Simultansystem würde nach den in **20** dargelegten Regeln bei der Elimination eine Differenzengleichung 6. Ordnung ergeben, weshalb die allgemeine Lösung des Systems 6 willkürliche Konstanten enthalten muß; dementsprechend sind 6 Randbedingungen aufzustellen. Tatsächlich weichen auch 6 Gleichungen von den $2\,n$-Gleichungen (7) und (8) vom normalen Bau ab. Das sind die Gleichungen:

$$M_{n-2} + f\,M_{n-1} + M_0 + g_1\,y_{n-2} + g_2\,y_{n-1} + g_1\,y_0 = 0,$$
$$M_{n-1} + f\,M_0 + M_1 + g_1\,y_{n-1} + g_2\,y_0 + g_1\,y_1 = 0,$$

$$M_{n-4} + \cdots + a_1\,M_{n-1} + M_0 + b_0\,y_{n-4} + \cdots + b_1\,y_{n-1}$$
$$+ b_0\,y_0 = 0,$$
$$M_{n-3} + \cdots + a_2\,M_{n-1} + a_1\,M_0 + M_1 + b_0\,y_{n-3}$$
$$+ \cdots + b_2\,y_{n-1} + b_1\,y_0 + b_0\,y_1 = 0,$$
$$M_{n-2} + a_1\,M_{n-1} + a_2\,M_0 + \cdots + M_2 + b_0\,y_{n-2} + b_1\,y_{n-1}$$
$$+ b_2\,y_0 + \cdots + b_0\,y_2 = 0,$$
$$M_{n-1} + a_1\,M_0 + \cdots + M_3 + b_0\,y_{n-1} + b_1\,y_0 + \cdots + b_0\,y_3 = 0.$$

Aus den ersten 4 Gleichungen folgen, wenn man sie mit der Differenzengleichung (8) bzw. (7) vergleicht, die Periodizitätsbedingungen

$$M_0 = M_n, \qquad M_1 = M_{n+1}, \qquad y_0 = y_n, \qquad y_1 = y_{n+1}; \qquad (9)$$

aus den beiden letzten Gleichungen:

$$M_2 - M_{n+2} + b_0\,(y_2 - y_{n+2}) = 0,$$
$$a_1\,(M_2 - M_{n+2}) + (M_3 - M_{n+3}) + b_1\,(y_2 - y_{n+2})$$
$$+ b_0\,(y_3 - y_{n+3}) = 0. \qquad (9')$$

Die Beziehungen (9) und (9') stellen die Randbedingungen unseres Problems vor.

Wir setzen nun

$$M_x = C\beta^x \quad \text{und} \quad y_x = C\alpha\beta^x$$

und gewinnen durch Einsetzen in die Differenzengleichungen (7) und (8) zunächst

$$\alpha = -\,\frac{1 + f\beta + \beta^2}{g_1 + g_2\beta + g_1\beta^2} \qquad (10)$$

und mit $u = \beta + \dfrac{1}{\beta}$ die Gleichung 3. Ordnung für u

$$A\,u^3 + B\,u^2 + (C - 3A)\,u + (D - 3B) = 0, \qquad (11)$$

wobei abkürzungsweise

$$A = g_1 - b_0, \qquad B = a_1\,g_1 + g_2 - b_0\,f - b_1,$$
$$C = a_1\,g_2 + a_2\,g_1 + g_1 - b_0 - b_1\,f - b_2,$$
$$D = 2\,a_1\,g_1 + a_2\,g_2 - 2\,b_1 - b_2\,f$$

eingeführt wurde.

Man erhält somit 3 Wurzeln u, zu jeder derselben gehören dann zwei Werte β und je ein Wert α, da gemäß Gl. (10) α seinen Wert behält, wenn β durch β^{-1} ersetzt wird, so daß sich folgendes Schema ergibt:

$$
\begin{array}{ccc}
u_1 & u_2 & u_3 \\
\beta_1,\ \beta_1^{-1} & \beta_2,\ \beta_2^{-1} & \beta_3,\ \beta_3^{-1} \\
\alpha_1 & \alpha_2 & \alpha_3
\end{array}
$$

Die allgemeinen Lösungen besitzen daher die Gestalt

$$
\left.\begin{aligned}
M_x &= \sum_{i=1}^{3} \alpha_i\,(C_i'\beta_i^{x} + C_i''\beta_i^{-x}), \\
y_x &= \sum_{i=1}^{3} \alpha_i\,(C_i'\beta_i^{x} + C_i''\beta_i^{-x}),
\end{aligned}\right\} \tag{12}
$$

deren Eintragung in die Randbedingungen (9) und (9') zu folgendem Gleichungssystem der C führt:

$$
\left.\begin{aligned}
&\sum_{i=1}^{3}[C_i'(\beta_i^{n}-1)+C_i''(\beta_i^{-n}-1)]=0\,, \\[4pt]
&\sum_{i=1}^{3}\alpha_i[C_i'(\beta_i^{n}-1)+C_i''(\beta_i^{-n}-1)]=0\,, \\[4pt]
&\sum_{i=1}^{3}[C_i'\beta_i(\beta_i^{n}-1)+C_i''\beta_i^{-1}(\beta_i^{-n}-1)]=0\,, \\[4pt]
&\sum_{i=1}^{3}\alpha_i[C_i'\beta_i(\beta_i^{n}-1)+C_i''\beta_i^{-1}(\beta_i^{-n}-1)]=0\,, \\[4pt]
&\sum_{i=1}^{3}(1+\alpha_i b_0)[C_i'\beta_i^{2}(\beta_i^{n}-1)+C_i''\beta_i^{-2}(\beta_i^{-n}-1)]=0, \\[4pt]
&\sum_{i=1}^{3}\{C_i'[\beta_i^{2}(a_1+\alpha_i b_1)+\beta_i^{3}(1+\alpha_i b_0)](\beta_i^{n}-1) \\
&\qquad + C_i''[\beta_i^{-2}(a_1+\alpha_i b_1)+\beta_i^{-3}(1+\alpha_i b_0)](\beta_i^{-n}-1)\}=0\,.
\end{aligned}\right\} \tag{13}
$$

Die Determinante D dieses Gleichungssystems liefert die gesuchte Knickbedingung $D=0$. Als Parameter, dessen Eigenwerte festzulegen sind, betrachten wir den spezifischen Stützenwiderstand **A**, diese Größe kommt nur in den Gleichungen (7) vor. Die Gleichung $D=0$ ist sonach hinsichtlich **A** vom Grade n, wir haben daher n Eigenwerte von **A** zu erwarten. Betrachten wir nun die Determinante des Systems (13). Man erkennt ohne weiteres, daß sich aus dieser Determinante das Produkt $\prod\limits_{i=1}^{3}(\beta_i^{n}-1)(\beta_i^{-n}-1)$ abspalten läßt, so daß

$$
D = D' \cdot \prod_{i=1}^{3}(\beta_i^{n}-1)(\beta_i^{-n}-1)\,,
$$

wenn D' die nach Abspaltung der 6 Faktoren $(\beta_1^{\ n} - 1)$ usw. übrigbleibende Determinante bedeutet. Da nun, wie wir gleich sehen werden, das Produkt II bereits das vollständige System der Eigenwerte liefert, so genügt die Untersuchung dieses Produktes, da die restliche Determinante D' keine neuen Wurzeln mehr aufweisen kann. Es genügt daher, wenn wir uns mit der Knickbedingung

$$(\beta_1^{\ n} - 1)\,(\beta_1^{-n} - 1)\,(\beta_2^{\ n} - 1)\,(\beta_2^{-n} - 1)\,(\beta_3^{\ n} - 1)\,(\beta_3^{-n} - 1) = 0$$

beschäftigen. Aus der Nullsetzung eines jeden der Faktoren folgt die gleiche Bedingung $\beta^n = 1$ und daraus

$$\beta = \cos \nu\,\frac{2\pi}{n} + i \sin \nu\,\frac{2\pi}{n} \qquad (\nu = 0, 1, 2, \ldots, n-1).$$

Damit findet man

$$u = \beta + \beta^{-1} = 2 \cos 2\nu\,\frac{\pi}{n} \qquad (\nu = 0, 1, 2, \ldots, n-1). \qquad (14)$$

Es treten bei geradem n $\dfrac{n-2}{2}$ Doppelwurzeln und zwei einfache Wurzeln, bei ungeradem n $\dfrac{n-1}{2}$ Doppelwurzeln und eine einfache Wurzel auf.

Durch die Gl. (11) sind die Eigenwerte von u mit den anderen, den Gleichgewichtszustand des Systems bestimmenden Größen verknüpft, insbesondere mit dem spezifischen Widerstand A, den wir aus der Knickbedingung bestimmen wollen. Wir führen zu diesem Zwecke die durch Gl. (14) festgelegten Werte von u, die den einzelnen unstabilen Gleichgewichtszuständen entsprechen, in Gl. (11) ein und erhalten so eine Gleichung, aus der A bestimmt werden kann. Den $\dfrac{n}{2}+1$ bzw. $\dfrac{n+1}{2}$ verschiedenen Eigenwerten von u entsprechen ebenso viele verschiedene Werte von A, und es ist daher von Fall zu Fall ν in $\cos 2\nu\,\dfrac{\pi}{n}$ so zu bestimmen, daß A ein Größtwert wird.

Berechnet man zu diesem Ende die Beiwerte $A, B, \ldots$ in Gl. (11) mittels der Formeln (7') und (8') und führt man diese Werte in (11) ein, so erhält man folgende Verknüpfung

$$u^3 (EJ + S s' l) + u^2 \left[2 S l (c' - 2 s' \cos \varepsilon) + \mathsf{A}\, s'\, l^2 \cos^2 \frac{\varepsilon}{2} - 2 E J (1 + 2 \cos \varepsilon) \right]$$

$$+ u \left[4 E J \cos \varepsilon (2 + \cos \varepsilon) - 4 S l \cos \varepsilon (2 c' - s' \cos \varepsilon) - 2 \mathsf{A}\, l^2 \cos^2 \frac{\varepsilon}{2} (s' - c') \right]$$

$$+ \left[8 S c' l \cos^2 \varepsilon - 4 \mathsf{A}\, c'\, l^2 \cos^2 \frac{\varepsilon}{2} - 8 E J \cos^2 \varepsilon \right] = 0.$$

Nach Umordnung und Eintragung der Größe φ mittels der Beziehung

$S\,l = \dfrac{\varphi^2 E J}{l^2}$ und nach Einführung von $s' = l\,s$, $c' = l\,c$, siehe die Gl. (3) von S. 212, gelangt man zu

$$E J(1 + \varphi^2 s)\,(u^3 - 4\,u^2 \cos\varepsilon + 4\,u \cos^2\varepsilon)$$
$$- (1 - \varphi^2 c)\,(2\,u^2 - 8\,u \cos\varepsilon + 8 \cos^2\varepsilon)$$
$$+ A\,l^3 \cos^2\varepsilon\,(u^2 s - 2\,u\,(s - c) - 4\,c) = 0\,,$$

woraus,

$$A = \frac{-S}{\varphi^2\,l\,\cos^2\dfrac{\varepsilon}{2}}\left\{\frac{\dfrac{1 + \varphi^2 s}{s}\,(u - 2) + 2\,\varphi^2\left(1 + \dfrac{c}{s}\right)}{u + 2\dfrac{c}{s}}\right\}\frac{(u - 2\cos\varepsilon)^2}{u - 2}$$

ermittelt wird.

Mit

$$a = \frac{1 + \varphi^2 s}{\varphi^2 s} = \frac{\varphi}{\varphi - \sin\varphi}\,, \qquad b = 1 + \frac{c}{s} = \varphi\,\frac{1 - \cos\varphi}{\varphi - \sin\varphi}$$

und nach Einführung des Eigenwertes von u nach Gl. (14) kann diese Gleichung in die endgültige Form

$$A = \frac{2 S}{l\cos^2\dfrac{\varepsilon}{2}}\,\frac{a\zeta - b}{\zeta - b}\,\frac{(\cos\varepsilon + \zeta - 1)^2}{\zeta}\,, \qquad \left(\zeta = 1 - \cos 2\,\nu\,\frac{\pi}{n}\right) \quad (15)$$

gebracht werden.

Es erübrigt nur noch in jedem Einzelfalle jenen Wert von ν zu bestimmen, der aus der Reihe der Werte A den größten auswählt. Da A nur durch die Größe ζ mit ν zusammenhängt, so genügt es, die Bedingung $\dfrac{d A}{d\zeta} = 0$ zu untersuchen. $\dfrac{d A}{d\zeta} = 0$ liefert für den maßgebenden Wert ζ_0 eine Gleichung dritter Ordnung:

$$a\zeta_0^3 - a\,(2\,b + \cos\varepsilon - 1)\zeta_0^2 + b\,(b + 2\cos\varepsilon - 2)\,\zeta_0$$
$$+ b^2(\cos\varepsilon - 1) = 0\,, \qquad\qquad (16)$$

aus der jener Wert von ζ_0 und damit ein Wert ν_0 ermittelt werden kann, der A zu einem Maximum macht, falls ν stetig veränderlich wäre. Da aber ν nur ganzzahlige Werte annehmen kann, so ist jener Wert zu wählen, der dem aus (16) bestimmten Wert von ν_0 am nächsten kommt. Im Zweifelfalle ist mit den beiden ν_0 benachbarten ganzzahligen ν der Widerstand A zu berechnen, der größere der beiden so errechneten Werte ist dann der maßgebende.

Der gerade Stabzug mit unendlich vielen Feldern. Setzt man den Radius des Ringes unendlich groß voraus, die Seitenlängen des Polygons aber endlich, so wird wegen $n = \infty$, $\varepsilon = 0$ und die Formel (15) geht in

$$A' = \frac{2 S}{l}\,\frac{a\zeta - b}{\zeta - b}\cdot\zeta \qquad\qquad (17)$$

über, während die Bedingungsgleichung (16) sich auf eine quadratische Gleichung

$$a\,\zeta_0^2 - 2\,a\,b\,\zeta_0 + b^2 = 0$$

reduziert, aus der der maßgebende Wert

$$\zeta_0 = b\left(1 \pm \sqrt{1 - \frac{1}{a}}\right) \tag{18}$$

fließt, wobei das Minuszeichen dem A_{max} entspricht.

Da $n = \infty$, so kann ζ alle Werte von o bis 2 annehmen, man erhält daher A_{max}, wenn man (18) in (17) einführt. In Hinsicht auf die Bedeutung der Größen a und b findet man schließlich für

$$\zeta_0 = \varphi\,\frac{1 - \cos\varphi}{\varphi - \sin\varphi}\left(1 - \sqrt{\frac{\sin\varphi}{\varphi}}\right)$$

und damit für

$$A = \frac{2\,S}{l}\,\varphi\,\frac{1 - \cos\varphi}{\varphi - \sin\varphi}\,\frac{\sqrt{\varphi} - \sqrt{\sin\varphi}}{\sqrt{\varphi} + \sqrt{\sin\varphi}} \cdot {}^1) \tag{19}$$

39. Der gerade Stabzug mit veränderlicher elastischer Stützung.

Ein gerader Stab unveränderlichen Querschnitts mit gleichlangen Feldern sei in den Punkten o und n fest, in den Zwischenpunkten etwa wie Abb. 42 zeigt, durch verschieden lange biegsame Stäbe

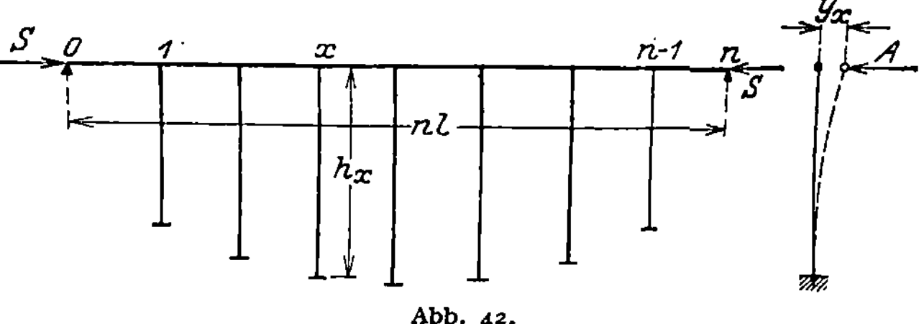

Abb. 42.

seitlich elastisch gestützt. Der Stab stehe unter der Wirkung einer Achsenkraft S. Wir fragen nach den Bedingungen für den Eintritt eines unstabilen Gleichgewichtszustandes.

Das hier in Angriff genommene Knickproblem kommt bei den sogenannten offenen Brücken mit gekrümmtem Druckgurt in Frage. Die

---

${}^1)$ Die Formel wurde bereits als Grenzfall des geraden n-feldrigen Stabes abgeleitet. Siehe Bleich: Theorie und Berechnung der eisernen Brücken, Berlin 1924, S. 204. Dort ist allerdings der Faktor $\varphi\dfrac{1 - \cos\varphi}{\varphi - \sin\varphi}$ durch den Näherungswert $3 - \left(\dfrac{\varphi}{\pi}\right)^2$ ersetzt.

wechselnden Höhen der den Gurt seitlich stützenden Querrahmen bedingen eine sich von Punkt zu Punkt stark ändernde Nachgiebigkeit
der Stützung, die auch nicht annäherungsweise durch irgendeinen
konstanten Mittelwert ersetzt werden kann.

Zur mathematischen Formulierung des Problems genügt hier die
Heranziehung der Knickgleichungen (4) und (6) im Abschnitt **36.** Bezeichnet man mit M_x das Moment über der Stütze x, mit y_x die Ausbiegung dieser Stütze, mit A_x den von Knoten zu Knoten veränderlichen spezifischen Stützenwiderstand, so gelten für jeden der Stützen-
punkte $1, 2 \ldots n - 1$ folgende zwei Gleichungen

$$\left.\begin{aligned}
M_{x-1} + 2\,r\,M_x + M_{x+1} + \varrho\,(y_{x-1} - 2\,y_x + y_{x+1}) = 0,\\
M_{x-1} - 2\,M_x + M_{x+1} - S\,(y_{x-1} - 2\,y_x + y_{x+1}) - A_x\,l\,y_x = 0,\\
\text{wo}
\end{aligned}\right\} \quad (1)$$

$$r = \frac{c'}{s'} = 2 - \left(\frac{\varphi}{\pi}\right)^2, {}^1)\qquad \varrho = \frac{EJ}{s'} = S\,\frac{\sin\varphi}{\varphi - \sin\varphi},\qquad \varphi = l\sqrt{\frac{S}{EJ}}\,.$$

Die erste dieser beiden Gleichungen folgt unmittelbar aus der Viermomentengleichung (4) in **36**, wenn man den Drehwinkel ϑ durch die
Verschiebungen y ausdrückt. Die zweite Gleichung erhält man aus
der Gleichgewichtsbedingung (6) in **34** auf dem gleichen Wege wie
Gl. (5) im vorangehenden Abschnitt. Man braucht in dieser Gleichung
bloß $\varepsilon = 0$, und die Stützenkraft $Q_{x+1} - Q_x = A_x\,y_x$ zu setzen.

Da wir an den Enden momentenfreie Lagerung und starre Stützung
vorausgesetzt haben, so gelten die Randbedingungen

$$M_0 = M_n = 0, \qquad y_0 = y_n = 0\,.$$

A_x ist hier eine Funktion des Stützenzeiger x, und wir denken uns
diese Größe in der Form

$$A_x = C\,(a + f(x))$$

dargestellt. a und $f(x)$ seien bekannt, C ist dann der aus der Knickbedingung zu bestimmende Parameter.

Die beiden simultanen Differenzengleichungen (1) stellen wegen
der Veränderlichkeit von A_x Differenzengleichungen mit veränderlichen
Koeffizienten vor. Wir benützen daher zu ihrer Lösung das in **29**
dargelegte Näherungsverfahren.

Die quadratische Matrix, von der wir zwecks Aufstellung der Form F
ausgehen, sieht jetzt, wenn wir die zweite der Gleichungen (1) mit ϱ

$^1)$ $r = \dfrac{c\,(\varphi)}{s\,(\varphi)} = \dfrac{\sin\varphi - \varphi\,\cos\varphi}{\varphi - \sin\varphi}$ kann in dem hier in Betracht kommenden

Bereich mit großer Genauigkeit durch $2 - \left(\dfrac{\varphi}{\pi}\right)^2$ ersetzt werden.

multiplizieren, um die Matrix symmetrisch zu machen, und wenn wir für $2S - A_x l$ zur Abkürzung μ_x setzen, folgendermaßen aus:

	M_1	M_2	M_3	M_4		M_{n-1}	y_1	y_2	y_3	y_4		y_{n-1}
M_1	$2r$	1	0	0	.....	0	-2ϱ	ϱ	0	0	.....	0
M_2	1	$2r$	1	0	.....	0	ϱ	-2ϱ	ϱ	0	.....	0
M_3	0	1	$2r$	1	.....	0	0	ϱ	-2ϱ	ϱ	.....	0
	.	.	.	.	.	.	.	.	.	.	.	.
M_{n-1}	0	0	0	0	$...1$	$2r$	0	0	0	0	$...\varrho$	-2ϱ
y_1	-2ϱ	ϱ	0	0	.....	0	$\varrho\mu_1$	$-S\varrho$	0	0	.....	0
y_2	ϱ	-2ϱ	ϱ	0	.....	0	$-S\varrho$	$\varrho\mu_2$	$-S\varrho$	0	.....	0
y_3	0	ϱ	-2ϱ	ϱ	.....	0	0	$-S\varrho$	$\varrho\mu_3$	$-S\varrho$	.....	0
	.	.	.	.	.	.	.	.	.	.	.	.
y_{n-1}	0	0	0	0	ϱ	-2ϱ	0	0	0	0	$-S\varrho$	$\varrho\mu_{n-1}$

Da die $U_x = 0$, so wird F eine quadratische Form und zwar:

$$F = \sum_{x=1}^{n-1} 2\,r\,M_x{}^2 + \sum_{x=1}^{n-1} \varrho\,(2S - A_x l)\,y_x{}^2 + 2\sum_{x=1}^{n-1} M_x M_{x+1}$$

$$+ 2\sum_{x=1}^{n-1}(-S\varrho)\,y_x y_{x+1} + 2\sum_{x=1}^{n-1}(-2\varrho)\,M_x y_x$$

$$+ 2\sum_{x=1}^{n-1} \varrho\,M_{x+1} y_x + 2\sum_{x=1}^{n-1} \varrho\,M_x y_{x+1}$$

oder nach Herausheben der von x unabhängigen Faktoren in den Summen

$$\left. \begin{aligned}
F = &\;2\,r \sum_{x=1}^{n-1} M_x{}^2 + 2\varrho S \sum_{x=1}^{n-1} y_x{}^2 - \varrho\,l \sum_{x=1}^{n-1} A_x y_x{}^2 + 2\sum_{x=1}^{n-1} M_x M_{x+1} \\
&- 2\,S\varrho \sum_{x=1}^{n-1} y_x y_{x+1} - 4\varrho \sum_{x=1}^{n-1} M_x y_x + 2\varrho \sum_{x=1}^{n-1} M_{x+1} y_x \\
&+ 2\varrho \sum_{x=1}^{n-1} M_x y_{x+1}\,.
\end{aligned} \right\} \quad (2)$$

Wir setzen nun als Näherungslösungen, die die Randbedingungen erfüllen,

$$\left. \begin{aligned}
y_x &= f_1 \sin v\,\frac{\pi x}{n} + f_2 \sin (v + 2)\frac{\pi x}{n}, \\
M_x &= g_1 \sin v\,\frac{\pi x}{n} + g_2 \sin (v + 2)\frac{\pi x}{n},
\end{aligned} \right\} \quad (3)$$

an[1]), wobei v eine später noch zu bestimmende ganze Zahl ist, und

---

[1]) Die Funktionen $\sin v\,\dfrac{\pi x}{n}$, $\sin (v + 2)\dfrac{\pi x}{n}$ gehören dem auf S. 91 erörterten Orthogonalsystem an.

berechnen damit vorerst die einzelnen Summen:

$$\sum_{x=1}^{n-1} M_x^2 = \sum_{x=1}^{n-1}\left[g_1^2 \sin^2 \nu \frac{\pi x}{n} + 2 g_1 g_2 \sin \nu \frac{\pi x}{n} \sin (\nu + 2)\frac{\pi x}{n}\right.$$
$$\left. + g_2^2 \sin^2 (\nu + 2)\frac{\pi x}{n}\right] = \frac{n}{2}(g_1^2 + g_2^2),$$

da

$$\sum_{x=1}^{n-1} \sin^2 \nu \frac{\pi x}{n} = \frac{n}{2}, \qquad \sum_{x=1}^{n-1} \sin^2 (\nu + 2)\frac{\pi x}{n} = \frac{n}{2},$$

$$\sum_{x=1}^{n-1} \sin \nu \frac{\pi x}{n} \sin (\nu + 2)\frac{\pi x}{n} = 0.$$

Ebenso erhält man, wenn man g mit f vertauscht,

$$\sum_{x=1}^{n-1} y_x^2 = \frac{n}{2}(f_1^2 + f_2^2).$$

In der gleichen Weise findet man bei Benützung der oben angeführten Summenformeln

$$\sum_{x=1}^{n-1} M_x M_{x+1} = \sum_{x=1}^{n-1}\left[g_1^2 \sin \nu \frac{\pi x}{n} \sin \nu \frac{\pi (x+1)}{n}\right.$$
$$+ g_1 g_2 \left(\sin \nu \frac{\pi x}{n} \sin (\nu + 2)\frac{\pi (x+1)}{n} + \sin (\nu + 2)\frac{\pi x}{n} \sin \nu \frac{\pi (x+1)}{n}\right)$$
$$\left. + g_2^2 \sin (\nu + 2)\frac{\pi x}{n} \sin (\nu + 2)\frac{\pi (x+1)}{n}\right]$$
$$= \frac{n}{2}\left[g_1^2 \cos \nu \frac{\pi}{n} + g_2^2 \cos (\nu + 2)\frac{\pi}{n}\right]$$

und wenn man wieder g mit f vertauscht,

$$\sum_{x=1}^{n-1} y_x y_{x+1} = \frac{n}{2}\left[f_1^2 \cos \nu \frac{\pi}{n} + f_2^2 \cos (\nu + 2)\frac{\pi}{n}\right].$$

Wir berechnen weiter

$$\sum_{x=1}^{n-1} M_x y_x = \sum_{x=1}^{n-1}\left[f_1 g_1 \sin^2 \nu \frac{\pi x}{n} + f_2 g_2 \sin^2 (\nu + 2)\frac{\pi x}{n}\right.$$
$$\left. + (f_1 g_2 + f_2 g_1) \sin \nu \frac{\pi x}{n} \sin (\nu + 2)\frac{\pi x}{n}\right] = \frac{n}{2}[f_1 g_1 + f_2 g_2]$$

und

$$\sum_{x=1}^{n-1} M_x y_{x+1} = \sum_{x=1}^{n-1}\left[f_1 g_1 \sin \nu \frac{\pi x}{n} \sin \nu \frac{\pi (x+1)}{n}\right.$$
$$+ f_2 g_2 \sin (\nu + 2)\frac{\pi x}{n} \sin (\nu + 2)\frac{\pi (x+1)}{n} + f_2 g_1 \sin \nu \frac{\pi x}{n} \sin (\nu + 2)\frac{\pi (x+1)}{n}$$
$$\left. + f_1 g_2 \sin \nu \frac{\pi (x+1)}{n} \sin (\nu + 2)\frac{\pi x}{n}\right] = \frac{n}{2}\left[f_1 g_1 \cos \nu \frac{\pi}{n} + f_2 g_2 \cos (\nu + 2)\frac{\pi}{n}\right],$$

weshalb auch

$$\sum_{x=1}^{n-1} M_{x+1}\, y_x = \frac{n}{2}\left[f_1 g_1 \cos \nu \frac{\pi}{n} + f_2 g_2 \cos (\nu + 2)\frac{\pi}{n}\right].$$

Um die Summe $\sum\limits_{x=1}^{n-1} A_x y_x$ ermitteln zu können, müssen wir uns zunächst über den Verlauf von A_x klar werden. Eine allzu genaue Anpassung von A_x an den tatsächlichen Verlauf des Rahmenwiderstandes in jedem Einzelfalle hätte nicht viel Zweck, da ja bei prak·tischen Aufgaben auch die andern Größen, wie S und J, meist mit vereinfachten Gesetzen in die Rechnung eingeführt werden. Viel wichtiger ist es, für A_x eine Form zu wählen, die einerseits genügend anpassungsfähig, anderseits aber die Auswertung von $\sum A_x y_x$ ein für alle Mal in geschlossener Form ermöglicht.

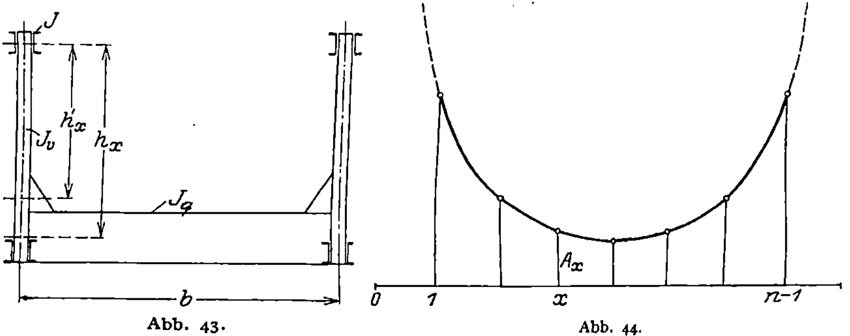

Wenn wir hier die eingangs erwähnte Anwendung auf die Berechnung der Gurte offener Brücken in erster Linie ins Auge fassen, so gilt für den Rahmenwiderstand A eines offenen Halbrahmens unter Beachtung der in Abb. 43 eingetragenen Bezeichnungen die Gleichung

$$A_x = \cfrac{1}{\dfrac{h_x^2\, b}{2\, E\, J_q} + \dfrac{h_x'^{\,3}}{3\, E\, J_v}}.$$

Trägt man bei gegebenen Abmessungen den Rahmenwiderstand A_x in den Punkten $1, 2 \ldots n - 1$ auf, so erhält man die in Abb. 44 dargestellte kettenartige Linie, deren Verlauf zwischen 1 und $n - 1$ genügend genau durch

$$A_x = C\left[a + \mathfrak{Cof}\, \gamma \left(\frac{n}{2} - x\right)\right] \tag{4}$$

dargestellt werden kann. Da Gl. (4) drei Parameter enthält, so kann bei symmetrischem Gurtverlauf die durch diese Gleichung dargestellte

Linie in 5 Punkten mit der wirklichen A_x-Linie zur Deckung gebracht werden.

Wir erhalten damit:

$$\sum_{x=1}^{n-1} A_x y_x^2 = \sum C\left[a + \operatorname{\mathfrak{Cof}} \gamma \left(\frac{n}{2} - x\right)\right] y_x^2$$

$$= C\frac{n}{2} a (f_1^2 + f_2^2) + C \sum_{x=1}^{n-1} \operatorname{\mathfrak{Cof}} \gamma \left(\frac{n}{2} - x\right)\left[f_1^2 \sin^2 \nu \frac{\pi x}{n}\right.$$

$$+ 2 f_1 f_2 \sin \nu \frac{\pi x}{n} \sin (\nu + 2)\frac{\pi x}{n} + f_2^2 \sin^2 (\nu + 2)\frac{\pi x}{n}\Big]$$

$$= \frac{C}{2}\left[v_1 f_1^2 + 2 v_2 f_1 f_2 + v_3 f_2^2\right], \tag{5}$$

wobei

$$\left.\begin{aligned}
v_1 &= a\,n + \operatorname{\mathfrak{Sin}} \frac{n\gamma}{2} \operatorname{\mathfrak{Sin}} \gamma \left(\frac{1}{\operatorname{\mathfrak{Cof}}\gamma - 1} - \frac{1}{\operatorname{\mathfrak{Cof}}\gamma - \cos 2 \nu \frac{\pi}{n}}\right), \\[2ex]
v_2 &= \operatorname{\mathfrak{Sin}} \frac{n\gamma}{2} \operatorname{\mathfrak{Sin}} \gamma \left(\frac{1}{\operatorname{\mathfrak{Cof}}\gamma - \cos \frac{2\pi}{n}} - \frac{1}{\operatorname{\mathfrak{Cof}}\gamma - \cos 2 (\nu + 1)\frac{\pi}{n}}\right), \\[2ex]
v_3 &= a\,n + \operatorname{\mathfrak{Sin}} \frac{n\gamma}{2} \operatorname{\mathfrak{Sin}} \gamma \left(\frac{1}{\operatorname{\mathfrak{Cof}}\gamma - 1} - \frac{1}{\operatorname{\mathfrak{Cof}}\gamma - \cos 2 (\nu + 2)\frac{\pi}{n}}\right).
\end{aligned}\right\} \tag{5'}$$

Mit den vorstehend berechneten Summenwerten nimmt F folgende Gestalt an:

$$F = r\,n (g_1^2 + g_2^2) + S \varrho\,n (f_1^2 + f_2^2) - \frac{\varrho\,C l}{2}(v_1 f_1^2 + 2 v_2 f_1 f_2 + v_3 f_2^2)$$

$$+ n\left(g_1^2 \cos \nu \frac{\pi}{n} + g_2^2 \cos(\nu + 2)\frac{\pi}{n}\right)$$

$$- S \varrho\,n\left(f_1^2 \cos \nu \frac{\pi}{n} + f_2^2 \cos(\nu + 2)\frac{\pi}{n}\right) - 2 \varrho\,n (f_1 g_1 + f_2 g_2)$$

$$+ 2 \varrho\,n\left(f_1 g_1 \cos \nu \frac{\pi}{n} + f_2 g_2 \cos (\nu + 2)\frac{\pi}{n}\right)$$

oder

$$\left.\begin{aligned}
F &= r_1 g_1^2 + r_2 g_2^2 - 2 S \bar{\varrho}\, s_1 f_1 g_1 - 2 S \bar{\varrho}\, s_2 f_2 g_2 \\[1ex]
&\quad + S^2\left[\bar{\varrho}\, s_1 - \varrho \frac{\mathfrak{A} v_1}{2}\right] f_1^2 + S^2\left[\bar{\varrho}\, s_2 - \varrho \frac{\mathfrak{A} v_3}{2}\right] f_2^2 - S^2 \bar{\varrho}\, \mathfrak{A} v_2 f_1 f_2
\end{aligned}\right\} \tag{6}$$

mit den Abkürzungen:

$$\mathfrak{A} = \frac{C l}{n S};$$

$$\left.\begin{aligned}
r_1 &= r + \cos \nu \frac{\pi}{n}, & s_1 &= 1 - \cos \frac{\nu \pi}{n}, & r &= 2 - \left(\frac{\varphi}{\pi}\right)^2; \\[1.5ex]
r_2 &= r + \cos (\nu + 2)\frac{\pi}{n}, & s_2 &= 1 - \cos (\nu + 2)\frac{\pi}{n}, & \bar{\varrho} &= \frac{\sin \varphi}{\varphi - \sin \varphi}; \\[1.5ex]
& & \varphi &= l\sqrt{\frac{S}{E J}}.
\end{aligned}\right\} \tag{6'}$$

Zur Bestimmung der f und g stehen uns jetzt die 4 Extremalbedingungen

$$\frac{\partial F}{\partial g_1} = r_1 g_1 - S \bar{\varrho} s_1 f_1 = 0 ,$$
$$\frac{\partial F}{\partial g_2} = r_2 g_2 - S \bar{\varrho} s_2 f_2 = 0 ,$$
$$\frac{\partial F}{\partial f_1} = -2 s_1 g_1 + 2 S \left[s_1 - \frac{\mathfrak{A} v_1}{2} \right] f_1 - S \mathfrak{A} v_2 f_2 = 0 ,$$
$$\frac{\partial F}{\partial f_2} = -2 s_2 g_2 + 2 S \left[s_2 - \frac{\mathfrak{A} v_3}{2} \right] f_2 - S \mathfrak{A} v_2 f_1 = 0$$

$$(7)$$

zur Verfügung. Diese vier homogenen Gleichungen haben aber nur dann Lösungen, wenn die Determinante D verschwindet. $D = 0$ ist sonach die Knickbedingung, aus der der Parameter $\mathfrak{A}$ bestimmt werden kann, wenn alle anderen Größen gegeben sind. Die Ausrechnung von D liefert die Knickbedingung in der Form

$$\mathfrak{A}^2 \cdot r_1 r_2 (v_1 v_3 - v_2{}^2)$$
$$+ 2 \mathfrak{A} \left[\bar{\varrho} (v_1 r_1 s_2{}^2 + v_3 r_2 s_1{}^2) - r_1 r_2 (v_1 s_2 + v_3 s_1) \right]$$
$$+ 4 \left[\bar{\varrho}^2 s_1{}^2 s_2{}^2 - \bar{\varrho} s_1 s_2 (r_1 s_2 + r_2 s_1) + r_1 r_2 s_1 s_2 \right] = 0 .$$

$$(8)$$

Ist $\mathfrak{A}$ gefunden, so lassen sich die Gleichungen (7) auflösen, wenn man eine der Unbekannten, z. B. $f_1 = K$, willkürlich annimmt. Man erhält so aus den ersten drei Gleichungen

$$f_1 = K , \qquad f_2 = \frac{K}{v_2 \mathfrak{A}} \left[2 s_1 - \frac{2 s_1{}^2}{r_1} \bar{\varrho} - v_1 \mathfrak{A} \right] ,$$
$$g_1 = K \bar{\varrho} \frac{s_1}{r_1} S , \qquad g_2 = K \bar{\varrho} \frac{s_2}{r_2} \frac{S}{v_2 \mathfrak{A}} \left[2 s_1 - \frac{2 s_1{}^2}{r_1} \bar{\varrho} - v_1 \mathfrak{A} \right] .$$

$$(9)$$

Führt man im Einzelfalle die so berechneten Zahlenwerte der f und g in die vierte der Gleichungen (7) ein, so muß diese genau erfüllt sein. Dies kann als Kontrolle für die Richtigkeit der Rechnung dienen.

Es erübrigt noch die Festsetzung der Zahl v. Wir haben die Ausbiegung y_x in der Form

$$y_x = f_1 \sin v \frac{\pi x}{n} + f_2 \sin (v + 2) \frac{\pi x}{n}$$

angesetzt. D. h. wir haben angenommen, daß der n-feldrige Stab im allgemeinen in v oder $v + 2$ Halbwellen ausknickt, je nachdem sich f_1 größer als f_2 oder umgekehrt ergibt. Diesen beiden Fällen entsprechen die zwei Wurzeln der Knickbedingung (8). Wir denken uns nun v veränderlich, aber ganzzahlig, dann wird den verschiedenen Werten von v bei sonst gleichbleibenden Verhältnissen jeweils ein anderer Wert von $\mathfrak{A}$ entsprechen. Wir wählen daher aus der Gesamtheit der Zahlen v, die zwischen $v = 1$ und $n - 1$ liegen (v kann nicht kleiner als 1 und nicht größer als $n - 1$ sein), jenen Wert aus, der den Größtwert von $\mathfrak{A}$ liefert. Dieser Größtwert von $\mathfrak{A}$ entspricht dem

Übergang vom stabilen zum instabilen Gleichgewicht, also der ersten instabilen Gleichgewichtsform des Stabes, die dann auch den tatsächlichen Knickfall darstellt.

Die Auflösung der Gleichung (8) hat daher mehrmals mit verschiedenen aufeinanderfolgenden Zahlen ν zu erfolgen, um den Größtwert von $\mathfrak{A}$ zu erhalten.

Beispiel: In der Abb. 45 ist der gekrümmte biegungssteife Obergurt eines Lohseträgers aus Flußeisen dargestellt. Die Rahmenhöhen und die Feldweite sind in der Abbildung eingeschrieben. Gurtquerschnitt und Gurtträgheitsmoment sind nahezu konstant.. Gurtquerschnitt $F = 1070$ cm², $J = 103 \cdot 10^4$ cm⁴. Die

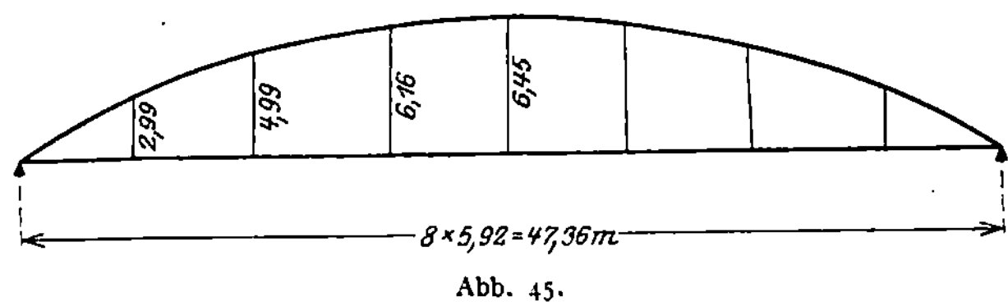

Abb. 45.

größte Gurtdruckkraft beträgt 850 t. Die Querträger haben $2 \cdot 10^6$ cm⁴ Trägheitsmoment bei $b = 18$ m Entfernung der Haupttragwände. Der geforderte Sicherheitsgrad sei $\psi = 3{,}5$.

Man bestimmt zunächst die Größe φ: Die Knicklast beträgt bei 3,5 facher Sicherheit $S_k = 3{,}5 \cdot 850 = 2985$ t, daher ist die Knickspannung

$$\sigma_k = \frac{2985}{1070} = 2{,}789 \text{ t/cm}^3$$

und da die Elastizitätsgrenze überschritten ist, so ist der von σ_k abhängige Knickmodul bei Eintritt des unstabilen Gleichgewichtszustandes mit

$$E' = \sigma_k \left(\frac{3{,}1 - \sigma_k}{0{,}0358}\right)^3 = 2{,}789 \left(\frac{3{,}1 - 2{,}789}{0{,}0358}\right)^2 = 210{,}5 \text{ t/cm}^2,$$

an Stelle des Elastizitätsmoduls E, in Rechnung zu stellen[1]). Damit erhält man

$$\varphi = 592 \sqrt{\frac{2985}{210{,}5 \cdot 103 \cdot 10^4}} = 2{,}196 = 0{,}700\,\pi\,.$$

In der nachfolgenden kleinen Tafel sind die in den einzelnen Pfostenebenen vorhandenen Rahmenwiderstände berechnet und zusammengestellt:

Punkt	h_x m	b m	h_x' m	$\dfrac{h'^3}{3\,J_v}$	$\dfrac{h^2 b}{2\,J_q}$	A_x t/cm
1	2,99	18,00	2,15	4010	6770	31,76
2	4,99	18,00	4,05	11230	29680	7,24
3	6,16	18,00	5,10	17080	53920	3,99
4	6,45	18,00	5,43	19250	63720	3,37

[1]) Die Formel für E' rührt von Engesser her und kann aus der Tetmajerschen Geradenformel $\sigma_k = 3{,}1 - 0{,}0114\,\dfrac{l}{i}$ und aus der Engesser-Kármán-Formel $\sigma_k = \pi^2 E' \left(\dfrac{i}{l}\right)^2$ durch Elimination von $\dfrac{l}{i}$ gewonnen werden.

Wir setzen nun

$$A_x = C\left[a + \mathfrak{Cof}\,\gamma\left(\frac{n}{2} - x\right)\right]$$

und finden, wenn wir A_x so anpassen, daß die Ersatzlinie in den Punkten 1, 2 und 4 mit der tatsächlichen A-Linie übereinstimmt, aus den drei Gleichungen

$$C\,(a + \mathfrak{Cof}\,3\,\gamma) = 31{,}76\,, \qquad C\,(a + \mathfrak{Cof}\,2\,\gamma) = 7{,}24\,, \qquad C\,(a + 1) = 3{,}37$$
$$C = 0{,}1635\,, \qquad a = 19{,}6 \quad \text{und} \quad \gamma = 1{,}95\,.$$

Somit lautet das für A_x einzuführende Gesetz, wenn wir den Faktor C unbestimmt lassen,

$$A_x = C\left[19{,}6 + \mathfrak{Cof}\,1{,}95\left(\frac{n}{2} - x\right)\right].$$

Wir berechnen zunächst mit einem versuchsweise angenommenen Wert von $\nu = 3$ die Beiwerte der Knickbedingung (8)

$$\bar{\varrho} = \frac{\sin\varphi}{\varphi - \sin\varphi} = \frac{0{,}809}{2{,}199 - 0{,}809} = 0{,}582\,; \qquad r = 2 - \left(\frac{\varphi}{\pi}\right)^2 = 1{,}51\,;$$

$$r_1 = r + \cos\nu\,\frac{\pi}{n} = 1{,}893\,; \qquad\qquad s_1 = 1 - \cos\nu\,\frac{\pi}{n} = 0{,}617\,;$$

$$r_2 = r + \cos(\nu + 2)\,\frac{\pi}{n} = 1{,}127\,; \qquad s_2 = 1 - \cos(\nu + 2)\,\frac{\pi}{n} = 1{,}383\,.$$

Weiter:

$$v_1 = a\,n + \mathfrak{Sin}\,\frac{n\,\gamma}{2}\,\mathfrak{Sin}\,\gamma\left(\frac{1}{\mathfrak{Cof}\,\gamma - 1} - \frac{1}{\mathfrak{Cof}\,\gamma - \cos 2\,\nu\,\dfrac{\pi}{n}}\right)$$

$$= 8\cdot 19{,}6 + 1220{,}3\cdot 3{,}443\left(\frac{1}{2{,}586} - \frac{1}{4{,}293}\right) = 803{,}4\,;$$

$$v_2 = \mathfrak{Sin}\,\frac{n\,\gamma}{2}\,\mathfrak{Sin}\,\gamma\left(\frac{1}{\mathfrak{Cof}\,\gamma - \cos\dfrac{2\,\pi}{n}} - \frac{1}{\mathfrak{Cof}\,\gamma - \cos 2\,(\nu + 1)\,\dfrac{\pi}{n}}\right)$$

$$= 1220{,}3\cdot 3{,}443\left(\frac{1}{2{,}878} - \frac{1}{4{,}586}\right) = 543{,}3\,;$$

$$v_3 = a\,n + \mathfrak{Sin}\,\frac{n\,\gamma}{2}\,\mathfrak{Sin}\,\gamma\left(\frac{1}{\mathfrak{Cof}\,\gamma - 1} - \frac{1}{\mathfrak{Cof}\,\gamma - \cos 2\,(\nu + 2)\,\dfrac{\pi}{n}}\right)$$

$$= 8\cdot 19{,}6 + 1220{,}3\cdot 3{,}443\left(\frac{1}{2{,}586} - \frac{1}{4{,}293}\right) = 803{,}4\,.$$

Man erhält somit für die Beiwerte in Gl. (8)

$$r_1\,r_2\,(v_1\,v_3 - v_2{}^2) = 1{,}893\cdot 1{,}127\,(803{,}4^2 - 543{,}3^2) = 747\,000\,;$$

$$\bar{\varrho}\,(v_1\,r_1\,s_2{}^2 + v_3\,r_2\,s_1{}^2) - r_1\,r_2\,(v_1\,s_2 + v_3\,s_1)$$
$$= 803{,}4\,[0{,}582\,(1{,}893\cdot 1{,}383^2 + 1{,}127\cdot 0{,}617^2) - 1{,}893\cdot 1{,}127\,(1{,}383 + 0{,}617)]$$
$$= -1534\,,$$

$$\bar{\varrho}^2\,s_1{}^2\,s_2{}^2 - \bar{\varrho}\,s_1\,s_2\,(r_1\,s_2 + r_2\,s_1) + r_1\,r_2\,s_1\,s_2$$
$$= 0{,}582^2\cdot 0{,}617^2\cdot 1{,}385^2 - 0{,}582\cdot 0{,}617\cdot 1{,}383\,(1{,}893\cdot 1{,}383 + 1{,}127\cdot 0{,}617)$$
$$+ 1{,}893\cdot 1{,}127\cdot 0{,}617\cdot 1{,}383 = 0{,}423\,.$$

Die Knickbedingung (8) lautet daher

$$747\,300\,\mathfrak{A}^2 - 2\cdot 1534\,\mathfrak{A} + 4\cdot 0{,}423 = 0\,,$$

woraus der Parameter $\mathfrak{A}$

$$\mathfrak{A} = 0{,}002\,053 \pm 0{,}001\,401\,,$$

beziehungsweise

$$C_1 = 0,003\,454 \cdot 8\,\frac{S}{l} = 0,0276\,\frac{S}{l}\,, \qquad C_2 = 0,000\,625 \cdot 8\,\frac{S}{l} = 0,0052\,\frac{S}{l}$$

folgen.

Wir führen jetzt die gleiche Untersuchung mit $v = 2$ durch. Es ist jetzt:

$$r_1 = 2,217\,; \qquad s_1 = 0,293\,;$$
$$r_2 = 1,510\,; \qquad s_2 = 1,000\,;$$
$$v_1 = 610,6\,, \qquad v_2 = 480,7\,, \qquad v_3 = 866,0\,.$$

Daher lautet die Knickbedingung

$$996\,600\,\mathfrak{A}^2 + 2 \cdot 2040\,\mathfrak{A} - 4 \cdot 0,5567 = 0$$

und hieraus

$$\mathfrak{A} = 0,002\,047 \pm 0,001\,384\,.$$

Somit

$$C_3 = 0,003\,431 \cdot 8\,\frac{S}{l} = 0,0274\,\frac{S}{l}\,, \qquad C_4 = -\,0,000\,663 \cdot 8\,\frac{S}{l} = -\,0,0053\,\frac{S}{l}\,.$$

Die C-Werte nehmen etwas ab. Der geringe Unterschied zwischen C_1 und C_3 läßt darauf schließen, daß der Scheitel der C-Linie gerade zwischen $v = 2$ und $v = 3$ liegt, so daß $v = 3$, weil C_1 etwas größer als C_3 ist, der für uns maßgebende Wert ist. Um dem Leser den Verlauf der beiden C-Linien (als Funktion von v) zu zeigen, wurde noch die Knickbedingung für $v = 1$ und $v = 4$ aufgelöst. In Abb. 46 sind die Linien veranschaulicht.

$v = 3$ liefert also den Größtwert

$$C = 0,0276\,\frac{S}{l}\,;$$

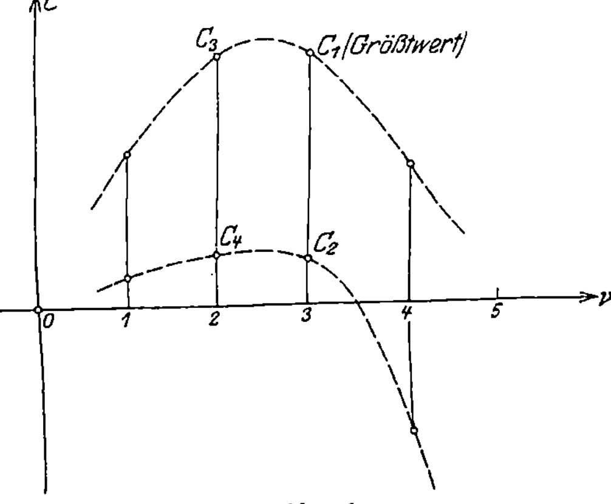

Abb. 46.

damit berechnet sich der erforderliche Rahmenwiderstand im Mittelrahmen

$$A_m = 0,0276\,\frac{S}{l}\,(19,6 + 1) = 0,569\,\frac{S}{l} = 0,569\,\frac{2895}{592} = 2,869\ \text{t/cm}.$$

Der vorhandene Rahmenwiderstand in Brückenmitte ist, wie aus der Tafel auf S. 233 hervorgeht, 3,37 t/cm, also etwas größer als erforderlich.

Um das Beispiel noch zu vervollständigen, berechnen wir mittels der Gl. (9) die f- und g-Werte, die dem Größtwert $C = 0,0276\,\frac{S}{l}$ oder $\mathfrak{A} = 0,003\,454$ entsprechen. Man findet

$$f_2 = -\,0,945\,K\,, \qquad g_1 = 0,190\,K \cdot S\,, \qquad g_2 = -\,0,675 \cdot K \cdot S\,,$$

wobei K willkürlich ist. Somit wird mit $v = 3$

$$y_x = K\left(\sin\frac{3\,\pi}{8}\,x - 0,945\,\sin\frac{5\,\pi}{8}\,x\right),$$

$$M_x = K\left(0,190\,\sin\frac{3\,\pi}{8}\,x - 0,675\,\sin\frac{5\,\pi}{8}\,x\right).$$

Die y_x- und M_x-Linie ist in Abb. 47 dargestellt.

Die Verformungslinie des Gurtes im Knickzustande zeigt deutlich die einspannende Wirkung der sehr kurzen und steifen Stützen 1 und 7.

Mit Hilfe der vorberechneten y_x und M_x ist es schließlich ohne viel Mühe möglich, sich ein Urteil über die Genauigkeit der Ergebnisse durch Einsetzen der Zahlenwerte der $\mathfrak{A}$, y_x und M_x in die Ausgangsgleichungen (1) zu bilden. Man erhält z. B. aus diesen beiden Gleichungen mit $x = 1$ und mit

$$A_1 = \frac{31,76}{3,37}\,0,569\,\frac{S}{l} = 5,36\,\frac{S}{l},\qquad \text{(Siehe die kleine Tafel auf S. 233.)}$$

$$0 - 2\cdot1,51\cdot0,448 + 0,611 + 0,582\,(- 2\cdot0,051 + 1,375) = 1,413 - 1,411 = - 0,002$$

und

$$0 + 2\cdot0,448 + 0,611 - (- 2\cdot0,051 + 1,375) - 5,36\cdot0,051 = + 1,609 - 1,648$$
$$= - 0,039\,.$$

Die Gleichungen (1) werden also recht gut erfüllt. Mit der gleichen Annähe-

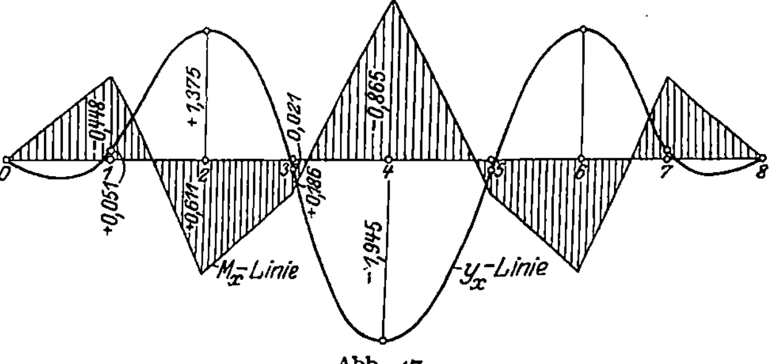

Abb. 47.

rung werden auch die übrigen Gleichungen für $x = 2, 3 \ldots$ befriedigt. Diese Überprüfung läßt erkennen, daß die Näherungslösung sich nur um wenige Hundertteile von der genauen Lösung unterscheiden kann.

Hätte man unter der Voraussetzung unveränderlichen Rahmenwiderstandes nach Formel (19) S. 226 gerechnet, so hätte man $A = 6,19$ t/cm, also einen mehr als zweimal so großen Wert wie oben, gefunden.

IV. Partielle lineare Differenzengleichungen.

§ 10. Allgemeines über partielle lineare Differenzengleichungen.

40. Einteilung und Form einiger wichtiger linearer Differenzengleichungen.

Einleitende Bemerkungen. Wir haben bereits im ersten Kapitel die allgemeine Form einer partiellen Differenzengleichung kennen gelernt. Wenn wir uns auch in den folgenden Betrachtungen und Anwendungen stets auf den Fall beschränken werden, daß die abhängige Veränderliche lediglich eine Funktion zweier Variabeln x und y ist, so wollen wir doch erwähnen, daß auch mehr als zwei unabhängige Veränderliche vorkommen können. Jedenfalls müssen aber mindestens zwei unabhängige Variable vorhanden sein, da wir es sonst mit einer gewöhnlichen Differenzengleichung zu tun haben.

Ist die abhängige Veränderliche w, deren Ermittlung das Endziel unserer Betrachtungen ist, lediglich von zwei Variabeln abhängig, etwa x und y, so können wir dieselben als Koordinaten in einer Fläche deuten. Es ist nicht notwendig, daß im besonderen diese Fläche eine Ebene ist und daß wir rechtwinkelige Koordinaten voraussetzen. Wir können vielmehr auf einer beliebigen krummen Fläche zwei Scharen von Kurven annehmen und die Kurven der einen Schar mit $\ldots - 2$, $- 1$, 0, $+ 1$, $+ 2 \ldots x \ldots$, die der anderen Schar mit $\ldots - 2$, $- 1$, 0, $+ 1$, $+ 2 \ldots y \ldots$ der Reihe nach beziffert denken. Den Schnittpunkt der Linie x der einen Schar mit der Linie y der anderen bezeichnen wir mit $(x\,y)$, und diesem Punkte $(x\,y)$ ist dann der Wert w_{xy} zugeordnet. Wie schon bei den gewöhnlichen Differenzengleichungen erörtert, können wir w auch als eine Funktion der beiden Veränderlichen x und y auffassen und schreiben statt w_{xy} auch $w(x\,y)$ oder auch kurz, wenn kein Mißverständnis möglich ist, w.

Im allgemeinen haben wir immer ein bestimmtes, abgegrenztes Gebiet gegeben, in welchem w einer vorgelegten partiellen Differenzengleichung genügen muß. Die Begrenzung dieses Gebietes nennen wir den R a n d. Der Fall, daß der Rand ganz oder teilweise im Unendlichen liegt, ist nicht ausgeschlossen. Ebenso ist es möglich, daß die Fläche, auf der wir x und y als Koordinaten deuten, so zusammenhängt, daß die Kurvenscharen $x =$ konst oder $y =$ konst oder auch beide zugleich, geschlossene Kurven werden. Im ersteren Falle ist es möglich, daß der Rand in zwei getrennte, geschlossene Kurven zerfällt, im anderen verschwindet die Berandung überhaupt, wie dies z. B. bei einer Kugelfläche der Fall ist, auf der wir Meridiane und Parallelkreise als Koordinaten einführen, wenn sich unser Gebiet über die ganze Kugelfläche erstreckt.

Abgesehen von diesen Ausnahmsfällen, haben wir es bei den praktischen Anwendungen, die wir im Auge haben, fast ausschließlich mit viereckigen Gebieten zu tun, also mit Bereichen, die einerseits durch zwei Kurven der Schar $x =$ konst, anderseits durch zwei Kurven der Schar $y =$ konst begrenzt sind. Wir können dann immer den Koordinatenursprung in eine Ecke legen, und unser Gebiet erstreckt sich in diesem Fall von $x = 0$ bis $x = n$, bzw. von $y = 0$ bis $y = m$.

Ebenso wie bei den gewöhnlichen Differenzengleichungen wollen wir auch hier der Funktion F, durch deren Nullsetzen wir eine partielle Differenzengleichung gewonnen haben, die Beschränkung auferlegen, daß dieselbe eine lineare Funktion der abhängigen Variabeln w sei. Wir wollen also ausschließen, daß Potenzen von w oder Produkte von w mit ungleichen Indizes vorkommen. Man spricht dann von einer linearen partiellen Differenzengleichung und mit solchen wollen wir uns ausschließlich beschäftigen.

Eine lineare partielle Differenzengleichung wird also mehrere benachbarte Werte von w in eine lineare Abhängigkeit bringen. Der einfachste Fall ist der, daß F die Form

$$F(w) = p_{10}\, w_{x+1,\, y} + p_{01}\, w_{x,\, y+1} + p_{00}\, w_{xy} - U_{xy} = 0$$

hat. p_{10}, p_{01}, p_{00} und U können Funktionen von x und y sein. Die Gleichung kann leicht auf die Form

$$q_{10}\, \varDelta_x\, w + q_{01}\, \varDelta_y\, w + q_{00}\, w = U_{xy}$$

gebracht werden, in welcher nur erste Differenzen vorkommen. Jede der durch sie repräsentierten Gleichungen verknüpft die Funktion w an den drei in Abb. 48 hervorgehobenen Stellen.

Der nächste einfache Fall ist der, daß w an den vier Stellen $(x\,y)$, $(x + 1, y)$, $(x, y + 1)$, $(x + 1, y + 1)$, also an den

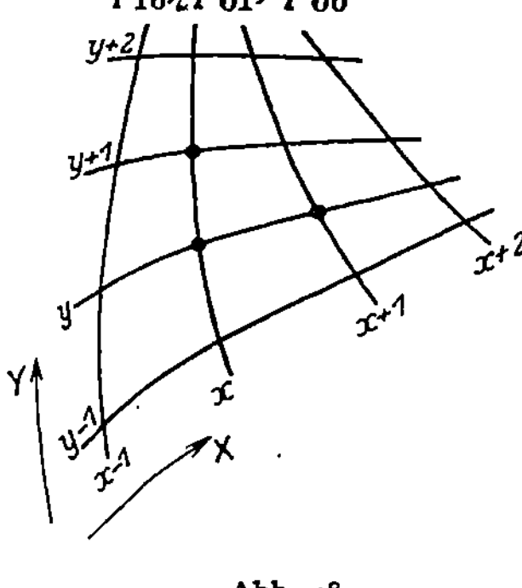

Abb. 48.

vier Ecken eines Feldes (Abb. 49) durch eine lineare Relation verknüpft ist. Eine solche Gleichung hat im allgemeinen die Form

$$p_{10}\, w_{x+1,\,y} + p_{01}\, w_{x,\,y+1} + p_{11}\, w_{x+1,\,y+1} + p_{00}\, w_{xy} = U_{xy}\,.$$

Sie kann auch auf die Form

$$q_{11}\, \varDelta_x \varDelta_y\, w + q_{10}\, \varDelta_x\, w + q_{01}\, \varDelta_y\, w + q_{00}\, w = U_{xy}$$

gebracht werden.

Die Koeffizienten p bzw. q können in beiden Fällen mit x und y veränderlich oder auch konstant sein. Man nennt partielle Differenzen-

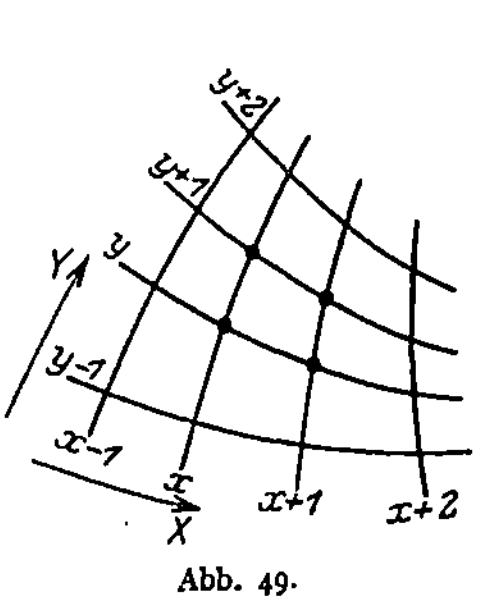

Abb. 49.

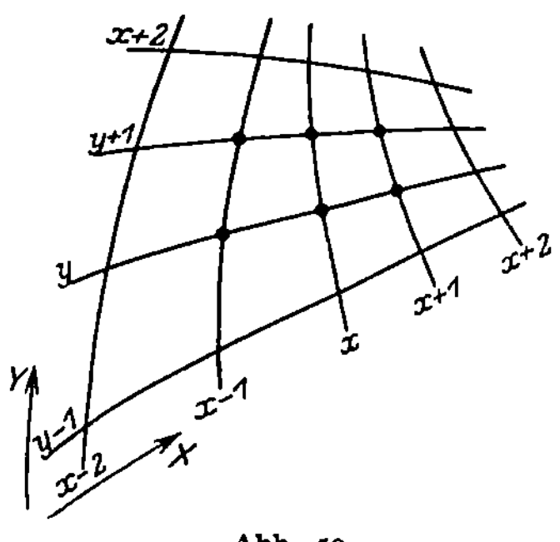

Abb. 50.

gleichungen wie die beiden vorliegenden von der ersten Ordnung nach x und y. Überhaupt bestimmt immer die höchste Differenz in einer Richtung die Ordnung der Gleichung nach der betreffenden Richtung. So z. B. ist die Differenzengleichung, welche die sechs in Abb. 50 hervorgehobenen Punkte verbindet, in bezug auf x von der zweiten Ordnung, in bezug auf y von der ersten Ordnung. Eine par-

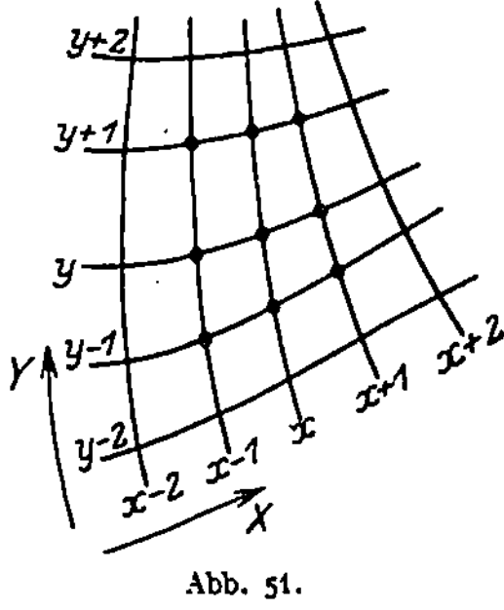

Abb. 51.

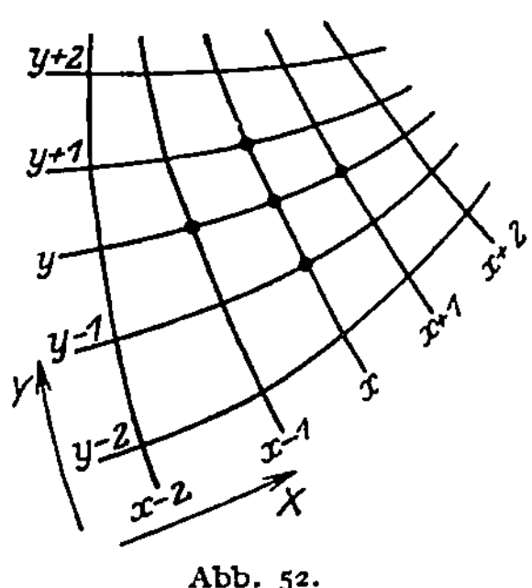

Abb. 52.

tielle Differenzengleichung, die eine lineare Beziehung zwischen den Werten von w in den neun in der Abb. 51 hervorgehobenen Stellen herstellt, ist ebenso wie die durch Abb. 52 versinnbildlichte, die fünf Stellen miteinander verbindet, von der zweiten Ordnung in bezug auf x und y.

Sind jedem Punkte $(x\,y)$ nicht nur eine, sondern mehrere Größen w, v, $t\ldots$, die wir als Funktion der unabhängigen Veränderlichen x und y betrachten können, zugeordnet, so müssen, damit w, v, $t\ldots$ ermittelbar sind, so viele Gleichungen

$$F_1(w,v,t\ldots x,y)=0$$
$$F_2(w,v,t\ldots x,y)=0$$
$$F_3(w,v,t\ldots x,y)=0$$

für jede Stelle $(x\,y)$ gegeben sein, als Unbekannte der Stelle zugeordnet sind. Man nennt diese Gleichungen ein simultanes System partieller Differenzengleichungen. Dieses System wird insbesondere linear genannt, wenn die Funktionen F_1, F_2, F_3, eine lineare Abhängigkeit der Werte von w, v, t an der Stelle $(x\,y)$ und deren Umgebung herstellen.

Partielle Differenzengleichungen, die aus einem Extremalproblem folgen. Auch unter den partiellen Differenzengleichungen sind jene, welche die Folge einer Extremalbedingung einer quadratischen Form sind, für die Anwendung die wichtigsten. Wir können dabei ähnlich vorgehen, wie wir es bei dem analogen linearen Problem in § 6 getan haben. Die quadratische Form wird hierbei infolge der zweidimensionalen Ausdehnung unseres Gebietes die Gestalt

$$J=\sum_{i=0}^{n}\sum_{k=0}^{m}\sum_{i'=0}^{n}\sum_{k'=0}^{m}a_{ik\,i'k'}\,w_{i'k'} \tag{1}$$

haben und demgemäß wird das Gleichungssystem

$$\sum_{i'=0}^{n}\sum_{k'=0}^{m}a_{ik\,i'k'}\,w_{i'k'}-U_{ik}=0\qquad \begin{pmatrix}i=0,1\ldots n\\ k=0,1\ldots m\end{pmatrix} \tag{1a}$$

mit der Bedingung

$$a_{ik\,i'k'}=a_{i'k'\,ik}$$

lauten.

Damit diese Gleichungen die Form von partiellen Differenzengleichungen haben, ist es notwendig, daß alle $a_{ik\,i'k'}$, mit Ausnahme jener verschwinden, bei denen die Differenzen der Indizes der Bedingung

$$i-i'\gtreqless r$$
$$k-k'\gtreqless s$$

genügen. Schreiben wir nunmehr wieder x statt i und y statt k und setzen wir

$$i'=x+\nu\qquad \nu\gtreqless r$$

und

$$k'=y+\mu\qquad \mu\gtreqless s,$$

so verknüpft unsere Differenzengleichung offenbar alle Werte von w, die innerhalb des Gebietes

$$x + r, \quad x - r, \quad y + s, \quad y - s \quad.$$

(einschließlich der Berandung) gelegen sind. Es ist möglich, daß r und μ noch weiter eingeschränkt sind, so daß nur gewisse Wertepaare derselben gestattet sind. Dann sind nicht alle Stellen in dem vorgenannten Bereiche miteinander verknüpft.

Die Koeffizienten genügen hierbei selbstverständlich der Bedingung:

$$a_{x,\,y\,;\,x+\nu,\,y+\mu} = a_{x+\nu,\,y+\mu\,;\,x,\,y}\,. \tag{2}$$

Eine partielle Differenzengleichung, die aus einem Extremalproblem folgt, läßt sich demnach in der Form

$$\sum_{\nu=-r}^{+r} \sum_{\mu=-s}^{+s} a_{x,\,y;\,x+\nu,\,y+\mu}\, w_{x+\nu,\,y+\mu} = U_{xy} \tag{3}$$

anschreiben. Aus der Bedingung (2) geht hervor, daß die Stellen, an denen w durch diese Gleichung verknüpft ist, stets so gruppiert sind, daß sie eine Figur bilden, die zur X- und Y-Achse symmetrisch ist. Schreibt man die Koeffizienten $a_{x,\,y;\,x+\nu,\,y+\mu}$ immer zu den Strecken, deren Endpunkte die Koordinaten x, y und $x+\nu, y+\mu$ haben, so kann man an Hand einer solchen Skizze, wie Abb. 53 ohne Schwierigkeiten das durch die Differenzengleichung repräsentierte Gleichungssystem aufstellen. Die einfachste partielle Differenzengleichung, die die Folge eines Extremalproblems ist, ist in bezug auf x und y von der zweiten Ordnung und hat die Form

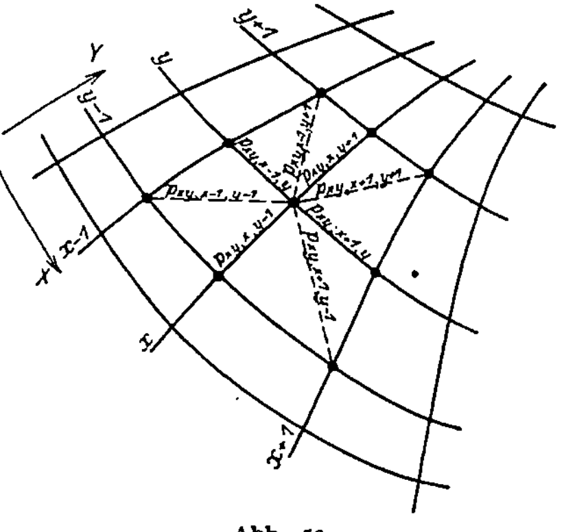

Abb. 53.

$$p_{x,\,y;\,xy}\, w_{xy} + p_{x,\,y;\,x-1,\,y}\, w_{x-1,\,y} + p_{x,\,y;\,x+1,\,y}\, w_{x+1,\,y}$$
$$+ p_{x,\,y;\,x,\,y-1}\, w_{x,\,y-1} + p_{x,\,y;\,x,\,y+1}\cdot w_{x,\,y+1} = U_{xy}$$

wobei also $r = s = 1$ und außerdem

$$p_{x,\,y;\,x-1,\,y-1} = p_{x,\,y;\,x+1,\,y+1} = p_{x,\,y;\,x-1,\,y+1} = p_{x,\,y;\,x+1,\,y-1} = 0$$

ist. Wir werden dieser Differenzengleichung in den folgenden Beispielen öfters begegnen und sie dann kürzer in der Form

$$D_x(\varphi\, w) + D_y(\psi\, w) = U_{xy}$$

schreiben, wobei $D_x(\varphi w)$ einen Ausdruck von der Form

$$D_x(\varphi w) = \varphi_1(x\,y)\,w_{x-1,y} + \varphi_0(x\,y)\,w_{xy} + \varphi_1(x+1,y)\,w_{x+1,y}$$

und

$$D_y(\psi w) = \psi_1(x\,y)\,w_{x,y-1} + \psi_0(x\,y)\,w_{xy} + \psi_1(x,y+1)\,w_{x,y+1}$$

vorstellt. $\varphi_0, \varphi_1, \psi_0$ und ψ_1 sind dabei willkürliche Funktionen von x und y.

Wir wollen von der Aufstellung weiterer spezieller Formen von solchen Differenzengleichungen absehen, die wir an Hand der Gl. (3) unschwer bilden können, und nur noch der Vollständigkeit halber darauf aufmerksam machen, daß wir es immer mit Differenzengleichungen zu tun haben, die sowohl in bezug auf x wie y von gerader Ordnung sind. So ist die allgemein angeschriebene Gl. (3) in bezug auf x von der Ordnung $2\,r$, in bezug auf y von der Ordnung $2\,s$.

41. Die Randbedingungen linearer partieller Differenzengleichungen.

Die folgenden Betrachtungen gelten ganz allgemein, also nicht nur für solche Gleichungen, die aus einem Extremalproblem folgen. Ebenso wie bei einer gewöhnlichen Differenzengleichung, ist auch bei einer partiellen die Lösung nicht eindeutig festgelegt, solange lediglich die Differenzengleichung gegeben ist. Dazu ist es notwendig, daß die abhängige Variable w, die in einem bestimmten Gebiete einer gegebenen partiellen Differenzengleichung genügen soll, noch bestimmten vorgegebenen Bedingungen am Rande unterworfen wird. Man nennt diese Bedingungen Randbedingungen und spricht auch von Randwerten, die w oder lineare Funktionen von w am Rande und an den dem Rand benachbarten Stellen annehmen muß. Enthalten diese Randbedingungen kein von w freies Glied, so bilden sie ein homogenes Gleichungssystem, und man bezeichnet die Randbedingungen dann als ,,homogen''.

Wir bemerken, daß die Bedingung, ein Ausdruck wie (1) möge ein Extrem werden, bereits die Randbedingungen liefert; denn das Gleichungssystem (1a) enthält genau so viele Unbekannte w als Gleichungen vorhanden sind, und die Unbestimmtheit der Lösung, die wir im folgenden beseitigen wollen, ist bei der partiellen Differenzengleichung nur dadurch aufgetreten, daß wir eine beliebige, vom Rande genügend weit entfernte Stelle $(x\,y)$ herausgegriffen haben und auf die abweichende Form dieser Gleichung für einen Punkt am Rande oder in der Nähe desselben nicht Rücksicht genommen haben.

Wir wollen zunächst diese Verhältnisse bei der Gleichung untersuchen, die sowohl in bezug auf x als auch y von der ersten Ordnung ist. Diese Gleichung verbindet jeweils die vier an den Ecken eines Feldes zugeordneten Werte von w. Bei einem viereckig begrenzten Gebiet von $n \cdot m$ Feldern werden wir sonach $n \cdot m$ Gleichungen haben, die aber den $(n+1) \cdot (m+1)$ Stellen entsprechend, an denen w vorkommt, $(n+1) \cdot (m+1)$ Unbekannte enthalten werden. Gemäß den $n+m+1$ überzähligen Unbekannten sind noch ebenso viele Gleichungen notwendig, damit die Lösung eindeutig festgelegt wird. Wir können dies zum Beispiel dadurch erzielen, wenn wir längs zweier in einer Ecke zusammentreffender Ränder des Gebietes die Werte von w vorgeben.

Wir wollen weiter die Randbedingungen der Gleichung

$$D_x(\varphi\, w) + D_y(\psi\, w) = U_{xy} \qquad (4)$$

untersuchen. Bei einem Gebiet von $n \cdot m$ Feldern erhalten wir, wenn wir diese Gleichungen für alle Stellen im Innern, für die Stellen am Rande aber nicht aufstellen, $(n-1) \cdot (m-1)$ Gleichungen. In diesen Gleichungen werden aber $(n+1) \cdot (m+1) - 4$ Unbekannte vorkommen; denn ist z. B. $x = n$ ein Rand des Gebietes und $(n-1, y)$ eine diesem Rande benachbartes im Innern des Bereiches gelegener Stelle, so wird, wenn wir die Gl. (4) für diesen Punkt anschreiben, auch der Wert von w an der Stelle (n, y) in ihr enthalten sein. Wenn wir die Werte von w in den vier Ecken mitzählen, haben wir insgesamt $(n+1) \cdot (m+1)$ Unbekannte. Es ist demnach notwendig, daß noch $2(n+m+1)$ Gleichungen, also z. B. die Werte von w längs des ganzen Randes unseres Bereiches, gegeben sind. Die Werte von U_{xy} längs des Randes sind in diesem Fall für die Aufgabe ohne Bedeutung, denn sie kommen in den Gleichungen überhaupt nicht vor.

Ähnlich sind die Verhältnisse bei Gleichungen von höherer Ordnung. Die Gleichung

$$p_{x,y;\,x,y}\, w_{xy} + p_{x,y;\,x-2,y}\, w_{x-2,y} + p_{x,y;\,x-1,y}\, w_{x-1,y}$$
$$+ p_{x,y;\,x+1,y}\, w_{x+1,y} + p_{x,y;\,x+2,y}\, w_{x+2,y}$$
$$+ p_{x,y;\,x,y-1}\, w_{x,y-1} + p_{x,y;\,x,y+1}\, w_{x,y+1} = U_{xy}$$

die in bezug auf x von der vierten Ordnung, in bezug auf y von der zweiten Ordnung ist, verknüpft je fünf aufeinander folgende Stellen der X-Achse mit drei aufeinander folgenden Stellen der Y-Achse: an den Rändern $y = 0$ und $y = k$ werden daher dieselben Verhältnisse bestehen wie in dem vorhergehenden Beispiel, und es wird genügen, wenn längs dieser Ränder die Werte w vorgegeben sind. An den beiden anderen Seiten wird es aber notwendig sein, daß noch eine weitere Bedingung hinzukommt. Wenn wir die Differenzengleichung wieder für die diesen Rändern benachbarten ersten Innenkoten aufstellen, so werden in dieselbe die Werte von w am Rande $x = 0$ bzw. $x = n$ eingehen. Außerdem werden aber noch die Werte von w an den Stellen $x = -1$ bzw. $x = n + 1$, also den ersten dem Rande benachbarten Außenknoten vorkommen. Es werden also, damit die Lösung unserer Aufgabe eindeutig festgelegt ist, längs dieser Ränder die Werte von w für alle Knoten mit den Abszissen $x = 0$ und $x = -1$ bzw. mit $x = n$ und $x = n + 1$ vorgegeben sein müssen.

Durch ähnliche Überlegungen, die darauf beruhen, daß man die Zahl der Stellen, an denen w bei der Aufstellung der Differenzengleichung für ein bestimmtes Gebiet vorkommt, der Anzahl der einzelnen Gleichungen gegenüberstellt, kann man sich stets über die notwendigen Randbedingungen klar werden. Es ist ohne weiteres einzusehen, daß an Stelle der Werte von w auch lineare Verbindungen von w an den Stellen in der Nähe des Randes gegeben sein können. Diese Randbedingungen müssen aber natürlich immer so beschaffen sein, daß sie nicht eine Folge der Differenzengleichung sind oder mit derselben in Widerspruch stehen. Solange die Randbedingungen nicht gegeben sind, ist naturgemäß die Lösung einer partiellen Differenzengleichung nicht eindeutig bestimmt. Da man jede lineare partielle Differenzengleichung als Sonderfall des Gleichungssystems

$$\sum_{k=0}^{n} a_{ik} y_k = u_i \qquad (i = 0, 1 \ldots n)$$

auffassen kann, so folgt daraus, daß sich ebenso wie bei gewöhnlichen Differenzengleichungen die allgemeine Lösung aus einer linearen Verbindung einer Anzahl partikularer Lösungen zusammensetzt. Ist also für einen bestimmten Bereich die partielle Differenzengleichung gleichwertig mit n linearen Gleichungen, die aber $n + p$ Unbekannte enthalten, so sind p partikulare, linear voneinander unabhängige Lösungssysteme vorhanden, und die allgemeine Lösung enthält p vorderhand willkürliche Konstante, deren Bestimmung erst aus p weiteren Gleichungen möglich wird, welche durch die vorgegebenen Randbedingungen repräsentiert werden. Gegenüber den gewöhnlichen Differenzengleichungen ist nur sofern ein Unterschied vorhanden, als bei diesen die Zahl der partikularen Lösungen von der Ausdehnung des Gebietes im Gegensatz zu den partiellen Differenzengleichungen unabhängig ist.

§ 11. Der biegungssteife Rahmen.

42. Der biegungssteife Rahmen mit unverschieblich gelagertem Rand.

Einleitende Bemerkungen. Wir wollen in diesem und dem folgenden Paragraphen an Hand einer Reihe von Beispielen, die der Baustatik entnommen sind, zeigen, wie gewisse partielle Differenzengleichungen einer Lösung zugänglich sind, und dabei vor allem bestrebt sein, zu solchen Resultaten zu gelangen, deren numerische Auswertung mit einem praktisch noch erträglichen Arbeitsaufwand möglich ist. Als allereinfachstes Beispiel behandeln wir zunächst die Berechnung von Rahmentragwerken von beliebiger Felderzahl. Darunter versteht man Konstruktionen, welche aus zwei Scharen dünner biegungssteifer Stäbe bestehen, die in einer Ebene liegen und an den Kreuzungsstellen oder Knoten ebenfalls biegungssteif verbunden sind. Wir beschränken uns im folgenden gemäß der praktischen Anwendung dieser Systeme auf gerade Stäbe, obwohl sich das im folgenden entwickelte Verfahren mit entsprechenden Änderungen auch auf gekrümmte Stäbe übertragen läßt. Weiter nehmen wir, obwohl ohne wesentlichen Einfluß auf die Formulierung unseres Problems, ebenfalls mit Rücksicht auf die in der Technik gebräuchliche Anordnung an, daß die zwei Scharen aus parallelen Graden bestehen, die sich rechtwinklig kreuzen. Wir werden ein solches System als Rahmen bezeichnen, wenn die Belastung in der Ebene der Stäbe wirkt; am Rande oder längs Teilen desselben ist der Rahmen irgendwie gestützt, doch wollen wir vorerst voraussetzen, daß die Stützung so erfolge, daß die einzelnen Knoten keine Verschiebung, sondern lediglich eine Verdrehung erfahren können, wenn das System unter den äußeren Kräften eine Deformation erleidet. Dies setzt weiter voraus, daß wir den Einfluß der axialen Kräfte, die in den einzelnen Stäben auftreten, auf die Deformation des Systemes vernachlässigen, was wir übrigens wegen der Geringfügigkeit desselben gegenüber dem von der Biegung der Stäbe herrührenden Anteil stets tun wollen. Es kommt also vor allem in diesem Falle auf die Ermittlung des Verdrehungswinkels der Knoten an, womit unsere Aufgabe im wesentlichen gelöst ist.

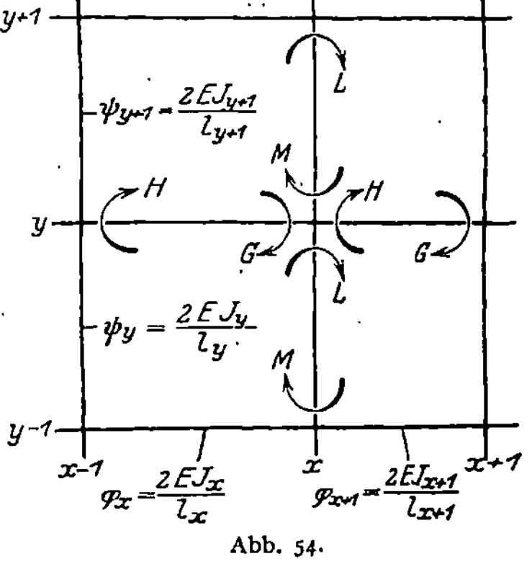

Abb. 54.

In Abb. 54 ist ein Teil unseres Rahmens dargestellt. Wie sich derselbe weiter fortsetzt und wie insbesondere der Rand aussieht, wollen wir vorderhand noch offen lassen. In der Abbildung sind die Stäbe $x-1$, x, $x+1$ und $y-1$, y, $y+1$ eingezeichnet; das Trägheitsmoment der erstgenannten Stäbe sei J_y und J_{y+1} zwischen den Knoten mit den Ordinaten $y-1$ und y, bzw. y und $y+1$; das der letzteren J_x und J_{x+1} zwischen den Knoten $x-1$ und x, bzw. x und $x+1$. Ebenso seien l_y und l_{y+1} bzw. l_x und l_{x+1} die entsprechenden Feldlängen. Wir wollen ausdrücklich annehmen, daß

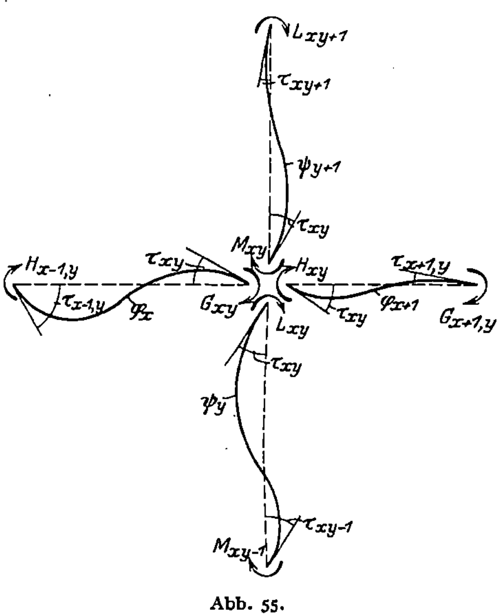

Abb. 55.

J und l jeweils nur mit der Variabeln veränderlich sind, die als Index angefügt ist; von der anderen Variabeln sind diese Größen unabhängig. Wir bezeichnen ferner mit E den Elastizitätsmodul des Konstruktionsmateriales und mit τ_{xy} den oben erwähnten Verdrehungswinkel des Knotens $(x\,y)$ (Abb. 55). Diesen Winkel rechnen wir dann positiv, wenn die Verdrehung im Uhrzeigersinne erfolgt. Die Biegungsmomente, die an den vier in einem Knoten $(x\,y)$ zusammentreffenden Stabenden unter der äußeren Belastung im Rahmen auftreten, bezeichnen wir mit G_{xy}, H_{xy}, L_{xy} und M_{xy}, und zwar gehört im Knoten $(x\,y)$ G_{xy} und H_{xy} zu dem in der negativen, bzw. positiven X-Richtung, L_{xy} und M_{xy} aber zu dem in der negativen, bzw. positiven Y-Richtung abzweigenden Stabe. Diese Momente sollen dann positiv bezeichnet werden, wenn sie so wirken, daß sie die Stabenden, an denen sie angreifen, im positiven Sinne verdrehen.

Die Differenzengleichung des Problems und seine Randbedingungen. Denkt man sich die Stäbe in den einzelnen Knoten nicht biegungsfest, sondern durch reibungsfreie Gelenke verbunden, so daß also die einzelnen Stäbe zwischen benachbarten Knoten freiaufliegende Träger vorstellen, so sollen die äußeren Kräfte solche Biegungsmomente erzeugen, daß bei Belastung der vier in dem Knoten $(x\,y)$ zusammentreffenden Stäbe mit diesen Momentenflächen der Stab zwischen den Knoten

$(x-1, y)$ und $(x\,y)$ im Knoten $(x-1, y)$ die Auflagerreaktion $P_{x-1,y}$, im Knoten $(x\,y)$ die Auflagerreaktion Q_{xy},

$(x\,y)$ und $(x+1,y)$ im Knoten $(x\,y)$ die Auflagerreaktion P_{xy},
im Knoten $(x+1,y)$ die Auflagerreaktion $Q_{x+1,y}$,

$(x,y-1)$ und $(x\,y)$ im Knoten $(x,y-1)$ die Auflagerreaktion $R_{x,y-1}$,
im Knoten $(x\,y)$ die Auflagerreaktion S_{xy},

$(x\,y)$ und $(x,y+1)$ im Knoten $(x\,y)$ die Auflagerreaktion R_{xy},
im Knoten $(x,y+1)$ die Auflagerreaktion $S_{x,y+1}$

ausübt. Die Vorzeichen von P_{xy}, Q_{xy}, R_{xy} und S_{xy} wollen wir dabei
so wählen, daß die Momentenfläche eines positiven Momentes H_{xy}
ein positives P_{xy} hervorruft. Ebenso gehört zu einem positiven G_{xy}
ein positives Q_{xy}, zu einem positiven M_{xy} und L_{xy} ein positives R_{xy}
bzw. ein positives S_{xy}. Die Auflagerreaktionen sind also dann positiv gerichtet, wenn sie in bezug auf einen innerhalb des betrachteten
Feldes gelegenen Querschnitt ein im Uhrzeigersinne drehendes Moment
erzeugen. Daher gibt eine Momentenfläche der äußeren Kräfte, welche
dem Vorzeichen nach mit der Momentenfläche von H_{xy} übereinstimmt,
ein positives P_{xy}, aber ein negatives $Q_{x+1,y}$ und ähnlich für die
anderen Stäbe.

Nun ist bekanntlich (vgl. Abb. 56) bei einem freiaufliegenden Stabe
von der Länge l und dem Trägheits-
moment J der EJ-fache Verdrehungswinkel τ eines Stabendes gleich dem
Auflagerdruck der Momentenfläche dieses Stabes an dem betreffenden Auf-
lager. Besteht die Belastung aus den Kräften T, deren Momenten-

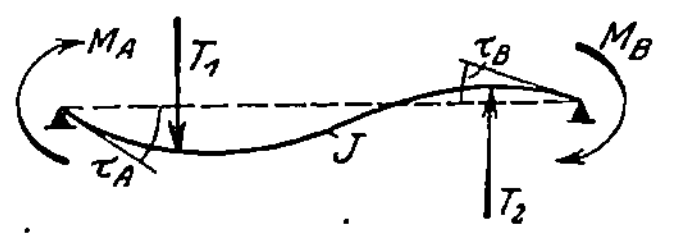

Abb. 56.

fläche die Auflagerreaktionen links A und rechts B erzeugt und außerdem noch aus den an den Stabenden angreifenden Momenten M_A und
M_B, wobei sämtliche Größen in dem oben festgesetzten Sinne positiv
gerechnet werden sollen, so ist

$$E\,J\,\tau_A = A + \frac{l}{2}\left(\frac{2}{3}M_A - \frac{1}{3}M_B\right),$$

$$E\,J\,\tau_B = B + \frac{l}{2}\left(\frac{2}{3}M_B - \frac{1}{3}M_A\right).$$

Löst man die vorstehenden Gleichungen nach M_A und M_B auf, so
findet man

$$M_A = \frac{2\,E\,J}{l}(2\,\tau_A + \tau_B) - \frac{2}{l}(2\,A + B),$$

$$M_B = \frac{2\,E\,J}{l}(2\,\tau_B + \tau_A) - \frac{2}{l}(2\,B + A).$$

Wendet man diese Formeln auf die vier Momente G, H, L und M,
die in einem Knoten angreifen, an, so erhält man

$$\left.\begin{aligned}
G_{xy} &= \varphi_x(2\,\tau_{xy} + \tau_{x-1,\,y}) - \frac{2}{l_x}(2\,Q_{xy} + P_{x-1,\,y}),\\
H_{xy} &= \varphi_{x+1}(2\,\tau_{xy} + \tau_{x+1,\,y}) - \frac{2}{l_{x+1}}(2\,P_{xy} + Q_{x+1,\,y}),\\
L_{xy} &= \psi_y(2\,\tau_{xy} + \tau_{x,\,y-1}) - \frac{2}{l_y}(2\,S_{xy} + R_{x,\,y+1}),\\
M_{xy} &= \psi_{y+1}(2\,\tau_{xy} + \tau_{x,\,y+1}) - \frac{2}{l_{y+1}}(2\,R_{xy} + S_{x,\,y+1}).
\end{aligned}\right\} \qquad (1)$$

Dabei wurde zur Abkürzung $\varphi_x = \dfrac{2\,E\,J_x}{l_x}$ und $\psi_y = \dfrac{2\,E\,J_y}{l_y}$ gesetzt.

Infolge des Gleichgewichtes des Knoten (xy) gegen Verdrehen muß die Summe dieser vier Momente verschwinden. Es ist also

$$G + H + L + M = \varphi_x(\tau_{x-1,\,y} + 2\,\tau_{xy}) + \varphi_{x+1}(2\,\tau_{xy} + \tau_{x+1,\,y})$$
$$+ \psi_y(\tau_{x,\,y-1} + 2\,\tau_{xy}) + \psi_{y+1}(2\,\tau_{xy} + \tau_{x,\,y+1}) - U_{xy} = 0,$$

worin

$$\left.\begin{aligned}
U_{xy} &= \frac{2}{l_x}(P_{x-1,\,y} + 2\,Q_{xy}) + \frac{2}{l_{x+1}}(2\,P_{xy} + Q_{x+1,\,y})\\
&\quad + \frac{2}{l_y}(R_{x,\,y-1} + 2\,S_{xy}) + \frac{2}{l_{y+1}}(2\,R_{xy} + S_{x,\,y+1})
\end{aligned}\right\} \qquad (2)$$

einen Ausdruck vorstellt, der lediglich von der äußeren Belastung abhängig ist und der, wenn die äußere Belastung gegeben ist, leicht berechnet werden kann.

Wir erhalten also für die Winkelverdrehung τ eine partielle Differenzengleichung, die in bezug auf x und y von der zweiten Ordnung ist und die wir mit dem schon verwendeten Symbol D auch kürzer in der Form

$$D_x(\varphi\,\tau) + D_y(\psi\,\tau) = U_{xy} \qquad (3)$$

anschreiben wollen. Wir haben diese Gleichung bereits in den einleitenden Bemerkungen über partielle Differenzengleichungen erwähnt und festgestellt, daß noch längs des Randes eine weitere Bedingung gegeben sein muß, damit die Lösung dieser Differenzengleichung eindeutig festgelegt ist. Die Form dieser Randbedingung hängt naturgemäß davon ab, wie die Verhältnisse am Rande des Systems liegen.

Wie wir bereits erwähnt haben, werden wir uns im folgenden gemäß dem bei praktischen Anwendungen fast ausnahmslos vorliegenden Falle stets auf ein rechteckiges Gebiet, das einerseits von $x = 0$ und $x = n$, andererseits von $y = 0$ und $y = m$ abgegrenzt wird, beschränken.

Der einfachste Fall ist dabei der, daß die Stäbe längs des Randes fest eingespannt oder geklemmt sind, d. h. daß τ längs dieses Randes

verschwinden muß. Wir erhalten demnach längs eines solchen Randes,
wie z. B. $y = 0$ in Abb. 57, als homogene Randbedingung

$$\tau_{xy} = 0 \quad \text{für} \quad y = 0 \, . \tag{4}$$

Eine weitere für die Anwendung wichtige Form des Randes ist die
in dieser Abbildung für $x = 0$ dargestellte; die Stäbe sind hier am
Rande gelenkig befestigt. Es muß also hier das Biegungsmoment für
den nach innen führenden Stab verschwinden und das bedingt, daß für

$$x = 0: \quad H_{xy} = \varphi_{x+1}(2\,\tau_{xy} + \tau_{x+1,\,y}) - U_{xy} = 0 \tag{5}$$

gemäß Gl. (1) sein muß, nachdem hier

$$U_{xy} = \frac{2}{l_{x+1}}(2\,P_{xy} + Q_{x+1,\,y})$$

ist und $\frac{2}{l_x}(2\,Q_{xy} + P_{x-1,\,y})$
verschwindet. Wir können
dieser Randbedingung auch
eine homogene Form geben,
wenn wir das Gebiet uns bis
zu den Knoten $x = -1$ erweitert denken und für $x = 0$
noch die Differenzengleichung aufstellen:

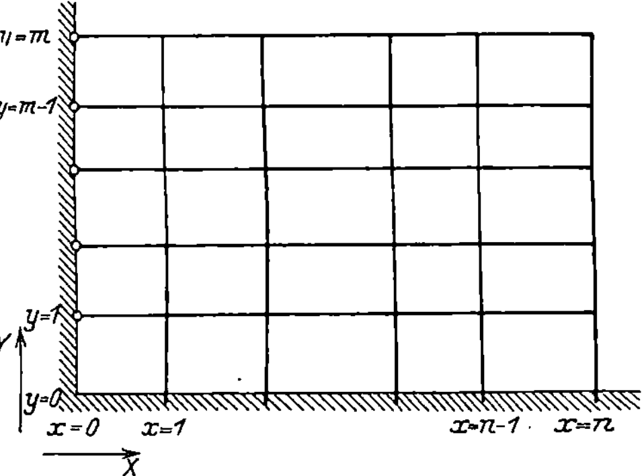

Abb. 57.

$$D_x(\varphi\,\tau) + D_y(\psi\,\tau) = U_{xy} \tag{3a}$$

dafür aber die Differenz von Gl. (3a) und (5):

$$\varphi_x(\tau_{x-1,\,y} + 2\,\tau_{xy}) + D_y(\psi\,\tau) = 0 \quad \text{für} \quad x = 0 \, ,$$

als Randbedingung vorschreiben. Ebenso würde der Rand $x = n$

$$G_{xy} = \varphi_x(2\,\tau_{xy} + \tau_{x-1,\,y}) - U_{xy} \quad \text{für} \quad x = n$$

oder

$$\varphi_{x+1}(2\,\tau_{x+1,\,y} + 2\,\tau_{xy}) + D_y(\psi\,\tau) = 0 \quad \text{für} \ x = n$$

verlangen, und ganz ähnliche Ausdrücke ergeben sich für einen
Rand $y = 0$ oder $y = n$, wenn die Stäbe längs desselben gelenkig
befestigt sind.

Als dritte Möglichkeit wollen wir noch den Fall eines sogenannten
freien Randes betrachten. Ein solcher freier Rand ist in Abb. 57
für $x = n$ und $y = m$ dargestellt. Stellen wir in diesem Falle die
Differenzengleichung für einen Randknoten, also z. B. für einen
Knoten längs des Randes $x = n$, auf, so enthält die Gleichung, die
das Verschwinden der Summe der Momente um diesen Randknoten
ausdrückt, nur die drei Momente G, L und M, oder, was auf das-

selbe hinauskommt, es muß in diesem Falle das Moment H Null sein. Wir erhalten also, wenn wir für H den Wert gemäß Gl. (1) einsetzen,

$$2\,\tau_{xy} + \tau_{x+1,\,y} = 0 \quad (x=n).\tag{6}$$

Für den Rand $x=0$ würden wir aus dem Verschwinden von G_{xy}

$$2\,\tau_{xy} + \tau_{x-1,\,y} = 0 \quad \text{für} \quad x=0$$

erhalten, und ganz ähnlich liefert ein freier Rand $y=m$, wegen $M=0$

$$2\,\tau_{xy} + \tau_{x,\,y+1} = 0 \quad \text{für} \quad y=m$$

und ein freier Rand $y=0$, wegen $L=0$

$$2\,\tau_{xy} + \tau_{x,\,y-1} = 0 \quad \text{für} \quad y=0.$$

Es muß also für einen freien Rand immer die Summe von dem doppelten Verdrehungswinkel des betreffenden Randknoten und dem ersten, außerhalb des vorgegebenen Bereiches gelegenen Nachbarknoten verschwinden. Auch diese Randbedingungen sind homogen.

Die Lösung der homogenen partiellen Differenzengleichung $D_x(\varphi\tau) + D_y(\psi\tau) = \lambda\tau$ bei geklemmtem oder freiem Rand. Bevor wir uns mit der Lösung der inhomogenen Gl. (3), welche naturgemäß das Endziel unserer Betrachtungen bildet, befassen, wollen wir uns zuerst kurz mit der entsprechenden homogenen Gleichung

$$D_x(\varphi\tau) + D_y(\psi\tau) = \lambda\tau\tag{7}$$

beschäftigen.

Wir versuchen, analog wie man es in der Theorie der partiellen Differentialgleichungen zu tun pflegt, für τ einen Ansatz in der Form eines Produktes

$$\tau = X\,Y,\tag{8}$$

dessen Faktor X lediglich von x, der andere, Y, nur von y abhängig ist. Nachdem φ und ψ nach unserer eingangs gemachten Voraussetzung ebenfalls nur von x bzw. nur von y abhängen, ergibt sich

$$D_x(\varphi\tau) = Y D(\varphi X) \qquad D_y(\varphi\tau) = X D(\varphi Y),$$

und die homogene partielle Differenzengleichung nimmt, wenn man $\tau = XY$ einsetzt, die Form an

$$X\,Y\left[\frac{D(\varphi X)}{X} + \frac{D(\psi Y)}{Y}\right] = X\,Y\lambda.$$

Diese Gleichung verlangt, daß der Klammerausdruck auf der linken Seite gleich λ, also gleich einer Konstanten ist, und da allenfalls $\dfrac{D(\varphi X)}{X}$

nur von x, $\dfrac{D(\psi Y)}{Y}$ nur von y abhängig sein könnte, muß notwendigerweise sowohl $\dfrac{D(\varphi X)}{X}$ als auch $\dfrac{D(\psi Y)}{Y}$ eine Konstante sein. Wir erhalten also für X und Y die gewöhnlichen Differenzengleichungen

und

$$\left. \begin{aligned} \frac{D(\varphi X)}{X} &= \lambda' \\[2mm] \frac{D(\psi Y)}{Y} &= \lambda''. \end{aligned} \right\} \tag{9}$$

λ ergibt sich demnach mit

$$\lambda = \lambda' + \lambda''.$$

Um die Randbedingungen für einen geklemmten oder freien Rand zu erhalten, denen X bzw. Y genügen muß, wollen wir die homogene Randbedingung für τ allgemein in der Form $R(\tau) = 0$ schreiben. Für die Ränder $x = 0$ und $x = n$ wird dann diese Gleichung für diese Randausbildung Werte von τ an Stellen mit verschiedenem x, aber immer demselben y verbinden, so daß, wenn wir für τ den Wert $\tau = XY$ einsetzen, die Bedingung

$$R(XY) = YR(X) = 0$$

oder

$$R(X) = 0 \quad \text{für} \quad x = 0 \quad \text{und} \quad x = n$$

erhalten wird. Ähnlich ergibt sich längs der beiden anderen Ränder

$$R(Y) = 0 \quad \text{für} \quad y = 0 \quad \text{und} \quad y = m.$$

So führt z. B. ein geklemmter Rand $x = 0$, bzw. $y = 0$ wegen $\tau = 0$ auf die Randbedingungen $X = 0 \ (x = 0)$ und $Y = 0 \ (y = 0)$, die freien Ränder $x = 0$ und $x = n$ wegen $2\tau_{xy} + \tau_{x-1,\,y} = 0$ auf

$$2X_x + X_{x-1} = 0 \quad \text{für} \quad x = 0$$

und wegen $2\tau_{xy} + \tau_{x+1,\,y} = 0$ auf

$$2X_x + X_{x+1} = 0 \quad \text{für} \quad x = n.$$

Die Randbedingungen für X und Y sind also homogen und als Lösung der Differenzengleichungen $\dfrac{D(\varphi X)}{X} = \lambda'$ und $\dfrac{D(\psi Y)}{Y} = \lambda''$ werden wir die Eigenlösungen X^i und Y^k, welche durch die Eigenwerte λ_i' und λ_k'' bedingt sind, erhalten. Die Eigenlösungen unserer homogenen partiellen Differenzengleichung lauten daher

$$\tau_{xy}^{ik} = X^i Y^k \tag{10}$$

mit den diese Lösungen bedingenden Eigenwerten $\lambda_{ik} = \lambda_i' + \lambda_k''$.

Ebenso wie bei dem analogen linearen Problem genügen, wie sich leicht zeigen läßt, auch in diesem Falle die τ^{ik} der Orthogonalitätsbedingung

$$\sum_{x=0}^{n} \sum_{y=0}^{m} \tau_{xy}^{ik}\, \tau_{xy}^{i'k'} = 0\,, \tag{11}$$

wenn wenigstens eine der beiden Ungleichungen

$$i \neq i'$$

oder

$$k \neq k'$$

erfüllt ist. Um dies einzusehen, brauchen wir bloß in der Gleichung (11) die gefundenen Werte τ einzusetzen und erhalten für die Summe linker Hand den Ausdruck

$$\sum_{x=0}^{n} \sum_{y=0}^{m} X^i\, Y^k\, X^{i'}\, Y^{k'}\,.$$

Wenn man in dieser Summe die Glieder so ordnet, daß man zuerst nach der einen Variabeln, etwa y, dann nach der anderen x summiert, so findet man für die eben angeschriebene Summe den Wert

$$\sum_{x=0}^{n} X^i\, X^{i'} \sum_{y=0}^{m} Y^k\, Y^{k'} = 0\,,$$

denn die innere Summe muß wegen der Orthogonalität der Y^k verschwinden. Gleichzeitig ist auch ersichtlich, daß es hinreichend ist, wenn eine der beiden Ungleichungen für i oder k besteht.

Ist aber $i = i'$ und zugleich $k = k'$, so erstreckt sich die Doppelsumme über lauter Quadrate und muß daher einen positiven Wert haben. Dabei können wir es durch passende Wahl eines konstanten Faktors, mit dem τ^{ik} zu multiplizieren ist, so einrichten, daß

$$\sum_{x=0}^{n} \sum_{y=0}^{m} (\tau_{xy}^{ik})^2 = 1 \tag{11a}$$

wird und die Lösungen normiert sind. Das ist der Fall, wenn die X^i und Y^k normierte Eigenlösungen sind, also $\sum_{x=0}^{n} (X^i)^2 = 1$ und $\sum_{y=0}^{m} (Y^k)^2 = 1$ ist.

Man kann nun weiter die Aufgabe stellen, eine vorgegebene Funktion innerhalb eines Gebietes $0 \leq x \leq n$ und $0 \leq y \leq m$ in eine Reihe, die nach den vorstehenden Eigenlösungen fortschreitet, zu entwickeln. Es sollen also in der Gleichung

$$U_{xy} = \sum_{i=0}^{n} \sum_{k=0}^{m} u_{ik}\, X^i\, Y^k$$

die Koeffizienten u_{ik} bestimmt werden. Wir multiplizieren beiderseits mit $X^p\,Y^q$ und bilden die Summe

$$\sum_{x=0}^{n}\sum_{y=0}^{m} U_{xy}\,X^p\,X^q = \sum_{x=0}^{n}\sum_{y=0}^{m}\sum_{i=0}^{n}\sum_{k=0}^{m} X^p\,X^i\,Y^q\,Y^k\cdot u_{ik}.$$

Vertauscht man hierin rechter Hand die Summationsfolge, so erhält man für die rechte Seite

$$\sum_{i=0}^{n}\sum_{k=0}^{m}\left(\sum_{x=0}^{n}\cdot X^p X^i\cdot\sum_{y=0}^{m} Y^q Y^k\right) u_{ik}.$$

Wegen der Orthogonalitätseigenschaft der X und Y werden die inneren Summen dieses Ausdruckes nur dann nicht verschwinden, wenn $i=p$ und $k=q$ ist, so daß sich die vorstehende Gleichung unter der Voraussetzung normierter Eigenlösungen zu

$$u_{pq}=\sum_{x=0}^{n}\sum_{y=0}^{m} U_{xy}\,X^p\,Y^q \tag{12}$$

vereinfacht.

Entwicklung der Lösung der inhomogenen Gleichung nach den Eigenlösungen bei freiem oder geklemmtem Rand. Es ist nunmehr nicht schwierig, die Lösung der inhomogenen partiellen Differenzengleichung (3) mit homogenen Randbedingungen zu finden. Entwickelt man die U_{xy} mit Hilfe der Gl. (12) in eine Reihe

$$U_{xy}=\sum_{i=0}^{n}\sum_{k=0}^{m} u_{ik}\,X^i\,Y^k.$$

wobei also X^i und Y^k die zu den Eigenwerten λ_i' und λ_k'' gehörigen Eigenlösungen der gewöhnlichen Differenzengleichungen

$$D(\varphi\,X^i)=\lambda_i'\,X^i,\quad D(\psi\,Y^k)=\lambda_k''\,Y^k$$

mit den entsprechenden homogenen Randwerten sind und setzen wir ferner

$$\tau_{xy}=\sum_{i=0}^{n}\sum_{k=0}^{m} c_{ik}\,X^i\,Y^k, \tag{13}$$

so ergibt sich durch Einsetzen der Werte für τ_{xy} in die zu lösende partielle Differenzengleichung

$$D_x(\varphi\,\tau)+D_y(\psi\,\tau)=\sum_{i=0}^{n}\sum_{k=0}^{m} c_{ik}\,\lambda_{ik}\,X^i\,Y^k=\sum_{i=0}^{n}\sum_{k=0}^{m} u_{ik}\,X^i\,Y^k.$$

Hieraus erhält man, da diese Gleichungen für beliebige x und y erfüllt sein müssen,

$$c_{ik}=\frac{u_{ik}}{\lambda_{ik}}=\frac{u_{ik}}{\lambda_i'+\lambda_k''}. \tag{14}$$

Unsere Aufgabe ist mithin gelöst. Allerdings setzt diese Lösung voraus, daß wir die Eigenlösungen X und Y sowie die Eigenwerte λ' und λ'' in einfacher Weise, und nicht erst nach Auflösen der Frequenzgleichung ermitteln können, damit eine praktische Anwendung überhaupt ohne zu große Rechenarbeit möglich ist. Das ist aber nur dann der Fall, wenn sowohl φ als auch ψ konstante Größen sind. In diesem Falle kann man die am Schlusse dieses Buches angegebenen Tabellen für die Eigenlösungen benützen und so viel Rechenarbeit ersparen. Man hat dann immer noch, um τ_{xy} zu erhalten, bei einer Ausdehnung von n und m Feldern bei einem freien Rande Summen von $(n+1) \cdot (m+1)$, bei geklemmten Rändern von $(n-1) \cdot (m-1)$ Gliedern zur Berechnung von u_{ik} und τ_{xy} zu bilden.

Darstellung der Lösung $\tau = \sum\limits_{i=0}^{n} \sum\limits_{k=0}^{m} X^i Y^k c_{ik}$ **durch eine einfache Summe.** Wir können uns in einfacher Weise eine andere, für die numerische Rechnung bequemere Form der Lösung beschaffen, die außerdem noch den Vorteil hat, daß sie auch für den Fall, daß eine von den beiden Größen φ oder ψ veränderlich ist, nicht zu viel Rechenarbeit verursacht und das Auflösen der Frequenzgleichung mit variabeln Koeffizienten vermeidet. Wir wollen annehmen, daß φ konstant, ψ aber variabel sei. Wir schreiben die Lösung

$$\tau = \sum\limits_{i=0}^{n} \sum\limits_{k=0}^{m} \frac{u_{ik}}{\lambda_i' + \lambda_k''} X^i Y^k$$

durch Vertauschung der Summationsfolge

$$\tau = \sum\limits_{i=0}^{n} X^i \sum\limits_{k=0}^{m} \frac{u_{ik}}{\lambda_i' + \lambda_k''} Y^k .$$

Die innere Summe stellt dann offenbar die Lösung einer inhomogenen gewöhnlichen Differenzengleichung vor, die nach den Eigenlösungen der homogenen Gleichung entwickelt worden ist. Wie man sich leicht überzeugt, hat diese inhomogene Gleichung die Gestalt

$$D(\psi \overline{Y^i}) + \lambda_i' \overline{Y^i} = u_i(y), \tag{15}$$

so daß wir also $\overline{Y^i} = \sum\limits_{k=0}^{m} \dfrac{u_{ik} Y^k}{\lambda_i' + \lambda_k''}$ mit $u_{ik} = \sum\limits_{y=0}^{m} Y_y^k u_i(y)$ erhalten und

für τ sich der einfachere Ausdruck

$$\tau = \sum\limits_{i=0}^{n} X^i \overline{Y^i} \tag{16}$$

ergibt. Denn um die Lösung $\overline{Y^i}$ der vorstehend angeschriebenen inhomogenen Gl. (15) nach den Eigenlösungen der homogenen .

$$D(\psi Y^{*k}) + \lambda_i' Y^{*k} = \lambda_k^* Y^{*k} \tag{17}$$

zu entwickeln, braucht man sich nur zu erinnern, daß diese Eigenlösungen Y^{*k} nicht von λ_i' abhängen, und daher identisch sind mit den Eigenlösungen von $D(\psi\,Y^k)=\lambda_k''\,Y^k$, also den im vorhergehenden bereits angewendeten Lösungen. Die Eigenwerte λ_k^* sind aber mit λ_i' und λ_k'' durch die Beziehung $\lambda_k^* - \lambda_i' = \lambda_k''$ verknüpft, so daß $\lambda_k^* = \lambda_{ik} = \lambda_i' + \lambda_k''$ wird und man tatsächlich die Gl. (15) für $\overline{Y^i}$ erhält. Die Größen u_{ik} sind demnach die Koeffizienten der Entwicklung von $u_i(y)$ nach den Eigenlösungen der Gl. (17) oder

$$D(\psi\,Y^k)=\lambda_k''\,Y^k.$$

Gelingt es, diese $u_i(y)$ in einer einfachen Weise zu bestimmen, so haben wir insofern einen Vorteil erreicht, als wir dann zur Berechnung der $\overline{Y^i}$ lediglich das Gleichungssystem (15), allerdings jedesmal für ein anderes i aufzulösen haben. Wir bemerken zu diesem Zwecke, daß sich die u_{ik} gemäß Gl. (12) aus

$$u_{ik} = \sum_{x=0}^{n}\ \sum_{y=0}^{m} X^i\,Y^k\,U_{xy}$$

berechnen; schreibt man diese Gleichung wiederum in der Form

$$u_{ik} = \sum_{y=0}^{m} Y^k \sum_{x=0}^{n} X^i\,U_{xy}$$

und vergleicht diese Form mit dem Ausdruck

$$u_{ik} = \sum_{y=0}^{m} Y^k\,u_i(y),$$

so sieht man ohne weiteres, daß die gesuchte Beziehung

$$u_i(y) = \sum_{x=0}^{n} X^i\,U_{xy} \tag{18}$$

lautet.

Man kann übrigens dieses Resultat und diese Reduktion der Doppelsumme auf eine einfache Summe auch so erhalten, wenn man mit dem Ansatz $\tau = \sum_{i=0}^{m} X^i\,\overline{Y^i}$ und $U_{xy} = \sum_{i=0}^{n} X^i\,u_i(y)$ direkt in die inhomogene Gleichung eingeht und dann ähnlich wie Seite 253 verfährt.

Zusammenfassend sei also wiederholt: Um die partielle Differenzengleichung

$$D_x(\varphi\,\tau) + D_y(\psi\,\tau) = U_{xy}$$

zu lösen, verwenden wir den Ansatz $\tau = \sum_{i=0}^{n} X^i\,\overline{Y^i}$. Die als homogen vorausgesetzten Bedingungen, denen τ am Rande zu genügen hat, liefern, wenn dieser Wert für τ in dieselbe eingesetzt wird, für X^i und $\overline{Y}^i$ ebenfalls homogene Randbedingungen, und zwar ergeben die Ränder $x =$ konstant die Bedingungen für X^i, die Ränder $y =$ konstant die Bedingungen für $\overline{Y}$. X^i sind die Eigenlösungen der homogenen gewöhnlichen Differenzengleichung $D(\varphi X) = \lambda' X$ mit den Eigenwerten λ_i'.

Für $\overline{Y}^i$ erhalten wir die inhomogene gewöhnliche Differenzengleichung

$$D(\psi \overline{Y}^i) + \lambda_i' \overline{Y}^i = u_i(y), \qquad \begin{aligned} (i &= 0, 1, 2 \dots n) \\ (y &= 0, 1, 2 \dots m) \end{aligned}$$

wobei $u_i(y)$ die Koeffizienten der Entwicklung

$$U_{xy} = \sum_{i=0}^{n} X^i u_i(y)$$

vorstellen und nach früheren durch

$$u_i(y) = \sum_{x=0}^{n} X^i U_{xy}$$

zu berechnen sind[1].

Entsprechend den Gleichungen (16) und (18) kommt es bei dieser wie bei allen folgenden Aufgaben darauf an, Summen von der Form

$$c_{sq} = \sum_{r=0}^{r=r_1} a_{rs} \cdot b_{rq}$$

zu berechnen. Die Größen a_{rs} sind für die Werte $r = 0, 1, \dots r_1$ und $s = 0, 1, 2 \dots s_1$, die Größen b_{rq} für $r = 0, 1, \dots r_1$, und $q = 0, 1 \dots q_1$ gegeben. Die Bestimmung der c_{sq} kann ganz mechanisch nach den Regeln der Matrizenmultiplikation geschehen.

· Bezeichnet nämlich A_{rs} das Schema oder die Matrix der Elemente a_{rs} $\begin{aligned} (r &= 0, 1, 2, \dots r_1 - 1, r_1) \\ (s &= 0, 1, 2, \dots s_1 - 1, s_1) \end{aligned}$

$$A_{rs} = \begin{vmatrix} a_{00} \, a_{10} & \cdot \cdot & a_{r_1 0} \\ a_{01} \, a_{11} & \cdot \cdot & a_{r_1 1} \\ \vdots \quad \vdots & & \vdots \\ a_{0 s_1}, \, a_{1 s_1} & \cdot \cdot & a_{r_1 s_1} \end{vmatrix} \qquad (19)$$

und ebenso

B_{rq} die Matrix der Elemente b_{rq} $\begin{aligned} (r &= 0, 1, 2 \dots r_1 - 1, r_1,) \\ (q &= 0, 1, 2 \dots q_1 - 1, q_1,) \end{aligned}$

$$B_{rq} = \begin{vmatrix} b_{00} \, b_{10} & \cdot \cdot & b_{r_1 0} \\ b_{01} \, b_{11} & \cdot \cdot & b_{r_1 1} \\ \vdots & & \vdots \\ b_{0 q_1}, \, b_{1 q_1} & \cdot \cdot & b_{r_1 q_1} \end{vmatrix},$$

---

[1] Im folgenden sind stets die Lösungen des inhomogenen Gleichungssystems durch einen horizontalen Strich von den Eigenlösungen unterschieden.

so bezeichnet man mit dem Produkt $A_{rs}\,B_{rq} = C_{sq}$ eine Matrix

$$C_{sq} = \begin{vmatrix} c_{00}\,c_{01} & \cdot\cdot & c_{s_1 0} \\ c_{01}\,c_{11} & \cdot\cdot & c_{s_1 1} \\ \cdot\quad\cdot & & \cdot \\ c_{0\,q_1}, c_{1\,q_1} & \cdot\cdot & c_{s_1\,q_1} \end{vmatrix},$$

deren Elemente nach der Vorschrift

$$c_{sq} = \sum_{r=0}^{r_1} a_{rs}\,b_{rq}$$

gebildet worden sind. Nachdem wir bei den folgenden Aufgaben stets auf diese Matrizenmultiplikation geführt werden, wird man gut tun, sich diese Vorschrift, nach der aus zwei Schemen von gegebenen Elementen ein Schema neuer Elemente zu bilden ist, recht gut einzuprägen. Es empfiehlt sich also, die Matrizen so anzuordnen, daß in beiden entweder die Zeilen oder die Reihen nach dem Index fortschreiten, der beiden Matrizen gemeinsam ist. Im vorliegenden Falle kann man sich eine Matrix, etwa B auf Pauspapier schreiben und, um das Element c_{sq} der neuen Matrix zu erhalten, so über A legen, daß die Zeile s von A sich mit der Zeile q von B deckt. Das Element c_{sq} der neuen Matrix wird dann gebildet, wenn man jedes Element der Zeile s der Matrix A mit dem an derselben Stelle in der Zeile q der Matrix B stehenden multipliziert und die so erhaltenen Produkte addiert.

Beispiel: Berechnung eines Stockwerksrahmens von beliebiger Felderanzahl. Wir wollen die praktische Anwendung dieses Verfahrens an der Berechnung eines im Hochbau ziemlich häufig angewendeten Tragwerkes zeigen

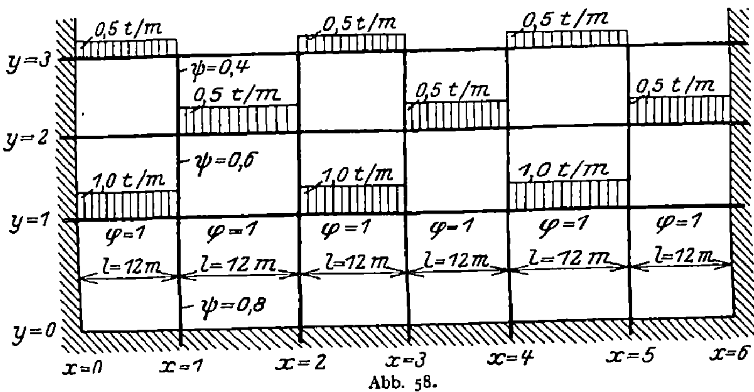

Abb. 58.

(Abb. 58). Dieser Stockwerksrahmen sei durch eine — wie man in der Praxis der Einfachheit halber stets annimmt — gleichmäßig verteilte Belastung, deren Wert in den einzelnen Feldern in der Zeichnung eingetragen ist, beansprucht. Der Rahmen soll in der Längsrichtung aus 6 Feldern, in der Höhe aus 3 Geschossen bestehen. In der horizontalen Richtung soll, wie wir annehmen wollen, das Verhältnis $\varphi_x = \dfrac{2\,E\,J_x}{l_x}$ konstant sein. Bei ungleichen Feldlängen l_x wird dies allerdings zumeist nicht mehr genau der Fall sein, doch ist diese Annahme nicht gar so unberechtigt, da mit wachsender Feldlänge auch das Trägheitsmoment, allerdings nicht in demselben Verhältnis zunimmt. Rechnet man aber in dem Falle ungleicher Feldlängen mit konstantem J, wie man das gewöhnlich bei durchlaufenden Trägern zu tun pflegt, so wird man sicherlich ebenso einen Fehler begehen wie bei der von uns gemachten Annahme eines konstanten Wertes von $\varphi_x = \varphi$.

Wir setzen also für die wagrechten Stäbe das Verhältnis $\varphi = 1$; für die senkrechten Stäbe soll dieses Verhältnis von unten nach oben der Reihe nach die Werte 0,6, 0,4 und 0,2, wie dies auch in der Zeichnung eingetragen ist, annehmen.

Im übrigen beziehen wir uns auf ein Koordinatensystem mit dem Ursprung in der linken unteren Ecke. Die X-Achse legen wir horizontal, die Y-Achse senkrecht, und zwar die positiven Richtungen nach rechts, bzw. nach oben. Die Randbedingungen lauten dann nach dem früher Gesagten für die eingespannten Ränder $x = 0$, $x = n$, $y = 0$

$$\tau_{xy} = 0,$$

während der Rand $y = m$ frei ist und daher hier

$$2\,\tau_{xy} + \tau_{x,\,y+1} = 0$$

für $y = m$ sein muß.

Wir berechnen zunächst die Werte U_{xy} für die einzelnen Knoten; nachdem die vertikalen Stäbe nicht belastet sind und die Feldlängen in wagrechter Richtung gleich groß sind, vereinfacht sich die Gl. (2) zu

$$U_{xy} = \frac{2}{l}\left[P_{x-1,\,y} + 2\,Q_{xy} + 2\,P_{xy} + Q_{x+1,\,y}\right].$$

Die Momente der äußeren Belastung sind nun in den belasteten Feldern, wenn man sich die horizontalen Stäbe über den Stützen durchgeschnitten denkt, Parabeln mit der größten Ordinate in der Mitte von $\dfrac{q\,l^2}{8}$. Dieses Parabelsegment als Belastung aufgebracht, hat ein Gewicht von $\dfrac{2}{3}\cdot l\cdot\dfrac{q\,l^2}{8} = \dfrac{1}{12}\,q\,l^3$, so daß der Auflagerdruck die Hälfte hievon, das ist $\dfrac{1}{24}\,q\,l^3$ beträgt. Für einen Knoten $(x\,y)$, bei welchem das vorhergehende Feld belastet ist, erhalten wir, da

$$-\frac{2\,Q_{xy}}{l} = \frac{2}{l}\,P_{x-1,y} = +\frac{q\,l^2}{12}$$

und

$$P_{xy} = Q_{x+1,\,y} = 0$$

ist, für U_{xy}

$$U_{xy} = -\frac{1}{12}\,q\,l^2$$

und für einen Knoten, bei welchem das nachfolgende Feld belastet ist,

$$U_{xy} = +\frac{1}{12}\,q\,l^2.$$

Wir haben die so errechneten Werte von U_{xy} in der folgenden Tabelle zusammengestellt; an den Rändern, wo Einspannung vorhanden ist, kommt es auf U_{xy} nicht an.

$$U_{xy}$$

$x=$	1	2	3	4	5
$y=1$	-12	$+12$	-12	$+12$	-12
$y=2$	$+6$	-6	$+6$	-6	$+6$
$y=3$	-6	$+6$	-6	$+6$	-6

Unsere nächste Aufgabe ist, diese U_{xy} in eine Reihe von der Form

$$U_{xy} = \sum u_i\,(y)\,X^i$$

zu entwickeln. Für X^i haben wir die Differenzengleichung

$$D\,(\varphi\,X_x) = \varphi\,(\triangle + 6)\,X_x = \lambda\,X_x$$

mit den Randbedingungen

$$X_0 = X_n = 0\,.$$

Die Lösungen dieser Differenzengleichungen haben wir im Anhange bereits für verschiedene Felderzahlen zusammengestellt. In dem vorliegenden Falle ist $n=6$, und wir entnehmen der Tabelle (1) im Anhang die folgenden Werte X^i und $\overline{\lambda}^i$

$$X_x^{\;i} \qquad\qquad \overline{\lambda}_i$$

$x=$	1	2	3	4	5	$\overline{\lambda}_i$
$i=1$	$+0{,}28868$	$+0{,}5$	$+0{,}57735$	$+0{,}5$	$+0{,}28868$	$5{,}73205$
$i=2$	$+0{,}5$	$+0{,}5$	0	$-0{,}5$	$-0{,}5$	$5{,}00$
$i=3$	$+0{,}57735$	0	$-0{,}57735$	0	$+0{,}57735$	$4{,}00$
$i=4$	$+0{,}5$	$-0{,}5$	0	$+0{,}5$	$-0{,}5$	$3{,}00$
$i=5$	$+0{,}28868$	$-0{,}5$	$+0{,}57735$	$-0{,}5$	$+0{,}28868$	$2{,}26795$

Da diese Eigenlösungen bereits normiert sind, berechnen wir $u_i\,(y)$ nach der Gleichung

$$u_i\,(y) = \sum_{x=0}^{n} U_{xy}\,X_x^{\;i} = \sum_{x=1}^{n-1} U_{xy}\,X_x^{\;i}\,,$$

und das kann an Hand der beiden Tabellen für U und X ganz mechanisch nach den früher angegebenen Regeln geschehen. Wir denken uns für den Augenblick u_{iy} statt $u_i\,(y)$ sowie für $X_x^{\;i}\,X_{ix}$ geschrieben und erhalten so zum Beispiel für $i=1$ und $y=1$ aus den Tabellen für U und X

$$u_1\,(1) = -12\cdot0{,}28868 + 12\cdot0{,}5 - 12\cdot0{,}57735$$
$$+ 12\cdot0{,}5 - 12\cdot0{,}28868 = -1{,}8564\,.$$

Die auf diese Weise ermittelten Werte für $u_i^{\;i}\,(y) = u_{iy}$ sind zu folgendem Schema zusammengestellt:

$$u_i\,(y) \qquad\qquad \lambda_i = \varphi\,\overline{\lambda}_i$$

$y=$	1	2	3	$\lambda_i = \varphi\,\overline{\lambda}_i$
$i=1$	$-1{,}8564$	$+0{,}9282$	$-0{,}9282$	$5{,}73205$
$i=2$	0	0	0	$5{,}00000$
$i=3$	$-6{,}9282$	$+3{,}4641$	$-3{,}4641$	$4{,}00000$
$i=4$	0	0	0	$3{,}00000$
$i=5$	$-25{.}8564$	$+12{,}9282$	$-12{,}9282$	$2{,}26795$
ψ_y	$0{,}6$	$0{,}4$	$0{,}2$	

Wir haben auch noch die Werte von $\lambda_i = \varphi\,\bar\lambda_i$ und ψ_y hinzugenommen und haben nun alle Werte beisammen, die wir zum Anschreiben des Gleichungssystems (15) für $\overline{Y}^i$ benötigen.

So erhalten wir für $i=1$ das Gleichungssystem für $\overline{Y}_y{}^1$, wobei wir den Index 1 der Einfachheit halber einstweilen weglassen und für den Augenblick statt $\overline{Y}_y$ nur Y_y schreiben.

$$Y_0 = 0, \quad 0{,}6\,(Y_0 + 2\,Y_1) + 0{,}4\,(2\,Y_1 + Y_2) + 5{,}73205\,Y_1 = -1{,}8564$$
$$0{,}4\,(Y_1 + 2\,Y_2) + 0{,}2\,(2\,Y_2 + Y_3) + 5{,}73205\,Y_2 = +0{,}9282$$
$$0{,}2\,(Y_2 + 2\,Y_3) \qquad\qquad + 5{,}73205\,Y_3 = -0{,}9282$$

oder

$$7{,}73205\,Y_1 + 0{,}4\,Y_2 = -1{,}8564, \quad 0{,}4\,Y_1 + 6{,}93205\,Y_2 + 0{,}2\,Y_3 = +0{,}9282,$$
$$0{,}2\,Y_2 + 6{,}13205\,Y_3 = -0{,}9282.$$

Durch Auflösen erhalten wir

$$Y_1 = -0{,}24800, \quad Y_2 = +0{,}15272, \quad Y_3 = -0{,}15635.$$

Für $i=2$ sind alle $u_2\,(y) = 0$; es verschwinden demnach alle $Y_y{}^2$. Für $i=3$ ergibt sich aber

$$Y_0 = 0$$
$$0{,}6\,(Y_0 + 2\,Y_1) + 0{,}4\,(2\,Y_1 + Y_2) + 4{,}0\,Y_1 = -6{,}9282$$
$$0{,}4\,(Y_1 + 2\,Y_2) + 0{,}2\,(2\,Y_2 + Y_3) + 4{,}0\,Y_2 = +3{,}4641$$
$$0{,}2\,(Y_2 + 2\,Y_3) \qquad\qquad + 4{,}0\,Y_3 = -3{,}4641$$

oder

$$6{,}0\,Y_1 + 0{,}4\,Y_2 = -6{,}9282, \quad 0{,}4\,Y_1 + 5{,}2\,Y_2 + 0{,}2\,Y_3 = +3{,}4641,$$
$$0{,}2\,Y_2 + 4{,}4\,Y_3 = -3{,}4641$$

mit den Lösungen

$$Y_1 = -1{,}2074, \quad Y_2 = +0{,}790713, \quad Y_3 = -0{,}823237.$$

Für $i=4$ verschwinden wegen $u_4\,(y) = 0$ wiederum alle $Y_y{}^4$. Für $i=5$ lautet unser Gleichungssystem

$$Y_0 = 0$$
$$0{,}6\,(Y_0 + 2\,Y_1) + 0{,}4\,(2\,Y_1 + Y_2) + 2{,}2680\,Y_1 = -25{,}8564$$
$$0{,}4\cdot(Y_1 + 2\,Y_2) + 0{,}2\,(2\,Y_2 + Y_3) + 2{,}2680\,Y_2 = +12{,}9282$$
$$0{,}2\,(Y_2 + 2\,Y_3) \qquad\qquad + 2{,}2680\,Y_3 = -12{,}9282$$

oder

$$4{,}2680\,Y_1 + 0{,}4\,Y_2 = -25{,}8564$$
$$0{,}4\,Y_1 + 3{,}4680\,Y_2 + 0{,}2\,Y_3 = +12{,}9282$$
$$0{,}2\,Y_2 + 2{,}6680\,Y_3 = -12{,}9282$$

mit der Lösung

$$Y_1 = -6{,}5060, \quad Y_2 = +4{,}77836, \quad Y_3 = -5{,}20385.$$

Die eben errechneten Werte für Y_y sind zu der folgenden Matrix zusammengestellt:

$$\overline{Y}_y{}^i$$

$y =$	1	2	3
$i = 1$	$-0{,}24800$	$+0{,}15272$	$-0{,}15635$
$i = 2$	o	o	o
$i = 3$	$-1{,}2074$	$+0{,}79071$	$-0{,}82324$
$i = 4$	o	o	o
$i = 5$	$-6{,}5060$	$+4{,}77836$	$-5{,}20385$

und gemäß der Gleichung $\tau = \sum X^i\,\overline{Y}^i$ haben wir nunmehr wiederum mit den einzelnen Elementen der Tabelle für X^i und der vorstehenden für $\overline{Y}^i$ die bereits erklärte Matrizenmultiplikation vorzunehmen. Um z. B. τ für $x = 3$, $y = 2$ zu berechnen, hat man alle Elemente der Reihe $x = 3$ der Matrix X mit den an der entsprechenden gleichen Stelle stehenden der Reihe $y = 2$ der Matrix Y zu multiplizieren und sodann zu addieren. Die Matrix der Elemente τ wird man so anordnen, daß die Zeilen nach x fortschreiten; dann kommt τ_{xy} bereits an die Stelle, welche dem Knoten (xy) entspricht, zu stehen. Wir erhalten z. B. für $x = 3$ und $y = 2$

$$\tau_{xy} = +0{,}15272 \cdot 0{,}5774 + 0{,}790713 \cdot (-0{,}5774) + 4{,}7784 \cdot 0{,}5774 = 2{,}3904.$$

Die so berechneten τ_{xy} sind in der folgenden Tabelle zusammengestellt. Die τ sind tatsächlich, wie es auch sein muß, um $x = 3$ symmetrisch angeordnet. Wir hätten von dieser Symmetrie von Anfang an Gebrauch machen können, dadurch aber keine Vereinfachung der numerischen Rechnung erzielt.

$$\tau_{xy}$$

	$x = 1$	$x = 2$	$x = 3$	$x = 4$	$x = 5$
$y = 3$	$-2{,}0225$	$+2{,}5238$	$-2{,}6194$	$+2{,}5238$	$-2{,}0225$
$y = 2$	$+1{,}8801$	$-2{,}3129$	$+2{,}3904$	$-2{,}3129$	$+1{,}8801$
$y = 1$	$-2{,}6468$	$+3{,}1290$	$-3{,}2023$	$+3{,}1290$	$-2{,}6468$

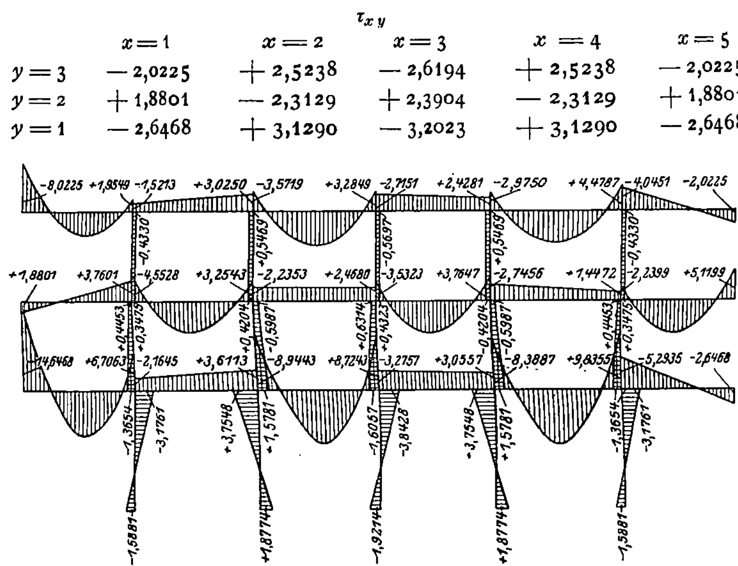

Abb. 59.

· Es erübrigt noch die Berechnung der Momente G, H, L und M nach Gleichung (1). Diese bereitet wohl keine weiteren Schwierigkeiten, so daß wir uns damit begnügen können, auf die in der Abb. 59 eingeschriebenen Werte zu verweisen.

Die Lösung der partiellen Differenzengleichung $D_x(\varphi\tau) + D_y(\psi\tau) = U_{xy}$ für gelenkig gelagerten Rand.

Wir wollen nun noch das in den vorhergehenden Abschnitten erörterte Verfahren auf den gelenkig gelagerten Rand übertragen. Die Randbedingungen haben hierbei für diesen Fall insofern eine andere Gestalt wie bei dem freien oder geklemmten Rand, als dieselben in der homogenen Form τ an Stellen mit verschiedenem x und y verbinden. Nehmen wir zum Beispiel an, daß $x = 0$ und $x = n$ zwei solche gelenkig gelagerte Ränder

sind, zwischen denen sich unser Gebiet erstreckt, so lauten die Randbedingungen nunmehr

bzw.
$$\varphi_x\left(2\,\tau_{xy} + \tau_{x-1,\,y}\right) + D_y(\psi\tau) = 0 \quad \text{für} \quad x = 0 \atop \varphi_x\left(2\,\tau_{xy} + \tau_{x+1,\,y}\right) + D_y(\psi\tau) = 0 \quad \text{für} \quad x = n \right\} \tag{20}$$

Um die Lösung der homogenen Gleichung

$$D_x(\varphi\,\tau) + D_y(\psi\,\tau) = \lambda\,\tau \qquad (x = 0, 1 \ldots n,\ y = 0, 1 \ldots m)$$

mit den vorstehenden Randbedingungen zu erhalten, setzen wir für
τ_{xy} wieder

$$\tau_{xy} = X^i\,Y^k.$$

Wie früher findet man für X^i bzw. Y^k die gewöhnlichen Differenzengleichungen

$$D(\varphi\,X^i) = \lambda_i'\,X^i \qquad D(\psi\,Y^k) = \lambda_k''\,Y^k.$$

Auf die Randbedingungen, denen Y zu unterwerfen ist, soll hier nicht
weiter eingegangen werden. Für X aber lauten sie, wie man aus
der Gleichung ersieht, wenn man den Wert für τ einsetzt:

$$\varphi_x\left(X_{x-1} + 2\,X_x\right) + \lambda_k''\,X_x = 0 \qquad \text{für} \qquad x = 0$$

und

$$\varphi_{x+1}\left(2\,X_x + X_{x+1}\right) + \lambda_k''\,X_x = 0 \qquad \text{für} \qquad x = n.$$

Es sind also die X^i, welche durch die Eigenwerte λ_i' bedingt sind,
infolge der Randbedingungen auch noch von λ_k'' abhängig. Um dies
zum Ausdruck zu bringen, schreiben wir statt X^i jetzt X^{ik} und λ_{ik}'
statt λ_i', und erhalten die Eigenlösung

$$\tau_{xy}^{ik} = X_x^{ik}\,Y_y^k,$$

welche zu dem Eigenwerte $\lambda_{ik} = \lambda_{ik}' + \lambda_k''$ gehört. Prinzipiell unterliegt es keiner Schwierigkeit, die Lösung der inhomogenen Gleichung
durch den Ansatz $\tau = \sum\limits_{i=0}^{n}\sum\limits_{k=0}^{m} c_{ik}\,X^{ik}\,Y^k$ zu lösen. Doch ist die
Rechenarbeit bedeutend größer wie früher, da die Differenzen-
gleichungen für X^{ik} für m verschiedene λ_k'', die in den Randwerten
auftreten, aufzulösen sind. Man hat also wie früher U_{xy} in eine Reihe

$$U_{xy} = \sum\limits_{i=0}^{n}\ \sum\limits_{k=0}^{m} u_{ik}\,X^{ik}\,Y^k$$

zu entwickeln, deren Koeffizienten sich mit

$$u_{ik} = \sum\limits_{x=0}^{n}\ \sum\limits_{y=0}^{m} U_{xy}\,X^{ik}\,Y^k$$

bestimmen, und erhält dann

$$c_{ik} = \frac{u_{ik}}{\lambda'_{ik} + \lambda''_k},$$

und somit für τ

$$\tau = \sum_{i=0}^{n} \sum_{k=0}^{m} \frac{X^{ik} Y^k}{\lambda'_{ik} + \lambda''_k}\, u_{ik}.$$

Es liegt nun der Gedanke nahe, diese Doppelsumme, ähnlich wie früher in eine einfache Summe zu verwandeln. Dabei wollen wir es uns angelegen sein lassen, die Eigenlösungen X^{ik} zu vermeiden, da dieselben umständlich zu ermitteln sind, und setzen also

$$\tau = \sum_{k=0}^{n} \overline{X}^k Y^k. \tag{21}$$

Mit diesem Werte nimmt die inhomogene Gleichung

$$D_x(\varphi\,\tau) + D_y(\psi\,\tau) = U_{xy}$$

die Form

$$\sum_{k=0}^{m} Y^k \left[D(\varphi\,\overline{X}^k) + \frac{D(\psi\,Y^k)}{Y^k}\,\overline{X}^k \right] = U_{xy}$$

an; wählen wir Y^k so, daß es wie vordem eine Eigenlösung von

$$D(\psi\,Y^k) = \lambda''_k Y^k$$

mit den entsprechenden homogenen Randbedingungen wird, so ist der Ausdruck in der Klammer nurmehr von x abhängig. Entwickeln wir also U_{xy} nach den Eigenlösungen Y^k

$$U_{xy} = \sum_{k=0}^{m} u_k(x)\, Y^k,$$

was durch die bekannte Beziehung

$$u_k(x) = \sum_{y=0}^{m} Y^k U_{xy}$$

leicht bewirkt werden kann, so nimmt unsere Differenzengleichung die Gestalt

$$\sum_{k=0}^{m} Y^k [D(\varphi\,\overline{X}^k) + \overline{X}^k \lambda''_k] = \sum_{k=0}^{m} u_k(x)\, Y^k$$

an, aus der die Gleichungen

$$D(\varphi\,\overline{X}^k) + \overline{X}^k \lambda''_k = u_k(x) \qquad (x = 1, 2, \ldots n-1) \tag{22}$$

sofort folgen.

Die Randbedingungen, welchen $\overline{X}^k$ zu unterwerfen ist, kann man sich auch sehr leicht beschaffen, wenn man den Ausdruck für

$$\tau = \sum_{k=0}^{m} \overline{X}^k Y^k$$

in die Randbedingungen (19) einsetzt. Man findet

bzw.

$$\varphi_x\left(\overline{X}^k_{x-1} + 2\,\overline{X}^k_x\right) + \lambda''_k\,\overline{X}^k_x = 0 \qquad \text{für } x = 0 \left.\vphantom{\begin{matrix}1\\1\end{matrix}}\right\}$$
$$\varphi_{x+1}\left(2\,\overline{X}^k_x + \overline{X}^k_{x+1}\right) + \lambda''_k\,\overline{X}^k_x = 0 \qquad \text{für } x = n \left.\vphantom{\begin{matrix}1\\1\end{matrix}}\right\} \quad (23)$$

Schreibt man die gewöhnliche Differenzengleichung (22) für $\overline{X}^k$ das erste-mal für $x = 0$, das letztemal für $x = n$ an und subtrahiert hiervon Gl. (23), so kann man die beiden fehlenden Gleichungen auch in der Form

und

$$\varphi_{x+1}\left(2\,X^k_x + X^k_{x+1}\right) = u_k(x) \qquad \text{für } x = 0 \left.\vphantom{\begin{matrix}1\\1\end{matrix}}\right\}$$
$$\varphi_x\left(2\,X^k_x + X^k_{x-1}\right) \;\;= u_k(x) \qquad \text{für } x = n \left.\vphantom{\begin{matrix}1\\1\end{matrix}}\right\} \quad (24)$$

anschreiben.

Die Einflußfunktion. Wir haben für τ_{xy} nach Gleichung (11) die Lösung

$$\tau_{xy} = \sum_{i=0}^{n}\sum_{k=0}^{m} \frac{X^i_x\,Y^k_y}{\lambda_i' + \lambda_k''}\,u_{ik}$$

gefunden, worin

$$u_{ik} = \sum_{x=0}^{n}\sum_{y=0}^{m} X^i_x\,Y^k_y\,U_{xy}$$

war und wenden diese Formeln nun für den besonderen Fall an, daß U_{xy} lediglich an einer einzigen Stelle, nämlich für $x = \xi$ und $y = \eta$, an der es den Wert $U_{\xi\eta} = 1$ haben möge, von Null verschieden sei, während es an allen anderen Stellen verschwindet. Die Gleichung für u_{ik} vereinfacht sich in diesem Falle zu

$$u_{ik} = X^i_\xi\,Y^k_\eta,$$

und wenn wir statt τ_{xy} jetzt $\tau_{xy\xi\eta}$ schreiben, um zu kennzeichnen, daß es sich um die durch $U_{\xi\eta} = 1$ in (ξ, η) hervorgerufene Knotenverdrehung handelt, so ergibt sich für $\tau_{xy\xi\eta}$ die Gleichung

$$\tau_{xy\xi\eta} = \sum_{i=0}^{n}\sum_{k=0}^{m} \frac{X^i_x\,X^i_\xi\,Y^k_y\,Y^k_\eta}{\lambda_i' + \lambda_k''} . \qquad (25)$$

Betrachten wir in dieser Gleichung (25) ξ und η als Variable, während x und y konstant sein mögen, so stellt sie offenbar die Größe der Verdrehung des Knoten $(x\,y)$ dar, wenn die Belastung $U = 1$ über das Gebiet wandert. Wir nennen $\tau_{xy\xi\eta}$ die Einflußfunktion der partiellen Differenzengleichung $D_x(\varphi\,\tau) + D_y(\psi\,\tau) = U_{xy}$. Wie aus der Gleichung für $\tau_{xy\xi\eta}$ ohne weiteres zu ersehen ist,

ist die Einflußfunktion in bezug auf x, y und ξ, η symmetrisch gebaut, so daß

$$\tau_{xy\,\xi\eta} = \tau_{\xi\eta\,xy}$$

gilt. Es stellt dies eine spezielle Formulierung eines allgemeineren Prinzips in der Baustatik vor, nämlich des bekannten Satzes von der Gegenseitigkeit der Einwirkungen, daß die Ursache „1" in $(\xi\,\eta)$ wirkend, in $(x\,y)$ dieselbe Wirkung hervorruft, wie die Ursache „1" in $(x\,y)$ wirkend, in $(\xi\,\eta)$ hervorbringt.

Wegen der Bedingung $\tau_{xy\xi\eta} = \tau_{\xi\eta\,xy}$ kommt es also auf dasselbe hinaus, wie wenn man $U = 1$ in $(x\,y)$ angreifen läßt und die $\tau_{\xi\eta\,xy}$, die hierdurch erzeugt werden, berechnet. $\tau_{xy\,\xi\eta}$ genügt als Funktion der Variabeln ξ und η dann offenbar der partiellen Differenzengleichung

$$D_\xi(\varphi,\,\tau_{xy\xi\eta}) + D_\eta(\psi\,\tau_{xy\xi\eta}) = 0 \qquad \begin{array}{l}(\xi = 0,\,1\,\ldots\,n)\\(\eta = 0,\,1\,\ldots\,m)\end{array}$$

mit Ausnahme der Stelle $\xi = x$ und $\eta = y$; hier wird nämlich

$$D_\xi(\varphi,\,\tau_{xy\,\xi\eta}) + D_\eta(\psi\,\tau_{xy\xi\eta}) = 1 \qquad (\xi = x,\;\eta = y).$$

$\tau_{xy\xi\eta}$ erfüllt ferner die vorgeschriebenen homogenen Randbedingungen.

Die praktische Anwendung dieser Einflußfunktion besteht bekanntlich darin, daß man sie dazu benützt, um jene Belastung zu finden, die den größten Wert $\tau_{xy\,\xi\eta}$ in einem bestimmten Knoten $(x\,y)$ erzeugt. Es wird nämlich für eine beliebige Belastung $U_{\xi\eta}$ zufolge der Superposition

$$\tau_{xy} = \sum_{\xi=0}^{n}\sum_{\eta=0}^{m} U_{\xi\eta}\,\tau_{xy\,\xi\eta}\,. \tag{26}$$

Man verfährt dann so, daß man jedem Knoten $\xi\,\eta$ den Wert von $\tau_{xy\,\xi\eta}$ zuordnet, und dieser Wert gibt uns die Größe von τ_{xy} in dem festen Knoten $(x\,y)$ an, wenn $U = 1$ in $(\xi\,\eta)$ wirkt.

Wir können der Gleichung (25) für die numerische Berechnung eine noch etwas einfachere Gestalt geben, wenn wir so wie früher die Doppelsumme auf eine einfache Summe reduzieren. Wir wählen jetzt für $\tau_{xy\,\xi\eta}$ die Form

$$\tau_{xy\,\xi\eta} = \sum_{i=0}^{n} X_x^i\,X_\xi^i\,\overline{Y}_{\eta y}^i\,, \tag{27}$$

als Variable betrachten wir ξ und η, während $(x\,y)$ der Angriffspunkt der Belastung $U_{xy} = 1$ vorstellen soll. Es muß dann nach früherem $\overline{Y}_{\eta y}^i$ der Gleichung

$$D_\eta(\psi\,\overline{Y}_{\eta y}^i) + \lambda_i'\,\overline{Y}_{\eta y}^i = 0 \qquad \begin{array}{l}(\xi = 0,\,1\,\ldots\,n)\\(\eta = 0,\,1\,\ldots\,m)\end{array} \tag{28}$$

mit Ausnahme von $\mathfrak{y} = y$ genügen. In diesem Falle wird

$$D_{\mathfrak{y}}(\psi\, \overline{Y}^{i}_{\mathfrak{y}y}) + \lambda'_i\, \overline{Y}^{i}_{\mathfrak{y}y} = 1 \quad (y = \mathfrak{y}).$$

X^{i}_{x} bzw. $X^{i}_{\mathfrak{x}}$ sind wiederum die Eigenlösungen von

$$D_{\mathfrak{x}}(\varphi\, X_{\mathfrak{x}}) - \lambda\, X_{\mathfrak{x}} = 0,$$

und $\lambda = \lambda'_i$ stellt den die Lösungen X^{i} dieser Gleichungen bedingenden Eigenwert vor. Wir hätten nunmehr $U_{\mathfrak{x}\mathfrak{y}}$ in eine Reihe

$$U_{\mathfrak{x}\mathfrak{y}} = \sum_{i=0}^{n} X^{\,i}_{\mathfrak{x}}\, u_i(\mathfrak{y})$$

zu verwandeln, wobei die $u_i(\mathfrak{y})$ durch die Gleichung

$$u_i(\mathfrak{y}) = \sum_{\mathfrak{x}=0}^{n} U_{\mathfrak{x}\mathfrak{y}}\, X^{i}_{\mathfrak{x}}$$

gegeben sind. Man findet, da nur ein $U_{\mathfrak{x}\mathfrak{y}} = 1$ für $\mathfrak{x} = x$ und $\mathfrak{y} = y$ nicht verschwindet, daraus

$$u_i(\mathfrak{y}) = 0 \quad \text{für} \quad \mathfrak{y} \neq y,$$

und es bleiben lediglich die $u_i(y)$ von Null verschieden. Für diese erhält man aber

$$u_i(\mathfrak{y}) = X^{i}_{x} \tag{29}$$

und daraus die oben angegebenen Gleichungen (26) und (27) für $\overline{Y}^{i}_{\mathfrak{y}y}$ und $\tau_{xy\,\mathfrak{x}\mathfrak{y}}$.

Beispiel: Die Ermittlung der Einflußfunktion für ein Rahmentragwerk und ihre Anwendung. Wir haben bereits im vorhergehenden Abschnitt die Einflußfunktion unserer Differenzengleichung kennen gelernt und darauf hingewiesen, daß wir mit derselben in einfacher Weise die Aufgabe lösen können, die Einwirkung einer beliebigen Belastung zu ermitteln. Bei den praktischen Anwendungen liegt die Sache nun zumeist nicht so einfach, nachdem es uns nicht so sehr auf die Ermittlung der Einflußfunktion von τ ankommt, als vielmehr auf die Bestimmung der Biegungsmomente G, H, L und M. Nach den Gleichungen (1) ist es aber ein leichtes, wenn die Einflußfunktionen für die Winkelverdrehung bekannt sind, die Einflußfunktionen für ein Biegungsmoment zu finden; man erhält z. B. aus den Einflußfunktionen $\tau_{\mathfrak{x}\mathfrak{y},xy}$ und $\tau_{\mathfrak{x}\mathfrak{y}\,x-1,y}$ für die Winkelverdrehung in den Knoten $(x\,y)$ und $(x-1,y)$ mittels der durch die Gleichung

$$G_{\mathfrak{x}\mathfrak{y}xy} = \varphi_x(2\,\tau_{\mathfrak{x}\mathfrak{y}\,xy} + \tau_{\mathfrak{x}\mathfrak{y}\,x-1,y}) \tag{30}$$

gegebenen Vorschrift ohne Schwierigkeit die Einflußfunktion $G_{\mathfrak{x}\mathfrak{y}xy}$. Im übrigen verwenden wir $G_{\mathfrak{x}\mathfrak{y}xy}$ wie $\tau_{\mathfrak{x}\mathfrak{y}xy}$: wir betrachten x, y fest und $\mathfrak{x}$, $\mathfrak{y}$ als die Variabeln und ordnen jedem Knoten $(\mathfrak{x}\,\mathfrak{y})$ den Wert $G_{\mathfrak{x}\mathfrak{y}xy}$ zu. Dieser Wert gibt dann die Größe des Momentes G in $(x\,y)$ an, wenn $U = 1$ im Knoten $(\mathfrak{x}\,\mathfrak{y})$ wirkt.

Anderseits dürfen wir nicht übersehen, daß wir es bei praktischen Anwendungen nicht mit einem Belastungsglied $U = 1$ in einem einzelnen Knoten $(\mathfrak{x}\,\mathfrak{y})$ zu tun haben. Gewöhnlich ist die Aufgabe so gestellt, daß nach dem Einfluß einer Einzellast, die über unser Tragsystem oder über einzelne Teile desselben wandert und an jeder Stelle in einer bestimmten Richtung wirkt, bezüglich einer Größe, z. B. des Biegungsmomentes an einer bestimmten Stelle gefragt wird. Wir gehen auch in dem vorliegenden Falle am besten davon aus, den Einfluß dieser wandernden Last auf die Winkelverdrehung festzustellen. Diese Last, die wir gleich „1“ annehmen, lassen wir, wie es den tatsächlichen Verhältnissen entspricht, längs der horizontalen Stäbe $y =$ konstant und in der Richtung der negativen Achse wirken. Um diese Aufgabe mit möglichst wenig Arbeitsaufwand zu lösen, erinnern wir zunächst an den bekannten Satz von der Gegenseitigkeit der Einwirkungen. Es wird also diese Einzellast „1“, im Punkte mit den Koordinaten $\mathfrak{x} + \xi$ angreifend, in dem Knoten $(x\,y)$ eine Verdrehung hervorrufen, die ebenso groß ist wie die Verschiebung des Punktes $(\mathfrak{x} + \xi, \mathfrak{y})$ infolge des Momentes $U = 1$, welches den Knoten $(x\,y)$ zu verdrehen sucht. Dabei ist betreffs der Vorzeichen nur darauf zu achten, daß Verschiebung und Kraft, bzw. Verdrehung und Moment im selben Sinne positiv gerechnet werden. Wenn wir also nach dem bisherigen Gebrauche τ positiv im Uhrzeigersinne rechnen, so muß ein positives Moment $U = 1$ in demselben Sinne drehen. Ebenso wird entsprechend der Richtung die Kraft $P = 1$ die Verschiebung des Angriffspunktes von P nach der Richtung der negativen Y-Achse positiv zu rechnen sein. Es kommt also nur darauf an, daß wir für die Belastung von $U = 1$ in $(x\,y)$ die Verschiebungen der einzelnen Stabpunkte in der Richtung, in der die Kraft, wenn sie an der betreffenden Stelle steht, wirkt, ermitteln, oder, wie wir kürzer sagen wollen, die Biegelinien der Stäbe, die allenfalls belastet sein können, infolge $U = 1$ in $(x\,y)$ bestimmen. $U = 1$ ruft aber nach früherem in den einzelnen Knoten die Verdrehungen $\tau_{xy\mathfrak{x}\mathfrak{y}} = \tau_{\mathfrak{x}\mathfrak{y}xy}$ hervor, und wir haben unsere Aufgabe also darauf zurückgeführt, die Biegungslinien der horizontalen Stäbe, die im übrigen unbelastet sind, aus den Verdrehungswinkeln an den Stabenden zu bestimmen. Das ist eine sehr einfache Aufgabe, nachdem die Differentialgleichung für die Durchbiegung w eines solchen Stabes bei konstanten Trägheitsmoment

$$\frac{d^4 w}{d x^4} = 0$$

lautet, wenn keine Belastung auf ihn einwirkt. Die Randbedingungen lauten in unserem Falle für die Stabenden

$$w = 0 \quad \text{für} \quad x = 0 \quad \text{und} \quad x = l$$

und

$$\frac{dw}{dx} = \tau_0 \quad \text{für} \quad x = 0$$
$$\frac{dw}{dx} = \tau_l \quad \text{für} \quad x = l$$

so daß sich für w der Ausdruck

$$w = x\left(1 - \frac{x}{l}\right)\left(\tau_0 \frac{l-x}{l} - \tau_l \frac{x}{l}\right)$$

ergibt; im Felde zwischen $(\mathfrak{x}\,\mathfrak{y})$ und $(\mathfrak{x}+1,\mathfrak{y})$ ist an der Stelle ξ daher als Ordinate

$$\tau_{\mathfrak{x}+\xi,\,\mathfrak{y}}, = l_{\mathfrak{x}+1} \cdot \xi\,(1-\xi)\,[(1-\xi)\cdot\tau_{\mathfrak{x}\mathfrak{y}\,xy} - \xi\cdot\tau_{\mathfrak{x}+1,\,\mathfrak{y}xy}] \qquad (31)$$

aufzutragen und damit ist unsere Aufgabe gelöst.

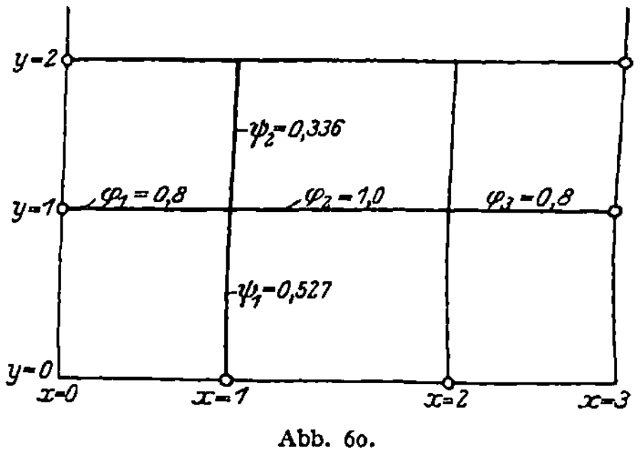

Abb. 60.

Wir zeigen die Anwendung des vorstehenden Verfahrens an der Aufgabe, die Einflußlinien des in Abb.60 dargestellten Rahmentragwerkes zu ermitteln. φ und ψ haben für die einzelnen Stäbe die in die Zeichnung eingeschriebenen Werte, sollen also beide nicht konstant sein. $x = 0$ und $x = n$ sind gelenkig gelagerte Ränder; $y = 0$ ist ein eingespannter, $y = m$ ein freier Rand. Wir wollen jetzt $\tau_{xy\mathfrak{x}\mathfrak{y}}$ in der Form

$$\tau_{\mathfrak{x}\mathfrak{y}\,xy} = \sum_{k=0}^{m} \overline{X}^k{}_{x\xi}\,Y_y{}^k\,Y_\mathfrak{y}{}^k$$

darstellen und unsere erste Aufgabe ist es, die Eigenlösungen zu ermitteln.

Nachdem ψ nicht konstant ist, bleibt uns nichts anderes übrig, als die Eigenwerte als Wurzeln der Periodengleichung wirklich zu berechnen und die Y^k durch Auflösen eines linearen Gleichungssystems zu bestimmen. Da es sich aber nur um 2 Unbekannte handelt, ist diese Arbeit nicht sehr groß. Wir erhalten mit Berücksichtigung der Randbedingungen $Y_y{}^k = 0$ für $y = 0$ und $Y_y{}^k{}_{+1} + 2\,Y_y{}^k = 0$ für $y = m$ das folgende homogene Gleichungssystem für Y

$$2\,(\psi_1 + \psi_2)\,Y_1 + \psi_2\,Y_2 = \lambda\,Y_1\,,$$
$$\psi_2\,Y_1 + 2\,\psi_2\,Y_2 = \lambda\,Y_2\,.$$

Wie man leicht bestätigt findet, hat dieses Gleichungssystem dann rationale Lösungen, wenn man $\psi_1 = (u^2 - v^2)\cdot w$ und $\psi_2 = 2\,u\cdot v\cdot w$ setzt. Dann wird nämlich

$$\lambda_1 = 2\,u\,(u + 2\,v)\,w \quad \text{mit dem Lösungssystem} \quad Y_1{}^1 = u,\ Y_2{}^1 = v$$
$$\lambda_2 = 2\,v\,(2\,u - v)\,w \quad \text{mit dem Lösungssystem} \quad Y_1{}^2 = v,\ Y_2{}^2 = -u\,.$$

Setzt man schließlich noch für u den größeren der beiden Werte $\varrho^2 - \sigma^2$ oder $2\,\varrho\sigma$, für v den kleineren hiervon, wobei ϱ und σ der Einfachheit halber als

ganze Zahlen angenommen werden können. so erreicht man dadurch, daß
auch die normierten Lösungen rationale Zahlen werden, denn bei den angegebenen Lösungen beträgt

$$N^2 = u^2 + v^2 = (\varrho^2 + \sigma^2)^2$$

und ist in diesem Falle das Quadrat einer ganzen Zahl. Nachdem es sich zu
mindest bei der ersten Berechnung eines solchen Systemes immer um eine
mehr oder minder genaue Abschätzung der Größen ψ_1 und ψ_2 handelt und
nachdem der Einfluß von φ und ψ auf das Resultat überhaupt nicht sehr groß
ist, kann man es mittels der vorstehenden Ansätze immer so einrichten, daß
im Interesse einer Vereinfachung der numerischen Rechnung die Eigenwerte λ
und die zugehörigen Eigenlösungen rationale Zahlen sind.

Wir setzen im vorliegenden Falle $\varrho = 4$, $\sigma = 3$, $w = 0{,}001$ und erhalten
damit die in der Abb. 60 eingetragenen Werte für ψ_1 und ψ_2 sowie als Eigenwerte und Lösungssysteme nach den angegebenen Gleichungen

	$Y_y{}^k$		
y	1	2	λ_k
$k = 1$	$+\,0{,}96$	$+\,0{,}28$	$1{,}824$
$k = 2$	$+\,0{,}28$	$-\,0{,}96$	$0{,}574$

Wir schreiten nunmehr an die Berechnung der $\overline{X}^k$. Mit Berücksichtigung der
Randbedingungen nimmt das Gleichungssystem für die $\overline{X}_x{}^i{}_\xi$ folgende Gestalt an

$$\varphi_1\,(2\,\overline{X}{}^k_{x0} + \overline{X}{}^k_{x1}) = u_k\,(0)$$
$$\varphi_1\,\overline{X}{}^k_{x0} + 2\,(\varphi_1 + \varphi_2)\,\overline{X}{}^k_{x1} + \varphi_2\,\overline{X}{}^k_{x2} + \lambda^k\,\overline{X}{}^k_{x1} = u_k\,(1)$$
$$\varphi_2\,\overline{X}{}^k_{x1} + 2\,(\varphi_2 + \varphi_3)\,\overline{X}{}^k_{x2} + \varphi_3\,\overline{X}{}^k_{x3} + \lambda^k\,\overline{X}{}^k_{x2} = u_k\,(2)$$
$$\varphi_3\,(\overline{X}{}^k_{x2} + 2\,\overline{X}{}^k_{x3}) = u_k\,(3)$$

Dabei verschwinden alle $u_k\,(\xi)$ mit Ausnahme von jenem, wo $\xi = x$ die Abszisse des Knotens bedeutet, in welchem $U = 1$ angreift. Mit den aus Abb. 60
zu entnehmenden Werten für φ_1, φ_2 und φ_3 sind daher für $x = 0$ die beiden
folgenden Gleichungssysteme aufzulösen, wobei wir der Kürze halber im fol-
genden statt $\overline{X}{}^k_{x\xi}$ nur X_ξ schreiben:

<table>
<tr><td align="center">$k = 1$</td><td align="center">$k = 2$</td></tr>
<tr><td align="center">$1{,}6\,X_0 + 0{,}8\,X_1 = 1$</td><td align="center">$1{,}6\,X_0 + 0{,}8\,X_1 = 1$</td></tr>
<tr><td align="center">$0{,}8\,X_0 + 5{,}424\,X_1 + X_2 = 0$</td><td align="center">$0{,}8\,X_0 + 4{,}174\,X_1 + X_2 = 0$</td></tr>
<tr><td align="center">$X_1 + 5{,}424\,X_2 + 0{,}8\,X_3 = 0$</td><td align="center">$X_1 + 4{,}174\,X_2 + 0{,}8\,X_3 = 0$</td></tr>
<tr><td align="center">$X_2 + 2\,X_3 = 0$</td><td align="center">$X_2 + 2\,X_3 = 0$</td></tr>
</table>

mit den Lösungen

<table>
<tr><td align="center">$\overline{X}{}^1_{00} = +\,0{,}676\,81$</td><td align="center">beziehungsweise</td><td align="center">$\overline{X}{}^2_{00} = +\,0{,}696\,25$</td></tr>
<tr><td align="center">$\overline{X}{}^1_{01} = -\,0{,}103\,63$</td><td></td><td align="center">$\overline{X}{}^2_{01} = -\,0{,}142\,49$</td></tr>
<tr><td align="center">$\overline{X}{}^1_{02} = +\,0{,}020\,63$</td><td></td><td align="center">$\overline{X}{}^2_{02} = +\,0{,}037\,76$</td></tr>
<tr><td align="center">$\overline{X}{}^1_{03} = -\,0{,}010\,31$</td><td></td><td align="center">$\overline{X}{}^2_{03} = -\,0{,}018\,88$</td></tr>
</table>

Wir stellen diese Lösungen zu der folgenden Matrix zusammen und setzen
die Matrizen $Y_\eta{}^k$ und die mit derselben identische Matriz $Y_y{}^k$ daneben

$$\overline{X}{}^{k}_{x\,\xi}$$

	$\xi = 0$	$\xi = 1$	$\xi = 2$	$\xi = 3$
$k = 1$	$+\,0{,}676\,81$	$-\,0{,}103\,63$	$+\,0{,}020\,63$	$-\,0{,}010\,31$
$k = 2$	$+\,0{,}696\,25$	$-\,0{,}142\,49$	$+\,0{,}037\,76$	$-\,0{,}018\,88$

$$Y^{k}_{\mathfrak{y}} \qquad\qquad Y^{k}_{y}$$

$y = 1$	$y = 2$		$y = 1$	$y = 2$
$+\,0{,}96$	$+\,0{,}28$		$+\,0{,}96$	$+\,0{,}28$
$+\,0{,}28$	$-\,0{,}96$		$+\,0{,}28$	$-\,0{,}96$

Durch Multiplikation dieser drei Matrizen ergibt sich

$$\tau_{xy\,\xi y} = \sum_{k=0}^{m} Y^{k}_{\mathfrak{y}}\, Y^{k}_{y}\, \overline{X}_{x\,\xi}$$

für $x = 0$. Wir erhalten also mittels der vorangegebenen Werte die Einflußfunktionen für die beiden Stellen $x = 0$, $y = 1$ und $x = 0$, $y = 2$. Wir stellen die Lösungen abermals in zwei Matrizen zusammen, an denen die betreffenden Werte schon an der Stelle stehen, die der Lage des betreffenden Knoten im Tragwerk entspricht.

$$\tau_{\xi\mathfrak{y}\,xy} \quad \text{für } x = 0,\; y = 1$$

	$\xi = 0$	$\xi = 1$	$\xi = 2$	$\xi = 3$
$\mathfrak{y} = 2$	$-\,0{,}005\,225$	$+\,0{,}010\,446$	$-\,0{,}004\,605$	$+\,0{,}002\,302$
$\mathfrak{y} = 1$	$+\,0{,}678\,331$	$-\,0{,}106\,677$	$+\,0{,}021\,973$	$-\,0{,}010\,986$

$$\text{und für } x = 0,\; y = 2$$

	$\xi = 0$	$\xi = 1$	$\xi = 2$	$\xi = 3$
$\mathfrak{y} = 2$	$+\,0{,}694726$	$-\,0{,}139443$	$+\,0{,}036417$	$-\,0{,}018209$
$\mathfrak{y} = 1$	$-\,0{,}005225$	$+\,0{,}010446$	$-\,0{,}004605$	$+\,0{,}002302$

Es erübrigt sich noch, die $\tau_{\xi\mathfrak{y}\,xy}$ für $x = 1$ zu berechnen. Die Gleichungssysteme für $\overline{X}{}^{k}_{x}$ lauten nunmehr:

$$k = 1 \qquad\qquad 1{,}6\,X_0 + 0{,}8\,X_1 = 0$$
$$0{,}8\,X_0 + 5{,}424\,X_1 + X_2 = 1$$
$$X_1 + 5{,}424\,X_2 + 0{,}8\,X_3 = 0$$
$$0{,}8\,X_2 + 1{,}6\,X_3 = 0$$

$$k = 2 \qquad\qquad 1{,}6\,X_0 + 0{,}8\,X_1 = 0$$
$$0{,}8X_0 + 4{,}174\,X_1 + X_2 = 1$$
$$X_1 + 4{,}174\,X_1 + 0{,}8\,X_3 = 0$$
$$0{,}8\,X_2 + 1{,}6\,X_3 = 0$$

Wir verfahren ebenso wie vordem und stellen die Lösungen dieser Gleichungen in einer Matrix zusammen, neben welche wir die Matrizen $Y_{y}{}^{k}$ und $Y_{\mathfrak{y}}{}^{k}$ stellen

$$\overline{X}{}^{k}_{x\,\xi}$$

	$\xi = 0$	$\xi = 1$	$\xi = 2$	$\xi = 3$
$k = 1$	$-\,0{,}103\,628$	$+\,0{,}207\,256$	$-\,0{,}041\,253$	$+\,0{,}020\,626$
$k = 2$	$-\,0{,}142\,490$	$+\,0{,}284\,979$	$-\,0{,}075\,511$	$+\,0{,}037\,756$

$$Y^{k}_{\mathfrak{y}} \qquad\qquad Y^{k}_{y}$$

$y = 1$	$y = 2$		$y = 1$	$y = 2$
$+\,0{,}96$	$+\,0{,}28$		$+\,0{,}96$	$+\,0{,}28$
$+\,0{,}28$	$-\,0{,}96$		$+\,0{,}28$	$-\,0{,}96$

Wir erhalten weiter die Einflußfunktionen $\tau_{\xi\eta\,xy}$ für $x=1, y=1$

	$\xi=0$	$\xi=1$	$\xi=2$	$\xi=3$
$\eta=2$	$+0{,}010\,446$	$-0{,}020\,892$	$+0{,}009\,209$	$-0{,}004\,605$
$\eta=1$	$-0{,}106\,675$	$+0{,}213\,349$	$-0{,}043\,939$	$+0{,}021\,969$

und für $x=1, y=2$

	$\xi=0$	$\xi=1$	$\xi=2$	$\xi=3$
$\eta=2$	$-0{,}139\,443$	$+0{,}278\,886$	$-0{,}072\,825$	$+0{,}036\,413$
$\eta=1$	$+0{,}010\,446$	$-0{,}020\,892$	$+0{,}009\,209$	$-0{,}004\,605$

Man kann übrigens die Einflußlinie für ein Biegungsmoment, sowie für jede andere Größe auch direkt erhalten, ohne sich zuerst die Einflußlinien für die Winkelverdrehungen zu beschaffen. Man benützt dann am besten ein ganz allgemein verwendbares Verfahren, welches aber in diesem Falle keinen Gewinn bezüglich der Rechenarbeit bedeutet, denn es verlangt die Auflösung der partiellen Differenzengleichungen für jedes der Momente G, H, L und M, so daß man also in diesem Falle die Differenzengleichung für jeden Systemknoten viermal lösen muß, während wir mit einer einmaligen Auflösung das Auslangen fanden. Wir werden uns übrigens mit diesem Verfahren der direkten Auffindung der Einflußlinien später bei anderen Beispielen noch ausführlich befassen und begnügen uns an dieser Stelle daher mit einem Hinweis auf die Ausführungen in § 12.

43. Der seitlich verschiebliche Rahmen.

Aufstellung der Differenzengleichungen. Wir wollen nunmehr annehmen, daß der Stockwerksrahmen in den einzelnen Geschossen nicht seitlich festgehalten ist, so daß also die einzelnen Horizontalstäbe unter Umständen eine wagrechte Verschiebung erleiden können.

Um unsere Aufgabe in einer zweckentsprechenden mathematischen Formulierung zu erhalten, betrachten wir wiederum den Knoten $(x\,y)$ und die vier, ihm unmittelbar benachbarten Knoten. Die Bezeichnung aller Größen ist ebenso wie in dem bereits behandelten Falle gewählt, und es sei deswegen auf Seite 246 verwiesen. Nur erleidet jetzt jeder Knoten neben der Verdrehung τ_{xy} noch außerdem eine horizontale Verschiebung, so zwar, daß die Verbindungslinie der Knoten $(x, y-1)$ und $(x\,y)$ in dem aus der Abb. 61 ersichtlichen Sinne den

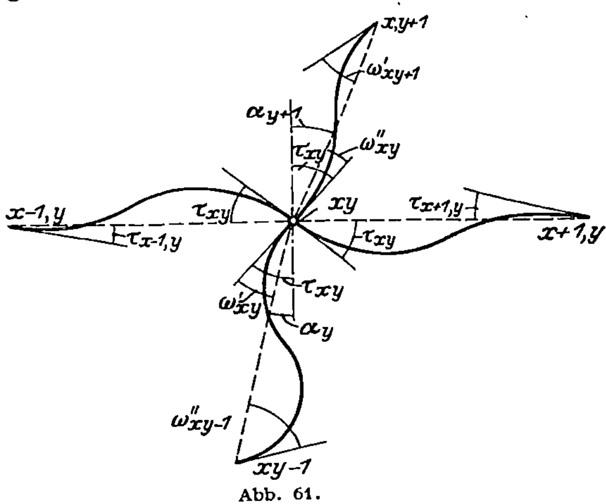

Abb. 61.

Winkel α_y mit der ursprünglichen Lage der Stabachse einschließt. Dieser Winkel ist, da wir die Zusammendrückung der horizontalen Stäbe infolge axialer Kräfte vernachlässigen, für alle Felder eines Geschosses gleich und daher nur von y abhängig. Ferner bedeutet ω''_{xy} den Winkel, den die Tangente an die Stabachse im Knoten $(x\,y)$, $\omega'_{x,y+1}$ den Winkel, den die Tangente an die Stabachse im Knoten $(x,\,y+1)$ mit der vorerwähnten Verbindungslinie der Knoten $(x,\,y)$ und $(x,\,y+1)$ einschließt, wobei die Vorzeichen von ω' und ω'' so gewählt sind, daß positiven Momenten an den Stabenden auch positive ω' und ω'' entsprechen.

Die Ausdrücke für die Biegungsmomente G und H erleiden gegenüber dem seitlich festgehaltenen Rahmen keine Änderung.

Es ist wiederum

$$G = \varphi_x (2\,\tau_{xy} + \tau_{x-1,\,y}) - \frac{2}{l_x}(2\,Q_{xy} + P_{x-1,\,y})$$

und
$$(32)$$

$$H = \varphi_{x+1}(2\,\tau_{xy} + \tau_{x+1,\,y}) - \frac{2}{l_{x-1}}(2\,P_{xy} + Q_{x+1,\,y}).$$

In den Gleichungen für L und M (vgl. Seite 248, Gl. (1)) ist nunmehr an Stelle von τ ω' und ω'' zu schreiben. Wie man aus Abb. 61 sofort ersieht, wird bei unbelasteten vertikalen Feldern

$$L_{xy} = \psi_y (2\,\omega_{xy} + \omega''_{x,y-1}),$$
$$M_{xy} = \psi_{y+1}(2\,\omega''_{xy} + \omega'_{x,y+1}).$$

Horizontal wirkende, an den Knoten angreifende Kräfte sind durch diesen Ansatz natürlich nicht ausgeschlossen.

Nun ist aber, wie man ebenfalls durch die Abbildung bestätigt findet,

$$\omega''_{xy} = \tau_{xy} - \alpha_{y+1}, \qquad \omega'_{xy} = \tau_{xy} - \alpha_y$$

und

$$\omega''_{x,y-1} = \tau_{x,y-1} - \alpha_y, \qquad \omega'_{x,y+1} = \tau_{x,y+1} - \alpha_{y+1},$$

so daß sich für L und M die Ausdrücke

$$L_{xy} = \psi_y [2\,\tau_{xy} + \tau_{x,y-1} - 3\,\alpha_y],$$
$$M_{xy} = \psi_{y+1}[2\,\tau_{xy} + \tau_{x,y+1} - 3\,\alpha_{y+1}]$$
$$(33)$$

ergeben. Die Summe der Momente im Knoten $(x\,y)$ muß aber wegen des Gleichgewichtes gegen Verdrehen verschwinden, und so erhält man aus

$$G + H + L + M = 0$$

durch Einsetzen der vorstehenden Werte für G, H, L und M

$$D_x(\varphi\,\tau) + D_y(\psi\,\tau) = U_{xy} + 3(\alpha_y\,\psi_y + \alpha_{y+1}\,\psi_{y+1}). \qquad (34)$$

$D_x(\varphi\tau)$ und $D_y(\psi\tau)$ bedeuten hierbei dieselben Ausdrücke wie Seite 248. Jeder Knoten, welchem die Winkelverdrehung τ zugeordnet ist, liefert eine Gleichung von vorstehendem Typus. Nachdem aber neben diesen Größen τ auch noch die zu jedem Geschosse gehörenden Winkeländerungen α_y in diesen Gleichungen vorkommen, benötigen wir noch für jedes Geschoß eine weitere Gleichung, die wir erhalten, wenn wir das Gleichgewicht in horizontaler Richtung untersuchen. Wir denken uns zu diesem Zwecke alle Stäbe eines Stockwerkes zwischen den Knoten y und $y-1$ durchschnitten. Betrachtet man nun den abgetrennten Teil, der die Knoten $y=m$ bis $y=y$ umfaßt, so müssen die an demselben angreifenden Horizontalkräfte im Gleichgewicht sein. Hierzu gehören zunächst die an den einzelnen Schnittstellen der Stäbe auftretenden Querkräfte. Ein solcher Stab, der an den Enden durch die Momente L_{xy} und $M_{x,y-1}$ beansprucht ist, gibt den Beitrag $\dfrac{L_{xy}+M_{x,y-1}}{l_y}$ oder, wenn man die Werte für L_{xy} und $M_{x,y-1}$ nach den Gleichungen (33) einsetzt,

$$\frac{3\,\psi_y}{l_y}\left(\tau_{xy}+\tau_{x,y-1}-2\,\alpha_y\right),$$

und zwar dann positiv, wenn diese Kraft in der Richtung der positiven X-Achse wirkt. Alle Vertikalstäbe des Stockwerkes zwischen $(x,\,y-1)$ und $(x\,y)$ geben daher die Summe

$$\frac{3\,\psi_y}{l_y}\sum_{x=0}^{n}(\tau_{xy}+\tau_{x,\,y-1}-2\,\alpha_y)=\frac{3\,\psi_y}{l_y}\sum_{x=0}^{n}(\tau_{xy}+\tau_{x,\,y-1})-6\,(n+1)\frac{\psi_y}{l_y}\,\alpha_y\,.$$

Bezeichnet

$$V_y=\sum_{\eta=y}^{m}P_\eta$$

die Querkraft im Stockwerke zwischen den Knoten y und $y-1$ infolge der äußeren Belastung, wobei P_η die Summe der in dem Knoten mit der Ordinate η in horizontaler Richtung angreifenden Kräfte vorstellt, und die dann positiv sein möge, wenn sie in der Richtung der positiven X-Achse wirkt, so findet man das verlangte Gleichungssystem in der Form:

$$3\,\frac{\psi_y}{l_y}\sum_{x=0}^{n}(\tau_{xy}+\tau_{x,\,y-1})-6\,(n+1)\frac{\psi_y}{l_y}\,\alpha_y+V_y=0\,. \qquad (35)$$

Hieraus ergibt sich für $3\,\alpha_y\,\psi_y$ der Wert

$$3\,\alpha_y\,\psi_y=3\,\frac{\psi_y}{2\,(n+1)}\sum_{x=0}^{n}(\tau_{xy}+\tau_{x,\,y-1})+\frac{V_y\,l_y}{2\,(n+1)}\,. \qquad (36)$$

Wir setzen diesen Wert und den analogen für $\alpha_{y+1}\,\psi_{y+1}$ in die Gl. (34) ein und erhalten so

$$D_x(\varphi\tau) + D_y(\psi\tau) - \frac{3}{2(n+1)} \sum_{x=0}^{n} \psi_{y+1}(\tau_{x,\,y+1} + \tau_{xy}) + \psi_y(\tau_{xy} + \tau_{x,\,y-1})$$

$$= \frac{V_y\,l_y + V_{y+1}\,l_{y+1}}{2(n+1)} + U_{xy}; \qquad \begin{matrix}(x=0,\,1\ldots n)\\(y=1\ldots m-1)\end{matrix} \qquad (37)$$

für $y = m$ lautet diese Gleichung, da hier

$$M_{xy} = \psi_{y+1}(2\,\tau_{xy} + \tau_{x,\,y+1} - 3\,\alpha_{y+1})$$

verschwinden muß,

$$D_x(\varphi\tau) + \psi_y(2\,\tau_{xy} + \tau_{x,\,y-1}) - \frac{3}{2(n+1)} \sum_{x=0}^{n} \psi_y(\tau_{xy} + \tau_{x,\,y-1})$$

$$= \frac{V_y\,l_y}{2(n+1)} + U_{xy} \qquad (y=m).$$

Statt dessen kann man auch diese Gleichung in der Form

$$D_x(\varphi\tau) + D_y(\psi\tau) - \frac{3}{2(n+1)} \sum_{x=0}^{n} \psi_{y+1}(\tau_{x,\,y+1} + \tau_{xy})$$

$$+ \psi_y(\tau_{xy} + \tau_{x,\,y-1}) = \frac{V_y\,l_y}{2(n+1)} + \varrho + U_{xy}$$

anschreiben und dafür noch die Randbedingung für $y = m$

$$\psi_{y+1}(2\,\tau_{xy} + \tau_{x,\,y+1}) - \frac{3}{2(n+1)} \sum_{x=0}^{n} \psi_{y+1}(\tau_{xy} + \tau_{x,\,y+1}) = \varrho \qquad (38)$$

hinzufügen. ϱ bedeutet eine vorderhand noch willkürliche Größe, über die wir später noch passend verfügen werden. Mit $\varrho = 0$ wird die angeschriebene Randbedingung homogen, doch ist hiermit nicht viel erreicht.

Wir wollen nun noch die Randbedingungen für die übrigen Ränder festsetzen. Für $y = 0$ ergibt sich wegen der Einspannung $\tau_{xy} = 0$; die vertikalen Ränder verlangen, wie schon früher auseinandergesetzt, bei einem freien Rand, wie er in diesem Falle wohl immer vor-liegen wird,

$$2\,\tau_{xy} + \tau_{x-1,\,y} = 0 \qquad \text{für} \quad x = 0$$

und

$$2\,\tau_{xy} + \tau_{x+1,\,y} = 0 \qquad \text{für} \quad x = n.$$

Wir haben also für jeden Rand eine Bedingung und damit, wie man sich leicht überzeugen kann, die Lösung eindeutig festgelegt.

Die Lösung der Differenzengleichung. Wir wollen nunmehr die partielle Differenzengleichung

$$D_x(\varphi\tau) + D_y(\psi\tau) - \frac{3}{2(n+1)} \sum_{x=0}^{n} \psi_{y+1}(\tau_{x,\,y+1} + \tau_{xy}) + \psi_y(\tau_{xy} + \tau_{x,\,y-1})$$

$$= \frac{V_y\,l_y + V_{y+1}\,l_{y+1}}{2(n+1)} + U_{xy} \qquad \begin{matrix}(x=0,\,1\ldots n)\\(y=1,\,2\ldots m)\end{matrix} \qquad (37)$$

mit den Randbedingungen

$$2\,\tau_{xy} + \tau_{x-1,\,y} = 0 \quad \text{für} \quad x = 0$$
$$2\,\tau_{xy} + \tau_{x+1,\,y} = 0 \quad \text{für} \quad x = n \qquad\qquad (39)$$
$$\tau_{xy} = 0 \quad \text{für} \quad y = 0$$

und

$$\psi_{y+1}\left(2\,\tau_{xy} + \tau_{x,\,y+1}\right) - \frac{3}{2\,(n+1)}\sum_{x=0}^{n}\psi_{y+1}\left(\tau_{x,\,y+1} + \tau_{xy}\right) = \frac{V_{y+1}\,l_{y+1}}{2\,(n+1)} = \varrho$$

für $y = m$ lösen. Wir bemerken, daß die rechte Seite des Gleichungssystems bis auf die willkürliche Größe ϱ aus der vorgegebenen Belastung zu ermitteln ist. ϱ wählen wir nun so, das die Lösung τ der Randbedingung

$$2\,\tau_{xy} + \tau_{x,\,y+1} = 0 \quad \text{für} \quad y = m$$

genügt. Das verlangt aber, daß ϱ der Gleichung

$$\varrho = -\frac{3}{2\,(n+1)}\sum_{x=0}^{n}\psi_{y+1}\left(\tau_{x,\,y+1} + \tau_{xy}\right) \qquad (y = m)$$

oder, da für $y = m$

$$\tau_{xy} + \tau_{x,\,y+1} = -\tau_{xy}$$

wird, auch

$$\varrho = \frac{3\,\psi_{y+1}}{2\,(n+1)}\sum_{x=0}^{n}\tau_{xy} \qquad (y = m) \qquad (40)$$

genügt. Wir lösen diese partielle Differenzengleichung in der Weise, daß wir für τ den Ansatz

$$\tau = t + \varrho\,\mathfrak{t} \qquad\qquad (41)$$

wählen. Die Randbedingungen für t und $\mathfrak{t}$ sollen dieselben wie für τ sein, also insbesondere soll für $y = m$

$$2\,t_{xy} + t_{x,\,y+1} = 2\,\mathfrak{t}_{xy} + \mathfrak{t}_{x,\,y+1} = 0$$

werden. t soll der partiellen Differenzengleichung

$$D_x(\varphi\,t) + D_y(\psi\,t) - \frac{3}{2\,(n+1)}\sum_{x=0}^{n}\psi_{y+1}\left(t_{x,\,y+1} + t_{xy}\right) + \psi_y\left(t_{xy} + t_{x,\,y-1}\right)$$
$$= \frac{V_y\,l_y + V_{y+1}\,l_{y+1}}{2\,(n+1)} + U_{xy} \qquad\qquad (42)$$

genügen, wobei speziell $\dfrac{V_{y+1}\,l_{y+1}}{2\,(n+1)} = 0$ für $y = m$ zu setzen ist, so daß diese Gleichung rechter Hand des Gleichheitszeichens nur gegebene Größen erhält. $\mathfrak{t}$ soll hingegen die Lösung der partiellen Differenzengleichung

18*

$$D_x(\varphi t) + D_y(\psi t) - \frac{3}{2(n+1)} \sum_{x=0}^{n} \psi_{y+1}(t_{x,\,y+1} + t_{xy})$$
$$+ \psi_y(t_{xy} + t_{x,\,y-1}) = 0 \qquad \begin{array}{l}(x=0,\,1\ldots n)\\(y=1,\,2\ldots m-1)\end{array} \qquad (43)$$
$$D_x(\varphi t) + D_y(\psi t) - \frac{3}{2(n+1)} \sum_{x=0}^{n} \psi_{y+1}(t_{x,\,y+1} + t_{xy})$$
$$+ \psi_y(t_{xy} + t_{x,\,y-1}) = +1 \qquad \begin{array}{l}(x=0,\,1\ldots n)\\(y=m)\end{array}$$

sein. ϱ bestimmen wir dann aus der Bedingung

$$\varrho = \frac{3\,\psi_{y+1}}{2(n+1)} \sum_{x=0}^{n} \tau_{xy} = \frac{3\,\psi_{y+1}}{2(n+1)} \sum_{x=0}^{n}(t_{xy} + \varrho\,t_{xy}) \quad \text{für} \quad y=m,$$

und hieraus findet man

$$\varrho = \frac{\dfrac{3\,\psi_{y+1}}{2(n+1)} \sum\limits_{x=0}^{n} t_{xy}}{1 - \dfrac{3\,\psi_{y+1}}{2(n+1)} \sum\limits_{x=0}^{n} t_{xy}} \quad \text{für} \quad y=m \qquad (44)$$

Es erübrigt noch, die Lösung der partiellen Differenzengleichung

$$D_x(\varphi w) + D_y(\psi w) - \frac{3}{2(n+1)} \sum_{x=0}^{n} \psi_{y+1}(w_{x,\,y+1} + w_{xy})$$
$$+ \psi_y(w_{xy} + w_{x,\,y-1}) = C_{xy}$$

zu zeigen. Die Randbedingungen haben wir bereits erörtert. Um die Lösungen $w=t$ zu erhalten, ist für C_{xy} $U_{xy} + \dfrac{V_y l_y + V_{y+1} l_{y+1}}{2(n+1)}$ mit $V_{y+1}=0$ für $y=m$ zu setzen. Um $w=t$ zu erhalten, ist für C_{xy} überall Null zu setzen, mit der Ausnahme von $y=m$, wo $C_{xy}=1$ wird. Wir versuchen wiederum für w einen Ansatz in der Form

$$w = \sum_{k=0}^{n} X^k\, Y^k\,;$$

denn wir sind, um zu einem verhältnismäßig einfachen Resultat zu gelangen, genötigt, nach Y^k als Eigenlösungen zu entwickeln. Wir setzen

$$C_{xy} = \sum_{k=0}^{n} c_k(x)\, Y^k$$

und erhalten so

$$\sum_{k=0}^{n} Y^k [D(\varphi X^k) + \lambda_k X^k] - \frac{3}{2(n+1)} \sum_{k=0}^{n} S^k [\lambda_k - (\psi_{y+1} + \psi_y)]\, Y^k$$
$$= \sum_{k=0}^{n} c_k(x)\, Y^k.$$

Wir haben hierbei $D(\psi\, Y^k) = \lambda_k\, Y^k$ gesetzt, für

$$\psi_{y+1} \cdot (w_{x,\,y+1} + w_{xy}) + \psi_y (w_{xy} + w_{x,\,y-1}) = D_y(\psi\, w) - (\psi_{y+1} + \psi_y)\, w$$

und für

$$\sum_{x=0}^{n} X_x{}^k = S^k$$

geschrieben. Y^k sind also die bereits verwendeten Eigenlösungen von

$$D(\psi\, Y^k) - \lambda_k\, Y^k = 0$$

mit den Randbedingungen

$$2\, Y_y{}^k + Y_{y+1}^k = 0 \quad \text{für} \quad y = m$$

und

$$Y_y{}^k = 0 \quad \text{für} \quad y = 0\,.$$

Wir müssen in diesem Falle allerdings noch eine weitere Einschränkung einführen, nämlich daß $\psi_y = \psi_{y+1} = \psi$ konstant ist; denn nur dann gelangen wir zu dem von y freien Gleichungssystem für X^k

$$D(\varphi\, X^k) + \lambda_k\, X^k - \frac{3}{2\,(n+1)}\, S^k(\lambda_k - 2\,\psi) = c_k(x)$$

mit den Randbedingungen

$$2\, X_x{}^k + X_{x-1}^k = 0 \quad \text{für} \quad x = 0$$

und

$$2\, X_x{}^k + X_{x+1}^k = 0 \quad \text{für} \quad x = n\,.$$

Die Auflösung dieser gewöhnlichen Differenzengleichung, bei der jede Gleichung wegen

$$S^k = \sum_{x=0}^{n} X_x{}^k$$

alle Unbekannten enthält, bewirkt man wiederum, wenigstens bei einer größeren Anzahl von Unbekannten, am besten so, daß man zunächst die Gleichung

$$D(\varphi\, X^{*,k}) + \lambda_k\, X^{*,k} = c_k(x)$$

mit denselben Randbedingungen wie für X^k löst. Sodann löst man die Gleichung

$$D(\varphi\, X^{**k}) + \lambda_k\, X^{**,k} = 1$$

und setzt nun

$$X^k = X^{*,k} + \mu_k\, X^{**,k}\,.$$

Bezeichnet man

$$\sum_{x=0}^{n} X^{*k} \quad \text{mit} \quad S^{*,k} \quad \text{und} \quad \sum_{x=0}^{n} X^{**,k} \quad \text{mit} \quad S^{**,k},$$

so wird

$$S^k = S^{*,k} + \mu_k S^{**,k},$$

und unsere Differenzengleichung nimmt die Form an .

$$D\varphi\left(X^{*,k} + \mu_k X^{**,k}\right) + \lambda_k\left(X^{*,k} + \mu_k X^{**,k}\right)$$
$$- \frac{3}{2(n+1)}(\lambda_k - 2\psi)\cdot\left(S^{*,k} + \mu_k S^{**,k}\right) = c_k(x).$$

$X^{*,k} + \mu_k X^{**,k}$ befriedigt aber die Differenzengleichung

$$D\varphi\left(X^{*,k} + \mu_k X^{**,k}\right) + \lambda_k\left(X^{*,k} + \mu_k X^{**,k}\right) = c_k(x) + \mu_k,$$

und es muß also

$$\mu_k = \frac{3}{2(n+1)}(\lambda_k - 2\psi)\left(S^{*,k} + \mu_k S^{**,k}\right)$$

und hieraus

$$\mu_k = \frac{\dfrac{3}{2(n+1)}(\lambda_k - 2\psi)\,S^{*,k}}{1 - \dfrac{3}{2(n+1)}(\lambda_k - 2\psi)\,S^{**,k}}$$

sein.

Hat man auf diese Weise $X^k = {}^1X^k$ für $w = t$ und $X^k = {}^2X^k$ für $w = t$ berechnet, so ergibt schließlich als Lösung

$$\tau = \sum Y^k \overline{X}^k,$$

wobei

$$\overline{X}^k = {}^1X^k + \varrho\cdot{}^2X^k.$$

Es läßt sich leicht zeigen, daß es auch in diesem Falle nur auf die Verhältnisse $\frac{\varphi}{\psi}$ ankommt. Denn, wenn wir statt φ $\varepsilon\cdot\varphi$ und statt ψ $\varepsilon\psi$ schreiben, so werden die Eigenlösungen Y^k hierdurch nicht geändert, während statt λ_k nunmehr $\varepsilon\lambda_k$ auftritt. In den Gleichungen für X steht nunmehr an Stelle X εX und statt S εS, während die rechte Seite unverändert bleibt. An Stelle von X erhalten wir demnach $\frac{X}{\varepsilon}$ als Lösung, und somit bekommen wir statt τ nunmehr $\frac{\tau}{\varepsilon}$, da sich ϱ nicht geändert hat.

Setzt man in den Gl. (32) und (33) für die Momente G, H, L und M an Stelle von φ, ψ und τ diese neuen Werte $\varepsilon\varphi$, $\varepsilon\psi$ und τ/ε ein, so erkennt man sofort, daß der Wert dieser Momente ungeändert bleibt.

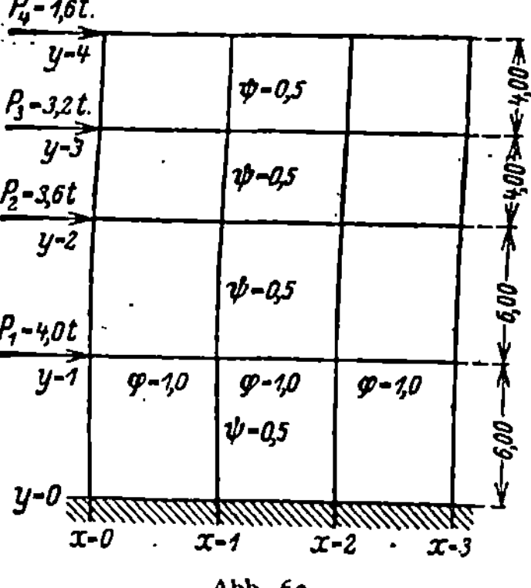

Abb. 62.

Beispiel. Wir zeigen die Anwendung des vorstehend entwickelten Verfahrens an der Berechnung des in Abb. 62 dargestellten Rahmentragwerkes, welches durch die in der Zeichnung eingetragenen Kräfte beansprucht wird. φ und ψ mögen die Werte $\varphi = 1$ und $\psi = 0{,}5$ haben. Die Höhe der Geschosse betragen von oben nach unten $l_4 = l_3 = 4{,}00$ m; $l_2 = l_1 = 6{,}00$ m. Wir berechnen zunächst die Querkräfte V_y in den einzelnen Geschossen und

sodann die Größen $\dfrac{V_y\, l_y + V_{y+1}\, l_{y+1}}{2\,(n+1)}$; n beträgt in dem vorliegenden Falle 3.

Wir erhalten:

	$P_y{}^t$	$V_y{}^t$	$l_y{}^m$	$\dfrac{V_y\, l_y + V_{y+1}\, l_{y+1}}{2\,(n+1)}$
$y = 4$	1,6			0,8
		1,6	4,0	
$y = 3$	3,2			3,2
		4,8	4,0	
$y = 2$	3,6			8,7
		8,4	6,0	
$y = 1$	4,0			15,6
		12,4	6,0	
$y = 0$	—			—

Die in diesem Falle in Frage kommenden Eigenlösungen von

$$D\,(\psi\,Y) - \lambda\,Y = 0$$

mit den Randbedingungen $\qquad Y = 0 \quad$ für $\quad y = 0$

$$2\,Y_y + Y_{y+1} = 0 \quad \text{für} \quad y = m = 4$$

sind für konstante ψ im Anhang unter (3) zusammengestellt. Wir schreiben diese Eigenlösungen in Form einer Matrix hier nochmals an und fügen gleichzeitig die Eigenwerte λ_k, die durch Multiplikation der in der vorgenannten Tabelle angegebenen mit $\psi = 0{,}5$ hervorgehen, hinzu.

$$Y_y{}^k$$

	$y = 1$	$y = 2$	$y = 3$	$y = 4$	λ_k
$k = 1$	+ 0,45219	+ 0,67624	+ 0,55914	+ 0,15996	2,747754
$k = 2$	+ 0,68392	+ 0,15025	— 0,65091	— 0,29324	2,109843
$k = 3$	+ 0,56651	— 0,69096	+ 0,27625	+ 0,35402	1,390157
$k = 4$	+ 0,08280	— 0,20663	+ 0,43285	— 0,87355	0,752246

Wir haben nunmehr die oben angeschriebenen Größen $\dfrac{V_y\, l_y + V_{y+1}\, l_{y+1}}{2\,(n+1)}$ nach vorstehenden Eigenlösungen zu entwickeln. Wir schreiben also diese Werte in der Form der folgenden Matrix an:

$$\dfrac{V_y\, l_y + V_{y+1}\, l_{y+1}}{2\,(n+1)}$$

$y = 1$	$y = 2$	$y = 3$	$y = 4$
+ 0,8	+ 3,2	+ 8,7	+ 15,6

und erhalten die gesuchten Koeffizienten durch Multiplikation der Matrix für Y und für $\dfrac{V_y\, l_y + V_{y+1}\, l_{y+1}}{2\,(n+1)}$ nach der Vorschrift

$$c_k = c_k{}^1 = \sum_{y=1}^{m} \frac{V_y\, l_y + V_{y+1}\, l_{y+1}}{2\,(n+1)}\, Y_y{}^k .$$

Diese $c_k{}^1$, die im folgenden zusammengestellt sind, gehören zur Berechnung von t_{xy}, bzw. zu dessen von x abhängigen Faktor $^1X_k{}^k$

$$c_k{}^1$$

	$k = 1$	$k = 2$	$k = 3$	$k = 4$
$c_k{}^1$	+ 14,85467	+ 9,65882	+ 3,99342	+ 0,18228

Wir haben somit alle Größen, die zum Aufstellen der Gleichungen für die $^1X^k$ notwendig sind, ermittelt.

Wegen der Symmetrie in der X-Richtung ist $^1X_0^k = {}^1X_3^k$, $^1X_1^k = {}^2X_2^k$ und die Gleichungssysteme für die $^1X^k$ haben in diesem Falle die folgende Gestalt:

$$(2 + \lambda_k)\,{}^1X_0^k + {}^1X_1^k = \frac{3}{8}\cdot(\lambda_k - 1)\,{}^1S^k + c_k{}^1,$$

$$^1X_0^k + (5 + \lambda_k)\,{}^1X_1^k = \frac{3}{8}\,(\lambda_k - 1)\,{}^1S^k + c_k{}^1$$

mit
$$^1S^k = 2\,({}^1X_0^k + {}^1X_1^k) \qquad (k = 1,\, 2,\, 3,\, 4).$$

Für die Berechnung von t benötigen wir die Werte $^2X^k$; das Gleichungssystem für diese hat dieselbe Gestalt wie das oben angeschriebene, nur stehen an Stelle von c_k^1 jetzt die Größen c_k^2. Diese Größen c_k^2 gehen aus Multiplikation der Matrix

$$\begin{array}{cccc} y = 1 & y = 2 & y = 3 & y = 4 \\ 0 & 0 & 0 & 1 \end{array}$$

mit der Matrix für Y^k hervor. Wir erhalten also einfach

$$c_k = Y_4^k.$$

Für S^k erhält man wegen der Symmetrie der Lösungen

$$S^k = X_0^k + X_1^k + X_2^k + X_3^k = 2\,(X_0^k + X_1^k),$$

und wenn man diesen Wert einsetzt, bekommt man zwei Gleichungen mit zwei Unbekannten, deren Auflösung in diesem Falle am einfachsten direkt ohne Umweg über die Lösungen des Gleichungssystems $D\,(\varphi\,W) + \lambda\,W = 1$ erfolgt. Es handelt sich also um die Auflösung folgender Gleichungssysteme:

$$k = 1$$
$$+\,3{,}436938\,{}^1X_0^k - 0{,}310816\,{}^1X_1^k = +\,14{,}85467$$
$$-\,0{,}310816\,{}^1X_0^k + 6{,}436938\,{}^1X_0^k = +\,14{,}85467$$
$$k = 1$$
$$+\,3{,}436938\,{}^2X_0^k - 0{,}310816\,{}^2X_1^k = +\,0{,}15996$$
$$-\,0{,}310816\,{}^2X_0^k + 6{,}436938\,{}^2X_1^k = +\,0{,}15906$$
$$k = 2$$
$$+\,3{,}277461\,{}^1X_0^k + 0{,}167618\,{}^1X_1^k = +\,9{,}65882$$
$$+\,0{,}167618\,{}^1X_0^k + 6{,}277461\,{}^1X_1^k = +\,9{,}65882$$
$$k = 2$$
$$+\,3{,}277461\,{}^2X_0^k + 0{,}167618\,{}^2X_1^k = -\,0{,}29324$$
$$+\,0{,}167618\,{}^2X_0^k + 6{,}277461\,{}^2X_1^k = -\,0{,}29324$$
$$k = 3$$
$$+\,3{,}097539\,{}^1X_0^k + 0{,}707381\,{}^1X_1^k = +\,3{,}99342$$
$$+\,0{,}707381\,{}^1X_0^k + 6{,}097539\,{}^1X_1^k = +\,3{,}99342$$
$$k = 3$$
$$+\,3{,}097359\,{}^2X_0^k + 0{,}707381\,{}^2X_1^k = +\,0{,}35402$$
$$+\,0{,}707381\,{}^2X_0^k + 6{,}097539\,{}^2X_1^k = +\,0{,}35402$$
$$k = 4$$
$$+\,2{,}938062\,{}^1X_0^k + 1{,}185816\,{}^1X_1^k = +\,0{,}18288$$
$$+\,1{,}185816\,{}^1X_0^k + 5{,}938062\,{}^1X_1^k = +\,0{,}18288$$
$$k = 4$$
$$+\,2{,}938062\,{}^2X_0^k + 1{,}185816\,{}^2X_1^k = -\,0{,}87355$$
$$+\,1{,}185816\,{}^2X_0^k + 5{,}938062\,{}^2X_1^k = -\,0{,}87355$$

Die Lösungen dieser Gleichungen sind im folgenden zusammengestellt; gleichzeitig sind die Summen angefügt.

$${}^1X^k$$

	$x=0$	$x=1$	$x=2$	$x=3$	${}^1S^k$
$k=1$	$+4{,}55064$	$+2{,}52745$	$+2{,}52745$	$+4{,}55064$	$+14{,}15618$
$k=2$	$+2{,}87228$	$+1{,}46196$	$+1{,}46196$	$+2{,}87228$	$+8{,}66848$
$k=3$	$+1{,}17068$	$+0{,}51911$	$+0{,}51911$	$+1{,}17068$	$+3{,}37958$
$k=4$	$+0{,}05400$	$+0{,}01991$	$+0{,}01991$	$+0{,}05400$	$+0{,}14783$

$${}^2X^k$$

	$x=0$	$x=1$	$x=2$	$x=3$	${}^2S^k$
$k=1$	$+0{,}0490028$	$+0{,}0272163$	$+0{,}0272163$	$+0{,}0490028$	$+0{,}152438$
$k=2$	$-0{,}0872018$	$-0{,}0443849$	$-0{,}0443849$	$-0{,}0872018$	$-0{,}263173$
$k=3$	$+0{,}103781$	$+0{,}046020$	$+0{,}046020$	$+0{,}103781$	$+0{,}299602$
$k=4$	$-0{,}258807$	$-0{,}095427$	$-0{,}095427$	$-0{,}258807$	$-0{,}708468$

Zur Bestimmung von ϱ benötigen wir die Werte

$$\sum_{x=0}^{n} t_{xy} \quad \text{und} \quad \sum_{x=0}^{n} t_{xy}$$

für $y = m = 4$. Wir erhalten

$$\sum_{x=0}^{n} t_{xy} = \sum_{k=1}^{4} {}^1S^k\, Y_y^k \quad \text{und} \quad \sum_{x=0}^{n} t_{xy} = \sum_{k=1}^{4} {}^2S^k\, Y_y^k$$

durch Multiplikation der einzeiligen Matrizen ${}^1S^k$ bzw. ${}^2S^k$ mit der Matrix von Y_4^k, also von

$${}^1S^k$$

$k=1$	$k=2$	$k=3$	$k=4$
$+14{,}15618$	$+8{,}66848$	$+3{,}37958$	$+0{,}14783$

bzw. von ${}^2S^k$

$+0{,}15244$	$-0{,}26317$	$-0{,}29960$	$-0{,}70847$

mit Y_4^k

$+0{,}15996$	$-0{,}29324$	$+0{,}35402$	$-0{,}87355$

und finden

$$\sum_{x=0}^{n} t_{xy} = +0{,}78978 \quad \text{und} \quad \sum_{x=0}^{n} t_{xy} = +0{,}826504 .$$

Hieraus ergibt sich für ϱ nach Gl. (44)

$$\varrho = \frac{3}{16}\,\frac{0{,}78978}{1 - \dfrac{3}{16}\,0{,}826504} = 0{,}175421 .$$

Um nun schließlich die gesuchten Winkelverdrehungen τ zu erhalten, berechnen wir uns zunächst die Werte

$$\overline{X}^k = {}^1X^k + \varrho\,{}^2X^k ,$$

die wir zu der folgenden Matrix zusammenstellen:

$$\overline{X}^k$$

	$x = 0$	$x = 1$	$x = 3$	$x = 3$
$k = 1$	$+\,4{,}559223$	$+\,2{,}532215$	$+\,2{,}532215$	$+\,4{,}559223$
$k = 2$	$+\,2{,}856992$	$+\,1{,}454184$	$+\,1{,}454184$	$+\,2{,}856992$
$k = 3$	$+\,1{,}188861$	$+\,0{,}527178$	$+\,0{,}527178$	$+\,1{,}188861$
$k = 4$	$+\,0{,}008650$	$+\,0{,}003189$	$+\,0{,}003189$	$+\,0{,}008650$

Diese Matrix, mit jener der Y_y^k multipliziert, gibt die gesuchte Matrix der τ_{xy}, an welcher alle τ bereits an der ihnen im Tragsystem entsprechenden Stelle stehen:

$$\tau_{xy}$$

	$x = 0$	$x = 1$	$x = 2$	$x = 3$	$\sum \tau_{xy}$
$y = 4$	$+\,0{,}30483$	$-\,0{,}16247$	$+\,0{,}16247$	$+\,0{,}30483$	$+\,0{,}93460$
$y = 3$	$+\,1{,}02177$	$+\,0{,}61633$	$+\,0{,}61633$	$+\,1{,}02177$	$+\,3{,}27620$
$y = 2$	$+\,2{,}68915$	$-\,1{,}56596$	$+\,1{,}56596$	$+\,2{,}68915$	$+\,8{,}51022$
$y = 1$	$+\,4{,}68981$	$+\,2{,}43850$	$+\,2{,}43850$	$+\,4{,}68981$	$+\,14{,}25662$

Schließlich ergeben sich noch aus der Gl. (36) die $\alpha_y \psi_y$, welche in unserem Falle die folgenden Werte annehmen:

$y = 4$	$0{,}5298$
$y = 3$	$1{,}5367$
$y = 2$	$3{,}5229$
$y = 1$	$3{,}9910$

Damit sind alle Werte gefunden, welche zur Ermittlung der Biegungsmomente gemäß den Gl. (32) und (33) notwendig sind.

§ 12. Rostförmige Tragwerke.

44. Roste mit geraden Stäben.

Unter einem Roste verstehen wir ein Tragwerk, welches ebenso wie ein Rahmen aus zwei Scharen von biegungssteifen Stäben besteht. Wir beschränken uns, entsprechend der praktischen Anwendung, darauf, daß diese Stäbe sich unter einem rechten Winkel schneiden, und behandeln zunächst den Fall, daß beide Stabscharen gerade sind. Zum Unterschiede gegenüber dem Rahmen wirkt aber jetzt die Belastung senkrecht zu der Ebene, in der die Stäbe liegen, so daß also zwischen Rahmen und Rost derselbe Unterschied wie zwischen Scheibe und Platte besteht. Der Rand des Rostes, den wir übrigens im folgenden stets rechtwinklig begrenzt annehmen wollen, sei irgendwie unterstützt; wir wollen hierauf in den folgenden Abschnitten noch ausführlicher zurückkommen.

Wir beziehen uns wiederum auf ein rechtwinkliges Koordinatensystem, dessen Ursprung wir in eine Ecke verlegen, und bezeichnen die Stäbe der einen Schar der Reihe nach mit $x = 0, 1 \ldots n$, die der anderen Schar mit $y = 0, 1, \ldots, m$, so daß also $(x\,y)$ den Schnittpunkt des Stabes x der ersten Schar mit dem Stabe y der anderen bedeutet. Die Länge eines zur x-Achse parallelen Stabes zwischen dem Knoten

$(x - 1, y)$ und $(x\,y)$ sei l_x, das Trägheitsmoment desselben J_x; bei den Stäben der anderen Schar bezeichnet h_y und J_y die Länge, bzw. das Trägheitsmoment im Felde zwischen den Knoten $(x, y - 1)$ und $(x\,y)$. Das Trägheitsmoment ist jetzt selbstverständlich um die in der Ebene des Rostes gelegene Achse zu nehmen. Wie durch die Bezeichnung bereits ausgedrückt ist, soll J_x, J_y, l_x und h_y wiederum lediglich von der Variablen abhängig sein, die als Index angeführt ist. Im folgenden werden wir es vornehmlich mit dem Ausdruck $\dfrac{l_x}{E J_x}$ und $\dfrac{h_y}{E J_y}$ zu tun

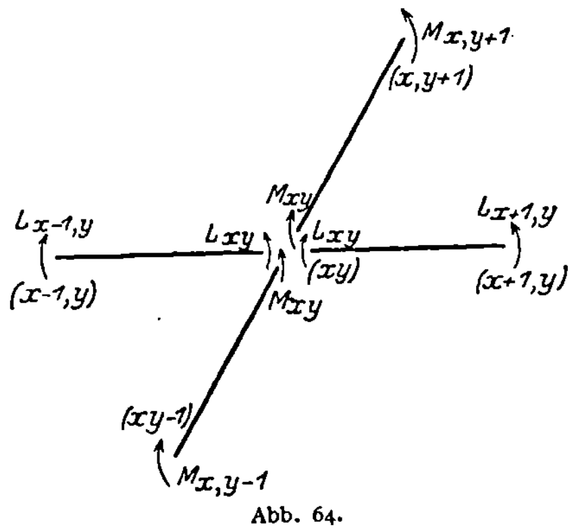

Abb. 63.

haben; wir setzen deshalb zur Abkürzung:

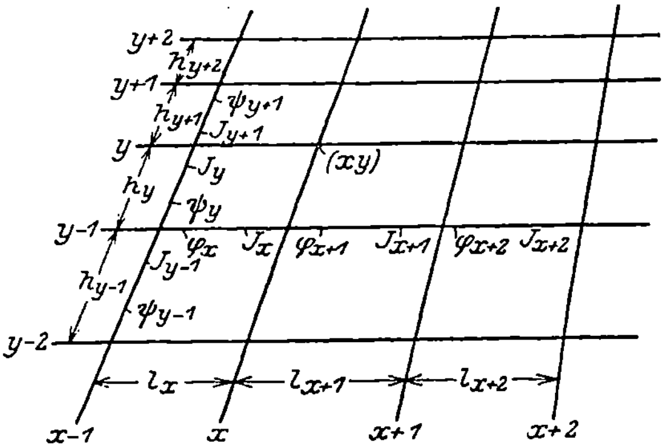

$$\frac{l_x}{E J_x} = \varphi_x \quad \text{und} \quad \frac{h_y}{E J_y} = \psi_y.$$

Diese Bezeichnungen sind übrigens auch aus Abb. 63, die einen Teil eines Rostes in perspektiver Ansicht darstellt, ersichtlich.

Durch die äußeren Kräfte wird jeder Knoten eine Verschiebung senkrecht zur Ebene des Rostes erleiden, welche wir mit z_{xy} bezeichnen. Bezüglich der Vorzeichen von Belastung, Verschiebung und Biegungsmoment treffen wir dieselben Vereinbarungen, wie bei einem Balken über zwei Stützen. Kraft und Verschiebung werden nach derselben Richtung positiv gerechnet; die Biegungsmomente sollen dann positiv sein, wenn der Krümmungsmittelpunkt des deformierten Stabes auf der Seite der negativen z_{xy} liegt.

Denken wir uns die Stäbe knapp neben jedem Knoten durchschnitten, so erhalten wir frei aufliegende Träger über eine Öffnung; an den Enden dieser Träger müssen wir aber noch Biegungsmomente anbringen. Die Kenntnis dieser Knotenmomente genügt, um den Verlauf der Biegungsmomente in den Feldern zu bestimmen. In Abb. 64 sind die vier in

Abb. 64.

dem Knoten $(x\,y)$ zusammentreffenden Stäbe herausgezeichnet und an den Schnittstellen knapp neben den Knoten die in Rede stehenden Knotenmomente angebracht. Wie aus der Abbildung ersichtlich ist, bezeichnen wir diese Momente für die zur X-Achse parallelen Stäbe, also für die Schar $y = $ konstant mit L_{xy}, so daß also an den drei aufeinander folgenden Stellen: $x-1, x$ und $x+1$ die Knotenmomente $L_{x-1,y}$, L_{xy} und $L_{x+1,y}$ auftreten. Bei den Stäben der anderen Schar $x = $ konstant sind die Knotenmomente mit M_{xy} bezeichnet. Dabei haben wir die stillschweigende Voraussetzung getroffen, daß keinerlei Torsionsmomente in den Stäben auftreten, denn sonst wären die Knotenmomente bei einem Stabzuge zu beiden Seiten eines Knotens nicht gleich groß. Ist die Verbindung der Stäbe in den Knoten nicht entsprechend ausgebildet, so werden aber im allgemeinen stets solche Torsionsmomente vorhanden sein. Das erhellt daraus, daß die Winkel α_{xy}, welche die Achsen der Stäbe der Schar $y = $ konst. nach der Deformation mit der ursprünglichen Lage einschließen, im allgemeinen mit y veränderlich sein werden. Es werden demnach die Querschnitte jedes Stabes der Schar $x = $ konst. zwischen zwei benachbarten Knoten (x, y) und $(x, y+1)$ gegeneinander verdreht und daher der Stab selbst tordiert, wenn nicht dafür Sorge getragen wird, daß die Verbindung der Stäbe keine solche Torsionsmomente überträgt und die Verbiegung der Stäbe ungehindert vor sich gehen kann. Diese Forderung ist aber bei Ausführungen wohl nie vollkommen erfüllt, und deshalb stellt die Vernachlässigung der Torsionsmomente eine Annäherung vor, zu der uns auch das Streben nach Vereinfachung der Rechnung führt.

Die vier frei aufliegenden Träger, die in einem Knoten $(x\,y)$ zusammentreffen und durch Zerschneiden der Stäbe daselbst entstanden sind, geben infolge der äußeren Belastung im Knoten $(x\,y)$ den Auflagerdruck T_{xy}. Belastet man weiter diese frei aufliegenden Träger mit der Momentenfläche, die infolge der äußeren Kräfte in diesen frei aufliegend gedachten Trägern entsteht, so ergibt diese Momentenfläche als Belastung des Stabes zwischen den Knoten

$(x-1, y)$ und (x, y) die Auflagerreaktion P_{xy},
$(x\,y)$ und $(x+1, y)$ die Auflagerreaktion Q_{xy},
$(x, y-1)$ und $(x\,y)$ die Auflagerreaktion R_{xy},
$(x\,y)$ und $(x, y+1)$ die Auflagerreaktion S_{xy}

im Knoten $(x\,y)$.

Die Aufstellung der Differenzengleichungen. Wir können die Differenzengleichungen des vorliegenden Problemes sofort in Form eines simultanen Systemes partieller Differenzengleichungen erhalten, wenn wir von den bekannten Clapeyronschen Gleichungen ausgehen. Verschieben sich nämlich bei einem über mehrere Stützen durchlaufenden Balken die Stützen aus irgendeinem Grunde, so besteht zwischen den Biegungsmomenten M und den Senkungen dreier aufeinander folgender Stützen die Gleichung:

$$\varphi_x M_{x-1} + 2(\varphi_x + \varphi_{x+1}) M_x + \varphi_{x+1} M_{x+1}$$
$$+ 6\left(\frac{z_{x+1} - z_x}{l_{x+1}} - \frac{z_x - z_{x-1}}{l_x}\right) = -6\left(\frac{P_x \varphi_x}{l_x} + \frac{Q_x \varphi_{x+1}}{l_{x+1}}\right).$$

Die Bedeutung der Größen φ, P und Q ist dabei die gleiche, wie oben für den zweidimensionalen Bereich erläutert.

Wir können die vorstehende Gleichung für jeden Knoten unseres Rostes zweimal anschreiben, und zwar das eine Mal für den zur X-Achse, das andere Mal für den zur Y-Achse parallelen Stab. Setzen wir zur Abkürzung für die Ausdrücke

$$6\left(\frac{P_{xy}\varphi_x}{l_x} + \frac{Q_{xy}\varphi_{x+1}}{l_{x+1}}\right) = U_{xy}$$
$$6\left(\frac{R_{xy}\psi_y}{h_y} + \frac{S_{xy}\psi_{y+1}}{h_{y+1}}\right) = V_{xy}$$

$$(1)$$

und weiter, wie wir dies schon Seite 248 getan haben, den Ausdruck

$$\gamma_x \omega_{x-1,y} + 2(\gamma_x + \gamma_{x+1})\omega_{xy} + \gamma_{x+1}\omega_{x+1} = D(\gamma\omega)$$

und ähnlich

$$\frac{\omega_{x+1,y} - \omega_{xy}}{l_{x+1}} - \frac{\omega_{xy} - \omega_{x-1,y}}{l_x} = \mathsf{D}_x(w),$$

so erhalten wir die beiden Gleichungen:

$$D_x(\varphi L) + 6\,\mathsf{D}_x(z) = -U_{xy},\qquad(2\,\text{a})$$
$$D_y(\psi M) + 6\,\mathsf{D}_y(z) = -V_{xy}.\qquad(2\,\text{b})$$

Nachdem aber jedem Knoten drei Unbekannte, nämlich L, M und z zugeordnet sind, benötigen wir für jeden Knoten noch eine dritte Gleichung. Diese erhalten wir, wenn wir das Gleichgewicht des Knotens senkrecht zur Ebene des Rostes untersuchen. Die Knotenmomente L des zur X-Achse parallelen Stabes geben in der Richtung der äußeren Kraft den Beitrag

$$\frac{L_{x-1,y} - L_{xy}}{l_{x+1}} - \frac{L_{xy} - L_{x-1,y}}{l_x} = \mathsf{D}_x(L_{xy}),$$

die Momente M aber den Beitrag

$$\frac{M_{x,y+1} - M_{xy}}{h_{y+1}} - \frac{M_{xy} - M_{x,y-1}}{h_y} = \mathsf{D}_y(M_{xy}),$$

die äußere Belastung schließlich den Beitrag T_{xy}, so daß man die fehlende Gleichung in folgender Gestalt findet:

$$\mathsf{D}_x(L) + \mathsf{D}_y(M) = -T_{xy}.\qquad(2\,\text{c})$$

Wir haben hiermit ein System von simultanen partiellen Differenzengleichungen gefunden, mit dessen Auflösung wir uns im folgenden nach Klarstellung der Randbedingungen befassen werden. Wir machen darauf aufmerksam, daß unser Gleichungssystem dreimal so viel Unbekannte aufweist, als es der statischen Unbestimmtheit des Systemes entspricht. Es ist dies jedoch, wie wir sehen werden, bei dem Verfahren, das wir im folgenden einschlagen werden, kein Nachteil, und wir werden auch in Fällen, wo sich durch Elimination das Gleichungssystem auf eine einzige partielle Differenzengleichung reduzieren läßt, dem eben angeschriebenen simultanen System den Vorzug geben.

Die Randbedingungen. Stellen wir das vorstehende simultane Gleichungssystem für die Innenknoten eines rechteckig begrenzten Gebietes auf, so erkennen wir, daß neben den Verschiebungen z der Randknoten auch noch die Knotenmomente L_{xy} für einen Rand $x =$ konst. und die Knotenmomente M_{xy} für einen Rand $y =$ konst. als überzählige Unbekannte in den Gleichungen vorkommen. Wir benötigen also längs des Randes die Angabe zweier Größen.

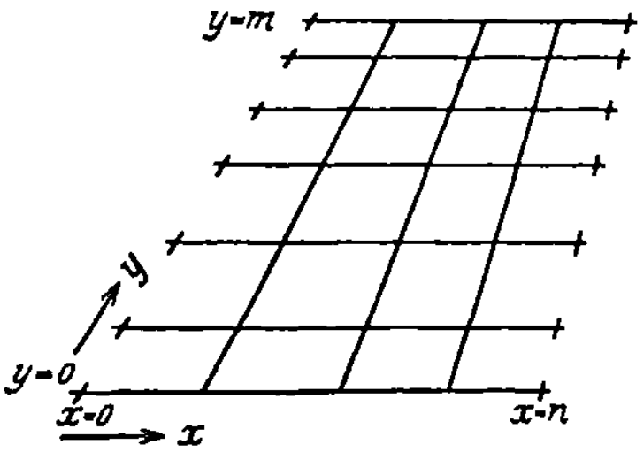

Der einfachste Fall ist der, daß die Stäbe einer Schar am Rande frei aufliegen, wie dies zum Beispiel in Abb. 65 für den Rand $x = 0$ und $x = n$ dargestellt ist. Wir stellen dann unsere Differenzengleichungen das erstemal für $x = 1$, das letztemal für $x = n - 1$ auf und brauchen nur zu beachten, daß für

$$x = 0 \quad \text{und} \quad x = n: \quad L_{xy} = z_{xy} = 0$$

sein muß. Für die gestützten Ränder $y = 0$ und $y = m$ ergibt sich ähnlich

$$y = 0 \quad \text{und} \quad y = m: \quad M_{xy} = z_{xy} = 0.$$

Von praktischer Bedeutung ist ferner ein freier Rand, wie er in Abb. 65 für $y = 0$ und $y = m$ dargestellt ist. Wir schreiben in diesem Falle die Gleichung (2 c) nunmehr auch für die Randnoten an und haben zunächst wiederum dafür Sorge zu tragen, daß das Moment M_{xy} hier verschwindet. Es ist also

$$\text{für} \quad y = 0 \quad \text{und} \quad y = m \quad M_{xy} = 0.$$

Außerdem muß aber auch die Querkraft in dem ersten außerhalb unseres Gebietes liegenden Felde verschwinden. Nachdem die Querkraft im Felde der Differenz der Momente an den Stabenden proportional ist, ist also

Abb. 65.

für $y = 0$ $M_{x,\,y-1} - M_{xy} = 0$ und für $y = m$ $M_{x,\,y+1} - M_{xy} = 0$,

und daraus folgt im Verein mit der ersten Randbedingung

$$\text{für} \quad y = 0 \quad M_{x,\,y-1} = 0,$$
$$\text{für} \quad y = m \quad M_{x,\,y+1} = 0.$$

Ebenso ergibt sich für einen freien Rand $x = 0$ bzw. $x = n$

$$\text{für} \quad x = 0 \quad L_{xy} = L_{x,\,y-1} = 0$$

und $\text{für} \quad x = n \quad L_{xy} = L_{x,\,y+1} = 0.$

Wir wollen schließlich noch den Fall erörtern, daß die Stäbe an einem Rande, z. B. $x = 0$ eingespannt sind. Dann ist für $x = 0$ zunächst

$$z_{xy} = 0.$$

Die andere Bedingung längs dieses Randes findet man, wenn man hier den Winkel α_{xy}, den die Stabachse nach der Deformation mit der ursprünglichen Lage derselben einschließt, bestimmt und dann Null setzt. Für α_{xy} ergibt sich aber, wie man leicht bestätigt findet,

$$\alpha_{xy} = \frac{\varphi_{x+1}}{6}\left(2\,L_{xy} + L_{x+1,\,y}\right) + \frac{Q_{xy}\,\varphi_{x+1}}{l_{x+1}} + \frac{z_{x+1,\,y} - z_{xy}}{l_{x+1}} \quad \text{für} \quad x = 0.$$

Man kann diese Randbedingung auch in der homogenen Form

$$\varphi_x\left(2\,L_{xy} + L_{x-1,\,y}\right) + 6 \cdot \frac{z_{x-1,\,y}}{l_x} = 0 \quad \text{für} \quad x = 0$$

anschreiben, wenn man die Gleichung (2a) auch noch für die Randknoten $x = 0$ beifügt, hierbei P_{xy} Null setzt und die erste Randbedingung $z_{xy} = 0$ berücksichtigt.

Die Eigenlösungen des homogenen Gleichungssystemes. Wir wollen uns zunächst mit den Eigenlösungen des homogenen Systemes kurz befassen, um einen Einblick in die Natur der inhomogenen Gleichungen zu erhalten.

Wir betrachten das Gleichungssystem:

$$\left. \begin{aligned} D_x(\varphi\,L) + 6\,\mathbf{D}_x(z) &= 0 \\ D_y(\psi\,M) + 6\,\mathbf{D}_y(z) &= 0 \\ \mathbf{D}_x(L) + \mathbf{D}_y(M) &= \lambda\,z \end{aligned} \right\} \qquad (3)$$

und versuchen als Lösung die Ansätze:

$$L_{xy} = Xl_x\,Yl_y, \quad M = Xm_x\,Ym_y, \quad z = \xi_x\,\eta_y. \qquad (4)$$

Dabei sind die Größen X und ξ lediglich von x, die Größen Y und η lediglich von y abhängig.

Mit diesen Werten nimmt das Gleichungssystem die Gestalt an:

$$\left. \begin{aligned} Yl\,D_x(\varphi\,Xl) + 6\,\eta\,\mathbf{D}_x(\xi) &= 0 \\ Xm\,D_y\,\psi\,Ym) + 6\,\xi\,\mathbf{D}_y(\eta) &= 0 \\ Yl\,\mathbf{D}_x(Xl) + Xm\,\mathbf{D}_y(Ym) &= \xi\,\eta\,\lambda \end{aligned} \right\} . \qquad (5)$$

Aus den beiden ersten dieser Gleichungen folgt

$$Yl = \eta \quad \text{und} \quad Xm = \xi,$$

so daß, wenn wir nun statt Ym Y und statt Xl X setzen, die letzte Gleichung auch nach Division durch z_{xy} in der Form

$$\frac{D_x(X)}{\xi} + \frac{D_y(Y)}{\eta} = \lambda$$

geschrieben werden kann. Nachdem der erste Summand nur von x, der zweite nur von y abhängig sein könnte, die Summe aber gleich der von x und y unabhängigen Größe λ sein muß, so folgt aus der zuletzt angeschriebenen Gleichung

$$\frac{D_x(X)}{\xi} = \lambda' \quad \text{und} \quad \frac{D_y(Y)}{\eta} = \lambda'', \tag{6}$$

wobei λ' und λ'' von x und y unabhängige Größen vorstellen, während der Eigenwert λ gleich

$$\lambda = \lambda' + \lambda'' \tag{7}$$

wird.

Kürzt man die erste der Gleichungen (5) durch $Yl = \eta$, so erhält man in Verbindung mit den Gleichungen (6) für ξ und X das simultane System gewöhnlicher Differenzgleichungen

$$\left.\begin{array}{r} D_x(\varphi X) + 6\,D_x(\xi) = 0, \\ D_x(X) = \lambda'\,\xi. \end{array}\right\} \tag{8}$$

Ebenso ergibt sich für Y und η das Gleichungssystem

$$\left.\begin{array}{r} D_y(\psi\,Y) + 6\,D_y(\eta) = 0, \\ D_y(Y) = \lambda''\,\eta \end{array}\right\} \tag{9}$$

Die Randbedingungen liefern mit den Ansätzen (4) für einen Rand $x = $ konst. zwei homogene Gleichungen zwischen X und ξ, für einen Rand $y = $ konst. zwei homogene Gleichungen zwischen Y und η. Erstreckt sich unser Gebiet also z. B. zwischen $x = 0$ und $x = n$, bzw. zwischen $y = 0$ und $y = m$, so verlangen die unterstützten Ränder $x = 0$ und $x = n$ wegen

$$L_{xy} = X \cdot \eta : \; X = 0 \quad \text{für} \quad x = 0 \quad \text{und} \quad x = n$$

und wegen

$$z_{xy} = \xi \cdot \eta : \; \xi = 0 \quad \text{für} \quad x = 0 \quad \text{und} \quad x = n.$$

Ähnlich muß für die unterstützten Ränder $y = 0$ und $y = m$

$$Y = \eta = 0 \quad \text{für} \quad \eta = 0 \quad \text{und} \quad \eta = m$$

sein.

Für die freien Ränder $x = 0$ und $x = n$, bzw. $y = 0$ und $y = m$ ergeben die früher abgeleiteten Randbedingungen

$$X_x = X_{x-1} = 0 \quad \text{für} \quad x = 0,$$
$$X_x = X_{x+1} = 0 \quad \text{für} \quad x = n$$

und

$$Y_y = Y_{y-1} = 0 \quad \text{für} \quad y = 0,$$
$$Y_y = Y_{y+1} = 0 \quad \text{für} \quad y = m.$$

Für eingespannte Ränder endlich erhält man aus der homogenen Form der Randbedingungen

$$\left. \begin{array}{l} \xi_x = 0 \\[1mm] \varphi_x(2 X_x + X_{x-1}) + 6\dfrac{\xi_{x-1}}{l_x} = 0 \end{array} \right\} \quad \text{für} \quad x = 0$$

und

$$\left. \begin{array}{l} \xi_x = 0 \\[1mm] \varphi_{x+1}(2 X_x + X_{x+1}) + 6\dfrac{\xi_{x+1}}{l_{x+1}} = 0 \end{array} \right\} \quad \text{für} \quad x = n.$$

Für die Ränder $y = 0$ und $y = m$ erhält man

$$\left. \begin{array}{l} \eta_y = 0 \\[1mm] \psi_y(2 Y_y + Y_{y-1}) + 6\dfrac{\eta_{y-1}}{h_y} = 0 \end{array} \right\} \quad \text{für} \quad y = 0,$$

$$\left. \begin{array}{l} \eta_y = 0 \\[1mm] \psi_{y+1}(2 Y_y + Y_{y+1}) + 6\dfrac{\eta_{y+1}}{h_{y+1}} = 6 \end{array} \right\} \quad \text{für} \quad y = m.$$

Die homogenen gewöhnlichen Differenzengleichungen (8) und (9) haben sonach homogene Randbedingungen. Es gehört also zu jedem Werte von λ_i', bzw. λ_k'' ein Lösungssystem X^i, ξ^i und Y^k, η^k; λ' und λ'' bestimmen sich als Wurzeln einer Gleichung, deren Grad bei freien Rändern gleich $n + 1$, bzw. $m + 1$ ist. Ist ein Rand gestützt oder geklemmt, so verringert sich der Grad der Gleichung um eins; sind beide Ränder geklemmt oder gestützt, um zwei, also auf $n - 1$, bzw. $m - 1$. n und m bedeuten wie bisher die Felderanzahlen.

Da weiter die Determinante aus den Koeffizienten symmetrisch ist, bestehen die Orthogonalitätsbedingungen

$$\sum_{x=0}^{n} \xi_x{}^r \xi_x{}^s = 0 \qquad (r \neq s)$$

und

$$\sum_{y=0}^{m} \eta_y{}^p \eta_y{}^q = 0 \qquad (p \neq q)$$

und damit weiter auch die Gleichung

$$\sum_{x=0}^{n} \sum_{y=0}^{m} z_{xy}{}^\mu z_{xy}{}^\nu = 0 , \tag{10}$$

wenn z^μ und z^ν zu verschiedenen Eigenwerten λ_μ und λ_ν gehörige Eigenlösungen sind.

Sind, wie wir stets voraussetzen wollen, ξ und η normiert orthogonal, so sind auch die z_{xy} normiert und es ist also

$$\sum_{x=0}^{n} \sum_{y=0}^{m} (z_{xy})^2 = 1 . \tag{10a}$$

Zur vollständigen Lösung der inhomogenen Gleichung benötigen wir weiter noch die Eigenlösungen des homogenen Systems

$$\left.\begin{aligned}
D_x(\varphi L) + 6\, D_x(z) &= \lambda L_{xy}, \\
D_y(\psi M) + 6\, D_y(z) &= 0, \\
D_x(L) + D_y(M) &= 0.
\end{aligned}\right\} \tag{11}$$

Der Ansatz $L = X \cdot \eta$, $M = \xi \cdot Y$ und $z = \xi \cdot \eta$ führt jetzt zu dem Gleichungssystem

$$\left.\begin{aligned}
\eta\, D_x(\varphi X) + 6\,\eta \cdot D_x(\xi) &= \lambda X \eta, \\
\xi\, D_y(\psi Y) + 6\,\xi \cdot D_y(\eta) &= 0, \\
\eta\, D_x(X) + \xi\, D_y(Y) &= 0.
\end{aligned}\right\} \tag{12}$$

Die letzte Gleichung verlangt

$$- \frac{D_x(X)}{\xi} = + \frac{D_y(Y)}{\eta} = \lambda*.$$

Mit der zweiten der obigen Gl. (12)

$$D_y(\psi Y) + 6\, D_y(\eta) = 0$$

ergibt sich also dasselbe simultane System gewöhnlicher Differenzengleichungen für η und Y und deshalb dieselben Eigenwerte $\lambda* = \lambda''$ mit denselben zugehörigen Eigenlösungen Y und η wie vordem. Für X und ξ lauten die Gleichungen nunmehr aber anders. Die erste Gleichung ergibt

$$D_x(\varphi X) + 6\, D_x(\xi) = \lambda X \tag{13a}$$

und hierzu tritt noch

$$D_x(X) + \lambda'' \xi = 0 . \tag{13b}$$

Die Eigenlösungen dieses simultanen Systems sind naturgemäß von den früheren verschieden.

Die Lösungen des inhomogenen Gleichungssystems. Ähnlich wie bei der in § 11 behandelten partiellen Differenzengleichung sind wir auch jetzt in der Lage, die Lösungen der inhomogenen Gleichung nach den vorstehenden Eigenlösungen zu entwickeln. Wir erhalten dann zunächst Doppelsummen, die sich aber ebenso wie früher in einfache Summen verwandeln lassen. Hierbei werden wir schon aus dem Grunde dazu geführt, nach den von y abhängigen Eigenlösungen zu entwickeln, weil diese Eigenlösungen für beide oben angeführten Fälle die gleichen sind.

Außerdem wäre auch die Berechnung der X ziemlich umständlich, wenn sie auch von λ'' abhängig sind.

Die Lösungen des inhomogenen Systems

$$\left.\begin{aligned}
D_x(\varphi\, L_{xy}) + 6\, \mathsf{D}_x(z) &= -\,U_{xy}\,, \\
D_y(\psi\, M_{xy}) + 6\, \mathsf{D}_y(z) &= 0\,, \\
\mathsf{D}_x(L_{xy}) + \mathsf{D}_y(M_{xy}) &= -\,T_{xy}
\end{aligned}\right\} \tag{14}$$

werden also in der Form

$$\left.\begin{aligned}
L_{xy} &= \sum_{i=0}^{m} \overline{X}^i\, \eta^i\,, \\
M_{xy} &= \sum_{i=0}^{m} \overline{\xi}^i\, Y^i\,, \qquad z_{xy} = \sum_{i=0}^{m} \overline{\xi}^i\, \eta^i
\end{aligned}\right\} \tag{15}$$

darstellbar sein. Dabei sind die Größen η^i und Y^i die oben erwähnten Eigenlösungen des Gleichungssystems (9), die zu dem Eigenwert λ_i'' gehören, mit entsprechenden homogenen Randbedingungen. Die Werte $\overline{\xi}^i$ und $\overline{X}^i$ sind die Lösungen eines inhomogenen Gleichungssystems, das wir uns auch in einfacher Weise direkt beschaffen können. Zu diesem Zwecke entwickeln wir die gegebenen Größen U_{xy} und T_{xy} in eine Reihe, die nach den Eigenlösungen η^i fortschreitet. Die Koeffizienten dieser Entwicklungen

$$U_{xy} = \sum_{i=0}^{m} u_i(x)\, \eta^i$$

und

$$T_{xy} = \sum_{i=0}^{m} t_i(x)\, \eta^i$$

berechnen sich, wenn die η normiert sind, aus den bekannten Gleichungen

$$u_i(x) = \sum_{y=0}^{m} U_{xy}\, \eta_y^i \quad \text{und} \quad t_i(x) = \sum_{y=0}^{m} T_{xy}\, \eta_y^i\,. \tag{16}$$

Durch die Werte für L, M, z, U und T nimmt das Gleichungssystem (14) die Gestalt an

$$\sum_{i=0}^{m} \eta^i\,[D_x(\varphi\,\overline{X}^i) + 6\, \mathsf{D}_x(\overline{\xi}^i)] = -\sum_{i=0}^{m} u_i(x)\, \eta^i\,,$$

$$\sum_{i=0}^{m} \overline{\xi}^i\,[D_y(\psi\, Y^i) + 6\, \mathsf{D}_y(\eta^i)] = 0\,,$$

$$\sum_{i=0}^{m} \eta^i\left[\mathsf{D}_x(\overline{X}^i) + \overline{\xi}^i\,\frac{\mathsf{D}_y(Y^i)}{\eta^i}\right] = -\sum_{i=0}^{m} t_i(x)\, \eta^i\,.$$

Die Gleichungen müssen für jedes y erfüllt sein; das ist nur möglich, wenn die Beziehungen

$$D_x(\varphi\,\overline{X}{}^i) + 6\,D_x(\overline{\xi}{}^i) = -u_i(x), \quad\Big\}$$
$$D_x(\overline{X}{}^i) + \lambda_i''\,\overline{\xi}{}^i = -t_i(x) \quad\Big\} \tag{17}$$

bestehen. Wir setzen zur Vollständigkeit noch das Gleichungssystem (9) zur Bestimmung der η^i und Y^i her:

$$D_y(\psi\,Y^i) + 6\,D(\eta^i) = 0, \quad\Big\}$$
$$D_y(Y^i) = \lambda_i''\,\eta^i \quad\Big\} \tag{9}$$

und erhalten schließlich nach Ermittlung der Lösungen vorstehender gewöhnlicher Differenzengleichungen die gesuchten Lösungen der inhomogenen Gl. (14) aus den Ansätzen (15).

Aus dem Gleichungssystem, welches die beiden Unbekannten $\overline{X}$ und $\overline{\xi}$ enthält, kann man leicht die $\overline{\xi}$ eliminieren, so daß man nur Gleichungen mit den Unbekannten $\overline{X}$ gewinnt, und kann sich auf diese Weise die numerische Auflösung vereinfachen. Setzt man den Wert für $\overline{\xi}$, der sich aus der zweiten Gleichung ergibt, in die erste ein, so erhält man eine Differenzengleichung vierter Ordnung für $\overline{X}$

$$\lambda'' D(\varphi\,\overline{X}) - 6\,D\,D(\overline{X}) = -u(x)\cdot\lambda'' + 6\,D(t(x)). \tag{18}$$

Ausführlich geschrieben lautet diese Gleichung für die Stelle x

$$\vartheta_x\,\overline{X}_{x-2} + \varepsilon_x\,\overline{X}_{x-1} + \gamma_x\,\overline{X}_x + \varepsilon_{x+1}\,\overline{X}_{x+1} + \vartheta_{x+2}\,\overline{X}_{x+2} = -\lambda''\cdot u(x)$$
$$+ 6\left[\frac{t(x+1)-t(x)}{l_{x+1}} - \frac{t(x)-t(x-1)}{l_x}\right].$$

Darin bedeuten:

$$\vartheta_x = -\frac{6}{l_{x-1}\,l_x}, \qquad \varepsilon_x = \frac{6}{l_x}\left[\frac{1}{l_{x+1}} + \frac{2}{l_x} + \frac{1}{l_{x-1}}\right] + \varphi_x\cdot\lambda'',$$
$$\gamma_x = -2\left\{6\left(\frac{1}{l_x^2} + \frac{1}{l_x\,l_{x+1}} + \frac{1}{l_{x+1}^2}\right) - (\varphi_x + \varphi_{x+1})\lambda''\right\}.$$

Die Werte ε_{x+1} und ϑ_{x+2} ergeben sich aus den vorstehenden, wenn man x durch $x+1$ bzw. $x+2$ ersetzt. Die Gl. (18) ist bei einem System von n-Feldern das erstemal für $x=1$, das letztemal für $x=n-1$ anzuschreiben. Gemäß den überzähligen Unbekannten $\overline{X}_{-1}$, $\overline{X}_0$ und $\overline{X}_n$, $\overline{X}_{n-1}$ treten noch vier Randbedingungen hinzu, und zwar für einen freien Rand

$$\overline{X}_{-1} = \overline{X}_0 = 0 \quad\text{und}\quad \overline{X}_n = \overline{X}_{n+1} = 0,$$

so daß die beiden ersten, bzw. die beiden letzten Gleichungen unter Berücksichtigung dieser Randwerte die von (18) abweichende Gestalt erhalten:

$$
\left.
\begin{aligned}
&\gamma_1 \overline{X}_1 + \varepsilon_2 \overline{X}_2 + \vartheta_3 \overline{X}_3 = -\lambda'' u(1) + 6\left[\frac{t(2)-t(1)}{l_2} - \frac{t(1)-t(0)}{l_1}\right], \\[4pt]
&\varepsilon_2 \overline{X}_1 + \gamma_2 \overline{X}_2 + \varepsilon_3 \overline{X}_3 + \vartheta_4 \overline{X}_4 \\
&\qquad = -\lambda'' u(2) + 6\left[\frac{t(3)-t(2)}{l_3} - \frac{t(2)-t(1)}{l_2}\right], \\[4pt]
&\vartheta_{n-2}\overline{X}_{n-4} + \varepsilon_{n-2}\overline{X}_{n-3} + \gamma_{n-2}\overline{X}_{n-2} + \varepsilon_{n-1}\overline{X}_{n-1} \\
&\qquad = -\lambda'' u(n-2) + 6\left[\frac{t(n-1)-t(n-2)}{l_{n-1}} - \frac{t(n-2)-t(n-3)}{l_{n-2}}\right], \\[4pt]
&\vartheta_{n-1}\overline{X}_{n-3} + \varepsilon_{n-1}\overline{X}_{n-2} + \gamma_{n-1}\overline{X}_{n-1} \\
&\qquad = -\lambda'' u(n-1) + 6\left[\frac{t(n)-t(n-1)}{l_n} - \frac{t(n-1)-t(n-2)}{l_{n-1}}\right].
\end{aligned}
\right\} \quad (18\,\mathrm{a})
$$

Für den Fall des unterstützten Randes hat man zunächst nur eine Randbedingung, die sich auf die $\overline{X}$ bezieht, nämlich $\overline{X}_0 = \overline{X}_n = 0$. Die zwei noch fehlenden Gleichungen erhält man, wenn man die zweite Gl. (17) für $x = 0$ und $x = n$ anschreibt und die Bedingung $\xi_0 = 0$ bzw. $\xi_n = 0$ beachtet. So findet man

$$\mathsf{D}(\overline{X}_0) = -t(0) \quad \text{und} \quad \mathsf{D}(\overline{X}_n) = -t(n)$$

oder auch in Verbindung mit $X_0 = 0$ und $X_n = 0$

$$\frac{\overline{X}_{+1}}{l_1} + \frac{\overline{X}_{-1}}{l_0} = -t(0) \quad \text{und} \quad \frac{\overline{X}_{n+1}}{l_{n+1}} = \frac{\overline{X}_{n-1}}{l_n} = -t(n).$$

Hiermit nehmen die Gl. (18) für $x = 1$ und $x = 2$ die Form an

$$
\left.
\begin{aligned}
&\gamma_1' \overline{X}_1 + \varepsilon_2 \overline{X}_2 + \vartheta_3 \overline{X}_3 = -\lambda'' u(1) + 6\left[\frac{t(2)-t(1)}{l_2} - \frac{t(1)}{l_1}\right]. \\[4pt]
&\varepsilon_2 \overline{X}_1 + \gamma_2 \overline{X}_2 + \varepsilon_3 \overline{X}_3 + \vartheta_4 \overline{X}_4 \\
&\qquad = -\lambda'' u(2) + 6\left[\frac{t(3)-t(2)}{l_3} - \frac{t(2)-t(1)}{l_2}\right] \\[4pt]
&\text{bzw. für } x = n-2 \text{ und } x = n-1 \\[4pt]
&\vartheta_{n-2}\overline{X}_{n-4} + \varepsilon_{n-2}\overline{X}_{n-3} + \gamma_{n-2}\overline{X}_{n-2} + \varepsilon_{n-1}\overline{X}_{n-1} \\
&\qquad = -\lambda'' u(n-2) + 6\left[\frac{t(n-1)-t(n-2)}{l_{n-1}} - \frac{t(n-2)-t(n-3)}{l_{n-2}}\right]. \\[4pt]
&\vartheta_{n-1}\overline{X}_{n-3} + \varepsilon_{n-1}\overline{X}_{n-2} + \gamma_{n-1}'\overline{X}_{n-1} \\
&\qquad = -\lambda'' u(n-1) + 6\left[-\frac{t(n-1)}{l_n} - \frac{t(n-1)-t(n-2)}{l_{n-1}}\right].
\end{aligned}
\right\} \quad (18\,\mathrm{b})
$$

γ_1' und γ_{n-1}' sind dabei, wie man sich leicht überzeugen kann, abweichend von den anderen γ_x nach der Vorschrift

$$\gamma_1' = -2\left\{6\left(\frac{1}{2\,l_1^2} + \frac{1}{l_1 l_2} + \frac{1}{l_2^2}\right) - (\varphi_1 + \varphi_2)\cdot\lambda''\right\},$$

$$\gamma_{n-1}' = -2\left\{6\left(\frac{1}{l_{n-1}^2} + \frac{1}{l_{n-1} l_n} + \frac{1}{2\,l_n^2}\right) - (\varphi_{n-1} + \varphi_n)\cdot\lambda''\right\}$$

zu bilden. Hat man durch Auflösung dieser Gleichungen die X ermittelt, so kann man die $\bar{\xi}$ am einfachsten aus der zweiten Gleichung (17) mit

$$\bar{\xi} = -\frac{1}{\lambda''}\left[D(\overline{X})+t\right] \tag{19}$$

berechnen.

Das eben entwickelte Verfahren hat zur Voraussetzung, daß lediglich die Stäbe einer Schar belastet sind. Wir müssen dann notwendigerweise nach den Eigenlösungen jener Variablen entwickeln, in deren Richtung die unbelasteten Stäbe fallen.

Für praktische Anwendungen findet man hiermit wohl in den allermeisten Fällen das Auslangen, denn der Fall, daß die Belastung auf beide Stabscharen wirkt, ist verhältnismäßig selten. Man kann sich zwar dann noch immer in der Weise helfen, daß man die Lösung durch Superposition bestimmt, indem man zunächst nur die Stäbe $y = \text{konst.}$ belastet annimmt und wie eben erörtert verfährt, also nach den Eigenlösungen η entwickelt, dann aber für die Belastung der Stäbe der anderen Schar die Eigenlösungen in der anderen Richtung benützt.

Es wird jedoch mitunter der Fall eintreten, daß man sich auf die Verwendung von Eigenlösungen einer Variablen beschränken will. Dann kommt es darauf an, auch die Lösung des Gleichungssystems

$$\begin{aligned}
D_x(\varphi L) + 6\,D_x(z) &= 0,\\
D_y(\psi M) + 6\,D_y(z) &= -V,\\
D_x(L) + D_y(M) &= -T
\end{aligned}\right\} \tag{20}$$

nach den bisher verwendeten Eigenlösungen η zu entwickeln. Wir setzen jetzt wiederum

$$L = \sum_{i=0}^{m}\overline{X}^i\,\eta^i, \qquad z = \sum_{t=0}^{m}\bar{\xi}^i\,\eta^i,$$

hingegen aber

$$M = \sum_{i=0}^{m}(\bar{\xi}^i + \bar{\bar{x}}^i)\,Y^i, \tag{21}$$

wobei die neu hinzugekommene Größe $\mathfrak{X}$ nur von x abhängen soll und Y^i und η^i wie früher dem System von gewöhnlichen Differenzengleichungen

$$D(\psi Y) + 6\,D(\eta) = 0, \qquad D(Y) = \lambda''\,\eta \tag{9}$$

genügen. Durch Einsetzen der vorstehenden Werte in das Gleichungssystem (20) erhalten wir

$$\sum_{i=0}^{m} \eta^i \left[D\left(\varphi\, \overline{X}^i\right) + 6\, D(\bar{\xi}^i)\right] = 0 ,$$

$$\sum_{i=0}^{m} (\bar{\xi}^i + \bar{\bar{x}}^i)\, D\left(\psi\, Y^i\right) + 6\, \bar{\xi}\, D(\eta^i) = - V ,$$

$$\sum_{i=0}^{m} \eta^i\, D(\overline{X}^i) + (\bar{\xi}^i + \bar{\bar{x}}^i)\, D(Y^i) = - T .$$

Setzt man für V:

$$V = \sum_{i=0}^{m} q_i\, D\left(\eta^i\right) \quad \text{und für } T\colon \quad T = \sum_{i=0}^{m} t_i\, \eta^i , \qquad (22)$$

so erhält man für die Größen $\overline{X}^i$, $\bar{\xi}^i$ und $\bar{\bar{x}}^i$ das Gleichungssystem

$$\left. \begin{aligned}
D\left(\varphi\, \overline{X}^i\right) + 6\, D(\bar{\xi}^i) &= 0 , \qquad 6\, \bar{\bar{x}}^i = q_i , \\
D(\overline{X}^i) + \lambda_2\, \bar{\xi}^i &= - t_i - \lambda_i''\, \bar{\bar{x}}^i = - t_i - \frac{\lambda_i''}{6}\, q_i .
\end{aligned} \right\} \qquad (23)$$

Unsere Aufgabe ist daher im wesentlichen gelöst. Die Größen $t_i = t_i(x)$ bestimmen sich nach früherem aus der Gleichung

$$t_i(x) = \sum_{y=0}^{m} T_{xy}\, \eta_y^{\;i}$$

und es ist nur noch notwendig, die q_i zu ermitteln. Wir verfahren hierbei so, daß wir zunächst eine Funktion $\Phi_{y\mathfrak{y}}$, welche für $y = 0, 1 \dots y - 1, y + 1 \dots m$ verschwindet und nur für $y = \mathfrak{y}$ den Wert „1" annimmt, in der Form

$$\Phi_{y\mathfrak{y}} = \sum_{i=0}^{m} f_i(\mathfrak{y})\, D_y(\eta_y^{\;i})$$

darstellen. Hat man die Koeffizienten $f_i(\mathfrak{y})$ ermittelt, so kann V_y als Doppelsumme

$$V_y = \sum_{i=0}^{m} \sum_{\mathfrak{y}=0}^{m} V_{\mathfrak{y}}\, f_i(\mathfrak{y})\, D_y(\eta_y^{\;i})$$

ausdrücken und für die Größen q_i ergibt sich hieraus

$$q_i = \sum_{\mathfrak{y}=0}^{m} V_{\mathfrak{y}}\, f_i(\mathfrak{y}) .$$

Soll die Funktion $\Phi_{y\mathfrak{y}}$ statt nach $D_y\left(\eta_y^{\;i}\right)$ nach $\eta_y^{\;i}$ entwickelt werden, so ergeben sich nach früherem die Koeffizienten φ^i in der Gleichung

$$\Phi_{y\mathfrak{y}} = \sum_{i=0}^{m} \varphi^i(\mathfrak{y})\, \eta_y^{\;i}$$

mit

$$\varphi^i(\mathfrak{y}) = \sum_{y=0}^{m} \Phi_{y\mathfrak{y}}\, \eta_y^{\;i} = \eta_{\mathfrak{y}}^{\;i} ,$$

nachdem $\Phi_{y\mathfrak{y}}$ nur für $y=\mathfrak{y}$ von Null verschieden ist und an dieser Stelle den Wert „1" annimmt, und es ist demnach

$$\Phi_{y\mathfrak{y}}=\sum_{i=0}^{m}\eta_{\mathfrak{y}}{}^{i}\cdot\eta_{y}{}^{i}.\qquad(24)$$

Fassen wir $\Phi_{y\mathfrak{y}}$ als Funktion der beiden unabhängigen Variablen y und $\mathfrak{y}$ auf, so nimmt $\Phi_{y\mathfrak{y}}$ innerhalb des Gebietes, das durch $y=0$, $\mathfrak{y}=0$ und $y=m$, $\mathfrak{y}=m$ begrenzt wird, die folgenden Werte an

	$y=0$	$y=1$		$y=m-1$	$y=m$
$\mathfrak{y}=0$	1	0	$\cdots$	0	0
$\mathfrak{y}=1$	0	1	$\cdots$	0	0
	$\vdots$	$\vdots$	$\cdots$	$\vdots$	$\vdots$
$\mathfrak{y}=m-1$	0	0	$\cdots$	1	0
$\mathfrak{y}=m$	0	0	$\cdots$	0	1

Lauten die Randbedingungen für η: $\eta=0$ für $y=0$ und $y=m$, dann verschwindet natürlich auch das erste und letzte Diagonalglied. Jedenfalls nimmt aber die Funktion

$$Q_{y\mathfrak{y}}=D_{y}(\Phi_{y\mathfrak{y}})=\frac{\Phi_{y-1,\mathfrak{y}}-\Phi_{y\mathfrak{y}}}{h_{y}}-\frac{\Phi_{y\mathfrak{y}}-\Phi_{y+1,\mathfrak{y}}}{h_{y+1}}$$

die Werte an

	$y=1$	$y=2$	$y=3$		$y=m-3$	$y=m-2$	$y=m-1$
$\mathfrak{y}=1$	$-\dfrac{1}{h_1}-\dfrac{1}{h_2}$	$\dfrac{1}{h_2}$	0	$\cdots$	0	0	0
$\mathfrak{y}=2$	$\dfrac{1}{h_2}$	$-\dfrac{1}{h_2}-\dfrac{1}{h_3}$	$\dfrac{1}{h_3}$	$\cdots$	0	0	0
$\mathfrak{y}=3$	0	$\dfrac{1}{h_3}$	$-\dfrac{1}{h_3}-\dfrac{1}{h_4}$	$\cdots$	0	0	0
$\vdots$	$\vdots$	$\vdots$	$\vdots$	$\cdots$	$\vdots$	$\vdots$	$\vdots$
$\mathfrak{y}=m-3$	0	0	0	$\cdots$	$-\dfrac{1}{h_{m-4}}-\dfrac{1}{h_{m-3}}$	$\dfrac{1}{h_{m-3}}$	0
$\mathfrak{y}=m-2$	0	0	0	$\cdots$	$\dfrac{1}{h_{m-3}}$	$-\dfrac{1}{h_{m-3}}-\dfrac{1}{h_{m-2}}$	$\dfrac{1}{h_{m-2}}$
$\mathfrak{y}=m-1$	0	0	0	$\cdots$	0	$\dfrac{1}{h_{m-2}}$	$-\dfrac{1}{h_{m-2}}-\dfrac{1}{h_{m-1}}$

Gemäß Gl. (24) kann $Q_{y\mathfrak{y}}$ offenbar durch die Entwicklung

$$Q_{y\mathfrak{y}}=\sum_{i=0}^{m}\eta_{\mathfrak{y}}{}^{i}\,D_{y}(\eta_{y}{}^{i})=\sum_{i=0}^{m}\frac{D_{\mathfrak{y}}(Y_{\mathfrak{y}}{}^{i})}{\lambda_{i}{}''}\,D_{y}(\eta_{y}{}^{i})\qquad(25)$$

dargestellt werden. Man erkennt übrigens sofort bei Betrachtung der angeschriebenen Matrix, daß

$$Q_{y\mathfrak{y}}=D_{y}(\Phi_{y\mathfrak{y}})=D_{\mathfrak{y}}(\Phi_{y\mathfrak{y}})$$

wird. Die Gl. (25) liefert daher die gesuchte Beziehung

$$\Phi_{y\mathfrak{y}} = \sum_{i=0}^{m} \frac{Y_{\mathfrak{y}}^{i}}{\lambda_i''}\, \mathsf{D}_y(\eta_y^{i}), \quad \text{also} \quad f_i(\mathfrak{y}) = \frac{Y_{\mathfrak{y}}^{i}}{\lambda_i''}.$$

Hiermit werden schließlich die gesuchten $q_i\,\lambda_i''$

$$q_i\,\lambda_i'' = \sum_{\mathfrak{y}=0}^{m} V_{\mathfrak{y}}\, Y_{\mathfrak{y}}^{i}. \tag{26}$$

Die Größe der Biegungsmomente, auf die es bei der Berechnung in erster Linie ankommt, hängt übrigens auch in diesem Falle lediglich von dem Verhältnisse φ/ψ ab. Denn setzt man $\varepsilon\,\varphi$ statt φ und $\varepsilon\,\psi$ statt ψ, so behält gemäß Gl. (9) Y^i seinen Wert, während statt η^i jetzt $\varepsilon\,\eta^i$ und statt λ_i'' nun $\dfrac{\lambda_i''}{\varepsilon}$ auftritt. Ebenso findet man leicht bestätigt, daß $\overline{X}^i$ seinen Wert (Gl. (17) bzw. (23)) behält, während an Stelle von ξ^i der ε-fache Wert treten muß. Damit sind auch die inhomogenen Gl. (14) bzw. (20) erfüllt, denn U_{xy} und V_{xy} sind mit φ bzw. ψ proportional und für $u_i(x)$ ist nunmehr $\varepsilon\,u_i(x)$ bzw. für q_i nun $\varepsilon\,q_i$ zu setzen. Während also die Momente L und M unverändert bleiben, erhält man an Stelle von z_{xy} nunmehr $\varepsilon^2\,z_{xy}$.

Die Ermittlung der Eigenwerte und Eigenlösungen bei konstanten Koeffizienten. Wir befassen uns im folgenden mit der Ermittlung der Eigenwerte und Eigenlösungen und beschränken uns hierbei wie früher auf den Fall, daß ψ und h_y konstant sind, so daß wir es also zur Bestimmung der Eigenlösungen Y^i und η^i mit gewöhnlichen Differenzengleichungen mit konstanten Koeffizienten zu tun haben. Am einfachsten zu behandeln ist dabei der Fall des Rostes mit gestütztem Rand; die Berechnung der Eigenlösungen mit freien Rändern verursacht bereits viel mehr Arbeit.

Bei konstantem $\psi_y = \psi$ und $h_y = h$ wird

$$D(\psi\,Y^i) = \psi\,(\triangle + 6)\,Y^i$$

$$\mathsf{D}(\eta^i) = \frac{\triangle\,\eta^i}{h}.$$

so daß das Gleichungssystem, mit welchem wir uns im folgenden befassen, die Form annimmt:

$$\left.\begin{aligned} h\,\psi\,(\triangle + 6)\,Y^i + 6\,\triangle\,\eta^i &= \mathrm{o}, \\ \triangle\,(Y^i) &= h\,\lambda_i''\,\eta^i. \end{aligned}\right\} \tag{27}$$

Durch die Einführung der neuen Unbekannten

und mit

$$\left.\begin{aligned} H^i &= \psi\,h\,Y^i \\[4pt] \omega_i &= h^2\,\lambda_i'' \end{aligned}\right\} \tag{28}$$

lautet es

$$(\triangle + 6)\,H^i + 6\,\triangle\eta^i = 0,\;\Big\}$$
$$\triangle H^i = \omega_i\,\eta^i. \qquad\qquad (29)$$

Wir wenden uns zunächst dem Falle zu, daß die Ränder parallel zur X-Achse gestützt sind, und haben demnach die Randbedingungen:

$$H^i = \eta^i = 0 \quad \text{für} \quad y = 0 \quad \text{und} \quad y = m.$$

Man kann sich leicht Lösungen dieses Gleichungssystems beschaffen, wenn man den Ansatz

$$\eta^i = e^{\alpha_i y}$$

verwendet. Nachdem dann $\triangle\eta^i = 2\,(\mathfrak{Cof}\,\alpha_i - 1)\,e^{\alpha_i y}$ wird, werden wir H_i in der Form

$$H^i = \mu_i\,e^{\alpha_i y}$$

ansetzen müssen, worin μ_i eine von y unabhängige Größe bedeutet. Wir können μ_i leicht bestimmen, wenn wir die Werte für H^i und η^i in der ersten Gleichung einsetzen und erhalten so:

$$\mu_i = -\,\frac{6\,(\mathfrak{Cof}\,\alpha_i - 1)}{(\mathfrak{Cof}\,\alpha_i + 2)}.$$

Hiermit liefert die zweite Gleichung die Beziehung zwischen ω_i und α_i

$$2\,\mu_i\,(\mathfrak{Cof}\,\alpha_i - 1) = \omega_i$$

oder

$$\omega_i = -\,12\,\frac{(\mathfrak{Cof}\,\alpha_i - 1)^2}{\mathfrak{Cof}\,\alpha_i + 2}.$$

Da diese Gleichung in $\mathfrak{Cof}\,\alpha_i$ quadratisch ist, gehören zu jedem λ_i'' zwei verschiedene Werte $\mathfrak{Cof}\,\alpha_i$, etwa $\mathfrak{Cof}\,\alpha_i'$ und $\mathfrak{Cof}\,\alpha_i''$, und nachdem sowohl $+\,\alpha_i'$, $+\,\alpha_i''$ als auch $-\,\alpha_i'$ und $-\,\alpha_i''$ diese Gleichung befriedigen, kann man die allgemeine Lösung des Gleichungssystems (29) in der Gestalt

$$\eta^i = A_i'\sin\alpha_i'\,y + B_i'\cos\alpha_i'\,y + A_i''\sin\alpha_i''\,y + B_i''\cos\alpha_i''\,y$$

und

$$H^i = \mu_i'\,(A_i'\sin\alpha_i'\,y + B_i'\cos\alpha_i'\,y) + \mu_i''\,(A_i''\sin\alpha_i''\,y + B_i''\cos\alpha_i''\,y)$$

ansetzen. Der zugehörige Eigenwert lautet dann:

$$\omega^i = -\,12\,\frac{(1 - \cos\alpha_i')^3}{2 + \cos\alpha_i'} = -\,12\,\frac{(1 - \cos\alpha_i'')^2}{2 + \cos\alpha_i''}. \qquad (30)$$

Da H^i und η^i für $y = 0$ verschwinden müssen, muß $B' = B'' = 0$ sein; damit diese Größen aber auch für $y = m$ verschwinden, ist zunächst erforderlich, daß

$$\alpha_i' = i\,\frac{\pi}{m} \qquad (i = 1,\,2\,\ldots\,m - 1)$$

wird. A'' muß aber Null sein, denn mit dem angegebenen Wert wird wegen der Gleichung (30) $\cos \alpha_i''$ stets größer als 1. α_i'' ist also rein imaginär und an Stelle der trigonometrischen Funktion tritt die hyperbolische, die niemals für $y = m$ verschwinden kann, was eben $A'' = 0$ bedingt. Wir erhalten demnach die Lösung für den gestützten Rand

$$\left.\begin{aligned}
\eta^i &= A_i \sin \alpha_i \, y \\[2mm]
H^i &= A_i \cdot \frac{6(1 - \cos \alpha_i)}{(2 + \cos \alpha_i)} \sin \alpha_i \, y \\[2mm]
\omega_i &= -12 \frac{(1 - \cos \alpha_i)^2}{2 + \cos \alpha_i}
\end{aligned}\right\} \tag{31}$$

mit

$$\alpha_i = i \frac{\pi}{m} \quad (i = 1, 2 \ldots m - 1).$$

Den willkürlichen Faktor A_i, mit dem die Lösungen multipliziert erscheinen, wählen wir so, daß die η^i normiert sind; die η^i sind dann mit den Eigenlösungen der Differenzengleichung $(\triangle + 6) w = \lambda w$ und den Randbedingungen $w = 0$ für $y = 0$ und $y = m$ identisch, welche wir bereits Seite 91 ermittelt haben. Die Eigenwerte ω_i und die Lösungen H^i sind leicht nach den vorstehend entwickelten Gleichungen zu berechnen und zur Vereinfachung der Berechnung solcher Systeme auch in den Tabellen (4) im Anhang zusammengestellt.

Nicht ganz so einfach gestaltet sich die Berechnung der Eigenlösungen und der Eigenwerte, wenn die zur X-Achse parallelen Ränder frei sind. Das Gleichungssystem (29) hat in diesem Falle die Randbedingungen

$$H^i_{y-1} = H^i_y \quad\quad = 0 \quad\quad \text{für} \quad y = 0$$

und

$$H^i_y \quad\quad = H^i_{y+1} = 0 \quad\quad \text{für} \quad y = m.$$

Die Schwierigkeiten, die dabei auftreten, haben ihre Ursache darin, daß alle Koeffizienten $A' A''$, B' und B'' der allgemeinen Lösung von Null verschieden sind und die Bestimmung von α_i' und α_i'' aus einem System von zwei transzendenten Gleichungen erfolgen muß, deren Lösung aber recht umständlich wird. Wir sind daher bei der Ermittlung der Eigenwerte so vorgegangen, daß wir die Gleichung für ω_i, die wir durch Nullsetzen der Nennerdeterminante erhalten, aufgelöst haben und die zugehörigen Lösungssysteme H^i und η^i direkt durch Auflösen der Gleichungen (29) ermittelt haben. Die Rechnung vereinfacht sich übrigens sofort, wenn wir die geraden und ungeraden Lösungen getrennt untersuchen.

Wie man sich leicht überzeugen kann, erhält man im vorliegenden Falle bei m Feldern $m + 1$ Eigenwerte ω_i und ebenso viele Lösungssysteme H^i, bzw. η^i. Dabei zählt $\omega_0 = 0$ als Doppelwurzel, zu der $H^0 = H^1 = 0$ gehört, während $\eta^0 = k_0$ oder $\eta^1 = k_1\,y$ sein kann. Natürlich ist auch $k_0 + k_1\,y$ eine Lösung.

Auch diese Eigenlösungen sind im Anhang unter (5) für verschiedene Felderanzahlen zusammengestellt.

Sind auch die l_x und φ_x konstant, so vereinfacht sich das Gleichungssystem für die $\overline{X}$ und ξ zu der Gestalt:

$$\left.\begin{aligned}\varphi\,l\,(\triangle + 6)\,\overline{X} + 6\,\triangle\,\xi &= -\,l\cdot u(x)\\\triangle\,\overline{X} + l\,\lambda''\,\xi &= -\,l\cdot t(x)\end{aligned}\right\} \tag{32}$$

Diese Gleichungen kann man entweder mittels der Theorie der gewöhnlichen Differenzengleichungen lösen, oder, was bei einer kleinen Anzahl von Unbekannten einfacher ist, durch direkte Auflösung. Man geht dann am besten wiederum von dem Gleichungssystem für die $\overline{X}$ aus, das man nach der Elimination der ξ aus dem vorstehenden System erhält. Man erhält für die $\overline{X}$ die Differenzengleichung vierter Ordnung mit konstanten Koeffizienten:

$$\lambda''\,\varphi\,l^2\,(\triangle + 6)\,\overline{X} - 6\,\triangle\,\triangle\,\overline{X} = -\,\lambda''\,l^2\,u(x) + 6\,l\,\triangle\,t,$$

oder ausführlicher angeschrieben und für $\lambda''\,\varphi\,l^2 = k = \omega\cdot\dfrac{\psi}{\varphi}\dfrac{l_x^2}{h_y^2}$ gesetzt

$$-6\,\overline{X}_{x-2} + \overline{X}_{x-1}\,(24 + k) - \overline{X}_x\,(36 - 4\,k) + \overline{X}_{x+1}\,(24 + k) - 6\,\overline{X}_{x-2}$$
$$= -\,\lambda''\,l^2\,u(x) + 6\,l\,[t(x-1) - 2\,t(x) + t(x+1)].$$

Die beiden ersten und beiden letzten Gleichungen haben wiederum eine etwas andere Gestalt. Sind die Ränder frei, so lauten sie:

$$\left.\begin{aligned}&-\,\overline{X}_1\,(36 - 4\,k) + \overline{X}_2\,(24 + k) - 6\,X_3\\&\qquad = -\,\lambda''\,l^2\,u(1) + 6\,l\,[t(0) - 2\,t(1) + t(2)],\\&\overline{X}_1\,(24 + k) - \overline{X}_2\,(36 - 4\,k) + \overline{X}_3\,(24 + k) - 6\,\overline{X}_4\\&\qquad = -\,\lambda''\,l^2\,u(2) + 6\,l\,[t(1) - 2\,t(2) + t(3)],\end{aligned}\right\} \tag{32a}$$

bzw.

$$-6\,\overline{X}_{n-4} + \overline{X}_{n-3}\,(24 + k) - \overline{X}_{n-2}\,(36 - 4\,k) + \overline{X}_{n-1}\,(24 + k)$$
$$= -\,\lambda''\,l^2\,u(n-2) + 6\,l\,[t(n-3) - 2\,t(n-2) + t(n-1)],$$
$$-6\,\overline{X}_{n-3} + \overline{X}_{n-2}\,(24 + k) - \overline{X}_{n-1}\,(36 - 4\,k)$$
$$= -\,\lambda''\,l^2\,u(n-1) + 6\,l\,[t(n-2) - 2\,t(n-1) + t(n)].$$

Für unterstützte Ränder nehmen diese Gleichungen aber, wie man durch Spezialisierung der Gleichungen (18b) sofort findet, die Form an:

$$-\overline{X}_1(30-4k)+\overline{X}_2(24+k)-6\overline{X}_3$$
$$=-\lambda''\,l^2(1)+6\,l\,[t(2)-2\,t(1)],$$
$$\overline{X}_1(24+k)-\overline{X}_2(36-4k)+\overline{X}_3(24+k)-6\overline{X}_4$$
$$=-\lambda''\,l^2\,u(2)+6\,l\,[t(3)-2\,t(2)+t(1)]$$

bzw.

$$-6\overline{X}_{n-4}+\overline{X}_{n-3}(24+k)-\overline{X}_{n-2}(36-4k)+\overline{X}_{n-1}(24+k)$$
$$=-\lambda''\,l^2\,u(n-2)+6\,l\,[t(n-3)-2\,t(n-2)+t(n-1)],$$
$$-6\overline{X}_{n-3}+\overline{X}_{n-2}(24+k)-\overline{X}_{n-1}(30-4k)$$
$$=-\lambda''\,l^2\,u(n-1)+6\,l\,[t(n-2)-2\,t(n-1)].$$

$$(32\mathrm{b})$$

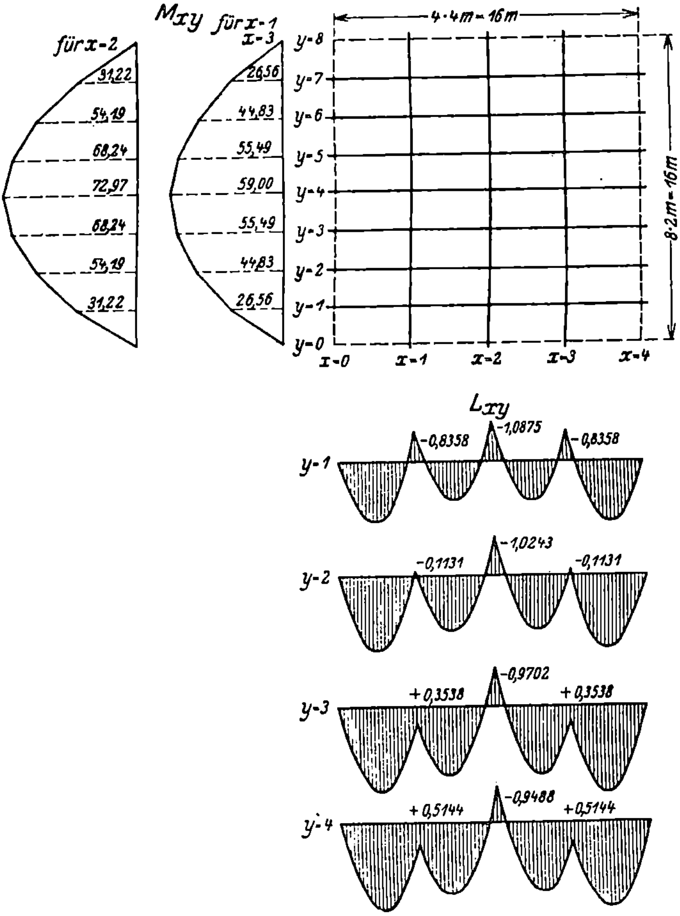

Abb. 66.

Ein Beispiel. Wir zeigen die Anwendung des vorstehend entwickelten Verfahrens an der Berechnung einer Deckenkonstruktion, welche im Grundriß in Abb. 66 dargestellt ist. Die drei in einem gegenseitigen Abstande von 4,00 m liegenden Unterzüge haben eine Spannweite von 16,00 m und tragen 7 Querrippen, so daß also ein System von 8×4 Feldern entsteht. Es ist demnach $l_x =$ konst. $= 4{,}00$ m, $h_y =$ konst. $= 2{,}00$ m. Unterzüge, sowie Querträger liegen am Rande frei auf. Den Koordinaten-Ursprung legen wir in eine Ecke und lassen die X-Achse in die Richtung der Querträger, die Y-Achse in die Richtung der Unterzüge fallen. Die Belastung möge aus einer gleichmäßig verteilten Belastung von 500 kg pro m² Deckenfläche bestehen, sich jedoch lediglich auf die Querträger übertragen, so daß sich für diese eine Belastung von 1000 kg für den laufenden Meter ergibt. Das Trägheitsmoment der Unterzüge möge 50 mal größer sein als das der Querträger. Setzen wir daher der

Einfachheit halber $h \cdot \psi = \dfrac{h^2}{E J_y} = 1^{-t}$, so wird also $\psi = 0{,}5^{t^{-1} m^{-1}}$ und

$$\varphi = \frac{l}{E J_x} = \frac{4}{1} \cdot \frac{50}{4} = 50^{t^{-1} m^{-1}}.$$

Die Belastungsglieder U und T sind in dem vorliegenden Falle von x und y unabhängig, und zwar wird nach der Gleichung (1)

$$U = \tfrac{1}{2} q\, l^2 \cdot \varphi = 400,$$

da φ_x und l_x konstante Größen sind und

$$P = Q = \frac{l^3}{24} q$$

für eine gleichmäßige Belastung q wird. U ist dabei eine unbenannte Zahl

Für T hingegen ergibt sich

$$T = l\, q = 4^t.$$

Wir benötigen zunächst die Eigenlösungen des Gleichungssystemes

$$h\,\psi\,(\triangle + 6)\, Y + 6 \triangle \eta = 0$$
$$\triangle Y = h\, \lambda'' \eta$$

mit den Randbedingungen $Y = \eta = 0$ für $y = 0$ und $y = m = 8$. Die Größen η und Y sind in der folgenden Tabelle zusammengestellt. Wir können dabei direkt die Werte aus der Tabelle (4) im Anhang benutzen, da wir $\psi h = 1$ gewählt haben.

$$Y^i.$$

i	$y = 1$	$y = 2$	$y = 3$	$y = 4$	$y = 5$	$y = 6$	$y = 7$
1	$+\,0{,}029\ 89$	$+\,0{,}055\ 23$	$+\,0{,}072\ 16$	$+\,0{,}078\ 10$	$+\,0{,}072\ 16$	$+\,0{,}055\ 23$	$+\,0{,}029\ 89$
2	$+\,0{,}229\ 52$	$+\,0{,}324\ 58$	$+\,0{,}229\ 52$	0	$-\,0{,}229\ 52$	$-\,0{,}324\ 58$	$-\,0{,}229\ 52$
3	$+\,0{,}718\ 09$	$+\,0{,}549\ 60$	$-\,0{,}297\ 44$	$-\,0{,}777\ 25$	$-\,0{,}297\ 44$	$+\,0{,}549\ 60$	$+\,0{,}718\ 09$
4	$+\,1{,}5$	0	$-\,1{,}5$	0	$+\,1{,}5$	0	$-\,1{,}5$
5	$+\,2{,}369\ 54$	$-\,1{,}813\ 57$	$-\,0{,}981\ 50$	$+\,2{,}564\ 77$	$-\,0{,}981\ 50$	$-\,1{,}813\ 57$	$+\,2{,}369\ 54$
6	$+\,2{,}800\ 94$	$-\,3{,}961\ 13$	$+\,2{,}800\ 94$	0	$-\,2{,}800\ 94$	$+\,3{,}961\ 13$	$-\,2{,}800\ 94$
7	$+\,2{,}052\ 48$	$-\,3{,}792\ 48$	$+\,4{,}955\ 11$	$-\,5{,}363\ 38$	$+\,4{,}955\ 11$	$-\,3{,}792\ 48$	$+\,2{,}052\ 48$

$$\eta^i.$$

i	$y = 1$	$y = 2$	$y = 3$	$y = 4$	$y = 5$	$y = 6$	$y = 7$
1	$+\,0{,}191\ 34$	$+\,0{,}353\ 55$	$+\,0{,}461\ 94$	$+\,0{,}5$	$+\,0{,}461\ 94$	$+\,0{,}353\ 55$	$+\,0{,}191\ 34$
2	$+\,0{,}353\ 55$	$+\,0{,}5$	$+\,0{,}353\ 55$	0	$-\,0{,}353\ 55$	$-\,0{,}5$	$-\,0{,}353\ 55$
3	$+\,0{,}461\ 94$	$+\,0{,}353\ 55$	$-\,0{,}191\ 34$	$-\,0{,}5$	$-\,0{,}191\ 34$	$+\,0{,}353\ 55$	$+\,0{,}461\ 94$
4	$+\,0{,}5$	0	$-\,0{,}5$	0	$+\,0{,}5$	0	$-\,0{,}5$
5	$+\,0{,}461\ 94$	$-\,0{,}353\ 55$	$-\,0{,}191\ 34$	$+\,0{,}5$	$-\,0{,}191\ 34$	$-\,0{,}353\ 55$	$+\,0{,}461\ 94$
6	$+\,0{,}353\ 55$	$-\,0{,}5$	$+\,0{,}353\ 55$	0	$-\,0{,}353\ 55$	$+\,0{,}5$	$-\,0{,}353\ 55$
7	$+\,0{,}191\ 34$	$-\,0{,}353\ 55$	$+\,0{,}461\ 94$	$-\,0{,}5$	$+\,0{,}461\ 94$	$-\,0{,}353\ 55$	$+\,0{,}191\ 34$

	ω_i
$i = 1$	— 0,023 781
$i = 2$	— 0,380 272
$i = 3$	— 1,919 246
$i = 4$	— 6,000 000
$i = 5$	— 14,185 080
$i = 6$	— 27,048 302
$i = 7$	— 41,274 058

Die Gleichungen zur Berechnung der $u(x)$ und $t(x)$, das sind die Koeffizienten der Entwicklung von U_{xy} und T_{xy} nach den normierten Eigenlösungen η, vereinfachen sich, weil U_{xy} und T_{xy} von x und y unabhängig sind, zu

$$u_i(x) = U \sum_{y=1}^{m-1} \eta_y{}^i, \qquad t_i(x) = T \sum_{y=1}^{m-1} \eta_y{}^i.$$

Dabei verschwinden diese Summen immer bei ungeraden Eigenlösungen, so daß sich also für $i = 2, 4$ und 6 $u = t = 0$ ergibt und wir die folgenden Werte erhalten:

	$u(x)$ $x = 0,\ x = 1,\ x = 2$	$t(x)$ $x = 0,\ x = 1,\ x = 2$
$i = 1$	1005,467 84	10,054 678 4
$i = 2$	0	0
$i = 3$	299,321 12	2,993 211 2
$i = 4$	0	0
$i = 5$	133,635 68	1,336 356 8
$i = 6$	0	0
$i = 7$	39,7824	0,397 824

Nunmehr folgt die Berechnung der $\bar{\xi}^i$ und $\bar{X}^i$.

Wir lösen zunächst die Gleichungen für $\bar{X}$, die wir Seite 300 unter (32) und (32 b) angeschrieben haben. In unserem Falle tritt eine Vereinfachung durch die Symmetrie ein; es ist $\bar{\xi}_1{}^i = \bar{\xi}_3{}^i$ und $\bar{X}_1{}^i = \bar{X}_3{}^i$; wir haben also mit einem Gleichungssystem mit nur zwei Unbekannten zu tun, und zwar lautet dieses, da außerdem u und t mit x nicht veränderlich sind:

$$\bar{X}_1(-36 + 4k) + \bar{X}_2(24 + k) = -\lambda'' l^2 u - 6lt$$
$$2\,\bar{X}_1(24 + k) + \bar{X}_2(-36 + 4k) = -\lambda'' l^2 u,$$

worin wir $\lambda'' l^2 \varphi = k$ gesetzt haben. Mit u und t verschwinden auch die zu ungeraden Eigenlösungen gehörigen $\bar{\xi}$ und $\bar{X}$. In der folgenden Tabelle stellen wir zunächst die Werte k, $\lambda'' l^2 u$ und lt für $i = 1, 3, 5$ und 7 zusammen, wobei

$$k = \varphi\, l^2 \lambda'' = \omega \frac{\varphi}{\psi} \left(\frac{l}{h}\right)^2 = 400\,\omega$$

und

$$\lambda'' l^2 u = u \cdot \omega \frac{1}{\psi} \left(\frac{l}{h}\right)^2 = 8\,u\,\omega$$

wird. Aus diesen Werten bestimmen wir die Größen $4k - 36$, $k + 24$, $2(k + 24)$ sowie $-\lambda'' l^2 u - 6lt$. Zur Berechnung des $\bar{X}$ haben wir schließlich noch die Werte $\lambda'' l = \omega \dfrac{l}{h^2 \psi} = 2\,\omega$ aufgenommen, so daß alle Größen zur Berechnung der $\bar{\xi}$ und $\bar{X}$ in der folgenden Tabelle enthalten sind.

	ω	k	$l\,t$	$\lambda''\,l^2 \cdot u$
$i=1$	$-\ 0{,}023\,781$	$-\ 9{,}512\,32$	$+40{,}218\,714$	$-\ 191{,}286\,64$
$i=3$	$-\ 1{,}919\,246$	$-\ 767{,}698\,48$	$+11{,}972\,840$	$-\ 4\,595{,}767\,36$
$i=5$	$-\ 14{,}185\,080$	$-\ 5674{,}032\,0$	$+\ 5{,}345\,427$	$-\ 15\,165{,}062\,4$
$i=7$	$-\ 41{,}274\,058$	$-\ 16\,509{,}623\,2$	$+\ 1{,}591\,296$	$-\ 13\,135{,}848\,7$

	$-\,u\,\lambda''\,l^2 - 6\,l_x\,t$	$4\,k - 36$	$2\,(k+24)$
$i=1$	$-\ 50{,}025\,65$	$-\ 74{,}049\,28$	$+\ 14{,}487\,68$
$i=3$	$+\ 4\,523{,}930\,29$	$-\ 3\,106{,}793\,92$	$+\ 743{,}698\,48$
$i=5$	$+15\,132{,}989\,9$	$-22\,732{,}128\,0$	$-\ 5\,650{,}032\,0$
$i=7$	$+13\,126{,}300\,9$	$-66\,074{,}492\,8$	$-16\,485{,}623\,2$

	$2\,(k+24)$	$l\,\lambda''$
$i=1$	$+\ 28{,}975\,36$	$-\ 0{,}047\,562$
$i=3$	$-\ 1\,487{,}396\,96$	$-\ 3{,}838\,492$
$i=5$	$-11\,300{,}064\,0$	$-28{,}370\,160$
$i=7$	$-32\,971{,}246\,4$	$-82{,}548\,116$

Damit ergeben sich die folgenden Werte für $\overline{X}$ und $\overline{\xi}$

$$\overline{X}^i.$$

	$x=1$	$x=2$	$x=3$
$i=1$	$+\,0{,}184\,272$	$-\,2{,}511\,12$	$+\,0{,}184\,272$
$i=3$	$-\,1{,}244\,683$	$-\,0{,}883\,364$	$-\,1{,}244\,683$
$i=5$	$-\,0{,}570\,368\,4$	$-\,0{,}383\,592\,2$	$-\,0{,}570\,368\,4$
$i=7$	$-\,0{,}170\,254\,3$	$-\,0{,}113\,846\,5$	$-\,0{,}170\,254\,3$

$$\overline{\xi}^i.$$

	$x=1$	$x=2$	$x=3$
$i=1$	$+\,785{,}067$	$+\,958{,}956$	$+\,785{,}067$
$i=3$	$+\,3{,}537\,547$	$+\,2{,}930\,892$	$+\,3{,}537\,547$
$i=5$	$+\,0{,}215\,105\,3$	$+\,0{,}175\,250\,1$	$+\,0{,}215\,105\,3$
$i=7$	$+\,0{,}022\,023\,0$	$+\,0{,}017\,910\,5$	$+\,0{,}022\,023\,0$

Durch Multiplikation dieser Matrizen mit jenen für Y und η können nun gemäß den Gleichungen

$$L_{xy} = \sum_{i=1}^{m} \overline{X}^i\,\eta^i, \qquad M_{xy} = \sum_{i=1}^{m} \overline{\xi}^i\,Y^i, \qquad z_{xy} = \sum_{i=1}^{m} \overline{\xi}^i\,\eta^i,$$

die gesuchten Knotenmomente und die Durchbiegung der Knoten ermittelt werden. So ergibt sich für die Knotenmomente M der Unterzüge

$$M_{xy} \text{ in t m.}$$

	$x=1$	$x=2$	$x=3$
$y=1$	$+\,26{,}5600$	$+\,31{,}2189$	$+\,26{,}5600$
$y=2$	$+\,44{,}8275$	$+\,54{,}1853$	$+\,44{,}8275$
$y=3$	$+\,55{,}4939$	$+\,68{,}2404$	$+\,55{,}4939$
$y=4$	$+\,58{,}9993$	$+\,72{,}9718$	$+\,58{,}9993$
$y=5$	$+\,55{,}4939$	$+\,68{,}2404$	$+\,55{,}4939$
$y=6$	$+\,44{,}8275$	$+\,54{,}1853$	$+\,44{,}8275$
$y=7$	$+\,26{,}5600$	$+\,31{,}2189$	$+\,26{,}5600$

ferner für die Knotenmomente L_{xy} der Querrippen

$$L_{xy} \text{ in t m.}$$

	$x = 1$	$x = 2$	$x = 3$
$y = 1$	$-\,0{,}835\,76$	$-\,1{,}087\,52$	$-\,0{,}835\,76$
$y = 2$	$-\,0{,}113\,06$	$-\,1{,}024\,26$	$-\,0{,}113\,06$
$y = 3$	$+\,0{,}353\,77$	$-\,0{,}970\,16$	$+\,0{,}353\,77$
$y = 4$	$+\,0{,}514\,42$	$-\,0{,}948\,75$	$+\,0{,}514\,42$
$y = 5$	$+\,0{,}353\,77$	$-\,0{,}970\,16$	$+\,0{,}353\,77$
$y = 6$	$-\,0{,}113\,06$	$-\,1{,}024\,26$	$-\,0{,}113\,06$
$y = 7$	$-\,0{,}835\,76$	$-\,1{,}087\,52$	$-\,0{,}835\,76$

und schließlich für die Senkungen

$$\varepsilon^3\,z_{xy}.$$

	$x = 1$	$x = 2$	$x = 3$
$y = 1$	$+\,151{,}954$	$+\,184{,}927$	$+\,151{,}954$
$y = 2$	$+\,278{,}730$	$+\,340{,}010$	$+\,278{,}730$
$y = 3$	$+\,361{,}947$	$+\,442{,}394$	$+\,361{,}947$
$y = 4$	$+\,390{,}861$	$+\,478{,}091$	$+\,390{,}861$
$y = 5$	$+\,361{,}947$	$+\,442{,}394$	$+\,361{,}947$
$y = 6$	$+\,278{,}730$	$+\,340{,}010$	$+\,278{,}730$
$y = 7$	$+\,151{,}954$	$+\,184{,}927$	$+\,151{,}954$

Die übliche Näherungsberechung, bei welcher die Unterzüge als frei aufliegende Träger von 16 m Spannweite berechnet werden und die Einwirkung der Querträger vernachlässigt wird, liefert hingegen die Knotenmomente M' für die Unterzüge in

$$
\begin{array}{ccccccc}
y = 1 & y = 2 & y = 3 & y = 4 & y = 5 & y = 6 & y = 7 \\
\end{array}
$$
$$
M' = \quad 28{,}0 \quad 48{,}0 \quad 60{,}0 \quad 64{,}0 \quad 60{,}0 \quad 48{,}0 \quad 28{,}0
$$

während die approximative Berechnung der Querrippen als durchlaufende Träger über vier feste Stützen für die Knotenmomente der letzteren die Werte liefert

$$
\begin{array}{ccc}
y = 1 & y = 2 & y = 3 \\
\end{array}
$$
$$
L' = \quad -\,1{,}7143 \quad -\,1{,}1429 \quad -\,1{,}7143.
$$

Der in vier Punkten gestützte Rost mit freien Rändern. Sind bei dem im vorhergehenden Abschnitt behandelten Beispiele die Ränder $x = 0$ und $x = n$ nicht unterstützt, sondern frei, so ändert sich der Rechnungsvorgang nicht wesentlich. Es werden lediglich die Randbedingungen für $\overline{X}$ und $\overline{\xi}$ andere sein und deshalb die Gleichungen für $\overline{X}$ und $\overline{\xi}$ etwas anders lauten. Mit der Form dieser Gleichungen haben wir uns schon früher ausführlich beschäftigt. Ebensowenig bereitet die Lösung der Aufgabe Schwierigkeiten, wenn die Belastung nicht längs der Querträger, sondern längs der Unterzüge wirkt. Man braucht dann bloß nach den Eigenlösungen in der anderen Richtung, also für freie Ränder zu entwickeln, die bis Felderzahlen $m = 6$ im Anhang ebenfalls tabellarisch zusammengestellt sind.

Etwas anders liegen die Verhältnisse bei dem Rost mit allseitig freien Rändern. Wegen der Stabilität ist zunächst notwendig, daß das System in diesem Falle irgendwie unterstützt ist. In Übereinstimmung mit der zumeist üblichen Anordnung wollen wir voraussetzen, daß die Unterstützung in der Weise erfolgt, daß eine hinreichende Anzahl von Knoten an einer Verschiebung senkrecht zur Ebene des Rostes verhindert wird, daß also in denselben $z = 0$ ist. Wir können die Auflagerdrücke, die in diesen festgehaltenen Knoten auftreten, auch zur äußeren Belastung rechnen und nach den Bedingungen fragen, die dieses Kräftesystem erfüllen muß, damit unsere Aufgabe überhaupt einen Sinn hat.

Um diese Frage zu beantworten, entwickeln wir zunächst die Lösungen des inhomogenen Gleichungssystems

$$\left.\begin{aligned} D_x(\varphi L) + 6\,D_x(z) &= 0, \\ D_y(\psi M) + 6\,D_y(z) &= 0, \\ D_x(L) + D_y(M) &= -T_{xy} \end{aligned}\right\} \qquad (33)$$

mit den Randbedingungen:

$$\left.\begin{aligned} L_{xy} &= 0 \quad \text{für} \quad x = 0, \; x = -1 \quad \text{und} \quad x = n, \; x = n+1 \\ &\text{und} \\ M_y &= 0 \quad \text{für} \quad y = 0, \; y = -1 \quad \text{und} \quad y = m, \; y = m+1 \end{aligned}\right\} \qquad (34)$$

nach den Eigenlösungen des homogenen Systems, welches dadurch entsteht, daß man in der letzten der angeschriebenen Gleichungen $-T_{xy}$ durch $\lambda \cdot z$ ersetzt. Wir haben uns bereits mit diesen Eigenlösungen allgemein auf Seite 287 befaßt. Es kommt nach früherem in diesem Falle darauf an, die Eigenlösungen der gewöhnlichen Differenzengleichungen

$$\left.\begin{aligned} D(\varphi X^i) + 6\,D(\xi^i) = 0 \quad &\text{und} \quad D(\psi Y^k) + 6\,D(\eta^k) = 0, \\ D(X^i) = \lambda_i' \, \xi^i \qquad\qquad &\qquad\quad D(Y^k) = \lambda_k'' \, \eta^k \end{aligned}\right\} \qquad (35)$$

mit den Randbedingungen

$$\left.\begin{aligned} X &= 0 \quad \text{für} \quad x = -1, \; x = 0 \quad \text{und} \quad x = n, \; x = n+1, \\ Y &= 0 \quad \text{für} \quad y = -1, \; y = 0 \quad \text{und} \quad y = m, \; y = m+1 \end{aligned}\right\} \qquad (36)$$

zu ermitteln. Dabei sind $\lambda_i' = 0$ und $\lambda_k'' = 0$ doppelte Eigenwerte für $i = 0$, $i = 1$ und $k = 0$, $k = 1$. Mit diesen Werten nehmen die zweiten der angeschriebenen Gleichungen die Form

$$D(X) = 0 \quad \text{und} \quad D(Y) = 0 \qquad (37)$$

an. Die allgemeine Lösung dieser Gleichungen lautet aber, wie man sich leicht überzeugen kann,

$$X^0 = C_0, \quad X^1 = C_1 \sum_{\nu=1}^{x} l_\nu \quad \text{und} \quad Y^0 = K_0, \quad Y^1 = K_1 \sum_{\mu=1}^{y} h_\mu, \qquad (38)$$

wobei l und h die Feldweiten in der X- bzw. Y-Richtung vorstellen. Wegen der Randbedingungen müssen die willkürlichen Konstanten C_0, C_1, K_0 und K_1 verschwinden, so daß sich also

$$\left.\begin{array}{l} X^i = 0 \quad \text{für} \quad i = 0 \quad \text{und} \quad i = 1\,, \\[4pt] Y^k = 0 \quad \text{für} \quad k = 0 \quad \text{und} \quad k = 1 \end{array}\right\} \tag{39}$$

ergibt.

Die zugehörigen Eigenlösungen ξ^0, ξ^1 und η^0, η^1 genügen aber, weil $D(\varphi X)$ und $D(\psi Y)$ mit X und Y verschwinden, den Differenzengleichungen

$$\mathsf{D}(\xi) = 0 \quad \text{und} \quad \mathsf{D}(\eta) = 0,$$

so daß man als Eigenlösungen für die Eigenwerte $\lambda_0 = \lambda_1 = 0$ die Werte

$$\xi^0 = c_0\,, \quad \xi^1 = c_1 \sum_{\nu=1}^{x} l_\nu\,, \quad \eta^0 = k_0\,, \quad \eta^1 = k_1 \sum_{\mu=1}^{y} h_\mu \tag{40}$$

erhält. Die willkürlichen Koeffizienten c_0, c_1, k_0 und k_1 bestimmen wir so, daß ξ^0, ξ^1, η^0 und η^1 normiert sind.

Ähnlich wie beim Rahmen setzen wir jetzt die Lösungen der inhomogenen Gleichung in der Form an

$$z = \sum_{i=0}^{n} \sum_{k=0}^{m} z^{ik}\, \gamma_{ik} = \sum_{i=0}^{n} \sum_{k=0}^{m} \xi^i \eta^k\, \gamma_{ik}\,. \tag{41}$$

Die analogen Summen für L und M reduzieren sich hierbei wegen Gl. (39) auf

$$\left.\begin{array}{l} L = \displaystyle\sum_{i=2}^{n} \sum_{k=0}^{m} L^{ik}\, \gamma_{ik} = \sum_{i=2}^{n} \sum_{k=0}^{m} X^i \eta^k\, \gamma_{ik} \\[20pt] M = \displaystyle\sum_{i=0}^{n} \sum_{k=2}^{m} M^{ik}\, \gamma_{ik} = \sum_{i=0}^{n} \sum_{k=2}^{m} \xi^i Y^k\, \gamma_{ik}\,. \end{array}\right\} \tag{42}$$

und

Die Bestimmung der Koeffizienten γ_{ik} kann leicht bewerkstelligt werden, wenn man T_{xy} nach den Eigenlösungen z^{ik} entwickelt.

Wir setzen

$$T_{xy} = \sum_{i=0}^{n} \sum_{k=0}^{m} \tau_{ik}\, z^{ik} \quad \text{mit} \quad \tau_{ik} = \sum_{x=0}^{n} \sum_{y=0}^{m} T_{xy}\, z^{ik} = \sum_{x=0}^{n} \sum_{y=0}^{m} T_{xy}\, \xi^i \eta^k\,.$$

Die letzte der Gl. (33) gibt dann sofort die gewünschte Beziehung für die Berechnung der γ_{ik}

$$\gamma_{ik} = -\frac{\tau_{ik}}{\lambda_i' + \lambda_k''} = -\frac{\tau_{ik}}{\lambda_{ik}}\,.$$

Nachdem nun $\lambda_{ik} = \lambda_i' + \lambda_k''$ für $i = 0$ oder $i = 1$ und $k = 0$ oder $k = 1$ verschwindet, muß notwendigerweise auch τ_{ik} für diese

Werte Null sein, damit sich für γ_{ik} und somit auch für z ein endlicher Wert ergibt. Man erhält demnach die vier Gleichungen

$$\tau_{00} = 0, \quad \tau_{10} = 0, \quad \tau_{01} = 0, \quad \tau_{11} = 0$$

oder wenn man die obenstehenden Werte für τ einsetzt,

$$\left. \begin{array}{ll} \sum_{x=0}^{n} \sum_{y=0}^{m} T_{xy} = 0, & \sum_{x=0}^{n} \sum_{y=0}^{m} \left(T_{xy} \sum_{\nu=1}^{x} l_\nu\right) = 0, \\[2mm] \sum_{x=0}^{n} \sum_{y=0}^{m} \left(T_{xy} \sum_{\mu=1}^{y} h_\mu\right) = 0, & \sum_{x=0}^{n} \sum_{y=0}^{m} T_{xy} \left(\sum_{\nu=1}^{x} l_\nu \cdot \sum_{\mu=1}^{y} h_\mu\right) = 0 \end{array} \right\} \quad (43)$$

als Bedingungen, denen T_{xy} genügen muß.

Die Größen γ_{00}, γ_{10}, γ_{01} und γ_{11} sind unbestimmte Größen, deren Wert für die Momente L und M übrigens ohne Bedeutung ist.

Es ist sonach möglich, den Knoten eines Rostes die Verschiebungen

$$z^* = \gamma_{00} + \gamma_{10} \sum_{\nu=1}^{x} l_\nu + \gamma_{01} \sum_{\mu=1}^{y} h_\mu + \gamma_{11} \sum_{\nu=1}^{x} l_\nu \cdot \sum_{\mu=1}^{y} h_\mu$$

zu erteilen, ohne daß demselben potentielle Energie zugeführt wird. Die Stäbe bleiben gerade und verbiegen sich nicht. Man erkennt leicht, daß das Glied γ_{00} eine Parallelverschiebung des Rostes senkrecht zu seiner Ebene, die Glieder mit γ_{10} und γ_{01} Drehungen um die Y- bzw. X-Achse bedeuten, die ersten drei Glieder also jene Verschiebungen vorstellen, die bei einem starren Körper möglich sind. Das Glied

$$\gamma_{11} \sum_{\nu=1}^{x} l_\nu \cdot \sum_{\mu=1}^{y} h_\mu$$

hingegen stellt Verschiebungen der Knoten vor, bei denen die Stäbe zwar gerade bleiben, die Rostebene aber in ein Hyperboloid übergeht, so daß die Stäbe die Erzeugenden des Hyperboloides sind. Wollen wir also die Verschiebungen der Knoten eines Rostes eindeutig festlegen, so müssen wir die Verschiebungen von mindestens vier Knoten vorgeben, also etwa wie dies am häufigsten vorkommt, hier $z = 0$ verlangen. Wir bemerken noch, daß bei $l_x = $ konst. und $h_y = $ konst. diese willkürliche Verschiebung z die Form annimmt:

$$z^* = \gamma_{00} + \gamma_{10} \cdot x + \gamma_{01} y + \gamma_{11} x y.$$

Es sei auf den Unterschied gegenüber der Platte hingewiesen, bei der es genügt, die Verschiebungen von nur drei Punkten vorzugeben. Das Auftreten des Gliedes mit dem Koeffizienten γ_{11} ist beim Roste deshalb möglich, weil wir den Torsionswiderstand der Stäbe vernachlässigt haben. Wir haben diesen grundlegenden Unterschied zwischen Platte und Rost deshalb besonders betont, weil sich hieraus immerhin gewisse

Bedenken dagegen ergeben, die Platte für eine approximative Berechnung durch einen entsprechend engmaschigen Rost zu ersetzen.

Von den Bedingungsgleichungen, die das System der äußeren Kräfte T_{xy} erfüllen muß, drücken die ersten drei das Gleichgewicht derselben aus, während die vierte außerdem noch das Verschwinden des Deviationsmomentes in bezug auf die X- und Y-Achse verlangt. Diese vier Gleichungen sind gerade hinreichend, um die Auflagerdrücke des Rostes an den vier Auflagerstellen, welche wir zur Festhaltung benötigen, zu bestimmen. Man kann diese vier Gleichungen für T übrigens auch in die einzige Bedingung zusammenfassen, daß das Deviationsmoment der äußeren Belastung auf zwei beliebige, zur X- und Y-Richtung parallele Achsen bezogen, verschwindet.

Es ist selbstverständlich, daß gewisse Anordnungen der Stützen unzulässig sind, so z. B. drei Auflager längs eines Stabes. In den weitaus meisten Fällen werden die Unterstützungen in den Ecken eines Rechteckes liegen, dessen Seiten von den Stäben gebildet werden. In diesem Falle läßt man die beiden Achsen mit zwei Seiten dieses Rechteckes zusammenfallen und in dem Ausdruck für das Deviationsmoment kommt dann nur die Auflagerkraft der vierten Stütze als Unbekannte vor. Sind a und b die Abstände des Schwerpunktes der äußeren Belastung, u und v die Abstände des Schnittpunktes der Achsen für das Deviationsmoment und p und q die Abstände des vierten Auflagerpunktes von der Y- bzw. X-Achse, und zwar positiv in denselben Richtungen wie die Koordinaten x und y, so wird der Auflagerdruck daselbst

$$A = -\frac{(a-u)(b-v)}{(p-u)(q-v)} \cdot Q. \quad (44)$$

Q bedeutet dabei die Resultierende der äußeren Belastung, und A ist in derselben Richtung positiv wie Q, also in der positiven Richtung von z zu rechnen. Man kann die vorstehende Gleichung übrigens zur Berechnung des vierten Auflagerdruckes stets auch dann benützen, wenn man das Achsenkreuz durch drei Unterstützungspunkte legen kann, wie dies in Abb. 67 zur Darstellung gebracht ist. Die vier Knoten, in denen der Rost aufgelagert ist, sind mit $x_1 y_1$, $x_2 y_2$, $x_3 y_3$ und $x_4 y_4$, der Angriffspunkt der Resultierenden der äußeren Kräfte mit r bezeichnet.

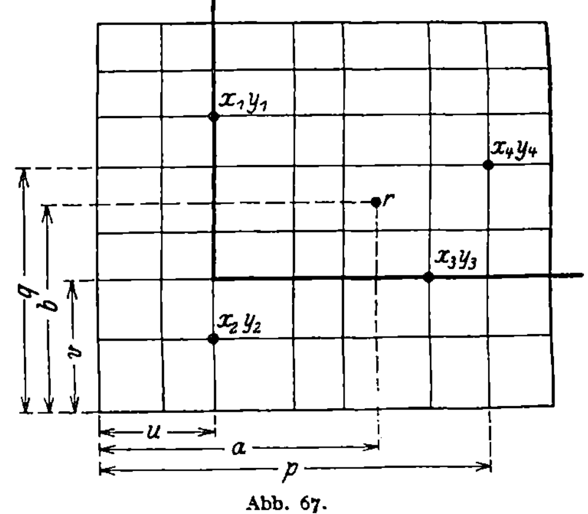

Abb. 67.

Das Achsenkreuz ist so gelegt, daß die drei erstgenannten Unterstützungspunkte auf den Achsen liegen. Alle Größen, welche zur Berechnung des Auflagerdruckes im Knoten $x_4\,y_4$ gemäß Gl. (44) notwendig sind, sind in der Zeichnung eingetragen; es ist selbstverständlich, daß für sämtliche Strecken (a, b, u, v... usw.) die wirklichen Längen einzusetzen sind.

Hingegen unterliegen die Größen U und V, die in den Differenzengleichungen (2a) und (2b) (Seite 285) in dem Falle auftreten, wenn die Belastung nicht nur in den Knoten, sondern auch in den Feldern wirkt, keinen einschränkenden Bedingungen. Man erkennt dies sofort daraus, daß die homogene Differenzengleichung:

$$D_x(\varphi L) + 6\, D_x(z) = \lambda L,$$
$$D_y(\psi M) + 6\, D_y(z) = 0,$$
$$D_x(L) + D_y(M) = 0$$

mit den Randwerten:

$$L = 0 \quad \text{für} \quad x = -1, \quad x = 0 \quad \text{und} \quad x = n, \quad x = n+1$$

und mit

$$M = 0 \quad \text{für} \quad y = 1, \quad y = 0 \quad \text{und} \quad y = m, \quad y = m+1$$

keinen Eigenwert $\lambda = 0$ besitzt, was sich an Hand der aus (12) folgenden gewöhnlichen Differenzengleichungen mit entsprechenden Randbedingungen nachweisen läßt.

Der Berechnung eines in vier Punkten unterstützten Rostes mit freien Rändern, der durch irgendwelche Kräfte belastet ist, hat also zunächst die Ermittlung der Stützendrücke voranzugehen. Man zählt sodann diese Stützendrücke zu der äußeren Belastung, erhält so ein Kräftesystem als Belastung, für welches eine Lösung möglich ist, und verfährt dann ebenso, wie in den bereits besprochenen Fällen. In der Entwicklung für T fehlen selbstverständlich die Glieder mit den Koeffizienten γ_{00}, γ_{10}, γ_{01} und γ_{11}; auch z enthält diese Glieder vorläufig noch nicht.

z wird aber im allgemeinen noch nicht die Bedingung erfüllen, daß es an den Unterstützungsstellen verschwindet, sondern wird etwa die Werte $z_{x_1 y_1}$, $z_{x_2 y_2}$, $z_{x_3 y_3}$ und $z_{x_4 y_4}$ annehmen. Man muß dann noch eine solche Verschiebung

$$z^* = \gamma_{00} + \gamma_{10} \sum_{\nu=1}^{x} l_\nu + \gamma_{01} \sum_{\mu=1}^{y} h_\mu + \gamma_{11} \sum_{\nu=1}^{x} l_\nu \sum_{\mu=1}^{y} h_\mu$$

überlagern, daß

$$\gamma_{00} + \gamma_{10} \sum_{\nu=1}^{x_j} l_\nu + \gamma_{01} \sum_{\mu=1}^{y_j} h_\mu + \gamma_{11} \sum_{\nu=1}^{x_j} l_\nu \sum_{\mu=1}^{y_j} h_\mu + z_{x_j y_j} = 0$$

$$(j=1,\ 2,\ 3,\ 4)$$

wird. Aus diesen vier Gleichungen lassen sich unschwer die unbekannten Koeffizienten γ_{00}, γ_{10}, γ_{01}, γ_{11} und mittelst derselben die tatsächliche Verschiebung der Knoten bestimmen. Auf die Biegungsmomente haben, wie schon erwähnt, diese Werte keinen Einfluß, so daß man sich im allgemeinen, wo es in erster Linie auf die Momente ankommt, diese Rechnung ersparen wird.

Wir erwähnen schließlich noch, daß die Auflagerstellen auch auf dem Rande selbst liegen können.

Einflußlinien. Wir behandeln nun die Aufgabe, die Einflußlinien für die Knotenmomente zu ermitteln. Die Bezeichnungsweise aller Größen ist die gleiche wie bisher; vorausgesetzt sei, daß die Last $N = 1$ längs der zur X-Achse parallelen Stäbe wandert.

Wir nehmen an, daß die Last augenblicklich in dem Felde zwischen den Knoten $(\mathfrak{x}\,\mathfrak{y})$ und $(\mathfrak{x}+1\,,\,\mathfrak{y})$ stehen möge; dieses Feld hat die Länge $l_{\mathfrak{x}+1}$. Der Angriffspunkt der wandernden Last $N = 1$ möge dabei von dem Knoten $(\mathfrak{x},\,\mathfrak{y})$ um die Strecke $\zeta\, l_{\mathfrak{x}+1}$, von den Knoten $(\mathfrak{x}+1,\,\mathfrak{y})$ sonach um die Strecke $(1 - \zeta)\, l_{\mathfrak{x}+1}$ entfernt sein. Die Koordinaten des Angriffspunktes der Last $\mathfrak{x}$, ζ und $\mathfrak{y}$ sind dabei variabel, während der Bezugspunkt $(x\,y)$ festgehalten ist. Es handelt sich also um die Bestimmung der Biegungsmomente L_{xy} des Querträgers und M_{xy} des Unterzuges im Knoten $(x\,y)$.

Die Ermittlung der Einflußlinien für eine Knotenverschiebung bereitet keine Schwierigkeiten. Man braucht bloß in dem Knoten, für welchen die Einflußlinie der Knotenverschiebung bestimmt werden soll, die Last $N = 1$ aufzustellen, und die Biegelinie jener Teile des Systems zu bestimmen, über welche die Last wandert. Für die Ermittlung der Einflußlinien für die Knotenmomente ist damit aber noch nicht viel erreicht, denn es läßt sich nicht so wie beim Rahmen die Winkelverdrehung, jetzt die Knotenverschiebung als Hilfsgröße für die Bestimmung der Knotenmomente benützen. Wir verwenden deshalb zur Ermittlung der Einflußlinien der Knotenmomente eine ganz allgemeine Methode; um nämlich in einem ν-fach statisch unbestimmten System die Einflußlinie für irgendeine Größe, z. B. X, zu finden, geht man so vor, daß man den Zusammenhang in diesem ν-fach statisch unbestimmten System in der Weise unterbricht, daß man gerade ein $(\nu - 1)$-fach unbestimmtes System erhält, in welchem die Größe X verschwindet. Bedeutet X ein Moment, so muß man also an der Stelle, wo X im gegebenen Tragwerk auftritt, ein Gelenk einschalten; ist X eine Axialkraft, so muß man sich an dieser Stelle eine längsverschiebliche Hülse denken, welche aber Querkräfte und Momente übertragen kann. Man hat nun bekanntlich dieses $(\nu - 1)$-fach statisch unbestimmte System mit der Kraft $X = -1$ zu belasten und die Deformation jener Teile, über welche die Last wandert, zu bestimmen. Die Verschiebungen dieser Systemteile in der Richtung der wandernden Last gemessen und durch die Verschiebung der An-griffspunkte von X dividiert, geben bereits die Ordinaten der Einfluß-linie für X. Man kann dieses Verfahren auch so abändern, daß man nicht mit der Kraft $X = -1$ belastet, sondern mit einer solchen Kraft, daß die Verschiebung der Angriffspunkte von X gleich „-1" wird; dann entfällt die Division, und die Biegelinie ist ohne weiteres mit der gesuchten Einflußlinie identisch. In dieser Formulierung kann man das Verfahren übrigens auch zur Ermittlung der Einflußlinien statisch bestimmter Systeme verwenden. Die Aufgabe ist bekanntlich in diesem Falle auf ein Problem der Kinematik des starren Körpers zurückgeführt.

Um also die Einflußlinie für das Biegungsmoment L_{xy} im Kno-ten $(x\,y)$ zu finden, denken wir uns den Stab $y = $ konst. im Knoten x

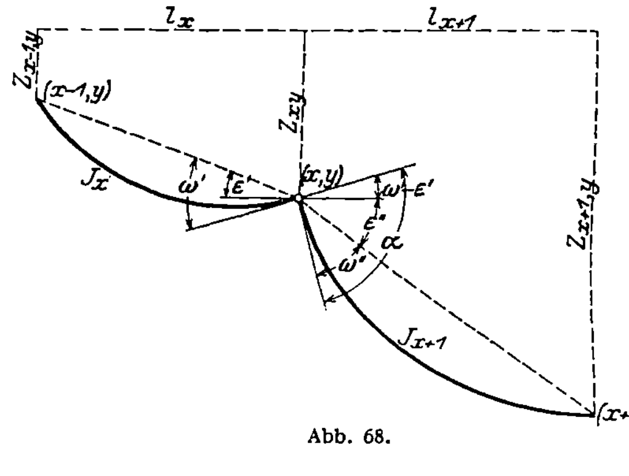

Abb. 68.

durch ein Gelenk unter-brochen und jedes der beiden Stabenden im Gelenk durch solche Momente belastet, daß sie nach der Deforma-tion den Winkel $\alpha = -1$ einschließen, wie dies in der Abb. 68 dargestellt ist. Hierbei ist daran festzuhalten, daß nun-mehr $\mathfrak{x}$, $\mathfrak{y}$ die Variabeln, x, y aber den festen Bezugspunkt bedeutet; wir schreiben deshalb im folgenden $M_{xy\,\mathfrak{x}\mathfrak{y}}$, $L_{xy\,\mathfrak{x}\mathfrak{y}}$ und $z_{xy\,\mathfrak{x}\mathfrak{y}}$ statt M_{xy}, L_{xy} und z_{xy}, um anzudeuten, daß diese Größen mit $\mathfrak{x}$ und $\mathfrak{y}$ veränderlich sind.

Nachdem außer dem vorerwähnten Momente L_{xy} in $(x\,y)$ keine andere Belastung vorhanden ist, werden die Gleichungen für alle Knoten $(\mathfrak{x}, \mathfrak{y})$ mit Ausnahme des Knotens $(x\,y)$ die homogene Form haben:

$$D_{\mathfrak{x}}(\varphi\,L) + 6\,\mathsf{D}_{\mathfrak{x}}(z) = 0,$$
$$D_{\mathfrak{y}}(\psi\,M + 6\,\mathsf{D}_{\mathfrak{y}}(z) = 0,$$
$$\mathsf{D}_{\mathfrak{x}}(L) + \mathsf{D}_{\mathfrak{y}}(M) = 0.$$

Nur in dem Knoten $(x\,y)$ erhält die erste Gleichung eine abweichende Gestalt. Sie bringt nämlich in der angeschriebenen Form zum Aus-druck, daß die Stabachse hier keine Ecke hat, sondern eine stetige Kurve ist. Das ist jetzt wegen der Einschaltung des Gelenkes nicht mehr der Fall, und man erhält hier mit den aus der Abb. 68 ersichtlichen Bezeichnungen:

$$6\,\omega' = \varphi_{\mathfrak{x}}(2\,L_{\mathfrak{x}\mathfrak{y}} + L_{\mathfrak{x}-1,\,\mathfrak{y}}) \qquad 6\,\varepsilon' = \frac{6}{l_{\mathfrak{x}}}(z_{\mathfrak{x}\mathfrak{y}} - z_{\mathfrak{x}-1,\,\mathfrak{y}}),$$

$$6\,\omega'' = \varphi_{\mathfrak{x}+1}(2\,L_{\mathfrak{x}\mathfrak{y}} + L_{\mathfrak{x}+1,\,\mathfrak{y}}) \qquad 6\,\varepsilon'' = \frac{6}{l_{\mathfrak{x}+1}}(z_{\mathfrak{x}+1,\,\mathfrak{y}} - z_{\mathfrak{x}\mathfrak{y}}).$$

Nun ist aber $\alpha = (\omega'' + \varepsilon'') + (\omega' - \varepsilon')$, wie man aus der Zeichnung leicht bestätigt findet, und dieser Wert gleich „ — 1" gesetzt, gibt die gewünschte Form der ersten Gleichung:

$$D_{\mathfrak{x}}(\varphi\,L) + 6\,\mathsf{D}_{\mathfrak{x}}(z) = -\,6.$$

Um demnach die Einflußlinie für das Knotenmoment $L_{xy\,\mathfrak{x}\mathfrak{y}}$ zu finden, hat man die Biegungslinien der Stäbe eines Rostes zu bestimmen, bei welchem Knotenmomente und Knotenverschiebungen nachfolgendes Gleichungssystem befriedigen:

$$\left.\begin{aligned} D_{\mathfrak{x}}(\varphi\,L) + 6\,\mathsf{D}_{\mathfrak{x}}(z) &= -\,U_{\mathfrak{x}\mathfrak{y}}, \\ D_{\mathfrak{y}}(\psi\,M) + 6\,\mathsf{D}_{\mathfrak{y}}(z) &= 0, \\ \mathsf{D}_{\mathfrak{x}}(L) + \mathsf{D}_{\mathfrak{y}}(M) &= 0. \end{aligned}\right\} \tag{45}$$

$U_{\mathfrak{x}\mathfrak{y}}$ ist überall Null, ausgenommen im Knoten $(x\,y)$, wo es nach Vorstehendem den Wert $U_{xy} = 6$ annimmt.

Daran ändert sich auch nichts, wenn der Rost allseitig freie Ränder besitzt und nur in vier Knoten unterstützt ist. Denn wegen des Gleichgewichtes der äußeren Belastung treten keine Stützendrücke auf, und zudem unterliegen die Größen U, wie wir bereits festgestellt haben, keiner einschränkenden Bedingung. Nur ist bei der Ermittlung der Biegungslinie darauf zu achten, daß die Knotenverschiebungen z in den Stützen verschwinden.

Die Auflösung des vorstehenden Gleichungssystemes gestaltet sich folgendermaßen: Wir setzen zunächst nach Früherem

$$L_{\mathfrak{x}\mathfrak{y}} = \sum_{i=0}^{m} \overline{X}_{\mathfrak{x}}{}^{i}\,\eta_{\mathfrak{y}}{}^{i}, \qquad M_{\mathfrak{x}\mathfrak{y}} = \sum_{i=0}^{m} \xi_{\mathfrak{x}}{}^{i}\,Y_{\mathfrak{y}}{}^{i}, \qquad z_{\mathfrak{x}\mathfrak{y}} = \sum_{i=0}^{m} \xi_{\mathfrak{x}}{}^{i}\,\eta_{\mathfrak{y}}{}^{i}.$$

Dabei sind Y^{i} und η^{i} die Lösungen des homogenen Systems gewöhnlicher Differenzengleichungen

$$\left.\begin{aligned} D(\psi\,Y^{i}) + 6\,\mathsf{D}(\eta^{i}) &= 0 \\ \mathsf{D}(Y^{i}) &= \lambda_{i}''\,\eta^{i}. \end{aligned}\right\} \tag{46}$$

Die Größen $t_{i}(\mathfrak{x})$ sind für alle $\mathfrak{x}$ und i gleich Null; von den $u_{i}(\mathfrak{x})$ sind hingegen nur $u_{i}(x)$ von Null verschieden. Dabei vereinfacht sich der Ausdruck für $u_{i}(x)$ in diesem Falle zu

$$u_{i}(x) = 6\,\eta_{\mathfrak{y}}{}^{i},$$

so daß wir zur Berechnung der $\overline{X}^i$ und $\bar{\xi}^i$ die Gleichungssysteme

$$D(\varphi\,\overline{X}^i) + 6\,D(\bar{\xi}^i) = -\,u_i(\mathfrak{x})$$
$$D(\overline{X}^i) + \lambda_i''\,\bar{\xi}^i = 0 \tag{47}$$

mit $u_i(\mathfrak{x}) = 0$ für $\mathfrak{x} \neq x$ und $u_i(\mathfrak{x}) = 6\,\eta_\mathfrak{y}{}^i$ für $\mathfrak{x} = x$ erhalten.

Kennt man die Größen $L_{xy\,\mathfrak{x}\mathfrak{y}}$ und $L_{xy,\,\mathfrak{x}+1,\mathfrak{y}}$, sowie $z_{xy\,\mathfrak{x}\mathfrak{y}}$ und $z_{xy,\,\mathfrak{x}+1,\,\mathfrak{y}}$, so ist die Biegungslinie des Stabes $\mathfrak{y} = $ konst., welche bereits die gesuchte Einflußlinie für L_{xy} vorstellt, zwischen den Knoten $(\mathfrak{x}\,\mathfrak{y})$ und $(\mathfrak{x} + 1,\,\mathfrak{y})$ auf dieselbe Weise, wie dies beim Rahmen geschehen ist, zu erhalten. Wir bestimmen also die Momente, welche infolge der Belastung mit der durch die Momente an den Stabenden $L_{xy\,\mathfrak{x}\mathfrak{y}}$ und $L_{xy,\,\mathfrak{x}+1,\,\mathfrak{y}}$ hervorgerufenen Momentenfläche erzeugt werden und · addieren hierzu den von der Verschiebung der Knoten herrührenden Betrag. In der Entfernung $\zeta\,l_{\mathfrak{x}+1}$ vom Knoten $\mathfrak{x}\,\mathfrak{y}$ ergibt sich sonach der Ausdruck für die Ordinate E der Einflußlinie für $L_{xy\,\mathfrak{x}\mathfrak{y}}$ im Felde $l_{\mathfrak{x}+1}$ zwischen den Knoten $(\mathfrak{x}\,\mathfrak{y})$ und $(\mathfrak{x} + 1,\,\mathfrak{y})$

$$E = \zeta\,z_{xy,\,\mathfrak{x}+1,\,\mathfrak{y}} + (1 - \zeta)\,z_{xy\,\mathfrak{x}\mathfrak{y}}$$
$$+\,l_{\mathfrak{x}+1}^2\,\frac{\zeta(1-\zeta)}{6\,E J_{\mathfrak{x}+1}}\,[L_{xy,\,\mathfrak{x}+1,\mathfrak{y}}(1 + \zeta) + L_{xy\,\mathfrak{x}\mathfrak{y}}(2 - \zeta)]. \tag{48}$$

Wandert hingegen die Last „1" längs des Stabes $\mathfrak{x} = $ konst., so er geben sich in ganz derselben Weise die Ordinaten der Einflußlinie

$$E' = \zeta'\,z_{xy\,\mathfrak{x},\mathfrak{y}+1} + (1 - \zeta')\,z_{xy\,\mathfrak{x}\mathfrak{y}}$$
$$+\,h_{\mathfrak{y}+1}^2 \cdot \frac{\zeta(1-\zeta)}{6\,E J_{\mathfrak{y}+1}}\,[M_{xy\,\mathfrak{x},\mathfrak{y}+1}(1 - \zeta') + M_{xy\,\mathfrak{x}\mathfrak{y}}(2 - \zeta')] \tag{48a}$$

in dem Felde zwischen den Knoten $(\mathfrak{x}\,\mathfrak{y})$ und $(\mathfrak{x},\,\mathfrak{y} + 1)$ für den Abstand $\zeta'\,h_{\mathfrak{y}+1}$ von dem Knoten $(\mathfrak{x}\,\mathfrak{y})$.

Ist die Einflußlinie für das Biegungsmoment M_{xy} zu ermitteln, so hätte man von folgendem Gleichungssysteme auszugehen:

$$D_{\mathfrak{x}}(\varphi L) + 6\,D_{\mathfrak{x}}(z) = 0$$
$$D_{\mathfrak{y}}(\psi M) + 6\,D_{\mathfrak{y}}(z) = -\,V_{\mathfrak{x}\mathfrak{y}} \tag{49}$$
$$D_{\mathfrak{x}}(L) + D_{\mathfrak{y}}(M) = 0,$$

und könnte also jetzt nach den Eigenlösungen $\bar{\xi}^i$ und X^i entwickeln, so daß sich für $\overline{Y}^i$ und $\bar{\eta}^i$ inhomogene Gleichungen ergeben.

$V_{\mathfrak{x}\mathfrak{y}}$ verschwindet überall mit Ausnahme der Stelle $(x\,y)$, wo es den Wert $V_{xy} = +\,6$ erhält.

Man kann aber auch in diesem Falle die Eigenlösungen η^i und Y^i benutzen, wenn man so verfährt, wie wir es Seite 294 auseinandergesetzt haben. Man erhält gemäß den dort entwickelten Beziehungen:

$$
\left.\begin{aligned}
L_{xy\,\xi\eta} &= \sum_{i=0}^{m} \overline{X}^i \eta^i, \\
M_{xy\,\xi\eta} &= \sum_{i=0}^{m} (\overline{\xi}^i + \overline{\mathfrak{x}}^i)\, Y^i, \\
z_{xy\,\xi\eta} &= \sum_{i=0}^{m} \overline{\xi}^i \eta^i.
\end{aligned}\right\} \tag{50}
$$

Die Gleichungen für $\overline{X}$, $\overline{\xi}$ und $\overline{\mathfrak{x}}$ vereinfachen sich wegen $T = 0$ und $t_i = 0$ zu

$$
\left.\begin{aligned}
D(\varphi\,\overline{X}^i) + 6\,D(\overline{\xi}^i) &= 0, \\
6\,\overline{\mathfrak{x}}^i &= q^i, \\
D(\overline{X}^i) + \lambda_i'' \overline{\xi}^i &= -\frac{\lambda_i''}{6} q^i.
\end{aligned}\right\} \tag{51}
$$

Da gegenüber der Darstellung Seite 294 jetzt y und η vertauscht sind, ergibt sich

$$
\frac{\lambda_i'' q^i}{6} = Y_y{}^i,
$$

für $\xi = x$, sonst gleich Nulll, so daß sich die letzte der eben angeschriebenen drei Gleichungen auch

$$
D(\overline{X}^i) + \lambda_i'' \overline{\xi}^i = -\,Y_y{}^i
$$

für $\xi = x$, sonst gleich Null schreiben läßt.

Sind die Größen $L_{xy\,\xi\eta}$, $M_{xy\,\xi\eta}$ und $z_{xy\,\xi\eta}$ berechnet, so hat man ebenso wie früher die Biegungslinie jener Stäbe zu zeichnen, über welche die Last wandert. Man erhält dann für die Ordinaten der Einflußlinie die gleichen Ausdrücke, wie wir sie für die Einflußlinie für L_{xy} unter Gleichung (48) und (48a) angeschrieben haben.

Hat man die Einflußlinien für L und M für Bezugspunkte mit verschiedenem y zu berechnen, so wird man an Stelle des gewöhnlichen Gleichungssystemes (47) und (51) die Lösungen der Gleichungen

$$
\left.\begin{aligned}
D(\varphi X^{*i}) + 6\,D(\xi^{*i}) &= -\,u_i^{*}(\xi) \\
D(X^{*i} + \lambda_i'' \xi^{*i}) &= 0
\end{aligned}\right.
$$

bzw.

$$
\left.\begin{aligned}
D(\varphi X^{**i}) + 6\,D(\xi^{**i}) &= 0 \\
D(X^{**i}) + \lambda_i'' \xi^{**i} &= -\,t^{**i}(\xi)
\end{aligned}\right\} \tag{52}
$$

ermitteln.

Dabei sind $u_i^{*}(\xi)$ und $t^{**i}(\xi)$ überall Null mit Ausnahme von $\xi = x$. Hier wird $u_i^{*}(x) = 6$ und $t^{**i}(x) = 1$; die zur Berechnung der Einflußlinie von L notwendigen Größen nehmen die Werte an

$$L_{xy\,\xi\mathfrak{y}} = \sum_{i=0}^{m} X_{x\xi}^{*\,i}\,\eta_y{}^i\,\eta_{\mathfrak{y}}{}^i,$$

$$M_{xy\,\xi\mathfrak{y}} = \sum_{i=0}^{m} \xi_{x\xi}^{*\,i}\,\eta_y{}^i\cdot Y_{\mathfrak{y}}{}^i, \qquad (53)$$

$$z_{xy\,\xi\mathfrak{y}} = \sum_{i=0}^{m} \xi_{x\xi}^{*\,i}\,\eta_y{}^i\,\eta_{\mathfrak{y}}{}^i,$$

und die zur Bestimmung der Einflußlinie M gehörenden Größen werden

$$L_{xy\,\xi\mathfrak{y}} = \sum_{i=0}^{m} X_{x\xi}^{**\,i} Y_y{}^i\,\eta_{\mathfrak{y}}, \qquad M_{xy\,\xi\mathfrak{y}} = \sum_{i=0}^{m} (\xi_{x\xi}^{**\,i})\, Y_y{}^i Y_{\mathfrak{y}}{}^i$$

für $\xi \neq x$ und $M_{xy\,\xi\mathfrak{y}} = \sum_{i=0}^{m} \left(\xi_{x\xi}^{**\,i} + \frac{1}{\lambda_i''}\right) Y_y^i Y_{\mathfrak{y}}^i$ für $\xi = x$, $\qquad (54)$

$$z_{xy\,\xi\mathfrak{y}} = \sum_{i=0}^{m} \xi_{x\xi}^{**\,i}\, Y_y{}^i\,\eta_{\mathfrak{y}}{}^i.$$

Die Lösung des Problemes bei etwas allgemeinerer Gestalt der Koeffizienten. Wir haben uns bisher darauf beschränkt, die Koeffizienten $\varphi_x = \dfrac{l_x}{E J_x}$ und $\psi_y = \dfrac{h_y}{E J_y}$ lediglich von x, bzw. von y abhängig anzunehmen. Im folgenden soll das Verfahren noch für den Fall erweitert werden, daß φ und ψ die Form

$$\varphi_{xy} = \varphi_x\cdot\varphi_y \qquad \text{und} \qquad \psi_{xy} = \psi_x\cdot\psi_y \qquad (55)$$

haben, wobei φ_x, ψ_x und φ_y, ψ_y willkürlich gegebene Funktionen von x und y sind, denen wir gemäß der statischen Bedeutung von φ_{xy} und ψ_{xy} lediglich die Beschränkung auferlegen, daß keine von ihnen innerhalb des vorgegebenen Bereiches verschwindet oder negativ wird. Im übrigen sollen aber die Feldweiten l und h wie bisher nur von x bzw. von y abhängig sein. Dabei gehört der Wert φ_{xy} zu dem Stabe zwischen den Knoten $(x-1, y)$ und (x, y), der Wert ψ_{xy} zu dem Stabe zwischen $(x, y-1)$ und $(x\,y)$.

Die vorstehenden Ansätze für φ_{xy} und ψ_{xy} sind natürlich nicht allgemein genug, um mit ihnen in jedem Felde beliebig vorgegebene Werte von φ und ψ darstellen zu können. Darauf kommt es aber nicht so sehr an als vielmehr auf den Umstand, den Verlauf von φ und ψ wenigstens angenähert richtig darzustellen. Von der hauptsächlichen praktischen Bedeutung sind einige Spezialisierungen von φ und ψ, von denen wir eine, nämlich $\varphi_y = \psi_x = 1$ bisher ausschließlich behandelt haben. Von Interesse ist ferner der Fall $\varphi_x = \psi_y = 1$, so daß also gerade das Umgekehrte wie in dem bislang erörterten Falle eintritt. Jetzt sind die Werte $\varphi_y = \dfrac{h}{E J_y}$ wohl längs der einzelnen parallelen Stäbe $y = $ konst. in allen Feldern gleich groß, ändern sich aber von Stab zu Stab. Das gleiche gilt für die Stäbe der anderen

Schar. Eine gewisse praktische Bedeutung hat weiter der in Abb. 69 dargestellte Fall; die verschiedene Strichstärke versinnbildlicht die verschiedenen Trägheitsmomente der einzelnen Stäbe. Als Anwendung erwähnen wir die Fahrbahnkonstruktionen von Brücken, wo einerseits die Randträger als eigentliche Hauptträger der Brücke ausgebildet sind, andererseits aber auch die Fahrbahnlängsträger je nach dem sie belastenden Verkehr verschieden stark bemessen werden, während für die Querträger φ_x mit x veränderlich ist. In diesem Falle ist also $\varphi = \varphi_x$ und $\psi = \psi_x$.

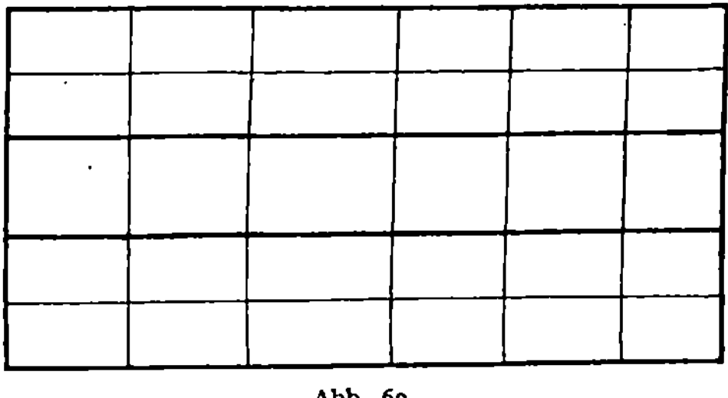

Abb. 69.

Wir setzen im folgenden jetzt allgemein $\varphi = \varphi_x \varphi_y$ und $\psi = \psi_x \psi_y$ voraus und gehen zunächst daran, die Lösungen für den Fall zu ermitteln, wenn nur die Stäbe $y = \text{konst.}$ belastet sind. Wir wollen Eigenlösungen verwenden, die von den Variabeln y abhängig sind. Das Gleichungssystem lautet bekanntlich in diesem Falle

$$\left.\begin{aligned}
D_x(\varphi L) + 6\, D_x(z) &= -U, \\
D_y(\psi M) + 6\, D_y(z) &= 0, \\
D_x(L) + D_y(M) &= -T.
\end{aligned}\right\} \tag{56}$$

Wir verwenden jetzt die Ansätze

$$L = \frac{1}{\varphi_y} \sum_{i=0}^{m} \overline{X}^i \eta^i, \qquad M = \frac{1}{\psi_x} \sum_{i=0}^{m} Y^i \xi^i, \qquad z = \sum_{i=0}^{m} \xi^i \eta^i, \tag{57}$$

und hiermit wird

$$D_x(\varphi L) = \sum_{i=0}^{m} D_x\!\left(\varphi_x \varphi_y \frac{\overline{X}^i \eta^i}{\varphi_y}\right) = \sum_{i=0}^{m} \eta^i \cdot D_x(\varphi_x \overline{X}^i),$$

und ebenso

$$D_y(\psi M) = \sum_{i=0}^{m} \xi^i D_y(\psi_y \overline{Y}^i).$$

Unser Gleichungssystem nimmt also durch Einsetzen der Werte für L, M und z die Form an

$$\sum_{i=0}^{m} [\eta^i D(\varphi_x \overline{X}^i) + 6\, \eta^i\, D(\xi)] = -U,$$

$$\sum_{i=0}^{m} [\xi^i D(\psi_y Y^i) + 6\, \xi^i\, D(\eta^i)] = 0,$$

$$\sum_{i=0}^{m} \left[\frac{\eta^i}{\varphi_y} D(\overline{X}^i) + \frac{\xi^i}{\psi_x} D(Y^i)\right] = -T.$$

Wir tragen nun dafür Sorge, daß η^i und Y^i das folgende homogene Gleichungssystem befriedigen

$$\left.\begin{aligned} D(\psi_u Y) + 6\,D(\eta) &= 0, \\ D(Y) &= \lambda\frac{\eta}{\varphi_y}. \end{aligned}\right\} \tag{58}$$

Bei homogenen Randbedingungen ergeben sich dann die Eigenlösungen Y^i und η^i, welche zu dem Eigenwerte λ_i gehören. Wir haben uns mit solchen simultanen Gleichungssystemen bereits am Schlusse des Abschnittes über die Eigenlösungen befaßt und können die dort erhaltenen Ergebnisse hier sofort anwenden. Es ist nur zu beachten, daß wir statt f_x jetzt $\frac{1}{\varphi_y}$ zu setzen haben. Es gilt also für die Koeffizienten u_i der Entwicklung

$$U = \sum_{i=0}^{m} u_i\,\eta^i$$

die Gleichung

$$u_i = \sum_{\mathfrak{y}=0}^{m} U\,\eta_{\mathfrak{v}}^{i} \cdot \frac{1}{\varphi_{\mathfrak{y}}},$$

und für die Koeffizienten t_i in

$$T = \sum_{i=0}^{m} t_i\,\frac{\eta^i}{\varphi_y}$$

die Gleichung

$$t_i = \sum_{\mathfrak{y}=0}^{m} T\,\eta_{\mathfrak{v}}^{i},$$

so daß man schließlich für $\overline{X}^i$ und ξ^i das Simultansystem gewöhnlicher Differenzengleichungen

$$\left.\begin{aligned} D(\varphi_x \overline{X}^i) + 6\,D(\xi^i) &= - u_i(x) \\ D(\overline{X}) + \frac{\lambda_i}{\psi_x}\,\xi^i &= - t_i(x) \end{aligned}\right\} \tag{59}$$

erhält.

Sind aber die Stäbe der Schar $x = $ konst. belastet, so handelt es sich um die Auflösung des Gleichungssystems

$$\left.\begin{aligned} D_x(\varphi L) + 6\,D_x(z) &= 0, \\ D_y(\psi M) + 6\,D_y(z) &= - V, \\ D_x(L) + D_y(M) &= - T. \end{aligned}\right\} \tag{60}$$

Wir wählen nunmehr die Ansätze

$$L = \sum_{i=0}^{m} \frac{1}{\varphi_y}\,\overline{X}^i\,\eta^i, \qquad M = \sum_{i=0}^{m} \frac{1}{\psi_x}(\overline{x}^i + \xi^i)\,Y^i, \qquad z = \sum_{i=0}^{m} \xi^i\,\eta^i, \tag{61}$$

und mit denselben nimmt das eben angeschriebene Gleichungssystem
die Gestalt an

$$\sum_{i=0}^{m} \eta^i \, D\,(\varphi_x \, \bar{X}^i) + 6\,\eta^i \, \mathsf{D}\,(\check{\xi}^i) = 0,$$

$$\sum_{i=0}^{m} (\bar{\mathfrak{x}}^i + \xi^i)\, D\,(\psi_y\, Y^i) + 6\,\xi^i\, \mathsf{D}\,(\eta^i) = -\,V,$$

$$\sum_{i=0}^{m} \frac{\eta^i}{\varphi_y}\, \mathsf{D}\,(\bar{X}^i) + \frac{\bar{\mathfrak{x}}^i + \bar{\xi}^i}{\psi_x}\, \mathsf{D}\,(Y^i) \quad = -\,T,$$

Y^i und η^i mögen nun wieder die Eigenlösungen des homogenen
Gleichungssystems mit homogenen Randbedingungen

$$\left. \begin{aligned} D\,(\psi_y\, Y) + 6\, \mathsf{D}\,(\eta) &= 0 \\ \mathsf{D}\,(Y) &= \lambda\, \frac{\eta}{\varphi_y} \end{aligned} \right\} \tag{62}$$

sein; dann lautet die zweite der vorstehenden Gleichungen

$$-\sum_{i=0}^{m} \bar{\mathfrak{x}}^i\, D\,(\psi_y\, Y^i) = +\,6 \sum_{i=0}^{m} \bar{\mathfrak{x}}^i\, \mathsf{D}\,(\eta^i) = +\,V.$$

Es handelt sich also jetzt darum, die Koeffizienten q_i der Entwicklung

$$V = \sum_{i=0}^{m} q_i\, \mathsf{D}_y\,(\eta^i)$$

zu ermitteln. Wir verfahren dabei ganz ähnlich wie auf Seite 294
und gehen zunächst davon aus, eine Funktion $\Phi_{y\mathfrak{h}}$, welche für
$y = 0, 1 \dots \mathfrak{h} - 1, \mathfrak{h} + 1 \dots m$ verschwindet und nur für $y = \mathfrak{h}$ den
Wert „1" annimmt, in der Form

$$\Phi_{y\mathfrak{h}} = \sum_{i=0}^{m} f_{\mathfrak{h}}^i\, \mathsf{D}_y\,(\eta^i)$$

darszutellen. Kennt man die Koeffizienten $f_{\mathfrak{h}}^i$, so sind die q_i durch

$$q_i = \sum_{\mathfrak{h}=0}^{m} f_{\mathfrak{h}}^i\, V_{\mathfrak{h}}$$

gegeben, und es handelt sich also darum, die $f_{\mathfrak{h}}^i$ zu ermitteln. Zu
diesem Zwecke stellen wir $\Phi_{y\mathfrak{h}}$ zunächst in der Form

$$\Phi_{y\mathfrak{h}} = \sum_{i=0}^{m} \vartheta_{\mathfrak{h}}^i\, \eta_y^i$$

mit

$$\vartheta_{\mathfrak{h}}^i = \sum_{y=0}^{m} \Phi_{y\mathfrak{h}}\, \frac{\eta_y^i}{\varphi_y} = \frac{\eta_{\mathfrak{h}}^i}{\varphi_{\mathfrak{h}}}$$

dar. Betrachtet man $\Phi_{y\mathfrak{y}}$ als Funktion der beiden Veränderlichen y und $\mathfrak{y}$, so ist

$$D_{\mathfrak{y}}(\Phi_{y\mathfrak{y}}) = D_y(\Phi_{y\mathfrak{y}}) = \sum_{i=0}^{m} \vartheta_{\mathfrak{y}}^{i}\, D\,(\eta_y^{i}) = \sum_{i=0}^{m} \frac{\eta_{\mathfrak{y}}^{i}}{\varphi_{\mathfrak{y}}}\, D_y(\eta_y^{i}) = \sum_{i=0}^{m} \frac{D_{\mathfrak{y}}(Y_{\mathfrak{y}})}{\lambda_i}\, D_y(\eta_y^{i}).$$

Aus dem Ansatze für $\Phi_{y\mathfrak{y}}$ folgt aber

$$D_{\mathfrak{y}}(\Phi_{y\mathfrak{y}}) = \sum_{i=0}^{m} D_{\mathfrak{y}}(f_{\mathfrak{y}}^{i})\, D_y(\eta_y^{i})$$

und weiter aus dem Vergleiche dieses Wertes mit dem vorher angeschriebenen

$$f_{\mathfrak{y}}^{i} = \frac{Y_{\mathfrak{y}}^{i}}{\lambda_i},$$

und schließlich

$$q_i\,\lambda_i = \sum_{y=0}^{m} V_{y\,x}\, Y_y^{i}. \tag{62a}$$

Setzen wir noch

$$T = \sum_{i=0}^{m} t_i(x)\, \frac{\eta_y^{i}}{\varphi_y},$$

so erhalten wir zur Bestimmung der $\bar\xi^{i}$, $\overline{X}^{i}$ und $\overline{\mathfrak{x}}^{i}$ das simultane System gewöhnlicher Differenzengleichungen

$$\left.\begin{aligned} D(\varphi_x\,\overline{X}^{i}) + 6\,D(\bar\xi^{i}) &= 0,\\[4pt] D(\overline{X}^{i}) + \frac{\lambda_i\,\bar\xi^{i}}{\psi_x} &= -t_i(x) - \frac{q_i\,\lambda_i}{6\,\psi_x}, \end{aligned}\right\} \tag{63}$$

nachdem

$$\overline{\mathfrak{x}}^{i} = \frac{q_i}{6}$$

wird. In Verbindung mit den entsprechenden Randbedingungen ist demnach die vorgelegte Aufgabe gelöst.

Beispiel. Ermittlung der Einflußlinien für einen an den Ecken unterstützten Rost. Als Anwendung der in den beiden vorhergehenden Abschnitten entwickelten Verfahren mögen die Einflußlinien für das Biegungsmoment M in dem Knoten $x = 2$, $y = 2$ des in der Abb. 70 dargestellten Rostes ermittelt werden. Die Anordnung der Felder und ihre Länge ist aus der Zeichnung ersichtlich; die Unterstützung des Tragwerkes erfolge in den vier Ecken. Die inneren Träger mögen alle das gleiche Trägheitsmoment J besitzen; das Trägheitsmoment der Randträger J' sei größer, und zwar sei $J = 0{,}0875\,J'$. Dementsprechend haben φ_{xy} und ψ_{xy} die in der Zeichnung eingetragenen Werte. Setzen wir $\varphi_{xy} = \varphi_x\,\varphi_y$ und $\psi_{xy} = \psi_x\,\psi_y$, so erhält man mit $\varphi_x = 1$ und $\psi_y = 1$ für φ_y und ψ_x die nachfolgenden Werte

$y =$	0	1	2	3	4
$\varphi_y =$	0,0875	1	1	1	0,0875
$x =$	0	1	2	3	4
$\psi_x =$	0,0875	1	1	1	0,0875

Nach den Darlegungen Seite 311 erhält man die Einflußlinie für ein Moment M im Knoten $(x\,y)$, wenn man die Biegungslinie des Systems bestimmt, dessen Momente $M_{xy\,\xi\mathfrak{y}}$ und $L_{xy\,\xi\mathfrak{y}}$ und dessen Knotenverschiebungen $z_{xy\,\xi\mathfrak{y}}$ durch das Gleichungssystem

$$\left.\begin{aligned}
D_{\xi}\left(\varphi_{\xi\mathfrak{y}}\,L_{xy\,\xi\mathfrak{y}}\right)+6\,\mathsf{D}_{\xi}\left(z_{xy\,\xi\mathfrak{y}}\right) &= \mathrm{o}, \\
D_{\mathfrak{y}}\left(\psi_{\xi\mathfrak{y}}\,M_{xy\,\xi\mathfrak{y}}\right)+6\,\mathsf{D}_{\mathfrak{y}}\left(z_{xy\,\xi\mathfrak{y}}\right) &= -\,V_{\xi\mathfrak{y}}, \\
D_{\xi}\left(L_{xy\,\xi\mathfrak{y}}\right)+D_{\mathfrak{y}}\left(M_{xy\,\xi\mathfrak{y}}\right) &= \mathrm{o}
\end{aligned}\right\} \qquad (64)$$

gegeben sind. Dabei verschwindet $V_{\xi\mathfrak{y}}$ überall mit Ausnahme in dem Knoten $(x\,y)$, für welchen die Einflußlinie zu bestimmen ist, und erhält hier den Wert $+6$. Infolge der freien Ränder sind jetzt die Randwerte durch die Gleichungen

$$L=\mathrm{o}\quad\text{für}\quad \xi=-1,\quad \xi=\mathrm{o}\quad\text{bzw.}\quad \xi=4,\quad \xi=5$$

und

$$M=\mathrm{o}\quad\text{für}\quad \mathfrak{y}=-1,\quad \mathfrak{y}=\mathrm{o}\quad\text{bzw.}\quad \mathfrak{y}=4,\quad \mathfrak{y}=5$$

gegeben.

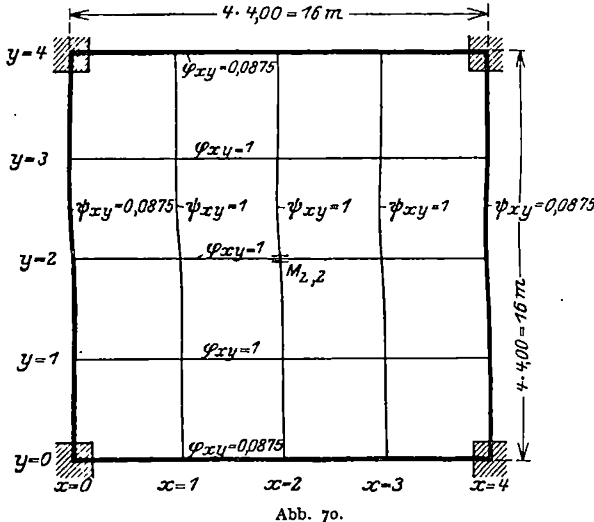

Abb. 70.

Im vorliegenden Falle ist es wegen der Symmetrie natürlich vollständig gleichgültig, in welcher Richtung wir nach Eigenlösungen entwickeln. Wählen wir hierfür die Richtung der Y-Achse, so sind zunächst die Eigenlösungen Y^{i} und η^{i} als Lösungen des Gleichungssystems (58)

$$\left.\begin{aligned}
D\left(\psi_{y}\,Y\right)+6\,\frac{\triangle\eta}{l} &= \mathrm{o} \\
\frac{\triangle Y}{l} &= \frac{\lambda_{i}''\cdot\eta}{\varphi_{y}}
\end{aligned}\right\} \qquad (65)$$

mit den Randbedingungen

$$Y=\mathrm{o}\quad\text{für}\quad y=-1\quad\text{und}\quad y=\mathrm{o},\quad\text{bzw.}\quad y=4\quad\text{und}\quad y=5$$

zu berechnen. Wir lösen dieses Gleichungssystem, indem wir den aus der zweiten Gleichung sich für η ergebenden Wert

$$\eta = \frac{1}{\lambda_i''} \, \varphi_y \frac{\triangle Y}{l} \tag{66}$$

in der ersten Gleichung einsetzen, und erhalten so

$$\frac{l^2 \lambda_i''}{6} D(\psi_y Y^i) + \triangle(\varphi_y \triangle Y^i) = 0.$$

Der Ausdruck $\triangle(\varphi_y \triangle Y^i)$ wird aber, wie man sich leicht überzeugen kann,

$$\triangle(\varphi_y \triangle Y^i) = \varphi_{y-1} Y^i_{y-2} - (2\,\varphi_{y-1} + 2\,\varphi_y)\, Y^i_{y-1} + (\varphi_{y-1} + 4\,\varphi_y + \varphi_{y+1})\, Y^i_y$$
$$- (2\,\varphi_y + 2\,\varphi_{y+1})\, Y^i_{y+1} + \varphi_{y+1} Y^i_{y+2},$$

und hiermit nimmt dieses Gleichungssystem mit $\psi_y = 1$ und unter Berücksichtigung der Randbedingungen die Form an

$$\left(\varphi_0 + 4\,\varphi_1 + \varphi_2 + \frac{4\,l^2 \lambda_i''}{6}\right) Y_1^i - \left(2\,\varphi_1 + 2\,\varphi_2 - \frac{l^2 \lambda_i''}{6}\right) Y_2^i + \varphi_2 Y_3^i = 0.$$
$$- \left(2\,\varphi_1 + 2\,\varphi_2 - \frac{l^2 \lambda_i''}{6}\right) Y_1^i + \left(\varphi_1 + 4\,\varphi_2 + \varphi_3 + \frac{4\,l^2 \lambda_i''}{6}\right) Y_2^i$$
$$- \left(2\,\varphi_2 + 2\,\varphi_3 - \frac{l^2 \lambda_i''}{6}\right) Y_3^i = 0,$$
$$\varphi_2 Y_1^i - \left(2\,\varphi_2 + 2\,\varphi_3 - \frac{l^2 \lambda_i''}{6}\right) Y_2^i + \left(\varphi_3 + 4\,\varphi_3 + \varphi_4 + \frac{4\,l^2 \lambda_i''}{6}\right) Y_3^i = 0.$$

Nun ist $\varphi_0 = \varphi_4$ und $\varphi_1 = \varphi_2 = \varphi_3 = 1$, und wenn man zunächst die ungeraden Lösungen ($Y_1 = -Y_3$, $Y_2 = 0$) betrachtet, so erhält man mit $i = 3$ die Gleichung

$$\left(\varphi_0 + 4 + \frac{4\,l^2 \lambda_i''}{6}\right) Y_1^i = 0.$$

Hieraus ergibt sich der Eigenwert

$$\lambda_3 = -\frac{6\,(\varphi_0 + 4)}{4\,l^2} = -\frac{6{,}131\,25}{16}.$$

Für die geraden Lösungen ist $Y_1 = Y_3$, und das Gleichungssystem lautet

$$\left(\varphi_0 + 6 + \frac{4\,l^2 \lambda_i''}{6}\right) Y_1^i - \left(4 - \frac{l^2 \lambda_i''}{6}\right) Y_2^i = 0,$$
$$- 2\left(4 - \frac{l^2 \lambda_i''}{6}\right) Y_1^i + \left(6 + \frac{4\,l^2 \lambda_i''}{6}\right) Y_2^i = 0.$$

Die Eigenwerte λ_2'' und λ_4'' erhält man als Wurzeln der quadratischen Gleichung

$$\begin{vmatrix} \varphi_0 + 6 + \dfrac{4\,l^2 \lambda_i''}{6} & -\left(4 - \dfrac{l^2 \lambda_i''}{6}\right) \\[2mm] -2\left(4 - \dfrac{l^2 \lambda_i''}{6}\right) & +\left(6 + \dfrac{4\,l^2 \lambda_i''}{6}\right) \end{vmatrix} = 0,$$

oder ausgerechnet

$$(l^2 \lambda_i'')^2 + \frac{12}{7}(16 + \varphi_0)\, l \lambda_i'' + \frac{108\,\varphi_0 + 72}{7} = 0,$$

und hieraus ergibt sich

$$\lambda_i'' = -\frac{6}{7\,l^2}\left(16 + \varphi_0 \pm \sqrt{242 + 11\,\varphi_0 + \varphi_0^2}\right).$$

Man kann leicht zeigen, daß diese Gleichung dann rationale Werte für λ_i'' ergibt, wenn φ_0 so gewählt wird, daß

$$\varphi_0 = \frac{11}{2}\left(\vartheta - 1 - \frac{7}{4\,\vartheta}\right)$$

wird, wobei ϑ eine rationale Zahl ist. Nachdem man in der Wahl der φ bei der ersten Berechnung ohnehin auf eine Schätzung angewiesen ist und es auch bei der genaueren Berechnung im allgemeinen auf eine ganz exakte Übereinstimmung der wirklichen Werte von φ mit dem der Rechnung zugrunde gelegten nicht so sehr ankommt, kann man sich die Berechnung der Eigenlösungen immerhin etwas vereinfachen, wenn man rationale Werte für λ erhält. Mit Einführung von ϑ erhält man

$$\varphi_0 + \sqrt{242 + 11\,\varphi_0 + \varphi_0^2} = 11\left(\vartheta - \frac{1}{2}\right)$$

und

$$\varphi_0 - \sqrt{242 + 11\,\varphi_0 + \varphi_0^2} = -11\left(\frac{1}{2} + \frac{7}{4\,\vartheta}\right).$$

In unserem Falle ist $\vartheta = 1{,}925.$ und es ergibt sich

$$\lambda_2'' = -\frac{3}{112}, \qquad \lambda_4'' = -\frac{27{,}15}{16}.$$

Außer diesen Eigenwerten existiert noch die Doppelwurzel

$$\lambda_i'' = 0 \quad (i = 0 \quad \text{und} \quad i = 1),$$

zu der die Lösungen $Y = 0$ gehören.

Nunmehr können die Y und sodann mittels Gleichung (66) die η berechnet werden. Dabei ist der willkürliche Faktor, mit welchen diese Lösungen multipliziert werden können, so gewählt, daß

$$\sum_{y=0}^{4} \frac{(\eta^i)^2}{\varphi_y} = 0$$

wird. In der folgenden Tabelle sind die Eigenlösungen Y und η zusammengestellt. In Übereinstimmung mit den früheren Bezeichnungen schreiben wir jetzt $\mathfrak{y}$ statt y.

$$Y_{\mathfrak{y}}$$

	$\mathfrak{y} = 0$	$\mathfrak{y} = 1$	$\mathfrak{y} = 2$	$\mathfrak{y} = 3$	$\mathfrak{y} = 4$	λ_i''
$i = 0$	0	0	0	0	0	0
$i = 1$	0	0	0	0	0	0
$i = 2$	0	$+0{,}085\,817$	$+0{,}122\,290$	$+0{,}085\,817$	0	$-\dfrac{3}{112}$
$i = 3$	0	$+0{,}536\,099$	0	$-0{,}536\,099$	0	$-\dfrac{6{,}131\,25}{16}$
$i = 4$	0	$+0{,}993\,940$	$-1{,}400\,551$	$+0{,}993\,940$	0	$-\dfrac{27{,}15}{16}$

$$\eta^i$$

	$\mathfrak{y}=0$	$\mathfrak{y}=1$	$\mathfrak{y}=2$	$\mathfrak{y}+3$	$\mathfrak{y}=4$
$i=0$	$+0{,}196\,657$	$+0{,}196\,657$	$+0{,}196\,657$	$+0{,}196\,657$	$+0{,}196\,657$
$i=1$	$+0{,}206\,914$	$+0{,}103\,457$	0	$-0{,}103\,457$	$-0{,}206\,914$
$i=2$	$-0{,}070\,084$	$+0{,}460\,553$	$+0{,}680\,818$	$+0{,}460\,553$	$-0{,}070\,084$
$i=3$	$-0{,}030\,603$	$+0{,}699\,497$	0	$-0{,}699\,497$	$+0{,}030\,603$
$i=4$	$-0{,}012\,813$	$+0{,}499\,216$	$-0{,}705\,559$	$+0{,}499\,216$	$-0{,}012\,813$

Die nächste Aufgabe ist die Berechnung der Lösungen $\overline{X}^i$ und $\overline{\xi}^i$ des inhomogenen Gleichungssystems (63) (mit $t_i = 0$)

$$
\begin{aligned}
D_\xi\,(\varphi_\xi\,\overline{X}^i) + 6\,\frac{\triangle_\xi\,\overline{\xi}^i}{l} &= 0, \\
\frac{\triangle_\xi\,\overline{X}^i}{l} + \frac{\lambda_i''}{\psi_\xi}\left(\overline{\xi}^i + \frac{q_i\,(\mathfrak{x})}{6}\right) &= 0,
\end{aligned}
\right\} \tag{67}
$$

dessen Randwerte $\overline{X}^i = 0$ für $\mathfrak{x} = -1$ und $\mathfrak{x} = 0$, bzw. $\mathfrak{x} = 4$ und $\mathfrak{x} = 5$ lauten. Die Werte $\dfrac{q_i\,(\mathfrak{x})}{6}$ ergeben sich nach Gleichung (62a) durch Multiplikation der Matrix von $\dfrac{V}{6}$, nämlich von

	$\mathfrak{x}=0$	$\mathfrak{x}=1$	$\mathfrak{x}=2$	$\mathfrak{x}=3$	$\mathfrak{x}=4$
$\mathfrak{y}=0$	0	0	0	0	0
$\mathfrak{y}=1$	0	0	0	0	0
$\mathfrak{y}=2$	0	0	$+1$	0	0
$\mathfrak{y}=3$	0	0	0	0	0
$\mathfrak{y}=4$	0	0	0	0	0

mit jener von $\overline{Y}^i_{\mathfrak{y}}$, und man findet

$$\frac{q_i\,(\mathfrak{x})\,\lambda_i''}{6}$$

	$\mathfrak{x}=0$	$\mathfrak{x}=1$	$\mathfrak{x}=2$	$\mathfrak{x}=3$	$\mathfrak{x}=4$
$i=0$	0	0	0	0	0
$i=1$	0	0	0	0	0
$i=2$	0	0	$+0{,}122\,290$	0	0
$i=3$	0	0	0	0	0
$i=4$	0	0	$-1{,}400\,551$	0	0

Die Lösung des oben angeschriebenen Gleichungssystems erfolgt zweckmäßig wiederum so, daß der aus der zweiten Gleichung sich ergebende Wert

$$
\overline{\xi}^i = -\frac{1}{\lambda_i''}\left(\frac{q_i\,(\mathfrak{x})\,\lambda_i''}{6} + \psi_\xi\,\frac{\triangle_\xi\,\overline{X}^i}{l}\right) \tag{68}
$$

in der ersten Gleichung substituiert wird. Man erhält

$$
D_\xi\,(\varphi_\xi\,\overline{X}^i) - \frac{6}{l^2\,\lambda_i''}\left[\triangle_\xi\,\frac{q_i\,\lambda_i''\,l}{6} + \triangle_\xi\,(\psi_\xi\,\triangle_\xi\,\overline{X}^i)\right] = 0
$$

oder

$$
\triangle_\xi\,(\psi_\xi\,\triangle_\xi\,\overline{X}^i) - \frac{l^2\,\lambda_i''}{6}\,D_\xi\,(\varphi_\xi\,\overline{X}^i) = -l\,\triangle_\xi\,\frac{q_i\,(\mathfrak{x})\,\lambda_i''}{6}.
$$

Ausführlich angeschrieben lautet dieses Gleichungssystem mit $\varphi_\xi = 1$

$$\psi_{\xi-1}\,\bar{X}^i_{\xi-2} - \left(2\,\psi_{\xi-1} + 2\,\psi_\xi + \frac{l^2\,\lambda_i''}{6}\right)\bar{X}^i_{\xi-1} + \left(\psi_{\xi-1} + 4\,\psi_\xi + \psi_{\xi+1} - \frac{4\,l^2\,\lambda_i''}{6}\right)\bar{X}^i_\xi$$

$$- \left(2\,\psi_\xi + 2\,\psi_{\xi+1} + \frac{l^2\,\lambda_i''}{6}\right)\bar{X}^i_{\xi+1} + \psi_{\xi+1}\,\bar{X}^i_{\xi+2} = -\,l\,\triangle_\xi\,\frac{q_i\,(\xi)\,\lambda_i''}{6}.$$

Für $-\,l\,\triangle\,\dfrac{q_i\,(\xi)\,\lambda_i''}{6}$ ergeben sich mit den früher ermittelten $\dfrac{q_i\,(\xi)\,\lambda_i''}{6}$

folgende Werte, wobei $-\,l\,\dfrac{\triangle\,q_i\,(\xi)\,\lambda_i''}{6}$ lediglich für $i=2$ und $i=4$ angeschrieben wurde, da es für die anderen i Null wird.

$$-\,l\,.\,\frac{\triangle\,q_i\,(\xi)\,\lambda_i''}{6}$$

	$\xi = 1$	$\xi = 2$	$\xi = 3$
$i = 2$	$-\,0{,}489\,159$	$+\,0{,}978\,318$	$-\,0{,}489\,159$
$i = 4$	$+\,5{,}602\,205$	$-\,11{,}204\,410$	$+\,5{,}602\,205$

Unter Berücksichtigung der Randwerte für $\bar{X}^i$ haben wir demnach die Auflösung folgender Gleichungssysteme zu bewerkstelligen:

$$i = 2$$

$$5{,}373\,214\,\bar{X}_1 - 3{,}928\,571\,\bar{X}_2 \qquad\qquad + \bar{X}_3 = -\,0{,}489\,159$$
$$-\,3{,}928\,571\,\bar{X}_1 + 6{,}285\,714\,\bar{X}_2 - 3{,}928\,571\,\bar{X}_3 = +\,0{,}978\,318$$
$$\bar{X}_1 - 3{,}928\,572\,\bar{X}_2 + 5{,}373\,214\,\bar{X}_3 = -\,0{,}489\,159$$

$$i = 4$$

$$23{,}1875\,\bar{X}_1 + 0{,}525\,\bar{X}_2 \qquad\qquad + \bar{X}_3 = +\,5{,}602\,205$$
$$0{,}525\,\bar{X}_2 + 24{,}1\,\bar{X}_2 + 0{,}525\,\bar{X}_3 = -\,11{,}204\,410$$
$$\bar{X}_3 + 0{,}525\,X_2 + 23{,}1875\,\bar{X}_3 = +\,5{,}602\,205$$

Wegen der Symmetrie ist $X_1^i = X_3^i$, so daß sich diese Arbeit auf die Berechnung zweier Unbekannter aus zwei Gleichungen vereinfacht. Hat man die $\bar{X}^i$ bestimmt, so findet man die $\bar{\xi}^i$ mittels der Gl. (68) und erhält schließlich die im folgenden zusammengestellten Lösungen:

$$\bar{X}^i$$

	$\xi = 0$	$\xi = 1$	$\xi = 2$	$\xi = 3$	$\xi = 4$
$i = 2$	0	$+\,0{,}083\,617$	$+\,0{,}260\,163$	$+\,0{,}083\,617$	0
$i = 4$	0	$+\,0{,}241\,936$	$-\,0{,}475\,454$	$+\,0{,}241\,936$	0

$$\bar{\xi}^i$$

	$\xi = 0$	$\xi = 1$	$\xi = 2$	$\xi = 3$	$\xi = 4$
$i = 2$	$+\,0{,}068\,287$	$+\,0{,}867\,335$	$+\,1{,}269\,963$	$+\,0{,}867\,335$	$+\,0{,}068\,287$
$i = 4$	$+\,0{,}003\,119$	$-\,0{,}141\,337$	$-\,0{,}613\,985$	$-\,0{,}141\,337$	$+\,0{,}003\,119$

Endlich bestimmen wir aus den $\dfrac{q_i\,(\xi)\,\lambda_i''}{6}$ durch Division durch λ_i'' die

$\bar{x}^i_\xi = \dfrac{q_i\,(\xi)}{6}$. Wir schreiben gleich die Matrix der $\xi^i + \bar{x}^i$, die wir zur Berechnung der M benötigen, an

$$\overline{\xi}^i + \overline{x}^i$$

	$\mathfrak{x} = 0$	$\mathfrak{x} = 1$	$\mathfrak{x} = 2$	$\mathfrak{x} = 3$	$\mathfrak{x} = 4$
$i = 2$	$+ 0{,}068\,287$	$+ 0{,}867\,335$	$- 3{,}295\,530$	$+ 0{,}867\,335$	$+ 0{,}068\,287$
$i = 4$	$+ 0{,}003\,119$	$- 0{,}141\,337$	$+ 0{,}211\,386$	$- 0{,}141\,337$	$+ 0{,}003\,119$

Gemäß den Gl. (61) sind nun noch aus den gefundenen Werten von X, $\overline{\xi}$, Y, η und $\overline{\xi} + \overline{x}$ die Größen L, M und z zu berechnen. Die Resultate sind im folgenden zusammengestellt.

$$L_{xy\,\mathfrak{x}\mathfrak{y}} \quad \text{für} \quad x = 2,\; y = 2$$

	$\mathfrak{x} = 0$	$\mathfrak{x} = 1$	$\mathfrak{x} = 2$	$\mathfrak{x} = 3$	$\mathfrak{x} = 4$
$\mathfrak{y} = 0$	0	$- 0{,}102\,402$	$- 0{,}138\,757$	$- 0{,}102\,402$	0
$\mathfrak{y} = 1$	0	$+ 0{,}159\,288$	$- 0{,}117\,536$	$+ 0{,}159\,288$	0
$\mathfrak{y} = 2$	0	$- 0{,}113\,772$	$+ 0{,}512\,584$	$- 0{,}113\,772$	0
$\mathfrak{y} = 3$	0	$+ 0{,}159\,288$	$- 0{,}117\,536$	$+ 0{,}159\,288$	0
$\mathfrak{y} = 4$	0	$- 0{,}102\,402$	$- 0{,}138\,757$	$- 0{,}102\,402$	0

$$M_{xy\,\mathfrak{x}\mathfrak{y}} \quad \text{für} \quad x = 2,\; y = 2$$

	$\mathfrak{x} = 0$	$\mathfrak{x} = 1$	$\mathfrak{x} = 2$	$\mathfrak{x} = 3$	$\mathfrak{x} = 4$
$\mathfrak{y} = 0$	0	0	0	0	0
$\mathfrak{y} = 1$	$+ 0{,}102\,402$	$- 0{,}066\,048$	$- 0{,}072\,708$	$- 0{,}066\,048$	$+ 0{,}012\,402$
$\mathfrak{y} = 2$	$+ 0{,}045\,516$	$+ 0{,}304\,016$	$- 0{,}699\,064$	$+ 0{,}030\,416$	$+ 0{,}045\,516$
$\mathfrak{y} = 3$	$+ 0{,}102\,402$	$- 0{,}066\,048$	$- 0{,}072\,708$	$- 0{,}066\,048$	$+ 0{,}102\,402$
$\mathfrak{y} = 4$	0	0	0	0	0

$$z_{xy\,\mathfrak{x}\mathfrak{y}} \quad \text{für} \quad x = 2,\; y = 2$$

	$\mathfrak{x} = 0$	$\mathfrak{x} = 1$	$\mathfrak{x} = 2$	$\mathfrak{x} = 3$	$\mathfrak{x} = 4$
$\mathfrak{y} = 0$	$- 0{,}004\,826$	$- 0{,}058\,976$	$- 0{,}081\,137$	$- 0{,}058\,976$	$- 0{,}004\,826$
$\mathfrak{y} = 1$	$+ 0{,}033\,007$	$+ 0{,}328\,896$	$+ 0{,}278\,374$	$+ 0{,}328\,896$	$+ 0{,}033\,007$
$\mathfrak{y} = 2$	$+ 0{,}044\,291$	$+ 0{,}690\,219$	$+ 1{,}297\,816$	$+ 0{,}690\,219$	$+ 0{,}044\,291$
$\mathfrak{y} = 3$	$+ 0{,}033\,007$	$+ 0{,}328\,896$	$+ 0{,}278\,374$	$+ 0{,}328\,896$	$+ 0{,}033\,007$
$\mathfrak{y} = 4$	$- 0{,}004\,826$	$- 0{,}058\,976$	$- 0{,}081\,137$	$- 0{,}058\,976$	$- 0{,}004\,826$

Nachdem die Knotenverschiebungen in den Ecken wegen der festen Unterstützung daselbst verschwinden müssen, sind noch solche Verschiebungen z^* über die gefundenen Werte von z zu überlagern, daß diese Bedingung auch wirklich erfüllt ist. Das geschieht in dem vorliegenden Falle ganz einfach dadurch, daß der ganze Rost um den Betrag $z^* = z_{00} = - 0{,}004\,826$ parallel zu sich selbst verschoben wird. Man erhält sonach für die Knotenverschiebungen $z - z^*$ die Werte

$$z' = z - z^*$$

	$\mathfrak{x} = 0$	$\mathfrak{x} = 1$	$\mathfrak{x} = 2$	$\mathfrak{x} = 3$	$\mathfrak{x} = 4$
$\mathfrak{y} = 0$	0	$- 0{,}054\,150$	$- 0{,}076\,311$	$- 0{,}054\,150$	0
$\mathfrak{y} = 1$	$+ 0{,}037\,833$	$+ 0{,}333\,722$	$+ 0{,}283\,200$	$+ 0{,}333\,722$	$+ 0{,}037\,833$
$\mathfrak{y} = 2$	$+ 0{,}049\,117$	$+ 0{,}695\,045$	$+ 1{,}302\,642$	$+ 0{,}695\,045$	$+ 0{,}049\,117$
$\mathfrak{y} = 3$	$+ 0{,}037\,833$	$+ 0{,}333\,722$	$+ 0{,}283\,200$	$+ 0{,}333\,722$	$+ 0{,}037\,833$
$\mathfrak{y} = 4$	0	$- 0{,}054\,156$	$- 0{,}076\,311$	$- 0{,}054\,150$	0

Überträgt sich die Last nur in den Knoten selbst auf den Rost oder begnügt man sich damit, das aus den Knotenverschiebungen erhaltene Polygon annäherungsweise durch eine stetig gekrümmte Linie zu ersetzen und verzichtet man auf die Kontrolle, die sich durch Einsetzen der gefundenen Werte von $L_{xy\xi\eta}$ und $M_{xy\xi\eta}$ in die Gleichung ergibt, so genügt es selbstverständlich, lediglich die Werte z' zu bestimmen. Man kann sich dann die Ermittlung der Größen $L_{xy\xi\eta}$ und $M_{xy\xi\eta}$ ersparen. Will man bei unmittelbarer Belastung die Ordinaten der Einflußlinien in den einzelnen Feldern genauer ermitteln, so muß man sich dieselben nach Gl. (48) bzw. (48a) bestimmen.

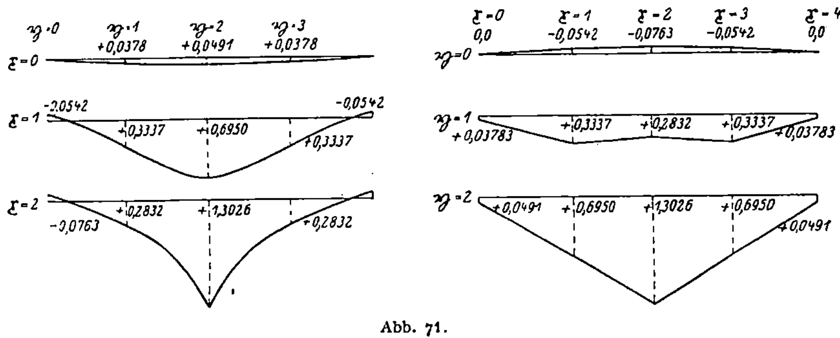

Abb. 71.

Die Einflußlinien für das Biegungsmoment $M_{xy\xi\eta}$ im Knoten $x = 2$, $y = 2$ sind in Abb. 71 zur Darstellung gebracht. Dabei ist angenommen, daß sich die Last längs der Stäbe $x =$ konst. unmittelbar, längs der Stäbe $y =$ konst mittelbar auf die Knoten überträgt.

45. Roste mit einer gekrümmten Stabschar.

Formulierung des Problemes. Wir erweitern im folgenden die bisherigen Betrachtungen noch für den Fall, daß die Stäbe der einen Schar gekrümmt sind, und haben hierbei speziell die Anwendung auf Bogenbrücken im Auge, die aus mehreren, parallel nebeneinander stehenden, durch Querrippen miteinander verbundenen, gleichen Bogenrippen bestehen, wie dies in Abb. 72 zur Darstellung gebracht ist. Die einzelnen Bogen sollen dabei entweder an den Auflagern gelenkig gelagert (Zweigelenkbogen) oder aber fest eingespannt sein (eingespannter Bogen); jedenfalls

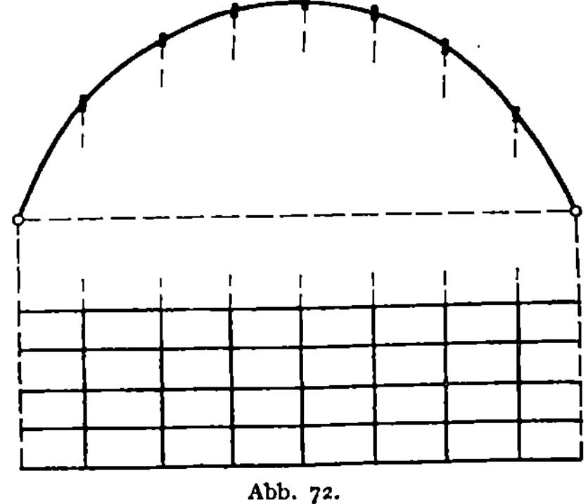

Abb. 72.

sollen die Bogenwiderlager unverschieblich sein, so daß die die Bogenlager verbindende Sehne keine Längenänderung erfahren kann.

Unsere erste Aufgabe ist zunächst die Aufstellung der Differenzengleichungen. Wir denken uns auf der zylindrischen Rostfläche ein
Koordinatensystem gelegt, so daß den einzelnen Bogenrippen die
Größen $y = 0, 1, 2 \ldots m$, den Querträgern die Größen $x = 0, 1 \ldots n$
der Reihe nach zugeordnet sind. Wir bezeichnen ferner die Entfernung
zweier aufeinanderfolgender Knoten $(x - 1, y)$ und $(x\,y)$ in der Richtung der diese Knoten verbindenden Sehne mit s_x und den Abstand der
einzelnen Bogenrippen y und $y + 1$ mit h. Die Trägheitsmomente der
Bogenrippen seien mit J_x bezeichnet; dieselben sollen für die verschiedenen Felder eines Bogens verschieden, für dieselben Felder verschiedener
Bogenrippen aber gleich sein, wie dies übrigens schon durch den Index x
zum Ausdruck gebracht ist. Das Trägheitsmoment der Querrippen

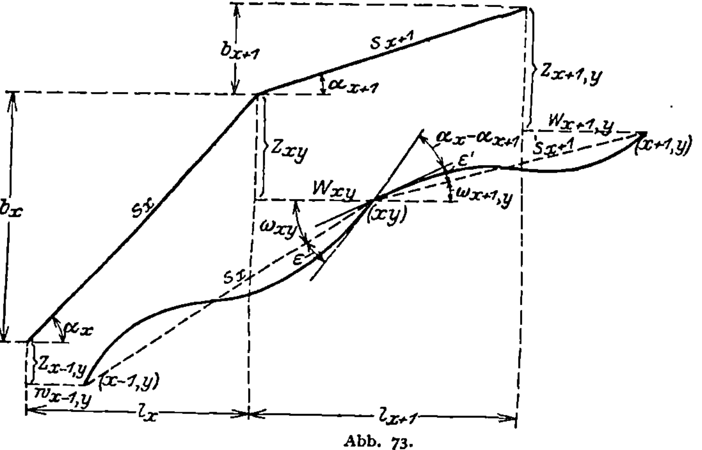

Abb. 73.

sei auf die horizontale Achse bezogen J_y. Ferner setzen wir voraus,
daß das Trägheitsmoment dieser Querrippen auf eine vertikale Achse
bezogen sehr klein sei, bzw. daß die wagrechten Verschiebungen der
Knoten bezüglich ihres Einflusses auf die Biegungsmomente der Querrippen vernachlässigt werden können. Ebenso vernachlässigen wir auch
den Einfluß der Torsion sowohl bei den Bogenrippen wie auch bei
den Querrippen. Die Belastung wirke vertikal, und werde durch die
die Fahrbahn tragenden Stützen lediglich in den Knotenpunkten auf
die Bogenrippen übertragen.

In der Abb. 73 ist eine einzelne Bogenrippe zwischen drei aufeinander folgenden Knoten $(x - 1\,y)$, $(x\,y)$ und $(x + 1, y)$ herausgezeichnet und hierbei die stetig gekrümmte Bogenachse, wie es für
diesen Zweck statthaft ist, durch ein Polygon, dessen Ecken mit den
Knoten zusammenfallen, ersetzt. Im nicht deformierten Zustande schließt
die Seite s_x zwischen den Knoten $(x - 1, y)$ und $(x\,y)$ den Winkel α_x,

nach der Deformation die diese Knoten verbindende Sehne den Winkel ω_{xy} mit der X-Achse, ein. Infolge der Deformation hat sich der Knoten (xy) um den Betrag z_{xy} gesenkt und gleichzeitig um das Stück w_{xy} nach rechts verschoben. Aus der Abb. 73 kann dann sofort die Beziehung

$$(\omega_{xy} + \varepsilon) - (\omega_{x+1,\,y} + \varepsilon') - (\alpha_x - \alpha_{x+1}) = 0 \qquad (69)$$

entnommen werden. ε und ε' sind dabei die Winkel, welche die Stab-achse im Knoten (xy) nach der Deformation mit den Sehnen s_x und s_{x+1} einschließt, und haben daher die Werte

$$\varepsilon = \frac{\varphi_x}{6}(2\,L_{xy} + L_{x-1,\,y}), \qquad \varepsilon' = -\frac{\varphi_{x+1}}{6}(2\,L_{xy} + L_{x+1,\,y}),$$

wobei φ_x jetzt den Ausdruck

$$\varphi_x = \frac{s_x}{E\,J_x} \qquad (70)$$

bedeutet, und L_{xy} das Biegungsmoment des Bogens im Knoten (xy) vorstellt. Die Verdrehung des Stabes s_x, nämlich der Winkel $\alpha_x - \omega_x$, läßt sich aber leicht durch die Verschiebungen z und w darstellen. Man muß nur beachten, daß dieser Winkel ebenso wie z und w gegen-über den anderen Abmessungen des Tragwerkes sehr klein ist. Man kann dann leicht aus der Bedingung, daß sich die Länge der Seite s_x wenigstens in erster Annäherung nicht geändert hat und die Quadrate der Verschiebungen zu vernachlässigen sind, die Beziehung ableiten:

$$\frac{w_{xy} - w_{x-1,\,y}}{b_x} = \frac{z_{xy} - z_{x-1,\,y}}{l_x} = \alpha_x - \omega_x,$$

wobei

$$l_x = s_x \cos \alpha_x \quad \text{und} \quad b_x = s_x \sin \alpha_x$$

bedeuten. Mit diesen Werten nimmt die Gl. (69) die Gestalt an

$$D_x(\varphi L) + 6\,D_x(z) = 0 .$$

Wir machen darauf aufmerksam, daß für $l_x =$ konst. $D_x(z)$ in den Aus-druck $\frac{\triangle_x z}{l}$ übergeht. $D_x(\varphi L)$ hingegen läßt sich erst dann durch $\varphi(\triangle_x + 6)L$ ersetzen, wenn außerdem noch $J_x \cos \alpha =$ konst. ist, eine Annahme, mit der man sich übrigens oft behilft.

Die Gleichung zwischen den Knotenmomenten M der Querträger und den Knotenverschiebungen z ändert sich gegenüber den Ergeb-nissen der vorhergehenden Paragraphen nicht; wir erhalten wie früher

$$D_y(\psi M) + 6\,D_y(z) = 0 .$$

Es stehen uns noch zwei weitere Gleichungen zur Verfügung, welche das Gleichgewicht des Knoten (xy) in horizontaler und verti-kaler Richtung ausdrücken. Bezeichnet H_{xy} die Horizontalkomponente der Axialkraft im Bogen, so gibt die Bedingung, daß in der Richtung der X-Achse Gleichgewicht besteht, die Beziehung

$$H_{x+1,\,y} - H_{xy} = 0,$$

also die Tatsache, daß der Horizontalschub konstant ist, und in unserem Falle lediglich von y abhängt. Wir schreiben dementsprechend statt H_{xy} im folgenden H_y.

Zu der Summe der Vertikalkomponenten der in dem Knoten $(x\,y)$ wirkenden Kräfte liefert H_y den Beitrag

$$H_y\,(\operatorname{tg}\alpha_{x+1} - \operatorname{tg}\alpha_x) = H_y\,a_x,$$

worin $a_x = \operatorname{tg}\alpha_{x+1} - \operatorname{tg}\alpha_x$ eine aus der Form des Bogens zu ermittelnde Größe vorstellt. Die Biegungsmomente L_{xy} geben den Beitrag

$$\frac{L_{x-1,\,y} - L_{xy}}{l_x} - \frac{L_{xy} - L_{x+1,\,y}}{l_{x+1}} = \mathsf{D}_x(L)$$

und die Biegungsmomente M wie früher einen solchen von

$$\frac{M_{x,\,y-1} - M_{xy}}{h_y} - \frac{M_{xy} - M_{x,\,y+1}}{h_{y+1}} = \mathsf{D}_y(M),$$

so daß wir, wenn T_{xy} die in vertikaler Richtung wirkende Last im Knoten $(x\,y)$ vorstellt, die Gleichung

$$H_y\,a_x + \mathsf{D}_x(L) + \mathsf{D}_y(M) + T_{xy} = 0$$

erhalten.

Es liegt demnach das nachstehende System partieller Differenzengleichungen vor:

$$\left.\begin{aligned}
D_x(\varphi\,L) + 6\,\mathsf{D}_x(z) &= 0, \\
D_y(\psi\,M) + 6\,\mathsf{D}_y(z) &= 0, \\
H_y\,a_x + \mathsf{D}_x(L) + \mathsf{D}_y(M) + T &= 0.
\end{aligned}\right\} \qquad (71)$$

Die Randbedingungen, denen die Lösungen genügen müssen, sind leicht zu bestimmen. Die Querträger sind stets an den Enden frei; daher muß für $y = 0$

$$M_y = M_{y-1} = 0$$

und für $y = m$

$$M_y = M_{y+1} = 0$$

sein. An den anderen Rändern $x = 0$ und $x = n$ sind beim gelenkig gelagerten Bogen die Randwerte

$$L = z = 0$$

vorgeschrieben. Beim eingespannten Bogen tritt an Stelle der Gleichung $L = 0$ die Bedingung, daß der eingespannte Querschnitt keine

Verdrehung erfahren darf und die Tangente der Stabachse vor und nach der Deformation zusammenfallen muß. Es ist also

$$\varepsilon' + \omega_x = \alpha_x \quad \text{für} \quad x = 0$$

bzw.

$$\varepsilon + \omega_x = \alpha_x \quad \text{für} \quad x = n.$$

Setzt man in diese Gleichungen die Werte für ε', ε und $\omega_x - \alpha_x$ ein, so findet man die gesuchten Beziehungen mit

$$-\frac{\varphi_{x+1}}{6}\left(2 L_{xy} + L_{x+1,\,y}\right) = \frac{z_{x+1,\,y} - z_{xy}}{l_{x+1}} \quad \text{für} \quad x = 0$$

und

$$\frac{\varphi_x}{6}\left(2 L_{xy} + L_{x-1,\,y}\right) = \frac{z_{xy} - z_{x-1,\,y}}{l_x} \quad \text{für} \quad x = n.$$

Für alle anderen Knoten haben die Gleichungen die normale Gestalt. Man kann natürlich auch die Gleichungen für die Knoten $x = 0$ und $x = n$ in der Form

$$D_x(\varphi L) + 6\, D_x(z) = 0$$

anschreiben; die beiden Randbedingungen lauten dann aber

$$\varphi_x\left(L_{x-1,\,y} + 2 L_{xy}\right) + 6\frac{z_{x-1,\,y}}{l_x} = 0 \quad \text{für} \quad x = 0$$

und

$$\varphi_{x+1}\left(2 L_{xy} + L_{x+1,\,y}\right) + 6\frac{z_{x+1,\,y}}{l_{x+1}} = 0 \quad \text{für} \quad x = n.$$

Entsprechend den $n+1$ Unbekannten H_y fehlen jetzt aber noch $n+1$ Gleichungen. Diese erhält man aus der Überlegung, daß die Bogensehne ihre Länge wegen der unverschieblichen Auflager beibehalten muß. Es ist also

$$w_{ny} - w_{0y} = 0$$

oder, wenn man beachtet, daß

$$w_{xy} - w_{x-1,\,y} = \operatorname{tg}\alpha_x\left(z_{xy} - z_{x-1,\,y}\right)$$

ist und diese Gleichungen von $x = 1$ bis $x = n$ summiert,

$$w_{ny} - w_{0y} = \sum_{x=1}^{n} \operatorname{tg}\alpha_x\left(z_{xy} - z_{x-1,\,y}\right).$$

Mit der bereits benützten Größe $a_x = \operatorname{tg}\alpha_{x+1} - \operatorname{tg}\alpha_x$ erhält man durch eine etwas andere Anordnung die Summanden und mit Rücksicht darauf, daß z für $x = 0$ und $x = n$ verschwindet,

$$w_{ny} - w_{0y} = \sum_{x=1}^{n-1} a_x z_{xy} = 0. \tag{72}$$

Die Auflösung der Differenzengleichung. Wir wenden uns nunmehr der Auflösung unseres Gleichungssystemes zu, und wollen die Lösungen unter Verwendung von Eigenlösungen in der Y-Richtung ermitteln. · Wir setzen also wie früher

$$L = \sum_{i=0}^{m} \overline{X}^i \eta^i, \qquad M = \sum_{i=0}^{m} \bar{\xi}^i Y^i, \qquad z = \sum_{i=0}^{m} \bar{\xi}^i \eta^i. \qquad (73)$$

Die äußere Belastung T_{xy} entwickeln wir in eine Reihe

$$T_{xy} = \sum_{i=0}^{m} t_i(x)\, \eta^i,$$

worin die Koeffizienten t_i nach früherem leicht bestimmt werden können; den Horizontalschub H stellen wir ebenfalls in Form einer Reihe dar

$$H_y = \sum_{i=0}^{m} r_i\, \eta_i,$$

worin die Größen r_i (die von x und y unabhängig sind) noch nicht bekannt sind. Mit diesen Ansätzen erhält man die folgenden Gleichungssysteme für Y und η

$$\left.\begin{array}{r} D(\psi\, Y) + 6\, D(\eta) = 0, \\ D(Y) = \lambda\, \eta \end{array}\right\} \qquad (74)$$

mit den Randbedingungen

$$Y_y = Y_{y-1} = 0 \qquad \text{für} \quad y = 0$$

und

$$Y_y = Y_{y+1} = 0 \qquad \text{für} \quad y = m,$$

also bereits bekannte Eigenlösungen. Für $\overline{X}$ und $\bar{\xi}$ ergibt sich aber das Gleichungssystem

$$\left.\begin{array}{r} D(\varphi\, \overline{X}^i) + 6\, D(\bar{\xi}^i) = 0, \\ a_x r_i + D(\overline{X}^i) + \lambda\, \bar{\xi}^i + t_i(x) = 0. \end{array}\right\} \qquad (75)$$

Dazu kommt noch die Gleichung

$$\sum_{x=1}^{n-1} a_x z_{xy} = 0,$$

welche jetzt die Form

$$\sum_{x=1}^{n-1} a_x \bar{\xi}_x^i = 0 \qquad (76)$$

annimmt. Die Randbedingungen für $\bar{\xi}$ lauten

$$\bar{\xi}^i = 0 \qquad \text{für} \quad x = 0 \quad \text{und} \quad x = n.$$

Als weitere Randbedingungen sind beim Zweigelenkbogen

$$\overline{X}^i = 0 \qquad \text{für} \quad x = 0 \quad \text{und} \quad x = n$$

und beim eingespannten Bogen

$$\varphi_{x+1}\left(2\,\overline{X}_x^{\,i} + \overline{X}_{x+1}^{\,i}\right) + 6\,\frac{\overline{\xi}_{x+1}^{\,i}}{l_{x+1}} = 0 \qquad \text{für}\quad x = 0\,,$$

$$\varphi_x\left(2\,\overline{X}_x^{\,i} + \overline{X}_{x+1}^{\,i}\right) + 6\,\frac{\overline{\xi}_{x-1}^{\,i}}{l_x} = 0 \qquad \text{für}\quad x = n$$

zu erfüllen.

Bezüglich der Lösung des Gleichungssystems für $\overline{\xi}^i$ und $\overline{X}^i$, bei welchem in jeder Gleichung die Unbekannte r_i vorkommt, bemerken wir, daß die Auflösung auf die Weise etwas vereinfacht werden kann, wenn wir die Lösungen in der Form

$$\overline{X}^i = X'^i + r_i\,X''^i \quad\text{und}\quad \overline{\xi}^i = \xi'^i + r_i\,\xi''^i$$

ansetzen. Genügt X'^i dem Gleichungssystem

$$D\left(\varphi\,X'^i\right) + 6\,\mathsf{D}\left(\xi'^i\right) = 0\,,$$
$$\mathsf{D}\left(X'^i\right) + \lambda\,\xi'^i + t_i(x) = 0$$

und X''^i und ξ''^i dem System

$$D\left(\varphi\,X''^i\right) + 6\,\mathsf{D}\left(\xi''^i\right) = 0\,,$$
$$\mathsf{D}\left(X''^i\right) + \lambda\,\xi''^i + a_x = 0\,,$$

wobei die Randbedingungen für X', X'', ξ' und ξ'' dieselben wie für $\overline{X}$ und $\overline{\xi}$ sind, so kann man aus der Gleichung (76) leicht r_i bestimmen, wenn man in dieselbe für $\overline{\xi}$ den Wert $\xi'^i + r_i\,\xi''^i$ einsetzt. Man erhält so

$$r_i = -\frac{\displaystyle\sum_{x=1}^{n-1} a_x\,\xi'^i}{\displaystyle\sum_{x=1}^{n-1} a_x\,\xi''^i}$$

und kann jetzt $X = X' + r\,X''$ und $\overline{\xi} = \xi' + r\,X''$ berechnen.

Die Einflußlinien für H_y. Auch bei dem vorliegenden Problem werden für die praktische Verwendung die Einflußlinien von besonderer Bedeutung sein. Wir wollen uns daher ganz kurz mit der Ermittlung derselben befassen und gehen zunächst daran, die Einflußlinie für den Horizontalschub H zu bestimmen. Nachdem die Lastübertragung lediglich in den Knotenpunkten stattfindet, ist diese Einflußlinie ebenso wie alle anderen ein Polygon; die Ecken der Polygone liegen unter den Knotenpunkten. Unsere Aufgabe vereinfacht sich gegenüber den früher behandelten insofern ganz wesentlich, als es jetzt genügt, die Verschiebungen $z_{x\eta}$ der Knoten zu bestimmen.

Um die Einflußlinie für H_y zu erhalten, haben wir diese Knotenverschiebungen, die bereits die Ordinaten der gesuchten Einflußlinie vorstellen, für den Fall zu ermitteln, daß sich die Angriffspunkte von H_y um den Betrag $\delta = -1$ gegeneinander verschieben. Infolge des Fehlens äußerer Kräfte haben wir es jetzt mit dem Gleichungssystem

$$D_\xi(\varphi L) + 6\,D_\xi(z) = 0,$$
$$D_\eta(\psi M) + 6\,D_\eta(z) = 0,$$
$$H_\eta\,a_x + D_\xi(L) + D_\eta(M) = 0 \qquad (77)$$

zu tun. Die Randbedingungen bleiben gegenüber früher unverändert und lauten also wiederum

$$M_\eta = M_{\eta-1} = 0 \qquad \text{für } \eta = 0$$

und

$$M_\eta = M_{\eta+1} = 0 \qquad \text{für } \eta = m$$

und an den beiden anderen Rändern
beim Zweigelelenkbogen

$$L = z = 0 \qquad \text{für } \xi = 0 \text{ und } \xi = n$$

und beim eingespannten Bogen

$$z = 0 \quad \text{und} \quad \varphi_x(2\,L_{\xi\eta} + L_{\xi-1,\eta}) + 6\,\frac{z_{\xi-1,\eta}}{l_x} = 0 \qquad \text{für } \xi = 0,$$

$$z = 0 \quad \text{und} \quad \varphi_{\xi+1}(L_{\xi+1,\eta} + 2\,L_{\xi\eta}) + 6\,\frac{z_{\xi+1,\eta}}{l_{\xi+1}} = 0 \qquad \text{für } \xi = n.$$

Hingegen gilt die Gleichung

$$\sum_{\xi=1}^{n-1} a_\xi z_{\xi\eta} = 0 \qquad (78)$$

jetzt nur für $\eta \neq y$, während für $\eta = y$

$$w_{ny} - w_{0y} = \sum_{\xi=1}^{n-1} a_\xi z_{\xi\eta} = 1 \qquad (78a)$$

wird. Zur Lösung verwenden wir dieselben Ansätze wie unter Gl. (73). Dann ändert sich auch das Gleichungssystem für Y und η nicht, und nur an Stelle des inhomogenen Systems für $\overline{X}^i$ und $\bar\xi^i$ tritt jetzt

$$D_\xi(\varphi\,\overline{X}^i) + 6\,D_\xi(\bar\xi^i) = 0,$$
$$D_\xi(\overline{X}^i) + \lambda_i\,\bar\xi^i + a_\xi\,r_i = 0.$$

Die fehlende Gleichung zur Bestimmung der r_i findet man aber wie folgt

$$\sum_{\xi=1}^{n-1} a_\xi z_{\xi\eta} = \sum_{\xi=1}^{n-1} a_\xi \sum_{i=0}^{m} \bar\xi^i \eta^i = \sum_{i=0}^{m} \eta^i \sum_{\xi=0}^{n-1} a_\xi \bar\xi^i.$$

Setzt man

$$\sum_{\xi=1}^{n-1} a_\xi \bar\xi^i = k_i,$$

so sind die Werte k_i also so zu bestimmen, daß die Funktion

$$K_\eta = \sum_{i=0}^{m} k_i\,\eta_\eta^i$$

überall verschwindet mit Ausnahme von $\mathfrak{y} = y$, wo sie den Wert $K_y = 1$ annimmt. Es ist also

$$k_i = \sum_{\mathfrak{y}=0}^{m} K_\mathfrak{y}\, \eta_\mathfrak{y}{}^i = \eta_y{}^i,$$

und demnach lautet die fehlende Gleichung

$$\sum_{\mathfrak{x}=1}^{n-1} a_\mathfrak{x}\, \xi_\mathfrak{x}{}^i = \eta_y{}^i. \tag{78b}$$

Die Lösung des vorliegenden simultanen Gleichungssystems

$$D(\varphi\,\overline{X}{}^i) + 6\,\mathsf{D}(\overline{\xi}{}^i) = 0,$$
$$\mathsf{D}(\overline{X}{}^i) + \lambda\,\overline{\xi}{}^i + a_\mathfrak{x}\,r_i = 0,$$
$$\sum_{\mathfrak{x}=1}^{n-1} a_\mathfrak{x}\,\overline{\xi}{}^i = \eta_y{}^i$$

kann wiederum vereinfacht werden, wenn man die Lösung in der Form

$$\overline{X}{}^i = r_i\,X'''^i, \qquad \overline{\xi}{}^i = r_i\,\xi'''^i$$

ansetzt. Die X'''^i, ξ'''^i genügen dem Gleichungssystem

$$D(\varphi\,X'''^i) + 6\,\mathsf{D}(\xi'''^i) = 0,$$
$$\mathsf{D}(X'''^i) + \lambda\,\xi'''^i + a_\mathfrak{x} = 0,$$

wobei die Randbedingungen für X'''^i und ξ'''^i dieselben wie für $\overline{X}{}^i$ und $\overline{\xi}{}^i$ sein mögen. Die Unbekannte r_i kann dann aus der Gleichung

$$r_i \sum_{\mathfrak{x}=1}^{n-1} a_\mathfrak{x}\,\xi'''^i = \eta_y{}^i$$

mit

$$r_i = \frac{\eta_y{}^i}{\displaystyle\sum_{\mathfrak{x}=1}^{n-1} a_\mathfrak{x}\,\xi'''^i}$$

bestimmt werden.

Einflußlinien für die Biegungsmomente L des Bogens. Wie wir bei der Bestimmung der Einflußlinien für die Biegungsmomente des Rostes bereits erörtert haben, erhalten wir die Einflußlinie des Biegungsmomentes im Knoten $(x\,y)$ in der Weise, daß wir uns an dieser Stelle ein Gelenk eingeschaltet denken und die Biegungslinie des Systems für ein in diesem Gelenke angreifendes Momentenpaar bestimmen. Diese beiden Momente müssen so groß sein, daß der Winkel, den die Tangenten an die Stabachsen im Gelenk einschließen, den Wert -1 erhält. Man braucht bloß in Gl. (69) die rechte Seite durch -1 zu ersetzen und erhält

$$(\omega_{x\,y} + \varepsilon) - (\omega_{x+1\,y} + \varepsilon') - (\alpha_x - \alpha_{x+1}) = -1$$

oder wenn man so wie früher die Biegungsmomente L einführt,

$$D_\mathfrak{x}(\varphi\,L) + 6\,\mathsf{D}_\mathfrak{x}(z) = -6 \quad (\text{für } \mathfrak{x} = x,\ \mathfrak{y} = y).$$

Das zu lösende Gleichungssystem lautet also in diesem Falle

$$\left.\begin{aligned}
D_{\mathfrak{x}}(\varphi L) + 6\, D_{\mathfrak{x}}(z) &= U, \\
D_{\mathfrak{y}}(\psi M) + 6\, D_{\mathfrak{y}}(z) &= 0, \\
H_{\mathfrak{y}}\, a_{\mathfrak{x}} + D_{\mathfrak{x}}(L) + D_{\mathfrak{y}}(M) &= 0,
\end{aligned}\right\} \tag{79}$$

wobei U überall mit Ausnahme von $\mathfrak{x} = x$ und $\mathfrak{y} = y$ verschwindet. An dieser Stelle erhält es den Wert

$$U_{xy} = -6.$$

Die Ansätze

$$L = \sum_{i=0}^{m} \overline{X}^i \eta^i, \qquad M = \sum_{i=0}^{m} \bar{\xi}^i Y^i, \qquad z = \sum_{i=0}^{m} \bar{\xi}^i \eta^i$$

führen, wie man sich leicht überzeugt, zu dem gewöhnlichen Gleichungs-system

$$D(\psi Y^i) + 6\, D(\eta^i) = 0,$$
$$D(Y^i) = \lambda_i \eta^i$$

und

$$D(\varphi \overline{X}^i) + 6\, D(\bar{\xi}^i) = u_i(\mathfrak{x}),$$
$$r_i\, a_{\mathfrak{x}} + D(\overline{X}^i) + \lambda \bar{\xi}^i = 0.$$

Hierzu tritt noch die Gleichung

$$\sum_{\mathfrak{x}=1}^{n-1} a_{\mathfrak{x}}\, \bar{\xi}^i = 0.$$

Die Größen $u_i(\mathfrak{x})$ sind dabei die Koeffizienten der Entwicklung

$$U_{\mathfrak{x}\mathfrak{y}} = \sum_{i=0}^{m} u_i(\mathfrak{x})\, \eta^i,$$

und verschwinden daher für alle $\mathfrak{x} \neq x$. Für $\mathfrak{x} = x$ ist $u_i(x)$ von Null verschieden und hat den Wert

$$u_i(x) = -6\, \eta_y{}^i.$$

Wir bemerken, daß sich die Auflösung des Gleichungssystems für $\overline{X}^i$, $\bar{\xi}^i$ und r_i vereinfachen läßt, wenn man

$$\overline{X}^i = X'^i + r_i X''^i, \qquad \bar{\xi}^i = \xi'^i + r_i \xi''^i$$

setzt. X', ξ' bzw. X'', ξ'' befriedigen die Gleichungssysteme

$$D(\varphi X'^i) + 6 D(\xi'^i) = u_i(\mathfrak{x}) \qquad D(\varphi X''^i) + 6\, D(\xi''^i) = 0$$
$$D(X'^i) + \lambda \xi'^i = 0 \qquad\qquad D(X''^i) + \lambda \xi''^i + a_{\mathfrak{x}} = 0$$

und (in der Mitte)

mit den gleichen Randbedingungen wie $\overline{X}^i$ und $\bar{\xi}^i$.

Dann wird r_i wegen $\displaystyle\sum_{\mathfrak{x}=1}^{n-1} a_{\mathfrak{x}}\, \bar{\xi}^i = 0$

$$r_i = -\frac{\displaystyle\sum_{\mathfrak{x}=1}^{n-1} a_{\mathfrak{x}}\, \xi'^i}{\displaystyle\sum_{\mathfrak{x}=1}^{n-1} a_{\mathfrak{x}}\, \xi''^i}.$$

Einflußlinien für die Axialkräfte im Bogen. Nach den allgemein gültigen Verfahren für die Bestimmung einer Einflußlinie eines statisch unbestimmten Systems kann man bei der Ermittlung derselben für die Axialkraft so vorgehen, daß man sich an der Stelle, für welche man die Einflußlinie bestimmen soll, einen Schnitt geführt denkt und nun die beiden Seiten dieses Querschnittes gegeneinander in der Richtung der Tangente an die Stabachse an der Schnittstelle um den Betrag $\delta = -1$ verschiebt. Dabei dürfen sich aber die beiden Querschnitte nicht gegeneinander verdrehen, sondern müssen parallel bleiben und dürfen sich auch nicht in der Richtung senkrecht zur Stabachse gegeneinander verschieben. Die Biegungslinie des Systems stellt dann die gesuchte Einflußlinie vor. Es läuft demnach unsere Aufgabe darauf hinaus, die Knotenverschiebungen $z_{\mathfrak{x}\mathfrak{y}}$, welche bereits die Ordinaten der Einflußlinie unter den betreffenden Knoten vorstellen, zu ermitteln.

Greifen wir einen beliebigen Knoten $(\mathfrak{x}\,\mathfrak{y})$ heraus, so liefern dieselben Überlegungen wie früher für diesen Punkt die drei Differenzengleichungen

$$D_{\mathfrak{x}}(\varphi L) + 6\,D_{\mathfrak{x}}(z) = 0,$$
$$D_{\mathfrak{y}}(\varphi M) + 6\,D_{\mathfrak{y}}(z) = 0, \qquad (80)$$
$$a_{\mathfrak{x}} H_{\mathfrak{y}} + D_{\mathfrak{x}}(L) + D_{\mathfrak{y}}(M) = 0.$$

Die rechten Seiten dieser Gleichungen sind gleich Null, nachdem keine äußeren Kräfte vorhanden sind. Wir nehmen nun an, daß der Querschnitt, für welchen die Einflußlinie zu bestimmen ist, auf dem Stabe zwischen den beiden Knoten $(x-1,\,y)$ und $(x\,y)$ liegt. Dann wird, wie wir im folgenden zeigen wollen, für diese beiden Knoten die erste der eben angeschriebenen Gleichungen eine andere Form aufweisen. Denn die Beziehungen zwischen dem Verdrehungswinkel $\omega_x - \alpha_x$ dieses Stabes und den Verschiebungen z und w der Knoten $(x-1,\,y)$ und $(x\,y)$, von denen wir ja bei der Aufstellung der ersten Gleichung ausgegangen sind, lauten jetzt anders, da sich die ursprüngliche Länge s_x des Stabes zwischen $(x-1,\,y)$

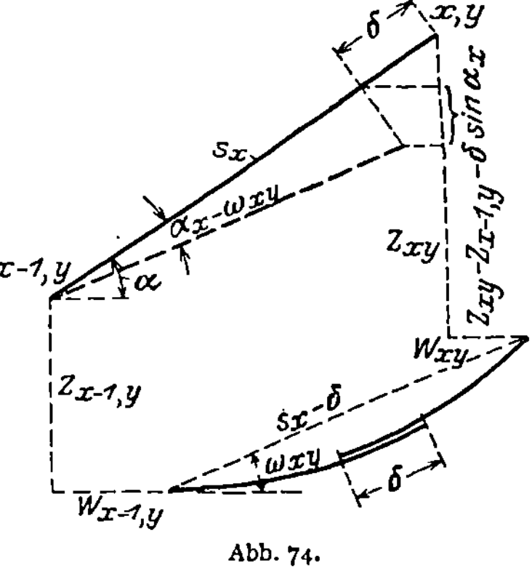

Abb. 74.

und $(x\,y)$ um den Betrag $\delta = 1$ verringert hat. In Abb. 74 ist dieser Stab in der ursprünglichen Lage und in seiner Lage nach der Deformation dargestellt. Denkt man sich den Stab aus der deformierten Lage parallel zu sich um das vertikale Stück $-z_{x-1,\,y}$ und horizontal um $-w_{x-1,\,y}$ verschoben, so kann man die gesuchte Beziehung

$$\alpha_x - \omega_{xy} = \frac{z_{xy} - z_{x-1,y} - \delta\sin\alpha_x}{l_x} = \frac{w_{xy} - w_{x-1,y} + \delta\cos\alpha_x}{b_x}$$

sofort aus der Abbildung entnehmen. Die Gleichung

$$(\omega_{x-1,y} + \varepsilon) - (\omega_{xy} + \varepsilon') - \alpha_{x-1} + \alpha_x = 0$$

liefert daher die Beziehung

$$D_{\mathfrak{x}}(\varphi L) + 6\, D_{\mathfrak{x}}(z) = 6\,\frac{\sin \alpha_{\mathfrak{x}+1}}{l_{\mathfrak{x}+1}} \qquad (\mathfrak{x} = x - 1,\ \mathfrak{y} = y)$$

und

$$D_{\mathfrak{x}}(\varphi L) + 6\, D_{\mathfrak{x}}(z) = -\, 6\,\frac{\sin \alpha_{\mathfrak{x}}}{l_{\mathfrak{x}}} \qquad (\mathfrak{x} = x,\ \mathfrak{y} = y).$$

Selbstredend muß auch in diesem Falle für alle $\mathfrak{y}$

$$w_{n\mathfrak{y}} - w_{0\mathfrak{y}} = 0$$

sein. Die Gleichung

$$w_{\mathfrak{x}\mathfrak{y}} - w_{\mathfrak{x}-1,\mathfrak{y}} = \operatorname{tg}\alpha_{\mathfrak{x}}\,(z_{\mathfrak{x}\mathfrak{y}} - z_{\mathfrak{x}-1,\mathfrak{y}})$$

gilt aber jetzt nicht für $\mathfrak{y} = y$ und $\mathfrak{x} = x$. Wie aus obigem ohne weiteres folgt, wird nunmehr

$$w_{ny} - w_{0y} = \sum_{\mathfrak{x}=1}^{n} \operatorname{tg}\alpha_{\mathfrak{x}}\,(z_{\mathfrak{x}y} - z_{\mathfrak{x}-1,y}) - \frac{1}{\cos \alpha_x} = 0,$$

so daß also

$$\sum_{\mathfrak{x}=1}^{n-1} a_{\mathfrak{x}} z_{\mathfrak{x}y} = \frac{1}{\cos \alpha_x} \qquad\qquad (81\,\text{a})$$

ist. Für alle anderen $\mathfrak{y} \neq y$ gilt

$$\sum_{\mathfrak{x}=1}^{n-1} a_{\mathfrak{x}} z_{\mathfrak{x}\mathfrak{y}} = 0. \qquad\qquad (81\,\text{b})$$

Zusammenfassend sei wiederholt, daß wir die Ordinaten der Einflußlinie für die Axialkraft in einem Querschnitt des Stabes zwischen den Knoten $(x - 1, y)$ und $(x\,y)$ als Lösungen $z_{\mathfrak{x}\mathfrak{y}}$ des Systems partieller Differenzengleichungen

$$D_{\mathfrak{x}}(\varphi L) + 6\,D_{\mathfrak{x}}(z) = U,$$
$$D_{\mathfrak{y}}(\psi M) + 6\,D_{\mathfrak{y}}(z) = 0,$$
$$a_{\mathfrak{x}} H_{\mathfrak{y}} + D_{\mathfrak{x}}(L) + D_{\mathfrak{y}}(M) = 0$$

finden. Dabei ist U überall Null mit Ausnahme der Knoten $(x - 1, y)$ und $(x\,y)$, und zwar ist

$$U_{x-1,y} = -\,U_{xy} = \frac{6\sin \alpha_x}{l_x}.$$

Zu diesem Gleichungssystem treten weiter die Gleichungen

$$\sum_{\mathfrak{x}=1}^{n-1} a_{\mathfrak{x}} z_{\mathfrak{x}\mathfrak{y}} = k_{\mathfrak{y}},$$

und $k_{\mathfrak{y}}$ verschwindet ebenfalls für alle $\mathfrak{y}$ mit Ausnahme von $\mathfrak{y} = y$, wo es den Wert

$$k_y = \frac{1}{\cos \alpha_x}$$

erhält.

Die Auflösung dieser Gleichungssysteme kann ohne Schwierigkeiten in ähnlicher Weise wie früher geschehen. Hat man aber bereits die Einflußlinien für die Momente $L_{x-1,\,y}$ und L_{xy} sowie für H_y
bestimmt, so kann man aus der Superposition dieser Lösungen auch
in einfacher Weise die neuen Ordinaten der Einflußlinie der Axialkraft bekommen. Bedeuten nämlich z' die Ordinaten der Einflußlinie
für das Moment $L_{x-1,\,y}$, z'' die Ordinaten der Einflußlinie für L_{xy}
und schließlich z^* die Ordinaten der Einflußlinie für H_y, so ergeben
sich die gesuchten Ordinaten z der Einflußlinie für die Axialkraft aus

$$z = \frac{\sin \alpha_x}{l_x}\left(-\,z' + z''\right) + \frac{z^*}{\cos \alpha_x}.$$

Anhang.

Eigenlösungen und Eigenwerte einiger praktisch wichtiger Differenzengleichungen.

1. Normierte Eigenlösungen der Differenzengleichung $(\triangle_x + 6)\, y = \lambda y$ mit den Randwerten $y_0 = y_n = 0$ für $n = 2$ bis $n = 6$.

$n = 2$

i	$y_1{}^i$	λ_i
1	$+\,1{,}000\ 00$	$4{,}000\ 000$

$n = 3$

i	$y_1{}^i$	$y_2{}^i$	λ_i
1	$+\,0{,}707\ 11$	$+\,0{,}707\ 11$	$5{,}000\ 000$
2	$+\,0{,}707\ 11$	$-\,0{,}707\ 11$	$3{,}000\ 000$

$n = 4$

i	$y_1{}^i$	$y_2{}^i$	$y_3{}^i$	λ_i
1	$+\,0{,}500\ 00$	$+\,0{,}707\ 11$	$+\,0{,}500\ 00$	$5{,}414\ 214$
2	$+\,0{,}707\ 11$	0	$-\,0{,}707\ 11$	$4{,}000\ 000$
3	$+\,0{,}500\ 00$	$-\,0{,}707\ 11$	$+\,0{,}500\ 00$	$2{,}585\ 786$

$n = 5$

i	$y_1{}^i$	$y_2{}^i$	$y_3{}^i$	$y_4{}^i$	λ_i
1	$+\,0{,}371\ 75$	$+\,0{,}601\ 50$	$+\,0{,}601\ 50$	$+\,0{,}371\ 75$	$5{,}618\ 034$
2	$+\,0{,}601\ 50$	$+\,0{,}371\ 75$	$-\,0{,}371\ 75$	$-\,0{,}601\ 50$	$4{,}618\ 034$
3	$+\,0{,}601\ 50$	$-\,0{,}371\ 75$	$-\,0{,}371\ 75$	$+\,0{,}601\ 50$	$3{,}381\ 966$
4	$+\,0{,}371\ 75$	$-\,0{,}601\ 50$	$+\,0{,}601\ 50$	$-\,0{,}371\ 75$	$2{,}381\ 966$

$n = 6$

i	$y_1{}^i$	$y_2{}^i$	$y_3{}^i$	$y_4{}^i$	$y_5{}^i$	λ_i
1	$+\,0{,}288\ 68$	$+\,0{,}500\ 00$	$+\,0{,}577\ 35$	$+\,0{,}500\ 00$	$+\,0{,}288\ 68$	$5{,}732\ 051$
2	$+\,0{,}500\ 00$	$+\,0{,}500\ 00$	0	$-\,0{,}500\ 00$	$-\,0{,}500\ 00$	$5{,}000\ 000$
3	$+\,0{,}577\ 35$	0	$-\,0{,}577\ 35$	0	$+\,0{,}577\ 35$	$4{,}000\ 000$
4	$+\,0{,}500\ 00$	$-\,0{,}500\ 00$	0	$+\,0{,}500\ 00$	$-\,0{,}500\ 00$	$3{,}000\ 000$
5	$+\,0{,}288\ 68$	$-\,0{,}500\ 00$	$+\,0{,}577\ 35$	$-\,0{,}500\ 00$	$+\,0{,}288\ 68$	$2{,}267\ 949$

2. **Normierte Eigenlösungen der Differenzengleichung** $(\triangle x + 6)\, y = \lambda\, y$ mit den Randbedingungen $2\, y_0 + y_{-1} = 0$ und $2\, y_n + y_{n+1} = 0$ für $n = 1$ bis $n = 6$.

$$n = 1$$

i	$y_0{}^i$	$y_1{}^i$	λ_i
0	$+0{,}707\ 11$	$+0{,}707\ 11$	$3{,}000\ 000$
1	$+0{,}707\ 11$	$-0{,}707\ 11$	$1{,}000\ 000$

$$n = 2$$

i	$y_0{}^i$	$y_1{}^i$	$y_2{}^i$	λ_i
0	$+0{,}325\ 06$	$+0{,}888\ 07$	$+0{,}325\ 06$	$4{,}732\ 051$
1	$+0{,}707\ 11$	0	$-0{,}707\ 11$	$2{,}000\ 000$
2	$+0{,}627\ 96$	$-0{,}459\ 70$	$+0{,}627\ 96$	$1{,}267\ 949$

$$n = 3$$

i	$y_0{}^i$	$y_1{}^i$	$y_2{}^i$	$y_3{}^i$	λ_i
0	$+0{,}204\ 91$	$+0{,}676\ 77$	$+0{,}676\ 77$	$+0{,}204\ 91$	$5{,}302\ 776$
1	$+0{,}371\ 75$	$+0{,}601\ 50$	$-0{,}601\ 50$	$-0{,}371\ 75$	$3{,}618\ 034$
2	$+0{,}676\ 77$	$-0{,}204\ 91$	$-0{,}204\ 91$	$+0{,}676\ 77$	$1{,}697\ 224$
3	$+0{,}601\ 50$	$-0{,}371\ 75$	$+0{,}371\ 75$	$-0{,}601\ 50$	$1{,}381\ 966$

$$n = 4$$

i	$y_0{}^i$	$y_1{}^i$	$y_2{}^i$	$y_3{}^i$	$y_4{}^i$	λ_i
0	$+0{,}144\ 07$	$+0{,}513\ 12$	$+0{,}657\ 19$	$+0{,}513\ 12$	$+0{,}144\ 07$	$5{,}561\ 553$
1	$+0{,}270\ 60$	$+0{,}653\ 28$	0	$-0{,}653\ 28$	$-0{,}270\ 60$	$4{,}414\ 214$
2	$+0{,}353\ 55$	$+0{,}353\ 55$	$-0{,}707\ 11$	$+0{,}353\ 55$	$+0{,}353\ 55$	$3{,}000\ 000$
3	$+0{,}653\ 28$	$-0{,}270\ 60$	0	$+0{,}270\ 60$	$-0{,}653\ 28$	$1{,}585\ 786$
4	$+0{,}595\ 18$	$-0{,}334\ 23$	$+0{,}260\ 96$	$-0{,}334\ 23$	$+0{,}595\ 18$	$1{,}438\ 447$

$$n = 5$$

i	$y_0{}^i$	$y_1{}^i$	$y_2{}^i$	$y_3{}^i$	$y_4{}^i$	$y_5{}^i$	λ_i
0	$+0{,}108\ 27$	$+0{,}400\ 57$	$+0{,}572\ 55$	$+0{,}572\ 55$	$+0{,}400\ 57$	$+0{,}108\ 27$	$5{,}699\ 628$
1	$+0{,}207\ 27$	$+0{,}596\ 82$	$+0{,}317\ 56$	$-0{,}317\ 56$	$-0{,}596\ 82$	$-0{,}207\ 27$	$4{,}879\ 385$
2	$+0{,}285\ 83$	$+0{,}503\ 31$	$-0{,}406\ 18$	$-0{,}406\ 18$	$+0{,}503\ 31$	$+0{,}285\ 83$	$3{,}760\ 877$
3	$+0{,}317\ 56$	$+0{,}207\ 27$	$-0{,}596\ 82$	$+0{,}596\ 82$	$-0{,}207\ 27$	$-0{,}317\ 56$	$2{,}652\ 704$
4	$+0{,}637\ 64$	$-0{,}293\ 63$	$+0{,}084\ 85$	$+0{,}084\ 85$	$-0{,}293\ 63$	$+0{,}637\ 64$	$1{,}539\ 495$
5	$+0{,}596\ 82$	$-0{,}317\ 56$	$+0{,}207\ 27$	$-0{,}207\ 27$	$+0{,}317\ 56$	$-0{,}596\ 82$	$1{,}467\ 911$

$$n = 6$$

i	$y_0{}^i$	$y_1{}^i$	$y_2{}^i$	$y_3{}^i$	$y_4{}^i$	$y_5{}^i$	$y_6{}^i$	λ_i
0	$+0{,}085\ 15$	$+0{,}322\ 00$	$+0{,}488\ 55$	$+0{,}548\ 42$	$+0{,}488\ 55$	$+0{,}322\ 00$	$+0{,}085\ 15$	$5{,}781\ 653$
1	$+0{,}164\ 89$	$+0{,}522\ 72$	$+0{,}446\ 74$	0	$-0{,}446\ 74$	$-0{,}522\ 72$	$-0{,}164\ 89$	$5{,}170\ 086$
2	$+0{,}233\ 18$	$+0{,}533\ 37$	$-0{,}079\ 93$	$-0{,}556\ 34$	$-0{,}079\ 93$	$+0{,}533\ 37$	$+0{,}233\ 18$	$4{,}287\ 336$
3	$+0{,}280\ 80$	$+0{,}368\ 16$	$-0{,}534\ 42$	0	$+0{,}534\ 42$	$-0{,}368\ 16$	$-0{,}280\ 80$	$3{,}311\ 108$
4	$+0{,}278\ 28$	$+0{,}124\ 56$	$-0{,}471\ 64$	$+0{,}607\ 62$	$-0{,}471\ 64$	$+0{,}124\ 56$	$+0{,}278\ 28$	$2{,}447\ 590$
5	$+0{,}627\ 66$	$-0{,}302\ 03$	$+0{,}121\ 73$	0	$-0{,}121\ 73$	$+0{,}302\ 03$	$-0{,}627\ 66$	$1{,}518\ 810$
6	$+0{,}600\ 78$	$-0{,}310\ 35$	$+0{,}180\ 24$	$-0{,}143\ 24$	$+0{,}180\ 24$	$-0{,}310\ 35$	$+0{,}600\ 78$	$1{,}483\ 420$

3. **Normierte Eigenlösungen der Differenzengleichung** $(\triangle_x + 6)\,y = \lambda\,y$ **mit den Randwerten** $y_0 = 0$ **und** $2y_n + y_{n+1} = 0$ **für** $n = 1$ **bis** $n = 6$.

$n = 1$

i	$y_1{}^i$	λ_i
1	$+1{,}000\,00$	$2{,}000\,000$

$n = 2$

i	$y_1{}^i$	$y_2{}^i$	λ_i
1	$+0{,}923\,88$	$+0{,}382\,68$	$4{,}414\,214$
2	$+0{,}382\,68$	$-0{,}923\,88$	$1{,}585\,786$

$n = 3$

i	$y_1{}^i$	$y_2{}^i$	$y_3{}^i$	λ_i
1	$+0{,}631\,78$	$+0{,}739\,24$	$+0{,}233\,19$	$5{,}170\,086$
2	$+0{,}755\,79$	$-0{,}520\,66$	$-0{,}397\,11$	$3{,}311\,108$
3	$+0{,}172\,55$	$-0{,}428\,12$	$+0{,}889\,70$	$1{,}518\,810$

$n = 4$

i	$y_1{}^i$	$y_2{}^i$	$y_3{}^i$	$y_4{}^i$	λ_i
1	$+0{,}452\,18$	$+0{,}676\,24$	$+0{,}559\,14$	$+0{,}159\,96$	$5{,}495\,508$
2	$+0{,}683\,92$	$+0{,}150\,25$	$-0{,}650\,91$	$-0{,}293\,24$	$4{,}219\,686$
3	$+0{,}566\,51$	$-0{,}690\,96$	$+0{,}276\,25$	$+0{,}354\,02$	$2{,}780\,314$
4	$+0{,}082\,80$	$-0{,}206\,63$	$+0{,}432\,85$	$-0{,}873\,55$	$1{,}504\,492$

$n = 5$

i	$y_1{}^i$	$y_2{}^i$	$y_3{}^i$	$y_4{}^i$	$y_5{}^i$	λ_i
1	$+0{,}340\,90$	$+0{,}566\,71$	$+0{,}601\,19$	$+0{,}432\,71$	$+0{,}118\,15$	$5{,}662\,397$
2	$+0{,}570\,18$	$+0{,}431\,83$	$-0{,}243\,12$	$-0{,}615\,96$	$-0{,}223\,39$	$4{,}757\,366$
3	$+0{,}609\,63$	$-0{,}259\,06$	$-0{,}499\,54$	$+0{,}471\,33$	$+0{,}299\,25$	$3{,}575\,055$
4	$+0{,}430\,55$	$-0{,}644\,08$	$+0{,}532\,93$	$-0{,}153\,15$	$-0{,}303\,83$	$2{,}504\,077$
5	$+0{,}040\,85$	$-0{,}102\,08$	$+0{,}214\,24$	$-0{,}433\,28$	$+0{,}868\,49$	$1{,}501\,107$

$n = 6$

i	$y_1{}^i$	$y_2{}^i$	$y_3{}^i$	$y_4{}^i$	$y_5{}^i$	$y_6{}^i$	λ_i
1	$+0{,}267\,78$	$+0{,}470\,95$	$+0{,}560\,48$	$+0{,}514\,78$	$+0{,}344\,88$	$+0{,}091\,75$	$5{,}758\,716$
2	$+0{,}472\,67$	$+0{,}515\,40$	$+0{,}089\,32$	$-0{,}418\,00$	$-0{,}545\,11$	$-0{,}176\,39$	$5{,}090\,401$
3	$+0{,}565\,61$	$+0{,}084\,40$	$-0{,}553\,01$	$-0{,}166\,92$	$+0{,}528\,11$	$+0{,}245\,72$	$4{,}149\,217$
4	$+0{,}521\,15$	$-0{,}440\,82$	$-0{,}148\,28$	$+0{,}566\,25$	$-0{,}330\,69$	$-0{,}286\,53$	$3{,}154\,137$
5	$+0{,}336\,09$	$-0{,}555\,47$	$+0{,}581\,96$	$-0{,}406\,36$	$+0{,}089\,66$	$+0{,}258\,18$	$2{,}347\,254$
6	$+0{,}020\,34$	$-0{,}050\,84$	$+0{,}106\,74$	$-0{,}215\,98$	$+0{,}433\,16$	$-0{,}866\,80$	$1{,}500\,275$

4. Eigenlösungen des Systems von Differenzengleichungen

$$(\triangle x + 6)\,H + 6\,\triangle x\,\eta = 0,$$
$$\triangle x\,H = \omega\,\eta$$

mit den Randbedingungen $H_0 = \eta_0 = H_m = \eta_m = 0$ und normierten Werten von η für $m = 2$ bis $m = 6$ und $m = 8$.

$$m = 2$$

		$x = 1$	ω_i
$i = 1$	H	$+3$	$-6{,}000\,000$
	η	$+1$	

$$m = 3$$

		$x = 1$	$x = 2$	ω_i
$i = 1$	H	$+0{,}848\,53$	$+0{,}848\,53$	$-1{,}2$
	η	$+0{,}707\,11$	$+0{,}707\,11$	
$i = 2$	H	$+4{,}242\,64$	$-4{,}242\,64$	$-18{,}0$
	η	$+0{,}707\,11$	$-0{,}707\,11$	

$$m = 4$$

		$x = 1$	$x = 2$	$x = 3$	ω_i
$i = 1$	H	$+0{,}324\,58$	$+0{,}459\,03$	$+0{,}324\,58$	$-0{,}380\,272$
	η	$+0{,}5$	$+0{,}707\,11$	$+0{,}5$	
$i = 2$	H	$+2{,}121\,32$	0	$-2{,}121\,32$	$-6{,}000\,000$
	η	$+0{,}707\,11$	0	$-0{,}707\,11$	
$i = 3$	H	$+3{,}961\,13$	$-5{,}601\,89$	$+3{,}961\,13$	$-27{,}048\,301$
	η	$+0{,}5$	$-0{,}707\,11$	$+0{,}5$	

$$m = 5$$

		$x = 1$	$x = 2$	$x = 3$	$x = 4$	ω_i
$i = 1$	H	$+0{,}151\,65$	$+0{,}245\,37$	$+0{,}245\,37$	$+0{,}151\,65$	$-0{,}155\,818$
	η	$+0{,}371\,75$	$+0{,}601\,50$	$+0{,}601\,50$	$+0{,}371\,75$	
$i = 2$	H	$+1{,}080\,01$	$+0{,}667\,48$	$-0{,}667\,48$	$-1{,}080\,01$	$-2{,}481\,355$
	η	$+0{,}601\,50$	$+0{,}371\,75$	$-0{,}371\,75$	$-0{,}601\,50$	
$i = 3$	H	$+2{,}793\,79$	$-1{,}726\,66$	$-1{,}726\,66$	$+2{,}793\,79$	$-12{,}159\,968$
	η	$+0{,}601\,50$	$-0{,}371\,75$	$-0{,}371\,75$	$+0{,}601\,50$	
$i = 4$	H	$+3{,}387\,95$	$-5{,}481\,82$	$+5{,}481\,82$	$-3{,}387\,95$	$-32{,}973\,175$
	η	$+0{,}371\,75$	$-0{,}601\,50$	$+0{,}601\,50$	$-0{,}371\,75$	

$$m = 6$$

i		$x = 1$	$x = 2$	$x = 3$	$x = 4$	$x = 5$	ω_i
$i = 1$	H	+ 0,080 97	+ 0,140 24	+ 0,161 93	+ 0,140 24	+ 0,080 97	
	η	+ 0,288 68	+ 0,5	+ 0,577 35	+ 0,5	+ 0,288 68	— 0,075 153
$i = 2$	H	+ 0,6	+ 0,6	o	— 0,6	— 0,6	
	η	+ 0,5	+ 0,5	o	— 0,5	— 0,5	— 1,2
$i = 3$	H	+ 1,732 05	o	— 1,732 05	o	+ 1,732 05	
	η	+ 0,577 35	o	— 0,577 35	o	+ 0,577 35	— 6,0
$i = 4$	H	+ 3,0	— 3,0	o	+ 3,0	— 3,0	
	η	+ 0,5	— 0,5	o	+ 0,5	— 0,5	— 18,0
$i = 5$	H	+ 2,850 20	— 4,936 69	+ 5,700 39	— 4,936 69	— 2,850 20	
	η	+ 0,288 68	— 0,5	+ 0,577 35	— 0,5	+ 0,288 68	— 36,847 924

$$m = 8$$

i		$x = 1$	$x = 2$	$x = 3$	$x = 4$	$x = 5$	$x = 6$	$x = 7$	ω_i
$i = 1$	H	+ 0,029 89	+ 0,055 23	+ 0,072 16	+ 0,078 10	+ 0,072 16	+ 0,055 23	+ 0,029 89	
	η	+ 0,191 34	+ 0,353 55	+ 0,461 94	+ 0,5	+ 0,461 94	+ 0,353 55	+ 0,191 34	— 0,023 781
$i = 2$	H	+ 0,229 52	+ 0,324 58	+ 0,229 52	o	— 0,229 52	— 0,324 58	— 0,229 52	
	η	+ 0,353 55	+ 0,5	+ 0,353 55	o	— 0,353 55	— 0,5	— 0,353 55	— 0,380 272
$i = 3$	H	+ 0,718 09	+ 0,549 60	— 0,297 44	— 0,777 25	— 0,297 44	+ 0,549 60	+ 0,718 09	
	η	+ 0,461 94	+ 0,353 55	— 0,191 34	— 0,5	— 0,191 34	+ 0,353 55	+ 0,461 94	— 1,919 246
$i = 4$	H	+ 1,5	o	— 1,5	o	+ 1,5	o	— 1,5	
	η	+ 0,5	o	— 0,5	o	+ 0,5	o	— 0,5	— 6,000 000
$i = 5$	H	+ 2,369 54	— 1,813 57	— 0,981 50	+ 2,564 77	— 0,981 50	— 1,813 57	+ 2,369 54	
	η	+ 0,461 94	— 0,353 55	— 0,191 34	+ 0,5	— 0,191 34	— 0,353 55	+ 0,461 94	— 14,185 080
$i = 6$	H	+ 2,800 94	— 3,961 13	+ 2,800 94	o	— 2,800 94	+ 3,961 13	— 2,800 94	
	η	+ 0,353 55	— 0,5	+ 0,353 55	o	— 0,353 55	+ 0,5	— 0,353 55	— 27,048 302
$i = 7$	H	+ 2,052 48	— 3,792 48	+ 4,955 11	— 5,363 38	+ 4,955 11	— 3,792 48	+ 2,052 48	
	η	+ 0,191 34	— 0,353 55	+ 0,461 94	— 0,5	+ 0,461 94	— 0,353 55	+ 0,191 34	— 41,274 058

5. Lösungen des Systems von Differenzengleichungen

$$(\triangle x + 6)\,H + 6\,\triangle x\,\eta = 0$$
$$\triangle x\,H = \omega\,\eta$$

mit den Randbedingungen $H_{-1} = H_0 = H_m = H_{m+1} = 0$ und normierten Werten von η für $m = 1$ bis $m = 6$.

$$m = 1$$

		$x = 0$	$x = 1$	ω_i
$i = 0$	H	0	0	0
	η	$+0{,}70711$	$+0{,}70711$	
$i = 1$	H	0	0	0
	η	$+0{,}70711$	$-0{,}70711$	

$$m = 2$$

		$x = 0$	$x = 1$	$x = 2$	ω_i
$i = 0$	H	0	0	0	0
	η	$+0{,}57735$	$+0{,}57735$	$+0{,}57735$	
$i = 1$	H	0	0	0	0
	η	$+0{,}70711$	0	$-0{,}70711$	
$i = 2$	H	0	$+3{,}67424$	0	-9
	η	$-0{,}40825$	$+0{,}81650$	$-0{,}40825$	

$$m = 3$$

		$x = 0$	$x = 1$	$x = 2$	$x = 3$	ω_i
$i = 0$	H	0	0	0	0	0
	η	$+0{,}5$	$+0{,}5$	$+0{,}5$	$+0{,}5$	
$i = 1$	H	0	0	0	0	0
	η	$+0{,}67082$	$+0{,}22361$	$-0{,}22361$	$-0{,}67082$	
$i = 2$	H	0	$+1{,}2$	$+1{,}2$	0	$-2{,}4$
	η	$-0{,}5$	$+0{,}5$	$+0{,}5$	$-0{,}5$	
$i = 3$	H	0	$+4{,}47214$	$-4{,}47214$	0	-20
	η	$-0{,}22361$	$+0{,}67082$	$-0{,}67082$	$+0{,}22361$	

$$m = 4$$

		$x = 0$	$x = 1$	$x = 2$	$x = 3$	$x = 4$	ω_i
$i = 0$	H	0	0	0	0	0	0
	η	$+0{,}44721$	$+0{,}44721$	$+0{,}44721$	$+0{,}44721$	$+0{,}44721$	
$i = 1$	H	0	0	0	0	0	0
	η	$+0{,}63245$	$+0{,}31623$	0	$-0{,}31623$	$-0{,}63245$	
$i = 2$	H	0	$+0{,}48078$	$+0{,}74029$	$+0{,}48078$	0	$-0{,}91082$
	η	$-0{,}52785$	$+0{,}24294$	$+0{,}56983$	$+0{,}24294$	$-0{,}52785$	
$i = 3$	H	0	$+2{,}37171$	0	$-2{,}37171$	0	$-7{,}5$
	η	$-0{,}31623$	$+0{,}63245$	0	$-0{,}63245$	$+0{,}31623$	
$i = 4$	H	0	$-4{,}12725$	$+5{,}60457$	$-4{,}12725$	0	$-28{,}23204$
	η	$+0{,}14619$	$-0{,}49090$	$+0{,}68942$	$-0{,}49090$	$+0{,}14619$	

$$m = 5$$

i		$x = 0$	$x = 1$	$x = 2$	$x = 3$	$x = 4$	$x = 6$	ω_i
$i = 0$	H	o	o	o	o	o	o	
	η	+0,408 25	+0,408 25	+0,408 25	+0,408 25	+0,408 25	+0,408 25	o
$i = 1$	H	o	o	o	o	o	o	
	η	+0,597 62	+0,358 57	+0,119 52	−0,119 52	−0,358 57	−0,597 62	o
$i = 2$	H	o	+0,224 69	+0,418 50	+0,418 50	+0,224 69	o	
	η	−0,532 56	+0,073 18	+0,459 38	+0,459 38	+0,073 18	−0,532 56	− 0,421 900
$i = 3$	H	o	−1,234 68	−0,828 07	+0,828 07	+1,234 68	o	
	η	+0,363 16	−0,482 75	−0,367 52	+0,367 52	+0,482 75	−0,363 16	− 3,399 880
$i = 4$	H	o	−3,004 05	+1,707 71	+1,707 71	−3,004 05	o	
	η	+0,222 97	−0,572 69	+0,349 72	+0,349 72	−0,572 69	+0,222 97	− 13,472 84
$i = 5$	H	o	−3,529 74	+5,473 48	−5,473 48	+3,529 74	o	
	η	+0,104 77	−0,372 00	+0,592 15	−0,592 15	+0,372 00	−0,104 77	− 33,691 03

$$m = 6$$

i		$x = 0$	$x = 1$	$x = 2$	$x = 3$	$x = 4$	$x = 5$	$x = 6$	ω_i
$i = 0$	H	o	o	o	o	o	o	o	
	η	+0,377 96	+0,377 96	+0,377 96	+0,377 96	+0,377 96	+0,377 96	+0,377 96	o
$i = 1$	H	o	o	o	o	o	o	o	
	η	+0,566 95	+0,377 96	+0,188 98	o	−0,188 98	−0,377 96	−0,566 95	o
$i = 2$	H	o	+0,117 30	+0,243 22	+0,295 50	+0,243 22	+0,117 30	o	
	η	−0,527 50	−0,038 79	+0,331 18	+0,470 22	+0,331 18	−0,038 79	−0,527 50	− 0,222 360
$i = 3$	H	o	+0,684 79	+0,769 15	o	−0,769 15	−0,684 79	o	
	η	−0,387 94	+0,340 15	+0,483 53	o	−0,483 53	−0,340 15	+0,387 94	− 1,765 187
$i = 4$	H	o	+1,188 79	+0,130 58	−1,829 12	+0,130 58	+1,188 79	o	
	η	−0,269 30	+0,519 97	+0,028 87	−0,559 08	+0,028 87	+0,519 97	−0,269 30	− 7,010 486
$i = 5$	H	o	+3,189 21	−2,974 63	o	+2,974 63	−3,189 21	o	
	η	−0,167 55	+0,491 37	−0,480 09	o	+0,480 09	−0,491 37	+0,167 55	− 19,034 813
$i = 6$	H	o	+2,976 07	−4,941 74	+5,666 95	−4,941 74	+2,976 07	o	
	η	−0,079 78	+0,292 02	−0,496 61	+0,568 75	−0,496 61	+0,292 02	−0,079 78	− 37,305 61

Abhandlungen und Bücher,
die Anwendungen der Differenzengleichungen enthalten.

1904. Bleich, F.: Beitrag zur Berechnung des kontinuierlichen Trägers. Österr. Wochenschrift für den öffentl. Baudienst, 1904, S. 746.

1906. Bleich, F.: Der Parallelträger mit gekreuzten Diagonalen. Österr. Wochenschrift für den öffentl. Baudienst, 1906.

1909. Mann, L.: Statische Berechnung steifer Vierecksnetze. Diss. Berlin 1909.

1910. Bleich, F.: Einflußlinien und Größtmomente statisch unbestimmter durchlaufender Balken mit besonderer Rücksichtnahme auf die Berechnung von Kranlaufbahnen. Eisenbau 1910, S. 108.

1911. Müller-Breslau, H. F. B.: Über exzentrisch gedrückte Stäbe und über Knickfestigkeit. Eisenbau 1911, S. 339.

1913. Frandsen, P.M.: Rechnerische Auflösung Clapeyronscher Gleichungen. Eisenbau 1913, S. 440.

Müller-Breslau, H. F. B.: Neue Methoden der Festigkeitslehre und der Statik der Baukonstruktionen. 4. Aufl. 1913.

Ostenfeld, A.: Teknisk Statik 2. Kopenhagen 1913.

Grüning, S.: Berechnung gegliederter Druckstäbe. Eisenbau 1913, S. 403.

1916. Rode, H. H.: Beitrag zur Theorie der Knickerscheinungen. Eisenbau 1916, S. 121.

1917. Vinzens, J.: Der Vierendeelträger als Streckträger von Hänge- und Bogenbrücken. Techn. Blätter, Prag 1917.

1918. Grüning, S.: Anwendung von Differenzengleichungen in der Statik hochgradig statisch unbestimmter Tragwerke. Eisenbau 1918, S. 122.

1919. Bleich, F.; Die Knickfestigkeit elastischer Stabverbindungen. Eisenbau 1919, S. 27.

Marcus, H.: Die Theorie elastischer Gewebe und ihre Anwendung auf die Berechnung elastischer Platten. Armierter Beton 1919, H. 11.

1920. Melan, E.: Ein Beitrag zur Auflösung linearer Differenzengleichungen mit beliebiger Störungsfunktion. Eisenbau 1920, S. 88.

1921. Wallenberg, G.: Die Differenzengleichungen und ihre Anwendung in der Technik. Zeitschr. angew. Math. u. Mech. 1921, S. 138.

Wanke, J.: Über die Berechnung von Bogenträgern in Verbindung mit einem Streckträger (Lohseträger). Eisenbau 1921, S. 264.

1922. Bleich, F.: Einige Aufgaben über Knickfestigkeit elestischer Stabverbindungen. Eisenbau 1922, S. 34.

1923. Biezeno, C. B. (und J. J. Koch): Over een nieuwe methode ter berekning van vlakke platen, met toepassing op eenige voor de techniek belangrijke belastningsgevallen. De Ingenieur (Delft) 1923, S. 25.

Fritsche, J.: Die Berechnung des symmetrischen Stockwerksrahmens mit geneigten und lotrechten Ständern mit Hilfe von Differenzengleichungen. Berlin 1923.

Melan, E.: Über Nebenspannungen im Fahrbahngerippe eiserner Brücken. In Joseph Melan: Zum 70. Geburtstage. Wien 1923.

1924. Fritsche, J.: Mehrgurtige Fachwerke als Windverband weitgespannter eiserner Brücken. Bauingenieur 1924, S. 618.

Marcus, H.: Die Theorie elastischer Gewebe und ihre Anwendung auf die Berechnung biegsamer Platten. Berlin 1924.

1925. Fritsche, J.: Zur Theorie steif bewehrter Gewölbe. Bauingenieur 1925, S. 635.

Mises, R. v. und J. Ratzersdorfer: Die Knicksicherheit von Fachwerken. Z. ang. Math. Mech. 1925, S. 218.

1926. Grüning, S.: Die Statik der ebenen Tragwerke. Berlin 1926.

Mises, R. v. und J. Ratzersdorfer: Die Knicksicherheit von Rahmentragwerken. Z. ang. Math. Mech. 1926, S. 181.

Lehrbücher über Differenzengleichungen.

Andoyer, H.: Calcul des différences et interpolation. Encyclopédie des sciences mathém. I, 4, Paris 1906.

Boole, G.: A treatise on the calculus øf finite differences. Cambridge 1860, 3. Aufl. London 1880.

Boole, G.: Die Grundlehren der endlichen Differenzen- und Summenrechnung, deutsch von H. Schnuse. Braunschweig 1867.

Funk, P.: Die linearen Differenzgleichungen und ihre Anwendung in der Theorie der Baukonstruktionen. Berlin 1920.

Markoff, A. A.: Differenzenrechnung, deutsch von Th. Friesendorff und H. Prümm. Leipzig 1906.

Nörlund, N. E.: Vorlesungen über Differenzenrechnung. Berlin 1924.

Nörlund, N. E.: Neuere Untersuchungen über Differenzengleichungen. Enzyklopädie der math. Wissenschaften II, c. 7. Leipzig 1923.

Pascal, E.: Calcolo delle variazioni e calcolo delle differenze finite. Milano 1897, 2. Aufl. 1918.

Schlömilch, O.: Theorie der Differenzen und Summen. Halle 1848.

Seliwanoff, D.: Lehrbuch der Differenzenrechnung. Leipzig 1904.

Seliwanoff, D.: Differenzenrechnung. Enzyklopädie der math. Wissenschaften I. Leipzig 1911.

Wallenberg, G. und A. Guldberg: Theorie der linearen Differenzengleichungen. Leipzig und Berlin 1911.

Sachverzeichnis.

ⓦ Taschenbuch
für Ingenieure und Architekten

Unter Mitwirkung von Prof. Dr. H. Baudisch-Wien, Ing. Dr. Fr. Bleich-Wien, Prof. Dr. Alfred Haerpfer-Prag, Dozent Dr. L. Huber-Wien, Hofrat Prof. Dr. P. Kresnik-Brünn, Hofrat Prof. Dr. Ing. h. c. J. Melan-Prag, Ministerialrat Prof. Dr. F. Steiner-Wien

Herausgegeben von

Ing. Dr. Fr. Bleich und Hofrat Prof. Dr. Ing. h. c. J. Melan

Mit 634 Abbildungen im Text und auf einer Tafel. X, 706 Seiten. 1926. Gebunden RM 22.50

Alles, was der Bauingenieur, Architekt, Baumeister und Bautechniker an wichtigstem Wissensstoff, vor allem aber an Tabellenmaterial, Formeln, Regeln und Bauvorschriften, beim Entwurf im Bureau oder an der Baustelle benötigt, wird ihm in diesem neuen Taschenbuch auf mehr als 700 Seiten und an Hand von über 600 klaren Zeichnungen, übersichtlich geordnet, in gedrängter Kürze und dennoch lückenlos zur Verfügung gestellt. Damit dürfte das Taschenbuch sehr bald zum ständigen Rüstzeug jedes Baufachmannes werden. Aber nicht nur für den Praktiker, sondern auch für den Studierenden an technischen Hochschulen, den höheren Gewerbeschulen und ähnlichen Anstalten wird dieses Buch als Lehrbehelf und Nachschlagewerk unentbehrlich werden.

Das Taschenbuch tritt in dieser Neugestaltung an die Stelle des zuletzt 1924 in 56. Ausgabe erschienenen Österreichischen Ingenieur- und Architektenkalenders und berücksichtigt sämtliche Bauvorschriften Österreichs und der Nachfolgestaaten, daneben aber auch alle reichsdeutschen und schweizerischen Bauvorschriften, wo diese von denen Österreichs und der Nachfolgestaaten abweichen, so daß mit diesem Werk sämtlichen Ingenieuren und Architekten das neuzeitlichste Taschenbuch des gesamten Bauingenieurwesens geboten ist.

Die Berechnung statisch unbestimmter Tragwerke nach der Methode des Viermomentensatzes

Von

Dr.-Ing. Friedrich Bleich

Zweite, verbesserte und vermehrte Auflage. Mit 117 Abbildungen im Text. VI, 220 Seiten. 1925.
Gebunden RM 15.—

Aus dem Inhalt:

I. Die Elastizitätsbedingungen der Methode des Viermomentensatzes. II. Tragwerke mit geraden oder schwach gekrümmten Stäben von unveränderlichem Querschnitt. III. Beispiele für die Anwendung der Methode des Viermomentensatzes. IV. Die Ermittlungen der Formänderungen von Stabzügen und die Darstellung der Biegelinien nach der Methode des Viermomentensatzes. V. Tragwerke aus geraden oder schwach gekrümmten Stäben mit innerhalb der Stabfelder stetig veränderlichem Trägheitsmoment. VI. Tragwerke allgemeinster Form.

Theorie
und Berechnung der eisernen Brücken

Von

Dr.-Ing. Friedrich Bleich

Mit 486 Textabbildungen. XI, 581 Seiten. 1924. Gebunden RM 37.50.

Aus dem Inhalt:

Einleitung. — Erster Abschnitt: Die angreifenden Kräfte. — Die bleibenden Lasten eiserner Brücken. — Die Verkehrslasten. — Schnee- und Winddruck. — Sonstige angreifende Kräfte. — Dynamische Wirkungen der Verkehrslasten. — Zweiter Abschnitt: Grundlagen für die Bemessung eiserner Brücken. — Festigkeitseigenschaften. — Sicherheitsgrad und zulässige Beanspruchung. — Dritter Abschnitt: Die Knicksicherheit der gedrückten Glieder eiserner Brücken. — Knickformeln für gerade Stäbe. — Theorie der Knickfestigkeit gerader Stäbe. — Knickfestigkeit von Stäben mit veränderlichem Querschnitt und von gegliederten Stäben. — Knickfestigkeit ebener Stabnetze. — Knicksicherheit der Druckgurte offener Brücken. — Knicksicherheit von Bogenträgern. — Ausbeulen der Wände gedrückter Stäbe. — Vierter Abschnitt: Die örtlichen Anstrengungen in den Bauteilen eiserner Brücken. — Zug, Druck, Biegung und Verdrehung. — Die Niet- und Schraubenverbindungen. — Fünfter Abschnitt: Die Berechnung der Fahrbahntafel eiserner Brücken. — Die Fahrbahn. — Der Fahrbahnrost. — Sechster Abschnitt: Die Hauptträger der eisernen Brücken. — Allgemeine Erörterungen. — Vollwandige Träger. — Fachwerkartige Träger. — Rahmenartige Hauptträger. — Siebenter Abschnitt: Die Wind- und Querverbände der eisernen Brücken. — Die Windverbände. — Die Querverbände. — Achter Abschnitt: Lager und Gelenke eiserner Brücken.

Die Statik des ebenen Tragwerkes. Von Prof. **Martin Grüning,** Hannover. Mit 434 Textabbildungen. VIII, 706 Seiten. 1925.
Gebunden RM 45.—

Die Tragfähigkeit statisch unbestimmter Tragwerke aus Stahl bei beliebig häufig wiederholter Belastung. Von Prof. **Martin Grüning,** Hannover. Mit 6 Textabbildungen. IV, 30 Seiten. 1926.
RM 3.30

Statik für den Eisen- und Maschinenbau. Von Prof. Dr.-Ing. **Georg Unold,** Chemnitz. Mit 606 Textabbildungen. VIII, 342 Seiten. 1925.
Gebunden RM 22.50

Die Kraftfelder in festen elastischen Körpern und ihre praktischen Anwendungen. Von Privatdozent Dr.-Ing. **Th. Wyss,** Danzig. Mit 432 Abbildungen im Text und auf 35 Tafeln. IX, 368 Seiten. 1926.
Gebunden RM 25.50

Die Knickfestigkeit. Von Dr.-Ing. **Rudolf Mayer,** Privatdozent an der Technischen Hochschule in Karlsruhe. Mit 280 Textabbildungen und 87 Tabellen. VIII, 502 Seiten. 1921
RM 20.—

Der durchlaufende Träger über ungleichen Öffnungen. Theorie gebrauchsfertige Formeln, Zahlenbeispiele. Von Prof. Dr.-Ing. **Emil Kammer,** Darmstadt. Mit 303 Abbildungen im Text und auf 4 Tafeln. VIII, 269 Seiten. 1926.
RM 25.50; gebunden RM 27.—

Die Sicherheit der Bauwerke und ihre Berechnung nach Grenzkräften anstatt nach zulässigen Spannungen. Von Dr.-Ing. **Max Mayer,** Duisburg. Mit 3 Textabbildungen. VI, 66 Seiten. 1926.
RM 2.70

Die linearen Differenzengleichungen und ihre Anwendung in der Theorie der Baukonstruktionen. Von Privatdozent Dr. **Paul Funk,** Prag. Mit 24 Textabbildungen. VII, 84 Seiten. 1920.   RM 3.—

Die Berechnung des symmetrischen Stockwerkrahmens mit geneigten und lotrechten Ständern mit Hilfe von Differenzengleichungen. Von Dr. techn. Ing. **Josef Fritsche,** Prag. VI, 90 Seiten. 1923.
RM. 4.—

Sieben- und mehrstellige Tafeln der Kreis- und Hyperbelfunktionen und deren Produkte, sowie der Gammafunktion, nebst einem Anhang: Interpolations- und sonstige Formeln. Von Professor **Keiichi Hayashi,** Fukuoka, Japan, VI, 284 Seiten. 1926.
RM 45.—; gebunden RM 48.—

Die Differentialgleichungen des Ingenieurs. Darstellung der für Ingenieure und Physiker wichtigsten gewöhnlichen und partiellen Differentialgleichungen, einschließlich der Näherungsverfahren und mechanischen Hilfsmittel. Mit besonderen Abschnitten über Variationsrechnung und Integralgleichungen. Von Privatdozent Prof. Dr. **Wilhelm Hort,** Oberingenieur der AEG-Turbinenfabrik, Berlin. Zweite, umgearbeitete und vermehrte Auflage unter Mitwirkung von Dr. phil. **W. Birnbaum** und Dr.-Ing. **K. Lachmann.** Mit 308 Abbildungen im Text und auf 2 Tafeln. XII, 700 Seiten. 1925.
Gebunden RM 25.50